高等学校数学教材系列丛书

《概率论与数理统计》
学习辅导

张卓奎　陈慧婵　编著

西安电子科技大学出版社

内 容 简 介

本书是《概率论与数理统计》(张卓奎等编著,西安电子科技大学出版社2014年6月出版)一书的配套教材,也是该书内容的扩展。本书主要内容包括概率论的基本概念、随机变量及其分布、多维随机变量及其分布、随机变量的数字特征、大数定律及中心极限定理、数理统计的基本概念、参数估计、假设检验。

本书每章分六个部分:大纲内容与大纲要求、内容解析、重点与考点、经典题型、习题全解、学习效果测试题及解答。"大纲内容与大纲要求"部分对每章的内容和要求作了明确的描述;"内容解析"部分对每章的主要内容作了较为深入的概括;"重点与考点"部分浓缩主要内容,刻画考点;"经典题型"部分针对主要内容、重点和考点,选择适量的例题进行解析;"习题全解"部分对《概率论与数理论计》一书每章后的所有习题作了较为详细的解答;"学习效果测试题及解答"部分检验学习效果,使学生熟悉标准化考核模式。

本书叙述通俗易懂,概念清晰,实用性强,可作为高等院校"概率论与数理统计"课程的辅导教材或教学参考书,也可作为高等院校教师、报考硕士研究生的考生和工程技术人员的参考书。

图书在版编目(CIP)数据

《概率论与数理统计》学习辅导/张卓奎,陈慧婵编著. —西安:西安电子科技大学出版社,2015.11(2025.7重印)

ISBN 978 - 7 - 5606 - 3837 - 9

Ⅰ. ①概⋯ Ⅱ. ①张⋯ ②陈⋯ Ⅲ. ①概率论—高等学校—教材 ②数理统计—高等学校—教材 Ⅳ. ① O21

中国版本图书馆 CIP 数据核字(2015)第 247425 号

责任编辑 马武装 刘小莉
出版发行 西安电子科技大学出版社(西安市太白南路2号)
电   话 (029)88202421 88201467   邮   编 710071
网   址 www.xduph.com   电子邮箱 xdupfxb001@163.com
经   销 新华书店
印刷单位 陕西天意印务有限责任公司
版   次 2015 年 11 月第 1 版 2025 年 7 月第 8 次印刷
开   本 787 毫米×960 毫米 1/16 印张 29
字   数 697 千字
定   价 56.00 元

ISBN 978 - 7 - 5606 - 3837 - 9

XDUP 4129001 - 8

* * * 如有印装问题可调换 * * *

前　　言

概率论与数理统计是研究随机现象的一门学科，它已被广泛地应用到工农业生产、科学技术、经济及教育研究等领域，并且在这些领域显示出十分重要的作用。目前，"概率论与数理统计"已经成为高等院校很多专业一门重要的理论基础课，学习与学好该门课程是很多专业最基本的要求。

在学习"概率论与数理统计"课程中，读者普遍感到概念比较抽象，问题难以入手，思维难以展开，学习起来有一定的困难。本书的编写目的是：帮助读者透彻理解概率论与数理统计的基本概念，掌握概率论与数理统计的基本理论与基本方法；帮助读者克服困难，尽快掌握"概率论与数理统计"课程的精髓，练习和巩固所学知识；帮助读者正确理解大纲内容和大纲要求，理解概率论与数理统计的难点与重点，熟悉概率论与数理统计考核题型和命题规律，掌握学习和复习概率论与数理统计的方法及技巧。本书是《概率论与数理统计》一书的配套教材，同时也是该书的扩展。

全书共分 8 章。第 1 章为概率论的基本概念；第 2 章为随机变量及其分布；第 3 章为多维随机变量及其分布；第 4 章为随机变量的数字特征；第 5 章为大数定律及中心极限定理；第 6 章为数理统计的基本概念；第 7 章为参数估计；第 8 章为假设检验。

本书每章由大纲内容与大纲要求、内容解析、重点与考点、经典题型、习题全解、学习效果测试题及解答六部分组成。"大纲内容与大纲要求"部分对每章的内容和要求作了明确的描述；"内容解析"部分对每章的基本内容按照知识结构分为定义、性质和结论几个层面，结合读者应掌握的重点作了比较详细的概括和总结；为了使读者能够抓住重点，学会学好，应对考核，"重点与考点"部分在"内容解析"的基础上进行浓缩，对每章的重点和考点作了概括性的刻画；为了使每章的例题不与教材中例题及习题重复，"经典题型"部分特选编了适量的经典例题，分类解析，用例题的形式体现对每章的基本要求，通过经典题型解析，以题说法，开拓思路，开阔视野，帮助读者理解基本概念，提高分析问题和解决问题的能力；针对读者（特别是初学者）在学习"概率论与数理统计"课程时往往感到内容看明白了，但习题不会做的现象，"习题全解"部分对《概率论与数理统计》一书每章后的所有习题作了较为详细的解答，同时"习题全解"也是"经典题型"的有益补充，相得益彰；"学习效果测试题及解答"部分按照标准化考核模式，每章给出了一套测试题，包括选择题、填空题和解答题三种题型，通过测试帮助读者熟悉考核模式，同时结合测试题解答可以让读者检查自己对每章基本知识、基本理论和基本方法等大纲要求内容的掌握程度，以便查漏补缺。

　　在本书的编写过程中，得到了西安电子科技大学数学与统计学院、网络学院等院系以及中国科学院西安光学精密机械研究所研究生部的大力支持，还得到了西安电子科技大学教材基金和西安电子科技大学数学与统计学院本科教学质量提升计划基金的资助，许多同事给予了鼓励和帮助，西安电子科技大学出版社的领导也非常关心本书的出版，李惠萍编辑对本书的出版付出了辛勤的劳动，作者在此一并致以诚挚的谢意！

　　由于作者水平有限，书中难免存在疏漏，恳请读者批评、指正。

作　者
2015 年 8 月

目　　录

第 1 章 概率论的基本概念

1.1 大纲内容与大纲要求

1. 大纲内容

（1）随机试验、随机事件与样本空间。

（2）事件的运算、关系和运算律。

（3）概率的概念及其性质。

（4）古典概率。

（5）几何概率。

（6）条件概率。

（7）完备事件组和概率的三大公式。

（8）事件的独立性。

2. 大纲要求

（1）理解随机事件的概念，了解样本空间的概念，掌握事件之间的运算、关系及运算律。

（2）理解随机事件概率的概念，了解概率的统计意义。

（3）理解概率的公理化定义。

（4）理解古典概型、古典概率的定义，会计算简单的古典概率。

（5）理解几何概率的定义，会计算几何概率。

（6）掌握概率的性质，会利用概率的性质计算随机事件的概率。

（7）理解条件概率的定义，掌握概率的三大公式。

（8）理解事件的独立性概念，会利用事件的独立性计算有关概率。

1.2 内 容 解 析

1. 随机现象与随机试验

（1）随机现象：如果发生的现象在一定的条件下出现的结果是不确定的，既可能出现这样的结果，也可能出现那样的结果，则这类现象为随机现象。

（2）随机试验：将具有以下三个特点的试验称为随机试验：

(i) 可以在相同的条件下重复进行；

(ii) 每次试验的可能结果不止一个，并且可以事先明确试验的所有可能结果；

(iii) 进行一次试验之前不能确定哪一个结果会出现。

2. 样本空间与随机事件

1）样本空间

称随机试验所有可能结果的集合为随机试验的样本空间，记为 Ω。称随机试验中一个可能结果为一个样本点，记为 ω，从而样本空间就是样本点的集合，即 $\Omega = \{\omega\}$。

2）随机事件

称随机试验的样本空间 Ω 的子集为随机试验的随机事件，简称事件。

3）基本事件

由一个样本点组成的单点集，称为基本事件。

4）必然事件

样本空间 Ω 包含所有的样本点，它是自身的子集，在每次试验中总是发生的，称其为必然事件。

5）不可能事件

空集 $\varnothing$ 不包含任何样本点，它也作为样本空间的子集，在每次试验中都不发生，称其为不可能事件。

6）事件的运算与事件间的关系

（1）事件的运算：

（i）和运算（和事件）：称事件 A 与事件 B 中至少有一个发生的事件为事件 A 与事件 B 的和事件，记为 $A \cup B$。

称事件 $A_1, A_2, \cdots, A_n$ 中至少有一个发生的事件为 $A_1, A_2, \cdots, A_n$ 的和事件，记为

$$A_1 \cup A_2 \cup \cdots \cup A_n = \bigcup_{i=1}^{n} A_i$$

类似地，有

$$A_1 \cup A_2 \cup \cdots \cup A_n \cup \cdots = \bigcup_{n=1}^{\infty} A_n$$

（ii）积运算（积事件）：称事件 A 与事件 B 同时发生的事件为事件 A 与事件 B 的积事件，记为 $A \cap B$ 或 AB。

称事件 $A_1, A_2, \cdots, A_n$ 同时发生的事件为 $A_1, A_2, \cdots, A_n$ 的积事件，记为

$$A_1 \cap A_2 \cap \cdots \cap A_n = A_1 A_2 \cdots A_n = \bigcap_{i=1}^{n} A_i$$

类似地，有

$$A_1 \cap A_2 \cap \cdots \cap A_n \cap \cdots = A_1 A_2 \cdots A_n \cdots = \bigcap_{n=1}^{\infty} A_n$$

(iii) 差运算（差事件）：称事件 A 发生而事件 B 不发生的事件为事件 A 与事件 B 的差事件，记为 $A-B$。

(2) 事件间的关系：

(i) 包含关系（子事件）：设 A 与 B 是事件，如果事件 A 的发生必然导致事件 B 的发生，则称事件 B 包含事件 A，或称事件 A 是事件 B 的子事件，记为 $A \subset B$。

(ii) 相等关系：设 A 与 B 是事件，如果 $A \subset B$ 且 $B \subset A$，则称事件 A 与事件 B 相等，记为 $A=B$。

(iii) 互不相容（互斥）关系：设 A 与 B 是事件，如果事件 A 与事件 B 同时发生是不可能的，即 $AB=\varnothing$，则称事件 A 与事件 B 是互不相容的（或互斥的）。

(iv) 对立关系：设 A 与 B 是事件，如果 $A \bigcup B=\Omega, AB=\varnothing$，则称事件 A 与事件 B 是相互对立的，称事件 B 是事件 A 的逆事件或对立事件，记为 $\overline{A}$。

(v) 结论：设 A 与 B 是事件，则 $A-B=A\overline{B}=A-AB$。

(3) 运算律：

(i) 吸收律：若 $A \subset B$，则 $A \bigcup B=B, AB=A$。

(ii) 交换律：$A \bigcup B=B \bigcup A, AB=BA$。

(iii) 结合律：$A \bigcup (B \bigcup C)=(A \bigcup B) \bigcup C, A(BC)=(AB)C$。

(iv) 分配律：$A(B \bigcup C)=AB \bigcup AC, A \bigcup (BC)=(A \bigcup B)(A \bigcup C)$。

(v) 对偶律：$\overline{\bigcup\limits_{i=1}^{n} A_i}=\bigcap\limits_{i=1}^{n} \overline{A_i}, \overline{\bigcap\limits_{i=1}^{n} A_i}=\bigcup\limits_{i=1}^{n} \overline{A_i}, \overline{\bigcup\limits_{n=1}^{\infty} A_n}=\bigcap\limits_{n=1}^{\infty} \overline{A_n}, \overline{\bigcap\limits_{n=1}^{\infty} A_n}=\bigcup\limits_{n=1}^{\infty} \overline{A_n}, \overline{\overline{A}}=A$。

3. 概率及其性质

1) 频率

(1) 频率的定义：在相同的条件下，进行了 n 次试验，在这 n 次试验中，事件 A 发生的次数 n_A 称为事件 A 发生的频数，比值 n_A/n 称为事件 A 发生的频率，记为 $f_n(A)$，即

$$f_n(A)=\frac{n_A}{n}$$

(2) 频率具有如下性质：

(i) $0 \leqslant f_n(A) \leqslant 1$；

(ii) $f_n(\Omega)=1$；

(iii) 若 $A_1, A_2, \cdots, A_n$ 是两两互不相容的事件，则

$$f_n(A_1 \bigcup A_2 \bigcup \cdots \bigcup A_n)=f_n(A_1)+f_n(A_2)+\cdots+f_n(A_n)$$

2) 概率

(1) 概率的公理化定义：设 Ω 是随机试验的样本空间，若对于随机试验的每一个随机事件 A 都有一个实数 $P(A)$ 与之对应，且 $P(A)$ 满足下列三个条件：

(i) 非负性：设 A 是事件，则 $P(A) \geqslant 0$；

(ii) 规范性：$P(\Omega)=1$；

(iii) 可列可加性：设 A_1，A_2，$\cdots$，A_n，$\cdots$ 是两两互不相容的事件，即 $A_i A_j = \varnothing (i \neq j; i, j = 1, 2, \cdots)$，有

$$P(A_1 \bigcup A_2 \bigcup \cdots \bigcup A_n \bigcup \cdots) = P(A_1) + P(A_2) + \cdots + P(A_n) + \cdots$$

则称 $P(A)$ 为事件 A 的概率。

(2) 概率的性质：

(i) $P(\varnothing) = 0$。

(ii) 设 A_1，A_2，$\cdots$，A_n 是两两互不相容的事件，即 $A_i A_j = \varnothing (i \neq j; i, j = 1, 2, \cdots, n)$，则

$$P\left(\bigcup_{i=1}^{n} A_i\right) = \sum_{i=1}^{n} P(A_i)$$

(iii) 设 A、B 是事件且 $A \subset B$，则

$$P(B - A) = P(B) - P(A)$$

从而有 $P(A) \leqslant P(B)$。

(iv) 设 A 是事件，则 $P(A) \leqslant 1$。

(v) 设 A 是事件，则 $P(\overline{A}) = 1 - P(A)$。

(vi) 设 A、B 是事件，则

$$P(A \bigcup B) = P(A) + P(B) - P(AB)$$

一般地，设 A_1，A_2，$\cdots$，A_n 是事件，则

$$P\left(\bigcup_{i=1}^{n} A_i\right) = \sum_{i=1}^{n} P(A_i) - \sum_{1 \leqslant i < j \leqslant n} P(A_i A_j) + \sum_{1 \leqslant i < j < k \leqslant n} P(A_i A_j A_k) - \cdots + (-1)^{n-1} P(A_1 A_2 \cdots A_n)$$

(vii) 设 $A_1 \subset A_2 \subset \cdots \subset A_n \subset \cdots$ 是事件，则

$$\lim_{n \to \infty} P(A_n) = P\left(\bigcup_{n=1}^{\infty} A_n\right)$$

设 $A_1 \supset A_2 \supset \cdots \supset A_n \supset \cdots$ 是事件，则

$$\lim_{n \to \infty} P(A_n) = P\left(\bigcap_{n=1}^{\infty} A_n\right)$$

(viii) 结论：不可能事件的概率为 0，但概率为 0 的事件未必是不可能事件；必然事件的概率为 1，但概率为 1 的事件未必是必然事件。

4. 古典概率

(1) 古典概型：设随机试验的样本空间 $\Omega = \{\omega_1, \omega_2, \cdots, \omega_n\}$，$n$ 为有限的正整数，且每个基本事件 $\{\omega_i\}$ ($i = 1, 2, \cdots, n$) 发生的可能性相同，则称这种随机试验为古典概型，或称为等可能概型。

(2) 古典概率计算公式：

$$P(A) = \frac{k}{n} = \frac{\text{有利于事件 } A \text{ 发生的基本事件数}}{\Omega \text{ 中基本事件的总数}}$$

5. 几何概率

(1) 直线线段上的几何概率：设线段 l 是线段 L 的一部分，向线段 L 上任意投点，若投中线段 l 上的点的数目与该线段的长度成正比，而与该线段 l 在线段 L 上的相对位置无关，则点投中线段 l 的概率 p 为

$$p = \frac{l\ \text{的长度}}{L\ \text{的长度}}$$

(2) 平面区域上的几何概率：设平面区域 g 是平面区域 G 的一部分，向平面区域 G 上任意投点，若投中平面区域 g 上的点的数目与该平面区域的面积成正比，而与该平面区域 g 在平面区域 G 上的相对位置无关，则点投中平面区域 g 的概率 p 为

$$p = \frac{g\ \text{的面积}}{G\ \text{的面积}}$$

(3) 空间区域上的几何概率：设空间区域 v 是空间区域 V 的一部分，向空间区域 V 上任意投点，若投中空间区域 v 上的点的数目与该空间区域的体积成正比，而与该空间区域 v 在空间区域 V 上的相对位置无关，则点投中空间区域 v 的概率 p 为

$$p = \frac{v\ \text{的体积}}{V\ \text{的体积}}$$

6. 条件概率与概率的三大公式

1) 条件概率

设 A、B 是事件，$P(A) > 0$，称

$$P(B|A) = \frac{P(AB)}{P(A)}$$

为在事件 A 发生的条件下事件 B 发生的条件概率。

2) 古典条件概率计算公式

古典条件概率的计算公式为

$$P(B|A) = \frac{B\ \text{的含在}\ A\ \text{中的基本事件数}}{A\ \text{中的基本事件数}}$$

需要指出的是，条件概率 $P(\cdot\,|A)$ 符合概率公理化定义中的三个条件，即

(1) 非负性：$P(B|A) \geqslant 0$；

(2) 规范性：$P(\Omega|A) = 1$；

(3) 可列可加性：设 $B_1, B_2, \cdots, B_n, \cdots$ 是两两互不相容的事件，则

$$P\Big(\bigcup_{n=1}^{\infty} B_n \Big| A\Big) = \sum_{n=1}^{\infty} P(B_n|A)$$

既然条件概率符合上述三个条件，那么对概率所证明的一切结果都适用于条件概率。

3) 概率的三大公式

(1) 乘法公式：设 A、B 是事件，且 $P(A) > 0$，$P(B) > 0$，则

$$P(AB) = P(A)P(B|A) = P(B)P(A|B)$$

一般地，设 A_1，A_2，$\cdots$，A_n 是事件，且 $P(A_1A_2\cdots A_{n-1}) > 0$，则

$$P(A_1A_2\cdots A_n) = P(A_1)P(A_2|A_1)P(A_3|A_1A_2)\cdots P(A_n|A_1A_2\cdots A_{n-1})$$

（2）全概率公式。

（i）划分：设 Ω 为随机试验的样本空间，如果事件 B_1，B_2，$\cdots$，B_n 满足：B_1，B_2，$\cdots$，B_n 两两互不相容，即 $B_iB_j = \varnothing (i \neq j; i, j = 1, 2, \cdots, n)$，且 $P(B_i) > 0 (i = 1, 2, \cdots, n)$；$\bigcup\limits_{i=1}^{n} B_i = \Omega$，则称事件 B_1，B_2，$\cdots$，B_n 为样本空间 Ω 的一个划分。

（ii）全概率公式：设 Ω 为随机试验的样本空间，A 为随机事件，B_1，B_2，$\cdots$，B_n 为样本空间 Ω 的一个划分，则

$$P(A) = \sum_{i=1}^{n} P(B_i)P(A|B_i)$$

（3）Bayes（贝叶斯）公式：设 Ω 为随机试验的样本空间，A 为随机事件，B_1，B_2，$\cdots$，B_n 为样本空间 Ω 的一个划分，且 $P(A) > 0$，$P(B_i) > 0$ $(i = 1, 2, \cdots, n)$，则

$$P(B_i|A) = \frac{P(B_i)P(A|B_i)}{\sum\limits_{j=1}^{n} P(B_j)P(A|B_j)}, \quad i = 1, 2, \cdots, n$$

7. 事件的独立性

（1）两事件的相互独立：设 A、B 是随机事件，如果

$$P(AB) = P(A)P(B)$$

则称事件 A、B 相互独立。

（2）n 个事件的两两独立：设 A_1，A_2，$\cdots$，A_n 是随机事件，如果

$$P(A_iA_j) = P(A_i)P(A_j), \quad i \neq j; i, j = 1, 2, \cdots, n$$

则称事件 A_1，A_2，$\cdots$，A_n 两两独立。

（3）n 个事件的相互独立：设 A_1，A_2，$\cdots$，A_n 是随机事件，如果 $\forall\, 2 \leqslant k \leqslant n$，有

$$P(A_{i_1}A_{i_2}\cdots A_{i_k}) = P(A_{i_1})P(A_{i_2})\cdots P(A_{i_k}), \quad 1 \leqslant i_1 < i_2 < \cdots < i_k \leqslant n$$

则称事件 A_1，A_2，$\cdots$，A_n 相互独立。

（4）结论：

（i）设 A、B 是事件，且 $P(A) > 0$，则 A、B 相互独立的充分必要条件是 $P(B|A) = P(B)$；

（ii）设 A、B 是事件，且 $P(B) > 0$，则 A、B 相互独立的充分必要条件是 $P(A|B) = P(A)$；

（iii）设 A、B 相互独立，则 A 与 $\overline{B}$，$\overline{A}$ 与 B，$\overline{A}$ 与 $\overline{B}$ 也相互独立；

（iv）设 $P(A) > 0$，$P(B) > 0$，则 A、B 相互独立与 A、B 互不相容不能同时成立；

（v）设 A、B 是事件，且 $0 < P(A) < 1$，则 A、B 相互独立的充分必要条件是 $P(B|A) = P(B|\overline{A})$（或 $P(B|A) + P(\overline{B}|\overline{A}) = 1$）；

（vi）设 A、B、C 相互独立，则 A 与 BC、A 与 $B \cup C$、A 与 $B - C$ 也相互独立；

（vii）设事件 A_1，A_2，$\cdots$，$A_n(n \geqslant 2)$ 相互独立，则其中任意 $k(2 \leqslant k \leqslant n)$ 个事件也相互独立；

（viii）设事件 A_1，A_2，$\cdots$，$A_n(n \geqslant 2)$ 相互独立，则将其中任意 $k(1 \leqslant k \leqslant n)$ 个事件换成它们各自的对立事件，所得到的 n 个事件也相互独立；

（viiii）设事件 A_1，A_2，$\cdots$，$A_n(n \geqslant 2)$ 相互独立，则将 A_1，A_2，$\cdots$，A_n 任意分成 $k(2 \leqslant k \leqslant n)$ 个没有相同事件的不同的小组，并对每个小组中的事件施行和、积、差和逆运算后，所得到的 k 个事件也相互独立。

1.3 重点与考点

1. 事件的运算、关系和运算律

（1）利用事件的运算、关系和运算律计算和讨论事件的概率。

（2）利用事件的运算、关系和运算律分析事件或表示事件。

2. 概率的定义与概率的性质

（1）概率的公理化定义。

（2）概率的性质及应用。

3. 古典概率

（1）古典概型的理解。

（2）古典概率的计算与应用。

4. 几何概率

（1）几何概率问题的理解与转化。

（2）几何概率的计算与应用。

5. 概率的基本公式

（1）利用基本公式（加法公式、减法公式、条件概率公式和三大公式）计算概率。

（2）加法公式和减法公式的应用与变式。

（3）三大公式的使用前提、步骤与应用。

6. 两个事件的相互独立

（1）两事件相互独立的定义。

（2）两事件相互独立的结论。

（3）两事件相互独立的判断及应用。

7. $n(n \geqslant 2)$ 个事件两两独立与相互独立

（1）$n(n \geqslant 2)$ 个事件两两独立与相互独立的定义。

（2）$n(n \geqslant 2)$ 个事件两两独立与相互独立的区别和联系。

(3) $n(n \geqslant 2)$个事件相互独立的结论。

(4) $n(n \geqslant 2)$个事件相互独立的判断及应用。

1.4　经典题型

1. 讨论事件的运算、关系与事件的概率之间的联系

例 1-1　设 A、B 是随机事件，且 $P(B) = 0.5$，$P(A-B) = 0.3$，$P(B-A) = 0.2$，则 A 与 B(　　)。

　　A. 互不相容　　　　　B. 相互独立　　　　　C. 相互对立　　　　D. 不相互独立

解　应选 B。

由于

$$P(B-A) = P(B-AB) = P(B) - P(AB) = 0.5 - P(AB) = 0.2$$

因此 $P(AB) = 0.3$。由

$$P(A-B) = P(A-AB) = P(A) - P(AB) = 0.3$$

得

$$P(A) = P(AB) + 0.3 = 0.3 + 0.3 = 0.6$$

从而

$$P(AB) = 0.3 = 0.6 \times 0.5 = P(A)P(B)$$

即 A 与 B 相互独立，故选 B。

如果改变条件和问法，那么该例就会有下面两道变式问题。像这样的变式在很多例子中都存在，以后不再赘述。

例 1-2　设事件 A、B 相互独立，且 $P(B) = 0.5$，$P(A-B) = 0.3$，则 $P(B-A) = $(　　)。

　　A. 0.1　　　　　　B. 0.2　　　　　　C. 0.3　　　　　　D. 0.4

解　应选 B。

由于

$$P(A-B) = P(A-AB) = P(A) - P(AB) = P(A) - P(A)P(B)$$
$$= P(A) - 0.5P(A) = 0.5P(A) = 0.3$$

因此 $P(A) = 0.6$，从而

$$P(B-A) = P(B-AB) = P(B) - P(AB) = P(B) - P(A)P(B)$$
$$= 0.5 - 0.6 \times 0.5 = 0.2$$

故选 B。

例 1-3　设 A、B 是随机事件，且 $P(A) = 0.5$，$P(A-B) = 0.5$，则(　　)。

　　A. A 与 B 互不相容　　　　　　　　B. AB 是不可能事件

　　C. AB 未必是不可能事件 　　　　　　D. $P(A) = 0$ 或 $P(B) = 0$

　解　应选 C。

　由于
$$P(A - B) = P(A - AB) = P(A) - P(AB) = 0.5 - P(AB) = 0.5$$
因此 $P(AB) = 0$，从而 AB 未必是不可能事件。

　　事实上，随机地向以 0、1 为端点的线段上投点，设 A 表示事件"点投中以 0、$\frac{1}{2}$ 为端点的线段"，B 表示事件"点投中以 $\frac{1}{2}$、1 为端点的线段"，则 AB 表示事件"点投中 $\frac{1}{2}$ 点"，由几何概率知，$P(AB) = 0$，但 $AB \neq \varnothing$，故选 C。

　例 1-4　设 A、B 是两个概率不为 0 的互不相容的随机事件，则（　　）。

　　A. $\bar{A}$ 与 $\bar{B}$ 互不相容　　　　　　　　B. $\bar{A}$ 与 $\bar{B}$ 不是互不相容

　　C. $P(AB) = P(A)P(B)$　　　　　　　　D. $P(A - B) = P(A)$

　解　应选 D。

　由于 A 与 B 互不相容，因此 $AB = \varnothing$，从而 $P(AB) = 0$，所以
$$P(A - B) = P(A - AB) = P(A) - P(AB) = P(A)$$
故选 D。

　例 1-5　设 A、B 是任意两个随机事件，则下面命题正确的是（　　）。

　　A. 若 A 与 B 不是互不相容，则 A、B 一定相互独立

　　B. 若 A 与 B 不是互不相容，则 A、B 有可能相互独立

　　C. 若 A 与 B 互不相容，则 A、B 一定相互独立

　　D. 若 A 与 B 互不相容，则 A、B 一定不相互独立

　解　应选 B。

　若 A 与 B 互不相容，则 $P(AB) = P(\varnothing) = 0$，如果 A 与 B 相互独立，有 $P(AB) = P(A)P(B) = 0$，那么 $P(A) = 0$ 或 $P(B) = 0$，由于 A、B 是任意两个随机事件，因此选项 C、D 不正确。由于 A 与 B 相互独立的充要条件是 $P(AB) = P(A)P(B)$，因此只有选项 B 是正确的，故选 B。

　例 1-6　设 A、B 是任意两个随机事件，则（　　）。

　　A. $P(AB) \leqslant P(A)P(B)$　　　　　　　　B. $P(AB) \geqslant P(A)P(B)$

　　C. $P(AB) \leqslant \dfrac{P(A) + P(B)}{2}$　　　　　　D. $P(AB) \geqslant \dfrac{P(A) + P(B)}{2}$

　解　应选 C。

　方法一：由于 $AB \subset A$，$AB \subset B$，因此 $P(AB) \leqslant P(A)$，$P(AB) \leqslant P(B)$，从而
$$2P(AB) \leqslant P(A) + P(B)$$
即

$$P(AB) \leqslant \frac{P(A) + P(B)}{2}$$

故选 C。

方法二：由于 $AB \subset A \bigcup B$，因此 $P(AB) \leqslant P(A \bigcup B) = P(A) + P(B) - P(AB)$，从而

$$2P(AB) \leqslant P(A) + P(B)$$

即

$$P(AB) \leqslant \frac{P(A) + P(B)}{2}$$

故选 C。

例 1-7　设 A、B、C 是随机事件，且 $P(A) = 0.4$，$P(C) = 0.5$，$A \subset B$，A 与 C 相互独立，则 $P(A - C \mid AB \bigcup C) = $ _____。

解　应填 $\frac{2}{7}$。

由于 $A \subset B$，A 与 C 相互独立，因此

$$AB = A, \quad P(AC) = P(A)P(C) = 0.4 \times 0.5 = 0.2$$

$$\begin{aligned}
P(A - C \mid AB \bigcup C) &= \frac{P((A-C)(AB \bigcup C))}{P(AB \bigcup C)} = \frac{P(A\overline{C}(A \bigcup C))}{P(A \bigcup C)} \\
&= \frac{P(A\overline{C}A \bigcup A\overline{C}C)}{P(A \bigcup C)} = \frac{P(A - C)}{P(A) + P(C) - P(AC)} \\
&= \frac{P(A) - P(AC)}{P(A) + P(C) - P(AC)} = \frac{0.4 - 0.2}{0.4 + 0.5 - 0.2} = \frac{2}{7}
\end{aligned}$$

故填 $\frac{2}{7}$。

例 1-8　已知事件 A、B 相互独立且互不相容，则 $\min\{P(A), P(B)\} = $ _____。

解　应填 0。

因为在题设条件下，$P(A)$、$P(B)$ 中至少有一个为零，否则 $P(A) > 0$、$P(B) > 0$，此时事件 A、B 相互独立与 A、B 互不相容不能同时成立，所以 $\min\{P(A), P(B)\} = 0$，故填 0。

例 1-9　设 A、B 是随机事件，$P(A) = 0.4$，$P(AB) = 0.2$，$P(A \mid B) + P(\overline{A} \mid \overline{B}) = 1$，则 $P(A \bigcup B) = $ _____。

解　应填 0.7。

由于 $P(A \mid B) + P(\overline{A} \mid \overline{B}) = 1$，因此 A、B 相互独立，从而由 $P(A) = 0.4$，$0.2 = P(AB) = P(A)P(B) = 0.4P(B)$，得 $P(B) = 0.5$，所以

$$P(A \bigcup B) = P(A) + P(B) - P(AB) = 0.4 + 0.5 - 0.2 = 0.7$$

故填 0.7。

例 1-10　设 A、B 是随机事件，已知 $B \subset A$，且 $0 < P(A) < 1$，$0 < P(B) < 1$，则下

面结论不正确的是(　　)。

  A. $P(\overline{A}\,\overline{B}) = 1 - P(A)$ B. $P(\overline{B} - \overline{A}) = P(\overline{B}) - P(\overline{A})$

  C. $P(\overline{A}\,|\,\overline{B}) = P(\overline{A})$ D. $P(\overline{B}\,|\,\overline{A}) = 1$

  解　应选 C。

  方法一：由于 $B \subset A$，因此 $\overline{A} \subset \overline{B}$，从而

$$P(\overline{A}\,|\,\overline{B}) = \frac{P(\overline{A}\,\overline{B})}{P(\overline{B})} = \frac{P(\overline{A})}{P(\overline{B})} \neq P(\overline{A})$$

故选 C。

  方法二：由于 $B \subset A$，因此 $\overline{A} \subset \overline{B}$，从而

$$P(\overline{A}\,\overline{B}) = P(\overline{A}) = 1 - P(A),\ P(\overline{B} - \overline{A}) = P(\overline{B}) - P(\overline{A})$$

$$P(\overline{B}\,|\,\overline{A}) = \frac{P(\overline{A}\,\overline{B})}{P(\overline{A})} = \frac{P(\overline{A})}{P(\overline{A})} = 1$$

所以选项 A、B、D 都正确，故选 C。

  例 1 - 11　设 A、B、C 是随机事件，则与 A 互不相容的事件为(　　)。

  A. $\overline{AB} \cup \overline{AC}$ B. $\overline{A(B \cup C)}$

  C. $\overline{ABC}$ D. $\overline{A \cup B \cup C}$

  解　应选 D。

  由于

$$A\,\overline{A \cup B \cup C} = A(\overline{A}\,\overline{B}\,\overline{C}) = (A\overline{A})(\overline{B}\,\overline{C}) = \varnothing$$

因此 $\overline{A \cup B \cup C}$ 与 A 互不相容，故选 D。

  例 1 - 12　设 A、B、C 是随机事件，$P(ABC) = 0$，且 $0 < P(C) < 1$，则(　　)。

  A. $P(ABC) = P(A)P(B)P(C)$

  B. $P(A \cup B\,|\,C) = P(A\,|\,C) + P(B\,|\,C)$

  C. $P(A \cup B \cup C) = P(A) + P(B) + P(C)$

  D. $P((A \cup B)\overline{C}) = P(A\,|\,\overline{C}) + P(B\,|\,\overline{C})$

  解　应选 B。

  由于 $P(ABC) = 0$，因此

$$P(A \cup B\,|\,C) = \frac{P((A \cup B)C)}{P(C)} = \frac{P(AC \cup BC)}{P(C)}$$

$$= \frac{P(AC) + P(BC) - P(ABC)}{P(C)} = \frac{P(AC) + P(BC)}{P(C)}$$

$$= P(A\,|\,C) + P(B\,|\,C)$$

故选 B。

  例 1 - 13　设 A、B 是随机事件，则下面结论正确的是(　　)。

  A. 若 A、B 互不相容，则 $\overline{A}$、$\overline{B}$ 也互不相容

B. 若 A、B 相容，则 $\overline{A}$、$\overline{B}$ 也相容

C. 若 A、B 相互对立，则 $\overline{A}$、$\overline{B}$ 也相互对立

D. 若 $A - B = \varnothing$，则 A、B 互不相容

解　应选 C。

若 A、B 相互对立，则 $AB = \varnothing$，$A \bigcup B = \Omega$，从而 $\overline{AB} = \overline{A} \bigcup \overline{B} = \overline{\Omega} = \varnothing$，$\overline{A} \bigcup \overline{B} = \overline{AB} = \overline{\varnothing} = \Omega$，即 $\overline{A}$、$\overline{B}$ 也相互对立，故选 C。

例 1-14　设 A_1、A_2、A_3 是三个相互独立的随机事件，且 $P(A_k) = p(k = 1, 2, 3; 0 < p < 1)$，则这三个事件不全发生的概率为（　　）。

A. $(1 - p)^3$　　　　　　　　　　　B. $3(1 - p)$

C. $(1 - p)^3 + 3p(1 - p)$　　　　　D. $3p(1 - p)^2 + 3p^2(1 - p)$

解　应选 C。

由于 A_1、A_2、A_3 相互独立，$P(A_k) = p(k = 1, 2, 3; 0 < p < 1)$，因此

$$P(\overline{A_1} \bigcup \overline{A_2} \bigcup \overline{A_2}) = P(\overline{A_1 A_2 A_3}) = 1 - P(A_1 A_2 A_3)$$
$$= 1 - P(A_1)P(A_2)P(A_3)$$
$$= 1 - p^3 = (1 - p)^3 + 3p(1 - p)$$

故选 C。

例 1-15　设 A、B 是随机事件，且 $P(A) = 1$，则（　　）。

A. $P(AB) = P(B)$　　　　　　　　B. $P(A \bigcup B) = P(B)$

C. $P(A - B) = P(B)$　　　　　　　D. $P(B - A) = P(B)$

解　应选 A。

由于

$$0 = P(\Omega) - P(A) = P(\Omega - A) \geqslant P(B - A) = P(B) - P(AB) \geqslant 0$$

因此 $P(B) - P(AB) = 0$，即 $P(AB) = P(B)$，故选 A。

例 1-16　设 A、B 是随机事件，且 $P(A) = 0.4$，$P(A \bigcup B) = 0.7$，则

(1) 若 A、B 不相容，则 $P(B) = $ ＿＿＿＿＿＿；

(2) 若 A、B 相互独立，则 $P(B) = $ ＿＿＿＿＿＿。

解　(1) 应填 0.3。

若 A、B 不相容，则 $P(A \bigcup B) = P(A) + P(B)$，从而

$$P(B) = P(A \bigcup B) - P(A) = 0.7 - 0.4 = 0.3$$

故填 0.3。

(2) 应填 0.5。

若 A、B 相互独立，则 $P(AB) = P(A)P(B)$，从而

$$P(A \bigcup B) = P(A) + P(B) - P(AB) = P(A) + P(B) - P(A)P(B)$$

因此

$$P(B) = \frac{P(A \bigcup B) - P(A)}{1 - P(A)} = \frac{0.7 - 0.4}{1 - 0.4} = 0.5$$

故填 0.5。

例 1-17　设 A、B 是随机事件，且 $P(\overline{A}) = 0.3$，$P(B) = 0.4$，$P(A\overline{B}) = 0.5$，则 $P(B \mid A \bigcup \overline{B}) = $ _____。

解　应填 0.25。

由于 $0.5 = P(A\overline{B}) = P(A - B) = P(A - AB) = P(A) - P(AB)$，因此

$$P(AB) = P(A) - 0.5 = 0.7 - 0.5 = 0.2$$

从而

$$P(B \mid A \bigcup \overline{B}) = \frac{P(B(A \bigcup \overline{B}))}{P(A \bigcup \overline{B})} = \frac{P(AB)}{P(A) + P(\overline{B}) - P(A\overline{B})} = \frac{0.2}{0.7 + 0.6 - 0.5} = 0.25$$

故填 0.25。

2. 利用概率模型计算概率

例 1-18　一学生宿舍住有 4 名学生，则 4 人中至少有 2 人的生日在一周内的同一天的概率为(　　)。

A. $\frac{1}{343}$ 　　　　　 B. $\frac{120}{343}$ 　　　　　 C. $\frac{342}{343}$ 　　　　　 D. $\frac{223}{343}$

解　应选 D。

设 A 表示事件"4 人中至少有 2 人的生日在一周内的同一天"，则

$$P(\overline{A}) = \frac{7 \times 6 \times 5 \times 4}{7^4} = \frac{120}{343}$$

从而所求的概率为

$$P(A) = 1 - P(\overline{A}) = 1 - \frac{120}{343} = \frac{223}{343}$$

故选 D。

例 1-19　掷两颗骰子，已知两颗骰子点数之和为 7，则其中有一颗为 1 点的概率为 _____。

解　应填 $\frac{1}{3}$。

设 A 表示事件"两颗骰子点数之和为 7"，B 表示事件"两颗骰子中有一颗出现 1 点"，则 A 中的基本事件数为 6，B 的含在 A 中的基本事件数为 2，从而所求的概率为

$$P(B \mid A) = \frac{2}{6} = \frac{1}{3}$$

故填 $\frac{1}{3}$。

例 1-20　在区间 $(0,1)$ 中随机地抽取两个数 x、y，则事件"两数 x、y 满足 $x^2 < y <$

$\sqrt{x}$ "的概率为_____。

解　应填 $\dfrac{1}{3}$。

设 A 表示事件"两数 x、y 满足 $x^2 < y < \sqrt{x}$",由于 $0 < x < 1$,
$0 < y < 1$,因此样本空间 $\Omega = \{(x, y) \mid 0 < x < 1, 0 < y < 1\}$,
所求事件 $A = \{(x, y) \mid x^2 < y < \sqrt{x}\}$。则由几何概率知(如图 1.1
所示)

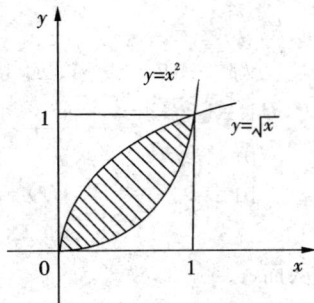

图 1.1

$$P(A) = \dfrac{A \text{ 的面积}}{\Omega \text{ 的面积}} = \dfrac{\displaystyle\int_0^1 (\sqrt{x} - x^2)\,\mathrm{d}x}{1} = \dfrac{1}{3}$$

故填 $\dfrac{1}{3}$。

例 1 - 21　从 A、B、B、I、I、L、O、P、R、T、Y 这 11 个字母中任意连续地抽取 7 个,
则恰好组成英文单词 ABILITY 的概率为_____。

解　应填 0.000 002 4。

由于样本空间基本事件总数 $n = A_{11}^7$,其中 A_{11}^7 表示从 11 个字母中取 7 个字母的排列,
有利于所求事件发生的基本事件数 $k = 2 \times 2 = 4$,因此所求的概率为

$$p = \dfrac{k}{n} = \dfrac{4}{A_{11}^7} = \dfrac{1}{415\ 800} = 0.000\ 002\ 4$$

故填 0.000 002 4。

例 1 - 22　考虑一元二次方程 $x^2 + Bx + C = 0$,其中 B、C 分别是将一枚骰子接连掷两
次后先后出现的点数,求该方程有实根和重根的概率。

解　由于将一枚骰子连掷两次的随机试验的样本空间基本事件总数为 36,方程有实根
的充要条件是 $B^2 - 4C \geqslant 0$,即 $C \leqslant \dfrac{B^2}{4}$;方程有重根的充要条件是 $B^2 - 4C = 0$,即 $C = \dfrac{B^2}{4}$,因
此相关事件所包含的基本事件数见表 1 - 1。

表 1 - 1

B	1	2	3	4	5	6
$C \leqslant \dfrac{B^2}{4}$	0	1	2	4	6	6
$C = \dfrac{B^2}{4}$	0	1	0	1	0	0

从而有利于事件"方程 $x^2 + Bx + C = 0$ 有实根"发生的基本事件数为 $1 + 2 + 4 + 6 + 6 = 19$,
故所求的概率为

$$P(\text{"方程 } x^2 + Bx + C = 0 \text{ 有实根"}) = \frac{19}{36}$$

有利于事件"方程 $x^2 + Bx + C = 0$ 有重根"发生的基本事件数为 $1 + 1 = 2$，故所求的概率为

$$P(\text{"方程 } x^2 + Bx + C = 0 \text{ 有重根"}) = \frac{2}{36} = \frac{1}{18}$$

3. 利用概率的基本公式、性质计算或讨论概率

例 1-23　一批零件共 10 件，其中有 4 件不合格品，每次从其中任取 1 个零件，取后不放回，直到取得 1 个合格品就不再取下去，则在三次内取到合格品的概率为（　　）。

A. $\frac{29}{30}$　　　　　B. $\frac{2}{5}$　　　　　C. $\frac{1}{30}$　　　　　D. $\frac{3}{5}$

解　应选 A。

设 A_i 表示事件"第 i 次取到合格品"，A 表示事件"三次内取到合格品"，则所求的概率为

$$P(A) = 1 - P(\overline{A}) = 1 - P(\overline{A}_1 \overline{A}_2 \overline{A}_3) = 1 - P(\overline{A}_1)P(\overline{A}_2 \,|\, \overline{A}_1)P(\overline{A}_3 \,|\, \overline{A}_1 \overline{A}_2)$$

$$= 1 - \frac{4}{10} \times \frac{3}{9} \times \frac{2}{8} = 1 - \frac{1}{30} = \frac{29}{30}$$

故选 A。

例 1-24　设两两相互独立的三个随机事件 A、B、C 满足条件：$ABC = \varnothing$，$P(A) = P(B) = P(C) < \frac{1}{2}$，且已知 $P(A \cup B \cup C) = \frac{9}{16}$，则 $P(A) = \underline{\hspace{2cm}}$。

解　应填 $\frac{1}{4}$。

由于事件 A、B、C 两两独立，$ABC = \varnothing$，$P(A) = P(B) = P(C) < \frac{1}{2}$，因此

$$P(A \cup B \cup C) = P(A) + P(B) + P(C) - P(AB) - P(AC) - P(BC) + P(ABC)$$

$$= 3P(A) - 3[P(A)]^2 = \frac{9}{16}$$

解之，得

$$P(A) = \frac{1}{2} \pm \frac{1}{4}$$

因为 $P(A) < \frac{1}{2}$，所以 $P(A) = \frac{1}{4}$，故填 $\frac{1}{4}$。

例 1-25　一商店出售的某种家电产品分别来自甲、乙两个工厂，其中甲厂的产品是乙厂的 2 倍，甲、乙两厂产品的正品率分别为 90% 和 75%，一顾客在这家商店购买了一件该种家电产品，则这件产品为正品的概率为 $\underline{\hspace{2cm}}$。

解　应填 0.85。

设 B_1、B_2 分别表示事件"买到甲、乙厂的产品"，A 表示事件"买到的产品为正品"，则

$$P(B_1) = \frac{2}{3}, \ P(B_2) = \frac{1}{3}, \ P(A \mid B_1) = 0.9, \ P(A \mid B_2) = 0.75$$

由全概率公式,得

$$P(A) = P(B_1)P(A \mid B_1) + P(B_2)P(A \mid B_2)$$

$$= \frac{2}{3} \times 0.9 + \frac{1}{3} \times 0.75 = 0.85$$

故填 0.85。

例 1-26 设有来自三个地区的考生的报名表分别为 10 份、15 份和 25 份,其中女生的报名表分别为 3 份,7 份和 5 份,随机地取一个地区的报名表,从中先后抽出 2 份。

(1) 求先抽到的 1 份是女生表概率;

(2) 已知后抽到的 1 份是男生表,求先抽到的 1 份是女生表的概率;

(3) 已知先抽到的 1 份是女生表,后抽到的 1 份是男生表,求它们是第二地区概率。

解 设 $H_i (i = 1, 2, 3)$ 表示事件"抽到的报名表是第 i 地区的",$A_j (j = 1, 2)$ 表示事件"第 j 次抽到的是男生表",则

$$P(H_1) = P(H_2) = P(H_3) = \frac{1}{3}, \ P(A_1 \mid H_1) = \frac{7}{10}$$

$$P(A_1 \mid H_2) = \frac{8}{15}, \ P(A_1 \mid H_3) = \frac{20}{25}$$

(1) 由全概率公式,得

$$P(\overline{A}_1) = \sum_{i=1}^{3} P(H_i)P(\overline{A}_1 \mid H_i) = \frac{1}{3}\left(\frac{3}{10} + \frac{7}{15} + \frac{5}{25}\right) = \frac{29}{90}$$

(2) 由"抽签原则"知

$$P(A_2 \mid H_1) = \frac{7}{10}, \quad P(A_2 \mid H_2) = \frac{8}{15}, \quad P(A_2 \mid H_3) = \frac{20}{25}$$

由全概率公式,得

$$P(A_2) = \sum_{i=1}^{3} P(H_i)P(A_2 \mid H_i) = \frac{1}{3}\left(\frac{7}{10} + \frac{8}{15} + \frac{20}{25}\right) = \frac{61}{90}$$

故

$$P(\overline{A}_1 \mid A_2) = \frac{P(\overline{A}_1 A_2)}{P(A_2)}$$

$$= \frac{1}{P(A_2)}\left[P(H_1)P(\overline{A}_1 A_2 \mid H_1) + P(H_2)P(\overline{A}_1 A_2 \mid H_2) + P(H_3)P(\overline{A}_1 A_2 \mid H_3)\right]$$

$$= \frac{90}{61}\left(\frac{1}{3} \times \frac{3 \times 7}{10 \times 9} + \frac{1}{3} \times \frac{7 \times 8}{15 \times 14} + \frac{1}{3} \times \frac{5 \times 20}{25 \times 24}\right)$$

$$= \frac{90}{61} \times \frac{2}{9} = \frac{20}{61}$$

(3) $$P(H_2 \mid \overline{A}_1 A_2) = \frac{P(H_2)P(\overline{A}_1 A_2 \mid H_2)}{P(\overline{A}_1 A_2)} = \frac{\dfrac{1}{3} \times \dfrac{7 \times 8}{15 \times 14}}{\dfrac{2}{9}} = \frac{2}{5}$$

例 1-27 为了防止意外,在矿内同时设有两种报警系统 A 和 B,每种系统可单独使用,A 有效的概率为 0.92,B 有效的概率为 0.93,在 A 失灵的情况下,B 有效的概率为 0.85,试求:

(1) 发生意外时,这两个报警系统至少有一个有效的概率;

(2) 在 B 失灵的条件下,A 有效的概率。

解 设 A 表示事件"系统 A 有效",B 表示事件"系统 B 有效",则

$$P(B) = P(AB) + P(\overline{A}B) = P(AB) + P(\overline{A})P(B \mid \overline{A})$$

从而

$$\begin{aligned}
P(AB) &= P(B) - P(\overline{A})P(B \mid \overline{A}) \\
&= 0.93 - (1 - 0.92) \times 0.85 \\
&= 0.93 - 0.08 \times 0.85
\end{aligned}$$

(1) 所求的概率为

$$\begin{aligned}
P(A \bigcup B) &= P(A) + P(B) - P(AB) \\
&= 0.92 + 0.93 - (0.93 - 0.08 \times 0.85) \\
&= 0.988
\end{aligned}$$

(2) 所求的概率为

$$\begin{aligned}
P(A \mid \overline{B}) &= \frac{P(A\overline{B})}{P(\overline{B})} = \frac{P(A) - P(AB)}{P(\overline{B})} \\
&= \frac{0.92 - (0.93 - 0.08 \times 0.85)}{1 - 0.93} \\
&= 0.829
\end{aligned}$$

例 1-28 设袋中装有 $n-1$ 只黑球和 1 只白球,每次从袋中随机地取出 1 只球,并换入 1 只黑球,这样继续下去,求第 k 次取球时取到白球的概率。

解 设 $A_i(i = 1, 2, \cdots, k)$ 表示事件"第 i 次取球时取到黑球",则所求的概率为

$$\begin{aligned}
P(\overline{A}_k) &= P(A_1 A_2 \cdots A_{k-1} \overline{A}_k) \\
&= P(A_1)P(A_2 \mid A_1) \cdots P(A_{k-1} \mid A_1 A_2 \cdots A_{k-2})P(\overline{A}_k \mid A_1 A_2 \cdots A_{k-1}) \\
&= \left(1 - \frac{1}{n}\right)^{k-1} \frac{1}{n}
\end{aligned}$$

4. 讨论事件的独立性与事件的概率之间的联系

例 1-29 某人向同一目标独立重复地射击,每次射击命中目标的概率为 $p(0 < p < 1)$,则在命中 3 次前至少失败 2 次的概率为( )。

　　A. $1-p^3-(1-p)p^3$　　　　　　B. $1-p^3-2(1-p)p^3$

　　C. $1-p^3-3(1-p)p^3$　　　　　　D. $1-p^3-4(1-p)p^3$

　　解　应选 C。

　　设 A 表示事件"命中 3 次前至少失败 2 次",则 $\overline{A}$ 表示事件"命中 3 次前最多失败 1 次",从而所求的概率为

$$P(A)=1-P(\overline{A})=1-p^3-C_3^1 p^2(1-p)p=1-p^3-3(1-p)p^3$$

故选 C。

　　例 1-30　一学生宿舍住有 6 名学生,则 6 个人的生日都在星期天的概率为_____;6 个人的生日都不在星期天的概率为_____;6 个人的生日不都在星期天的概率为_____。

　　解　应分别填 $\dfrac{1}{7^6}$,$\dfrac{6^6}{7^6}$,$1-\dfrac{1}{7^6}$。

　　由于每个人的生日在星期天的概率均为 $\dfrac{1}{7}$,因此,由事件的相互独立性知,6 个人的生日都在星期天的概率为 $\left(\dfrac{1}{7}\right)^6=\dfrac{1}{7^6}$,故填 $\dfrac{1}{7^6}$。

　　又由于每个人的生日不在星期天的概率均为 $\dfrac{6}{7}$,故由事件的相互独立性知,6 个人的生日都不在星期天的概率为 $\left(\dfrac{6}{7}\right)^6=\dfrac{6^6}{7^6}$,故填 $\dfrac{6^6}{7^6}$。

　　因为事件"6 个人的生日不都在星期天"的逆事件是事件"6 个人的生日都在星期天",所以 6 个人的生日不都在星期天的概率为 $1-\dfrac{1}{7^6}$,故填 $1-\dfrac{1}{7^6}$。

　　例 1-31　设某型号的高射炮,每一门炮发射一发炮弹击中飞机的概率为 0.6,现在若干门炮同时发射,每门炮发射一门炮弹,求至少需要配置多少门高射炮才能以 99% 的概率击中来犯的一架飞机。

　　解　设需要配置 n 门高射炮,$A_i(i=1,2,\cdots,n)$ 表示事件"第 i 门炮击中来犯的一架飞机",则 $A_1,A_2,\cdots,A_n$ 相互独立,且

$$P(A_1)=P(A_2)=\cdots=P(A_n)=0.6$$

从而 n 取决于如下条件:

$$
\begin{aligned}
P(A_1\cup A_2\cup\cdots\cup A_n)&=1-P(\overline{A_1\cup A_2\cup\cdots\cup A_n})\\
&=1-P(\overline{A}_1\overline{A}_2\cdots\overline{A}_n)=1-P(\overline{A}_1)P(\overline{A}_2)\cdots P(\overline{A}_n)\\
&=1-(0.4)^n\geqslant 0.99
\end{aligned}
$$

即

$$n\geqslant\frac{\lg 0.01}{\lg 0.4}=\frac{2}{0.3979}=5.026$$

所以至少需要配置 6 门高射炮才能以 99% 的概率击中来犯的一架飞机。

例 1-32　用自动生产线加工机器零件,每个零件为次品的概率为 p,若在生产过程中累计出现 m 个次品,则生产线停机检修,求停机检修时共生产了 n 个零件的概率。

解　设 A 表示事件"停机检修时恰好生产了 n 个零件",B 表示事件"在前 $n-1$ 个零件中有 $m-1$ 个次品",C 表示事件"生产第 n 个零件时出现第 m 个次品",则 $A = BC$,且 B、C 相互独立,从而所求的概率为

$$P(A) = P(BC) = P(B)P(C)$$
$$= C_{n-1}^{m-1} p^{m-1} (1-p)^{n-m} p = C_{n-1}^{m-1} p^m (1-p)^{n-m}$$

1.5　习 题 全 解

一、选择题

1. 设 A、B、C 是随机事件,且 $AB \subset C$,则(　　)。

　　A. $\overline{C} \subset \overline{A} \cup \overline{B}$　　　　　　　　　　B. $A \subset C$ 且 $B \subset C$

　　C. $\overline{C} \subset \overline{A}\,\overline{B}$　　　　　　　　　　D. $A \subset C$ 或 $B \subset C$

解　应选 A。

由于 $AB \subset C$,因此 $\overline{C} \subset \overline{AB} = \overline{A} \cup \overline{B}$,故选 A。

2. 设 A、B、C 是随机事件,则(　　)。

　　A. $(A \cup B) - B = A - B$　　　　　　B. $(A - B) \cup B = A$

　　C. $(A \cup B) - C = A \cup (B - C)$　　　D. $A \cup B = A\overline{B} - \overline{A}B$

解　应选 A。

由事件的运算律,得

$$(A \cup B) - B = (A \cup B)\overline{B} = A\overline{B} \cup B\overline{B} = A\overline{B} = A - B$$

即

$$(A \cup B) - B = A - B$$

故选 A。

3. 设 A、B、C 是随机事件,则(　　)。

　　A. $\overline{AB} = A \cup B$　　　　　　　　　B. $A \cup B = (A\overline{B}) \cup B$

　　C. $\overline{A \cup B} \cap C = \overline{A}\,\overline{B}\,\overline{C}$　　　　　D. $(AB)(A\overline{B}) = \Omega$

解　应选 B。

由事件的运算律,得

$$(A\overline{B}) \cup B = (A \cup B)(\overline{B} \cup B) = A \cup B$$

即

$$A \cup B = (A\overline{B}) \cup B$$

故选 B。

4. 设甲、乙两人进行象棋比赛，A 表示事件"甲胜乙负"，则 $\overline{A}$ 表示事件（　　）。

    A. "甲负乙胜"   B. "甲乙平局"

    C. "甲负"   D. "甲负或平局"

解　应选 D。

由于比赛的结果有甲胜、乙胜和平局，因此事件 A"甲胜乙负"的逆事件为事件"甲负或平局"，即 $\overline{A}$ 表示事件"甲负或平局"，故选 D。

5. 某工厂生产某种圆柱形产品，只有当产品的长度和直径都合格时才算正品，否则就为次品，设 A 表示事件"长度合格"，B 表示事件"直径合格"，则事件"产品不合格"的表示为（　　）。

    A. $A \cup B$ B. $\overline{A}\,\overline{B}$ C. $\overline{AB}$ D. $\overline{A}B$ 或 $A\overline{B}$

解　应选 C。

由于 AB 表示事件"产品合格"，因此 $\overline{AB}$ 表示事件"产品不合格"，故选 C。

6. 设一盒子中有 5 件产品，其中 3 件为正品，2 件为次品。从盒子中任取 2 件，则取出的 2 件产品中至少有 1 件次品的概率为（　　）。

    A. $\dfrac{3}{10}$ B. $\dfrac{5}{10}$ C. $\dfrac{7}{10}$ D. $\dfrac{1}{5}$

解　应选 C。

设 A 表示事件"取出的 2 件产品都是正品"，则

$$P(A) = \frac{C_3^2}{C_5^2} = \frac{3}{10}$$

从而所求事件的概率为

$$P(\overline{A}) = 1 - P(A) = 1 - \frac{3}{10} = \frac{7}{10}$$

故选 C。

7. 在图书馆的书架上按任意的次序摆上 15 本教科书，其中 5 本是硬皮书，管理员随机地抽取 3 本，则至少有 1 本是硬皮书的概率为（　　）。

    A. $\dfrac{45}{91}$ B. $\dfrac{20}{91}$ C. $\dfrac{2}{91}$ D. $\dfrac{67}{91}$

解　应选 D。

设 A 表示事件"取出的 3 本书中没有硬皮书"，则

$$P(A) = \frac{C_{10}^3}{C_{15}^3} = \frac{24}{91}$$

从而所求事件的概率为

$$P(\overline{A}) = 1 - P(A) = 1 - \frac{24}{91} = \frac{67}{91}$$

故选 D。

8. 对于任意两个事件 A 和 B，与 $A \bigcup B = B$ 不等价的是(　)。

　　A. $A \subset B$ 　　　　B. $\overline{B} \subset \overline{A}$ 　　　　C. $A\overline{B} = \varnothing$ 　　　　D. $\overline{A}B = \varnothing$

　　解　应选 D。

依题意，取 $A = \varnothing$，$B = \Omega$，则 $A \bigcup B = B$，所以选项 A、B、C 正确，选项 D 不正确，故选 D。

9. 若两个事件 A、B 同时出现的概率 $P(AB) = 0$，则(　)。

　　A. A、B 互不相容 　　　　　　　　　　B. AB 是不可能事件

　　C. AB 未必是不可能事件 　　　　　　　D. $P(A) = 0$ 或 $P(B) = 0$

　　解　应选 C。

由于 $P(AB) = 0$，因此 AB 未必是不可能事件，故选 C。

10. 设事件 A 与事件 B 互不相容，则(　)。

　　A. $P(\overline{A}\overline{B}) = 0$ 　　　　　　　　B. $P(AB) = P(A)P(B)$

　　C. $P(A) = 1 - P(B)$ 　　　　　　　　D. $P(\overline{A} \bigcup \overline{B}) = 1$

　　解　应选 D。

由于事件 A、B 互不相容，因此 $AB = \varnothing$，从而 $\overline{AB} = \Omega$，即 $\overline{A} \bigcup \overline{B} = \Omega$，所以

$$P(\overline{A} \bigcup \overline{B}) = P(\Omega) = 1$$

故选 D。

11. 设 $P(A) = 0.6$，$P(A \bigcup B) = 0.84$，$P(\overline{B} | A) = 0.4$，则 $P(B) = ($ 　 $)$。

　　A. 0.60 　　　　　　B. 0.36 　　　　　　C. 0.24 　　　　　　D. 0.48

　　解　应选 A。

由于

$$P(A \bigcup B) = P(A) + P(B) - P(AB) = P(A) + P(B) - P(A)P(B | A)$$

因此

$$\begin{aligned} P(B) &= P(A \bigcup B) - P(A) + P(A)P(B | A) \\ &= P(A \bigcup B) - P(A) + P(A)(1 - P(\overline{B} | A)) \\ &= 0.84 - 0.6 + 0.6 \times (1 - 0.4) = 0.60 \end{aligned}$$

故选 A。

12. 设 $0 < P(A) < 1$，$0 < P(B) < 1$，且 $B \subset A$，则(　)。

　　A. $P(\overline{A}B) = 1 - P(A)$ 　　　　　　B. $P(\overline{B} - \overline{A}) = P(\overline{B}) - P(\overline{A})$

　　C. $P(B | A) = P(B)$ 　　　　　　　　D. $P(A | \overline{B}) = P(A)$

　　解　应选 B。

由于 $B \subset A$，因此 $\overline{A} \subset \overline{B}$，由减法公式，得

$$P(\overline{B} - \overline{A}) = P(\overline{B}) - P(\overline{A})$$

故选 B。

13. 当事件 A 与 B 同时发生时，事件 C 必发生，则（　　）。

A. $P(C) \leqslant P(A) + P(B) - 1$ 　　　　B. $P(C) \geqslant P(A) + P(B) - 1$

C. $P(C) = P(AB)$ 　　　　D. $P(C) = P(A \bigcup B)$

解　应选 B。

由题意知，$AB \subset C$，从而

$$P(C) \geqslant P(AB) = P(A) + P(B) - P(A \bigcup B) \geqslant P(A) + P(B) - 1$$

故选 B。

14. 设 A、B 互不相容，且 $P(A) > 0$，$P(B) > 0$，则（　　）。

A. $P(B|A) > 0$ 　　　　B. $P(A|B) = P(A)$

C. $P(A|B) = 0$ 　　　　D. $P(AB) = P(A)P(B)$

解　应选 C。

由于 A、B 互不相容，即 $AB = \varnothing$，因此 $P(AB) = 0$，从而

$$P(A|B) = \frac{P(AB)}{P(B)} = 0$$

故选 C。

15. 设 A、B 是事件，且 $P(A) > 0$，$P(A|B) = 1$，则（　　）。

A. $P(A \bigcup B) > P(A)$ 　　　　B. $P(A \bigcup B) > P(B)$

C. $P(A \bigcup B) = P(A)$ 　　　　D. $P(A \bigcup B) = P(B)$

解　应选 C。

由于 $P(A|B) = 1$，因此

$$P(A \bigcup B) = P(A) + P(B) - P(AB) = P(A) + P(B) - P(B)P(A|B)$$
$$= P(A) + P(B) - P(B) = P(A)$$

故选 C。

16. 设 $A \subset B$，$P(B) > 0$，则（　　）。

A. $P(A) < P(A|B)$ 　　　　B. $P(A) \leqslant P(A|B)$

C. $P(A) > P(A|B)$ 　　　　D. $P(A) \geqslant P(A|B)$

解　应选 B。

由于 $A \subset B$，因此 $AB = A$，从而

$$P(A) = P(AB) = P(B)P(A|B) \leqslant P(A|B)$$

故选 B。

17. 已知 $0 < P(B) < 1$，且 $P(A_1 \bigcup A_2 | B) = P(A_1|B) + P(A_2|B)$，则（　　）。

A. $P(A_1 \bigcup A_2 | \overline{B}) = P(A_1|\overline{B}) + P(A_2|\overline{B})$

B. $P(A_1 B \bigcup A_2 B) = P(A_1 B) + P(A_2 B)$

C. $P(A_1 \bigcup A_2) = P(A_1|B) + P(A_2|B)$

D. $P(B) = P(A_1)P(B \mid A_1) + P(A_2)P(B \mid A_2)$

解　应选 B。

由于

$$P(A_1 \bigcup A_2 \mid B) = P(A_1 \mid B) + P(A_2 \mid B)$$

因此

$$\frac{P((A_1 \bigcup A_2)B)}{P(B)} = \frac{P(A_1 B)}{P(B)} + \frac{P(A_2 B)}{P(B)}$$

即

$$P(A_1 B \bigcup A_2 B) = P(A_1 B) + P(A_2 B)$$

故选 B。

18. 设 A、B 是随机事件，且 $0 < P(A) < 1, 0 < P(B) < 1, P(A \mid B) + P(\overline{A} \mid \overline{B}) = 1$，则（　　）。

　　A. A、B 互不相容　　　　　　　　B. A、B 相互对立

　　C. A、B 不相互独立　　　　　　　D. A、B 相互独立

解　应选 D。

由于 $P(A \mid B) + P(\overline{A} \mid \overline{B}) = 1$，即 $P(A \mid B) = P(A \mid \overline{B})$，因此

$$\frac{P(AB)}{P(B)} = \frac{P(A\overline{B})}{P(\overline{B})} = \frac{P(A - AB)}{P(\overline{B})} = \frac{P(A) - P(AB)}{1 - P(B)}$$

从而

$$P(AB)(1 - P(B)) = P(B)(P(A) - P(AB))$$

即

$$P(AB) = P(A)P(B)$$

所以 A、B 相互独立，故选 D。

19. 设 A、B 是随机事件，且 $0 < P(A) < 1, P(B) > 0, P(B \mid A) + P(\overline{B} \mid \overline{A}) = 1$，则
（　　）。

　　A. $P(A \mid B) = P(\overline{A} \mid B)$　　　　　　B. $P(A \mid B) \neq P(\overline{A} \mid B)$

　　C. $P(AB) = P(A)P(B)$　　　　　　D. $P(AB) \neq P(A)P(B)$

解　应选 C。

由于 $P(B \mid A) + P(\overline{B} \mid \overline{A}) = 1$，即 $P(B \mid A) = P(B \mid \overline{A})$，因此

$$\frac{P(AB)}{P(A)} = \frac{P(\overline{A}B)}{P(\overline{A})} = \frac{P(B - AB)}{P(\overline{A})} = \frac{P(B) - P(AB)}{1 - P(A)}$$

从而

$$P(AB)(1 - P(A)) = P(A)(P(B) - P(AB))$$

即

$$P(AB) = P(A)P(B)$$

故选 C。

20. 设 A、B 是随机事件，则下述结论正确的是(　　)。

　　A. 若 A 与 B 互不相容，则 A 与 B 相互对立

　　B. 若 A 与 B 相互对立，则 A 与 B 互不相容

　　C. 若 A 与 B 相互独立，则 A 与 B 互不相容

　　D. 若 A 与 B 互不相容，则 A 与 B 相互独立

解　应选 B。

由于 A、B 相互对立，因此 $A \bigcap B = \varnothing$，$A \bigcup B = \Omega$，从而 A 与 B 互不相容，故选 B。

21. 设随机事件 A、B 相互独立，且 $P(A) = p$，$P(B) = q$，则 A、B 中恰有一个发生的概率为(　　)。

　　A. $p + q$ 　　　　　　　　　　　　B. $p(1 - q)$

　　C. $q(1 - p)$ 　　　　　　　　　　D. $p(1 - q) + q(1 - p)$

解　应选 D。

由于 A、B 相互独立，因此所求的概率为

$$P(A\overline{B} \bigcup \overline{A}B) = P(A\overline{B}) + P(\overline{A}B) = P(A)P(\overline{B}) + P(\overline{A})P(B)$$
$$= p(1 - q) + q(1 - p)$$

故选 D。

22. 设 A、B、C 三个事件两两独立，则 A、B、C 相互独立的充分必要条件是(　　)。

　　A. A 与 BC 相互独立　　　　　　　　B. AB 与 $A \bigcup C$ 相互独立

　　C. AB 与 AC 相互独立　　　　　　　　D. $A \bigcup B$ 与 $A \bigcup C$ 相互独立

解　应选 A。

由于 A、B、C 三个事件两两独立，因此

$$P(AB) = P(A)P(B), P(AC) = P(A)P(C), P(BC) = P(B)P(C)$$

从而 A、B、C 相互独立的充分必要条件是 $P(ABC) = P(A)P(B)P(C)$。

若 A 与 BC 相互独立，则

$$P(ABC) = P(A(BC)) = P(A)P(BC) = P(A)P(B)P(C)$$

反过来，若 $P(ABC) = P(A)P(B)P(C)$，则

$$P(A(BC)) = P(ABC) = P(A)P(B)P(C) = P(A)(P(B)P(C))$$
$$= P(A)P(BC)$$

即 A 与 BC 相互独立。从而 A、B、C 相互独立的充分必要条件是 A 与 BC 相互独立，故选 A。

23. 设随机事件 A、B、C 相互独立，且 $P(A) \neq 0$，$0 < P(C) < 1$，则下面四对事件中不相互独立的是(　　)。

　　A. $\overline{A \bigcup B}$ 与 C 　　　B. $\overline{AC}$ 与 $\overline{C}$ 　　　C. $\overline{A - B}$ 与 $\overline{C}$ 　　　D. $\overline{AB}$ 与 $\overline{C}$

解　应选 B。

方法一：由于 A、B、C 相互独立，且 $P(A) \neq 0$，$0 < P(C) < 1$，因此

$$P((\overline{AC})\overline{C}) = P(\overline{AC \cup C}) = P(\overline{C})$$
$$P(\overline{AC}) = 1 - P(AC) = 1 - P(A)P(C) < 1$$

从而

$$P((\overline{AC})\overline{C}) \neq P(\overline{AC})P(\overline{C})$$

即 $\overline{AC}$ 与 $\overline{C}$ 不相互独立，故选 B。

方法二：由于 A、B、C 相互独立，因此 $\overline{A \cup B}$ 与 C、$\overline{A - B}$ 与 $\overline{C}$、$\overline{AB}$ 与 $\overline{C}$ 相互独立，从而就不相互独立而言，选项 A、C、D 不正确，故选 B。

24. 将一枚硬币独立地掷两次，设 A_1 表示事件"掷第一次出现正面"，A_2 表示事件"掷第二次出现正面"，A_3 表示事件"正、反面各出现一次"，A_4 表示事件"正面出现两次"，则（　　）。

A. A_1、A_2、A_3 相互独立
B. A_2、A_3、A_4 相互独立
C. A_1、A_2、A_3 两两独立
D. A_2、A_3、A_4 两两独立

解 应选 C。

由于

$$P(A_1) = P(A_2) = P(A_3) = \frac{1}{2}$$

$$P(A_4) = \frac{1}{4}$$

$$P(A_1 A_2) = P(A_1 A_3) = P(A_2 A_3) = P(A_1 A_4) = P(A_2 A_4) = \frac{1}{4}$$

$$P(A_3 A_4) = 0$$

$$P(A_1 A_2 A_3) = P(A_2 A_3 A_4) = 0$$

因此

$$P(A_1 A_2) = P(A_1)P(A_2), \quad P(A_1 A_3) = P(A_1)P(A_3), \quad P(A_2 A_3) = P(A_2)P(A_3)$$

即 A_1、A_2、A_3 两两独立。但

$$P(A_1 A_2 A_3) = 0 \neq \frac{1}{8} = P(A_1)P(A_2)P(A_3)$$

即 A_1、A_2、A_3 不相互独立，故选 C。

二、填空题

1. 设随机事件 A、B 互不相容，且 $P(A) = p$，$P(B) = q$，则 $P(A \cup B) = \underline{\hspace{1cm}}$，$P(\overline{A} \cup B) = \underline{\hspace{1cm}}$，$P(A \cup \overline{B}) = \underline{\hspace{1cm}}$，$P(\overline{A}B) = \underline{\hspace{1cm}}$，$P(A\overline{B}) = \underline{\hspace{1cm}}$，$P(\overline{A}\,\overline{B}) = \underline{\hspace{1cm}}$。

解 应分别填 $p + q$，$1 - p$，$1 - q$，q，p，$1 - p - q$。

由于 A、B 互不相容，因此 $AB = \varnothing$，从而

$$P(A \bigcup B) = P(A) + P(B) = p + q$$

故填 $p + q$。

$$P(\overline{A} \bigcup B) = 1 - P(\overline{\overline{A} \bigcup B}) = 1 - P(A\overline{B})$$
$$= 1 - P(A - B) = 1 - P(A - AB)$$
$$= 1 - P(A) + P(AB) = 1 - P(A) = 1 - p$$

故填 $1 - p$。

$$P(A \bigcup \overline{B}) = 1 - P(\overline{A \bigcup \overline{B}}) = 1 - P(\overline{A}B)$$
$$= 1 - P(B - A) = 1 - P(B - AB)$$
$$= 1 - P(B) + P(AB) = 1 - P(B) = 1 - q$$

故填 $1 - q$。

$$P(\overline{A}B) = P(B - A) = P(B - AB) = P(B) - P(AB) = P(B) = q$$

故填 q。

$$P(A\overline{B}) = P(A - B) = P(A - AB) = P(A) - P(AB) = P(A) = p$$

故填 p。

$$P(\overline{A}\,\overline{B}) = P(\overline{A \bigcup B}) = 1 - P(A \bigcup B)$$
$$= 1 - P(A) - P(B) + P(AB)$$
$$= 1 - P(A) - P(B) = 1 - p - q$$

故填 $1 - p - q$。

2. 设 $P(A) = p$，$P(B) = q$，且 A、B 相互独立，则 $P(A - B) = $ _____ ，$P(\overline{A} - B) = $ _____ ，$P(\overline{A} \bigcup B) = $ _____ 。

解　应分别填 $p(1 - q)$，$(1 - p)(1 - q)$，$1 - p + pq$。

由于 A、B 相互独立，因此 $P(AB) = P(A)P(B)$，$P(\overline{A}B) = P(\overline{A})P(B)$，从而

$$P(A - B) = P(A - AB) = P(A) - P(AB) = P(A) - P(A)P(B)$$
$$= p - pq = p(1 - q)$$

故填 $p(1 - q)$。

$$P(\overline{A} - B) = P(\overline{A}\,\overline{B}) = P(\overline{A \bigcup B}) = 1 - P(A \bigcup B)$$
$$= 1 - P(A) - P(B) + P(AB)$$
$$= 1 - P(A) - P(B) + P(A)P(B)$$
$$= 1 - p - q + pq = (1 - p)(1 - q)$$

故填 $(1 - p)(1 - q)$。

$$P(\overline{A} \bigcup B) = P(\overline{A}) + P(B) - P(\overline{A}B) = P(\overline{A}) + P(B) - P(\overline{A})P(B)$$
$$= 1 - P(A) + P(B) - (1 - P(A))P(B)$$
$$= 1 - p + q - (1 - p)q = 1 - p + pq$$

故填 $1 - p + pq$。

3. 设 A、B 是两个事件，满足 $P(AB) = P(\overline{A}\,\overline{B})$，且 $P(A) = p$，则 $P(B) =$ _____。

解　应填 $1-p$。

由于
$$P(AB) = P(\overline{A}\,\overline{B}) = P(\overline{A \bigcup B}) = 1 - P(A \bigcup B)$$
$$= 1 - P(A) - P(B) + P(AB)$$

因此
$$1 - P(A) - P(B) = 0$$

从而 $P(B) = 1 - P(A) = 1 - p$，故填 $1-p$。

4. 设 $P(A) = 0.5$，$P(B) = 0.6$，$P(B|A) = 0.8$，则 $P(A \bigcup B) =$ _____。

解　应填 0.7。

由加法公式及乘法公式，得
$$P(A \bigcup B) = P(A) + P(B) - P(AB)$$
$$= P(A) + P(B) - P(A)P(B|A)$$
$$= 0.5 + 0.6 - 0.5 \times 0.8 = 0.7$$

故填 0.7。

5. 将 3 只球随机地放入 5 个盒子中去，则每个盒子至多有 1 只球的概率为 _____。

解　应填 $\dfrac{12}{25}$。

样本空间基本事件总数 $n = 5^3$，有利于所求事件发生的基本事件数 $k = C_5^3 \times 3!$，从而所求的概率为
$$p = \frac{k}{n} = \frac{C_5^3 \times 3!}{5^3} = \frac{12}{25}$$

故填 $\dfrac{12}{25}$。

6. 将 A、A、C、E、H、I、M、M、T、T、S 这 11 个字母随机地排成一行，则恰好组成英文单词 MATHEMATICS 的概率为 _____。

解　应填 $0.000\,000\,2$。

样本空间基本事件总数 $n = 11!$，有利于所求事件发生的基本事件数 $k = 2 \times 2 \times 2 = 8$，从而所求的概率为
$$p = \frac{k}{n} = \frac{8}{11!} = 0.000\,000\,2$$

故填 $0.000\,000\,2$。

7. 袋中有 3 只红球、4 只白球、5 只黑球，从袋中取球两次，每次取 1 只。

（Ⅰ）若取出的球不放回，则第一次取到红球，第二次取到白球的概率为 _____；

（Ⅱ）若取出的球放回，则第一次取到黑球，第二次取到白球的概率为 _____。

解 （Ⅰ）应填 $\dfrac{1}{11}$；（Ⅱ）应填 $\dfrac{5}{36}$。

（Ⅰ）样本空间基本事件总数 $n_1 = C_{12}^1 C_{11}^1$，有利于所求事件发生的基本事件数 $k_1 = C_3^1 C_4^1$，从而所求的概率为

$$p_1 = \frac{k_1}{n_1} = \frac{C_3^1 C_4^1}{C_{12}^1 C_{11}^1} = \frac{1}{11}$$

故填 $\dfrac{1}{11}$。

（Ⅱ）样本空间基本事件总数 $n_2 = C_{12}^1 C_{12}^1$，有利于所求事件发生的基本事件数 $k_2 = C_5^1 C_4^1$，从而所求的概率为

$$p_2 = \frac{k_2}{n_2} = \frac{C_5^1 C_4^1}{C_{12}^1 C_{12}^1} = \frac{5}{36}$$

故填 $\dfrac{5}{36}$。

8. 从 1、2、3、4、5、6 这 6 个数字中等可能地有放回地连续抽取 4 个数字，则

（Ⅰ）事件"取得的 4 个数字完全不同"的概率为＿＿＿＿＿＿；

（Ⅱ）事件"取得的 4 个数字不含 1 和 5"的概率为＿＿＿＿＿＿；

（Ⅲ）事件"取得的 4 个数字中 3 恰好出现两次"的概率为＿＿＿＿＿＿。

解 （Ⅰ）应填 $\dfrac{5}{18}$；（Ⅱ）应填 $\dfrac{16}{81}$；（Ⅲ）应填 $\dfrac{25}{216}$。

样本空间基本事件总数 $n = C_6^1 C_6^1 C_6^1 C_6^1$。

（Ⅰ）有利于所求事件发生的基本事件数 $k_1 = C_6^1 C_5^1 C_4^1 C_3^1$，从而所求的概率为

$$p_1 = \frac{k_1}{n} = \frac{C_6^1 C_5^1 C_4^1 C_3^1}{C_6^1 C_6^1 C_6^1 C_6^1} = \frac{5}{18}$$

故填 $\dfrac{5}{18}$。

（Ⅱ）有利于所求事件发生的基本事件数 $k_2 = C_4^1 C_4^1 C_4^1 C_4^1$，从而所求的概率为

$$p_2 = \frac{k_2}{n} = \frac{C_4^1 C_4^1 C_4^1 C_4^1}{C_6^1 C_6^1 C_6^1 C_6^1} = \frac{16}{81}$$

故填 $\dfrac{16}{81}$。

（Ⅲ）有利于所求事件发生的基本事件数 $k_3 = C_4^2 C_1^1 C_1^1 C_5^1 C_5^1$，从而所求的概率为

$$p_3 = \frac{k_3}{n} = \frac{C_4^2 C_1^1 C_1^1 C_5^1 C_5^1}{C_6^1 C_6^1 C_6^1 C_6^1} = \frac{25}{216}$$

故填 $\dfrac{25}{216}$。

9. 从 6 双不同的鞋子中任取 4 只，则

（Ⅰ）这 4 只鞋子中恰有 2 只配成一双的概率为＿＿＿＿＿；

（Ⅱ）这 4 只鞋子中至少有 2 只配成一双的概率为＿＿＿＿＿。

解　（Ⅰ）应填 $\dfrac{16}{33}$；（Ⅱ）应填 $\dfrac{17}{33}$。

样本空间基本事件总数 $n = C_{12}^4$。

（Ⅰ）先从 6 双鞋中取出 1 双，其两只全取出；再从剩下的 5 双鞋中取出 2 双，从取出的每双中取出 1 只，所以有利于所求事件发生的基本事件数 $k_1 = C_6^1 C_2^2 C_5^2 C_2^1 C_2^1$，从而所求的概率为

$$p_1 = \frac{k_1}{n} = \frac{C_6^1 C_2^2 C_5^2 C_2^1 C_2^1}{C_{12}^4} = \frac{16}{33}$$

故填 $\dfrac{16}{33}$。

（Ⅱ）由于所求事件的逆事件为事件"这 4 只鞋子中没有成双的"，因此有利于所求事件的逆事件发生的基本事件数 $k_2 = C_6^4 C_2^1 C_2^1 C_2^1 C_2^1$，从而所求的概率为

$$p_2 = 1 - \frac{k_2}{n} = 1 - \frac{C_6^4 C_2^1 C_2^1 C_2^1 C_2^1}{C_{12}^4} = \frac{17}{33}$$

故填 $\dfrac{17}{33}$。

10. 随机地向半圆 $0 < y < \sqrt{2ax - x^2}\,(a > 0)$ 内掷一点，点落在半圆内的任何区域的概率与区域的面积成正比，则原点和该点的连线与 x 轴的夹角小于 $\pi/4$ 的概率为＿＿＿＿＿。

解　应填 $\dfrac{1}{2} + \dfrac{1}{\pi}$。

设 A 表示事件"原点和该点的连线与 x 轴的夹角小于 $\dfrac{\pi}{4}$"，由于样本空间为 $\Omega = \{(x, y) \,|\, 0 < y < \sqrt{2ax - x^2},\, x > 0\}$。由几何概率知（如图 1.2 所示）

$$P(A) = \frac{A \text{ 的面积}}{\Omega \text{ 的面积}} = \frac{\dfrac{1}{2}a^2 + \dfrac{1}{4}\pi a^2}{\dfrac{1}{2}\pi a^2} = \frac{1}{2} + \frac{1}{\pi}$$

故填 $\dfrac{1}{2} + \dfrac{1}{\pi}$。

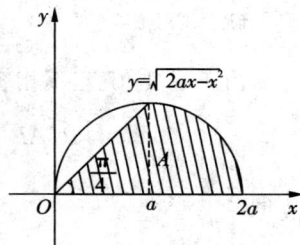

图 1.2

11. 设 A、B 相互独立，且 A、B 都不发生的概率为 $1/9$，A 发生 B 不发生的概率与 B 发生 A 不发生的概率相等，则 $P(A) = $＿＿＿＿＿。

解　应填 $\dfrac{2}{3}$。

由题设知，$P(\overline{A}\,\overline{B}) = \dfrac{1}{9}$，$P(A\overline{B}) = P(\overline{A}B)$。由于 A、B 相互独立，因此 $\overline{A}$、$\overline{B}$ 相互独

立，从而 $P(\overline{A}\,\overline{B}) = P(\overline{A})P(\overline{B}) = \dfrac{1}{9}$，又由于

$$P(A\overline{B}) = P(A - B) = P(A - AB) = P(A) - P(AB)$$
$$P(\overline{A}B) = P(B - A) = P(B - AB) = P(B) - P(AB)$$

故 $P(A) = P(B)$，从而 $P(\overline{A}) = P(\overline{B})$，解之，得 $P(\overline{A}) = \dfrac{1}{3}$，所以 $P(A) = \dfrac{2}{3}$，故填 $\dfrac{2}{3}$。

12. 设 $P(A) = 0.6$，$P(B) = 0.7$，则

（Ⅰ）在_____条件下，$P(AB)$ 取得最大值，最大值为_____；

（Ⅱ）在_____条件下，$P(AB)$ 取得最小值，最小值为_____。

解 （Ⅰ）应分别填 $A \subset B$，0.6；（Ⅱ）应分别填 $A \cup B = \Omega$，0.3。

由于

$$P(AB) = P(A) + P(B) - P(A \cup B)$$
$$P(A) = 0.6 < 0.7 = P(B) \leqslant P(A \cup B)$$

因此，

（Ⅰ）当 $A \subset B$ 时，$P(A \cup B) = P(B)$（即 $P(A \cup B)$ 取得最小值），从而 $P(AB)$ 取得最大值，最大值为 $P(AB) = P(A) = 0.6$，故分别填 $A \subset B$，0.6。

（Ⅱ）当 $A \cup B = \Omega$ 时，$P(A \cup B)$ 取得最大值，从而 $P(AB)$ 取得最小值，最小值为 $P(AB) = P(A) + P(B) - 1 = 0.6 + 0.7 - 1 = 0.3$，故分别填 $A \cup B = \Omega$，0.3。

13. 设 A、B、C 是随机事件，A 与 C 互不相容，$P(AB) = 1/2$，$P(C) = 1/3$，则 $P(AB\,|\,\overline{C}) = $ _____。

解 应填 $\dfrac{3}{4}$。

由于 A 与 C 互不相容，因此 $A \subset \overline{C}$，从而

$$P(AB\,|\,\overline{C}) = \frac{P(AB\overline{C})}{P(\overline{C})} = \frac{P(AB)}{1 - P(C)} = \frac{1/2}{1 - 1/3} = \frac{3}{4}$$

故填 $\dfrac{3}{4}$。

14. 第一个盒子中装有 5 只红球、4 只白球，第二个盒子中装有 4 只红球、5 只白球。先从第一个盒子中任取 2 只球放入第二个盒子中去，然后从第二个盒子中任取 1 只球，则取到白球的概率为_____。

解 应填 $\dfrac{53}{99}$。

设 $B_i (i = 0, 1, 2)$ 表示事件"从第一个盒子中取出的 2 只球中有 i 只白球"，A 表示事

件"从第二个盒子中任取 1 只球时取到白球"，则

$$P(B_0) = \frac{C_5^2}{C_9^2} = \frac{5}{18}, \ P(B_1) = \frac{C_5^1 C_4^1}{C_9^2} = \frac{5}{9}, \ P(B_2) = \frac{C_4^2}{C_9^2} = \frac{1}{6}$$

$$P(A \mid B_0) = \frac{5}{11}, \ P(A \mid B_1) = \frac{6}{11}, \ P(A \mid B_2) = \frac{7}{11}$$

由全概率公式，得

$$P(A) = \sum_{i=0}^2 P(B_i)P(A \mid B_i) = \frac{5}{18} \times \frac{5}{11} + \frac{5}{9} \times \frac{6}{11} + \frac{1}{6} \times \frac{7}{11} = \frac{53}{99}$$

故填 $\frac{53}{99}$。

15. 假设一批产品中一、二、三等品各占 60%、30%、10%，从中随意地取出 1 件，结果不是三等品，则取到的是一等品的概率为 _____。

解　应填 $\frac{2}{3}$。

设 $A_i(i=1,2,3)$ 表示事件"取出的产品是 i 等品"，则 A_1、A_2、A_3 两两互不相容，且

$$P(A_1) = 0.6, \ P(A_2) = 0.3, \ P(A_3) = 0.1$$

从而所求的概率为

$$P(A_1 \mid \overline{A_3}) = P(A_1 \mid A_1 \bigcup A_2) = \frac{P(A_1)}{P(A_1 \bigcup A_2)} = \frac{P(A_1)}{P(A_1) + P(A_2)}$$

$$= \frac{0.6}{0.6 + 0.3} = \frac{2}{3}$$

故填 $\frac{2}{3}$。

16. 某人想买某本书，决定到 3 个书店去买。设每个书店有无此书是等可能的，如果有，是否卖完也是等可能的，且 3 个书店有无此书、是否卖完是相互独立的，则此人买到此书的概率为 _____。

解　应填 $\frac{37}{64}$。

方法一：设 $A_i(i=1,2,3)$ 表示事件"此人能从第 i 个书店买到此书"，则 A_1、A_2、A_3 相互独立，且

$$P(A_1) = P(A_2) = P(A_3) = \frac{1}{2} \times \frac{1}{2} = \frac{1}{4}$$

$$P(A_1 A_2) = P(A_2 A_3) = P(A_1 A_3) = \frac{1}{4} \times \frac{1}{4} = \frac{1}{16}$$

$$P(A_1 A_2 A_3) = \frac{1}{4} \times \frac{1}{4} \times \frac{1}{4} = \frac{1}{64}$$

从而所求的概率为

$$P(A_1 \bigcup A_2 \bigcup A_3) = P(A_1) + P(A_2) + P(A_3) - P(A_1 A_2)$$
$$- P(A_2 A_3) - P(A_1 A_3) + P(A_1 A_2 A_3)$$
$$= 3 \times \frac{1}{4} - 3 \times \frac{1}{16} + \frac{1}{64} = \frac{37}{64}$$

故填 $\frac{37}{64}$。

方法二：设 $A_i(i=1,2,3)$ 表示事件"此人能从第 i 个书店买到此书"，则 A_1、A_2、A_3 相互独立，且

$$P(A_1) = P(A_2) = P(A_3) = \frac{1}{2} \times \frac{1}{2} = \frac{1}{4}$$

从而所求的概率为

$$P(A_1 \bigcup A_2 \bigcup A_3) = 1 - P(\overline{A_1}) P(\overline{A_2}) P(\overline{A_3})$$
$$= 1 - \frac{3}{4} \times \frac{3}{4} \times \frac{3}{4} = \frac{37}{64}$$

故填 $\frac{37}{64}$。

17. 一袋子中装有 $m(m \geq 3)$ 只白球和 n 只黑球，现丢失 1 球，不知其颜色。从袋中任取 2 只球，结果都是白球，则丢失的是白球的概率为＿＿＿＿＿。

解　应填 $\frac{m-2}{m+n-2}$。

设 B_1 表示事件"丢失的是白球"，B_2 表示事件"丢失的是黑球"，A 表示事件"取到的 2 只球是白球"，则

$$P(B_1) = \frac{m}{m+n}, \quad P(B_2) = \frac{n}{m+n}$$

$$P(A \mid B_1) = \frac{C_{m-1}^2}{C_{m+n-1}^2} = \frac{(m-1)(m-2)}{(m+n-1)(m+n-2)}$$

$$P(A \mid B_2) = \frac{C_m^2}{C_{m+n-1}^2} = \frac{m(m-1)}{(m+n-1)(m+n-2)}$$

由 Bayes 公式，得

$$P(B_1 \mid A) = \frac{P(B_1)P(A \mid B_1)}{P(B_1)P(A \mid B_1) + P(B_2)P(A \mid B_2)}$$

$$= \frac{\dfrac{m}{m+n} \times \dfrac{(m-1)(m-2)}{(m+n-1)(m+n-2)}}{\dfrac{m}{m+n} \times \dfrac{(m-1)(m-2)}{(m+n-1)(m+n-2)} + \dfrac{n}{m+n} \times \dfrac{m(m-1)}{(m+n-1)(m+n-2)}}$$

$$= \frac{m-2}{m+n-2}$$

故填 $\dfrac{m-2}{m+n-2}$。

18. 盒子中装有 4 只次品晶体管，6 只正品晶体管。现逐个抽取进行测试，测试后不放回，直到 4 只次品晶体管都找到为止，则

（Ⅰ）第 4 只次品晶体管在第 5 次测试时发现的概率为＿＿＿＿＿＿；

（Ⅱ）第 4 只次品晶体管在第 10 次测试时发现的概率为＿＿＿＿＿＿。

解　（Ⅰ）应填 $\dfrac{2}{105}$；（Ⅱ）应填 $\dfrac{2}{5}$。

（Ⅰ）设 A_1 表示事件"前 4 次抽取中取得 3 只次品晶体管"，A_2 表示事件"第 5 次抽取时取得次品晶体管"，则 A_1A_2 表示事件"第 4 只次品晶体管在第 5 次测试时发现"。由乘法公式，得

$$P(A_1A_2) = P(A_1)P(A_2 \mid A_1) = \frac{C_4^1 C_6^1 A_4^3}{A_{10}^4} \times \frac{1}{C_6^1} = \frac{2}{105}$$

其中 A_n^m 表示从 n 只晶体管中取 m 只晶体管的排列，故填 $\dfrac{2}{105}$。

（Ⅱ）设 B_1 表示事件"前 9 次抽取中取得 3 只次品晶体管"，B_2 表示事件"第 10 次抽取时取得次品晶体管"，则 B_1B_2 表示事件"第 4 只次品晶体管在第 10 次测试时发现"。由乘法公式，得

$$P(B_1B_2) = P(B_1)P(B_2 \mid B_1) = \frac{C_9^3 A_4^3 A_6^6}{A_{10}^9} \times \frac{1}{C_1^1} = \frac{2}{5}$$

故填 $\dfrac{2}{5}$。

三、解答题

1. 盒中有 10 只晶体管，其中有 3 只次品，有放回地从中取两次，每次取 1 只，试求下列事件的概率：

（Ⅰ）取到的 2 只都是正品；

（Ⅱ）取到的 2 只中，1 只是正品，1 只是次品；

（Ⅲ）取到的 2 只中至少有 1 只是正品。

解　样本空间基本事件总数 $n = C_{10}^1 C_{10}^1$。

（Ⅰ）设 A 表示事件"取到的 2 只都是正品"，则有利于 A 发生的基本事件数 $k_1 = C_7^1 C_7^1$，故所求的概率为

$$P(A) = \frac{k_1}{n} = \frac{C_7^1 C_7^1}{C_{10}^1 C_{10}^1} = \frac{49}{100}$$

（Ⅱ）设 B 表示事件"取到的 2 只中，1 只是正品，1 只是次品"，则有利于 B 发生的基本事件数 $k_2 = C_7^1 C_3^1 + C_3^1 C_7^1$，故所求的概率为

$$P(B) = \frac{k_2}{n} = \frac{C_7^1 C_3^1 + C_3^1 C_7^1}{C_{10}^1 C_{10}^1} = \frac{21}{50}$$

（Ⅲ）设 C 表示事件"取到的 2 只中至少有 1 只是正品"，则有利于 $\overline{C}$ 发生的基本事件数 $k_3 = C_3^1 C_3^1$，故所求事件的概率为

$$P(C) = 1 - P(\overline{C}) = 1 - \frac{k_3}{n} = 1 - \frac{C_3^1 C_3^1}{C_{10}^1 C_{10}^1} = \frac{91}{100}$$

2. 设 $P(A) = 0.5$，$P(B) = 0.4$，$P(A - B) = 0.3$，求 $P(\overline{A} \cup \overline{B})$。

解　由于

$$P(A - B) = P(A - AB) = P(A) - P(AB)$$

因此

$$P(AB) = P(A) - P(A - B) = 0.5 - 0.3 = 0.2$$

从而

$$P(\overline{A} \cup \overline{B}) = P(\overline{AB}) = 1 - P(AB) = 1 - 0.2 = 0.8$$

3. 设 $P(A) = 0.4$，$P(B) = 0.5$，$P(A|B) = 0.6$，求：

（Ⅰ）$P(\overline{A}|B)$；

（Ⅱ）$P(\overline{B}|\overline{A})$。

解　（Ⅰ）由条件概率的性质，得

$$P(\overline{A}|B) = 1 - P(A|B) = 1 - 0.6 = 0.4$$

（Ⅱ）方法一：由于

$$P(A \cup B) = P(A) + P(B) - P(AB) = P(A) + P(B) - P(B)P(A|B)$$

因此

$$P(\overline{B}|\overline{A}) = \frac{P(\overline{A}\,\overline{B})}{P(\overline{A})} = \frac{P(\overline{A \cup B})}{P(\overline{A})} = \frac{1 - P(A \cup B)}{1 - P(A)}$$

$$= \frac{1 - P(A) - P(B) + P(B)P(A|B)}{1 - P(A)}$$

$$= \frac{1 - 0.4 - 0.5 + 0.5 \times 0.6}{1 - 0.4} = \frac{2}{3}$$

方法二：由条件概率的性质，得

$$P(\overline{B}|\overline{A}) = 1 - P(B|\overline{A}) = 1 - \frac{P(\overline{A}B)}{P(\overline{A})}$$

$$= 1 - \frac{P(B)P(\overline{A}|B)}{P(\overline{A})} = 1 - \frac{P(B)[1 - P(A|B)]}{1 - P(A)}$$

$$= 1 - \frac{0.5 \times (1 - 0.6)}{1 - 0.4} = \frac{2}{3}$$

4. 从 $1, 2, \cdots, 9$ 这 9 个数字中任取 1 个数字，取后放回，先后取 5 个数字，求下列事件的概率：

（Ⅰ）最后取出的数字是奇数；

（Ⅱ）5 个数字全不相同；

（Ⅲ）1 恰好出现两次；

（Ⅳ）1 至少出现两次；

（Ⅴ）恰好出现不同的两对数字。

解　样本空间基本事件总数 $n = 9^5$。

（Ⅰ）设 A_1 表示事件"最后取出的数字是奇数"，由于最后的数字是奇数有 5 种取法，前面的 4 个数字是任意的，有 9^4 种取法，因此有利于 A_1 发生的基本事件数 $k_1 = 5 \times 9^4$，故所求的概率为

$$P(A_1) = \frac{k_1}{n} = \frac{5 \times 9^4}{9^5} = 0.556$$

（Ⅱ）设 A_2 表示事件"5 个数字全不相同"，则有利于 A_2 发生的基本事件数 $k_2 = A_9^5$，其中 A_9^5 表示从 9 个数字中取 5 个数字的排列，故所求的概率为

$$P(A_2) = \frac{k_2}{n} = \frac{A_9^5}{9^5} = 0.256$$

（Ⅲ）设 A_3 表示事件"1 恰好出现两次"，由于 1 恰好出现两次，这两次可以是五次中的任意两次，有 C_5^2 种取法；其他三次中，每次只能从剩下的 8 个数字中任取 1 个，三次共有 8^3 种取法，因此有利于 A_3 发生的基本事件数 $k_3 = C_5^2 \times 8^3$，故所求的概率为

$$P(A_3) = \frac{k_3}{n} = \frac{C_5^2 \times 8^3}{9^5} = 0.0867$$

（Ⅳ）设 A_4 表示事件"1 至少出现两次"，由于 1 恰好出现 $k(k = 2, 3, 4, 5)$ 次有 $C_5^k \times 8^{5-k}$ 种取法，因此有利于 A_4 发生的基本事件数 $\sum_{k=2}^{5} C_5^k \times 8^{5-k} = 9^5 - 8^5 - C_5^1 \times 8^4$，故所求的概率为

$$P(A_4) = \frac{k_4}{n} = \frac{9^5 - 8^5 - C_5^1 \times 8^4}{9^5} = 0.0983$$

（Ⅴ）设 A_5 表示事件"恰好出现不同的两对数字"，由于可以把 5 个数字看作 5 个位置，先在 5 个位置上的任意 1 个位置放上 1 个数字，有 $C_5^1 \times 9$ 种放法，在余下的 4 个位置上再放上不同的两对数字，有 $C_4^2 \times C_8^2$ 种放法，因此有利于 A_5 发生的基本事件数 $k_5 = C_5^1 \times 9 \times C_4^2 \times C_8^2$，故所求的概率为

$$P(A_5) = \frac{k_5}{n} = \frac{C_5^1 \times 9 \times C_4^2 \times C_8^2}{9^5} = 0.128$$

5. （Ⅰ）设 A、B、C 是三个事件，且 $P(A) = P(B) = P(C) = 1/4$，$P(AB) = P(BC) = 0$，$P(AC) = 1/8$，求 A、B、C 中至少有一个发生的概率；

（Ⅱ）已知

$$P(A) = \frac{1}{2}, \ P(B) = \frac{1}{3}, \ P(C) = \frac{1}{5}$$

$$P(AB) = \frac{1}{10}, \ P(AC) = \frac{1}{15}, \ P(BC) = \frac{1}{20}, \ P(ABC) = \frac{1}{30}$$

求 $\overline{A}\,\overline{B}$、$\overline{A}\,\overline{B}\,\overline{C}$、$\overline{A}\,\overline{B}C$、$\overline{A}\,\overline{B} \cup C$ 的概率；

（Ⅲ）已知 $P(A) = 1/2$，则

① 若 A、B 互不相容，求 $P(A\overline{B})$；

② 若 $P(AB) = 1/8$，求 $P(A\overline{B})$。

解　（Ⅰ）由于 $ABC \subset AB$，且 $P(AB) = 0$，因此 $0 \leqslant P(ABC) \leqslant P(AB) = 0$，从而 $P(ABC) = 0$。由加法公式，得

$$P(A \cup B \cup C) = P(A) + P(B) + P(C) - P(AB) - P(AC) - P(BC) + P(ABC)$$

$$= 3 \times \frac{1}{4} - \frac{1}{8} = \frac{5}{8}$$

（Ⅱ）由于

$$P(A \cup B) = P(A) + P(B) - P(AB) = \frac{1}{2} + \frac{1}{3} - \frac{1}{10} = \frac{11}{15}$$

因此

$$P(\overline{A}\,\overline{B}) = P(\overline{A \cup B}) = 1 - P(A \cup B) = 1 - \frac{11}{15} = \frac{4}{15}$$

又由于

$$P(A \cup B \cup C) = P(A) + P(B) + P(C) - P(AB) - P(AC)$$
$$- P(BC) + P(ABC)$$
$$= \frac{1}{2} + \frac{1}{3} + \frac{1}{5} - \frac{1}{10} - \frac{1}{15} - \frac{1}{20} + \frac{1}{30} = \frac{17}{20}$$

故

$$P(\overline{A}\,\overline{B}\,\overline{C}) = P(\overline{A \cup B \cup C}) = 1 - P(A \cup B \cup C)$$
$$= 1 - \frac{17}{20} = \frac{3}{20}$$

$$P(\overline{A}\,\overline{B}C) = P(\overline{A}\,\overline{B} - \overline{C}) = P(\overline{A}\,\overline{B} - \overline{A}\,\overline{B}\,\overline{C})$$
$$= P(\overline{A}\,\overline{B}) - P(\overline{A}\,\overline{B}\,\overline{C})$$
$$= \frac{4}{15} - \frac{3}{20} = \frac{7}{60}$$

$$P(\overline{A}\,\overline{B} \cup C) = P(\overline{A}\,\overline{B}) + P(C) - P(\overline{A}\,\overline{B}C)$$
$$= \frac{4}{15} + \frac{1}{5} - \frac{7}{60} = \frac{7}{20}$$

（Ⅲ）① 若 A、B 互不相容，则 $AB=\varnothing$，从而

$$P(A\bar{B})=P(A-B)=P(A-AB)=P(A)-P(AB)=P(A)=\frac{1}{2}$$

② 若 $P(AB)=\dfrac{1}{8}$，则

$$P(A\bar{B})=P(A-B)=P(A-AB)=P(A)-P(AB)=\frac{1}{2}-\frac{1}{8}=\frac{3}{8}$$

6. 从 5 双不同的鞋子中任取 4 只，试求这 4 只鞋子中至少有 2 只配成一双的概率。

解　样本空间基本事件总数 $n=C_{10}^4$。由于所求事件的逆事件为事件"这 4 只鞋子中没有成双的"，因此有利于所求事件的逆事件发生的基本事件数 $k=C_5^4 C_2^1 C_2^1 C_2^1 C_2^1$，故所求的概率为

$$p=1-\frac{k}{n}=1-\frac{C_5^4 C_2^1 C_2^1 C_2^1 C_2^1}{C_{10}^4}=\frac{13}{21}$$

7. 掷两枚骰子，求：

（Ⅰ）两枚骰子点数之和不超过 8 的概率；

（Ⅱ）两枚骰子点数之差不超过 2 的概率。

解　设两枚骰子出现的点数为 (m,n)，则样本空间 $\Omega=\{(m,n)\,|\,1\leqslant m,n\leqslant 6\}$，从而样本空间基本事件总数 $n=36$。

（Ⅰ）设 A 表示事件"两枚骰子点数之和不超过 8 点"，则 $A=\{(m,n)\,|\,m+n\leqslant 8\}$，由于当 $m+n=2$、3、4、5、6、7 时，分别有 1、2、3、4、5、6 个基本事件，当 $m+n=8$ 时，有 5 个基本事件，因此有利于 A 发生的基本事件数 $k_1=1+2+3+4+5+6+5=26$，故所求的概率为

$$P(A)=\frac{k_1}{n}=\frac{26}{36}=\frac{13}{18}$$

（Ⅱ）设 B 表示事件"两枚骰子点数之差不超过 2 点"，则 $B=\{(m,n)\,|\,|m-n|\leqslant 2\}$，由于当 $m-n=-2$、-1、0、1、2 时，分别有 4、5、6、5、4 个基本事件，因此有利于 B 发生的基本事件数 $k_2=4+5+6+5+4=24$，故所求的概率为

$$P(B)=\frac{k_2}{n}=\frac{24}{36}=\frac{2}{3}$$

8. 从 $1,2,\cdots,100$ 这 100 个数中任取 1 个数，求所取到的数能被 5 或 9 整除的概率。

解　设 A 表示事件"取到的数能被 5 整除"，B 表示事件"取到的数能被 9 整除"。

由于 $\dfrac{100}{5}=20$，因此 $P(A)=\dfrac{20}{100}$。又由于 $11<\dfrac{100}{9}<12$，故 $P(B)=\dfrac{11}{100}$。因为 $2<\dfrac{100}{45}<3$，所以 $P(AB)=\dfrac{2}{100}$。故所求事件的概率为

$$P(A \bigcup B) = P(A) + P(B) - P(AB) = \frac{20}{100} + \frac{11}{100} - \frac{2}{100} = \frac{29}{100}$$

9. 一俱乐部有 5 名一年级学生、2 名二年级学生、3 名三年级学生和 2 名四年级学生。

（Ⅰ）在其中任选 4 名学生，求一、二、三、四年级的学生各 1 名的概率；

（Ⅱ）在其中任选 5 名学生，求一、二、三、四年级的学生均包含在内的概率。

解　（Ⅰ）样本空间基本事件总数 $n_1 = C_{12}^4$，有利于所求事件发生的基本事件数 $k_1 = C_5^1 C_2^1 C_3^1 C_2^1$，故所求的概率为

$$p_1 = \frac{k_1}{n_1} = \frac{C_5^1 C_2^1 C_3^1 C_2^1}{C_{12}^4} = \frac{4}{33}$$

（Ⅱ）样本空间基本事件总数 $n_2 = C_{12}^5$，由于一、二、三、四年级的学生均包含在内，因此在四个年级中有一个年级选取 2 名，其他年级各选取 1 名，从而有利于所求事件发生的基本事件数 $k_2 = C_5^2 C_2^1 C_3^1 C_2^1 + C_5^1 C_2^2 C_3^1 C_2^1 + C_5^1 C_2^1 C_3^2 C_2^1 + C_5^1 C_2^1 C_3^1 C_2^2$，故所求的概率为

$$p_2 = \frac{k_2}{n_2} = \frac{C_5^2 C_2^1 C_3^1 C_2^1 + C_5^1 C_2^2 C_3^1 C_2^1 + C_5^1 C_2^1 C_3^2 C_2^1 + C_5^1 C_2^1 C_3^1 C_2^2}{C_{12}^5} = \frac{10}{33}$$

10. 袋中有 1 只白球和 1 只黑球。先从袋中任取 1 只球，若取出白球则试验终止；若取出黑球，在把黑球放回袋中的同时，再加进 1 只黑球，然后再从袋中任取 1 只球，如此下去，直到取出白球为止。求下列事件的概率：

（Ⅰ）取了 n 次均未取到白球；

（Ⅱ）试验在第 n 次取球后终止。

解　设 $A_i (i = 1, 2, \cdots, n)$ 表示事件"第 i 次取到黑球"，则

（Ⅰ）所求的概率为

$$P(A_1 A_2 \cdots A_n) = P(A_1) P(A_2 \mid A_1) P(A_3 \mid A_1 A_2) \cdots P(A_n \mid A_1 A_2 \cdots A_{n-1})$$

$$= \frac{1}{2} \times \frac{2}{3} \times \frac{3}{4} \times \cdots \times \frac{n}{n+1} = \frac{1}{n+1}$$

（Ⅱ）所求的概率为

$$P(A_1 A_2 \cdots A_{n-1} \overline{A}_n) = P(A_1) P(A_2 \mid A_1) \cdots P(A_{n-1} \mid A_1 A_2 \cdots A_{n-2}) P(\overline{A}_n \mid A_1 A_2 \cdots A_{n-1})$$

$$= \frac{1}{2} \times \frac{2}{3} \times \cdots \times \frac{n-1}{n} \times \frac{1}{n+1} = \frac{1}{n(n+1)}$$

11. 在长度为 a 的线段内任取两点，将其分成三段，求它们可以构成一个三角形的概率。

解　设线段被分成的三段长分别为 x、y 和 $a - x - y$，则样本空间为

$$\Omega = \{(x, y) \mid 0 < x < a, 0 < y < a, 0 < x + y < a\}$$

由于三角形两边之和大于第三边，因此作为三角形的边的三条线段 x、y 和 $a - x - y$ 应该满足：

$$0 < x < \frac{a}{2}, 0 < y < \frac{a}{2}, 0 < a - x - y < \frac{a}{2}$$

$$P(\overline{AB}) = 1 - P(AB) = 1 - P(A)P(B) = 1 - 0.7 \times 0.6 = 0.58$$

16. 一个工人看管三台机床，在一小时内机床不需要工人照管的概率：第一台为 0.9，第二台为 0.8，第三台为 0.7。求在一小时内三台机床中最多有一台需要工人照管的概率。

解　设 $B_i(i = 1, 2, 3)$ 表示事件"第 i 台机床需要工人照管"，A 表示事件"三台机床中最多有一台需要工人照管"，则 B_1、B_2、B_3 相互独立，且

$$A = \overline{B_1}\overline{B_2}\overline{B_3} \bigcup B_1\overline{B_2}\overline{B_3} \bigcup \overline{B_1}B_2\overline{B_3} \bigcup \overline{B_1}\overline{B_2}B_3$$
$$P(\overline{B_1}) = 0.9, P(\overline{B_2}) = 0.8, P(\overline{B_3}) = 0.7$$

故所求的概率为

$$
\begin{aligned}
P(A) &= P(\overline{B_1}\overline{B_2}\overline{B_3} \bigcup B_1\overline{B_2}\overline{B_3} \bigcup \overline{B_1}B_2\overline{B_3} \bigcup \overline{B_1}\overline{B_2}B_3) \\
&= P(\overline{B_1}\overline{B_2}\overline{B_3}) + P(B_1\overline{B_2}\overline{B_3}) + P(\overline{B_1}B_2\overline{B_3}) + P(\overline{B_1}\overline{B_2}B_3) \\
&= P(\overline{B_1})P(\overline{B_2})P(\overline{B_3}) + P(B_1)P(\overline{B_2})P(\overline{B_3}) + P(\overline{B_1})P(B_2)P(\overline{B_3}) + P(\overline{B_1})P(\overline{B_2})P(B_3) \\
&= 0.9 \times 0.8 \times 0.7 + 0.1 \times 0.8 \times 0.7 + 0.9 \times 0.2 \times 0.7 + 0.9 \times 0.8 \times 0.3 \\
&= 0.902
\end{aligned}
$$

17. 一学生接连参加同一课程的两次考试，第一次及格的概率为 p，若第一次考试及格则第二次及格的概率也是 p，若第一次考试不及格则第二次及格的概率为 $p/2$。

（Ⅰ）若至少一次及格则该生能取得某种资格，求该生取得这种资格的概率；

（Ⅱ）若已知该生第二次已经及格，求该生第一次及格的概率。

解　设 A 表示事件"该生第一次考试及格"，B 表示事件"该生第二次考试及格"，则

$$P(A) = p, P(B \mid A) = p, P(B \mid \overline{A}) = \frac{p}{2}$$

（Ⅰ）所求的概率为

$$
\begin{aligned}
P(A \bigcup B) &= P(A) + P(B) - P(AB) \\
&= P(A) + P(AB \bigcup \overline{A}B) - P(AB) = P(A) + P(AB) + P(\overline{A}B) - P(AB) \\
&= P(A) + P(\overline{A})P(B \mid \overline{A}) = p + (1 - p) \times \frac{p}{2} \\
&= p\left(\frac{3}{2} - \frac{p}{2}\right)
\end{aligned}
$$

（Ⅱ）由 Bayes 公式，得

$$P(A \mid B) = \frac{P(A)P(B \mid A)}{P(A)P(B \mid A) + P(\overline{A})P(B \mid \overline{A})} = \frac{p^2}{p^2 + (1 - p) \times \frac{p}{2}} = \frac{2p}{1 + p}$$

18. 有 10 个袋子，其中有 2 个袋子中各装有 2 只白球和 4 只黑球，3 个袋子中各装有 3 只白球和 3 只黑球，5 个袋子中各装有 4 只白球和 2 只黑球。现任取 1 个袋子，从中任取 2 只球，求取出的 2 只球都是白球的概率。

解　设 $B_i(i = 1, 2, 3)$ 表示事件"取出装球情况属于第 i 种的袋子"，A 表示事件"取

出的 2 只球都是白球"，则

$$P(B_1) = \frac{C_2^1}{C_{10}^1} = \frac{2}{10}, \ P(B_2) = \frac{C_3^1}{C_{10}^1} = \frac{3}{10}, \ P(B_3) = \frac{C_5^1}{C_{10}^1} = \frac{5}{10}$$

$$P(A|B_1) = \frac{C_2^2}{C_6^2} = \frac{1}{15}, \ P(A|B_2) = \frac{C_3^2}{C_6^2} = \frac{3}{15}, \ P(A|B_3) = \frac{C_4^2}{C_6^2} = \frac{6}{15}$$

由全概率公式，得

$$P(A) = \sum_{i=1}^{3} P(B_i)P(A|B_i) = \frac{2}{10} \times \frac{1}{15} + \frac{3}{10} \times \frac{3}{15} + \frac{5}{10} \times \frac{6}{15} = \frac{41}{150}$$

19. 袋中装有 m 枚正品硬币和 n 枚次品硬币（次品硬币的两面均印有国徽）。在袋中任取 1 枚，将它投掷 r 次，已知每次都得到国徽，求这枚硬币是正品的概率。

解 设 B 表示事件"所取的硬币是正品"，A 表示事件"将硬币投掷 r 次每次都出现国徽"，则

$$P(B) = \frac{m}{m+n}, \ P(\bar{B}) = \frac{n}{m+n}, \ P(A|B) = \frac{1}{2^r}, \ P(A|\bar{B}) = 1$$

由 Bayes 公式，得

$$P(B|A) = \frac{P(B)P(A|B)}{P(B)P(A|B) + P(\bar{B})P(A|\bar{B})} = \frac{\dfrac{m}{m+n} \times \dfrac{1}{2^r}}{\dfrac{m}{m+n} \times \dfrac{1}{2^r} + \dfrac{n}{m+n} \times 1}$$

$$= \frac{m}{m + 2^r n}$$

20. 袋中装有编号为 1、2、3、4 的 4 只球，从袋中任取 1 只球，设 A 表示事件"取到的是 1 号球或 2 号球"，B 表示事件"取到的是 1 号球或 3 号球"，C 表示事件"取到的是 1 号球或 4 号球"，证明事件 A、B、C 两两独立但不相互独立。

证明 设 $A_i(i = 1, 2, 3, 4)$ 表示事件"取到的是第 i 号球"，则 A_1、A_2、A_3、A_4 两两互不相容，且

$$P(A_1) = P(A_2) = P(A_3) = P(A_4) = \frac{1}{4}$$

由于

$$A = A_1 \bigcup A_2, B = A_1 \bigcup A_3, C = A_1 \bigcup A_4$$
$$AB = A_1, AC = A_1, BC = A_1, ABC = A_1$$

因此

$$P(A) = P(B) = P(C) = \frac{1}{2}$$

$$P(AB) = P(AC) = P(BC) = P(ABC) = P(A_1) = \frac{1}{4}$$

从而

$$P(AB) = \frac{1}{4} = \frac{1}{2} \times \frac{1}{2} = P(A)P(B)$$

$$P(AC) = \frac{1}{4} = \frac{1}{2} \times \frac{1}{2} = P(A)P(C)$$

$$P(BC) = \frac{1}{4} = \frac{1}{2} \times \frac{1}{2} = P(B)P(C)$$

所以 A、B、C 两两独立。但

$$P(ABC) = \frac{1}{4} \neq \frac{1}{8} = P(A)P(B)P(C)$$

故 A、B、C 不相互独立。

1.6　学习效果测试题及解答

测　试　题

1. 选择题(每小题 4 分，共 20 分)

(1) 设 A，B 是随机事件，且 $AB = \overline{A}\,\overline{B}$，则(　　)。

　　A. $A \cup B = \varnothing$　　　　B. $A \cup B = \Omega$　　　　C. $A \cup B = A$　　　　D. $A \cup B = B$

(2) 设事件 A 与 B 互不相容，且 $P(A) > 0$，$P(B) > 0$，则(　　)。

　　A. A 与 B 相互对立　　　　　　　　　　B. $\overline{A}$ 与 $\overline{B}$ 互不相容

　　C. A 与 B 不相互独立　　　　　　　　　D. A 与 B 相互独立

(3) 设 A、B 为任意两个随机事件，则(　　)。

　　A. 若 $P(A) = 0$，则事件 A 是不可能事件

　　B. 若 $P(A) = 0$，$P(B) \geqslant 0$，则事件 B 包含事件 A

　　C. 若 $P(A) = 0$，$P(B) = 1$，则事件 A 与事件 B 相互对立

　　D. 若 $P(A) = 0$，则事件 A 与事件 B 相互独立

(4) 设事件 A 的发生必然导致 B 的发生，且 $0 < P(B) < 1$，则 $P(A \mid \overline{B}) = ($　　$)$。

　　A. 0　　　　　　　　B. $\frac{1}{4}$　　　　　　　　C. $\frac{1}{2}$　　　　　　　　D. 1

(5) 设 A，B 是任意两个随机事件，且 $A \subset B$，$P(A) < P(B) < 1$，则(　　)。

　　A. $P(A \cup B) = P(A) + P(B)$　　　　　　B. $P(A - B) = P(A) - P(B)$

　　C. $P(AB) = P(A)P(B \mid A)$　　　　　　　D. $P(A \mid B) > P(A)$

2. 填空题(每小题 4 分，共 20 分)

(1) 一个正方体木块的六个面涂有红色，将其锯为 125 个大小相同的正方体小木块，

从中任取 1 个小木块，则该小木块至少有两面涂有红色的概率为_____。

（2）在区间（0，1）中随机地取两个数 x、y，则一元二次方程 $t^2 - 2xt + y = 0$ 有实根的概率为_____。

（3）设事件 A 发生的概率是事件 B 发生的概率的 3 倍，A 与 B 都不发生的概率是 A 与 B 同时发生的概率的 2 倍，且 $P(B) = \dfrac{2}{9}$，则 $P(A-B) =$ _____。

（4）设随机事件 A 与 B 相互独立，$P(A) = P(\overline{B}) = a - 1$，$P(A \cup B) = 7/9$，则 $a =$ _____。

（5）设箱中有 10 件产品，其正品数为 0，1，2，…，10 件是等可能的，现给箱中放入 1 件正品，再从箱中任取 1 件产品，结果是正品，则箱中原有 7 件正品的概率为_____。

3. 解答题（每小题 10 分，共 60 分）

（1）将 3 只球随机地放入 4 个杯子中去，试求杯子中球的最大个数分别为 1、2、3 的概率。

（2）在单位正方形区域 $D = \{(x, y) \mid 0 \leqslant x \leqslant 1, 0 \leqslant y \leqslant 1\}$ 中随机地取一点，以该点的两个坐标 x 与 y 作为直角三角形的两条直角边，求该直角三角形的面积大于 1/4 的概率。

（3）甲、乙两人轮流投篮，规则规定：甲先开始，且甲每轮只投一次，乙每轮连续投两次，先投中者为胜。设乙的命中率为 0.5，试问甲的命中率为多少时，甲、乙胜负的概率相等。

（4）某种仪器由三个部件组装而成，设各部件的质量互不影响且它们的优质品率分别为 0.8、0.7、0.9。若三个部件都是优质品，则仪器一定合格，若有一个部件不是优质品，则仪器的不合格率为 0.2；若有两个部件不是优质品，则仪器的不合格率为 0.6；若三个部件都不是优质品，则仪器的不合格率为 0.9。

（i）求仪器的不合格率；

（ii）若已发现仪器不合格，问有几个部件不是优质品的概率最大。

（5）设事件 A 与 B 相互独立，且 $AB \subset C$，$\overline{A}\,\overline{B} \subset \overline{C}$，证明：$P(AC) \geqslant P(A)P(C)$。

（6）甲盒中有 3 只白球和 2 只黑球，从中任取 3 只球放入空盒乙中，再从乙盒中任取 2 只球放入空盒丙中，最后从丙盒中任取 1 只球。

（i）求从丙盒中取出的球是白球的概率；

（ii）若从丙盒中取出的球是白球，求当初从甲盒中取出的是 3 只白球的概率。

测试题解答

1. 选择题

（1）应选 B。

由于 $AB = \overline{A}\,\overline{B} = \overline{A \cup B}$，$AB \subset A \cup B$，因此

$$A \cup B = (A \cup B) \cup AB = (A \cup B) \cup (\overline{A \cup B}) = \Omega$$

故选 B。

（2）应选 C。

由于 A 与 B 互不相容，因此 $P(AB) = 0 < P(A)P(B)$，即 $P(AB) \neq P(A)P(B)$，从而 A 与 B 不相互独立，故选 C。

（3）应选 D。

由于 $P(A) = 0$，$AB \subset A$，因此 $0 \leqslant P(AB) \leqslant P(A) = 0$，从而 $P(AB) = 0 = P(A)P(B)$，即 A 与 B 相互独立，故选 D。

（4）应选 A。

由于 $A \subset B$，因此

$$P(A \mid \overline{B}) = \frac{P(A\overline{B})}{P(\overline{B})} = \frac{P(A-B)}{P(\overline{B})} = \frac{P(A-AB)}{P(\overline{B})} = \frac{P(A) - P(AB)}{P(\overline{B})} = \frac{P(A) - P(A)}{P(\overline{B})} = 0$$

故选 A。

（5）应选 D。

由于 $0 \leqslant P(A) < P(B) < 1$，$A \subset B$，因此条件概率 $P(A \mid B)$ 有意义，且

$$P(A \mid B) = \frac{P(AB)}{P(B)} = \frac{P(A)}{P(B)} > P(A)$$

故选 D。

2. 填空题

（1）应填 $\dfrac{44}{125}$。

样本空间基本事件总数 $n = 125$。有利于所求事件发生的基本事件有两种情形：其一，处于原正方体 8 个角上的 8 个小木块上三面涂有红色；其二，处于原正方体 12 条棱上的 3×12 个小木块（去掉了 8 个角上的小木块）两面涂有红色，所以有利于所求事件发生的基本事件数为

$$k = 8 + 3 \times 12 = 44$$

从而所求事件的概率为

$$p = \frac{k}{n} = \frac{44}{125}$$

故填 $\dfrac{44}{125}$。

（2）应填 $\dfrac{1}{3}$。

设 A 表示事件"方程 $t^2 - 2xt + y = 0$ 有实根"，则 $A = \{(x, y) \mid 4x^2 - 4y \geqslant 0\}$，即 $A = \{(x, y) \mid x^2 \geqslant y\}$，由于 $0 < x < 1$，$0 < y < 1$，因此样本空间为 $\Omega = \{(x, y) \mid 0 < x < 1, 0 < y < 1\}$，由几何概率知（如图 1.4 所示）

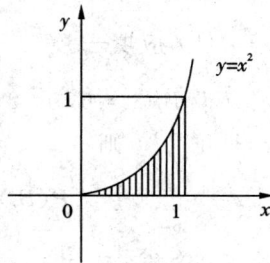

图 1.4

$$P(A) = \frac{A \text{ 的面积}}{\Omega \text{ 的面积}} = \frac{\int_0^1 x^2 \, \mathrm{d}x}{1} = \frac{1}{3}$$

故填 $\frac{1}{3}$。

(3) 应填 $\frac{5}{9}$。

由于 $P(A) = 3P(B)$，$P(B) = \frac{2}{9}$，因此 $P(A) = \frac{2}{3}$，又由于

$$2P(AB) = P(\overline{A}\,\overline{B}) = P(\overline{A \bigcup B}) = 1 - P(A \bigcup B) = 1 - P(A) - P(B) + P(AB)$$

故

$$P(AB) = 1 - P(A) - P(B) = 1 - \frac{2}{3} - \frac{2}{9} = \frac{1}{9}$$

从而

$$P(A - B) = P(A - AB) = P(A) - P(AB) = \frac{2}{3} - \frac{1}{9} = \frac{5}{9}$$

故填 $\frac{5}{9}$。

(4) 应填 $\frac{4}{3}$ 或 $\frac{5}{3}$。

由于 A 与 B 相互独立，因此

$$\frac{7}{9} = P(A \bigcup B) = P(A) + P(B) - P(AB) = P(A) + P(B) - P(A)P(B)$$

$$= a - 1 + [1 - (a-1)] - (a-1)[1 - (a-1)] = a^2 - 3a + 3$$

解之，得 $a = \frac{4}{3}$ 或 $a = \frac{5}{3}$，故填 $\frac{4}{3}$ 或 $\frac{5}{3}$。

(5) 应填 $\frac{4}{33}$。

设 $B_i (i = 0, 1, 2, \cdots, 10)$ 表示事件"箱中有 i 件正品"，A 表示事件"从箱中取出的产品是正品"，则

$$P(B_i) = \frac{1}{11}, \ P(A \mid B_i) = \frac{i+1}{11}, \quad i = 0, 1, 2, \cdots, 10$$

由 Bayes 公式，得

$$P(B_7 \mid A) = \frac{P(B_7)P(A \mid B_7)}{\sum\limits_{i=0}^{10} P(B_i)P(A \mid B_i)} = \frac{\frac{1}{11} \times \frac{8}{11}}{\sum\limits_{i=0}^{10} \frac{1}{11} \times \frac{i+1}{11}} = \frac{4}{33}$$

故填 $\dfrac{4}{33}$。

3. 解答题

(1) 样本空间基本事件总数为 $n = 4^3$。设 $A_i(i = 1, 2, 3)$ 表示事件"杯子中球的最大个数为 i",则有利于事件 A_1 发生的基本事件数 $k_1 = C_4^3 \times 3! = 24$,故所求的概率为

$$P(A_1) = \frac{k_1}{n} = \frac{24}{4^3} = \frac{3}{8}$$

有利于事件 A_2 发生的基本事件数为 $k_2 = C_4^1 C_3^2 C_3^1 = 36$,故所求的概率为

$$P(A_2) = \frac{k_2}{n} = \frac{36}{4^3} = \frac{9}{16}$$

有利于事件 A_3 发生的基本事件数为 $k_3 = C_4^1 C_3^3 = 4$,故所求的概率为

$$P(A_3) = \frac{k_3}{n} = \frac{4}{4^3} = \frac{1}{16}$$

(2) 设 A 表示事件"直角三角形的面积大于 $\dfrac{1}{4}$",则 $A = \left\{ (x, y) \,\middle|\, \dfrac{1}{2}xy > \dfrac{1}{4} \right\}$,即 $A = \left\{ (x, y) \,\middle|\, xy > \dfrac{1}{2} \right\}$,样本空间为 $\Omega = \{ (x, y) \mid 0 \leqslant x \leqslant 1, 0 \leqslant y \leqslant 1 \}$。由几何概率知(如图 1.5 所示)

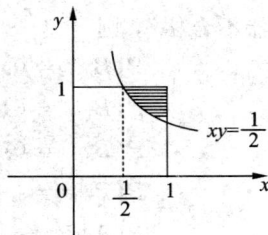

$$P(A) = \frac{A \text{ 的面积}}{\Omega \text{ 的面积}} = \frac{\dfrac{1}{2} - \displaystyle\int_{\frac{1}{2}}^{1} \dfrac{1}{2x} \mathrm{d}x}{1} = \frac{1}{2}(1 - \ln 2)$$

图 1.5

(3) 设 A_i、B_i 分别表示事件"甲、乙在第 i 次投篮中投中",其中 $i(i = 1, 2, \cdots)$ 为甲、乙两人投篮的总次数,A、B 分别表示事件"甲、乙取胜",甲的命中率为 p,则事件 A、B 可以分别表示为下列两两互不相容的事件的和,即

$$A = A_1 \bigcup \overline{A}_1 \overline{B}_2 \overline{B}_3 A_4 \bigcup \overline{A}_1 \overline{B}_2 \overline{B}_3 \overline{A}_4 \overline{B}_5 \overline{B}_6 A_7 \bigcup \cdots$$
$$B = \overline{A}_1 B_2 \bigcup \overline{A}_1 \overline{B}_2 B_3 \bigcup \overline{A}_1 \overline{B}_2 \overline{B}_3 \overline{A}_4 B_5 \bigcup \overline{A}_1 \overline{B}_2 \overline{B}_3 \overline{A}_4 \overline{B}_5 B_6 \bigcup \cdots$$

又由于 A、B 的每项中的事件相互独立,乙的命中率为 0.5,故

$$\begin{aligned} P(A) &= P(A_1 \bigcup \overline{A}_1 \overline{B}_2 \overline{B}_3 A_4 \bigcup \overline{A}_1 \overline{B}_2 \overline{B}_3 \overline{A}_4 \overline{B}_5 \overline{B}_6 A_7 \bigcup \cdots) \\ &= P(A_1) + P(\overline{A}_1 \overline{B}_2 \overline{B}_3 A_4) + P(\overline{A}_1 \overline{B}_2 \overline{B}_3 \overline{A}_4 \overline{B}_5 \overline{B}_6 A_7) + \cdots \\ &= P(A_1) + P(\overline{A}_1) P(\overline{B}_2) P(\overline{B}_3) P(A_4) + P(\overline{A}_1) P(\overline{B}_2) P(\overline{B}_3) P(\overline{A}_4) P(\overline{B}_5) \\ &\quad\ P(\overline{B}_6) P(A_7) + \cdots \\ &= p + 0.5^2 (1 - p) p + 0.5^4 (1 - p)^2 p + \cdots \\ &= \frac{p}{1 - 0.25(1 - p)} \end{aligned}$$

$$P(B) = P(\overline{A}_1 B_2 \bigcup \overline{A}_1 \overline{B}_2 B_3 \bigcup \overline{A}_1 \overline{B}_2 \overline{B}_3 \overline{A}_4 B_5 \bigcup \overline{A}_1 \overline{B}_2 \overline{B}_3 \overline{A}_4 \overline{B}_5 B_6 \bigcup \cdots)$$
$$= P(\overline{A}_1 B_2) + P(\overline{A}_1 \overline{B}_2 B_3) + P(\overline{A}_1 \overline{B}_2 \overline{B}_3 \overline{A}_4 B_5) + P(\overline{A}_1 \overline{B}_2 \overline{B}_3 \overline{A}_4 \overline{B}_5 B_6) + \cdots$$
$$= P(\overline{A}_1) P(B_2) + P(\overline{A}_1) P(\overline{B}_2) P(B_3) + P(\overline{A}_1) P(\overline{B}_2) P(\overline{B}_3) P(\overline{A}_4) P(B_5)$$
$$+ P(\overline{A}_1) P(\overline{B}_2) P(\overline{B}_3) P(\overline{A}_4) P(\overline{B}_5) P(B_6) + \cdots$$
$$= 0.5(1-p) + 0.5^2(1-p) + 0.5^3(1-p)^2 + 0.5^4(1-p)^2 + \cdots$$
$$= 0.5(1+0.5)(1-p) + 0.5^3(1+0.5)(1-p)^2 + 0.5^5(1+0.5)(1-p)^3 + \cdots$$
$$= \frac{0.5(1+0.5)(1-p)}{1-0.25(1-p)}$$

若要甲、乙胜负的概率相同,则

$$\frac{p}{1-0.25(1-p)} = \frac{0.5(1+0.5)(1-p)}{1-0.25(1-p)}$$

解之,得 $p = \dfrac{3}{7}$,即当甲的命中率为 $\dfrac{3}{7}$ 时,甲、乙胜负的概率相等。

(4) 设 $B_i (i = 0, 1, 2, 3)$ 表示事件"仪器上有 i 个部件不是优质品",A 表示事件"仪器不合格",则

$$P(B_0) = 0.8 \times 0.7 \times 0.9 = 0.504$$
$$P(B_1) = 0.2 \times 0.7 \times 0.9 + 0.8 \times 0.3 \times 0.9 + 0.8 \times 0.7 \times 0.1 = 0.398$$
$$P(B_3) = 0.2 \times 0.3 \times 0.1 = 0.006$$
$$P(B_2) = 1 - P(B_0) - P(B_1) - P(B_3) = 0.092$$
$$P(A | B_0) = 0, \ P(A | B_1) = 0.2, \ P(A | B_2) = 0.6, \ P(A | B_3) = 0.9$$

(i) 由全概率公式,得

$$P(A) = \sum_{i=0}^{3} P(B_i) P(A | B_i)$$
$$= 0.504 \times 0 + 0.398 \times 0.2 + 0.092 \times 0.6 + 0.006 \times 0.9$$
$$= 0.1402$$

(ii) 由 Bayes 公式,得

$$P(B_0 | A) = 0$$
$$P(B_1 | A) = \frac{P(B_1) P(A | B_1)}{P(A)} = \frac{0.398 \times 0.2}{0.1402} = \frac{796}{1402}$$
$$P(B_2 | A) = \frac{P(B_2) P(A | B_2)}{P(A)} = \frac{0.092 \times 0.6}{0.1402} = \frac{552}{1402}$$
$$P(B_3 | A) = \frac{P(B_3) P(A | B_3)}{P(A)} = \frac{0.006 \times 0.9}{0.1402} = \frac{54}{1402}$$

从计算的结果知,一台不合格的仪器中有一个部件不是优质品的概率最大。

或者,由于 $\sum\limits_{i=0}^{3} P(B_i | A) = 1$,因此计算

$$P(B_1 \mid A) = \frac{P(B_1)P(A \mid B_1)}{P(A)} = \frac{796}{1402} > 0.5$$

后就可以确定 $P(B_i \mid A) < 0.5 (i = 2, 3)$，从而可知一台不合格的仪器中有一个部件不是优质品的概率最大。

(5) 由于 $\overline{A}\,\overline{B} \subset \overline{C}$，因此 $C \subset A \cup B$，从而 $\overline{B}C \subset \overline{B}(A \cup B) = A\overline{B}$，又由于 $AB \subset C$，故

$$
\begin{aligned}
P(AC) &= P(ACB) + P(AC\overline{B}) = P(AB) + P(\overline{B}C) \\
&= P(A)P(B) + P(\overline{B}C) \geqslant P(A)P(BC) + P(A)P(\overline{B}C) \\
&= P(A)[P(BC) + P(\overline{B}C)] = P(A)P(C)
\end{aligned}
$$

(6) 设 $B_i (i = 0, 1, 2, 3)$ 表示事件"从甲盒取出的 3 只球中有 i 只白球"，$C_i (i = 0, 1, 2)$ 表示事件"从乙盒中取出的 2 只球中有 i 只白球"，A 表示事件"从丙盒中取出的球是白球"，则

$$P(B_0) = 0,\ P(B_1) = \frac{C_3^1 C_2^2}{C_5^3} = \frac{3}{10},\ P(B_2) = \frac{C_3^2 C_2^1}{C_5^3} = \frac{6}{10},\ P(B_3) = \frac{C_3^3 C_2^0}{C_5^3} = \frac{1}{10}$$

由全概率公式，得

$$P(C_0) = \sum_{i=0}^{3} P(B_i)P(C_0 \mid B_i) = \frac{3}{10} \times \frac{C_1^0 C_2^2}{C_3^2} = \frac{1}{10}$$

$$P(C_1) = \sum_{i=0}^{3} P(B_i)P(C_1 \mid B_i) = \frac{3}{10} \times \frac{C_1^1 C_2^1}{C_3^2} + \frac{6}{10} \times \frac{C_2^1 C_1^1}{C_3^2} = \frac{6}{10}$$

$$P(C_2) = \sum_{i=0}^{3} P(B_i)P(C_2 \mid B_i) = \frac{6}{10} \times \frac{C_2^2 C_1^0}{C_3^2} + \frac{1}{10} \times \frac{C_3^2}{C_3^2} = \frac{3}{10}$$

(i) 由全概率公式，得

$$P(A) = \sum_{i=0}^{2} P(C_i)P(A \mid C_i) = \frac{1}{10} \times 0 + \frac{6}{10} \times \frac{1}{2} + \frac{3}{10} \times 1 = \frac{3}{5}$$

(ii) 由 Bayes 公式，得

$$P(B_3 \mid A) = \frac{P(B_3)P(A \mid B_3)}{P(A)} = \frac{1/10 \times 1}{3/5} = \frac{1}{6}$$

第 2 章　随机变量及其分布

2.1　大纲内容与大纲要求

1. 大纲内容

（1）随机变量。

（2）随机变量分布函数的概念及其性质。

（3）离散型随机变量的分布律。

（4）连续型随机变量的概率密度。

（5）几种重要随机变量的分布。

（6）随机变量函数的分布。

2. 大纲要求

（1）理解随机变量的概念，会计算与随机变量相联系的随机事件的概率。

（2）理解随机变量分布函数的概念、性质和应用。

（3）理解离散型随机变量及其分布律的概念、性质和应用。

（4）掌握 $0-1$ 分布、二项分布、Poisson 分布、几何分布、超几何分布及其应用。

（5）了解 Poisson 定理的结论和应用条件，会用 Poisson 分布近似表示二项分布。

（6）理解连续型随机变量及其概率密度的概念、性质和应用。

（7）掌握均匀分布、正态分布、指数分布及其应用。

（8）会求随机变量函数的分布。

2.2　内　容　解　析

1. 随机变量

（1）随机变量的定义：设 $\Omega = \{\omega\}$ 是随机试验的样本空间，称定义在样本空间 Ω 上的单值实值函数 $X = X(\omega)$ 为随机变量。

（2）随机变量表示随机事件：$\forall L \subset \mathbf{R}$，则 $\{X \in L\}$ 表示事件 $\{\omega \mid X(\omega) \in L\}$，即样本空间中满足 $X(\omega) \in L$ 的所有样本点 ω 组成的事件。

2. 随机变量的分布函数

1）分布函数的定义

设 X 是一个随机变量，称函数

$$F(x) = P(X \leqslant x), \quad x \in \mathbf{R}$$

为随机变量 X 的分布函数。

2）分布函数的性质

（1）$0 \leqslant F(x) \leqslant 1 (x \in \mathbf{R})$，且 $F(-\infty)=0$，$F(+\infty)=1$。

（2）$F(x)$ 是单调不减函数，即当 $x_1 < x_2$ 时，$F(x_1) \leqslant F(x_2)$。

（3）$F(x)$ 是右连续的，即 $F(x+0)=F(x)(x \in \mathbf{R})$。

3）结论

设随机变量 X 的分布函数为 $F(x)$，则 $\forall x_1 < x_2$，有

$$P(x_1 < X \leqslant x_2) = F(x_2) - F(x_1)$$

3. 离散型随机变量及其分布律

1）离散型随机变量的定义

设 X 是随机变量，如果其可能的取值为有限个或可列无限多个，则称 X 为离散型随机变量。

2）离散型随机变量的分布律

设 X 是离散型随机变量，其可能的取值为 $x_1, x_2, \cdots, x_i, \cdots$，称

$$P(X = x_i) = p_i, \quad i = 1, 2, \cdots$$

为 X 的分布律，或表示为

X	x_1	x_2	$\cdots$	x_i	$\cdots$
P	p_1	p_2	$\cdots$	p_i	$\cdots$

3）离散型随机变量分布律的性质

（1）$p_i \geqslant 0 (i=1, 2, \cdots)$。

（2）$\sum\limits_i p_i = 1$。

4）离散型随机变量分布函数

设离散型随机变量 X 的分布律为

$$P(X = x_i) = p_i, \quad i = 1, 2, \cdots$$

则 X 的分布函数为

$$F(x) = \sum_{x_i \leqslant x} p_i, \quad x \in \mathbf{R}$$

其中，和式是对于所有满足 $x_i \leqslant x$ 的 i 求和的。

5) 已知离散型随机变量的分布函数求分布律

设离散型随机变量 X 的分布函数为 $F(x)$，则 X 可能的取值为 $F(x)$ 的间断点(分界点) $x_i(i=1,2,\cdots)$，从而 X 的分布律为

$$p_i = P(X = x_i) = F(x_i + 0) - F(x_i - 0) = F(x_i) - F(x_i - 0), \quad i = 1, 2, \cdots$$

6) 几种重要的离散型随机变量

(1) 0 - 1 分布。

若离散型随机变量 X 只可能的取 0 与 1 两个值，它的分布律为

$$P(X = k) = p^k (1-p)^{1-k}, \quad 0 < p < 1, k = 0, 1$$

则称 X 服从参数为 p 的 0 - 1 分布。

0 - 1 分布的分布律也可以写成

X	0	1
P	$1-p$	p

(2) 二项分布。

(i) n 次独立重复试验：若 n 次重复试验满足：每次试验条件相同；每次试验的结果都与其他各次试验的结果互不影响，即各次试验是相互独立的，则称此试验为 n 次独立重复试验。

(ii) n 重 Bernoulli 试验：若 n 次独立重复试验每次试验的结果只有两个，即 A 及 $\overline{A}$，则称之为 n 重 Bernoulli 试验。

(iii) 二项分布：若离散型随机变量 X 的分布律为

$$P(X = k) = C_n^k p^k q^{n-k}, \quad q = 1 - p, k = 0, 1, 2, \cdots, n$$

则称 X 服从参数为 n、p 的二项分布，记为 $X \sim B(n, p)$。

(3) Poisson 分布。

若离散型随机变量 X 的分布律为

$$P(X = k) = \frac{\lambda^k}{k!} e^{-\lambda}, \quad \lambda > 0, k = 0, 1, 2, \cdots$$

则称 X 服从参数为 λ 的 Poisson 分布，记为 $X \sim P(\lambda)$。

(4) 几何分布。

若离散型随机变量 X 的分布律为

$$P(X = k) = q^{k-1} p, \quad k = 1, 2, \cdots, 0 < p < 1, q = 1 - p$$

则称 X 服从参数为 p 的几何分布。

(5) 超几何分布。

设有 N 件产品，其中有 M 件次品，从中任取 n 件，则取出的次品数 X 的分布律为

$$P(X = k) = \frac{C_M^k C_{N-M}^{n-k}}{C_N^n}, \quad k = 0, 1, 2, \cdots, \min\{M, n\}$$

称 X 服从参数为 N、M、n 的超几何分布。

（6）结论。

（i）Poisson 定理：设 $\lambda > 0$ 是一常数，n 是任意的正整数，$np = \lambda$，则对任一固定的非负整数 k，有

$$\lim_{n \to \infty} C_n^k p^k (1-p)^{n-k} = \frac{\lambda^k}{k!} e^{-\lambda}$$

在实际应用中，可以得到二项分布的近似计算，即当 n 很大、p 很小时，有

$$C_n^k p^k (1-p)^{n-k} \approx \frac{\lambda^k}{k!} e^{-\lambda}$$

其中 $\lambda = np$。

（ii）设 X 服从参数为 N、M、n 的超几何分布，且对于固定的 n，当 $N \to \infty$ 时，$\dfrac{M}{N} \to p$，则

$$\lim_{N \to \infty} \frac{C_M^k C_{N-M}^{n-k}}{C_N^n} = C_n^k p^k q^{n-k}$$

即

$$\lim_{N \to \infty} P(X = k) = C_n^k p^k q^{n-k}$$

其中 $q = 1 - p$。

4. 连续型随机变量及其概率密度

1）连续型随机变量的定义

设 X 是随机变量，其分布函数为 $F(x)$，如果存在非负可积函数 $f(x)$，使得

$$F(x) = \int_{-\infty}^{x} f(t) dt, \quad -\infty < x < +\infty$$

则称 X 为连续型随机变量，称 $f(x)$ 为 X 的概率密度函数，简称概率密度。

2）连续型随机变量概率密度的性质

（1）$f(x) \geqslant 0 \ (-\infty < x < +\infty)$。

（2）$\displaystyle\int_{-\infty}^{+\infty} f(x) dx = 1$。

（3）$P(a < X \leqslant b) = \displaystyle\int_a^b f(x) dx$。

（4）在 $f(x)$ 的连续点 x 处，有 $F'(x) = f(x)$。

3）结论

（1）设连续型随机变量 X 的概率密度为 $f(x)$，分布函数为 $F(x)$，则 $F(x)$ 在 $(-\infty, +\infty)$ 上连续。

（2）设 X 为连续型随机变量，则随机变量 X 取任一实数值 a 的概率均为零，

即 $P(X=a)=0$。

（3）对于连续型随机变量 X，由于事件 $\{X=a\}$ 并非不可能事件，但却有 $P(X=a)=0$，因此不可能事件的概率是零，但概率是零的事件未必是不可能事件。

（4）设 X 是连续型随机变量，其概率密度为 $f(x)$，则

$$F(x) = P(X \leqslant x) = P(X < x) = \int_{-\infty}^{x} f(t)\mathrm{d}t, \ P(X \geqslant x) = P(X > x) = \int_{x}^{+\infty} f(t)\mathrm{d}t$$

$$P(a < X \leqslant b) = P(a \leqslant X < b) = P(a < X < b) = P(a \leqslant X \leqslant b) = \int_{a}^{b} f(x)\mathrm{d}x$$

4）几种重要的连续型随机变量

（1）均匀分布。

若连续型随机变量 X 的概率密度为

$$f(x) = \begin{cases} \dfrac{1}{b-a}, & a < x < b \\ 0, & \text{其他} \end{cases}$$

则称 X 在区间 (a, b) 上服从均匀分布，记为 $X \sim U(a, b)$。

设 $X \sim U(a, b)$，则其分布函数为

$$F(x) = \begin{cases} 0, & x < a \\ \dfrac{x-a}{b-a}, & a \leqslant x < b \\ 1, & x \geqslant b \end{cases}$$

（2）正态分布。

（i）一般正态分布：若连续型随机变量 X 的概率密度为

$$f(x) = \frac{1}{\sqrt{2\pi}\sigma} \mathrm{e}^{-\frac{(x-\mu)^2}{2\sigma^2}}, \quad -\infty < x < +\infty$$

其中 μ、$\sigma(\sigma > 0)$ 为常数，则称 X 服从参数为 μ、σ^2 的正态分布，记为 $X \sim N(\mu, \sigma^2)$。

设 $X \sim N(\mu, \sigma^2)$，则其分布函数为

$$F(x) = \int_{-\infty}^{x} \frac{1}{\sqrt{2\pi}\sigma} \mathrm{e}^{-\frac{(t-\mu)^2}{2\sigma^2}} \mathrm{d}t, \quad -\infty < x < +\infty$$

显然，$F(\mu) = \dfrac{1}{2}$，即 $P(X \leqslant \mu) = P(X > \mu) = \dfrac{1}{2}$。

（ii）标准正态分布：设 $X \sim N(\mu, \sigma^2)$，若 $\mu = 0$，$\sigma^2 = 1$，则称 X 服从标准正态分布，记为 $X \sim N(0, 1)$。

设 $X \sim N(0, 1)$，则其概率密度和分布函数分别为

$$\varphi(x) = \frac{1}{\sqrt{2\pi}} \mathrm{e}^{-\frac{x^2}{2}}, \quad -\infty < x < +\infty$$

$$\Phi(x) = \int_{-\infty}^{x} \frac{1}{\sqrt{2\pi}} e^{-\frac{t^2}{2}} \mathrm{d}t, \quad -\infty < x < +\infty$$

显然，$\Phi(0) = \dfrac{1}{2}$，即 $P(X \leqslant 0) = P(X > 0) = \dfrac{1}{2}$。

（3）指数分布。

若连续型随机变量 X 的概率密度为

$$f(x) = \begin{cases} \lambda e^{-\lambda x}, & x > 0 \\ 0, & x \leqslant 0 \end{cases}$$

其中 $\lambda > 0$ 为常数，则称 X 服从参数为 λ 的指数分布，记为 $X \sim E(\lambda)$。

设 $X \sim E(\lambda)$，则其分布函数为

$$F(x) = \begin{cases} 1 - e^{-\lambda x}, & x \geqslant 0 \\ 0, & x < 0 \end{cases}$$

5）结论

（1）设随机变量 $X \sim U[a, b]$，则 X 在 $[a, b]$ 的任一子区间上取值的概率等价于以 a、b 为端点的直线线段上的几何概率。

（2）设 $X \sim N(0, 1)$，则 $\Phi(-x) = 1 - \Phi(x)$。

（3）设 $X \sim N(\mu, \sigma^2)$，则 $Z = \dfrac{X - \mu}{\sigma} \sim N(0, 1)$，称 Z 为 X 的标准化。

（4）设 $X \sim N(\mu, \sigma^2)$，则

$$F(x) = \Phi\left(\frac{x - \mu}{\sigma} \right)$$

$\forall x_1 < x_2$，有

$$P(x_1 < X \leqslant x_2) = \Phi\left(\frac{x_2 - \mu}{\sigma} \right) - \Phi\left(\frac{x_1 - \mu}{\sigma} \right)$$

（5）指数分布具有无记忆性，即设 $X \sim E(\lambda)$，则 $\forall s, t > 0$，有

$$P(X > s + t \mid X > s) = P(X > t)$$

5. 随机变量函数及其分布

1）随机变量函数的定义

设 X 是随机变量，$y = g(x)$ 为已知的连续函数，则称 $Y = g(X)$ 为随机变量 X 的函数，简称随机变量函数。

显然，随机变量函数仍然是随机变量。

2）离散型随机变量函数的分布

设离散型随机变量 X 的分布律为

$$P(X = x_i) = p_i, \quad i = 1, 2, \cdots$$

或

X	x_1	x_2	$\cdots$	x_i	$\cdots$
P	p_1	p_2	$\cdots$	p_i	$\cdots$

则 $Y = g(X)$ 也是离散型随机变量，Y 可能的取值为 $g(x_i)(i = 1, 2, \cdots)$，其分布律为

$$P(Y = g(x_i)) = P(g(X) = g(x_i)) = P(X = x_i) = p_i, \quad i = 1, 2, \cdots$$

在具体写 Y 的表格形式的分布律时，可按如下方法进行：

（1）若 $g(x_i)(i = 1, 2, \cdots)$ 互不相同，可将 $g(x_i)$ 按照从小到大的顺序重新排序，对应的概率不变，则 Y 的分布律为

Y	$g(x_{i_1})$	$g(x_{i_2})$	$\cdots$	$g(x_{i_k})$	$\cdots$
P	p_{i_1}	p_{i_2}	$\cdots$	p_{i_k}	$\cdots$

（2）若 $g(x_i)(i = 1, 2, \cdots)$ 中有相同的，则应把那些相同的分别合并，并把对应的概率相加，再重新排序，即可得到 Y 的分布律。

3）连续型随机变量函数的分布

（1）分布函数法：设随机变量 X 的概率密度函数为 $f_X(x)$，则 Y 的分布函数为

$$F_Y(y) = P(Y \leqslant y) = P(g(X) \leqslant y) = \int_{g(x) \leqslant y} f_X(x) \mathrm{d}x$$

从而 Y 的概率密度为

$$f_Y(y) = F_Y'(y)$$

（2）公式法：设随机变量 X 的概率密度函数为 $f_X(x)$，$y = g(x)$ 严格单调可微，则 Y 的概率密度为

$$f_Y(y) = \begin{cases} f_X(h(y))\left|h'(y)\right|, & y \in I \\ 0, & \text{其他} \end{cases}$$

其中：$x = h(y)$ 是 $y = g(x)$ 的反函数；I 是使得 $f_X(h(y)) > 0$，$h(y)$ 和 $h'(y)$ 有意义的 y 的集合。

2.3 重点与考点

1. 随机变量分布函数的定义和性质

（1）判断某个函数能否作为随机变量的分布函数。

（2）利用随机变量分布函数的某个或某些性质确定分布函数中未知参数。

（3）利用随机变量分布函数计算概率或讨论概率。

（4）利用随机变量分布函数求离散型随机变量分布律或连续型随机变量概率密度。

2. 离散型随机变量分布律的定义和性质

（1）判断某个数列能否作为离散型随机变量的分布律。

(2) 利用离散型随机变量分布律的某个或某些性质确定分布律中的未知参数。

(3) 利用离散型随机变量分布律计算概率或讨论概率。

(4) 利用离散型随机变量分布律计算分布函数。

3. 连续型随机变量概率密度的定义和性质

(1) 判断某个函数能否作为连续型随机变量的概率密度。

(2) 利用连续型随机变量概率密度的某个或某些性质确定概率密度中的未知参数。

(3) 利用连续型随机变量概率密度计算概率或讨论概率。

(4) 利用连续型随机变量概率密度计算分布函数。

4. 求取随机变量的概率分布

(1) 求随机变量的分布函数。

(2) 求离散型随机变量的分布律。

(3) 求连续型随机变量的概率密度。

5. 几种重要分布的定义、背景、性质及其应用

(1) 识别重要分布的方法。

(2) 几种重要分布的概率分布、性质、特征和结论。

(i) $0-1$ 分布与二项分布之间的关系。

(ii) 均匀分布与几何概率之间的关系。

(iii) 正态分布的概率密度的图像关于 $x = \mu$ 对称。

(iv) 指数分布的无记忆性。

6. 求取随机变量函数的概率分布

(1) 求随机变量函数的分布函数(在计算上注意反常变限积分的计算)。

(2) 求离散型随机变量函数的分布律。

(3) 求连续型随机变量函数的概率密度(在方法上注意分布函数法和公式法的应用)。

2.4　经典题型

1. 讨论基本概念、性质和公式

例 2-1　设 $f_1(x)$ 和 $f_2(x)$ 都是随机变量的概率密度,则下面函数必为随机变量概率密度的为(　　)。

　　A. $f_1(x) + f_2(x)$ 　　　　　　　　　　B. $f_1(x) - f_2(x)$

　　C. $f_1(x) f_2(x)$ 　　　　　　　　　　D. $\alpha f_1(x) + (1-\alpha) f_2(x)(0 \leqslant \alpha \leqslant 1)$

解　应选 D。

由于 $f_1(x)$ 和 $f_2(x)$ 都是随机变量的概率密度,因此 $f_1(x) \geqslant 0$, $f_2(x) \geqslant 0$,且

$$\int_{-\infty}^{+\infty} f_1(x) \mathrm{d}x = 1, \quad \int_{-\infty}^{+\infty} f_2(x) \mathrm{d}x = 1$$

又由于 $0 \leqslant \alpha \leqslant 1$，故 $0 \leqslant 1-\alpha \leqslant 1$，从而 $\alpha f_1(x) + (1-\alpha)f_2(x) \geqslant 0$，且

$$\int_{-\infty}^{+\infty} (\alpha f_1(x) + (1-\alpha)f_2(x))\mathrm{d}x = \alpha \int_{-\infty}^{+\infty} f_1(x)\mathrm{d}x + (1-\alpha)\int_{-\infty}^{+\infty} f_2(x)\mathrm{d}x = \alpha + (1-\alpha) = 1$$

所以 $\alpha f_1(x) + (1-\alpha)f_2(x)\,(0 \leqslant \alpha \leqslant 1)$ 为随机变量的概率密度，故选 D。

例 2 - 2　设 $F_1(x)$ 和 $F_2(x)$ 都是随机变量的分布函数，为使 $F(x) = aF_1(x) + bF_2(x)$ 是某随机变量的分布函数，则在下列给定的各组数中应取（　　）。

A. $a = \dfrac{3}{5}$，$b = \dfrac{2}{5}$ 　　　　　　　　　　B. $a = \dfrac{2}{3}$，$b = -\dfrac{2}{3}$

C. $a = \dfrac{1}{2}$，$b = \dfrac{3}{2}$ 　　　　　　　　　　D. $a = \dfrac{1}{2}$，$b = -\dfrac{3}{2}$

解　应选 A。

由于 $F_1(x)$ 和 $F_2(x)$ 都是随机变量的分布函数，因此

$$F_1(+\infty) = F_2(+\infty) = 1$$

为使 $F(x) = aF_1(x) + bF_2(x)$ 是某随机变量的分布函数，$F(x)$ 应满足 $F(+\infty) = 1$，即

$$F(+\infty) = aF_1(+\infty) + bF_2(+\infty) = a + b = 1$$

从而满足此条件的只有 A 选项，故选 A。

例 2 - 3　设连续型随机变量 X 的概率密度为

$$f(x) = \begin{cases} \dfrac{1}{3}, & 0 \leqslant x \leqslant 1 \\[2mm] \dfrac{2}{9}, & 3 \leqslant x \leqslant 6 \\[2mm] 0, & \text{其他} \end{cases}$$

若 $P(X \geqslant k) = \dfrac{2}{3}$，则 k 的取值范围为（　　）。

A. $[0, 1)$ 　　　　　　　　　　　B. $[1, 3]$

C. $[0, 3)$ 　　　　　　　　　　　D. $[3, 6]$

解　应选 B。

由于当 $k < 0$ 时，有

$$P(x \geqslant k) = 1 > \frac{2}{3}$$

当 $0 \leqslant k < 1$ 时，有

$$P(x \geqslant k) = \int_k^1 \frac{1}{3}\mathrm{d}x + \int_3^6 \frac{2}{9}\mathrm{d}x = \frac{1-k}{3} + \frac{2}{3} > \frac{2}{3}$$

当 $1 \leqslant k \leqslant 3$ 时，

$$P(x \geqslant k) = \int_k^3 0\mathrm{d}x + \int_3^6 \frac{2}{9}\mathrm{d}x = \frac{2}{3}$$

当 $k > 3$ 时，

$$P(x \geqslant k) = \int_k^6 \frac{2}{9}\mathrm{d}x = \frac{2(6-k)}{9} < \frac{2}{3}$$

因此选项 A、C、D 都不正确，故选 B。

例 2-4　设随机变量 X 的分布函数为

$$F(x) = \begin{cases} 0, & x < 0 \\ 0.2 + 0.5x, & 0 \leqslant x < 1 \\ 1, & x \geqslant 1 \end{cases}$$

则 $P(X = 1) = $ _____。

解　应填 0.3。

由题设，得

$$P(X = 1) = F(1) - F(1-0) = 1 - (0.2 + 0.5) = 0.3$$

故填 0.3。

例 2-5　设 $F(x)$ 是连续型随机变量 X 的分布函数，$a(a > 0)$ 为常数，则 $\int_{-\infty}^{+\infty} [F(x+a) - F(x)]\mathrm{d}x = $ _____。

解　应填 a。

设 X 的概率密度为 $f(x)$，则 $F(x+a) - F(x) = \int_x^{x+a} f(y)\mathrm{d}y$，从而

$$\int_{-\infty}^{+\infty} [F(x+a) - F(x)]\mathrm{d}x = \int_{-\infty}^{+\infty} \left(\int_x^{x+a} f(y)\mathrm{d}y \right)\mathrm{d}x = \int_{-\infty}^{+\infty} \left(\int_{y-a}^y f(y)\mathrm{d}x \right)\mathrm{d}y$$

$$= a \int_{-\infty}^{+\infty} f(y)\mathrm{d}y = a$$

故填 a。

例 2-6　设随机变量 X 的分布函数为

$$F(x) = \begin{cases} \dfrac{ax}{1+x} + b, & x > 0 \\ 0, & x \leqslant 0 \end{cases}$$

求 a、b 及概率 $P(1 \leqslant X \leqslant 2)$。

解　由分布函数的性质，得

$$F(+\infty) = \lim_{x \to +\infty} F(x) = \lim_{x \to +\infty} \left(\frac{ax}{1+x} + b \right) = 1$$

从而 $a + b = 1$。

由分布函数的右连续性，得

$$0 = F(0) = F(0+0) = \lim_{x \to 0^+} F(x) = \lim_{x \to 0^+} \left(\frac{ax}{1+x} + b \right) = b$$

即 $b = 0$，从而 $a = 1$。

$$P(1 \leqslant X \leqslant 2) = P(X \leqslant 2) - P(X < 1) = F(2) - F(1-0)$$

$$= \frac{2}{1+2} - \frac{1}{1+1} = \frac{1}{6}$$

2. 求概率分布

例 2-7　袋中装有 10 只同样的球，编号分别为 0、1、2、3、4、5、6、7、8、9。从中任取 1 只球，观察"取出的球号码小于 5"、"取出的球号码等于 5"、"取出的球号码大于 5"出现的情况，试定义一个随机变量，求其分布律和分布函数。

解　设 ω_1、ω_2、ω_3 分别表示试验的三个结果："取出的球号码小于 5"、"取出的球号码等于 5"、"取出的球号码大于 5"，则随机试验的样本空间 $\Omega = \{\omega_1, \omega_2, \omega_3\}$，定义随机变量 X 如下：

$$X = X(\omega) = \begin{cases} 0, & \omega = \omega_1 \\ 1, & \omega = \omega_2 \\ 2, & \omega = \omega_3 \end{cases}$$

则 X 可能的取值为 0、1、2，且

$$P(X = 0) = P(\text{"取出的球号码小于 5"}) = \frac{5}{10}$$

$$P(X = 1) = P(\text{"取出的球号码等于 5"}) = \frac{1}{10}$$

$$P(X = 2) = P(\text{"取出的球号码大于 5"}) = \frac{4}{10}$$

即 X 的分布律为

X	0	1	2
P	$\frac{5}{10}$	$\frac{1}{10}$	$\frac{4}{10}$

当 $x < 0$ 时，

$$F(x) = 0$$

当 $0 \leqslant x < 1$ 时，

$$F(x) = P(X = 0) = \frac{5}{10}$$

当 $1 \leqslant x < 2$ 时，

$$F(x) = P(X = 0) + P(X = 1) = \frac{5}{10} + \frac{1}{10} = \frac{6}{10}$$

当 $x \geqslant 2$ 时，

$$F(x) = P(X = 0) + P(X = 1) + P(X = 2) = \frac{5}{10} + \frac{1}{10} + \frac{4}{10} = 1$$

即 X 的分布函数为

$$F(x) = \begin{cases} 0, & x < 0 \\ \dfrac{5}{10}, & 0 \leqslant x < 1 \\ \dfrac{6}{10}, & 1 \leqslant x < 2 \\ 1, & x \geqslant 2 \end{cases}$$

例 2-8 一批产品共有 10 件正品和 3 件次品，一次 1 件地抽取产品，试分别就下面两种情况求直到取到正品为止时抽取次数 X 的分布律。

（1）取出的产品不放回；

（2）取出的产品放回。

解 （1）X 可能的取值为 1、2、3、4，且

$$P(X = 1) = \frac{10}{13}, \ P(X = 2) = \frac{3}{13} \times \frac{10}{12} = \frac{5}{26}$$

$$P(X = 3) = \frac{3}{13} \times \frac{2}{12} \times \frac{10}{11} = \frac{5}{143}, \ P(X = 4) = \frac{3}{13} \times \frac{2}{12} \times \frac{1}{11} \times \frac{10}{10} = \frac{1}{286}$$

即 X 的分布律为

X	1	2	3	4
P	$\dfrac{10}{13}$	$\dfrac{5}{26}$	$\dfrac{5}{143}$	$\dfrac{1}{286}$

（2）X 可能的取值为 $1, 2, \cdots$，且

$$P(X = 1) = \frac{10}{13}, \ P(X = 2) = \frac{3}{13} \times \frac{10}{13}, \ P(X = 3) = \left(\frac{3}{13}\right)^2 \times \frac{10}{13}, \ \cdots$$

即 X 的分布律为

$$P(X = k) = \left(\frac{3}{13}\right)^{k-1} \times \frac{10}{13}, \quad k = 1, 2, \cdots$$

例 2-9 设有三个盒子，第一个盒子装有 4 只红球、1 只黑球，第二个盒子装有 3 只红球、2 只黑球，第三个盒子装有 2 只红球、3 只黑球。现任取一个盒子，从中任取 3 只球，以 X 表示所取到的红球数。

（1）求 X 的分布律；

（2）求所取到的红球个数不少于 2 的概率。

解 （1）X 可能的取值为 $0, 1, 2, 3$，设 $A_i (i = 1, 2, 3)$ 表示事件"取出的是第 i 盒"，则 $P(A_i) = 1/3$，由全概率公式，得

$$P(X=0) = P(A_3)P(X=0\,|\,A_3) = \frac{1}{3} \times \frac{C_3^3}{C_5^3} = \frac{1}{30}$$

$$P(X=1) = P(A_2)P(X=1\,|\,A_2) + P(A_3)P(X=1\,|\,A_3)$$

$$= \frac{1}{3}\left(\frac{C_3^1 C_2^2}{C_5^3} + \frac{C_2^1 C_3^2}{C_5^3} \right) = \frac{9}{30}$$

$$P(X=2) = \sum_{i=1}^{3} P(A_i)P(X=2\,|\,A_i)$$

$$= \frac{1}{3}\left(\frac{C_4^2 C_1^1}{C_5^3} + \frac{C_3^2 C_2^1}{C_5^3} + \frac{C_2^2 C_3^1}{C_5^3} \right) = \frac{15}{30}$$

$$P(X=3) = P(A_1)P(X=3\,|\,A_1) + P(A_2)P(X=3\,|\,A_2)$$

$$= \frac{1}{3}\left(\frac{C_4^3}{C_5^3} + \frac{C_3^3}{C_5^3} \right) = \frac{5}{30}$$

即 X 的分布律为

X	0	1	2	3
P	$\frac{1}{30}$	$\frac{9}{30}$	$\frac{15}{30}$	$\frac{5}{30}$

（2）所求的概率为

$$P(X \geqslant 2) = P(X=2) + P(X=3) = \frac{15}{30} + \frac{5}{30} = \frac{2}{3}$$

例 2-10　设随机变量 X 的绝对值不大于 1，$P(X=-1) = \frac{1}{8}$，$P(X=1) = \frac{1}{4}$，在事件 $\{|X|<1\}$ 发生的条件下，X 在 $(-1,1)$ 内的任一子区间上取值的条件概率与该子区间的长度成正比。试求：

（1）X 的分布函数；

（2）X 取负值的概率。

解　（1）当 $x < -1$ 时，

$$F(x) = 0$$

当 $x = -1$ 时，

$$F(x) = P(X \leqslant -1) = P(X=-1) = \frac{1}{8}$$

当 $-1 < x < 1$ 时，由于

$$1 = P(|X| \leqslant 1) = P(X=-1) + P(-1 < X < 1) + P(X=1)$$

因此

$$P(-1 < X < 1) = 1 - P(X=-1) - P(X=1) = 1 - \frac{1}{8} - \frac{1}{4} = \frac{5}{8}$$

又由于

$$1 = P(-1 < X < 1 \mid -1 < X < 1) = 2k$$

故 $k = \dfrac{1}{2}$，从而

$$P(-1 < X \leqslant x \mid -1 < X < 1) = \frac{1}{2}(x+1)$$

对于 $-1 < x < 1$，有 $(-1, x] \subset (-1, 1)$，从而

$$
\begin{aligned}
P(-1 < X \leqslant x) &= P(-1 < X \leqslant x, -1 < X < 1) \\
&= P(-1 < X < 1)P(-1 < X \leqslant x \mid -1 < X < 1) \\
&= \frac{5}{8} \times \frac{1}{2}(x+1) = \frac{5}{16}(x+1)
\end{aligned}
$$

当 $-1 \leqslant x < 1$ 时，

$$F(x) = P(X \leqslant x) = P(X \leqslant -1) + P(-1 < X \leqslant x) = \frac{1}{8} + \frac{5}{16}(x+1) = \frac{5x+7}{16}$$

当 $x \geqslant 1$ 时，

$$F(x) = 1$$

即 X 的分布函数为

$$
F(x) = \begin{cases}
0, & x < -1 \\
\dfrac{5x+7}{16}, & -1 \leqslant x < 1 \\
1, & x \geqslant 1
\end{cases}
$$

(2) 所求的概率为

$$P(X < 0) = F(0) - P(X = 0) = F(0-0) = \frac{7}{16}$$

例 2-11 设连续型随机变量 X 的概率密度为

$$
f(x) = \begin{cases}
x^2, & -1 < x < 1 \\
\dfrac{1}{3}, & 2 \leqslant x < 3 \\
0, & \text{其他}
\end{cases}
$$

求 $Y = X^2$ 的分布函数 $F_Y(y)$ 和概率密度 $f_Y(y)$。

解 先求 Y 的分布函数 $F_Y(y)$。

当 $y < 0$ 时，

$$F_Y(y) = 0$$

当 $0 \leqslant y < 1$ 时，

$$
\begin{aligned}
F_Y(y) &= P(Y \leqslant y) = P(X^2 \leqslant y) = P(-\sqrt{y} \leqslant X \leqslant \sqrt{y}) \\
&= \int_{-\sqrt{y}}^{\sqrt{y}} x^2 \, \mathrm{d}x = \frac{2}{3} y^{\frac{3}{2}}
\end{aligned}
$$

当 $1 \leqslant y < 4$ 时，

$$F_Y(y) = P(X^2 \leqslant 1) + P(1 < X^2 \leqslant y) = P(-1 \leqslant X \leqslant 1) + 0$$
$$= \int_{-1}^1 x^2 \, \mathrm{d}x = \frac{2}{3}$$

当 $4 \leqslant y < 9$ 时，

$$F_Y(y) = P(X^2 \leqslant 1) + P(1 < X^2 \leqslant 4) + P(4 < X^2 \leqslant y)$$
$$= P(-1 \leqslant X \leqslant 1) + 0 + P(2 < X \leqslant \sqrt{y})$$
$$= \int_{-1}^1 x^2 \, \mathrm{d}x + \int_2^{\sqrt{y}} \frac{1}{3} \mathrm{d}x = \frac{2}{3} + \frac{1}{3}(\sqrt{y} - 2) = \frac{1}{3}\sqrt{y}$$

当 $y \geqslant 9$ 时，

$$F_Y(y) = 1$$

即 Y 的分布函数为

$$F_Y(y) = \begin{cases} 0, & y < 0 \\ \dfrac{2}{3} y^{\frac{3}{2}}, & 0 \leqslant y < 1 \\ \dfrac{2}{3}, & 1 \leqslant y < 4 \\ \dfrac{1}{3}\sqrt{y}, & 4 \leqslant y < 9 \\ 1, & y \geqslant 9 \end{cases}$$

再求 Y 的概率密度 $f_Y(y)$。

$$f_Y(y) = F'_Y Y(y) = \begin{cases} \sqrt{y}, & 0 < y < 1 \\ \dfrac{1}{6\sqrt{y}}, & 4 < y < 9 \\ 0, & \text{其他} \end{cases}$$

例 2-12　通过点 $(0, 2)$ 任意作直线与 x 轴相交所成的夹角为随机变量 $\Theta(0 < \Theta < \pi)$，设 $\Theta \sim U(0, \pi)$，直线在 x 轴上的截距为随机变量 X，试求 X 的概率密度。

解　依题设知，$X = -2\cot\Theta$，且 $\Theta \sim U(0, \pi)$，从而 Θ 的概率密度为

$$f_\Theta(\theta) = \begin{cases} \dfrac{1}{\pi}, & 0 < \theta < \pi \\ 0, & \text{其他} \end{cases}$$

由于函数 $x = -2\cot\theta$ 严格单调可微，其反函数为

$$\theta = h(x) = \operatorname{arccot}\left(-\frac{x}{2}\right) \quad (-\infty < x < +\infty)$$

$$h'(x) = -\frac{-\dfrac{1}{2}}{1 + \left(-\dfrac{x}{2}\right)^2} = \frac{2}{4 + x^2} \quad (-\infty < x < +\infty)$$

$$f_\Theta(h(x)) > 0 \quad (-\infty < x < +\infty)$$

因此 X 的概率密度为

$$f_X(x) = f_\Theta(h(x)) |h'(x)| = \frac{1}{\pi} \times \frac{2}{4 + x^2} = \frac{2}{\pi(4 + x^2)} \quad -\infty < x < +\infty$$

3. 重要分布的概念和性质

例 2 - 13　设随机变量 $X \sim B(n, p)$，若 $(n+1)p$ 不是正整数，则当 $k = ($　　$)$时，$P(X = k)$ 最大。

  A. $(n+1)p$ B. $(n+1)p - 1$ C. np D. $[(n+1)p]$

解　应选 D。

用比值法判断如下：

$$\frac{P(X = k)}{P(X = k-1)} = \frac{C_n^k p^k (1-p)^{n-k}}{C_n^{k-1} p^{k-1} (1-p)^{n-k+1}} = \frac{n-k+1}{k} \times \frac{p}{1-p}$$

$$= 1 + \frac{(n+1)p - k}{k(1-p)} \begin{cases} > 1, & k < (n+1)p \\ = 1, & k = (n+1)p, \\ < 1, & k > (n+1)p \end{cases} \quad k = 1, 2, \cdots, n$$

由于当 $k < (n+1)p$ 时，$P(X = k)$ 随 k 增大而递增；当 $k > (n+1)p$ 时，$P(X = k)$ 随 k 增大而递减，因此若 $(n+1)p$ 为正整数，则当 $k = (n+1)p$ 时，有

$$P(X = (n+1)p) = P(X = (n+1)p - 1)$$

为 $P(X = k)$ 的最大值，即当 $k = (n+1)p$ 或 $k = (n+1)p - 1$ 时，$P(X = k)$ 都取得最大值。若 $(n+1)p$ 不是正整数，由于 $[(n+1)p] < (n+1)p < [(n+1)p] + 1$，因此

$$P(X = [(n+1)p] - 1) < P(X = [(n+1)p])$$

$$P(X = [(n+1)p]) > P(X = [(n+1)p] + 1)$$

从而当 $k = [(n+1)p]$ 时，$P(X = k)$ 取最大值，故选 D。

例 2 - 14　设 $X \sim N(0, 1)$，对于给定的 $\alpha(0 < \alpha < 1)$，数 μ_α 满足 $P(X > \mu_\alpha) = \alpha$，若 $P(|X| < x) = \alpha$，则 $x = ($　　$)$。

  A. $\mu_{\frac{\alpha}{2}}$ B. $\mu_{1-\frac{\alpha}{2}}$ C. $\mu_{\frac{1-\alpha}{2}}$ D. $\mu_{1-\alpha}$

解　应选 C。

由于 $P(|X| < x) = \alpha$，因此 $P(X < -x) + P(X > x) = 1 - \alpha$，又由于 $X \sim N(0, 1)$，故 $P(X < -x) = P(X > x)$，从而 $P(X > x) = \dfrac{1 - \alpha}{2}$，所以 $x = \mu_{\frac{1-\alpha}{2}}$，故选 C。

例 2 - 15　设 $X \sim N(\mu, 4)$，已知 $3P(X \geqslant 1.5) = 2P(X < 1.5)$，则 $P(|X - 1| \leqslant 2) =$

（$\Phi(0.25) = 0.6$，$\Phi(1) = 0.8413$）。

解 应填 0.6826。

由于

$$P(X < 1.5) = \Phi\left(\frac{1.5 - \mu}{2}\right), \quad P(X \geqslant 1.5) = 1 - \Phi\left(\frac{1.5 - \mu}{2}\right)$$

因此

$$3\left[1 - \Phi\left(\frac{1.5 - \mu}{2}\right)\right] = 2\Phi\left(\frac{1.5 - \mu}{2}\right)$$

解之，得 $\Phi\left(\frac{1.5 - \mu}{2}\right) = 0.6$，从而 $\frac{1.5 - \mu}{2} = 0.25$，即 $\mu = 1$，所以

$$P(|X - 1| \leqslant 2) = P(-1 \leqslant X \leqslant 3) = \Phi\left(\frac{3 - 1}{2}\right) - \Phi\left(\frac{-1 - 1}{2}\right)$$

$$= 2\Phi(1) - 1 = 0.6826$$

故填 0.6826。

例 2-16 设在某周期内，从一个放射源放射出的粒子数 X 服从参数为 λ 的 Poisson 分布，如果无粒子放出的概率为 $\frac{1}{4}$，试求：

（1）X 的分布律；

（2）至少放射出 2 个粒子的概率。

解 （1）由于 $X \sim P(\lambda)$，因此 X 的分布律为

$$P(X = k) = \frac{\lambda^k}{k!} \mathrm{e}^{-\lambda}, \quad k = 0, 1, 2, \cdots$$

又由于

$$\frac{1}{4} = P(X = 0) = \mathrm{e}^{-\lambda}$$

故 $\lambda = \ln 4$。从而 X 的分布律为

$$P(X = k) = \frac{(\ln 4)^k}{4 \times k!}, \quad k = 0, 1, 2, \cdots$$

（2）所求的概率为

$$P(X \geqslant 2) = 1 - P(X = 0) - P(X = 1)$$

$$= 1 - \frac{1}{4} - \frac{1}{4}\ln 4 = \frac{1}{4}(3 - \ln 4)$$

例 2-17 有 100 个零件，其中 90 个一等品，10 个二等品，随机地取 2 个安装在一台设备上，若 2 个零件中有 $i(i = 0, 1, 2)$ 个二等品，则该设备的寿命（单位：小时）服从参数为 $\lambda = i + 1$ 的指数分布，试求：

（1）设备寿命超过 1 小时的概率；

（2）若已知设备寿命超过 1 小时，则安装在该设备上的 2 个零件为一等品的概率。

解 设 X 表示设备的寿命，$A_i (i = 0, 1, 2)$ 表示事件“2 个零件中有 i 个二等品”，则

$$P(A_0) = \frac{C_{90}^2}{C_{100}^2} = \frac{89}{110}, \ P(A_1) = \frac{C_{10}^1 C_{90}^1}{C_{100}^2} = \frac{2}{11}, \ P(A_2) = \frac{C_{10}^2}{C_{100}^2} = \frac{1}{110}$$

$$P(X > 1 | A_0) = \int_1^{+\infty} e^{-x} dx = e^{-1}$$

$$P(X > 1 | A_1) = \int_1^{+\infty} 2e^{-2x} dx = e^{-2}$$

$$P(X > 1 | A_2) = \int_1^{+\infty} 3e^{-3x} dx = e^{-3}$$

（1）由全概率公式，得

$$P(X > 1) = \sum_{i=0}^2 P(A_i) P(X > 1 | A_i) = \frac{89}{110} \times e^{-1} + \frac{2}{11} \times e^{-2} + \frac{1}{110} \times e^{-3} \approx 0.32$$

（2）由 Bayes 公式，得

$$P(A_0 | X > 1) = \frac{P(A_0) P(X > 1 | A_0)}{P(X > 1)} = \frac{\dfrac{89}{110} \times e^{-1}}{0.32} \approx 0.93$$

例 2-18 假设一厂家生产的每台仪器，以概率 0.7 可以直接出厂，以概率 0.3 需进一步调试，经调试后以概率 0.8 出厂，以概率 0.2 定为不合格产品，不能出厂，现该厂生产了 $n(n \geqslant 2)$ 台仪器（假设每台仪器的生产过程相互独立），求：

（1）仪器全部能出厂的概率；

（2）其中恰好有两台不能出厂的概率；

（3）其中至少有两台不能出厂的概率。

解 设 A 表示事件“一台仪器需进一步调试”，B 表示事件“一台仪器可以出厂”，则

$$P(A) = 0.3, \ P(\overline{A}) = 0.7, \ P(B | A) = 0.8, \ P(B | \overline{A}) = 1$$

由全概率公式，得

$$P(B) = P(A)P(B | A) + P(\overline{A})P(B | \overline{A}) = 0.3 \times 0.8 + 0.7 \times 1 = 0.94$$

设 X 表示所生产的 n 台仪器中能出厂的台数，则 $X \sim B(n, 0.94)$，从而

（1）n 台仪器全部能出厂的概率为

$$P(X = n) = (0.94)^n$$

（2）n 台仪器中恰好有两台不能出厂的概率为

$$P(X = n - 2) = C_n^{n-2} (0.94)^{n-2} (0.06)^2$$

（3）n 台仪器中至少有两台不能出厂的概率为

$$P(X \leqslant n - 2) = 1 - P(X = n) - P(X = n - 1)$$
$$= 1 - (0.94)^n - C_n^{n-1} (0.94)^{n-1} (0.06)$$

2.5　习题全解

一、选择题

1. 下面四个函数中可以作为随机变量分布函数的是(　　)。

A. $F(x) = \begin{cases} 0, & x < -1 \\ \dfrac{1}{2}, & -1 \leqslant x < 0 \\ 2, & x \geqslant 0 \end{cases}$
　　　　B. $F(x) = \begin{cases} 0, & x < 0 \\ \sin x, & 0 \leqslant x < \pi \\ 1, & x \geqslant \pi \end{cases}$

C. $F(x) = \begin{cases} 0, & x < 0 \\ \sin x, & 0 \leqslant x < \dfrac{\pi}{2} \\ 1, & x \geqslant \dfrac{\pi}{2} \end{cases}$
　　　　D. $F(x) = \begin{cases} 0, & x < 0 \\ x + \dfrac{1}{3}, & 0 \leqslant x \leqslant \dfrac{1}{2} \\ 1, & x > \dfrac{1}{2} \end{cases}$

解　应选 C。

由于在选项 A 中，$F(+\infty) = 2 \neq 1$；在选项 B 中，当 $0 \leqslant x < \pi$ 时，$F(x) = \sin x$ 不是单调不减函数；在选项 D 中，$F\left(\dfrac{1}{2} + 0\right) = 1 \neq \dfrac{1}{2} + \dfrac{1}{3} = F\left(\dfrac{1}{2}\right)$，即 $F(x)$ 不是右连续函数，因此选项 A、B、D 都不正确，故选 C。

2. 在下述函数中，可以作为某随机变量分布函数的是(　　)。

A. $F(x) = \dfrac{1}{1 + x^2}, \quad -\infty < x < +\infty$

B. $F(x) = \dfrac{1}{\pi} \arctan x + \dfrac{1}{2}, \quad -\infty < x < +\infty$

C. $F(x) = \begin{cases} \dfrac{1}{2}(1 - \mathrm{e}^{-x}), & x > 0 \\ 0, & x \leqslant 0 \end{cases}$

D. $F(x) = \displaystyle\int_{-\infty}^{x} f(x)\mathrm{d}x (-\infty < x < +\infty)$，其中 $\displaystyle\int_{-\infty}^{+\infty} f(x)\mathrm{d}x = 1$

解　应选 B。

由于在选项 A 中，$F(+\infty) = 0 \neq 1$；在选项 C 中，$F(+\infty) = 1/2 \neq 1$；在选项 D 中，取

$$f(x) = \begin{cases} -1, & 1 \leqslant x \leqslant 2 \\ 2, & 3 \leqslant x \leqslant 4 \\ 0, & \text{其他} \end{cases}$$

则 $\displaystyle\int_{-\infty}^{+\infty} f(x)\mathrm{d}x = 1$，但当 $1 < x < 2$ 时，$F(x) = 1 - x < 0$，因此选项 A、C、D 都不正确，故选 B。

3. 设 $F(x)$ 是随机变量 X 的分布函数, 则( )。

    A. $F(x)$ 一定连续   B. $F(x)$ 一定右连续

    C. $F(x)$ 是单调不增的   D. $F(x)$ 一定左连续

解 应选 B。

由于 $F(x)$ 是随机变量 X 的分布函数, 因此 $F(x)$ 一定是右连续函数, 故选 B。

4. 设离散型随机变量 X 的分布律为

$$P(X = k) = b\lambda^k, \quad k = 1, 2, \cdots$$

其中 $b > 0$ 为常数, 则( )。

    A. λ 为任意的正实数   B. $\lambda = b + 1$

    C. $\lambda = \dfrac{1}{b+1}$ D. $\lambda = \dfrac{1}{b-1}$

解 应选 C。

由分布律的性质, 得

$$\sum_{k=1}^{\infty} P(X = k) = \sum_{k=1}^{\infty} b\lambda^k = 1$$

由于 $b\lambda^k$ 是概率, 因此 $\sum\limits_{k=1}^{\infty} \lambda^k$ 收敛于 $\dfrac{1}{b}$, 且 $0 < \lambda < 1$。由 $\sum\limits_{k=1}^{\infty} \lambda^k = \dfrac{\lambda}{1-\lambda}$, 得 $\dfrac{\lambda}{1-\lambda} = \dfrac{1}{b}$, 从而 $\lambda = \dfrac{1}{b+1}$, 故选 C。

5. 设随机变量 X 的分布函数为

$$F(x) = \begin{cases} 0, & x < 0 \\ \dfrac{1}{2}, & 0 \leqslant x < 1 \\ 1 - e^{-x}, & x \geqslant 1 \end{cases}$$

则 $P(X = 1) = ($)。

    A. 0   B. $\dfrac{1}{2}$

    C. $\dfrac{1}{2} - e^{-1}$ D. $1 - e^{-1}$

解 应选 C。

$$P(X = 1) = F(1) - F(1 - 0) = 1 - e^{-1} - \frac{1}{2} = \frac{1}{2} - e^{-1}$$

故选 C。

6. 设连续型随机变量 X 的概率密度为 $\varphi(x)$, 且 $\varphi(-x) = \varphi(x)$, $F(x)$ 是 X 的分布函数, 则对任何的实数 a, 有( )。

A. $F(-a) = 1 - \int_0^a \varphi(x)\mathrm{d}x$　　　　　　B. $F(-a) = \dfrac{1}{2} - \int_0^a \varphi(x)\mathrm{d}x$

C. $F(-a) = F(a)$　　　　　　　　　　D. $F(-a) = 2F(a) - 1$

解　应选 B.

由于 $F(-a) = \int_{-\infty}^{-a} \varphi(x)\mathrm{d}x$，令 $t = -x$，则

$$F(-a) = -\int_{+\infty}^{a} \varphi(-t)\mathrm{d}t = \int_a^{+\infty} \varphi(t)\mathrm{d}t = \int_{-\infty}^{+\infty} \varphi(t)\mathrm{d}t - \int_{-\infty}^{a} \varphi(t)\mathrm{d}t$$

$$= 1 - \int_{-\infty}^0 \varphi(t)\mathrm{d}t - \int_0^a \varphi(t)\mathrm{d}t = 1 - \frac{1}{2} \int_{-\infty}^{+\infty} \varphi(t)\mathrm{d}t - \int_0^a \varphi(x)\mathrm{d}x$$

$$= 1 - \frac{1}{2} - \int_0^a \varphi(x)\mathrm{d}x = \frac{1}{2} - \int_0^a \varphi(x)\mathrm{d}x$$

因此

$$F(-a) = \frac{1}{2} - \int_0^a \varphi(x)\mathrm{d}x$$

故选 B.

7. 某人向同一目标独立重复射击，每次射击命中目标的概率为 $p(0 < p < 1)$，则此人第 4 次射击恰好第 2 次命中目标的概率为（　　）。

A. $3p(1-p)^2$　　　　　　　　　　B. $6p(1-p)^2$

C. $3p^2(1-p)^2$　　　　　　　　　D. $6p^2(1-p)^2$

解　应选 C.

由于此人第 4 次射击恰好第 2 次命中目标，即此人第 4 次射击命中目标，其概率为 p，在前三次射击中恰好有一次命中目标，其概率为 $C_3^1 p(1-p)^2$，因此，由事件的相互独立性知，此人第 4 次射击恰好第 2 次命中目标的概率为

$$C_3^1 p(1-p)^2 \times p = 3p^2(1-p)^2$$

故选 C.

8. 设连续型随机变量 X 的概率密度和分布函数分别为 $f(x)$ 和 $F(x)$，则（　　）。

A. $0 \leqslant f(x) \leqslant 1$　　　　　　　　B. $P(X = x) = F(x)$

C. $P(X = x) \leqslant F(x)$　　　　　　　D. $P(X = x) = f(x)$

解　应选 C.

由于 $\{X = x\} \subset \{X \leqslant x\}$，因此，由概率的单调性及分布函数的定义，得

$$P(X = x) \leqslant P(X \leqslant x) = F(x)$$

故选 C.

9. 设连续型随机变量 X 的概率密度为 $f(x) = c\mathrm{e}^{-x^2}(-\infty < x < +\infty)$，则 $c = （\quad）$。

A. $\dfrac{1}{\sqrt{2\pi}}$　　　　　B. $\dfrac{1}{\sqrt{\pi}}$　　　　　C. $\dfrac{1}{\pi}$　　　　　D. $\dfrac{1}{2\pi}$

解　应选 B。

由于

$$\int_{-\infty}^{+\infty} e^{-x^2} dx = \sqrt{\pi}$$

因此

$$1 = \int_{-\infty}^{+\infty} f(x) dx = \int_{-\infty}^{+\infty} c e^{-x^2} dx = c\sqrt{\pi}$$

从而 $c = \dfrac{1}{\sqrt{\pi}}$，故选 B。

10. 若随机变量 X 可能的取值充满区间(　　)，则 $\varphi(x) = \cos x$ 可以成为随机变量 X 的概率密度。

A. $\left[0, \dfrac{\pi}{2} \right]$ 　　　　　　　　　　　　 B. $\left[\dfrac{\pi}{2}, \pi \right]$

C. $[0, \pi]$ 　　　　　　　　　　　　　　 D. $\left[\dfrac{3\pi}{2}, \dfrac{7\pi}{4} \right]$

解　应选 A。

方法一：由 $\varphi(x)$ 的非负性知，选项 B、C 不正确。由于

$$\int_{-\infty}^{+\infty} \varphi(x) dx = \int_{\frac{3\pi}{2}}^{\frac{7\pi}{4}} \cos x dx = \left[\sin x \right]_{\frac{3\pi}{2}}^{\frac{7\pi}{4}} = 1 - \frac{\sqrt{2}}{2} \neq 1$$

因此选项 D 不正确，故选 A。

方法二：由于当 $0 \leqslant x \leqslant \dfrac{\pi}{2}$ 时，$\varphi(x) = \cos x \geqslant 0$，且

$$\int_{-\infty}^{+\infty} \varphi(x) dx = \int_0^{\frac{\pi}{2}} \cos x dx = \left[\sin x \right]_0^{\frac{\pi}{2}} = 1$$

因此当 X 可能的取值充满区间 $\left[0, \dfrac{\pi}{2} \right]$ 时，$\varphi(x) = \cos x$ 可以成为随机变量 X 的概率密度，故选 A。

11. 某电子元件的寿命 X(单位：小时)的概率密度为

$$f(x) = \begin{cases} \dfrac{1000}{x^2}, & x > 1000 \\ 0, & x \leqslant 1000 \end{cases}$$

某仪器上装有这种电子元件 5 只，则在开始使用 1500 小时内正好有 2 只元件需要更换的概率为(　　)。

A. $\dfrac{1}{3}$ 　　　　　　　　　　　　　　 B. $\dfrac{40}{243}$

C. $\dfrac{80}{243}$ 　　　　　　　　　　　　 D. $\dfrac{2}{3}$

解　应选 C。

由于

$$P(X < 1500) = \int_{1000}^{1500} \frac{1000}{x^2} \mathrm{d}x = 1 - \frac{2}{3} = \frac{1}{3}$$

设 Y 表示在开始使用 1500 小时内需要更换的元件个数，则 $Y \sim B\left(5, \frac{1}{3}\right)$，因此所求的概率为

$$P(Y = 2) = C_5^2 \left(\frac{1}{3}\right)^2 \left(\frac{2}{3}\right)^3 = 10 \times \frac{1}{9} \times \frac{8}{27} = \frac{80}{243}$$

故选 C。

12. 设随机变量 $\xi \sim N(3, 1)$，则 $P(-1 \leqslant \xi \leqslant 1) = ($　　$)$。

　　A. $2\Phi(2) - 1$ 　　　　　　　　　　B. $\Phi(4) - \Phi(2)$

　　C. $\Phi(-4) - \Phi(-2)$ 　　　　　　　D. $\Phi(2) - \Phi(4)$

解　应选 B。

由于 $\xi \sim N(3, 1)$，因此

$$P(-1 \leqslant \xi \leqslant 1) = \Phi\left(\frac{1-3}{1}\right) - \Phi\left(\frac{-1-3}{1}\right)$$
$$= \Phi(-2) - \Phi(-4) = \Phi(4) - \Phi(2)$$

故选 B。

13. 设随机变量 $X \sim N(0, 1)$，则方程 $t^2 + 2Xt + 4 = 0$ 没有实根的概率为($　　$)。

　　A. $2\Phi(2) - 1$ 　　　　　　　　　　B. $\Phi(4) - \Phi(2)$

　　C. $\Phi(-4) - \Phi(-2)$ 　　　　　　　D. $\Phi(2) - \Phi(4)$

解　应选 A。

$$P(\text{“方程 } t^2 + 2Xt + 4 = 0 \text{ 没有实根”}) = P(4X^2 - 16 < 0)$$
$$= P(X^2 < 4)$$
$$= P(-2 < X < 2)$$
$$= \Phi(2) - \Phi(-2)$$
$$= 2\Phi(2) - 1$$

故选 A。

14. 设随机变量 $X \sim N(1, 1)$，其分布函数为 $F(x)$，概率密度为 $f(x)$，则($　　$)。

　　A. $P(X \leqslant 0) = P(X \geqslant 0) = 0.5$

　　B. $f(-x) = f(x)$, 　$-\infty < x < +\infty$

　　C. $P(X \leqslant 1) = P(X \geqslant 1) = 0.5$

　　D. $F(-x) = 1 - F(x)$, 　$-\infty < x < +\infty$

解　应选 C。

由于 $X \sim N(1, 1)$，因此 $\mu = 1$，从而
$$P(X \leqslant 1) = P(X \geqslant 1) = 0.5$$
故选 C。

15. 设 $F_1(x)$ 与 $F_2(x)$ 是两个分布函数，其相应的概率密度 $f_1(x)$ 与 $f_2(x)$ 是连续函数，则下列函数中必为概率密度的是(　　)。

    A. $f_1(x)f_2(x)$ B. $2f_2(x)F_1(x)$

    C. $f_1(x)F_2(x)$ D. $f_1(x)F_2(x) + f_2(x)F_1(x)$

解　应选 D。

由于 $f_1(x)F_2(x) + f_2(x)F_1(x) \geqslant 0$，且

$$\int_{-\infty}^{+\infty} [f_1(x)F_2(x) + f_2(x)F_1(x)] \mathrm{d}x = \int_{-\infty}^{+\infty} f_1(x)F_2(x)\mathrm{d}x + \int_{-\infty}^{+\infty} f_2(x)F_1(x)\mathrm{d}x$$

$$= \int_{-\infty}^{+\infty} F_2(x)\mathrm{d}F_1(x) + \int_{-\infty}^{+\infty} F_1(x)\mathrm{d}F_2(x)$$

$$= \left[F_1(x)F_2(x) \right]_{-\infty}^{+\infty} - \int_{-\infty}^{+\infty} F_1(x)\mathrm{d}F_2(x) + \int_{-\infty}^{+\infty} F_1(x)\mathrm{d}F_2(x)$$

$$= F_1(+\infty)F_2(+\infty) - F_1(-\infty)F_2(-\infty) = 1$$

因此 $f_1(x)F_2(x) + f_2(x)F_1(x)$ 为概率密度，故选 D。

16. 设随机变量 X 在区间 $(-1, 1)$ 上服从均匀分布，事件 $A = \{0 < X < 1\}$，$B = \left\{ |X| < \frac{1}{4} \right\}$，则(　　)。

    A. $P(AB) = 0$ B. $P(AB) = P(A)$

    C. $P(A) + P(B) = 1$ D. $P(AB) = P(A)P(B)$

解　应选 D。

由于 $X \sim U(-1, 1)$，因此 X 的概率密度为

$$f(x) = \begin{cases} \dfrac{1}{2}, & -1 < x < 1 \\ 0, & \text{其他} \end{cases}$$

$$P(AB) = P\left(0 < X < 1, |X| < \frac{1}{4}\right) = P\left(0 < X < \frac{1}{4}\right) = \int_0^{\frac{1}{4}} \frac{1}{2}\mathrm{d}x = \frac{1}{8}$$

$$P(A) = P(0 < X < 1) = \int_0^1 \frac{1}{2}\mathrm{d}x = \frac{1}{2}$$

$$P(B) = P\left(|X| < \frac{1}{4}\right) = P\left(-\frac{1}{4} < X < \frac{1}{4}\right) = \int_{-\frac{1}{4}}^{\frac{1}{4}} \frac{1}{2}\mathrm{d}x = \frac{1}{4}$$

从而

$$P(AB) = P(A)P(B)$$

故选 D。

17. 设随机变量 X 服从正态分布 $N(\mu, \sigma^2)$，则随 σ 的增大，概率 $P(|X-\mu|<\sigma)$ 将（　　）。

　　A. 单调增大　　　　　　　　　　　　B. 单调减少

　　C. 保持不变　　　　　　　　　　　　D. 增减不定

解　应选 C。

由于

$$P(|X-\mu|<\sigma) = P\left(\left|\frac{X-\mu}{\sigma}\right|<1\right) = \Phi(1)-\Phi(-1) = 2\Phi(1)-1$$

与 σ 无关，因此随 σ 的增大，概率 $P(|X-\mu|<\sigma)$ 将保持不变，故选 C。

18. 设 $X \sim N(\mu, 4^2)$，$Y \sim N(\mu, 5^2)$，$p_1 = P(X \leqslant \mu-4)$，$p_2 = P(Y \geqslant \mu+5)$，则（　　）。

　　A. 对于任何实数 μ，都有 $p_1 = p_2$　　　　B. 对于任何实数 μ，都有 $p_1 < p_2$

　　C. 只对 μ 的个别值，才有 $p_1 = p_2$　　　　D. 对于任何实数 μ，都有 $p_1 > p_2$

解　应选 A。

由于

$$p_1 = P(X \leqslant \mu-4) = \Phi\left(\frac{\mu-4-\mu}{4}\right) = \Phi(-1) = 1-\Phi(1)$$

$$p_2 = P(Y \geqslant \mu+5) = 1-P(Y<\mu+5) = 1-\Phi\left(\frac{\mu+5-\mu}{5}\right) = 1-\Phi(1)$$

因此对于任何实数 μ，都有 $p_1 = p_2$，故选 A。

19. 设 $f_1(x)$ 为标准正态分布的概率密度，$f_2(x)$ 为在区间 $[-1, 3]$ 上服从均匀分布的概率密度，若

$$f(x) = \begin{cases} af_1(x), & x \leqslant 0 \\ bf_2(x), & x > 0 \end{cases} \quad (a>0, b>0)$$

为概率密度，则 a、b 应满足（　　）。

　　A. $2a+3b=4$　　　　　　　　　　　B. $3a+2b=4$

　　C. $a+b=1$　　　　　　　　　　　　D. $a+b=2$

解　应选 A。

由题设知

$$f_1(x) = \frac{1}{\sqrt{2\pi}}e^{-\frac{x^2}{2}}, \quad -\infty < x < +\infty$$

$$f_2(x) = \begin{cases} \dfrac{1}{4}, & -1 \leqslant x \leqslant 3 \\ 0, & \text{其他} \end{cases}$$

由于 $f(x)$ 为概率密度，因此

$$1 = \int_{-\infty}^{+\infty} f(x)\mathrm{d}x = \int_{-\infty}^{0} af_1(x)\mathrm{d}x + \int_{0}^{+\infty} bf_2(x)\mathrm{d}x$$

$$= a\int_{-\infty}^{0} \frac{1}{\sqrt{2\pi}}\mathrm{e}^{-\frac{x^2}{2}}\mathrm{d}x + b\int_{0}^{3} \frac{1}{4}\mathrm{d}x = \frac{a}{2} + \frac{3b}{4}$$

即 $2a + 3b = 4$，故选 A。

20. 设随机变量 X 与 Y 同分布，且 X 的概率密度为

$$f(x) = \begin{cases} \dfrac{3}{8}x^2, & 0 < x < 2 \\ \\ 0, & \text{其他} \end{cases}$$

设 $A = \{X > a\}$ 与 $B = \{Y > a\}$ 相互独立，且 $P(A \cup B) = \dfrac{3}{4}$，则 $a = (\qquad)$。

A. $\sqrt[3]{4}$ 　　　　　　　　　　　　　　B. $\sqrt[3]{5}$

C. $(8 + 4\sqrt{3})^{\frac{1}{3}}$ 　　　　　　　　　　D. $(8 - 4\sqrt{3})^{\frac{1}{3}}$

解　应选 A。

依题设知，$0 < a < 2$，由于 X 与 Y 同分布，因此

$$P(X > a) = P(Y > a) = \int_{a}^{2} \frac{3}{8}x^2\mathrm{d}x = \frac{1}{8}(8 - a^3)$$

由 $A = \{X > a\}$ 与 $B = \{Y > a\}$ 相互独立及 $P(A \cup B) = \dfrac{3}{4}$，得

$$\frac{3}{4} = P(A \cup B) = P(A) + P(B) - P(AB) = P(A) + P(B) - P(A)P(B)$$

$$= \frac{1}{8}(8 - a^3) + \frac{1}{8}(8 - a^3) - \frac{1}{8}(8 - a^3) \times \frac{1}{8}(8 - a^3)$$

即

$$(8 - a^3)^2 - 16(8 - a^3) + 48 = 0$$

解之，得 $8 - a^3 = 4$，$8 - a^3 = 12$（不合题意舍去），从而 $a = \sqrt[3]{4}$，故选 A。

21. 设 $X \sim N(\mu_1, \sigma_1^2)$，$Y \sim N(\mu_2, \sigma_2^2)$，且 $P(|X - \mu_1| < 1) > P(|Y - \mu_2| < 1)$，则 $(\qquad)$。

A. $\sigma_1 < \sigma_2$ 　　　　　　　　　　　B. $\sigma_1 > \sigma_2$

C. $\mu_1 < \mu_2$ 　　　　　　　　　　　D. $\mu_1 > \mu_2$

解　应选 A。

由于

$$P(|X - \mu_1| < 1) = P\left(\left|\frac{X - \mu_1}{\sigma_1}\right| < \frac{1}{\sigma_1}\right) = \Phi\left(\frac{1}{\sigma_1}\right) - \Phi\left(-\frac{1}{\sigma_1}\right) = 2\Phi\left(\frac{1}{\sigma_1}\right) - 1$$

$$P(|Y - \mu_2| < 1) = P\left(\left|\frac{Y - \mu_2}{\sigma_2}\right| < \frac{1}{\sigma_2}\right) = \Phi\left(\frac{1}{\sigma_2}\right) - \Phi\left(-\frac{1}{\sigma_2}\right) = 2\Phi\left(\frac{1}{\sigma_2}\right) - 1$$

因此

$$2\Phi\left(\frac{1}{\sigma_1}\right)-1 > 2\Phi\left(\frac{1}{\sigma_2}\right)-1,\ \Phi\left(\frac{1}{\sigma_1}\right) > \Phi\left(\frac{1}{\sigma_2}\right)$$

从而 $\dfrac{1}{\sigma_1} > \dfrac{1}{\sigma_2}$，即 $\sigma_1 < \sigma_2$，故选 A。

22. 设 X_1、X_2、X_3 是随机变量，且 $X_1 \sim N(0,1)$，$X_2 \sim N(0,2^2)$，$X_3 \sim N(5,3^2)$，$p_i = P(-2 \leqslant X_i \leqslant 2)(i=1,2,3)$，则（　　）。

　　A. $p_1 > p_2 > p_3$　　　　　　　　　　B. $p_2 > p_1 > p_3$

　　C. $p_3 > p_1 > p_2$　　　　　　　　　　D. $p_1 > p_3 > p_2$

解　应选 A。

由 $X_1 \sim N(0,1)$，得

$$p_1 = P(-2 \leqslant X_1 \leqslant 2) = \Phi(2) - \Phi(-2) = 2\Phi(2) - 1$$

由 $X_2 \sim N(0,2^2)$，得

$$p_2 = P(-2 \leqslant X_2 \leqslant 2) = \Phi\left(\frac{2}{2}\right) - \Phi\left(-\frac{2}{2}\right) = \Phi(1) - \Phi(-1) = 2\Phi(1) - 1$$

由 $X_3 \sim N(5,3^2)$，得

$$p_3 = P(-2 \leqslant X_3 \leqslant 2) = \Phi\left(\frac{2-5}{3}\right) - \Phi\left(\frac{-2-5}{3}\right)$$

$$= \Phi(-1) - \Phi\left(-\frac{7}{3}\right) = \Phi\left(\frac{7}{3}\right) - \Phi(1)$$

由于 $\Phi(x)$ 是单调递增函数，因此 $p_1 > p_2$，因为

$$p_2 = \Phi(1) - \Phi(-1) = \int_{-1}^{1} \frac{1}{\sqrt{2\pi}} e^{-\frac{x^2}{2}} \mathrm{d}x = \frac{2}{\sqrt{2\pi}} e^{-\frac{\xi_1^2}{2}},\ -1 < \xi_1 < 1$$

$$p_3 = \Phi\left(\frac{7}{3}\right) - \Phi(1) < \Phi(3) - \Phi(1) = \int_{1}^{3} \frac{1}{\sqrt{2\pi}} e^{-\frac{x^2}{2}} \mathrm{d}x = \frac{2}{\sqrt{2\pi}} e^{-\frac{\xi_2^2}{2}},\ 1 < \xi_2 < 3$$

且 $\xi_1^2 < \xi_2^2$，所以 $e^{-\frac{\xi_1^2}{2}} > e^{-\frac{\xi_2^2}{2}}$，从而 $p_2 > p_3$，故选 A。

二、填空题

1. 设随机变量 X 的分布函数为

$$F(x) = \begin{cases} 0, & x < 0 \\ \dfrac{x^2}{2}, & 0 \leqslant x < 1 \\ -1 + 2x - \dfrac{x^2}{2}, & 1 \leqslant x < 2 \\ 1, & x \geqslant 2 \end{cases}$$

若 $P(a < X \leqslant 1.5) = 0.695$，则 $a = $ _____。

解　应填 0.6。

由于
$$P(a < X \leqslant 1.5) = F(1.5) - F(a) = 0.695$$

因此
$$F(a) = F(1.5) - 0.695 = 0.875 - 0.695 = 0.18$$

从而 $a = 0.6$，故填 0.6。

2. 设 X 是随机变量，且 $P(X \geqslant x_1) = 1 - \alpha$，$P(X \leqslant x_2) = 1 - \beta$，其中 $x_1 < x_2$，$\alpha > 0$，$\beta > 0$，$\alpha + \beta < 1$，则 $P(x_1 \leqslant X \leqslant x_2) = $ _____。

解　应填 $1 - (\alpha + \beta)$。

由于
$$\{x_1 \leqslant X \leqslant x_2\} = \{X \leqslant x_2\} - \{X < x_1\}$$

因此
$$P(x_1 \leqslant X \leqslant x_2) = P(\{X \leqslant x_2\} - \{X < x_1\}) = P(X \leqslant x_2) - P(X < x_1)$$
$$= P(X \leqslant x_2) - [1 - P(X \geqslant x_1)] = 1 - \beta - \alpha = 1 - (\alpha + \beta)$$

故填 $1 - (\alpha + \beta)$。

3. 从 1、2、3、4 这 4 个数中任意抽取 2 个数，则取出的 2 个数之和 X 的分布律为 _____。

解　应填下表：

X	3	4	5	6	7
P	$\frac{1}{6}$	$\frac{1}{6}$	$\frac{1}{3}$	$\frac{1}{6}$	$\frac{1}{6}$

X 可能的取值为 3、4、5、6、7，且
$$P(X = 3) = \frac{1}{C_4^2} = \frac{1}{6}, \ P(X = 4) = \frac{1}{C_4^2} = \frac{1}{6}$$
$$P(X = 5) = \frac{2}{C_4^2} = \frac{1}{3}, \ P(X = 6) = \frac{1}{C_4^2} = \frac{1}{6}, \ P(X = 7) = \frac{1}{C_4^2} = \frac{1}{6}$$

故填上表。

4. 掷两颗骰子，则两颗骰子出现最大点数 X 的分布律为 _____。

解　应填下表：

X	1	2	3	4	5	6
P	$\frac{1}{36}$	$\frac{1}{12}$	$\frac{5}{36}$	$\frac{7}{36}$	$\frac{1}{4}$	$\frac{11}{36}$

X 可能的取值为 1、2、3、4、5、6，且
$$P(X = 1) = \frac{1}{C_6^1 C_6^1} = \frac{1}{36}, \ P(X = 2) = \frac{3}{C_6^1 C_6^1} = \frac{1}{12}$$

$$P(X=3)=\frac{5}{C_6^1 C_6^1}=\frac{5}{36},\ P(X=4)=\frac{7}{C_6^1 C_6^1}=\frac{7}{36}$$

$$P(X=5)=\frac{9}{C_6^1 C_6^1}=\frac{1}{4},\ P(X=6)=\frac{11}{C_6^1 C_6^1}=\frac{11}{36}$$

故填上表。

5. 设随机变量 X 服从参数为 p 的 0-1 分布，且 $P(X=1)=\alpha P(X=0)$，其中 $\alpha>0$ 为常数，则 X 的分布函数为 _____ 。

解　应填 $F(x)=\begin{cases}0, & x<0 \\[1mm] \dfrac{1}{1+\alpha}, & 0\leqslant x<1 \\[1mm] 1, & x\geqslant 1\end{cases}$ 。

由于 X 服从参数为 p 的 0-1 分布，且 $P(X=1)=\alpha P(X=0)$，因此 $p=\alpha(1-p)$，

即 $p=\dfrac{\alpha}{1+\alpha}$，故填 $F(x)=\begin{cases}0, & x<0 \\[1mm] \dfrac{1}{1+\alpha}, & 0\leqslant x<1 \\[1mm] 1, & x\geqslant 1\end{cases}$ 。

6. 设某批电子元件的正品率为 $4/5$，现对这批元件进行测试，只要测得一个正品就停止测试，则测试次数 X 的分布律为 _____ 。

解　应填 $P(X=k)=\left(\dfrac{1}{5}\right)^{k-1}\dfrac{4}{5},\ k=1,2,\cdots$ 。

由于 X 可能的取值为 $1,2,\cdots$，且事件 $\{X=k\}(k=1,2,\cdots)$ 表示第 k 次测试测得一个正品，前 $k-1$ 次测试测得的都是次品，由事件的相互独立性，得

$$P(X=k)=\left(\frac{1}{5}\right)^{k-1}\frac{4}{5},\ k=1,2,\cdots$$

故填 $P(X=k)=\left(\dfrac{1}{5}\right)^{k-1}\dfrac{4}{5},\ k=1,2,\cdots$ 。

7. 设离散型随机变量 X 的分布律为
$$P(X=k)=\theta(1-\theta)^{k-1},\quad k=1,2,\cdots$$
其中 $0<\theta<1$ 。若 $P(X\leqslant 2)=5/9$，则 $P(X=3)=$ _____ 。

解　应填 $\dfrac{4}{27}$ 。

由于

$$P(X\leqslant 2)=P(X=1)+P(X=2)=\theta+\theta(1-\theta)=\frac{5}{9}$$

即

$$9\theta^2-18\theta+5=0$$

解之，得 $\theta = \dfrac{1}{3}$，$\theta = \dfrac{5}{3}$（不合题意舍去），因此

$$P(X = 3) = \theta(1 - \theta)^2 = \frac{1}{3} \times \left(\frac{2}{3}\right)^2 = \frac{4}{27}$$

故填 $\dfrac{4}{27}$。

8. 某人用一台机器接连独立地制造了 3 个同种零件，第 i 个零件是不合格品的概率为

$$p_i = \frac{1}{i + 1}, \quad i = 1, 2, 3,$$

以 X 表示 3 个零件中合格品的个数，则 $P(X = 2) = $ _____。

解　应填 $\dfrac{11}{24}$。

设 $A_i(i = 1, 2, 3)$ 表示事件"第 i 个零件是合格品"，则 A_1，A_2，A_3 相互独立，且 $P(\overline{A}_i) = \dfrac{1}{i + 1}$，$P(A_i) = \dfrac{i}{i + 1}$，从而

$$\begin{aligned}
P(X = 2) &= P(A_1 A_2 \overline{A}_3 \bigcup A_1 \overline{A}_2 A_3 \bigcup \overline{A}_1 A_2 A_3) \\
&= P(A_1 A_2 \overline{A}_3) + P(A_1 \overline{A}_2 A_3) + P(\overline{A}_1 A_2 A_3) \\
&= P(A_1)P(A_2)P(\overline{A}_3) + P(A_1)P(\overline{A}_2)P(A_3) + P(\overline{A}_1)P(A_2)P(A_3) \\
&= \frac{1}{2} \times \frac{2}{3} \times \frac{1}{4} + \frac{1}{2} \times \frac{1}{3} \times \frac{3}{4} + \frac{1}{2} \times \frac{2}{3} \times \frac{3}{4} \\
&= \frac{1}{12} + \frac{1}{8} + \frac{1}{4} = \frac{11}{24}
\end{aligned}$$

故填 $\dfrac{11}{24}$。

9. 某射手有 3 发子弹，射击一次命中目标的概率为 2/3。如果命中目标就停止射击，否则一直独立射击到子弹用尽，则耗用子弹数 ξ 的分布列为 _____。

解　应填 $P(\xi = 1) = \dfrac{2}{3}$，$P(\xi = 2) = \dfrac{1}{3} \times \dfrac{2}{3}$，$P(\xi = 3) = \left(\dfrac{1}{3}\right)^2$。

ξ 可能的取值为 1，2，3，且 $\{\xi = 1\}$ 表示第 1 次射击命中目标；$\{\xi = 2\}$ 表示第 1 次射击未能命中目标，第 2 次射击命中目标；$\{\xi = 3\}$ 表示第 1 次、第 2 次射击均未能命中目标，由事件的相互独立性，得

$$P(\xi = 1) = \frac{2}{3}, \ P(\xi = 2) = \frac{1}{3} \times \frac{2}{3}, \ P(\xi = 3) = \left(\frac{1}{3}\right)^2$$

故填 $P(\xi = 1) = \dfrac{2}{3}$，$P(\xi = 2) = \dfrac{1}{3} \times \dfrac{2}{3}$，$P(\xi = 3) = \left(\dfrac{1}{3}\right)^2$。

10. 设离散型随机变量 X 的分布函数为

$$F(x) = P(X \leqslant x) = \begin{cases} 0, & x < -1 \\ 0.4, & -1 \leqslant x < 1 \\ 0.8, & 1 \leqslant x < 3 \\ 1, & x \geqslant 3 \end{cases}$$

则 X 的分布律为_____。

解　应填下表：

X	-1	1	3
P	0.4	0.4	0.2

由于分布函数 $F(x)$ 的间断点(分界点)为 -1、1、3，因此随机变量 X 可能的取值为 -1、1、3，且

$$P(X = -1) = F(-1) - F(-1 - 0) = 0.4 - 0 = 0.4$$
$$P(X = 1) = F(1) - F(1 - 0) = 0.8 - 0.4 = 0.4$$
$$P(X = 3) = F(3) - F(3 - 0) = 1 - 0.8 = 0.2$$

故填上表。

11. 设在三次独立试验中，事件 A 发生的概率相等。若已知事件 A 至少发生一次的概率为 $\dfrac{19}{27}$，则事件 A 在一次试验中发生的概率为_____。

解　应填 $\dfrac{1}{3}$。

设事件 A 在一次试验中发生的概率为 p，X 表示三次独立试验中事件 A 发生的次数，则 $X \sim B(3, p)$，依题意，得

$$\frac{19}{27} = P(X \geqslant 1) = 1 - P(X = 0) = 1 - (1 - p)^3$$

解之，得 $p = \dfrac{1}{3}$，从而事件 A 在一次试验中发生的概率为 $\dfrac{1}{3}$，故填 $\dfrac{1}{3}$。

12. 一射手对同一目标独立地进行四次射击，若至少命中目标一次的概率为 $\dfrac{80}{81}$，则该射手的命中率为_____。

解　应填 $\dfrac{2}{3}$。

设该射手的命中率为 p，X 表示四次独立射击中命中目标的次数，则 $X \sim B(4, p)$，依题意，得

$$P(X \geqslant 1) = 1 - P(X = 0) = 1 - (1 - p)^4 = \frac{80}{81}$$

解之，得 $p = \dfrac{2}{3}$，从而该射手的命中率为 $\dfrac{2}{3}$，故填 $\dfrac{2}{3}$。

13. 设随机变量 X 的概率密度为 $f(x) = Ce^{-x^2+x}\ (-\infty < x < +\infty)$，则 $C = $ _____。

解　应填 $\dfrac{1}{\sqrt{\pi}}e^{-\frac{1}{4}}$。

由于

$$f(x) = Ce^{-x^2+x} = Ce^{-(x^2-x)} = Ce^{-(x-\frac{1}{2})^2+\frac{1}{4}} = Ce^{\frac{1}{4}}e^{-\frac{(x-\frac{1}{2})^2}{2(\frac{1}{\sqrt{2}})^2}}$$

因此

$$Ce^{\frac{1}{4}} = \frac{1}{\sqrt{2\pi}\cdot\dfrac{1}{\sqrt{2}}} = \frac{1}{\sqrt{\pi}}$$

从而 $C = \dfrac{1}{\sqrt{\pi}}e^{-\frac{1}{4}}$，故填 $\dfrac{1}{\sqrt{\pi}}e^{-\frac{1}{4}}$。

14. 设连续型随机变量 X 的概率密度为

$$f(x) = \begin{cases} 2x, & 0 < x < 1 \\ 0, & \text{其他} \end{cases}$$

以 Y 表示对 X 的三次独立重复观察中事件 $\left\{X \leqslant \dfrac{1}{2}\right\}$ 出现的次数，则 $P(Y = 2) = $ _____。

解　应填 $\dfrac{9}{64}$。

依题意，得 $Y \sim B(3, p)$，且

$$p = P\left(X \leqslant \frac{1}{2}\right) = \int_0^{\frac{1}{2}} 2x\mathrm{d}x = \frac{1}{4}$$

从而

$$P(Y = 2) = C_3^2\left(\frac{1}{4}\right)^2\left(\frac{3}{4}\right) = \frac{9}{64}$$

故填 $\dfrac{9}{64}$。

15. 设连续型随机变量 X 的概率密度为

$$f(x) = \frac{1}{2}e^{-|x|}, \quad -\infty < x < +\infty$$

则 X 的分布函数为 _____。

解　应填 $F(x) = \begin{cases} \dfrac{1}{2}e^x, & x < 0 \\ 1 - \dfrac{1}{2}e^{-x}, & x \geqslant 0 \end{cases}$

当 $x < 0$ 时，

$$F(x) = \int_{-\infty}^{x} f(t)\,dt = \int_{-\infty}^{x} \frac{1}{2}e^{t}\,dt = \frac{1}{2}e^{x}$$

当 $x \geqslant 0$ 时，

$$F(x) = \int_{-\infty}^{x} f(t)\,dt = \int_{-\infty}^{0} \frac{1}{2}e^{t}\,dt + \int_{0}^{x} \frac{1}{2}e^{-t}\,dt = 1 - \frac{1}{2}e^{-x}$$

故填 $F(x) = \begin{cases} \dfrac{1}{2}e^{x}, & x < 0 \\[2mm] 1 - \dfrac{1}{2}e^{-x}, & x \geqslant 0 \end{cases}$。

16. 某公共汽车站从上午 7:00 起，每 15 分钟来一辆公共汽车，即 7:00、7:15、7:30、7:45 等时刻有公共汽车到达该站。设某乘客到达该站的时间在 7:00 到 7:30 之间服从均匀分布，则此乘客等候少于 5 分钟就能乘上车（设只要有公共汽车来乘客就能乘上）的概率为_____。

解　应填 $\dfrac{1}{3}$。

设 X 表示乘客的到达时间（单位：分钟），则 $X \sim U[0, 30]$，从而 X 的概率密度为

$$f(x) = \begin{cases} \dfrac{1}{30}, & 0 \leqslant x \leqslant 30 \\[2mm] 0, & \text{其他} \end{cases}$$

由于为使乘客等候时间少于 5 分钟，乘客必须且只需在 7:10 到 7:15 之间或在 7:25 到 7:30 之间到达车站，因此所求的概率为

$$P(10 < X < 15) + P(25 < X < 30) = \int_{10}^{15} \frac{1}{30}\,dx + \int_{25}^{30} \frac{1}{30}\,dx = \frac{1}{3}$$

故填 $\dfrac{1}{3}$。

17. 设随机变量 $\xi \sim E(2)$，则方程 $x^2 + \xi x + 4 = 0$ 有实根的概率为_____。

解　应填 e^{-8}。

由于 $\xi \sim E(2)$，因此 ξ 的概率密度为

$$f(x) = \begin{cases} 2e^{-2x}, & x > 0 \\ 0, & x \leqslant 0 \end{cases}$$

从而

$$\begin{aligned}
P(\text{"方程 } x^2 + \xi x + 4 = 0 \text{ 有实根"}) &= P(\xi^2 - 4 \times 4 \geqslant 0) \\
&= P(\xi \leqslant -4) + P(\xi \geqslant 4) \\
&= \int_{4}^{+\infty} 2e^{-2x}\,dx \\
&= e^{-8}
\end{aligned}$$

故填 e^{-8}。

18. 若随机变量 ξ 在区间 $(1, 6)$ 上服从均匀分布，则方程 $x^2 + \xi x + 1 = 0$ 有实根的概率为 _____。

解　应填 0.8。

由于 $\xi \sim U(1, 6)$，因此 ξ 的概率密度为

$$f(x) = \begin{cases} \dfrac{1}{5}, & 1 \leqslant x \leqslant 6 \\ 0, & \text{其他} \end{cases}$$

$P(\text{“方程 } x^2 + \xi x + 1 = 0 \text{ 有实根”}) = P(\xi^2 - 4 \geqslant 0) = P(\xi \leqslant -2) + P(\xi \geqslant 2)$

$$= \int_2^6 \frac{1}{5}\mathrm{d}x = \frac{4}{5}$$

$$= 0.8$$

故填 0.8。

19. 设随机变量 $X \sim N(3, 2^2)$，且 $P(X > C) = P(X \leqslant C)$，则 $C = $ _____。

解　应填 3。

由 $P(X > C) = P(X \leqslant C)$ 知，$1 - P(X \leqslant C) = P(X \leqslant C)$，即 $P(X \leqslant C) = \dfrac{1}{2}$，由于 $X \sim N(3, 2^2)$，且 $P(X \leqslant 3) = \dfrac{1}{2}$，因此 $C = 3$，故填 3。

20. 设随机变量 $X \sim N(160, \sigma^2)$，且 $P(120 < X \leqslant 200) = 0.8$，随机变量 $Y \sim N(100, \sigma^2)$，则 $P(Y \leqslant 140) = $ _____。

解　应填 0.9。

由于 $X \sim N(160, \sigma^2)$，因此

$$P(120 < X \leqslant 200) = \Phi\left(\frac{200 - 160}{\sigma}\right) - \Phi\left(\frac{120 - 160}{\sigma}\right)$$

$$= \Phi\left(\frac{40}{\sigma}\right) - \Phi\left(\frac{-40}{\sigma}\right) = 2\Phi\left(\frac{40}{\sigma}\right) - 1 = 0.8$$

从而 $\Phi\left(\dfrac{40}{\sigma}\right) = 0.9$。因为 $Y \sim N(100, \sigma^2)$，所以

$$P(Y \leqslant 140) = \Phi\left(\frac{140 - 100}{\sigma}\right) = \Phi\left(\frac{40}{\sigma}\right) = 0.9$$

故填 0.9。

21. 设连续型随机变量 X 的概率密度为

$$f(x) = \frac{1}{\pi(1 + x^2)}, \quad -\infty < x < +\infty$$

则 $Y = 2X$ 的概率密度为 _____。

解　应填 $f_Y(y) = \dfrac{2}{\pi(4+y^2)}$，　　$-\infty < y < +\infty$。

由于函数 $y = 2x$ 严格单调可微，其反函数为

$$x = h(y) = \frac{y}{2} \quad (-\infty < y < +\infty)$$

$$h'(y) = \frac{1}{2} \quad (-\infty < y < +\infty)$$

$$f(h(y)) > 0 \quad (-\infty < y < +\infty)$$

因此 $Y = 2X$ 的概率密度为

$$f_Y(y) = f(h(y))\left|h'(y)\right| = \frac{1}{\pi\left(1 + \left(\dfrac{y}{2}\right)^2\right)} \times \frac{1}{2}$$

$$= \frac{2}{\pi(4+y^2)}, \quad -\infty < y < +\infty$$

故填 $f_Y(y) = \dfrac{2}{\pi(4+y^2)}$，　　$-\infty < y < +\infty$。

22. 设随机变量 Y 服从参数为 1 的指数分布，a 为常数且大于零，则 $P(Y \leqslant a+1 \,|\, Y > a)$ = _____ 。

解　应填 $1 - \dfrac{1}{e}$。

方法一：由于 Y 服从参数为 1 的指数分布，因此 Y 的概率密度为

$$f(y) = \begin{cases} e^{-y}, & y > 0 \\ 0, & y \leqslant 0 \end{cases}$$

从而

$$P(Y \leqslant a+1 \,|\, Y > a) = \frac{P(Y > a, Y \leqslant a+1)}{P(Y > a)} = \frac{P(a < Y \leqslant a+1)}{P(Y > a)}$$

$$= \frac{\displaystyle\int_a^{a+1} e^{-y}\mathrm{d}y}{\displaystyle\int_a^{+\infty} e^{-y}\mathrm{d}y} = \frac{e^{-a} - e^{-(a+1)}}{e^{-a}} = 1 - \frac{1}{e}$$

故填 $1 - \dfrac{1}{e}$。

方法二：由于 Y 服从参数为 1 的指数分布，因此 Y 的概率密度为

$$f(y) = \begin{cases} e^{-y}, & y > 0 \\ 0, & y \leqslant 0 \end{cases}$$

由指数分布的无记忆性，得

$$P(Y \leqslant a+1 \,|\, Y > a) = 1 - P(Y > a+1 \,|\, Y > a) = 1 - P(Y > 1)$$

$$= 1 - \int_1^{+\infty} e^{-y} dy = 1 - \frac{1}{e}$$

故填 $1 - \frac{1}{e}$。

三、解答题

1. 设连续型随机变量 X 的概率密度为

$$f(x) = \begin{cases} Ax(1-x)^3, & 0 \leqslant x \leqslant 1 \\ 0, & \text{其他} \end{cases}$$

（Ⅰ）求常数 A；

（Ⅱ）求 X 的分布函数；

（Ⅲ）在 n 次独立观察中，求 X 的值至少有一次小于 0.5 的概率；

（Ⅳ）求 $Y = X^3$ 的概率密度。

解 （Ⅰ）由 $\int_{-\infty}^{+\infty} f(x) dx = 1$，得

$$\begin{aligned} 1 &= \int_0^1 Ax(1-x)^3 dx = \int_0^1 A[(1-x)^3 - (1-x)^4] dx \\ &= A\left[\int_0^1 (1-x)^3 dx - \int_0^1 (1-x)^4 dx\right] \\ &= A\left(\frac{1}{4} - \frac{1}{5}\right) = \frac{A}{20} \end{aligned}$$

解之，得 $A = 20$。

（Ⅱ）当 $x < 0$ 时，

$$F(x) = 0$$

当 $0 \leqslant x < 1$ 时，

$$\begin{aligned} F(x) &= \int_{-\infty}^x f(t) dt = \int_0^x 20t(1-t)^3 dt = 20\int_0^x [(1-t)^3 - (1-t)^4] dt \\ &= 1 - (1 + 4x)(1-x)^4 \end{aligned}$$

当 $x \geqslant 1$ 时，

$$F(x) = 1$$

即 X 的分布函数为

$$F(x) = \begin{cases} 0, & x < 0 \\ 1 - (1 + 4x)(1-x)^4, & 0 \leqslant x < 1 \\ 1, & x \geqslant 1 \end{cases}$$

（Ⅲ）由于

$$P\left(X < \frac{1}{2}\right) = F\left(\frac{1}{2}\right) = 1 - \left(1 + 4 \times \frac{1}{2}\right)\left(1 - \frac{1}{2}\right)^4 = 1 - \frac{3}{16} = \frac{13}{16}$$

设 Z 表示 n 次独立观察中事件 $\{X<0.5\}$ 出现的次数，则 $Z\sim B\left(n,\dfrac{13}{16}\right)$，从而所求的概率为

$$P(Z\geqslant 1)=1-P(Z=0)=1-\left(1-\frac{13}{16}\right)^{n}=1-\left(\frac{3}{16}\right)^{n}$$

（Ⅳ）由于函数 $y=x^3$ 严格单调可微，其反函数为

$$x=h(y)=\sqrt[3]{y}\quad(-\infty<y<+\infty),\quad h'(y)=\frac{1}{3\sqrt[3]{y^2}}\quad(y\neq 0)$$

由 $f_X(h(y))>0$，得 $0<y<1$，因此 Y 的概率密度为

$$f_Y(y)=\begin{cases}f(h(y))\left|h'(y)\right|,&0<y<1\\0,&\text{其他}\end{cases}$$

$$=\begin{cases}\dfrac{20}{3}y^{-\frac{1}{3}}(1-\sqrt[3]{y})^3,&0<y<1\\0,&\text{其他}\end{cases}$$

2. 设连续型随机变量 X 的分布函数为

$$F(x)=\begin{cases}0,&x<1\\\ln x,&1\leqslant x<\mathrm{e}\\1,&x\geqslant\mathrm{e}\end{cases}$$

（Ⅰ）求 $P(X<2)$、$P(0<X\leqslant 3)$ 和 $P\left(2<X<\dfrac{5}{2}\right)$；

（Ⅱ）求 X 的概率密度 $f(x)$。

解　（Ⅰ）由于 X 是连续型随机变量，因此

$$P(X<2)=P(X\leqslant 2)=F(2)=\ln 2$$

$$P(0<X\leqslant 3)=F(3)-F(0)=1-0=1$$

$$P\left(2<X<\frac{5}{2}\right)=P\left(2<X\leqslant\frac{5}{2}\right)=F\left(\frac{5}{2}\right)-F(2)=\ln\frac{5}{2}-\ln 2=\ln\frac{5}{4}$$

（Ⅱ）由连续型随机变量概率密度的性质，得 X 的概率密度为

$$f(x)=F'(x)=\begin{cases}\dfrac{1}{x},&1<x<\mathrm{e}\\0,&\text{其他}\end{cases}$$

3. 设随机变量 X 在区间 $[2,5]$ 上服从均匀分布，现对 X 进行三次独立观测，试求至少有两次观测值大于 3 的概率。

解　由于 $X\sim U[2,5]$，因此 X 的概率密度为

$$f(x)=\begin{cases}\dfrac{1}{3},&2\leqslant x\leqslant 5\\0,&\text{其他}\end{cases}$$

从而

$$P(X > 3) = \int_3^5 \frac{1}{3} \mathrm{d}x = \frac{2}{3}$$

设 Y 表示对 X 进行三次独立观测中事件 $\{X > 3\}$ 出现的次数，则 $Y \sim B\left(3, \frac{2}{3}\right)$，从而所求概率为

$$P(Y \geqslant 2) = P(Y = 2) + P(Y = 3) = C_3^2 \left(\frac{2}{3}\right)^2 \left(\frac{1}{3}\right) + C_3^3 \left(\frac{2}{3}\right)^3 \left(\frac{1}{3}\right)^0 = \frac{20}{27}$$

4. 有一批产品，其验收方案如下：先做第一次检验，从中任取 10 件，经检验无次品则接收这批产品，次品数大于 2 则拒收；否则做第二次检验，其做法是从中再任取 5 件，仅当 5 件中无次品时接收这批产品。若产品的次品率为 10%，试求：

（Ⅰ）这批产品经第一次检验就能被接收的概率；

（Ⅱ）需做第二次检验的概率；

（Ⅲ）这批产品按第二次检验的标准被接收的概率；

（Ⅳ）这批产品在第一次检验中未能做决定且第二次检验时被通过的概率；

（Ⅴ）这批产品被接收的概率。

解　设 X 表示第一次抽取的 10 件产品中的次品数，Y 第二次抽取的 5 件产品中的次品数，则 $X \sim B(10, 0.1)$，$Y \sim B(5, 0.1)$。

（Ⅰ）所求的概率为

$$P(X = 0) = (1 - 0.1)^{10} = 0.349$$

（Ⅱ）需做第二次检验的概率为

$$P(1 \leqslant X \leqslant 2) = C_{10}^1 (0.1)(0.9)^9 + C_{10}^2 (0.1)^2 (0.9)^8 = 0.581$$

（Ⅲ）这批产品按第二次检验的标准被接收的概率为

$$P(Y = 0) = (1 - 0.1)^5 = 0.590$$

（Ⅳ）由于 X、Y 的取值可以被认为是放回抽样的结果，即随机试验的结果是相互独立的，因此，事件 $\{1 \leqslant X \leqslant 2\}$ 与 $\{Y = 0\}$ 相互独立，从而所求的概率为

$$P(\{1 \leqslant X \leqslant 2\} \cap \{Y = 0\}) = P(1 \leqslant X \leqslant 2)P(Y = 0) = 0.581 \times 0.590 = 0.343$$

（Ⅴ）这批产品被接收的概率为

$$P(\{X = 0\} \cup (\{1 \leqslant X \leqslant 2\} \cap \{Y = 0\})) = P(X = 0) + P(\{1 \leqslant X \leqslant 2\} \cap \{Y = 0\})$$
$$= 0.349 + 0.343 = 0.692$$

5. 某仪器装有三只独立工作的同型号的电子元件，其寿命（单位：小时）都服从同一指数分布，概率密度为

$$f(x) = \begin{cases} \dfrac{1}{600} \mathrm{e}^{-\frac{x}{600}}, & x > 0 \\ 0, & x \leqslant 0 \end{cases}$$

试求在仪器使用的最初 200 小时内，至少有一只电子元件损坏的概率。

解　设 X 表示该型号电子元件的寿命，$A = \{X \leqslant 200\}$，则

$$P(A) = P(X \leqslant 200) = \int_0^{200} \frac{1}{600} \mathrm{e}^{-\frac{x}{600}} \mathrm{d}x = 1 - \mathrm{e}^{-\frac{1}{3}}$$

又设 Y 表示仪器使用的最初 200 小时内电子元件损坏的个数，则 $Y \sim B(3, 1 - \mathrm{e}^{-\frac{1}{3}})$，从而所求的概率为

$$P(Y \geqslant 1) = 1 - P(Y = 0) = 1 - [1 - (1 - \mathrm{e}^{-\frac{1}{3}})]^3 = 1 - \mathrm{e}^{-1}$$

6. 设一辆汽车在一天的某段时间内经过某地段出事故的概率为 0.0001，已知在某天该时段内经过该地段的汽车为 1000 辆，求出事故的汽车数不少于 2 辆的概率（利用泊松定理计算）。

解　设 X 表示某天该时段内出事故的汽车数，则 $X \sim B(1000, 0.0001)$，从而 $\lambda = np = 1000 \times 0.0001 = 0.1$，由 Poisson 定理，所求的概率为

$$P(X \geqslant 2) = 1 - P(X = 0) - P(X = 1) \approx 1 - \mathrm{e}^{-0.1} - 0.1 \times \mathrm{e}^{-0.1} = 0.0047$$

7. 假设测量的随机误差 $X \sim N(0, 10^2)$，试求在 100 次独立重复测量中，至少有三次测量误差的绝对值大于 19.6 的概率 α，并利用 Poisson 分布求出 α 的近似值（$\Phi(1.96) = 0.975$）。附表如下：

λ	1	2	3	4	5	6	7	$\cdots$
$\mathrm{e}^{-\lambda}$	0.368	0.135	0.050	0.018	0.007	0.002	0.001	$\cdots$

解　由于测量的随机误差 $X \sim N(0, 10^2)$，因此测量误差的绝对值大于 19.6 的概率为

$$p = P(|X| > 19.6) = P(X > 19.6) + P(X < -19.6)$$
$$= 1 - P(X \leqslant 19.6) + P(X < -19.6)$$
$$= 1 - \Phi\left(\frac{19.6}{10}\right) + \Phi\left(-\frac{19.6}{10}\right)$$
$$= 2[1 - \Phi(1.96)] = 0.05$$

设 Y 表示 100 次独立重复测量中事件 $\{|X| > 19.6\}$ 出现的次数，则 $Y \sim B(100, 0.05)$，从而所求的概率为

$$\alpha = P(Y \geqslant 3) = 1 - P(Y < 3) = 1 - P(Y = 0) - P(Y = 1) - P(Y = 2)$$
$$= 1 - (0.95)^{100} - 100 \times 0.05 \times (0.95)^{99} - \frac{100 \times 99}{2} \times (0.05)^2 \times (0.95)^{98}$$

由于 $Y \sim B(100, 0.05)$，因此 $\lambda = np = 100 \times 0.05 = 5$，由 Poisson 定理，得

$$\alpha \approx 1 - \mathrm{e}^{-\lambda} - \lambda \mathrm{e}^{-\lambda} - \frac{\lambda^2}{2} \mathrm{e}^{-\lambda} = 1 - \mathrm{e}^{-\lambda}\left(1 + \lambda + \frac{\lambda^2}{2}\right)$$
$$= 1 - 0.007 \times (1 + 5 + 12.5) = 0.87$$

8. 某报警中心在长为 t 的时间间隔（单位：小时）内收到紧急呼叫的次数 X 服从参数

为 $t/2$ 的 Poisson 分布，且与时间间隔的起点无关. 求：

（Ⅰ）某一天中午 12 时至下午 3 时未收到紧急呼叫的概率；

（Ⅱ）某一天中午 12 时至下午 5 时至少收到 1 次紧急呼叫的概率.

解　由于 $X \sim P\left(\dfrac{t}{2}\right)$，因此 X 的分布律为

$$P(X=k) = \frac{\left(\dfrac{t}{2}\right)^k}{k!}\mathrm{e}^{-\frac{t}{2}}, \quad k=0,1,2,\cdots$$

（Ⅰ）由于 $t=3$，因此所求的概率为

$$P(X=0) = \mathrm{e}^{-\frac{3}{2}}$$

（Ⅱ）由于 $t=5$，因此所求的概率为

$$P(X \geqslant 1) = 1 - P(X=0) = 1 - \mathrm{e}^{-\frac{5}{2}}$$

9. 设某种元件的寿命 X（单位：小时）服从参数为 $\mu=160$，$\sigma^2(\sigma>0)$ 的正态分布. 若要求 $P(120 < X \leqslant 200) \geqslant 0.80$，问 σ 最大为多少（$\varPhi(1.282)=0.9$）?

解　由于 $X \sim N(160, \sigma^2)$，因此

$$P(120 < X \leqslant 200) = \varPhi\left(\frac{200-160}{\sigma}\right) - \varPhi\left(\frac{120-160}{\sigma}\right)$$

$$= \varPhi\left(\frac{40}{\sigma}\right) - \varPhi\left(-\frac{40}{\sigma}\right) = 2\varPhi\left(\frac{40}{\sigma}\right) - 1$$

从而 σ 取决于如下条件：

$$2\varPhi\left(\frac{40}{\sigma}\right) - 1 \geqslant 0.80$$

即

$$\varPhi\left(\frac{40}{\sigma}\right) \geqslant 0.9 = \varPhi(1.282)$$

所以

$$\frac{40}{\sigma} \geqslant 1.282$$

从而 $\sigma \leqslant 31.20$，即 σ 最大为 31.20.

10. 设随机变量 $X \sim N(3, 2^2)$，试查表完成下列问题：

（Ⅰ）求 $P(2 < X \leqslant 5)$，$P(-4 < X \leqslant 10)$，$P(|X|>2)$ 和 $P(X>3)$；

（Ⅱ）确定 c 的值，使得 $P(X>c)=P(X \leqslant c)$；

（Ⅲ）设 d 满足 $P(X>d) \geqslant 0.9$，问 d 至多为多少？

解　（Ⅰ）由于 $X \sim N(3, 2^2)$，因此

$$P(2 < X \leqslant 5) = \varPhi\left(\frac{5-3}{2}\right) - \varPhi\left(\frac{2-3}{2}\right) = \varPhi(1) - \varPhi(-0.5)$$

$$= \Phi(1) - [1 - \Phi(0.5)]$$
$$= 0.8413 - 1 + 0.6915 = 0.5328$$

$$P(-4 < X \leqslant 10) = \Phi\left(\frac{10-3}{2}\right) - \Phi\left(\frac{-4-3}{2}\right)$$
$$= \Phi(3.5) - \Phi(-3.5) = 2\Phi(3.5) - 1$$
$$= 2 \times 0.9998 - 1 = 0.9996$$

$$P(|X| > 2) = 1 - P(|X| \leqslant 2) = 1 - \left[\Phi\left(\frac{2-3}{2}\right) - \Phi\left(\frac{-2-3}{2}\right)\right]$$
$$= 1 - \Phi(-0.5) + \Phi(-2.5) = \Phi(0.5) + 1 - \Phi(2.5)$$
$$= 0.6915 + 1 - 0.9938 = 0.6977$$

$$P(X > 3) = 1 - P(X \leqslant 3) = 1 - \Phi\left(\frac{3-3}{2}\right)$$
$$= 1 - \Phi(0) = 1 - 0.5 = 0.5$$

（Ⅱ）由 $P(X > c) = P(X \leqslant c)$，得

$$1 - P(X \leqslant c) = P(X \leqslant c)$$

即

$$P(X \leqslant c) = \frac{1}{2}$$

由于 $X \sim N(3, 2^2)$，因此 $P(X \leqslant 3) = \frac{1}{2}$，从而 $c = 3$。

（Ⅲ）由于 $X \sim N(3, 2^2)$，因此

$$P(X > d) = 1 - P(X \leqslant d) = 1 - \Phi\left(\frac{d-3}{2}\right)$$

从而 d 取决于如下条件：

$$1 - \Phi\left(\frac{d-3}{2}\right) \geqslant 0.9$$

即

$$\Phi\left(-\frac{d-3}{2}\right) \geqslant 0.9 = \Phi(1.282)$$

所以

$$-\frac{d-3}{2} \geqslant 1.282$$

从而 $d \leqslant 0.436$，即 d 至多为 0.436。

11. 某地抽样调查结果表明，考生的外语成绩（百分制）近似地服从正态分布，平均成绩为 72 分，96 分以上的人数占考生总数的 2.3%。试求考生的外语成绩在 60 分至 80 分之间的概率。附表如下：

x	0	0.5	1.0	1.5	2.0	2.5	3.0
$\Phi(x)$	0.500	0.692	0.841	0.933	0.977	0.994	0.999

解　设 X 表示考生的外语成绩，则 $X \sim N(72, \sigma^2)$，从而

$$P(X \geqslant 96) = 1 - P(X < 96) = 1 - \Phi\left(\frac{96 - 72}{\sigma}\right) = 1 - \Phi\left(\frac{24}{\sigma}\right) = 0.023$$

即 $\Phi\left(\dfrac{24}{\sigma}\right) = 0.977 = \Phi(2.0)$，所以 $\dfrac{24}{\sigma} = 2.0$，即 $\sigma = 12$，故所求的概率为

$$P(60 \leqslant X \leqslant 80) = \Phi\left(\frac{80 - 72}{12}\right) - \Phi\left(\frac{60 - 72}{12}\right) = \Phi(1) - \Phi(-1) = 2\Phi(1) - 1$$
$$= 2 \times 0.841 - 1 = 0.682$$

12. 设电源电压不超过 200 V、在 200～240 V 和超过 240 V 三种情况下，某种电子元件损坏的概率分别为 0.1、0.001 和 0.2，假设电源电压服从正态分布 $N(220, 25^2)$，已知 $\Phi(0.8) = 0.7881$，试求：

（Ⅰ）该电子元件损坏的概率；

（Ⅱ）该电子元件损坏时，电源电压在 200～240 V 的概率。

解　设 X 表示电源电压，B_1 表示事件"电源电压不超过 200 V"，B_2 表示事件"电源电压在 200～240 V"，B_3 表示事件"电源电压超过 240 V"，A 表示事件"电子元件损坏"，由于 $X \sim N(200, 25^2)$，$B_1 = \{X \leqslant 200\}$，$B_2 = \{200 < X \leqslant 240\}$，$B_3 = \{X > 240\}$，因此

$$P(B_1) = P(X \leqslant 200) = \Phi\left(\frac{200 - 220}{25}\right)$$
$$= \Phi(-0.8) = 1 - \Phi(0.8) = 0.212$$
$$P(B_2) = P(200 < X \leqslant 240) = \Phi\left(\frac{240 - 220}{25}\right) - \Phi\left(\frac{200 - 220}{25}\right)$$
$$= \Phi(0.8) - \Phi(-0.8) = 2\Phi(0.8) - 1 = 0.576$$
$$P(B_3) = P(X > 240) = 1 - P(X \leqslant 240) = 1 - \Phi\left(\frac{240 - 220}{25}\right)$$
$$= 1 - \Phi(0.8) = 0.212$$
$$P(A \mid B_1) = 0.1, \quad P(A \mid B_2) = 0.001, \quad P(A \mid B_3) = 0.2$$

（Ⅰ）由全概率公式，得

$$P(A) = \sum_{i=1}^{3} P(B_i)P(A \mid B_i) = 0.212 \times 0.1 + 0.576 \times 0.001 + 0.212 \times 0.2$$
$$= 0.0642$$

（Ⅱ）由 Bayes 公式，得

$$P(B_2 \mid A) = \frac{P(B_2)P(A \mid B_2)}{P(A)} = \frac{0.576 \times 0.001}{0.0642} = 0.009$$

13. 设离散型随机变量 X 的分布律为

X	-2	0	2	3
P	0.2	0.2	0.3	0.3

试求：（Ⅰ）$Y=-2X+1$ 的分布律；（Ⅱ）$Y=X^2$ 的分布律。

解 （Ⅰ）Y 可能的取值为 -5、-3、1、5，则

$$P(Y=-5)=P(-2X+1=-5)=P(X=3)=0.3$$
$$P(Y=-3)=P(-2X+1=-3)=P(X=2)=0.3$$
$$P(Y=1)=P(-2X+1=1)=P(X=0)=0.2$$
$$P(Y=5)=P(-2X+1=5)=P(X=-2)=0.2$$

即 Y 的分布律为

Y	-5	-3	1	5
P	0.3	0.3	0.2	0.2

（Ⅱ）Y 可能的取值为 0、4、9，则

$$P(Y=0)=P(X^2=0)=P(X=0)=0.2$$
$$P(Y=4)=P(X^2=4)=P(X=-2)+P(X=2)=0.2+0.3=0.5$$
$$P(Y=9)=P(X^2=9)=P(X=-3)+P(X=3)=0+0.3=0.3$$

即 Y 的分布律为

Y	0	4	9
P	0.2	0.5	0.3

14. 设随机变量 X 服从参数为 2 的指数分布，证明 $Y=1-e^{-2X}$ 在区间 $(0,1)$ 上服从均匀分布。

证明 方法一（分布函数法）：由于 $X \sim E(2)$，因此 X 的概率密度为

$$f_X(x)=\begin{cases}2e^{-2x}, & x>0\\0, & x\leqslant 0\end{cases}$$

设 Y 的分布函数为 $F_Y(y)$，则

$$F_Y(y)=P(Y\leqslant y)=P(1-e^{-2X}\leqslant y)$$

当 $y<0$ 时，

$$F_Y(y)=0$$

当 $0<y\leqslant 1$ 时，

$$F_Y(y)=P(1-e^{-2X}\leqslant y)=P(e^{-2X}\geqslant 1-y)=P\left(X\leqslant-\frac{1}{2}\ln(1-y)\right)$$

$$=\int_0^{-\frac{1}{2}\ln(1-y)}2e^{-2x}\mathrm{d}x=1-(1-y)=y$$

当 $y\geqslant 1$ 时，

$$F_Y(y) = P(Y \leqslant y) = P(\Omega) = 1$$

从而 Y 的概率密度为

$$f_Y(y) = F'(y) = \begin{cases} 1, & 0 < y < 1 \\ 0, & \text{其他} \end{cases}$$

故 Y 在区间 $(0,1)$ 上服从均匀分布。

方法二（公式法）：由于 $X \sim E(2)$，因此 X 的概率密度为

$$f_X(x) = \begin{cases} 2e^{-2x}, & x > 0 \\ 0, & x \leqslant 0 \end{cases}$$

由于函数 $y = 1 - e^{-2x}$ 严格单调可微，其反函数为

$$x = h(y) = -\frac{1}{2}\ln(1-y) \quad (y < 1)$$

$$h'(y) = \frac{1}{2(1-y)} \quad (y \neq 0)$$

由 $f_X(h(y)) > 0$，即 $-\dfrac{1}{2}\ln(1-y) > 0$，得 $y > 0$，因此 Y 的概率密度为

$$f_Y(y) = \begin{cases} f_X\left(-\dfrac{1}{2}\ln(1-y)\right)\left|\dfrac{1}{2(1-y)}\right|, & 0 < y < 1 \\ 0, & \text{其他} \end{cases}$$

即

$$f_Y(y) = \begin{cases} 1, & 0 < y < 1 \\ 0, & \text{其他} \end{cases}$$

故 Y 在区间 $(0,1)$ 上服从均匀分布。

15. 设随机变量 X 在区间 $(1,2)$ 上服从均匀分布，试求随机变量 $Y = e^{2X}$ 的概率密度 $f_Y(y)$。

解　方法一（分布函数法）：由于 $X \sim U(1,2)$，因此 X 的概率密度为

$$f_X(x) = \begin{cases} 1, & 1 < x < 2 \\ 0, & \text{其他} \end{cases}$$

设 Y 的分布函数为 $F_Y(y)$，则

$$F_Y(y) = P(Y \leqslant y) = P(e^{2X} \leqslant y)$$

当 $y < e^2$ 时，

$$F_Y(y) = 0$$

当 $e^2 \leqslant y < e^4$ 时，

$$F_Y(y) = P(e^{2X} \leqslant y) = P\left(X \leqslant \frac{1}{2}\ln y\right) = \int_1^{\frac{1}{2}\ln y} 1 \mathrm{d}x = \frac{1}{2}\ln y - 1$$

当 $y \geqslant e^4$ 时，

$$F_Y(y) = P(e^{2X} \leqslant y) = P(\Omega) = 1$$

从而 Y 的概率密度为

$$f_Y(y) = F'_Y(y) = \begin{cases} \dfrac{1}{2y}, & e^2 < y < e^4 \\ 0, & 其他 \end{cases}$$

方法二（公式法）：由于 $X \sim U(1, 2)$，因此 X 的概率密度为

$$f_X(x) = \begin{cases} 1, & 1 < x < 2 \\ 0, & 其他 \end{cases}$$

由于函数 $y = e^{2x}$ 严格单调可微，其反函数为

$$x = h(y) = \frac{1}{2}\ln y \ (y > 0)$$

$$h'(y) = \frac{1}{2y} \ (y \neq 0)$$

由 $f_X(h(y)) > 0$，即 $1 < \dfrac{1}{2}\ln y < 2$，得 $e^2 < y < e^4$，因此 Y 的概率密度为

$$f_Y(y) = \begin{cases} f_X\left(\dfrac{1}{2}\ln y\right)\left|\dfrac{1}{2y}\right|, & e^2 < y < e^4 \\ 0, & 其他 \end{cases}$$

即

$$f_Y(y) = \begin{cases} \dfrac{1}{2y}, & e^2 < y < e^4 \\ 0, & 其他 \end{cases}$$

16. 设随机变量 $X \sim N(0, 1)$，求：

（Ⅰ）$Y = e^X$ 的概率密度；

（Ⅱ）$Y = 2X^2 + 1$ 的概率密度；

（Ⅲ）$Y = |X|$ 的概率密度。

解　由于 $X \sim N(0, 1)$，因此 X 的概率密度为

$$\varphi(x) = \frac{1}{\sqrt{2\pi}}e^{-\frac{x^2}{2}}, \quad -\infty < x < +\infty$$

（Ⅰ）设 Y 的分布函数为 $F_Y(y)$，则

$$F_Y(y) = P(Y \leqslant y) = P(e^X \leqslant y)$$

当 $y < 0$ 时，

$$F_Y(y) = 0$$

当 $y \geqslant 0$ 时，

$$F_Y(y) = P(e^X \leqslant y) = P(X \leqslant \ln y) = \int_{-\infty}^{\ln y} \frac{1}{\sqrt{2\pi}}e^{-\frac{x^2}{2}}\,dx$$

从而 Y 的概率密度为

$$f_Y(y) = F'_Y(y) = \begin{cases} \dfrac{1}{\sqrt{2\pi}} \mathrm{e}^{-\frac{(\ln y)^2}{2}} \dfrac{1}{y}, & y > 0 \\ 0, & y \leqslant 0 \end{cases}$$

即

$$f_Y(y) = \begin{cases} \dfrac{1}{\sqrt{2\pi}\, y} \mathrm{e}^{-\frac{(\ln y)^2}{2}}, & y > 0 \\ 0, & y \leqslant 0 \end{cases}$$

（Ⅱ）设 Y 的分布函数为 $F_Y(y)$，则

$$F_Y(y) = P(Y \leqslant y) = P(2X^2 + 1 \leqslant y) = P\left(X^2 \leqslant \frac{y-1}{2}\right)$$

当 $\dfrac{y-1}{2} < 0$，即 $y < 1$ 时，

$$F_Y(y) = 0$$

当 $\dfrac{y-1}{2} \geqslant 0$，即 $y \geqslant 1$ 时，

$$F_Y(y) = P\left(X^2 \leqslant \frac{y-1}{2}\right) = P\left(-\sqrt{\frac{y-1}{2}} \leqslant X \leqslant \sqrt{\frac{y-1}{2}}\right) = \int_{-\sqrt{\frac{y-1}{2}}}^{\sqrt{\frac{y-1}{2}}} \frac{1}{\sqrt{2\pi}} \mathrm{e}^{-\frac{x^2}{2}} \mathrm{d}x$$

从而 Y 的概率密度为

$$f_Y(y) = F'_Y(y) = \begin{cases} \dfrac{1}{\sqrt{2\pi}} \mathrm{e}^{-\frac{y-1}{4}} \dfrac{\frac{1}{2}}{2\sqrt{\frac{y-1}{2}}} + \dfrac{1}{\sqrt{2\pi}} \mathrm{e}^{-\frac{y-1}{4}} \dfrac{\frac{1}{2}}{2\sqrt{\frac{y-1}{2}}}, & y > 1 \\ 0, & y \leqslant 1 \end{cases}$$

即

$$f_Y(y) = \begin{cases} \dfrac{1}{2\sqrt{\pi(y-1)}} \mathrm{e}^{-\frac{y-1}{4}}, & y > 1 \\ 0, & y \leqslant 1 \end{cases}$$

（Ⅲ）设 Y 的分布函数为 $F_Y(y)$，则

$$F_Y(y) = P(Y \leqslant y) = P(|X| \leqslant y)$$

当 $y < 0$ 时，

$$F_Y(y) = 0$$

当 $y \geqslant 0$ 时，

$$F_Y(y) = P(|X| \leqslant y) = P(-y \leqslant X \leqslant y) = \int_{-y}^{y} \frac{1}{\sqrt{2\pi}} \mathrm{e}^{-\frac{x^2}{2}} \mathrm{d}x$$

从而 Y 的概率密度为

$$f_Y(y) = F_Y'(y) = \begin{cases} \dfrac{1}{\sqrt{2\pi}}\mathrm{e}^{-\frac{y^2}{2}} + \dfrac{1}{\sqrt{2\pi}}\mathrm{e}^{-\frac{y^2}{2}}, & y > 0 \\ 0, & y \leqslant 0 \end{cases}$$

即

$$f_Y(y) = \begin{cases} \sqrt{\dfrac{2}{\pi}}\mathrm{e}^{-\frac{y^2}{2}}, & y > 0 \\ 0, & y \leqslant 0 \end{cases}$$

17. 设连续型随机变量 X 的概率密度为

$$f(x) = \begin{cases} \dfrac{1}{9}x^2, & 0 < x < 3 \\ 0, & \text{其他} \end{cases}$$

令

$$Y = \begin{cases} 2, & X \leqslant 1 \\ X, & 1 < X < 2 \\ 1, & X \geqslant 2 \end{cases}$$

（Ⅰ）求 Y 的分布函数；

（Ⅱ）求概率 $P(X \leqslant Y)$。

解　（Ⅰ）设 Y 的分布函数为 $F(y)$，则

当 $y < 1$ 时，

$$F(y) = 0$$

当 $1 \leqslant y < 2$ 时，

$$\begin{aligned} F(y) &= P(Y \leqslant y) = P(Y < 1) + P(Y = 1) + P(1 < Y \leqslant y) \\ &= P(X \geqslant 2) + P(1 < X \leqslant y) \\ &= \int_2^3 \frac{1}{9}x^2\,\mathrm{d}x + \int_1^y \frac{1}{9}x^2\,\mathrm{d}x = \frac{2}{3} + \frac{1}{27}y^3 \end{aligned}$$

当 $y \geqslant 2$ 时，

$$F(y) = 1$$

从而 Y 的分布函数为

$$F(y) = \begin{cases} 0, & y < 1 \\ \dfrac{2}{3} + \dfrac{1}{27}y^3, & 1 \leqslant y < 2 \\ 1, & y \geqslant 2 \end{cases}$$

（Ⅱ）　　　$P(X \leqslant Y) = P(X \leqslant 1) + P(1 < X < 2) = P(X < 2)$

$$= \int_0^2 \frac{1}{9} x^2 \mathrm{d}x = \frac{8}{27}$$

18. 设随机变量 X 在区间 $(0,1)$ 上服从均匀分布。

（Ⅰ）求 $Y = \mathrm{e}^X$ 的概率密度；

（Ⅱ）求 $Y = -2\ln X$ 的概率密度。

解　（I）方法一（分布函数法）：由于 $X \sim U(0,1)$，因此 X 的概率密度为

$$f_X(x) = \begin{cases} 1, & 0 < x < 1 \\ 0, & \text{其他} \end{cases}$$

设 Y 的分布函数为 $F_Y(y)$，则

$$F_Y(y) = P(Y \leqslant y) = P(\mathrm{e}^X \leqslant y)$$

当 $y \leqslant 1$ 时，

$$F_Y(y) = 0$$

当 $1 < y < \mathrm{e}$ 时，

$$F_Y(y) = P(\mathrm{e}^X \leqslant y) = P(X \leqslant \ln y) = \int_{-\infty}^{\ln y} f_X(x)\mathrm{d}x = \int_0^{\ln y} 1\mathrm{d}x = \ln y$$

当 $y \geqslant \mathrm{e}$ 时，

$$F_Y(y) = 1$$

从而 Y 的概率密度为

$$f_Y(y) = F_Y'(y) = \begin{cases} \dfrac{1}{y}, & 1 < y < \mathrm{e} \\ 0, & \text{其他} \end{cases}$$

方法二（公式法）：由于 $X \sim U(0,1)$，因此 X 的概率密度为

$$f_X(x) = \begin{cases} 1, & 0 < x < 1 \\ 0, & \text{其他} \end{cases}$$

由于函数 $y = \mathrm{e}^x$ 严格单调可微，其反函数为

$$x = h(y) = \ln y \quad (y > 0)$$

$$h'(y) = \frac{1}{y} \quad (y \neq 0)$$

由 $f_X(h(y)) > 0$，即 $0 < \ln y < 1$，得 $1 < y < \mathrm{e}$，因此 Y 的概率密度为

$$f_Y(y) = \begin{cases} f_X(\ln y) \left| \dfrac{1}{y} \right|, & 1 < y < \mathrm{e} \\ 0, & \text{其他} \end{cases}$$

即

$$f_Y(y) = \begin{cases} \dfrac{1}{y}, & 1 < y < \mathrm{e} \\ 0, & \text{其他} \end{cases}$$

（Ⅱ）方法一（分布函数法）：由于 $X \sim U(0,1)$，因此 X 的概率密度为

$$f_X(x) = \begin{cases} 1, & 0 < x < 1 \\ 0, & \text{其他} \end{cases}$$

设 Y 的分布函数为 $F_Y(y)$，则

$$F_Y(y) = P(Y \leqslant y) = P(-2\ln X \leqslant y)$$

当 $y \leqslant 0$ 时，

$$F_Y(y) = 0$$

当 $y > 0$ 时，

$$F_Y(y) = P(-2\ln X \leqslant y) = P(X \geqslant e^{-\frac{y}{2}}) = \int_{e^{-\frac{y}{2}}}^{+\infty} f_X(x)\mathrm{d}x = \int_{e^{-\frac{y}{2}}}^{1} 1\mathrm{d}x = 1 - e^{-\frac{y}{2}}$$

从而 Y 的概率密度为

$$f_Y(y) = F'_Y(y) = \begin{cases} \dfrac{1}{2}e^{-\frac{y}{2}}, & y > 0 \\ 0, & \text{其他} \end{cases}$$

方法二（公式法）：由于 $X \sim U(0,1)$，因此 X 的概率密度为

$$f_X(x) = \begin{cases} 1, & 0 < x < 1 \\ 0, & \text{其他} \end{cases}$$

由于函数 $y = -2\ln x$ 严格单调可微，其反函数为

$$x = h(y) = e^{-\frac{y}{2}} \quad (-\infty < y < +\infty)$$

$$h'(y) = -\frac{1}{2}e^{-\frac{y}{2}} \quad (-\infty < y < +\infty)$$

由 $f_X(h(y)) > 0$，即 $0 < e^{-\frac{y}{2}} < 1$，得 $y > 0$，因此 Y 的概率密度为

$$f_Y(y) = \begin{cases} f_X(e^{-\frac{y}{2}})\left| -\dfrac{1}{2}e^{-\frac{y}{2}} \right|, & y > 0 \\ 0, & \text{其他} \end{cases}$$

即

$$f_Y(y) = \begin{cases} \dfrac{1}{2}e^{-\frac{y}{2}}, & y > 0 \\ 0, & \text{其他} \end{cases}$$

19. 设随机变量 X 的概率密度为 $f(x)(-\infty < x < +\infty)$，求 $Y = X^3$ 的概率密度。

解　方法一（分布函数法）：设 Y 的分布函数为 $F_Y(y)$，则

$$F_Y(y) = P(Y \leqslant y) = P(X^3 \leqslant y) = P(X \leqslant y^{\frac{1}{3}}) = \int_{-\infty}^{y^{\frac{1}{3}}} f(x)\mathrm{d}x$$

从而 Y 的概率密度为

$$f_Y(y) = F'_Y(y) = \begin{cases} \dfrac{1}{3} y^{-\frac{2}{3}} f(y^{\frac{1}{3}}), & y \neq 0 \\ 0, & y = 0 \end{cases}$$

方法二（公式法）：由于函数 $y = x^3$ 严格单调可微，其反函数为

$$x = h(y) = y^{\frac{1}{3}} \quad (-\infty < y < +\infty)$$

$$h'(y) = \frac{1}{3} y^{-\frac{2}{3}} \quad (y \neq 0)$$

因此 Y 的概率密度为

$$f_Y(y) = \begin{cases} f(y^{\frac{1}{3}}) \left| \dfrac{1}{3} y^{-\frac{2}{3}} \right|, & y \neq 0 \\ 0, & y = 0 \end{cases}$$

即

$$f_Y(y) = \begin{cases} \dfrac{1}{3} y^{-\frac{2}{3}} f(y^{\frac{1}{3}}), & y \neq 0 \\ 0, & y = 0 \end{cases}$$

20. 设随机变量 $X \sim E(1)$，求 $Y = X^2$ 的概率密度。

解　由于 $X \sim E(1)$，因此 X 的概率密度为

$$f_X(x) = \begin{cases} \mathrm{e}^{-x}, & x > 0 \\ 0, & x \leqslant 0 \end{cases}$$

设 Y 的分布函数为 $F_Y(y)$，则 $F_Y(y) = P(Y \leqslant y) = P(X^2 \leqslant y)$。

当 $y \leqslant 0$ 时，

$$F_Y(y) = 0$$

当 $y > 0$ 时，

$$F_Y(y) = P(X^2 \leqslant y) = P(-\sqrt{y} \leqslant X \leqslant \sqrt{y}) = \int_{-\sqrt{y}}^{\sqrt{y}} f_X(x)\,\mathrm{d}x = \int_0^{\sqrt{y}} \mathrm{e}^{-x}\,\mathrm{d}x$$

从而 Y 的概率密度为

$$f_Y(y) = F'_Y(y) = \begin{cases} \dfrac{1}{2\sqrt{y}} \mathrm{e}^{-\sqrt{y}}, & y > 0 \\ 0, & y \leqslant 0 \end{cases}$$

2.6　学习效果测试题及解答

测　试　题

1. 选择题（每小题 **4 分**，共 **20 分**）

(1) 设 $F(x)$ 是随机变量 X 的分布函数，则下列结论不正确的是（　　　）。

A. 若 $F(a)=0$，则对于任意的 $x\leqslant a$，有 $F(x)=0$

B. 若 $F(a)=1$，则对于任意的 $x\geqslant a$，有 $F(x)=1$

C. 若 $F(a)=\dfrac{1}{2}$，则 $P(X\leqslant a)=\dfrac{1}{2}$

D. 若 $F(a)=\dfrac{1}{2}$，则 $P(X\geqslant a)=\dfrac{1}{2}$

(2) 设 X 为随机变量，则对于任意实数 a，概率 $P(X=a)=0$ 的充分必要条件是（　　　）。

A. X 是离散型随机变量　　　　　　　B. X 是连续型随机变量

C. X 的分布函数是连续函数　　　　　D. X 的概率密度是连续函数

(3) 设 $f(x)$ 是连续型随机变量 X 的概率密度，则 $f(x)$ 一定是（　　　）。

A. 可积函数　　　　B. 单调函数　　　　C. 连续函数　　　　D. 可导函数

(4) 设随机变量 X 是只可能的取两个值的离散型随机变量，Y 是连续型随机变量，则随机变量 $X+Y$ 的分布函数（　　　）。

A. 是连续函数　　　　　　　　　　　　B. 是阶梯函数

C. 恰有一个间断点　　　　　　　　　　D. 至少有两个间断点

(5) 设连续型随机变量 X 的概率密度为 $f_X(x)(-\infty<x<+\infty)$，则 $Y=-2X+3$ 的概率密度为（　　　）。

A. $-\dfrac{1}{2}f_X\left(-\dfrac{y-3}{2}\right)$　　　　　　　　B. $\dfrac{1}{2}f_X\left(-\dfrac{y-3}{2}\right)$

C. $-\dfrac{1}{2}f_X\left(-\dfrac{y+3}{2}\right)$　　　　　　　　D. $\dfrac{1}{2}f_X\left(-\dfrac{y+3}{2}\right)$

2. 填空题（每小题 4 分，共 20 分）

(1) 设 X、Y 是随机变量，且 $P(X\geqslant0,Y\geqslant0)=\dfrac{3}{7}$，$P(X\geqslant0)=P(Y\geqslant0)=\dfrac{4}{7}$，令 $A=\{\max\{X,Y\}\geqslant0,\min\{X,Y\}<0\}$，则 $P(A)=$ _____。

(2) 设随机变量 X 的分布函数为

$$F(x)=\begin{cases}0, & x<-1\\ \dfrac{1}{8}, & x=-1\\ ax+b, & -1<x<1\\ 1, & x\geqslant1\end{cases}$$

已知 $P(-1<X<1)=\dfrac{5}{8}$，则 $a=$ _____，$b=$ _____。

(3) 设随机变量 X 的分布函数为 $F(x)$，概率密度为 $f(x)$，当 $x\leqslant0$ 时，$f(x)$ 连续，且 $f(x)=F(x)$，若 $F(0)=1$，则 $F(x)=$ _____，$f(x)=$ _____。

(4) 袋中有 8 只球，其中 3 只白球，5 只黑球。现从袋中任取 4 只球做试验，如果 4 只球中为 2 只白球 2 只黑球,试验停止,否则将取出的 4 只球放回袋中重新任取 4 只球,直到取出 2 只白球和 2 只黑球为止。记 X 为试验次数,则 $P(Y = k) = $ _____ ($k = 1, 2, \cdots$)。

(5) 设离散型随机变量 X 的分布律为 $P(X = k) = \dfrac{1}{3}$($k = 1, 2, 3$),在给定 $X = k$($k = 1$, $2, 3$)的条件下,随机变量 Y 服从均匀分布 $U(0, k)$,则 $P(Y \leqslant 2.5) = $ _____。

3. 解答题(每小题 10 分,共 60 分)

(1) 随机地向半圆 $0 < y < \sqrt{2ax - x^2}$($a > 0$)内掷一点,点落在半圆内的任何区域的概率与该区域的面积成正比,设 X 表示原点和该点连线与 x 轴正方向的夹角,试求:

(i) X 的概率密度 $f(x)$;

(ii) $P\left(X \leqslant \dfrac{\pi}{4}\right)$。

(2) 设随机变量 X 的分布函数为

$$F(x) = \begin{cases} 0, & x < -2 \\ 0.3, & -2 \leqslant x < -1 \\ 0.6, & -1 \leqslant x < 1 \\ 1, & x \geqslant 1 \end{cases}$$

已知 $Y = \sin\dfrac{\pi X}{12}\cos\dfrac{\pi X}{12}$,求 $|Y|$ 的分布函数。

(3) 设随机变量 X 的分布函数为

$$F_X(x) = \begin{cases} 1 - x^{-\lambda}, & x \geqslant 1 \\ 0, & x < 1 \end{cases}$$

其中 λ($\lambda > 0$)为常数,已知 $Y = \ln X$,试求:

(i) Y 的概率密度 $f_Y(y)$;

(ii) $\displaystyle\sum_{k=0}^{\infty} P(Y \geqslant k)$。

(4) 设连续型随机变量 X 的概率密度为

$$f(x) = ae^{-x^2 + x}, \quad -\infty < x < +\infty$$

(i) 求常数 a;

(ii) 对 X 进行三次独立观测,求至少有一次观测值大于 $\dfrac{1}{2}$ 的概率。

(5) 一条自动生产线在相继两次故障之间生产产品数 X 服从参数为 λ 的 Poisson 分布,设产品的合格品率为 p($0 < p < 1$),且各产品是否为合格品相互独立。

(i) 求生产线在相继两次故障之间共生产 k($k = 0, 1, 2, \cdots$)件合格品的概率;

(ii) 若已知在某相继两次故障间生产线生产了 k 件合格品,求生产线共生产 m 件产品的概率。

（6）向单位正方形区域 $D = \{(x, y) \mid 0 \leqslant x \leqslant 1, 0 \leqslant y \leqslant 1\}$ 内随机地投入 10 个点，试求至少有 2 个点落入由曲线 $y = x^2$ 与直线 $y = x$ 所围成的区域内的概率。

测试题解答

1. 选择题

（1）应选 D。

方法一：由于 $x \leqslant a$，$F(a) = 0$，$F(x)$ 是单调不减函数，因此 $0 \leqslant F(x) \leqslant F(a) = 0$，从而 $F(x) = 0$，所以选项 A 正确；又因为 $x \geqslant a$，$F(a) = 1$，$F(x)$ 是单调不减函数，故 $1 \geqslant F(x) \geqslant F(a) = 1$，从而 $F(x) = 1$，所以选项 B 正确；由于 $F(a) = P(X \leqslant a)$，且 $F(a) = \frac{1}{2}$，因此 $P(X \leqslant a) = \frac{1}{2}$，所以选项 C 正确，故选 D。

方法二：由于 $P(X \geqslant a) = 1 - P(X < a) = 1 - F(a - 0)$，若 $P(X \geqslant a) = \frac{1}{2}$，则

$$1 - F(a - 0) = \frac{1}{2}$$

从而

$$F(a - 0) = \frac{1}{2} = F(a) = F(a + 0)$$

因此 $F(x)$ 在 $x = a$ 处连续，但是该结论未必成立，故选 D。

（2）应选 C。

方法一：由于对于任意实数 a，有 $P(X = a) = 0$ 是连续型随机变量的必要条件但非充分条件，因此选项 B、D 不正确；对于离散型随机变量必有实数 a，使得 $P(X = a) \neq 0$，从而选项 A 不正确，故选 C。

方法二：设对于任意实数 a，有 $P(X = a) = 0$，则 $F(a) - F(a - 0) = 0$，即 $F(a - 0) = F(a)$，从而 $F(x)$ 左连续，又由于 $F(x)$ 右连续，故 $F(x)$ 是连续函数。反过来，设 $F(x)$ 是连续函数，则对于任意实数 a，有 $F(a - 0) = F(a)$，即 $F(a) - F(a - 0) = 0$，从而 $P(X = a) = 0$，故选 C。

（3）应选 A。

设 X 的分布函数为 $F(x)$，则 $F(x) = \int_{-\infty}^{x} f(t) \mathrm{d}t (-\infty < x < +\infty)$，从而 $f(x)$ 是可积函数，故选 A。

（4）应选 A。

设 $P(X = a) = p$，$P(X = b) = 1 - p$，t 为任意实数，则

$$0 \leqslant P(X + Y = t) = P(X + Y = t, X = a) + P(X + Y = t, X = b)$$

$$= P(Y = t - a, X = a) + P(Y = t - b, X = b)$$
$$\leqslant P(Y = t - a) + P(Y = t - b) = 0$$

从而 $P(X + Y = t) = 0$，因此 $X + Y$ 的分布函数是连续函数，故选 A。

(5) 应选 B。

由于函数 $y = -2x + 3$ 严格单调可微，其反函数为

$$x = h(y) = -\frac{y - 3}{2} \quad (-\infty < y < +\infty)$$

$$h'(y) = -\frac{1}{2} \quad (-\infty < y < +\infty)$$

因此 Y 的概率密度为

$$f_Y(y) = f_X(h(y))\,|h'(y)| = \frac{1}{2} f_X\left(-\frac{y - 3}{2}\right)$$

故选 B。

2. 填空题

(1) 应填 $\dfrac{2}{7}$。

由于

$$P(\max\{X, Y\} \geqslant 0) = P(\max\{X, Y\} \geqslant 0, \min\{X, Y\} < 0)$$
$$+ P(\max\{X, Y\} \geqslant 0, \min\{X, Y\} \geqslant 0)$$

因此

$$P(A) = P(\max\{X, Y\} \geqslant 0, \min\{X, Y\} < 0)$$
$$= P(\max\{X, Y\} \geqslant 0) - P(\max\{X, Y\} \geqslant 0, \min\{X, Y\} \geqslant 0)$$
$$= P(\max\{X, Y\} \geqslant 0) - P(X \geqslant 0, Y \geqslant 0)$$
$$= P(X \geqslant 0) + P(Y \geqslant 0) - 2P(X \geqslant 0, Y \geqslant 0)$$
$$= \frac{4}{7} + \frac{4}{7} - 2 \times \frac{3}{7} = \frac{2}{7}$$

故填 $\dfrac{2}{7}$。

(2) 应分别填 $\dfrac{5}{16}$，$\dfrac{7}{16}$。

由于 $F(x)$ 是右连续函数，因此 $F(-1 + 0) = F(-1)$，从而 $-a + b = \dfrac{1}{8}$。又由于

$$P(X = 1) = P(-1 < X \leqslant 1) - P(-1 < X < 1)$$
$$= F(1) - F(-1) - \frac{5}{8} = 1 - \frac{1}{8} - \frac{5}{8} = \frac{1}{4}$$

$$P(X = 1) = F(1) - F(1 - 0)$$

故

$$a + b = F(1 - 0) = F(1) - P(X = 1) = 1 - \frac{1}{4} = \frac{3}{4}$$

即 $a + b = \frac{3}{4}$。解之，得 $a = \frac{5}{16}$，$b = \frac{7}{16}$，故分别填 $\frac{5}{16}$，$\frac{7}{16}$。

（3）应分别填 $F(x) = \begin{cases} \mathrm{e}^x, & x \leqslant 0 \\ 1, & x > 0 \end{cases}$，$f(x) = \begin{cases} \mathrm{e}^x, & x < 0 \\ 0, & x \geqslant 0 \end{cases}$。

由于 $F(x)$ 是单调不减函数，且 $F(0) = 1$，因此对于任意的 $x > 0$，有 $F(x) \geqslant F(0) = 1$，从而 $F(x) = 1$。又由于当 $x \leqslant 0$ 时，$f(x)$ 连续，且 $f(x) = F(x)$，故 $F(x) = f(x) = F'(x)$，即 $F'(x) = F(x)$，解之，得 $F(x) = C\mathrm{e}^x$。由 $F(0) = 1$，得 $C = 1$，从而 $F(x) = \mathrm{e}^x$，所以

$$F(x) = \begin{cases} \mathrm{e}^x, & x \leqslant 0 \\ 1, & x > 0 \end{cases}$$

从而

$$f(x) = F'(x) = \begin{cases} \mathrm{e}^x, & x < 0 \\ 0, & x \geqslant 0 \end{cases}$$

故填 $F(x) = \begin{cases} \mathrm{e}^x, & x \leqslant 0 \\ 1, & x > 0 \end{cases}$，$f(x) = \begin{cases} \mathrm{e}^x, & x < 0 \\ 0, & x \geqslant 0 \end{cases}$。

（4）应填 $\left(\dfrac{4}{7}\right)^{k-1} \times \dfrac{3}{7}$。

设 $A_i (i = 1, 2, \cdots)$ 表示事件"第 i 次任取 4 只球为 2 只白球和 2 只黑球"，则 A_1，A_2，$\cdots$ 相互独立，且

$$P(A_i) = \frac{\mathrm{C}_3^2 \mathrm{C}_5^2}{\mathrm{C}_8^4} = \frac{3}{7}$$

从而

$$P(X = k) = P(\overline{A}_1 \overline{A}_2 \cdots \overline{A}_{k-1} A_k) = \left(1 - \frac{3}{7}\right)^{k-1} \times \frac{3}{7} = \left(\frac{4}{7}\right)^{k-1} \times \frac{3}{7}, \quad k = 1, 2, \cdots$$

故填 $\left(\dfrac{4}{7}\right)^{k-1} \times \dfrac{3}{7}$。

（5）应填 $\dfrac{17}{18}$。

由全概率公式，得

$$P(Y \leqslant 2.5) = \sum_{k=1}^{3} P(X = k) P(Y \leqslant 2.5 \mid X = k) = \frac{1}{3}\left(1 + 1 + \frac{2.5}{3}\right) = \frac{17}{18}$$

故填 $\dfrac{17}{18}$。

3. 解答题

（1）（i）设 X 的分布函数 $F(x)$，当 $x < 0$ 时，事件 $\{X \leqslant x\}$ 是不可能事件，则 $F(x) =$

$P(X \leqslant x) = 0$。

当 $0 \leqslant x < \dfrac{\pi}{2}$ 时，由几何概率知（如图 2.1 所示）

$$P(0 \leqslant X \leqslant x) = \frac{\dfrac{a^2}{2}(2x + \sin 2x)}{\dfrac{1}{2}\pi a^2} = \frac{1}{\pi}(2x + \sin 2x)$$

从而

$$F(x) = P(X \leqslant x) = P(X < 0) + P(0 \leqslant X \leqslant x) = \frac{1}{\pi}(2x + \sin 2x)$$

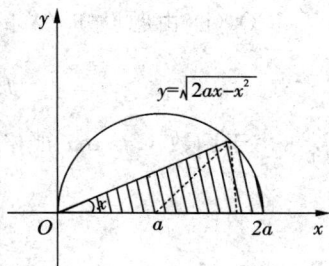

图 2.1

当 $X \geqslant \dfrac{\pi}{2}$ 时，事件 $\{X \leqslant x\}$ 是必然事件，则 $F(x) = P(X \leqslant x) = 1$。从而 X 的概率密度为

$$f(x) = F'(x) = \begin{cases} \dfrac{2}{\pi}(1 + \cos 2x), & 0 < x < \dfrac{\pi}{2} \\ 0, & \text{其他} \end{cases}$$

(ii)　　　$P\left(X \leqslant \dfrac{\pi}{4}\right) = F\left(\dfrac{\pi}{4}\right) = \dfrac{1}{\pi}\left[2 \times \dfrac{\pi}{4} + \sin\left(2 \times \dfrac{\pi}{4}\right)\right] = \dfrac{1}{2} + \dfrac{1}{\pi}$

（2）由 X 的分布函数知，X 可能的取值为 -2、-1、1，且

$$P(X = -2) = F(-2) - F(-2 - 0) = 0.3 - 0 = 0.3$$
$$P(X = -1) = F(-1) - F(-1 - 0) = 0.6 - 0.3 = 0.3$$
$$P(X = 1) = F(1) - F(1 - 0) = 1 - 0.6 = 0.4$$

由于 $Y = \sin\dfrac{\pi X}{12}\cos\dfrac{\pi X}{12} = \dfrac{1}{2}\sin\dfrac{\pi X}{6}$ 可能的取值为 $-\dfrac{\sqrt{3}}{4}$、$-\dfrac{1}{4}$、$\dfrac{1}{4}$，因此 $|Y|$ 可能的取值为 $\dfrac{1}{4}$、$\dfrac{\sqrt{3}}{4}$，且

$$P\left(|Y| = \frac{1}{4}\right) = P\left(Y = -\frac{1}{4}\right) + P\left(Y = \frac{1}{4}\right) = P(X = -1) + P(X = 1) = 0.3 + 0.4 = 0.7$$

$$P\left(|Y| = \frac{\sqrt{3}}{4}\right) = P\left(Y = -\frac{\sqrt{3}}{4}\right) + P\left(Y = \frac{\sqrt{3}}{4}\right) = P(X = -2) + 0 = 0.3$$

从而 $|Y|$ 的分布函数为

$$F_{|Y|}(y) = \begin{cases} 0, & y < \dfrac{1}{4} \\ 0.7, & \dfrac{1}{4} \leqslant y < \dfrac{\sqrt{3}}{4} \\ 1, & y \geqslant \dfrac{\sqrt{3}}{4} \end{cases}$$

(3)（i）由题设知，X 的概率密度为

$$f_X(x) = F'(x) = \begin{cases} \lambda x^{-(\lambda+1)}, & x > 1 \\ 0, & x \leqslant 1 \end{cases}$$

由于函数 $y = \ln x$ 严格单调可微，其反函数为

$$x = h(y) = e^y \quad (-\infty < y < +\infty)$$

$$h'(y) = e^y \quad (-\infty < y < +\infty)$$

由 $f_X(h(y)) > 0$，即 $e^y > 1$，得 $y > 0$，因此 Y 的概率密度为

$$f_Y(y) = \begin{cases} f_X(e^y) |e^y|, & y > 0 \\ 0, & y \leqslant 0 \end{cases}$$

即

$$f_Y(y) = \begin{cases} \lambda e^{-\lambda y}, & y > 0 \\ 0, & y \leqslant 0 \end{cases}$$

（ii）由于

$$P(Y \geqslant k) = \int_k^{+\infty} f_Y(y) \mathrm{d}y = \int_k^{+\infty} \lambda e^{-\lambda y} \mathrm{d}y = e^{-\lambda k}$$

因此

$$\sum_{k=0}^{\infty} P(Y \geqslant k) = \sum_{k=0}^{\infty} e^{-\lambda k} = 1 + e^{-\lambda} + e^{-2\lambda} + \cdots = \frac{1}{1 - e^{-\lambda}}$$

（4）（i）由 $\int_{-\infty}^{+\infty} f(x) \mathrm{d}x = 1$，得

$$1 = \int_{-\infty}^{+\infty} a e^{-x^2+x} \mathrm{d}x = a \int_{-\infty}^{+\infty} e^{-(x-\frac{1}{2})^2+\frac{1}{4}} \mathrm{d}x$$

$$= a e^{\frac{1}{4}} \int_{-\infty}^{+\infty} e^{-(x-\frac{1}{2})^2} \mathrm{d}x = a\sqrt{\pi} e^{\frac{1}{4}}$$

从而 $a = \dfrac{1}{\sqrt{\pi}} e^{-\frac{1}{4}}$。

（ii）由于 X 的概率密度为

$$f(x) = \frac{1}{\sqrt{\pi}} e^{-\frac{1}{4}} e^{-x^2+x} = \frac{1}{\sqrt{\pi}} e^{-(x-\frac{1}{2})^2}, \quad -\infty < x < +\infty$$

因此 $X \sim N\left(\dfrac{1}{2}, \dfrac{1}{2}\right)$，从而 $P\left(X > \dfrac{1}{2}\right) = \dfrac{1}{2}$。

设 Y 表示对 X 进行三次独立观测中，事件 $\left\{X > \dfrac{1}{2}\right\}$ 出现的次数，则 $Y \sim B\left(3, \dfrac{1}{2}\right)$，从而所求的概率为

$$P(Y \geqslant 1) = 1 - P(Y = 0) = 1 - C_3^0 \left(\frac{1}{2}\right)^0 \left(1 - \frac{1}{2}\right)^3 = \frac{7}{8}$$

(5) 由于 $X \sim P(\lambda)$，因此 X 的分布律为

$$P(X = n) = \frac{\lambda^n}{n!} \mathrm{e}^{-\lambda}, \quad n = 0, 1, 2, \cdots$$

设 Y 表示相继两次故障之间生产的合格产品数，则在 $X = n$ 的条件下，$Y \sim B(n, p)$，从而

$$P(Y = k \mid X = n) = \mathrm{C}_n^k p^k (1 - p)^{n-k}, \quad k = 0, 1, 2, \cdots, n$$

(i) 由全概率公式，得

$$P(Y = k) = \sum_{n=0}^{\infty} P(X = n) P(Y = k \mid X = n) = \sum_{n=k}^{\infty} \frac{\lambda^n}{n!} \mathrm{e}^{-\lambda} \cdot \mathrm{C}_n^k p^k (1 - p)^{n-k}$$

$$= \sum_{n=k}^{\infty} \frac{\lambda^n}{n!} \mathrm{e}^{-\lambda} \frac{n!}{k!(n-k)!} p^k (1 - p)^{n-k} = \frac{(\lambda p)^k}{k!} \mathrm{e}^{-\lambda} \sum_{n=k}^{\infty} \frac{[\lambda(1 - p)]^{n-k}}{(n-k)!}$$

$$= \frac{(\lambda p)^k}{k!} \mathrm{e}^{-\lambda} \mathrm{e}^{\lambda(1-p)} = \frac{(\lambda p)^k}{k!} \mathrm{e}^{-\lambda p}, \quad k = 0, 1, 2, \cdots$$

(ii) 当 $m < k$ 时，$P(X = m \mid Y = k) = 0$，当 $m \geqslant k$ 时，由 Bayes 公式，得

$$P(X = m \mid Y = k) = \frac{P(X = m) P(Y = k \mid X = m)}{P(Y = k)}$$

$$= \frac{\lambda^m}{m!} \mathrm{e}^{-\lambda} \cdot \mathrm{C}_m^k p^k (1 - p)^{m-k} \cdot \frac{k!}{(\lambda p)^k} \mathrm{e}^{\lambda p}$$

$$= \frac{\lambda^m}{m!} \mathrm{e}^{-\lambda} \frac{m!}{k!(m-k)!} p^k (1 - p)^{m-k} \frac{k!}{(\lambda p)^k} \mathrm{e}^{\lambda p}$$

$$= \frac{[\lambda(1 - p)]^{m-k}}{(m-k)!} \mathrm{e}^{-\lambda(1-p)}, \quad m = k, k + 1, \cdots$$

(6) 设 A 表示事件"任投一点落入由曲线 $y = x^2$ 与直线 $y = x$ 所围成的区域内"，则 $A = \{(x, y) \mid 0 \leqslant x \leqslant 1, x^2 \leqslant y \leqslant x\}$，样本空间为 $\Omega = \{(x, y) \mid 0 \leqslant x \leqslant 1, 0 \leqslant y \leqslant 1\}$。由几何概率知（如图 2.2 所示）

$$P(A) = \frac{A \text{ 的面积}}{\Omega \text{ 的面积}} = \frac{\int_0^1 (x - x^2) \mathrm{d}x}{1} = \frac{1}{6}$$

设 X 表示 10 个点中落入由曲线 $y = x^2$ 与直线 $y = x$ 所围成的区域内的个数，则 $X \sim B\left(10, \dfrac{1}{6}\right)$，从而所求的概率为

$$P(X \geqslant 2) = 1 - P(X = 0) - P(X = 1)$$

$$= 1 - \mathrm{C}_{10}^0 \left(\frac{1}{6}\right)^0 \left(1 - \frac{1}{6}\right)^{10} - \mathrm{C}_{10}^1 \left(\frac{1}{6}\right)^1 \left(1 - \frac{1}{6}\right)^9$$

$$= 1 - 3\left(\frac{5}{6}\right)^{10}$$

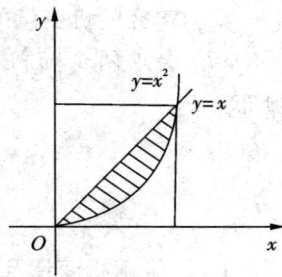

图 2.2

第3章　多维随机变量及其分布

3.1　大纲内容与大纲要求

1. 大纲内容

（1）多维随机变量。

（2）多维随机变量联合分布函数的概念及其性质。

（3）二维离散型随机变量的联合分布律、边缘分布律和条件分布律。

（4）二维连续型随机变量的联合概率密度、边缘概率密度和条件概率密度。

（5）两种重要二维连续型随机变量的分布。

（6）随机变量的独立性。

（7）两个及两个以上随机变量简单函数的分布。

2. 大纲要求

（1）理解多维随机变量的概念，会计算与多维随机变量相联系的随机事件的概率。

（2）理解多维随机变量联合分布函数的概念及性质。

（3）理解二维离散型随机变量的联合分布律、边缘分布律和条件分布律。

（4）理解二维连续型随机变量的联合概率密度、边缘概率密度和条件概率密度。

（5）掌握二维均匀分布，掌握二维正态分布及其分布参数的意义。

（6）掌握随机变量的独立性及其应用。

（7）会求两个随机变量简单函数的分布，会求多个相互独立随机变量简单函数的分布。

3.2　内 容 解 析

1. 二维随机变量及其联合分布函数

1）二维随机变量的定义

设随机试验的样本空间为 Ω，X、Y 是定义在 Ω 上的随机变量，则称由 X、Y 构成的向量 (X, Y) 为二维随机变量。

2）二维随机变量联合分布函数的定义

设 (X, Y) 是二维随机变量，称二元函数

$$F(x, y) = P(X \leqslant x, Y \leqslant y), \quad x、y \in \mathbf{R}$$

为二维随机变量 (X, Y) 的联合分布函数。

3）联合分布函数的性质

（1）$0 \leqslant F(x, y) \leqslant 1 (x、y \in \mathbf{R})$，且 $F(-\infty, y) = F(x, -\infty) = F(-\infty, -\infty) = 0$，$F(+\infty, +\infty) = 1$。

（2）对于固定的一个变量，$F(x, y)$ 是另一个变量的单调不减函数，即：对于任意固定的 y，当 $x_1 < x_2$ 时，$F(x_1, y) \leqslant F(x_2, y)$；对于任意固定的 x，当 $y_1 < y_2$ 时，$F(x, y_1) \leqslant F(x, y_2)$。

（3）对于固定的一个变量，$F(x, y)$ 是另一个变量的右连续函数，即：对于任意固定的 y，$F(x, y)$ 关于 x 右连续，$F(x+0, y) = F(x, y)$；对于任意固定的 x，$F(x, y)$ 关于 y 右连续，$F(x, y+0) = F(x, y)$。

（4）设 $x_1 < x_2$，$y_1 < y_2$，则 $F(x_2, y_2) - F(x_1, y_2) - F(x_2, y_1) + F(x_1, y_1) \geqslant 0$。

4）结论

设二维随机变量 (X, Y) 的联合分布函数为 $F(x, y)$，则 $\forall x_1 < x_2, y_1 < y_2$，有

$$P(x_1 < X \leqslant x_2, y_1 < Y \leqslant y_2) = F(x_2, y_2) - F(x_1, y_2) - F(x_2, y_1) + F(x_1, y_1)$$

2. 二维离散型随机变量及其联合分布律

1）二维离散型随机变量的定义

设 (X, Y) 是二维随机变量，如果 (X, Y) 可能的取值为有限对或可列无限多对，则称 (X, Y) 为二维离散型随机变量。

2）二维离散型随机变量的联合分布律

设 (X, Y) 是二维离散型随机变量，其可能的取值为 $(x_i, y_j)(i, j = 1, 2, \cdots)$，则称

$$P(X = x_i, Y = y_j) = p_{ij}, \quad i, j = 1, 2, \cdots$$

为 (X, Y) 的联合分布律，或表示为

X ＼ Y	y_1	y_2	$\cdots$	y_j	$\cdots$
x_1	p_{11}	p_{12}	$\cdots$	p_{1j}	$\cdots$
x_2	p_{21}	p_{22}	$\cdots$	p_{2j}	$\cdots$
$\vdots$	$\vdots$	$\vdots$	$\vdots$	$\vdots$	$\vdots$
x_i	p_{i1}	p_{i2}	$\cdots$	p_{ij}	$\cdots$
$\vdots$	$\vdots$	$\vdots$	$\vdots$	$\vdots$	$\vdots$

3）二维离散型随机变量联合分布律的性质

（1）$p_{ij} \geqslant 0 (i, j = 1, 2, \cdots)$。

(2) $\sum\limits_{i}\sum\limits_{j}p_{ij}=1$。

4) 二维离散型随机变量联合分布函数

设二维离散型随机变量 (X,Y) 的联合分布律为

$$P(X=x_i,Y=y_j)=p_{ij},\quad i,j=1,2,\cdots$$

则 (X,Y) 的联合分布函数为

$$F(x,y)=\sum_{x_i\leqslant x}\sum_{y_j\leqslant y}p_{ij},\quad x、y\in\mathbf{R}$$

3. 二维连续型随机变量及其联合概率密度

1) 二维连续型随机变量的定义

设 (X,Y) 是二维随机变量，其联合分布函数为 $F(x,y)$，如果存在非负可积函数 $f(x,y)$，使得

$$F(x,y)=\int_{-\infty}^{x}\int_{-\infty}^{y}f(u,v)\mathrm{d}u\mathrm{d}v,\quad x、y\in\mathbf{R}$$

则称 (X,Y) 为二维连续型随机变量，称 $f(x,y)$ 为 (X,Y) 的联合概率密度函数，简称联合概率密度。

2) 二维连续型随机变量联合概率密度的性质

(1) $f(x,y)\geqslant 0$ $(x、y\in\mathbf{R})$。

(2) $\int_{-\infty}^{+\infty}\int_{-\infty}^{+\infty}f(x,y)\mathrm{d}x\mathrm{d}y=1$。

(3) $P((X,Y)\in G)=\iint\limits_{G}f(x,y)\mathrm{d}x\mathrm{d}y$。

(4) 在 $f(x,y)$ 的连续点上，$\dfrac{\partial^2 F(x,y)}{\partial x\partial y}=\dfrac{\partial^2 F(x,y)}{\partial y\partial x}=f(x,y)$。

3) 几种重要的二维连续型随机变量

(1) 二维均匀分布：若二维连续型随机变量 (X,Y) 的联合概率密度为

$$f(x,y)=\begin{cases}\dfrac{1}{A},&(x,y)\in G\\0,&\text{其他}\end{cases}$$

其中，A 为区域 G 的面积，则称 (X,Y) 在区域 G 上服从均匀分布，记为 $(X,Y)\sim U(G)$。

(2) 二维正态分布：若二维连续型随机变量 (X,Y) 的联合概率密度为

$$f(x,y)=\frac{1}{2\pi\sigma_1\sigma_2\sqrt{1-\rho^2}}\mathrm{e}^{-\frac{1}{2(1-\rho^2)}\left[\frac{(x-\mu_1)^2}{\sigma_1^2}-2\rho\frac{(x-\mu_1)(y-\mu_2)}{\sigma_1\sigma_2}+\frac{(y-\mu_2)^2}{\sigma_2^2}\right]},\quad x、y\in\mathbf{R}$$

其中，μ_1、μ_2、$\sigma_1(\sigma_1>0)$、$\sigma_2(\sigma_2>0)$、$\rho(|\rho|<1)$ 是常数，则称 (X,Y) 服从参数为 μ_1、

μ_2、σ_1^2、σ_2^2、ρ 的二维正态分布，记为 $(X, Y) \sim N(\mu_1, \mu_2; \sigma_1^2, \sigma_2^2; \rho)$。

4）结论

设二维连续型随机变量 $(X, Y) \sim U(G)$，则 (X, Y) 在 G 的任一子区域上取值的概率等价于平面区域 G 上的几何概率。

4. 边缘分布

1）二维随机变量的边缘分布函数

设 (X, Y) 是二维随机变量，称

$$F_X(x) = P(X \leqslant x), \quad x \in \mathbf{R}$$
$$F_Y(y) = P(Y \leqslant y), \quad y \in \mathbf{R}$$

分别为 (X, Y) 关于 X、Y 的边缘分布函数。

2）二维离散型随机变量的边缘分布律

设二维离散型随机变量 (X, Y) 的联合分布律为

$$P(X = x_i, Y = y_j) = p_{ij}, \quad i, j = 1, 2, \cdots$$

则 (X, Y) 关于 X、Y 的边缘分布律分别为

$$p_{i\cdot} = P(X = x_i) = \sum_j p_{ij}, \quad i = 1, 2, \cdots$$
$$p_{\cdot j} = P(Y = y_j) = \sum_i p_{ij}, \quad j = 1, 2, \cdots$$

或在 (X, Y) 的联合分布律中表示为

X ＼ Y	y_1	y_2	$\cdots$	y_j	$\cdots$	$p_{i\cdot}$
x_1	p_{11}	p_{12}	$\cdots$	p_{1j}	$\cdots$	$p_{1\cdot}$
x_2	p_{21}	p_{22}	$\cdots$	p_{2j}	$\cdots$	$p_{2\cdot}$
$\vdots$	$\vdots$	$\vdots$	$\vdots$	$\vdots$	$\vdots$	$\vdots$
x_i	p_{i1}	p_{i2}	$\cdots$	p_{ij}	$\cdots$	$p_{i\cdot}$
$\vdots$	$\vdots$	$\vdots$	$\vdots$	$\vdots$	$\vdots$	$\vdots$
$p_{\cdot j}$	$p_{\cdot 1}$	$p_{\cdot 2}$	$\cdots$	$p_{\cdot j}$	$\cdots$	1

3）二维连续型随机变量的边缘概率密度

设二维连续型随机变量 (X, Y) 的联合概率密度为 $f(x, y)$，则 (X, Y) 关于 X、Y 的边缘概率密度分别为

$$f_X(x) = \int_{-\infty}^{+\infty} f(x, y)\mathrm{d}y, \quad -\infty < x < +\infty$$
$$f_Y(y) = \int_{-\infty}^{+\infty} f(x, y)\mathrm{d}x, \quad -\infty < y < +\infty$$

4）结论

（1）设 (X, Y) 是二维随机变量，其联合分布函数为 $F(x, y)$，则

$$F_X(x) = F(x, +\infty), \quad x \in \mathbf{R}$$
$$F_Y(x) = F(+\infty, y), \quad y \in \mathbf{R}$$

（2）设 $(X, Y) \sim N(\mu_1, \mu_2; \sigma_1^2, \sigma_2^2; \rho)$，则 $X \sim N(\mu_1, \sigma_1^2)$，$Y \sim N(\mu_2, \sigma_2^2)$，但反之不然。

（3）设 $(X, Y) \sim N(\mu_1, \mu_2; \sigma_1^2, \sigma_2^2; \rho)$，则 $aX + bY$（a、b 是不全为 0 的常数）服从一维正态分布，但分布参数有待确定。

5. 条件分布

1）二维离散型随机变量的条件分布律

设二维离散型随机变量 (X, Y) 的联合分布律为

$$P(X = x_i, Y = y_j) = p_{ij}, \quad i, j = 1, 2, \cdots$$

如果对于固定的 j，$P(Y = y_j) = p_{\cdot j} > 0$，则称

$$P(X = x_i \mid Y = y_j) = \frac{p_{ij}}{p_{\cdot j}}, \quad i = 1, 2, \cdots$$

为在 $Y = y_j$ 的条件下随机变量 X 的条件分布律。

如果对于固定的 i，$P(X = x_i) = p_{i\cdot} > 0$，则称

$$P(Y = y_j \mid X = x_i) = \frac{p_{ij}}{p_{i\cdot}}, \quad j = 1, 2, \cdots$$

为在 $X = x_i$ 的条件下随机变量 Y 的条件分布律。

2）二维连续型随机变量的条件概率密度

（1）二维连续型随机变量的条件分布函数：设二维随机变量 (X, Y) 联合分布函数为 $F(x, y)$，关于 Y 的边缘分布函数为 $F_Y(y)$，给定 y 及其增量 Δy（不妨设 $\Delta y > 0$），使得 $P(y < Y \leqslant y + \Delta y) > 0$，如果极限

$$\begin{aligned}
\lim_{\Delta y \to 0} P(X \leqslant x \mid y < Y \leqslant y + \Delta y) &= \lim_{\Delta y \to 0} \frac{P(X \leqslant x, y < Y \leqslant y + \Delta y)}{P(y < Y \leqslant y + \Delta y)} \\
&= \lim_{\Delta y \to 0} \frac{F(x, y + \Delta y) - F(x, y)}{F_Y(y + \Delta y) - F_Y(y)}
\end{aligned}$$

存在，则称该极限为在 $Y = y$ 的条件下 X 的条件分布函数，记为 $F_{X|Y}(x \mid y)$，即

$$F_{X|Y}(x \mid y) = \lim_{\Delta y \to 0} \frac{F(x, y + \Delta y) - F(x, y)}{F_Y(y + \Delta y) - F_Y(y)}$$

类似地，有

$$F_{Y|X}(y \mid x) = \lim_{\Delta x \to 0} \frac{F(x + \Delta x, y) - F(x, y)}{F_X(x + \Delta x) - F_X(x)}$$

（2）二维连续型随机变量的条件概率密度：设二维连续型随机变量 (X, Y) 的联合概率密度为 $f(x, y)$，如果对于任意固定的 y，有 $f_Y(y) > 0$，则称

$$f_{X|Y}(x|y) = \frac{f(x, y)}{f_Y(y)}, \quad -\infty < x < +\infty$$

为在 $Y = y$ 的条件下随机变量 X 的条件概率密度。

如果对于任意固定的 x，有 $f_X(x) > 0$，则称

$$f_{Y|X}(y|x) = \frac{f(x, y)}{f_X(x)}, \quad -\infty < y < +\infty$$

为在 $X = x$ 的条件下随机变量 Y 的条件概率密度。

6. 随机变量的独立性

1) 随机变量相互独立的定义

设二维随机变量 (X, Y) 的联合分布函数为 $F(x, y)$，边缘分布函数分别为 $F_X(x)$ 和 $F_Y(y)$，如果

$$F(x, y) = F_X(x)F_Y(y), \quad x、y \in \mathbf{R}$$

则称随机变量 X 与 Y 相互独立。类似地，有 n 维随机变量相互独立的定义。

从定义可以看出，随机变量 X 与 Y 相互独立等价于：$\forall x、y \in \mathbf{R}$，随机事件 $\{X \leqslant x\}$ 与 $\{Y \leqslant y\}$ 相互独立，即

$$P(X \leqslant x, Y \leqslant y) = P(X \leqslant x)P(Y \leqslant y), \quad x、y \in \mathbf{R}$$

2) 结论

(1) 设二维离散型随机变量 (X, Y) 的联合分布律为 $P(X = x_i, Y = y_j) = p_{ij}(i, j = 1, 2, \cdots)$，边缘分布律分别为 $p_{i\cdot}$ 和 $p_{\cdot j}$，则 X 与 Y 相互独立的充要条件是

$$p_{ij} = p_{i\cdot}p_{\cdot j}, \quad i, j = 1, 2, \cdots$$

(2) 设二维连续型随机变量 (X, Y) 的联合概率密度 $f(x, y)$ 及边缘概率密度 $f_X(x)$、$f_Y(y)$ 是除有限个点外的连续函数，则 X 与 Y 相互独立的充要条件是

$$f(x, y) = f_X(x)f_Y(y), \quad x、y \in \mathbf{R}$$

(3) 设随机变量 X、Y 相互独立，且 $X \sim U[a, b]$，$Y \sim U[c, d]$，则二维随机变量 $(X, Y) \sim U[a, b; c, d]$，其中 $[a, b; c, d] = \{(x, y) | a \leqslant x \leqslant b, c \leqslant y \leqslant d\}$；反之亦然。

(4) 设二维连续型随机变量 $(X, Y) \sim N(\mu_1, \mu_2; \sigma_1^2, \sigma_2^2; \rho)$，则 X、Y 相互独立的充要条件是 $\rho = 0$。

(5) 设随机变量 $X \sim N(\mu_1, \sigma_1^2)$，$Y \sim N(\mu_2, \sigma_2^2)$，且 X 与 Y 相互独立，则 (X, Y) 服从二维正态分布。

(6) 设随机变量 $X_1, X_2, \cdots, X_n$ 相互独立且服从正态分布，则 $X_1, X_2, \cdots, X_n$ 的线性组合（系数不全为零）服从正态分布。

(7) 设 $(X_1, X_2, \cdots, X_m)$ 与 $(Y_1, Y_2, \cdots, Y_n)$ 相互独立，则 $X_i(i = 1, 2, \cdots, m)$ 与 $Y_j(j = 1, 2, \cdots, n)$ 相互独立。又若 $h(x_1, x_2, \cdots, x_m)$ 和 $g(y_1, y_2, \cdots, y_n)$ 是连续函数，则 $h(X_1, X_2, \cdots, X_m)$ 与 $g(Y_1, Y_2, \cdots, Y_n)$ 相互独立。

(8) 设随机变量 X_1，X_2，$\cdots$，X_n 相互独立，则将 X_1，X_2，$\cdots$，X_n 任意分成 $k(2 \leqslant k \leqslant n)$ 个没有相同随机变量的不同小组，并对每个小组中的随机变量施以相应的连续函数运算后，所得到的 k 个随机变量也相互独立。

7. 二维随机变量函数及其分布

1) 二维随机变量函数的定义

设 $(X，Y)$ 是二维随机变量，$z = g(x，y)$ 为已知的连续函数，则称 $Z = g(X，Y)$ 为二维随机变量 $(X，Y)$ 的函数。显然，二维随机变量函数是一维随机变量。

2) 二维离散型随机变量函数的分布

设二维离散型随机变量 $(X，Y)$ 的联合分布律为

$$P(X = x_i，Y = y_j) = p_{ij}，\quad i，j = 1，2，\cdots$$

则 $Z = g(X，Y)$ 可能的取值为 $z_l(l = 1，2，\cdots)$，其中 $z_l = g(x_i，y_j)$ $(i，j = 1，2，\cdots)$，从而 Z 的分布律为

$$P(Z = z_l) = \sum_{g(x_i，y_j) = z_l} p_{ij}，\quad l = 1，2，\cdots$$

特别地，当 $Z = X + Y$ 时，则

$$
\begin{aligned}
P(Z = z_l) &= \sum_{x_i + y_j = z_l} p_{ij} = \sum_{x_i + y_j = z_l} P(X = x_i，Y = y_j) \\
&= \sum_i P(X = x_i，Y = z_l - x_i)
\end{aligned}
$$

或

$$
\begin{aligned}
P(Z = z_l) &= \sum_{x_i + y_j = z_l} p_{ij} = \sum_{x_i + y_j = z_l} P(X = x_i，Y = y_j) \\
&= \sum_j P(X = z_l - y_j，Y = y_j)
\end{aligned}
$$

若 X 与 Y 相互独立，则

$$P(Z = z_l) = \sum_i P(X = x_i)P(Y = z_l - x_i)$$

或

$$P(Z = z_l) = \sum_j P(X = z_l - y_j)P(Y = y_j)$$

此时 $Z = X + Y$ 的分布称为和的分布。

3) 二维连续型随机变量函数的分布

设二维连续型随机变量 $(X，Y)$ 的联合概率密度为 $f(x，y)$，则 Z 的分布函数为

$$F_Z(z) = P(Z \leqslant z) = P(g(X，Y) \leqslant z) = \iint\limits_{g(x，y) \leqslant z} f(x，y)\mathrm{d}x\mathrm{d}y$$

从而 $Z = g(X，Y)$ 的概率密度为

$$f_Z(z) = F_Z'(z)$$

特别地，当 $Z = X + Y$ 时，则

$$F_Z(z) = P(Z \leqslant z) = P(X + Y \leqslant z) = \iint\limits_{x+y\leqslant z} f(x, y)\mathrm{d}x\mathrm{d}y$$

从而 $Z = X + Y$ 的概率密度为

$$f_Z(z) = \int_{-\infty}^{+\infty} f(z - y, y)\mathrm{d}y, \quad z \in \mathbf{R}$$

或

$$f_Z(z) = \int_{-\infty}^{+\infty} f(x, z - x)\mathrm{d}x, \quad z \in \mathbf{R}$$

若 X 与 Y 相互独立，则

$$f_Z(z) = \int_{-\infty}^{+\infty} f_X(z - y)f_Y(y)\mathrm{d}y, \quad z \in \mathbf{R}$$

或

$$f_Z(z) = \int_{-\infty}^{+\infty} f_X(x)f_Y(z - x)\mathrm{d}x, \quad z \in \mathbf{R}$$

此时 $Z = X + Y$ 的分布称为和的分布。

4）极值分布

设 $X_1, X_2, \cdots, X_n$ 是 n 个相互独立的随机变量，它们的分布函数分别为 $F_{X_1}(x_1)$，$F_{X_2}(x_2), \cdots, F_{X_n}(x_n)$，则 $M = \max\{X_1, X_2, \cdots, X_n\}$ 与 $N = \min\{X_1, X_2, \cdots, X_n\}$ 的分布函数分别为

$$F_M(x) = F_{\max}(x) = P(M \leqslant x) = \prod_{i=1}^{n} F_{X_i}(x), \quad x \in \mathbf{R}$$

$$F_N(x) = F_{\min}(x) = P(N \leqslant x) = 1 - \prod_{i=1}^{n}(1 - F_{X_i}(x)), \quad x \in \mathbf{R}$$

若 $X_1, X_2, \cdots, X_n$ 是连续型随机变量，则 $M = \max\{X_1, X_2, \cdots, X_n\}$ 与 $N = \min\{X_1, X_2, \cdots, X_n\}$ 的概率密度分别为

$$f_M(x) = f_{\max}(x) = F_M'(x) = \frac{\mathrm{d}}{\mathrm{d}x}\left(\prod_{i=1}^{n} F_{X_i}(x)\right), \quad x \in \mathbf{R}$$

$$f_N(x) = f_{\min}(x) = F_N'(x) = \frac{\mathrm{d}}{\mathrm{d}x}\left(1 - \prod_{i=1}^{n}[1 - F_{X_i}(x)]\right), \quad x \in \mathbf{R}$$

特别地，当 $X_1, X_2, \cdots, X_n$ 相互独立且具有相同的分布函数为 $F(x)$，则 $M = \max\{X_1, X_2, \cdots, X_n\}$ 与 $N = \min\{X_1, X_2, \cdots, X_n\}$ 的分布函数分别为

$$F_M(x) = F_{\max}(x) = [F(x)]^n, \quad x \in \mathbf{R}$$

$$F_N(x) = F_{\min}(x) = 1 - [1 - F(x)]^n, \quad x \in \mathbf{R}$$

若 X_1，X_2，$\cdots$，X_n 是连续型随机变量，其概率密度均为 $f(x)$，则 $M = \max\{X_1, X_2, \cdots, X_n\}$ 与 $N = \min\{X_1, X_2, \cdots, X_n\}$ 的概率密度分别为

$$f_M(x) = f_{\max}(x) = F'_M(x) = n[F(x)]^{n-1} f(x), \quad x \in \mathbf{R}$$
$$f_N(x) = f_{\min}(x) = F'_N(x) = n[1-F(x)]^{n-1} f(x), \quad x \in \mathbf{R}$$

3.3　重点与考点

1. 二维随机变量联合分布函数的定义和性质

(1) 判断某个二元函数能否作为二维随机变量的联合分布函数。

(2) 利用二维随机变量联合分布函数的某个或某些性质确定联合分布函数中未知参数。

(3) 利用二维随机变量联合分布函数计算概率。

(4) 利用二维随机变量联合分布函数计算二维连续型随机变量联合概率密度。

(5) 利用二维随机变量联合分布函数计算二维随机变量边缘分布函数。

(6) 利用二维随机变量联合分布函数判别随机变量的独立性。

2. 二维离散型随机变量联合分布律的定义和性质

(1) 判断某个数表能否作为二维离散型随机变量的联合分布律。

(2) 利用联合分布律的某个或某些性质确定联合分布律中未知参数。

(3) 利用二维离散型随机变量联合分布律计算概率或联合分布函数。

(4) 利用二维离散型随机变量联合分布律计算二维离散型随机变量边缘分布律。

(5) 利用二维离散型随机变量联合分布律计算二维离散型随机变量条件分布律。

(6) 利用二维离散型随机变量联合分布律判别随机变量的独立性。

3. 二维连续型随机变量联合概率密度的定义和性质

(1) 判断某个二元函数能否作为二维连续型随机变量的联合概率密度。

(2) 利用联合概率密度的某个或某些性质确定联合概率密度中未知参数。

(3) 利用二维连续型随机变量联合概率密度计算概率或联合分布函数。

(4) 利用二维连续型随机变量联合概率密度计算二维连续型随机变量边缘概率密度。

(5) 利用二维连续型随机变量联合概率密度计算二维连续型随机变量条件概率密度。

(6) 利用二维连续型随机变量联合概率密度判别随机变量的独立性。

4. 求取二维随机变量的概率分布

(1) 求二维随机变量的联合分布函数。

(2) 求二维离散型随机变量的联合分布律。

(3) 求二维连续型随机变量的联合概率密度。

(4) 已知二维离散型随机变量的边缘分布律和条件分布律求联合分布律：

$$P(X = x_i, Y = y_j) = P(X = x_i)P(Y = y_j | X = x_i) = P(Y = y_j)P(X = x_i | Y = y_j)$$

(5) 已知二维连续型随机变量的边缘概率密度和条件概率密度求联合概率密度：

$$f(x,y) = f_X(x)f_{Y|X}(y|x) = f_Y(y)f_{X|Y}(x|y)$$

5. 几种重要分布的定义、背景、性质及其应用

(1) 识别重要分布的方法。

(2) 几种重要分布的概率分布、性质、特征和结论。

(i) 二维均匀分布与几何概率之间的关系。

(ii) 二维正态分布的边缘分布是一维正态分布，但反之未必成立。

(iii) 二维正态随机变量相互独立的充要条件是分布参数 $\rho=0$。

(iv) 二维正态随机变量的任一非零线性组合服从正态分布及应用。

6. 随机变量独立性的概念和判断方法

(1) 随机变量独立性的定义及其变式。

(2) 随机变量相互独立的条件下离散型随机变量联合分布律的特点。

(3) 随机变量相互独立的条件下连续型随机变量联合概率密度的特点。

(4) 随机变量独立性的判断。

(5) 随机变量独立性的应用。

7. 求取几个随机变量简单函数的概率分布

(1) 求两个随机变量简单函数的分布函数。

(2) 求两个离散型随机变量函数的分布律。

(3) 求两个连续型随机变量函数的概率密度。

(4) 求两个随机变量和的分布(在计算上注意卷积的计算)。

(5) 在随机变量相互独立条件下求多个随机变量简单函数的分布。

(6) 极值分布的求法及应用。

3.4 经 典 题 型

1. 求概率分布或相关事件的概率

例 3 - 1 设二维随机变量 (X,Y) 的联合分布函数为 $F(x,y)$，则边缘分布函数 $F_X(x) = ($ $)$。

    A. $\lim\limits_{y\to-\infty} F(x,y)$ B. $\lim\limits_{y\to+\infty} F(x,y)$ C. $F(x,0)$ D. $F(0,x)$

解 应选 B。

由边缘分布函数的定义，得

$$F_X(x) = P(X \leqslant x) = P(X \leqslant x, Y < +\infty) = F(x,+\infty) = \lim\limits_{y\to+\infty} F(x,y)$$

故选 B。

例 3 - 2　设二维连续型随机变量 (X, Y) 的联合概率密度为

$$f(x, y) = \begin{cases} 1, & 0 < x < 1, 0 < y < 1 \\ 0, & 其他 \end{cases}$$

则 $P(X \leqslant 0.5, Y \leqslant 0.6) = ($　　$)$。

　　A. 0.2　　　　　　　　B. 0.3　　　　　　　　C. 0.4　　　　　　　　D. 0.5

　　解　应选 B。

$$P(X \leqslant 0.5, Y \leqslant 0.6) = \int_{-\infty}^{0.5} \int_{-\infty}^{0.6} f(x, y) \mathrm{d}x \mathrm{d}y = \int_{0}^{0.5} \int_{0}^{0.6} 1 \mathrm{d}x \mathrm{d}y = 0.3$$

故选 B。

　　例 3 - 3　将一枚硬币连掷三次，以 X 表示三次中出现正面的次数，以 Y 表示三次中出现正面的次数与出现反面的次数之差的绝对值，则 (X, Y) 联合分布律为_____。

　　解　应填下表：

X ＼ Y	1	3
0	0	$\frac{1}{8}$
1	$\frac{3}{8}$	0
2	$\frac{3}{8}$	0
3	0	$\frac{1}{8}$

X 可能的取值为 0、1、2、3，Y 可能的取值为 1、3，且

$$P(X = 0, Y = 1) = 0, P(X = 0, Y = 3) = \frac{1}{8}$$

$$P(X = 1, Y = 1) = \frac{3}{8}, P(X = 1, Y = 3) = 0$$

$$P(X = 2, Y = 1) = \frac{3}{8}, P(X = 2, Y = 3) = 0$$

$$P(X = 3, Y = 1) = 0, P(X = 3, Y = 3) = \frac{1}{8}$$

故填上表。

　　例 3 - 4　设二维离散型随机变量 (X, Y) 可能的取值为 $(-1, 1)$，$(1, 1)$，$(1, 2)$，$(2, 1)$，$(2, 3)$，其对应的概率分别为 0.2、0.1、0.3、α、0.2，则 $\alpha = $ _____，$P(X = 1) = $ _____，$P(Y = 1) = $ _____。

　　解　应分别填 0.2，0.4，0.5。

　　由 $0.2 + 0.1 + 0.3 + \alpha + 0.2 = 1$，得 $\alpha = 0.2$，故填 0.2。

$$P(X = 1) = P(X = 1, Y = 1) + P(X = 1, Y = 2) = 0.1 + 0.3 = 0.4$$

故填 0.4。

$$P(Y=1) = P(X=-1, Y=1) + P(X=1, Y=1) + P(X=2, Y=1)$$
$$= 0.2 + 0.1 + 0.2 = 0.5$$

故填 0.5。

例 3-5　设二维连续型随机变量 (X, Y) 的联合概率密度为

$$f(x, y) = \begin{cases} x^2 + \dfrac{1}{3}xy, & 0 < x < 1, 0 < y < 2 \\ 0, & 其他 \end{cases}$$

则 $P(X+Y \geqslant 1) = $ _____。

解　应填 $\dfrac{65}{72}$。

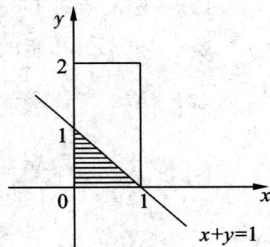

$$P(X+Y \geqslant 1) = 1 - P(X+Y < 1) = 1 - \iint\limits_{x+y<1} f(x, y)\mathrm{d}x\mathrm{d}y$$
$$= 1 - \int_0^1 \mathrm{d}x \int_0^{1-x} \left(x^2 + \frac{1}{3}xy\right)\mathrm{d}y$$
$$= 1 - \int_0^1 \left[x^2(1-x) + \frac{1}{6}x(1-x)^2\right]\mathrm{d}x$$
$$= 1 - \frac{7}{72} = \frac{65}{72}$$

图 3.1

其相应的积分区域如图 3.1 所示，故填 $\dfrac{65}{72}$。

例 3-6　设二维连续型随机变量 (X, Y) 的联合概率密度为

$$f(x, y) = \begin{cases} c(x^2 + xy), & 0 < x < 1, 0 < y < x \\ 0, & 其他 \end{cases}$$

则常数 $c = $ _____；关于 X 的边缘概率密度 $f_X(x) = $ _____；关于 Y 的边缘概率密度 $f_Y(y) = $ _____。

解　应分别填 $\dfrac{8}{3}$，$f_X(x) = \begin{cases} 4x^3, & 0 < x < 1 \\ 0, & 其他 \end{cases}$，$f_Y(y) = \begin{cases} \dfrac{8}{9} + \dfrac{4}{3}y - \dfrac{20}{9}y^3, & 0 < y < 1 \\ 0, & 其他 \end{cases}$。

由 $\displaystyle\int_{-\infty}^{+\infty} \int_{-\infty}^{+\infty} f(x, y)\mathrm{d}x\mathrm{d}y = 1$，得

$$1 = \int_0^1 \mathrm{d}x \int_0^x c(x^2 + xy)\mathrm{d}y = c\int_0^1 \left(x^3 + \frac{1}{2}x^3\right)\mathrm{d}x = \frac{3}{8}c$$

从而 $c = \dfrac{8}{3}$，故填 $\dfrac{8}{3}$。

$$f_X(x) = \int_{-\infty}^{+\infty} f(x, y)\mathrm{d}y = \begin{cases} \displaystyle\int_0^x \frac{8}{3}(x^2 + xy)\mathrm{d}y = 4x^3, & 0 < x < 1 \\ 0, & 其他 \end{cases}$$

$$f_Y(y) = \int_{-\infty}^{+\infty} f(x,y)\,\mathrm{d}x = \begin{cases} \int_y^1 \dfrac{8}{3}(x^2+xy)\,\mathrm{d}x = \dfrac{8}{9} + \dfrac{4}{3}y - \dfrac{20}{9}y^3, & 0 < y < 1 \\ 0, & \text{其他} \end{cases}$$

例 3 - 7　将一枚硬币连掷三次，以 X 表示前两次中出现正面的次数，以 Y 表示三次中出现正面的次数。试求：

(1) (X, Y) 联合分布律；

(2) X、Y 的边缘分布律；

(3) 在 $Y = 1$ 的条件下 X 的条件分布律；

(4) 在 $X = 1$ 的条件下 Y 的条件分布律。

解　(1) X 可能的取值为 0、1、2，Y 可能的取值为 0、1、2、3，且

$$P(X=0, Y=0) = \frac{1}{8},\ P(X=0, Y=1) = \frac{1}{8},\ P(X=0, Y=2) = 0$$

$$P(X=0, Y=3) = 0,\ P(X=1, Y=0) = 0,\ P(X=1, Y=1) = \frac{2}{8}$$

$$P(X=1, Y=2) = \frac{2}{8},\ P(X=1, Y=3) = 0,\ P(X=2, Y=0) = 0$$

$$P(X=2, Y=1) = 0,\ P(X=2, Y=2) = \frac{1}{8},\ P(X=2, Y=3) = \frac{1}{8}$$

即 (X, Y) 的联合分布律为

X＼Y	0	1	2	3
0	$\frac{1}{8}$	$\frac{1}{8}$	0	0
1	0	$\frac{2}{8}$	$\frac{2}{8}$	0
2	0	0	$\frac{1}{8}$	$\frac{1}{8}$

(2) 由 (X, Y) 的联合分布律可得 X、Y 的边缘分布律分别为

X	0	1	2
P	$\frac{1}{4}$	$\frac{1}{2}$	$\frac{1}{4}$

Y	0	1	2	3
P	$\frac{1}{8}$	$\frac{3}{8}$	$\frac{3}{8}$	$\frac{1}{8}$

(3)
$$P(X=0 \mid Y=1) = \frac{1/8}{3/8} = \frac{1}{3}$$

$$P(X=1 \mid Y=1) = \frac{2/8}{3/8} = \frac{2}{3}$$

$$P(X=2 \mid Y=1) = 0$$

即在 $Y = 1$ 的条件下 X 的条件分布律为

$X = i$	0	1
$P(X = i \mid Y = 1)$	$\dfrac{1}{3}$	$\dfrac{2}{3}$

（4）
$$P(Y = 0 \mid X = 1) = 0, \quad P(Y = 1 \mid X = 1) = \frac{2/8}{1/2} = \frac{1}{2}$$

$$P(Y = 2 \mid X = 1) = \frac{2/8}{1/2} = \frac{1}{2}, \quad P(Y = 3 \mid X = 1) = 0$$

即在 $X = 1$ 的条件下 Y 的条件分布律为

$Y = j$	1	2
$P(Y = j \mid X = 1)$	$\dfrac{1}{2}$	$\dfrac{1}{2}$

例 3 - 8　设随机变量 $X \sim U(0, 1)$，在给定 $X = x(0 < x < 1)$ 的条件下，Y 的条件概率密度为

$$f_{Y \mid X}(y \mid x) = \begin{cases} x, & 0 < y < \dfrac{1}{x} \\ 0, & \text{其他} \end{cases}$$

试求：（1）(X, Y) 的联合概率密度；

（2）Y 的边缘概率密度 $f_Y(y)$；

（3）$P(X > Y)$。

解　（1）由于 $X \sim U(0, 1)$，因此 X 的概率密度为

$$f_X(x) = \begin{cases} 1, & 0 < x < 1 \\ 0, & \text{其他} \end{cases}$$

又由于在给定 $X = x(0 < x < 1)$ 的条件下，Y 的条件概率密度为

$$f_{Y \mid X}(y \mid x) = \begin{cases} x, & 0 < y < \dfrac{1}{x} \\ 0, & \text{其他} \end{cases}$$

故 (X, Y) 的联合概率密度为

$$f(x, y) = f_X(x) f_{Y \mid X}(y \mid x) = \begin{cases} x, & 0 < x < 1, \ 0 < y < \dfrac{1}{x} \\ 0, & \text{其他} \end{cases}$$

（2）Y 的边缘概率密度为

$$f_Y(y) = \int_{-\infty}^{+\infty} f(x, y) \mathrm{d}x = \begin{cases} \displaystyle\int_0^1 x \mathrm{d}x = \frac{1}{2}, & 0 < y < 1 \\ \displaystyle\int_0^{\frac{1}{y}} x \mathrm{d}x = \frac{1}{2y^2}, & y \geqslant 1 \\ 0, & y \leqslant 0 \end{cases}$$

(3)　　　$P(X > Y) = \iint\limits_{x>y} f(x, y)\mathrm{d}x\mathrm{d}y = \int_0^1 \mathrm{d}x \int_0^x x\mathrm{d}y = \int_0^1 x^2 \mathrm{d}x = \dfrac{1}{3}$

例 3-9　设二维连续型随机变量 (X, Y) 的联合概率密度为

$$f(x, y) = \begin{cases} 4.8(2-x)y, & 0 \leqslant y \leqslant x \leqslant 1 \\ 0, & 其他 \end{cases}$$

试求：(1) 条件概率密度 $f_{X|Y}(x|y)$、$f_{Y|X}(y|x)$；

(2) 条件概率 $P\left(X \leqslant \dfrac{1}{2} \,\middle|\, Y \leqslant \dfrac{1}{2}\right)$。

解　(1) 由于

$$f_Y(y) = \int_{-\infty}^{+\infty} f(x, y)\mathrm{d}x = \begin{cases} \int_y^1 4.8(2-x)y\mathrm{d}x = 2.4y(3-4y+y^2), & 0 < y < 1 \\ 0, & 其他 \end{cases}$$

因此，$\forall\, 0 < y < 1$，$f_Y(y) > 0$，X 的条件概率密度为

$$f_{X|Y}(x|y) = \frac{f(x, y)}{f_Y(y)} = \begin{cases} \dfrac{4.8(2-x)y}{2.4y(3-4y+y^2)} = \dfrac{2(2-x)}{3-4y+y^2}, & y < x < 1 \\ 0, & 其他 \end{cases}$$

又由于

$$f_X(x) = \int_{-\infty}^{+\infty} f(x, y)\mathrm{d}y = \begin{cases} \int_0^x 4.8(2-x)y\mathrm{d}y = 2.4(2-x)x^2, & 0 < x < 1 \\ 0, & 其他 \end{cases}$$

故 $\forall\, 0 < x < 1$，$f_X(x) > 0$，Y 的条件概率密度为

$$f_{Y|X}(y|x) = \frac{f(x, y)}{f_X(x)} = \begin{cases} \dfrac{4.8(2-x)y}{2.4(2-x)x^2} = \dfrac{2y}{x^2}, & 0 < y < x \\ 0, & 其他 \end{cases}$$

(2) $P\left(X \leqslant \dfrac{1}{2} \,\middle|\, Y \leqslant \dfrac{1}{2}\right) = \dfrac{P\left(X \leqslant \dfrac{1}{2}, Y \leqslant \dfrac{1}{2}\right)}{P\left(Y \leqslant \dfrac{1}{2}\right)} = \dfrac{\displaystyle\int_{-\infty}^{\frac{1}{2}} \int_{-\infty}^{\frac{1}{2}} f(x, y)\mathrm{d}x\mathrm{d}y}{\displaystyle\int_{-\infty}^{\frac{1}{2}} f_Y(y)\mathrm{d}y}$

$= \dfrac{\displaystyle\int_0^{\frac{1}{2}} \mathrm{d}x \int_0^x 4.8(2-x)y\mathrm{d}y}{\displaystyle\int_0^{\frac{1}{2}} 2.4y(3-4y+y^2)\mathrm{d}y} = \dfrac{\displaystyle\int_0^{\frac{1}{2}} 2.4(2-x)x^2 \mathrm{d}x}{\displaystyle\int_0^{\frac{1}{2}} 2.4y(3-4y+y^2)\mathrm{d}y} = \dfrac{13}{43}$

例 3-10　设在一高速公路的某路段，每年发生交通事故的次数 $X \sim P(20)$，且对于每次交通事故有人死亡的概率为 $p = 0.05$。假设各次交通事故的后果是相互独立的，记 Y 为一年中发生的引起死亡的交通事故的次数，试求：

(1) Y 的分布律；

(2) 在这路段一年中没有人因交通事故死亡的概率。

解　(1) 由于 $X \sim P(20)$，因此 X 的分布律为

$$P(X = m) = \frac{20^m}{m!} e^{-20}, \quad m = 0, 1, 2, \cdots$$

又由于在 $X = m$ 的条件下，Y 可能的取值为 $0, 1, 2, \cdots, m$，且各次交通事故的后果是相互独立的，故

$$P(Y = k \mid X = m) = C_m^k (0.05)^k (0.95)^{m-k}, \quad k = 0, 1, 2, \cdots, m$$

从而 (X, Y) 的联合分布律为

$$P(X = m, Y = k) = P(X = m)P(Y = k \mid X = m) = \frac{20^m}{m!} e^{-20} \cdot C_m^k (0.05)^k (0.95)^{m-k}$$

$$= C_m^k \frac{20^m}{m!} (0.05)^k (0.95)^{m-k} e^{-20}, \quad m = 0, 1, 2, \cdots; k = 0, 1, 2, \cdots, m$$

$$P(Y = k) = \sum_{m=0}^{\infty} P(X = m, Y = k) = \sum_{m=k}^{\infty} C_m^k \frac{20^m}{m!} (0.05)^k (0.95)^{m-k} e^{-20}$$

令 $n = m - k$，则

$$P(Y = k) = \sum_{n=0}^{\infty} C_{n+k}^k \frac{20^{n+k}}{(n+k)!} (0.05)^k (0.95)^n e^{-20}$$

$$= (0.05)^k 20^k e^{-20} \sum_{n=0}^{\infty} \frac{(n+k)!}{k!n!} \frac{(0.95)^n 20^n}{(n+k)!}$$

$$= \frac{1^k e^{-20}}{k!} \sum_{n=0}^{\infty} \frac{19^n}{n!} = \frac{e^{-20}}{k!} e^{19} = \frac{1}{e \cdot k!}$$

即 Y 的分布律为

$$P(Y = k) = \frac{1}{e \cdot k!}, \quad k = 0, 1, 2, \cdots$$

(2) 所求的概率为 $P(Y = 0) = \dfrac{1}{e}$。

2. 独立性的判断和应用

例 3 - 11　设二维连续型随机变量 (X, Y) 的联合概率密度为

$$f(x, y) = \begin{cases} e^{-(x+y)}, & x \geqslant 0, y \geqslant 0 \\ 0, & \text{其他} \end{cases}$$

则(　　)。

　　A. $X + Y$ 服从指数分布　　　　　　　　B. Y 是 X 的函数

　　C. X 与 Y 相互独立　　　　　　　　　D. $X = Y$

解　应选 C。

由于　　$f_X(x) = \displaystyle\int_{-\infty}^{+\infty} f(x, y) \mathrm{d}y = \begin{cases} \displaystyle\int_0^{+\infty} e^{-(x+y)} \mathrm{d}y = e^{-x}, & x > 0 \\ 0, & x \leqslant 0 \end{cases}$

$$f_Y(y) = \int_{-\infty}^{+\infty} f(x, y) \mathrm{d}x = \begin{cases} \int_0^{+\infty} \mathrm{e}^{-(x+y)} \mathrm{d}x = \mathrm{e}^{-y}, & y > 0 \\ 0, & y \leqslant 0 \end{cases}$$

因此

$$f(x, y) = f_X(x) f_Y(y), \quad x, y \in \mathbf{R}$$

从而 X 与 Y 相互独立，故选 C。

例 3－12　设连续型随机变量 X、Y 相互独立，其概率密度分别为 $f_X(x)$，$f_Y(y)$，则在 $Y = y$ 的条件下，X 的条件概率密度 $f_{X|Y}(x|y) = (\quad)$。

A. $f_X(x)$　　　　　B. $f_Y(y)$　　　　　C. $f_X(x) f_Y(y)$　　　　　D. $\dfrac{f_X(x)}{f_Y(y)}$

解　应选 A。

由于 X、Y 相互独立，因此 (X, Y) 的联合概率密度 $f(x, y) = f_X(x) f_Y(y)$，从而

$$f_{X|Y}(x|y) = \frac{f(x, y)}{f_Y(y)} = \frac{f_X(x) f_Y(y)}{f_Y(y)} = f_X(x)$$

故选 A。

例 3－13　设随机变量 X 与 Y 相互独立，且 $X \sim N(0, 1)$，Y 的分布律为

$$P(Y = 0) = P(Y = 1) = \frac{1}{2}$$

则 $P\left(X + Y \leqslant \dfrac{1}{2}\right) = (\quad)$。

A. $\dfrac{1}{2}$　　　　　B. $\dfrac{1}{3}$　　　　　C. $\dfrac{2}{3}$　　　　　D. $\dfrac{1}{4}$

解　应选 A。

由全概率公式及 X 与 Y 相互独立，得

$$P\left(X + Y \leqslant \frac{1}{2}\right) = P(Y = 0) P\left(X + Y \leqslant \frac{1}{2} \Big| Y = 0\right) + P(Y = 1) P\left(X + Y \leqslant \frac{1}{2} \Big| Y = 1\right)$$

$$= \frac{1}{2}\left[P\left(X \leqslant \frac{1}{2} \Big| Y = 0\right) + P\left(X + 1 \leqslant \frac{1}{2} \Big| Y = 1\right)\right]$$

$$= \frac{1}{2}\left[P\left(X \leqslant \frac{1}{2}\right) + P\left(X \leqslant -\frac{1}{2}\right)\right] = \frac{1}{2}\left[\Phi\left(\frac{1}{2}\right) + \Phi\left(-\frac{1}{2}\right)\right] = \frac{1}{2}$$

故选 A。

例 3－14　设 X 与 Y 相互独立同服从标准正态分布 $N(0, 1)$，则 $(\quad)$。

A. $P(X + Y \geqslant 0) = \dfrac{1}{4}$　　　　　　　　B. $P(X - Y \geqslant 0) = \dfrac{1}{4}$

C. $P(\max\{X, Y\} \geqslant 0) = \dfrac{1}{4}$　　　　　D. $P(\min\{X, Y\} \geqslant 0) = \dfrac{1}{4}$

解　应选 D。

方法一：
$$P(\min\{X, Y\} \geqslant 0) = P(X \geqslant 0, Y \geqslant 0) = P(X \geqslant 0)P(Y \geqslant 0)$$
$$= \frac{1}{2} \times \frac{1}{2} = \frac{1}{4}$$

故选 D。

方法二：由于 X 与 Y 相互独立同服从标准正态分布 $N(0, 1)$，因此 $X+Y$ 与 $X-Y$ 同服从正态分布 $N(0, 2)$，从而

$$P(X+Y \geqslant 0) = \frac{1}{2}, P(X-Y \geqslant 0) = \frac{1}{2}$$

所以选项 A、B 不正确。因为

$$P(\max\{X, Y\} \geqslant 0) = 1 - P(\max\{X, Y\} < 0) = 1 - P(X < 0, Y < 0)$$
$$= 1 - P(X < 0)P(Y < 0)$$
$$= 1 - \frac{1}{2} \times \frac{1}{2} = \frac{3}{4}$$

所以选项 C 不正确，故选 D。

例 3 - 15　设随机变量 X、Y 相互独立，且 $X \sim E(1)$，$Y \sim U(0, 1)$，则 $P(X+Y \leqslant 1) = $ _____。

解　应填 $\frac{1}{e}$。

由于 $X \sim E(1)$，$Y \sim U(0, 1)$，因此 X、Y 的概率密度分别为

$$f_X(x) = \begin{cases} e^{-x}, & x > 0 \\ 0, & x \leqslant 0 \end{cases}, f_Y(y) = \begin{cases} 1, & 0 < y < 1 \\ 0, & \text{其他} \end{cases}$$

又由于 X、Y 相互独立，故 (X, Y) 的联合概率密度

$$f(x, y) = f_X(x)f_Y(y) = \begin{cases} e^{-x}, & x > 0, 0 < y < 1 \\ 0, & \text{其他} \end{cases}$$

从而

$$P(X+Y \leqslant 1) = \iint\limits_{x+y \leqslant 1} f(x, y) \mathrm{d}x\mathrm{d}y = \int_0^1 \mathrm{d}x \int_0^{1-x} e^{-x} \mathrm{d}y = \int_0^1 (1-x)e^{-x}\mathrm{d}x$$
$$= \int_0^1 e^{-x}\mathrm{d}x - \int_0^1 xe^{-x}\mathrm{d}x = \int_0^1 e^{-x}\mathrm{d}x + \int_0^1 x\mathrm{d}(e^{-x})$$
$$= \int_0^1 e^{-x}\mathrm{d}x + [xe^{-x}]_0^1 - \int_0^1 e^{-x}\mathrm{d}x = \frac{1}{e}$$

故填 $\frac{1}{e}$。

例 3 - 16　袋中有 4 只球，分别标有数字 1、2、2、3，从袋中取球两次，每次取 1 只，取出的球不再放回。设 X、Y 分别表示第一次、第二次取得的球上标有的数字。

(1) 求 (X, Y) 的联合分布律；

(2) 求 X、Y 的边缘分布律；

(3) 问 X、Y 是否相互独立，为什么？

解　(1) X、Y 可能的取值为 1、2、3，且

$$P(X=1, Y=1) = 0, \ P(X=1, Y=2) = \frac{C_1^1 C_2^1}{C_4^1 C_3^1} = \frac{1}{6}$$

$$P(X=1, Y=3) = \frac{C_1^1 C_1^1}{C_4^1 C_3^1} = \frac{1}{12}, \ P(X=2, Y=1) = \frac{C_2^1 C_1^1}{C_4^1 C_3^1} = \frac{1}{6}$$

$$P(X=2, Y=2) = \frac{C_2^1 C_1^1}{C_4^1 C_3^1} = \frac{1}{6}, \ P(X=2, Y=3) = \frac{C_2^1 C_1^1}{C_4^1 C_3^1} = \frac{1}{6}$$

$$P(X=3, Y=1) = \frac{C_1^1 C_1^1}{C_4^1 C_3^1} = \frac{1}{12}, \ P(X=3, Y=2) = \frac{C_1^1 C_2^1}{C_4^1 C_3^1} = \frac{1}{6}$$

$$P(X=3, Y=3) = 0$$

即 (X, Y) 的联合分布律为

X＼Y	1	2	3
1	0	$\frac{1}{6}$	$\frac{1}{12}$
2	$\frac{1}{6}$	$\frac{1}{6}$	$\frac{1}{6}$
3	$\frac{1}{12}$	$\frac{1}{6}$	0

(2) 由 (X, Y) 的联合分布律可得 X、Y 的边缘分布律分别为

X	1	2	3
P	$\frac{1}{4}$	$\frac{1}{2}$	$\frac{1}{4}$

Y	1	2	3
P	$\frac{1}{4}$	$\frac{1}{2}$	$\frac{1}{4}$

(3) 由于 $P(X=1, Y=1) = 0 \neq \frac{1}{4} \times \frac{1}{4} = P(X=1)P(Y=1)$，因此 X、Y 不相互独立。

例 3-17　设二维连续型随机变量 (X, Y) 的联合概率密度为

$$f(x, y) = \begin{cases} 12y^2, & 0 < y < x < 1 \\ 0, & \text{其他} \end{cases}$$

(1) 求 $P(X+Y \leqslant 1)$；

(2) 求 X、Y 的边缘概率密度；

(3) 问 X、Y 是否相互独立？为什么？

解　(1) $P(X+Y \leqslant 1) = \iint\limits_{x+y \leqslant 1} f(x, y) \mathrm{d}x \mathrm{d}y = \int_0^{\frac{1}{2}} \mathrm{d}y \int_y^{1-y} 12y^2 \mathrm{d}x$

$$= \int_0^{\frac{1}{2}} 12y^2(1-2y)\mathrm{d}y = \frac{1}{8}$$

（2）X、Y 的边缘概率密度分别为

$$f_X(x) = \int_{-\infty}^{+\infty} f(x, y)\mathrm{d}y = \begin{cases} \int_0^x 12y^2\mathrm{d}y = 4x^3, & 0 < x < 1 \\ 0, & \text{其他} \end{cases}$$

$$f_Y(y) = \int_{-\infty}^{+\infty} f(x, y)\mathrm{d}x = \begin{cases} \int_y^1 12y^2\mathrm{d}x = 12y^2(1-y), & 0 < y < 1 \\ 0, & \text{其他} \end{cases}$$

（3）由于 $f\left(\dfrac{1}{2}, \dfrac{1}{3}\right) = \dfrac{4}{3} \neq \dfrac{1}{2} \times \dfrac{8}{9} = f_X\left(\dfrac{1}{2}\right)f_Y\left(\dfrac{1}{3}\right)$，因此 X、Y 不相互独立。

3. 随机变量函数的概率分布

例 3-18　设随机变量 X、Y 相互独立，且 $X \sim P(2)$，$Y \sim P(3)$，则（　　）。

A. $X+Y \sim P(2)$　　　　　　B. $X+Y \sim P(3)$

C. $X+Y \sim P(5)$　　　　　　D. $X+Y \sim P(6)$

解　应选 C。

由于 X，Y 相互独立，且 $X \sim P(\lambda_1)$，$Y \sim P(\lambda_2)$，因此 $X+Y \sim P(\lambda_1+\lambda_2)$，从而 $X+Y \sim P(5)$，故选 C。

例 3-19　设随机变量 X 与 Y 相互独立，$X \sim N(0, 1)$，Y 的分布律为 $P(Y=-1) = \dfrac{1}{4}$，$P(Y=1) = \dfrac{3}{4}$，则 $Z = |X-Y|$ 的概率密度为 _____。

解　应填 $f_Z(z) = \begin{cases} \dfrac{1}{\sqrt{2\pi}}\left[\mathrm{e}^{-\frac{(z-1)^2}{2}} + \mathrm{e}^{-\frac{(z+1)^2}{2}}\right], & z > 0 \\ 0, & z \leqslant 0 \end{cases}$。

设 Z 的分布函数为 $F_Z(z)$，则

当 $z < 0$ 时，

$$F_Z(z) = 0$$

当 $z \geqslant 0$ 时，由全概率公式及 X 与 Y 相互独立，得

$$\begin{aligned} F_Z(z) &= P(Z \leqslant z) = P(|X-Y| \leqslant z) \\ &= P(Y=-1)P(|X-Y| \leqslant z | Y=-1) + P(Y=1)P(|X-Y| \leqslant z | Y=1) \\ &= P(Y=-1)P(-z-1 \leqslant X \leqslant z-1 | Y=-1) \\ &\quad + P(Y=1)P(-z+1 \leqslant X \leqslant z+1 | Y=1) \\ &= \frac{1}{4}P(-z-1 \leqslant X \leqslant z-1) + \frac{3}{4}P(-z+1 \leqslant X \leqslant z+1) \end{aligned}$$

$$= \frac{1}{4}\big[\Phi(z-1) - \Phi(-z-1)\big] + \frac{3}{4}\big[\Phi(z+1) - \Phi(-z+1)\big]$$

$$= \Phi(z-1) + \Phi(z+1) - 1$$

从而 Z 的概率密度为

$$f_Z(z) = F'(z) = \begin{cases} \varphi(z-1) + \varphi(z+1), & z > 0 \\ 0, & z \leqslant 0 \end{cases} = \begin{cases} \dfrac{1}{\sqrt{2\pi}}\big[\mathrm{e}^{-\frac{(z-1)^2}{2}} + \mathrm{e}^{-\frac{(z+1)^2}{2}}\big], & z > 0 \\ 0, & z \leqslant 0 \end{cases}$$

故填 $f_Z(z) = \begin{cases} \dfrac{1}{\sqrt{2\pi}}\big[\mathrm{e}^{-\frac{(z-1)^2}{2}} + \mathrm{e}^{-\frac{(z+1)^2}{2}}\big], & z > 0 \\ 0, & z \leqslant 0 \end{cases}$。

例 3-20　设随机变量 $X \sim E(1)$，$Y \sim N(0,1)$，X 与 Y 相互独立。现对 X 进行 n 次独立重复的观测，记 Z 为观测值大于 2 出现的次数，则 $W = Y + Z$ 的分布函数为_____。

解　应填 $F_W(w) = \sum\limits_{k=0}^{n} C_n^k \mathrm{e}^{-2k}(1-\mathrm{e}^{-2})^{n-k}\Phi(w-k)$，$-\infty < w < +\infty$。

由于 $X \sim E(1)$，因此

$$P(X > 2) = \int_2^{+\infty} \mathrm{e}^{-x}\mathrm{d}x = \mathrm{e}^{-2}$$

从而 $Z \sim B(n, \mathrm{e}^{-2})$，又由于 X 与 Y 相互独立，故 Y 与 Z 相互独立，由全概率公式及 Y 与 Z 相互独立，得

$$F_W(w) = P(W \leqslant w) = P(Y + Z \leqslant w) = \sum_{k=0}^{n} P(Z = k)P(Y + Z \leqslant w \mid Z = k)$$

$$= \sum_{k=0}^{n} P(Z = k)P(Y \leqslant w - k \mid Z = k) = \sum_{k=0}^{n} P(Z = k)P(Y \leqslant w - k)$$

$$= \sum_{k=0}^{n} C_n^k \mathrm{e}^{-2k}(1-\mathrm{e}^{-2})^{n-k}\Phi(w-k), \quad -\infty < w < +\infty$$

故填 $F_W(w) = \sum\limits_{k=0}^{n} C_n^k \mathrm{e}^{-2k}(1-\mathrm{e}^{-2})^{n-k}\Phi(w-k)$，$-\infty < w < +\infty$。

例 3-21　设随机变量 X、Y 相互独立且同分布，已知 X 的分布律为

X	1	2
P	$\dfrac{2}{3}$	$\dfrac{1}{3}$

若 $U = \max\{X, Y\}$，$V = \min\{X, Y\}$，试求：

(1) (U, V) 的联合分布律；

(2) 在 $V = 1$ 的条件下 U 的条件分布律。

解　(1) U、V 可能的取值为 1、2，且

$$P(U = 1, V = 1) = P(X = 1, Y = 1) = P(X = 1)P(Y = 1) = \frac{2}{3} \times \frac{2}{3} = \frac{4}{9}$$

$$P(U = 1, V = 2) = 0$$

$$P(U = 2, V = 1) = P(X = 2, Y = 1) + P(X = 1, Y = 2)$$
$$= P(X = 2)P(Y = 1) + P(X = 1)P(Y = 2)$$
$$= \frac{1}{3} \times \frac{2}{3} + \frac{2}{3} \times \frac{1}{3} = \frac{4}{9}$$

$$P(U = 2, V = 2) = P(X = 2, Y = 2) = P(X = 2)P(Y = 2)$$
$$= \frac{1}{3} \times \frac{1}{3} = \frac{1}{9}$$

即 (U, V) 的联合分布律

U \ V	1	2
1	$\frac{4}{9}$	0
2	$\frac{4}{9}$	$\frac{1}{9}$

(2) 由 (U, V) 的联合分布律可得 V 的边缘分布律为

V	1	2
P	$\frac{8}{9}$	$\frac{1}{9}$

从而

$$P(U = 1 | V = 1) = \frac{4/9}{8/9} = \frac{1}{2}, \quad P(U = 2 | V = 1) = \frac{4/9}{8/9} = \frac{1}{2}$$

即在 $V = 1$ 的条件下 U 的条件分布律为

$U = i$	1	2
$P(U = i | V = 1)$	$\frac{1}{2}$	$\frac{1}{2}$

例 3 - 22 设二维连续型随机变量 $(X, Y) \sim U(G)$，其中 G 如图 3.2 所示，试求 $Z = X + Y$ 的概率密度 $f_Z(z)$。

解 方法一：由于 $(X, Y) \sim U(G)$，因此 (X, Y) 的联合概率密度为

$$f(x, y) = \begin{cases} 1, & (x, y) \in G \\ 0, & (x, y) \notin G \end{cases}$$

设 Z 的分布函数为 $F_Z(z)$，则

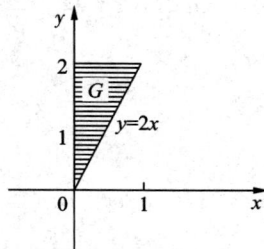

图 3.2

$$F_z(z) = P(Z \leqslant z) = P(X+Y \leqslant z) = \iint\limits_{x+y \leqslant z} f(x, y) \mathrm{d}x \mathrm{d}y$$

当 $z < 0$ 时，

$$F_Z(z) = 0$$

当 $0 \leqslant z < 2$ 时，

$$F_Z(z) = \iint\limits_{x+y \leqslant z} f(x, y) \mathrm{d}x \mathrm{d}y = \int_0^{\frac{z}{3}} \mathrm{d}x \int_{2x}^{z-x} 1 \mathrm{d}y = \int_0^{\frac{z}{3}} (z-3x) \mathrm{d}x = \frac{1}{6} z^2$$

当 $2 \leqslant z < 3$ 时，

$$F_Z(z) = \iint\limits_{x+y \leqslant z} f(x, y) \mathrm{d}x \mathrm{d}y = \int_0^{\frac{2z}{3}} \mathrm{d}y \int_0^{\frac{y}{2}} 1 \mathrm{d}x + \int_{\frac{2z}{3}}^2 \mathrm{d}y \int_0^{z-y} 1 \mathrm{d}x = -\frac{1}{3} z^2 + 2z - 2$$

当 $z \geqslant 3$ 时，

$$F_Z(z) = 1$$

从而 Z 的概率密度为

$$f_Z(z) = F'_Z(z) = \begin{cases} \dfrac{1}{3}z, & 0 < z < 2 \\[2mm] 2 - \dfrac{2}{3}z, & 2 \leqslant z < 3 \\[2mm] 0, & \text{其他} \end{cases}$$

方法二：由于 $(X, Y) \sim U(G)$，因此 (X, Y) 的联合概率密度为

$$f(x, y) = \begin{cases} 1, & (x, y) \in G \\ 0, & (x, y) \notin G \end{cases}$$

从而 Z 的概率密度为

$$f_Z(z) = \int_{-\infty}^{+\infty} f(x, z-x) \mathrm{d}x$$

由 $0 < x < \dfrac{1}{2}(z-x) < 1$，得 $3x < z < x+2$，从而 $0 < z < 3$。故当 $0 < z < 3$ 时，$f_Z(z) > 0$，在其他点，$f_Z(z) = 0$。

再由 $0 < x < \dfrac{1}{2}(z-x) < 1$，得 $\begin{cases} 0 < x < \dfrac{1}{3}z \\[2mm] z-2 < x < 1 \end{cases}$，从而 Z 的概率密度为

$$f_Z(z) = \begin{cases} \displaystyle\int_0^{\frac{z}{3}} \mathrm{d}x = \frac{1}{3}z, & 0 < z < 2 \\[4mm] \displaystyle\int_{z-2}^{\frac{z}{3}} \mathrm{d}x = 2 - \frac{2}{3}z, & 2 \leqslant z < 3 \\[4mm] 0, & \text{其他} \end{cases}$$

例 3-23 设二维连续型随机变量 (X, Y) 的联合概率密度为

$$f(x, y) = \begin{cases} x+y, & 0 < x < 1, 0 < y < 1 \\ 0, & \text{其他} \end{cases}$$

试求 $Z = 2X + Y$ 的概率密度 $f_Z(z)$。

解 方法一：设 Z 的分布函数为 $F_Z(z)$，则

$$F_Z(z) = P(Z \leqslant z) = P(2X + Y \leqslant z) = \iint\limits_{2x+y\leqslant z} f(x, y)\mathrm{d}x\mathrm{d}y$$

当 $\dfrac{z}{2} < 0$，即 $z < 0$ 时，

$$F_Z(z) = 0$$

当 $0 \leqslant \dfrac{z}{2} < \dfrac{1}{2}$，即 $0 \leqslant z < 1$ 时，

$$F_Z(z) = \iint\limits_{2x+y\leqslant z} f(x, y)\mathrm{d}x\mathrm{d}y = \int_0^{\frac{z}{2}}\mathrm{d}x\int_0^{z-2x}(x+y)\mathrm{d}y$$

$$= \int_0^{\frac{z}{2}}\Big[x(z-2x) + \frac{1}{2}(z-2x)^2\Big]\mathrm{d}x = \frac{1}{8}z^3$$

当 $\dfrac{1}{2} \leqslant \dfrac{z}{2} < 1$，即 $1 \leqslant z < 2$ 时，

$$F_Z(z) = \iint\limits_{2x+y\leqslant z} f(x, y)\mathrm{d}x\mathrm{d}y = \int_0^1\mathrm{d}y\int_0^{\frac{z-y}{2}}(x+y)\mathrm{d}x$$

$$= \int_0^1\Big[\frac{1}{8}(z-y)^2 + y \cdot \frac{1}{2}(z-y)\Big]\mathrm{d}y$$

$$= \frac{1}{8}(z^2 + z - 1)$$

当 $1 \leqslant \dfrac{z}{2} < \dfrac{3}{2}$，即 $2 \leqslant z < 3$ 时，

$$F_Z(z) = \iint\limits_{2x+y\leqslant z} f(x, y)\mathrm{d}x\mathrm{d}y = \int_0^{z-2}\mathrm{d}y\int_0^1(x+y)\mathrm{d}x + \int_{z-2}^1\mathrm{d}y\int_0^{\frac{z-y}{2}}(x+y)\mathrm{d}x$$

$$= \int_0^{z-2}\Big(\frac{1}{2} + y\Big)\mathrm{d}y + \int_{z-2}^1\Big[\frac{1}{8}(z-y)^2 + y \cdot \frac{1}{2}(z-y)\Big]\mathrm{d}y$$

$$= \frac{1}{8}(-z^3 + 5z^2 - 3z - 1)$$

当 $\dfrac{z}{2} \geqslant \dfrac{3}{2}$，即 $z \geqslant 3$ 时，

$$F_Z(z) = 1$$

从而 Z 的概率密度为

$$f_Z(z) = F_Z'(z) = \begin{cases} \dfrac{3}{8} z^2, & 0 < z < 1 \\[2mm] \dfrac{1}{8}(2z+1), & 1 \leqslant z < 2 \\[2mm] \dfrac{1}{8}(-3z^2 + 10z - 3), & 2 \leqslant z < 3 \\[2mm] 0, & 其他 \end{cases}$$

方法二：由于 (X, Y) 的联合概率密度为

$$f(x, y) = \begin{cases} x+y, & 0 < x < 1, 0 < y < 1 \\ 0, & 其他 \end{cases}$$

因此 Z 的概率密度为

$$f_Z(z) = \int_{-\infty}^{+\infty} f(x, z-2x) \mathrm{d}x$$

由 $\begin{cases} 0 < x < 1 \\ 0 < z - 2x < 1 \end{cases}$，得 $2x < z < 1 + 2x$，从而 $0 < z < 3$。故当 $0 < z < 3$ 时，$f_Z(z) > 0$，在其他点，$f_Z(z) = 0$。

再由 $\begin{cases} 0 < x < 1 \\ 0 < z - 2x < 1 \end{cases}$，得 $\begin{cases} 0 < x < 1 \\ \dfrac{z-1}{2} < x < \dfrac{z}{2} \end{cases}$，从而 Z 的概率密度为

$$f_Z(z) = \begin{cases} \displaystyle\int_0^{\frac{z}{2}} (x + z - 2x) \mathrm{d}x = \dfrac{3}{8} z^2, & 0 < z < 1 \\[3mm] \displaystyle\int_{\frac{z-1}{2}}^{\frac{z}{2}} (x + z - 2x) \mathrm{d}x = \dfrac{1}{8}(2z+1), & 1 \leqslant z < 2 \\[3mm] \displaystyle\int_{\frac{z-1}{2}}^{1} (x + z - 2x) \mathrm{d}x = \dfrac{1}{8}(-3z^2 + 10z - 3), & 2 \leqslant z < 3 \\[3mm] 0, & 其他 \end{cases}$$

例 3 - 24　设随机变量 X、Y 相互独立，且 $X \sim B(n_1, p)$，$Y \sim B(n_2, p)$，证明

$$Z = X + Y \sim B(n_1 + n_2, p)$$

证明　由于 $X \sim B(n_1, p)$，$Y \sim P(n_2, p)$，因此 X、Y 的分布律分别为

$$P(X = k) = C_{n_1}^k p^k (1-p)^{n_1 - k}, \quad k = 0, 1, 2, \cdots, n_1$$

$$P(Y = l) = C_{n_2}^l p^l (1-p)^{n_2 - l}, \quad l = 0, 1, 2, \cdots, n_2$$

又由于 X、Y 相互独立，故 $Z = X + Y$ 的分布律为

$$P(Z = m) = \sum_{k=0}^{m} P(X = k, Y = m - k) = \sum_{k=0}^{m} P(X = k) P(Y = m - k)$$

$$= \sum_{k=0}^{m} C_{n_1}^k p^k (1-p)^{n_1 - k} \cdot C_{n_2}^{m-k} p^{m-k} (1-p)^{n_2 - (m-k)}$$

$$= \left(\sum_{k=0}^{m} C_{n_1}^k C_{n_2}^{m-k} \right) p^m (1-p)^{n_1+n_2-m}$$

因为

$$\sum_{m=0}^{n_1+n_2} C_{n_1+n_2}^m a^m b^{n_1+n_2-m} = (a+b)^{n_1+n_2} = (a+b)^{n_1} (a+b)^{n_2}$$

$$= \sum_{k=0}^{n_1} C_{n_1}^k a^k b^{n_1-k} \sum_{l=0}^{n_2} C_{n_2}^l a^l b^{n_2-l}$$

所以比较上式两边的展开式中 $a^m b^{n_1+n_2-m}$ 这一项的系数，得

$$C_{n_1+n_2}^m = \sum_{k=0}^{m} C_{n_1}^k C_{n_2}^{m-k}$$

从而

$$P(Z=m) = \left(\sum_{k=0}^{m} C_{n_1}^k C_{n_2}^{m-k} \right) p^m (1-p)^{n_1+n_2-m}$$

$$= C_{n_1+n_2}^m p^m (1-p)^{n_1+n_2-m}, \quad m=0,1,2,\cdots,n_1+n_2$$

即

$$Z = X + Y \sim B(n_1 + n_2, p)$$

3.5 习 题 全 解

一、选择题

1. 下面四个二元函数中（ ）不能作为二维随机变量 (X,Y) 的联合分布函数。

A. $F(x,y) = \begin{cases} (1-e^{-x})(1-e^{-y}), & x \geqslant 0, y \geqslant 0 \\ 0, & \text{其他} \end{cases}$

B. $F(x,y) = \dfrac{1}{\pi^2} \left(\dfrac{\pi}{2} + \arctan \dfrac{x}{3} \right) \left(\dfrac{\pi}{2} + \arctan \dfrac{y}{2} \right), \quad -\infty < x < +\infty, -\infty < y < +\infty$

C. $F(x,y) = \begin{cases} 1, & x+2y \geqslant 1 \\ 0, & x+2y < 1 \end{cases}$

D. $F(x,y) = \begin{cases} 1 - 2^{-x} - 2^{-y} + 2^{-(x+y)}, & x \geqslant 0, y \geqslant 0 \\ 0, & \text{其他} \end{cases}$

解 应选 C。

对于选项 C，取 4 点 $(0,0)$，$(0,1)$，$(1,0)$，$(1,1)$，则

$$F(1,1) - F(0,1) - F(1,0) + F(0,0) = 1 - 1 - 1 + 0 = -1 < 0$$

从而选项 C 给出的二元函数不能作为二维随机变量 (X,Y) 的分布函数，故选 C。

2. 设二维连续型随机变量 (X,Y) 的联合概率密度为

$$f(x, y) = Ae^{-\frac{x^2+y^2}{6}}, \quad -\infty < x < +\infty, -\infty < y < +\infty$$

则常数 $A = ($ $)$。

    A. $\dfrac{1}{2\pi}$ B. $\dfrac{1}{12\pi}$ C. $\dfrac{1}{24\pi}$ D. $\dfrac{1}{6\pi}$

解 应选 D。

由 $\int_{-\infty}^{+\infty} \int_{-\infty}^{+\infty} f(x, y) \mathrm{d}x\mathrm{d}y = 1$，得

$$1 = \int_{-\infty}^{+\infty} \int_{-\infty}^{+\infty} Ae^{-\frac{x^2+y^2}{6}} \mathrm{d}x\mathrm{d}y = A \int_{-\infty}^{+\infty} e^{-\frac{x^2}{6}} \mathrm{d}x \int_{-\infty}^{+\infty} e^{-\frac{y^2}{6}} \mathrm{d}y = 6\pi A$$

或

$$1 = \int_{-\infty}^{+\infty} \int_{-\infty}^{+\infty} Ae^{-\frac{x^2+y^2}{6}} \mathrm{d}x\mathrm{d}y = A \int_{0}^{2\pi} \mathrm{d}\theta \int_{0}^{+\infty} e^{-\frac{\rho^2}{6}} \rho\mathrm{d}\rho = 6\pi A \int_{0}^{+\infty} e^{-\frac{\rho^2}{6}} \mathrm{d}\left(\frac{\rho^2}{6}\right) = 6\pi A$$

从而 $A = \dfrac{1}{6\pi}$，故选 D。

3. 设随机变量 X 与 Y 相互独立，其分布律分别为

X	0	1
P	$\dfrac{1}{2}$	$\dfrac{1}{2}$

Y	0	1
P	$\dfrac{1}{2}$	$\dfrac{1}{2}$

则( )。

    A. $X = Y$ B. $P(X = Y) = 1$

    C. $P(X = Y) = \dfrac{1}{2}$ D. $P(X = Y) = \dfrac{1}{4}$

解 应选 C。

由于 X 与 Y 相互独立，因此

$$P(X = Y) = P(X = 0, Y = 0) + P(X = 1, Y = 1)$$
$$= P(X = 0)P(Y = 0) + P(X = 1)P(Y = 1)$$
$$= \frac{1}{2} \times \frac{1}{2} + \frac{1}{2} \times \frac{1}{2} = \frac{1}{2}$$

故选 C。

4. 设 X、Y 相互独立且都在区间 $[0, 1]$ 上服从均匀分布，则在区间或区域上服从均匀分布的随机变量是( )。

    A. (X, Y) B. $X + Y$ C. X^2 D. $X - Y$

解 应选 A。

由于 $X \sim U[0, 1]$，$Y \sim U[0, 1]$，因此 X 与 Y 的概率密度分别为

$$f_X(x) = \begin{cases} 1, & 0 \leqslant x \leqslant 1 \\ 0, & \text{其他} \end{cases}, \quad f_Y(y) = \begin{cases} 1, & 0 \leqslant y \leqslant 1 \\ 0, & \text{其他} \end{cases}$$

又由于 X 与 Y 相互独立，故 (X, Y) 的联合概率密度为

$$f(x, y) = f_X(x)f_Y(y) = \begin{cases} 1, & 0 \leqslant x \leqslant 1, 0 \leqslant y \leqslant 1 \\ 0, & \text{其他} \end{cases}$$

从而 (X, Y) 在区域 $\{(x, y) \mid 0 \leqslant x \leqslant 1, 0 \leqslant y \leqslant 1\}$ 上服从均匀分布，故选 A。

5. 设随机变量 X、Y 相互独立，且分别服从参数为 1 和参数为 4 的指数分布，则 $P(X < Y) = (\quad)$。

　　A. $\dfrac{1}{5}$ 　　　　　　B. $\dfrac{1}{3}$ 　　　　　　C. $\dfrac{2}{5}$ 　　　　　　D. $\dfrac{4}{5}$

解　应选 A。

由于 $X \sim E(1)$，$Y \sim E(4)$，因此 X 与 Y 的概率密度分别为

$$f_X(x) = \begin{cases} e^{-x}, & x > 0 \\ 0, & x \leqslant 0 \end{cases}, f_Y(y) = \begin{cases} 4e^{-4y}, & y > 0 \\ 0, & y \leqslant 0 \end{cases}$$

又由于 X 与 Y 相互独立，故 (X, Y) 的联合概率密度为

$$f(x, y) = f_X(x)f_Y(y) = \begin{cases} 4e^{-(x+4y)}, & x > 0, y > 0 \\ 0, & \text{其他} \end{cases}$$

从而

$$P(X < Y) = \iint\limits_{x < y} f(x, y)\mathrm{d}x\mathrm{d}y = \int_0^{+\infty} e^{-x}\mathrm{d}x \int_x^{+\infty} 4e^{-4y}\mathrm{d}y = \int_0^{+\infty} e^{-5x}\mathrm{d}x = \frac{1}{5}$$

故选 A。

6. 设随机变量 X 与 Y 相互独立，且 $X \sim N(\mu_1, \sigma_1^2)$，$Y \sim N(\mu_2, \sigma_2^2)$，则 $Z = X+Y$ 满足 $(\quad)$。

　　A. $Z \sim N(\mu_1, \sigma_1^2 + \sigma_2^2)$ 　　　　　　　B. $Z \sim N(\mu_1 + \mu_2, \sigma_1\sigma_2)$
　　C. $Z \sim N(\mu_1 + \mu_2, \sigma_1^2\sigma_2^2)$ 　　　　　　D. $Z \sim N(\mu_1 + \mu_2, \sigma_1^2 + \sigma_2^2)$

解　应选 D。

方法一：取 $X \sim N(0, 1)$，$Y \sim N(1, 1)$，则 X 与 Y 的概率密度分别为

$$f_X(x) = \frac{1}{\sqrt{2\pi}}e^{-\frac{x^2}{2}}, \quad -\infty < x < +\infty$$

$$f_Y(y) = \frac{1}{\sqrt{2\pi}}e^{-\frac{(y-1)^2}{2}}, \quad -\infty < y < +\infty$$

由于 X 与 Y 相互独立，因此 $Z = X + Y$ 的概率密度为

$$f_Z(z) = \frac{1}{2\pi} \int_{-\infty}^{+\infty} e^{-\frac{(z-y)^2}{2}} \cdot e^{-\frac{(y-1)^2}{2}}\mathrm{d}y = \frac{1}{2\pi}e^{-\frac{(z-1)^2}{4}} \int_{-\infty}^{+\infty} e^{-\left(y-\frac{z+1}{2}\right)^2}\mathrm{d}y$$

令 $t = y - \dfrac{z+1}{2}$，则

$$f_Z(z) = \frac{1}{2\pi}e^{-\frac{(z-1)^2}{4}} \int_{-\infty}^{+\infty} e^{-t^2}\mathrm{d}t = \frac{1}{2\pi}e^{-\frac{(z-1)^2}{4}}\sqrt{\pi} = \frac{1}{2\sqrt{\pi}}e^{-\frac{(z-1)^2}{4}}, \quad -\infty < z < +\infty$$

即 $Z \sim N(1,2)$，从而选项 A 不正确。

再取 $X \sim N(0,1)$，$Y \sim N(0,1)$，则 X 与 Y 的概率密度分别为

$$f_X(x) = \frac{1}{\sqrt{2\pi}} e^{-\frac{x^2}{2}}, \quad -\infty < x < +\infty$$

$$f_Y(y) = \frac{1}{\sqrt{2\pi}} e^{-\frac{y^2}{2}}, \quad -\infty < y < +\infty$$

由于 X 与 Y 相互独立，因此 $Z = X + Y$ 的概率密度为

$$f_Z(z) = \frac{1}{2\pi} \int_{-\infty}^{+\infty} e^{-\frac{x^2}{2}} \cdot e^{-\frac{(z-x)^2}{2}} dx = \frac{1}{2\pi} e^{-\frac{z^2}{4}} \int_{-\infty}^{+\infty} e^{-\left(x - \frac{z}{2}\right)^2} dx$$

令 $t = x - \frac{z}{2}$，则

$$f_Z(z) = \frac{1}{2\pi} e^{-\frac{z^2}{4}} \int_{-\infty}^{+\infty} e^{-t^2} dt = \frac{1}{2\pi} e^{-\frac{z^2}{4}} \sqrt{\pi} = \frac{1}{2\sqrt{\pi}} e^{-\frac{z^2}{4}}, \quad -\infty < z < +\infty$$

即 $Z \sim N(0,2)$，从而选项 B、C 不正确，故选 D。

方法二：由于 $X \sim N(\mu_1, \sigma_1^2)$，$Y \sim N(\mu_2, \sigma_2^2)$，且 X 与 Y 相互独立，因此 $Z = X + Y \sim N(\mu_1 + \mu_2, \sigma_1^2 + \sigma_2^2)$，故选 D。

7. 设二维连续型随机变量 $(X, Y) \sim N(\mu_1, \mu_2; \sigma_1^2, \sigma_2^2; \rho)$，且 $\rho = 0$，$f_X(x)$、$f_Y(y)$ 分别是 X，Y 的边缘概率密度，则在 $Y = y$ 的条件下，X 的条件概率密度 $f_{X|Y}(x|y)$ 为（　　）。

  A. $f_X(x)$ B. $f_Y(y)$ C. $f_X(x) f_Y(y)$ D. $\dfrac{f_X(x)}{f_Y(y)}$

解　应选 A。

由于 $(X, Y) \sim N(\mu_1, \mu_2; \sigma_1^2, \sigma_2^2; \rho)$，且 $\rho = 0$，因此 X、Y 相互独立，从而 (X, Y) 的联合概率密度 $f(x, y) = f_X(x) f_Y(y)$，所以

$$f_{X|Y}(x|y) = \frac{f(x, y)}{f_Y(y)} = \frac{f_X(x) f_Y(y)}{f_Y(y)} = f_X(x)$$

故选 A。

8. 设随机变量 X 与 Y 相互独立，且分别服从正态分布 $N(0,1)$ 和 $N(1,1)$，则有（　　）。

  A. $P(X + Y \leqslant 0) = \dfrac{1}{2}$ B. $P(X + Y \leqslant 1) = \dfrac{1}{2}$

  C. $P(X - Y \leqslant 0) = \dfrac{1}{2}$ D. $P(X - Y \leqslant 1) = \dfrac{1}{2}$

解　应选 B。

方法一：由于 $X \sim N(0,1)$，$Y \sim N(1,1)$，因此 X 与 Y 的概率密度分别为

$$f_X(x) = \frac{1}{\sqrt{2\pi}} e^{-\frac{x^2}{2}}, \quad -\infty < x < +\infty$$

$$f_Y(y) = \frac{1}{\sqrt{2\pi}} e^{-\frac{(y-1)^2}{2}}, \quad -\infty < y < +\infty$$

又由于 X 与 Y 相互独立，故 $Z = X + Y$ 的概率密度为

$$f_Z(z) = \frac{1}{2\pi} \int_{-\infty}^{+\infty} e^{-\frac{(x-y)^2}{2}} \cdot e^{-\frac{(y-1)^2}{2}} dy = \frac{1}{2\pi} e^{-\frac{(x-1)^2}{4}} \int_{-\infty}^{+\infty} e^{-(y-\frac{x+1}{2})^2} dy$$

令 $t = y - \dfrac{z+1}{2}$，则

$$f_Z(z) = \frac{1}{2\pi} e^{-\frac{(x-1)^2}{4}} \int_{-\infty}^{+\infty} e^{-t^2} dt = \frac{1}{2\pi} e^{-\frac{(x-1)^2}{4}} \sqrt{\pi} = \frac{1}{2\sqrt{\pi}} e^{-\frac{(x-1)^2}{4}}, \quad -\infty < z < +\infty$$

即 $Z = X + Y \sim N(1, 2)$，从而 $P(X+Y \leqslant 1) = \dfrac{1}{2}$，故选 B。

方法二：由于 $X \sim N(0, 1)$，$Y \sim N(1, 1)$，且 X 与 Y 相互独立，因此 $X+Y \sim N(1, 2)$，从而 $P(X+Y \leqslant 1) = \dfrac{1}{2}$，故选 B。

9. 设相互独立的两个随机变量 X、Y 具有相同的分布，且

$$P(X = -1) = P(Y = -1) = P(X = 1) = P(Y = 1) = \frac{1}{2}$$

则有（　　）。

    A. $P(X = Y) = \dfrac{1}{2}$ B. $P(X = Y) = 1$

    C. $P(X+Y = 0) = \dfrac{1}{4}$ D. $P(XY = 1) = \dfrac{1}{4}$

解　应选 A。

由于 X 与 Y 相互独立，因此

$$P(X = Y) = P(X = -1, Y = -1) + P(X = 1, Y = 1)$$
$$= P(X = -1)P(Y = -1) + P(X = 1)P(Y = 1)$$
$$= \frac{1}{2} \times \frac{1}{2} + \frac{1}{2} \times \frac{1}{2} = \frac{1}{2}$$

故选 A。

10. 设随机变量 X 与 Y 相互独立，且

$$P(X = 1) = P(Y = 1) = p > 0, \quad P(X = 0) = P(Y = 0) = 1 - p > 0$$

令 $Z = \begin{cases} 1, & X+Y \text{ 为偶数} \\ 0, & X+Y \text{ 为奇数} \end{cases}$，要使 X 与 Z 相互独立，则 p 的值为（　　）。

    A. $\dfrac{1}{3}$ B. $\dfrac{1}{4}$ C. $\dfrac{1}{2}$ D. $\dfrac{2}{3}$

解　应选 C。

由于 X 与 Z 相互独立，X 与 Y 相互独立，因此

$$P(X = 0, Z = 0) = P(X = 0)P(Z = 0)$$
$$= (1 - p)[P(X = 0, Y = 1) + P(X = 1, Y = 0)]$$
$$= (1 - p)[P(X = 0)P(Y = 1) + P(X = 1)P(Y = 0)]$$
$$= (1 - p)[(1 - p)p + p(1 - p)] = 2(1 - p)^2 p$$

又由于

$$P(X = 0, Z = 0) = P(X = 0, Y = 1) = P(X = 0)P(Y = 1) = (1 - p)p$$

故

$$2(1 - p)^2 p = (1 - p)p \quad 即 \quad p(1 - p)[2(1 - p) - 1] = 0$$

解之，得 $p = 1/2$，故选 C。

11. 设二维离散型随机变量 (X, Y) 的联合分布律为

X ＼ Y	0	1
0	0.4	a
1	b	0.1

已知事件 $\{X = 0\}$ 与 $\{X + Y = 1\}$ 相互独立，则（　　　）。

  A. $a = 0.2, b = 0.3$ B. $a = 0.4, b = 0.1$

  C. $a = 0.3, b = 0.2$ D. $a = 0.1, b = 0.4$

解　应选 B。

由 $0.4 + a + b + 0.1 = 1$，得

$$a + b = 0.5$$

由于事件 $\{X = 0\}$ 与 $\{X + Y = 1\}$ 相互独立，且

$$P(X = 0) = 0.4 + a$$
$$P(X + Y = 1) = P(X = 0, Y = 1) + P(X = 1, Y = 0) = a + b$$
$$P(X = 0, X + Y = 1) = P(X = 0, Y = 1) = a$$

因此

$$a = P(X = 0, X + Y = 1) = P(X = 0)P(X + Y = 1) = (0.4 + a)(a + b)$$

所以 $0.4 + a = 2a$，从而 $a = 0.4, b = 0.1$。故选 B。

12. 设离散型随机变量 $X_i (i = 1, 2)$ 的分布律为

X_i	-1	0	1
P	$\dfrac{1}{4}$	$\dfrac{1}{2}$	$\dfrac{1}{4}$

且满足 $P(X_1 X_2 = 0) = 1$，则 $P(X_1 = X_2) = （　　　）$。

  A. 0   B. $\dfrac{1}{4}$ C. $\dfrac{1}{2}$ D. 1

解　应选 A。

设 (X_1, X_2) 的联合分布律为

X_1 \ X_2	-1	0	1	$p_i.$
-1	p_{11}	p_{12}	p_{13}	$\dfrac{1}{4}$
0	p_{21}	p_{22}	p_{23}	$\dfrac{1}{2}$
1	p_{31}	p_{32}	p_{33}	$\dfrac{1}{4}$
$p._j$	$\dfrac{1}{4}$	$\dfrac{1}{2}$	$\dfrac{1}{4}$	1

则由 $P(X_1 X_2 = 0) = 1$，得

$$p_{12} + p_{22} + p_{32} + p_{21} + p_{23} = 1$$
$$p_{11} = 0, \ p_{13} = 0, \ p_{31} = 0, \ p_{33} = 0$$

再由联合分布律和边缘分布律的关系，得

$$p_{12} = \frac{1}{4}, \ p_{32} = \frac{1}{4}, \ p_{21} = \frac{1}{4}, \ p_{23} = \frac{1}{4}$$

所以 $p_{22} = 0$。从而

$$P(X_1 = X_2) = P(X_1 = -1, X_2 = -1) + P(X_1 = 0, X_2 = 0) + P(X_1 = 1, X_2 = 1)$$
$$= p_{11} + p_{22} + p_{33} = 0$$

故选 A。

13. 设二维连续型随机变量 (X, Y) 具有下述联合概率密度，则 X 与 Y 是相互独立的为（　　）。

A. $f(x, y) = \begin{cases} x^2 + \dfrac{1}{3}xy, & 0 \leqslant x \leqslant 1, \ 0 \leqslant y \leqslant 2 \\ 0, & \text{其他} \end{cases}$

B. $f(x, y) = \begin{cases} 6x^2 y, & 0 < x < 1, \ 0 < y < 1 \\ 0, & \text{其他} \end{cases}$

C. $f(x, y) = \begin{cases} \dfrac{3}{2}x, & 0 < x < 1, \ -x < y < x \\ 0, & \text{其他} \end{cases}$

D. $f(x, y) = \begin{cases} 24y(1-x), & 0 < x < 1, \ 0 < y < x \\ 0, & \text{其他} \end{cases}$

解　应选 B。

由于

$$f_X(x) = \int_{-\infty}^{+\infty} f(x, y)\mathrm{d}y = \begin{cases} \int_0^1 6x^2 y\mathrm{d}y = 3x^2, & 0 < x < 1 \\ 0, & \text{其他} \end{cases}$$

$$f_Y(y) = \int_{-\infty}^{+\infty} f(x, y)\mathrm{d}x = \begin{cases} \int_0^1 6x^2 y\mathrm{d}x = 2y, & 0 < y < 1 \\ 0, & \text{其他} \end{cases}$$

因此

$$f(x, y) = f_X(x)f_Y(y), \quad -\infty < x < +\infty, -\infty < y < +\infty$$

从而 X 与 Y 相互独立，故选 B。

14. 设随机变量 X 与 Y 相互独立，且都在区间 $(0, 1)$ 上服从均匀分布，则 $P(X^2 + Y^2 \leqslant 1)$ = (　　)。

　　A. $\dfrac{1}{4}$　　　　　　　B. $\dfrac{1}{2}$　　　　　　　C. $\dfrac{\pi}{8}$　　　　　　　D. $\dfrac{\pi}{4}$

解　应选 D。

由于 $X \sim U(0, 1)$，$Y \sim U(0, 1)$，因此 X 与 Y 的概率密度分别为

$$f_X(x) = \begin{cases} 1, & 0 < x < 1 \\ 0, & \text{其他} \end{cases}, \quad f_Y(y) = \begin{cases} 1, & 0 < y < 1 \\ 0, & \text{其他} \end{cases}$$

又由于 X 与 Y 相互独立，故 (X, Y) 的联合概率密度为

$$f(x, y) = f_X(x)f_Y(y)$$
$$= \begin{cases} 1, & 0 < x < 1, 0 < y < 1 \\ 0, & \text{其他} \end{cases}$$

从而

$$P(X^2 + Y^2 \leqslant 1) = \iint_{x^2+y^2 \leqslant 1} f(x, y)\mathrm{d}x\mathrm{d}y = \iint_D 1\mathrm{d}x\mathrm{d}y = \frac{\pi}{4}$$

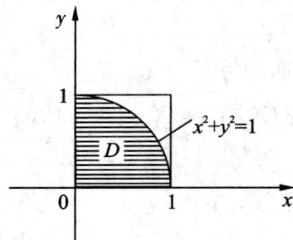

图 3.3

其对应的积分区域 D 如图 3.3 所示，故选 D。

15. 设随机变量 X 与 Y 相互独立，且 X 与 Y 的分布律分别如下：

X	0	1	2	3
P	$\dfrac{1}{2}$	$\dfrac{1}{4}$	$\dfrac{1}{8}$	$\dfrac{1}{8}$

Y	-1	0	1
P	$\dfrac{1}{3}$	$\dfrac{1}{3}$	$\dfrac{1}{3}$

则 $P(X + Y = 2) = (\quad)$。

　　A. $\dfrac{1}{12}$　　　　　　B. $\dfrac{1}{8}$　　　　　　C. $\dfrac{1}{6}$　　　　　　D. $\dfrac{1}{2}$

解　应选 C。

由 X 与 Y 的分布律及相互独立性，得

$$P(X+Y=2) = P(X=1, Y=1) + P(X=2, Y=0) + P(X=3, Y=-1)$$
$$= P(X=1)P(Y=1) + P(X=2)P(Y=0) + P(X=3)P(Y=-1)$$
$$= \frac{1}{4} \times \frac{1}{3} + \frac{1}{8} \times \frac{1}{3} + \frac{1}{8} \times \frac{1}{3} = \frac{1}{6}$$

故选 C。

16. 设随机变量 X、Y 相互独立，它们的分布函数分别为 $F_X(x)$、$F_Y(y)$，则 $Z = \max\{X, Y\}$ 的分布函数为（　　）。

　　A. $F_Z(z) = \max\{F_X(z), F_Y(z)\}$

　　B. $F_Z(z) = \max\{|F_X(z)|, |F_Y(z)|\}$

　　C. $F_Z(z) = F_X(z)F_Y(z)$

　　D. $F_Z(z) = 1 - [1-F_X(z)][1-F_Y(z)]$

　　解　应选 C。

　　由于 X、Y 相互独立，其分布函数分别为 $F_X(x)$、$F_Y(y)$，因此

$$F_Z(z) = P(Z \leqslant z) = P(\max\{X, Y\} \leqslant z) = P(X \leqslant z, Y \leqslant z)$$
$$= P(X \leqslant z)P(Y \leqslant z) = F_X(z)F_Y(z)$$

故选 C。

17. 设随机变量 X 与 Y 相互独立，它们的分布函数分别为 $F_X(x)$、$F_Y(y)$，则 $Z = \min\{X, Y\}$ 的分布函数为（　　）。

　　A. $F_Z(z) = F_X(z)$　　　　　　　　　B. $F_Z(z) = F_Y(z)$

　　C. $F_Z(z) = \min\{F_X(z), F_Y(z)\}$　　　D. $F_Z(z) = 1 - [1-F_X(z)][1-F_Y(z)]$

　　解　应选 D。

　　由于 X、Y 相互独立，其分布函数分别为 $F_X(x)$、$F_Y(y)$，因此

$$F_Z(z) = P(Z \leqslant z) = P(\min\{X, Y\} \leqslant z) = 1 - P(\min\{X, Y\} > z)$$
$$= 1 - P(X > z, Y > z) = 1 - P(X > z)P(Y > z)$$
$$= 1 - [1-P(X \leqslant z)][1-P(Y \leqslant z)] = 1 - [1-F_X(z)][1-F_Y(z)]$$

故选 D。

18. 设二维连续型随机变量 (X, Y) 的联合概率密度为

$$f(x, y) = \begin{cases} e^{-(x+y)}, & x > 0, y > 0 \\ 0, & \text{其他} \end{cases}$$

则 $Z = \dfrac{X+Y}{2}$ 的概率密度为（　　）。

　　A. $f_Z(z) = \begin{cases} \dfrac{1}{2}e^{-(x+y)}, & x > 0, y > 0 \\ 0, & \text{其他} \end{cases}$

B. $f_Z(z) = \begin{cases} \mathrm{e}^{-\frac{x+y}{2}}, & x > 0,\ y > 0 \\ 0, & \text{其他} \end{cases}$

C. $f_Z(z) = \begin{cases} 4z\mathrm{e}^{-2z}, & z > 0 \\ 0, & z \leqslant 0 \end{cases}$

D. $f_Z(z) = \begin{cases} \dfrac{1}{2}\mathrm{e}^{-z}, & z > 0 \\ 0, & z \leqslant 0 \end{cases}$

解　应选 C。

方法一：设 Z 的分布函数为 $F_Z(z)$，则

$$F_Z(z) = P(Z \leqslant z) = P\left(\frac{X+Y}{2} \leqslant z\right) = P(X+Y \leqslant 2z) = \iint\limits_{x+y \leqslant 2z} f(x,\,y)\mathrm{d}x\mathrm{d}y$$

当 $z \leqslant 0$ 时，

$$F_Z(z) = 0$$

当 $z > 0$ 时，

$$F_Z(z) = \iint\limits_{x+y \leqslant 2z} f(x,\,y)\mathrm{d}x\mathrm{d}y = \int_0^{2z}\mathrm{d}x\int_0^{2z-x}\mathrm{e}^{-(x+y)}\mathrm{d}y = 1 - \mathrm{e}^{-2z} - 2z\mathrm{e}^{-2z}$$

从而 Z 的概率密度为

$$f_Z(z) = F_Z'(z) = \begin{cases} 4z\mathrm{e}^{-2z}, & z > 0 \\ 0, & z \leqslant 0 \end{cases}$$

故选 C。

　　方法二：由于选项 A、B 给出的 $f_Z(z)$ 不符合函数的定义，因此选项 A、B 不正确。对于选项 D 给出的 $f_Z(z)$，由于 $\displaystyle\int_{-\infty}^{+\infty} f_Z(z)\mathrm{d}z = \int_0^{+\infty} \frac{1}{2}\mathrm{e}^{-z}\mathrm{d}z = \frac{1}{2} \neq 1$，因此 $f_Z(z)$ 不是概率密度，从而选项 D 不正确，故选 C。

　　19. 设随机变量 X 服从指数分布，则随机变量 $Y = \min\{X,\,2\}$ 的分布函数（　　　）。

　　A. 是连续函数　　　　　　　　　　　B. 至少有两个间断点

　　C. 是阶梯函数　　　　　　　　　　　D. 恰好有一个间断点

解　应选 D。

不妨设 $X \sim E(\lambda)$，则 X 的概率密度为

$$f_X(x) = \begin{cases} \lambda\mathrm{e}^{-\lambda x}, & x > 0 \\ 0, & x \leqslant 0 \end{cases}$$

设 Y 的分布函数为 $F_Y(y)$，则

$$F_Y(y) = P(Y \leqslant y) = P(\min\{X,\,2\} \leqslant y)$$

当 $y < 0$ 时，

$$F_Y(y) = 0$$

当 $0 \leqslant y < 2$ 时,

$$F_Y(y) = P(\min\{X, 2\} \leqslant y) = 1 - P(\min\{X, 2\} > y)$$

$$= 1 - P(X > y) = 1 - \int_y^{+\infty} \lambda \mathrm{e}^{-\lambda x} \,\mathrm{d}x = 1 - \mathrm{e}^{-\lambda y}$$

当 $y \geqslant 2$ 时,

$$F_Y(y) = 1$$

即 Y 的分布函数为

$$F_Y(y) = \begin{cases} 0, & y < 0 \\ 1 - \mathrm{e}^{-\lambda y}, & 0 \leqslant y < 2 \\ 1, & y \geqslant 2 \end{cases}$$

由于

$$F_Y(0-0) = 0 = F_Y(0+0) = F_Y(0), \ F_Y(2-0) = 1 - \mathrm{e}^{-2\lambda} \neq 1 = F_Y(2)$$

因此 $F_Y(y)$ 恰好有一个间断点,故选 D。

20. 设随机变量 X 与 Y 相互独立,且 X 服从标准正态分布 $N(0, 1)$,Y 的分布律为 $P(Y = 0) = P(Y = 1) = \dfrac{1}{2}$,记 $F_Z(z)$ 为 $Z = XY$ 的分布函数,则函数 $F_Z(z)$ 的间断点的个数为(　　)。

A. 0　　　　　　　B. 1　　　　　　　C. 2　　　　　　　D. 3

解　应选 B。

由全概率公式及 X 与 Y 相互独立,得

$$F_Z(z) = P(Z \leqslant z) = P(XY \leqslant z)$$

$$= P(Y = 0)P(XY \leqslant z \mid Y = 0) + P(Y = 1)P(XY \leqslant z \mid Y = 1)$$

$$= \frac{1}{2}[P(X \cdot 0 \leqslant z \mid Y = 0) + P(X \leqslant z \mid Y = 1)]$$

$$= \frac{1}{2}[P(X \cdot 0 \leqslant z) + P(X \leqslant z)]$$

从而 Z 的分布函数为

$$F_Z(z) = \begin{cases} \dfrac{1}{2}\Phi(z), & z < 0 \\ \dfrac{1}{2}[1 + \Phi(z)], & z \geqslant 0 \end{cases}$$

其中 $\Phi(x)$ 是 X 的分布函数。由于

$$F_Z(0-0) = \frac{1}{2}\Phi(0) = \frac{1}{4} \neq \frac{3}{4} = \frac{1}{2}[1 + \Phi(0)] = F_Z(0)$$

因此 $z = 0$ 是函数 $F_Z(z)$ 的唯一间断点,即 $F_Z(z)$ 只有一个间断点,故选 B。

二、填空题

1. 设随机变量 X 与 Y 相互独立，下表列出了二维离散型随机变量 (X, Y) 的联合分布律及关于 X 和关于 Y 的边缘分布律的部分数值，试将其余的数值填入表中的空白处。

X＼Y	y_1	y_2	y_3	$p_{i.}$
x_1	(1)	$\frac{1}{8}$	(2)	(3)
x_2	$\frac{1}{8}$	(4)	(5)	(6)
$p_{.j}$	$\frac{1}{6}$	(7)	(8)	1

解　应分别填 (1) $\frac{1}{24}$，(2) $\frac{1}{12}$，(3) $\frac{1}{4}$，(4) $\frac{3}{8}$，(5) $\frac{1}{4}$，(6) $\frac{3}{4}$，(7) $\frac{1}{2}$，(8) $\frac{1}{3}$。

由联合分布律和边缘分布律之间的关系，得

$$P(X = x_1, Y = y_1) = \frac{1}{6} - \frac{1}{8} = \frac{1}{24}$$

故 (1) 填 $\frac{1}{24}$。

由于 X 与 Y 相互独立，因此

$$P(X = x_1) = \frac{P(X = x_1, Y = y_1)}{P(Y = y_1)} = \frac{1/24}{1/6} = \frac{1}{4}$$

故 (3) 填 $\frac{1}{4}$。

由联合分布律和边缘分布律之间的关系，得

$$P(X = x_1, Y = y_3) = \frac{1}{4} - \frac{1}{24} - \frac{1}{8} = \frac{1}{12}$$

故 (2) 填 $\frac{1}{12}$。

由分布律的性质，得

$$P(X = x_2) = 1 - \frac{1}{4} = \frac{3}{4}$$

故 (6) 填 $\frac{3}{4}$。

由于 X 与 Y 相互独立，因此

$$P(Y = y_2) = \frac{P(X = x_1, Y = y_2)}{P(X = x_1)} = \frac{1/8}{1/4} = \frac{1}{2}$$

故 (7) 填 $\frac{1}{2}$。

由于 X 与 Y 相互独立，因此

$$P(X = x_2, Y = y_2) = P(X = x_2)P(Y = y_2) = \frac{3}{4} \times \frac{1}{2} = \frac{3}{8}$$

故(4)填 $\frac{3}{8}$。

由联合分布律和边缘分布律之间的关系，得

$$P(X = x_2, Y = y_3) = \frac{3}{4} - \frac{1}{8} - \frac{3}{8} = \frac{1}{4}$$

故(5)填 $\frac{1}{4}$。

由于 X 与 Y 相互独立，因此

$$P(Y = y_3) = \frac{P(X = x_2, Y = y_3)}{P(X = x_2)} = \frac{1/4}{3/4} = \frac{1}{3}$$

故(8)填 $\frac{1}{3}$。

2. 设二维离散型随机变量 (X, Y) 的联合分布律为

(X, Y)	$(1, 1)$	$(1, 2)$	$(1, 3)$	$(2, 1)$	$(2, 2)$	$(2, 3)$
P	$\frac{1}{6}$	$\frac{1}{9}$	$\frac{1}{18}$	$\frac{1}{3}$	α	β

则 α、β 应满足的条件为 _____，若 X、Y 相互独立，则 $\alpha =$ _____，$\beta =$ _____。

解　应分别填 $\alpha + \beta = \frac{1}{3}$，$\frac{2}{9}$，$\frac{1}{9}$。

由于

$$\frac{1}{6} + \frac{1}{9} + \frac{1}{18} + \frac{1}{3} + \alpha + \beta = 1$$

因此 $\alpha + \beta = \frac{1}{3}$，故填 $\alpha + \beta = \frac{1}{3}$。

若 X、Y 相互独立，则

$$\alpha = P(X = 2, Y = 2) = P(X = 2)P(Y = 2)$$
$$= \left(\frac{1}{3} + \alpha + \beta \right)\left(\frac{1}{9} + \alpha \right)$$

从而

$$\alpha = \left(\frac{1}{3} + \frac{1}{3} \right)\left(\frac{1}{9} + \alpha \right)$$

解之，得 $\alpha = \frac{2}{9}$，从而 $\beta = \frac{1}{9}$，故分别填 $\frac{2}{9}$，$\frac{1}{9}$。

3. 设随机变量 X_1，X_2，X_3，X_4 相互独立同分布，$P(X_i = 0) = 0.6$，$P(X_i = 1) = 0.4(i = 1, 2, 3, 4)$，则行列式 $X = \begin{vmatrix} X_1 & X_2 \\ X_3 & X_4 \end{vmatrix}$ 的分布律为 _____。

解　应填下表

X	-1	0	1
P	0.1344	0.7312	0.1344

令 $Y_1 = X_1 X_4$，$Y_2 = X_2 X_3$，则 $X = Y_1 - Y_2$，且 Y_1、Y_2 相互独立，由于

$$P(Y_1 = 1) = P(Y_2 = 1) = P(X_2 = 1, X_3 = 1) = P(X_2 = 1)P(X_3 = 1) = 0.4 \times 0.4 = 0.16$$

$$P(Y_1 = 0) = P(Y_2 = 0) = 1 - P(Y_2 = 1) = 1 - 0.16 = 0.84$$

又由于 $X = Y_1 - Y_2$ 可能的取值为 -1、0、1，且

$$P(X = -1) = P(Y_1 = 0, Y_2 = 1) = P(Y_1 = 0)P(Y_2 = 1) = 0.84 \times 0.16 = 0.1344$$

$$P(X = 1) = P(Y_1 = 1, Y_2 = 0) = P(Y_1 = 1)P(Y_2 = 0) = 0.16 \times 0.84 = 0.1344$$

$$P(X = 0) = 1 - P(X = -1) - P(X = 1) = 1 - 0.1344 - 0.1344 = 0.7312$$

故填上表。

4. 从 $1, 2, 3, 4$ 中任取一个数，记为 X，再从 $1, 2, \cdots, X$ 中任取一数，记为 Y，则 $P(Y = 2) = $ _____。

解　应填 $\dfrac{13}{48}$。

由全概率公式，得

$$P(Y = 2) = \sum_{i=1}^{4} P(X = i, Y = 2) = \sum_{i=1}^{4} P(X = i)P(Y = 2 \mid X = i)$$

$$= \frac{1}{4} \times 0 + \frac{1}{4} \times \frac{1}{2} + \frac{1}{4} \times \frac{1}{3} + \frac{1}{4} \times \frac{1}{4} = \frac{13}{48}$$

故填 $\dfrac{13}{48}$。

5. 设二维连续型随机变量 (X, Y) 的联合概率密度为

$$f(x, y) = \begin{cases} 6x, & 0 \leqslant x \leqslant y \leqslant 1 \\ 0, & \text{其他} \end{cases}$$

则 $P(X + Y \leqslant 1) = $ _____。

解　应填 $\dfrac{1}{4}$。

$$P(X + Y \leqslant 1) = \iint\limits_{x+y \leqslant 1} f(x, y) \mathrm{d}x\mathrm{d}y = \int_0^{\frac{1}{2}} \mathrm{d}x \int_x^{1-x} 6x\mathrm{d}y = \int_0^{\frac{1}{2}} 6x(1 - 2x)\mathrm{d}x = \frac{1}{4}$$

故填 $\dfrac{1}{4}$。

6. 设二维连续型随机变量 (X,Y) 的联合概率密度为

$$f(x,y)=\begin{cases} c\sin(x+y), & 0\leqslant x,y\leqslant\dfrac{\pi}{4}\\ 0, & \text{其他}\end{cases}$$

则 $c=$ _____，Y 的边缘概率密度为 $f_Y(y)=$ _____。

解　应分别填 $\sqrt{2}+1$，$f_Y(y)=\begin{cases}(\sqrt{2}+1)\sqrt{2-\sqrt{2}}\sin\left(y+\dfrac{\pi}{8}\right), & 0\leqslant y\leqslant\dfrac{\pi}{4}\\ 0, & \text{其他}\end{cases}$。

由 $\displaystyle\int_{-\infty}^{+\infty}\int_{-\infty}^{+\infty}f(x,y)\mathrm{d}x\mathrm{d}y=1$，得

$$1=\int_0^{\frac{\pi}{4}}\int_0^{\frac{\pi}{4}}c\sin(x+y)\mathrm{d}x\mathrm{d}y=c\left[\int_0^{\frac{\pi}{4}}\left(\int_0^{\frac{\pi}{4}}\sin(x+y)\mathrm{d}x\right)\mathrm{d}y\right]=c\left[-\int_0^{\frac{\pi}{4}}\left[\cos(x+y)\right]_0^{\frac{\pi}{4}}\mathrm{d}y\right]$$

$$=c\int_0^{\frac{\pi}{4}}\left[\cos x-\cos\left(x+\frac{\pi}{4}\right)\right]\mathrm{d}x=c\left[\sin x-\sin\left(x+\frac{\pi}{4}\right)\right]_0^{\frac{\pi}{4}}=c(\sqrt{2}-1)$$

从而 $c=\dfrac{1}{\sqrt{2}-1}=\sqrt{2}+1$，故填 $\sqrt{2}+1$。

$$f_Y(y)=\int_{-\infty}^{+\infty}f(x,y)\mathrm{d}x=\begin{cases}\displaystyle\int_0^{\frac{\pi}{4}}(\sqrt{2}+1)\sin(x+y)\mathrm{d}x, & 0\leqslant y\leqslant\dfrac{\pi}{4}\\ 0, & \text{其他}\end{cases}$$

$$=\begin{cases}(\sqrt{2}+1)\sqrt{2-\sqrt{2}}\sin\left(y+\dfrac{\pi}{8}\right), & 0\leqslant y\leqslant\dfrac{\pi}{4}\\ 0, & \text{其他}\end{cases}$$

故填 $f_Y(y)=\begin{cases}(\sqrt{2}+1)\sqrt{2-\sqrt{2}}\sin\left(y+\dfrac{\pi}{8}\right), & 0\leqslant y\leqslant\dfrac{\pi}{4}\\ 0, & \text{其他}\end{cases}$。

7. 设平面区域 D 由曲线 $y=\dfrac{1}{x}$ 及直线 $y=0$、$x=1$ 与 $x=\mathrm{e}^2$ 所围成，二维连续型随机变量 (X,Y) 在区域 D 上服从均匀分布，则 (X,Y) 关于 X 的边缘概率密度在 $x=2$ 处的值为 _____。

解　应填 $\dfrac{1}{4}$。

由于区域 D 的面积为 $A=\displaystyle\int_1^{\mathrm{e}^2}\frac{1}{x}\mathrm{d}x=2$，因此 (X,Y) 的联合概率密度为

$$f(x,y)=\begin{cases}\dfrac{1}{2}, & (x,y)\in D\\ 0, & (x,y)\notin D\end{cases}$$

从而 (X,Y) 关于 X 的边缘概率密度为

$$f_X(x) = \int_{-\infty}^{+\infty} f(x, y)\mathrm{d}y = \begin{cases} \int_0^{\frac{1}{x}} \dfrac{1}{2}\mathrm{d}y = \dfrac{1}{2x}, & 1 \leqslant x \leqslant \mathrm{e}^2 \\ 0, & \text{其他} \end{cases}$$

所以 (X, Y) 关于 X 的边缘概率密度在 $x = 2$ 处的值为 $f_X(2) = \dfrac{1}{4}$，故填 $\dfrac{1}{4}$。

8. 设数 X 在区间 $(0, 1)$ 上随机地取值，当观察到 $X = x(0 < x < 1)$ 时，数 Y 在区间 $(x, 1)$ 上随机的取值，则 Y 的概率密度 $f_Y(y) = $ _____。

解 应填 $f_Y(y) = \begin{cases} -\ln(1-y), & 0 < y < 1 \\ 0, & \text{其他} \end{cases}$。

由于 X 在区间 $(0, 1)$ 上随机地取值，因此 X 的概率密度为

$$f_X(x) = \begin{cases} 1, & 0 < x < 1 \\ 0, & \text{其他} \end{cases}$$

当 $X = x(0 < x < 1)$ 时，数 Y 在区间 $(x, 1)$ 上随机地取值，则 Y 的条件概率密度为

$$f_{Y|X}(y \mid x) = \begin{cases} \dfrac{1}{1-x}, & x < y < 1 \\ 0, & \text{其他} \end{cases}$$

从而 (X, Y) 的联合概率密度为

$$f(x, y) = f_X(x)f_{Y|X}(y \mid x) = \begin{cases} \dfrac{1}{1-x}, & 0 < x < y < 1 \\ 0, & \text{其他} \end{cases}$$

所以 Y 的概率密度为

$$f_Y(y) = \int_{-\infty}^{+\infty} f(x, y)\mathrm{d}x = \begin{cases} \int_0^y \dfrac{1}{1-x}\mathrm{d}x = -\ln(1-y), & 0 < y < 1 \\ 0, & \text{其他} \end{cases}$$

故填 $f_Y(y) = \begin{cases} -\ln(1-y), & 0 < y < 1 \\ 0, & \text{其他} \end{cases}$。

9. 设 X、Y 为两个随机变量，且 $P(X \geqslant 0, Y \geqslant 0) = \dfrac{3}{7}$，$P(X \geqslant 0) = P(Y \geqslant 0) = \dfrac{4}{7}$，则 $P(\max\{X, Y\} \geqslant 0) = $ _____。

解 应填 $\dfrac{5}{7}$。

$$\begin{aligned} P(\max\{X, Y\} \geqslant 0) &= P(\{X \geqslant 0\} \bigcup \{Y \geqslant 0\}) \\ &= P(X \geqslant 0) + P(Y \geqslant 0) - P(X \geqslant 0, Y \geqslant 0) \\ &= \frac{4}{7} + \frac{4}{7} - \frac{3}{7} = \frac{5}{7} \end{aligned}$$

故填 $\dfrac{5}{7}$。

10. 设 X 与 Y 是相互独立的随机变量，且服从同一分布，则 $P(a < \min(X, Y) \leqslant b) = $ _____。

解　应填 $[P(X > a)]^2 - [P(X > b)]^2$。

由于 X 与 Y 是相互独立的随机变量，且服从同一分布，因此不妨设其共同的分布函数为 $F(x)$，则

$$
\begin{aligned}
P(a < \min\{X, Y\} \leqslant b) &= F_{\min}(b) - F_{\min}(a) \\
&= \{1 - [1 - F(b)]^2\} - \{1 - [1 - F(a)]^2\} \\
&= [1 - F(a)]^2 - [1 - F(b)]^2 \\
&= [P(X > a)]^2 - [P(X > b)]^2
\end{aligned}
$$

故填 $[P(X > a)]^2 - [P(X > b)]^2$。

11. 设随机变量 X 与 Y 相互独立，且均在区间 $[0, 3]$ 上服从均匀分布，则 $P(\max\{X, Y\} \leqslant 1) = $ _____。

解　应填 $\dfrac{1}{9}$。

方法一：由于 $X \sim U[0, 3]$，$Y \sim U[0, 3]$，因此 X 与 Y 的分布函数分别为

$$
F_X(x) = \begin{cases} 0, & x < 0 \\ \dfrac{x}{3}, & 0 \leqslant x < 3 \\ 1, & x \geqslant 3 \end{cases}, \quad
F_Y(y) = \begin{cases} 0, & y < 0 \\ \dfrac{y}{3}, & 0 \leqslant y < 3 \\ 1, & y \geqslant 3 \end{cases}
$$

又由于 X 与 Y 相互独立，故 $Z = \max\{X, Y\}$ 分布函数为

$$
F_{\max}(z) = F_X(z) F_Y(z) = \begin{cases} 0, & z < 0 \\ \dfrac{z^2}{9}, & 0 \leqslant z < 3 \\ 1, & z \geqslant 3 \end{cases}
$$

所以 $P(\max\{X, Y\} \leqslant 1) = F_{\max}(1) = \dfrac{1}{9}$，故填 $\dfrac{1}{9}$。

方法二：由于 X 与 Y 相互独立，且 $X \sim U[0, 3]$，$Y \sim U[0, 3]$，因此 $(X, Y) \sim U[0, 3; 0, 3]$。从而由几何概率，得

$$
P(\max\{X, Y\} \leqslant 1) = P(X \leqslant 1, Y \leqslant 1) = \dfrac{1}{9}
$$

故填 $\dfrac{1}{9}$。

12. 设二维连续型随机变量 (X, Y) 在区域 $G = \{(x, y) \,|\, 0 \leqslant x \leqslant 1, 0 \leqslant y \leqslant 2\}$ 上

服从均匀分布，则 $P\left(\max\{X,Y\}>\dfrac{1}{2}\right)=$ _____。

解　应填 $\dfrac{7}{8}$。

方法一：由于 $(X,Y)\sim U(G)$，因此 (X,Y) 的联合概率密度为

$$f(x,y)=\begin{cases}\dfrac{1}{2}, & (x,y)\in G\\[2mm] 0, & (x,y)\notin G\end{cases}$$

从而

$$P\left(\max\{X,Y\}>\frac{1}{2}\right)=1-P\left(\max\{X,Y\}\leqslant\frac{1}{2}\right)=1-P\left(X\leqslant\frac{1}{2},Y\leqslant\frac{1}{2}\right)$$
$$=1-\int_0^{\frac{1}{2}}\int_0^{\frac{1}{2}}\frac{1}{2}\mathrm{d}x\mathrm{d}y=1-\frac{1}{2}\times\frac{1}{2}\times\frac{1}{2}=\frac{7}{8}$$

故填 $\dfrac{7}{8}$。

方法二：由于 $(X,Y)\sim U(G)$，因此由几何概率，得

$$P\left(\max\{X,Y\}>\frac{1}{2}\right)=1-P\left(\max\{X,Y\}\leqslant\frac{1}{2}\right)=1-P\left(X\leqslant\frac{1}{2},Y\leqslant\frac{1}{2}\right)$$
$$=1-\frac{1/4}{2}=\frac{7}{8}$$

故填 $\dfrac{7}{8}$。

13. 设随机变量 X 与 Y 相互独立，且均服从参数 $\lambda=1$ 的指数分布，则 $P(1<X+Y\leqslant2)$
$=$ _____。

解　应填 $2\mathrm{e}^{-1}-3\mathrm{e}^{-2}$。

由于 $X\sim E(1)$，$Y\sim E(1)$，因此 X 与 Y 的概率密度分别为

$$f_X(x)=\begin{cases}\mathrm{e}^{-x}, & x>0\\ 0, & x\leqslant0\end{cases},\ f_Y(y)=\begin{cases}\mathrm{e}^{-y}, & y>0\\ 0, & y\leqslant0\end{cases}$$

又由于 X 与 Y 相互独立，故 (X,Y) 的联合概率密度为

$$f(x,y)=f_X(x)f_Y(y)=\begin{cases}\mathrm{e}^{-(x+y)}, & x>0,y>0\\ 0, & \text{其他}\end{cases}$$

从而

$$P(1<X+Y\leqslant2)=\iint\limits_{1<x+y\leqslant2}f(x,y)\mathrm{d}x\mathrm{d}y$$
$$=\int_0^1\mathrm{d}x\int_{1-x}^{2-x}\mathrm{e}^{-(x+y)}\mathrm{d}y+\int_1^2\mathrm{d}x\int_0^{2-x}\mathrm{e}^{-(x+y)}\mathrm{d}y$$
$$=2\mathrm{e}^{-1}-3\mathrm{e}^{-2}$$

故填 $2\mathrm{e}^{-1}-3\mathrm{e}^{-2}$。

14. 设离散型随机变量 X、Y 相互独立，其分布律分别为

X	-1	0	1
P	$\dfrac{1}{3}$	$\dfrac{1}{3}$	$\dfrac{1}{3}$

Y	-1	1
P	$\dfrac{1}{3}$	$\dfrac{2}{3}$

则 $P(X=Y)=$ _____。

解　应填 $\dfrac{1}{3}$。

由于 X 与 Y 相互独立，因此

$$P(X=Y)=P(X=-1,Y=-1)+P(X=1,Y=1)$$
$$=P(X=-1)P(Y=-1)+P(X=1)P(Y=1)$$
$$=\frac{1}{3}\times\frac{1}{3}+\frac{1}{3}\times\frac{2}{3}=\frac{1}{3}$$

故填 $\dfrac{1}{3}$。

15. 甲、乙两人独立地各进行两次射击，设甲的命中率为 0.2，乙的命中率为 0.5，以 X 和 Y 分别表示甲和乙命中目标的次数，则二维离散型随机变量 $(X，Y)$ 的联合分布律为 _____。

解　应填下表：

X ＼ Y	0	1	2
0	0.16	0.32	0.16
1	0.08	0.16	0.08
2	0.01	0.02	0.01

由题设 $X\sim B(2，0.2)$，$Y\sim B(2，0.5)$，即 X 与 Y 的分布律分别为

X	0	1	2
P	0.64	0.32	0.04

Y	0	1	2
P	0.25	0.5	0.25

由于 X 与 Y 相互独立，因此

$$P(X=i，Y=j)=P(X=i)P(Y=j)，\quad i，j=0，1，2$$

故填上二维表。

16. 设随机变量 X、Y 相互独立，且 $X\sim N(\mu，\sigma^2)$，$Y\sim U[-\pi，\pi]$，则随机变量 $Z=X+Y$ 的概率密度为 $f_Z(z)=$ _____。

解　应填 $\dfrac{1}{2\pi}\left[\varPhi\left(\dfrac{z+\pi-\mu}{\sigma}\right)-\varPhi\left(\dfrac{z-\pi-\mu}{\sigma}\right)\right]$。

由于 $X \sim N(\mu, \sigma^2)$,$Y \sim U[-\pi, \pi]$,因此 X 与 Y 的概率密度分别为

$$f_X(x) = \frac{1}{\sqrt{2\pi}\sigma} e^{-\frac{(x-\mu)^2}{2\sigma^2}}, \quad -\infty < x < +\infty$$

$$f_Y(y) = \begin{cases} \dfrac{1}{2\pi}, & -\pi \leqslant y \leqslant \pi \\ 0, & \text{其他} \end{cases}$$

又由于 X 与 Y 相互独立,故 $Z = X + Y$ 的概率密度为

$$f_Z(z) = \int_{-\infty}^{+\infty} f_X(z-y) f_Y(y) \mathrm{d}y = \int_{-\pi}^{\pi} \frac{1}{\sqrt{2\pi}\sigma} e^{-\frac{(z-y-\mu)^2}{2\sigma^2}} \cdot \frac{1}{2\pi} \mathrm{d}y$$

做变换 $t = \dfrac{z-y-\mu}{\sigma}$,得

$$f_Z(z) = \frac{1}{2\pi} \int_{\frac{z-\pi-\mu}{\sigma}}^{\frac{z+\pi-\mu}{\sigma}} \frac{1}{\sqrt{2\pi}} e^{-\frac{t^2}{2}} \mathrm{d}t = \frac{1}{2\pi} \left[\Phi\left(\frac{z+\pi-\mu}{\sigma}\right) - \Phi\left(\frac{z-\pi-\mu}{\sigma}\right) \right]$$

故填 $\dfrac{1}{2\pi} \left[\Phi\left(\dfrac{z+\pi-\mu}{\sigma}\right) - \Phi\left(\dfrac{z-\pi-\mu}{\sigma}\right) \right]$。

17. 设离散型随机变量 X 的分布律为

X	1	2	3	4
P	$\dfrac{1}{8}$	$\dfrac{1}{2}$	$\dfrac{1}{4}$	$\dfrac{1}{8}$

$Y = \max\{X, 2\}$,则二维离散型随机变量 (X, Y) 的带边缘分布律的联合分布律为_____。

解　应填下表:

X ＼ Y	2	3	4	$p_{i.}$
1	$\dfrac{1}{8}$	0	0	$\dfrac{1}{8}$
2	$\dfrac{1}{2}$	0	0	$\dfrac{1}{2}$
3	0	$\dfrac{1}{4}$	0	$\dfrac{1}{4}$
4	0	0	$\dfrac{1}{8}$	$\dfrac{1}{8}$
$p_{.j}$	$\dfrac{5}{8}$	$\dfrac{1}{4}$	$\dfrac{1}{8}$	1

X 可能的取值为 $1, 2, 3, 4$,Y 可能的取值为 $2, 3, 4$,且

$$P(X=1, Y=2) = P(X=1)P(Y=2 \mid X=1) = \frac{1}{8} \times 1 = \frac{1}{8}$$

$$P(X=1, Y=3) = 0, \quad P(X=1, Y=4) = 0$$

$$P(X=2, Y=2) = P(X=2)P(Y=2 \mid X=2) = \frac{1}{2} \times 1 = \frac{1}{2}$$

$$P(X=2, Y=3)=0, \ P(X=2, Y=4)=0, \ P(X=3, Y=2)=0$$

$$P(X=3, Y=3)=P(X=3)P(Y=3 \mid X=3)=\frac{1}{4} \times 1=\frac{1}{4}$$

$$P(X=3, Y=4)=0, \ P(X=4, Y=2)=0, \ P(X=4, Y=3)=0$$

$$P(X=4, Y=4)=P(X=4)P(Y=4 \mid X=4)=\frac{1}{8} \times 1=\frac{1}{8}$$

故填上表。

18. 设随机变量 X、Y 相互独立同分布，其概率密度均为

$$f(x)=\begin{cases} \mathrm{e}^{1-x}, & x>1 \\ 0, & x \leqslant 1 \end{cases}$$

则随机变量 $Z=X+Y$ 的概率密度为 _____。

解　应填 $f_Z(z)=\begin{cases} \mathrm{e}^{2-z}(z-2), & z>2 \\ 0, & z \leqslant 2 \end{cases}$。

由于 X 与 Y 相互独立，且其概率密度分别为

$$f_X(x)=\begin{cases} \mathrm{e}^{1-x}, & x>1 \\ 0, & x \leqslant 1 \end{cases}, \ f_Y(y)=\begin{cases} \mathrm{e}^{1-y}, & y>1 \\ 0, & y \leqslant 1 \end{cases}$$

因此 Z 的概率密度为

$$f_Z(z)=\int_{-\infty}^{+\infty} f_X(x) f_Y(z-x) \mathrm{d}x$$

由 $\begin{cases} x>1 \\ z-x>1 \end{cases}$，得 $z>1+x$，从而 $z>2$。故当 $z>2$ 时，$f_Z(z)>0$；当 $z \leqslant$ 时，$f_Z(z)=0$。

再由 $\begin{cases} x>1 \\ z-x>1 \end{cases}$，得 $1<x<z-1$，从而 Z 的概率密度为

$$f_Z(z)=\begin{cases} \int_1^{z-1} \mathrm{e}^{1-x} \mathrm{e}^{1-(z-x)} \mathrm{d}x = \mathrm{e}^{2-z}(z-2), & z>2 \\ 0 & z \leqslant 2 \end{cases}$$

故填 $f_Z(z)=\begin{cases} \mathrm{e}^{2-z}(z-2), & z>2 \\ 0 & z \leqslant 2 \end{cases}$。

19. 设随机变量 X、Y 相互独立同分布，其概率密度均为

$$f(x)=\begin{cases} \mathrm{e}^{-x}, & x>0 \\ 0, & x \leqslant 0 \end{cases}$$

则随机变量 $Z=\dfrac{Y}{X}$ 的概率密度为 _____。

解　应填 $f_Z(z)=\begin{cases} \dfrac{1}{(z+1)^2}, & z>0 \\ 0, & z \leqslant 0 \end{cases}$。

由于 X 与 Y 相互独立，且其概率密度分别为

$$f_X(x) = \begin{cases} e^{-x}, & x > 0 \\ 0, & x \leqslant 0 \end{cases}, f_Y(y) = \begin{cases} e^{-y}, & y > 0 \\ 0, & y \leqslant 0 \end{cases}$$

因此 Z 的概率密度为

$$f_Z(z) = \int_{-\infty}^{+\infty} |x| f_X(x) f_Y(xz) \mathrm{d}x$$

由 $\begin{cases} x > 0 \\ xz > 0 \end{cases}$，得 $z > 0$。故当 $z > 0$ 时，$f_Z(z) > 0$；当 $z \leqslant 0$ 时，$f_Z(z) = 0$。

再由 $\begin{cases} x > 0 \\ xz > 0 \end{cases}$，得 $x > 0$，从而 Z 的概率密度为

$$f_Z(z) = \begin{cases} \int_0^{+\infty} x e^{-x} e^{-xz} \mathrm{d}x = \dfrac{1}{(z+1)^2}, & z > 0 \\ 0, & z \leqslant 0 \end{cases}$$

故填 $f_Z(z) = \begin{cases} \dfrac{1}{(z+1)^2}, & z > 0 \\ 0, & z \leqslant 0 \end{cases}$。

20. 设二维连续型随机变量 (X, Y) 的联合概率密度为 $f(x, y)$，则随机变量 $Z = XY$ 的概率密度为 _____。

解　应填 $f_Z(z) = \int_{-\infty}^{+\infty} \dfrac{1}{|x|} f\left(x, \dfrac{z}{x}\right) \mathrm{d}x$，$-\infty < z < +\infty$。

设 Z 的分布函数为 $F_Z(z)$，则

$$F_Z(z) = P(Z \leqslant z) = P(XY \leqslant z) = \iint_{xy \leqslant z} f(x, y) \mathrm{d}x \mathrm{d}y$$

$$= \int_{-\infty}^0 \left[\int_{\frac{z}{x}}^{+\infty} f(x, y) \mathrm{d}y \right] \mathrm{d}x + \int_0^{+\infty} \left[\int_{-\infty}^{\frac{z}{x}} f(x, y) \mathrm{d}y \right] \mathrm{d}x$$

做变换 $t = xy$，得

$$F_Z(z) = \int_{-\infty}^0 \left[\int_z^{-\infty} f\left(x, \frac{t}{x}\right) \frac{1}{x} \mathrm{d}t \right] \mathrm{d}x + \int_0^{+\infty} \left[\int_{-\infty}^z f\left(x, \frac{t}{x}\right) \frac{1}{x} \mathrm{d}t \right] \mathrm{d}x$$

$$= -\int_{-\infty}^0 \left[\int_{-\infty}^z f\left(x, \frac{t}{x}\right) \frac{1}{x} \mathrm{d}t \right] \mathrm{d}x + \int_0^{+\infty} \left[\int_{-\infty}^z f\left(x, \frac{t}{x}\right) \frac{1}{x} \mathrm{d}t \right] \mathrm{d}x$$

$$= \int_{-\infty}^0 \left[\int_{-\infty}^z f\left(x, \frac{t}{x}\right) \frac{1}{|x|} \mathrm{d}t \right] \mathrm{d}x + \int_0^{+\infty} \left[\int_{-\infty}^z f\left(x, \frac{t}{x}\right) \frac{1}{|x|} \mathrm{d}t \right] \mathrm{d}x$$

$$= \int_{-\infty}^{+\infty} \left[\int_{-\infty}^z \frac{1}{|x|} f\left(x, \frac{t}{x}\right) \mathrm{d}t \right] \mathrm{d}x$$

$$= \int_{-\infty}^z \left[\int_{-\infty}^{+\infty} \frac{1}{|x|} f\left(x, \frac{t}{x}\right) \mathrm{d}x \right] \mathrm{d}t$$

由分布函数与概率密度的关系，得

$$f_Z(z) = \int_{-\infty}^{+\infty} \frac{1}{|x|} f\left(x, \frac{z}{x}\right) \mathrm{d}x, \quad -\infty < z + \infty$$

故填 $f_Z(z) = \int_{-\infty}^{+\infty} \frac{1}{|x|} f\left(x, \frac{z}{x}\right) \mathrm{d}x, \quad -\infty < z + \infty$。

21. 设二维连续型随机变量 (X, Y) 的联合概率密度为

$$f(x, y) = \begin{cases} x + y, & 0 < x < 1, 0 < y < 1 \\ 0, & \text{其他} \end{cases}$$

则随机变量 $Z = XY$ 的概率密度为_____。

解　应填 $f_Z(z) = \begin{cases} 2(1-z), & 0 < z < 1 \\ 0, & \text{其他} \end{cases}$。

设 Z 的概率密度为 $f_Z(z)$，则

$$f_Z(z) = \int_{-\infty}^{+\infty} \frac{1}{|x|} f\left(x, \frac{z}{x}\right) \mathrm{d}x$$

由 $\begin{cases} 0 < x < 1 \\ 0 < \dfrac{z}{x} < 1 \end{cases}$，得 $0 < z < x$，从而 $0 < z < 1$。故当 $0 < z < 1$ 时，$f_Z(z) > 0$，在其

他点，$f_Z(z) = 0$。

再由 $\begin{cases} 0 < x < 1 \\ 0 < \dfrac{z}{x} < 1 \end{cases}$，得 $z < x < 1$，从而 Z 的概率密度为

$$f_Z(z) = \begin{cases} \int_z^1 \dfrac{1}{x} \left(x + \dfrac{z}{x}\right) \mathrm{d}x = 2(1-z), & 0 < z < 1 \\ 0, & \text{其他} \end{cases}$$

故填 $f_Z(z) = \begin{cases} 2(1-z), & 0 < z < 1 \\ 0, & \text{其他} \end{cases}$。

22. 设离散型随机变量 X、Y 相互独立，其分布律分别为

$$P(X = i) = p(i), \quad i = 0, 1, 2, \cdots$$
$$P(Y = j) = q(j), \quad j = 0, 1, 2, \cdots$$

则随机变量 $Z = X + Y$ 的分布律为_____。

解　应填 $P(Z = k) = \sum_{i=0}^{k} p(i) q(k-i), \quad k = 0, 1, 2, \cdots$。

由于 X、Y 相互独立，且其分布律分别为

$$P(X = i) = p(i), \quad i = 0, 1, 2, \cdots$$
$$P(Y = j) = q(j), \quad j = 0, 1, 2, \cdots$$

因此 Z 的分布律为

$$P(Z = k) = P(X + Y = k) = \sum_{i=0}^{k} P(X = i, Y = k - i)$$

$$= \sum_{i=0}^{k} P(X = i)P(Y = k - i)$$

$$= \sum_{i=0}^{k} p(i)q(k - i), \quad k = 0, 1, 2, \cdots$$

故填 $P(Z = k) = \sum_{i=0}^{k} p(i)q(k - i), \quad k = 0, 1, 2, \cdots$。

三、解答题

1. 设随机变量 U 在区间 $[-2, 2]$ 上服从均匀分布，定义随机变量

$$X = \begin{cases} -1, & U \leqslant -1 \\ 1, & U > -1 \end{cases}, \quad Y = \begin{cases} -1, & U \leqslant 1 \\ 1, & U > 1 \end{cases}$$

试求：（Ⅰ）(X, Y) 的联合分布律；

（Ⅱ）$X + Y$ 和 $(X + Y)^2$ 的分布律。

解　由于 U 在区间 $[-2, 2]$ 上服从均匀分布，因此 U 的概率密度为

$$f(u) = \begin{cases} \dfrac{1}{4}, & -2 \leqslant u \leqslant 2 \\ 0, & \text{其他} \end{cases}$$

（Ⅰ）X、Y 可能的取值为 -1、1，且

$$P(X = -1, Y = -1) = P(U \leqslant -1, U \leqslant 1) = P(U \leqslant -1) = \int_{-2}^{-1} \frac{1}{4} \mathrm{d}u = \frac{1}{4}$$

$$P(X = -1, Y = 1) = P(U \leqslant -1, U > 1) = 0$$

$$P(X = 1, Y = -1) = P(U > -1, U \leqslant 1) = P(-1 < U \leqslant 1) = \int_{-1}^{1} \frac{1}{4} \mathrm{d}u = \frac{1}{2}$$

$$P(X = 1, Y = 1) = P(U > -1, U > 1) = P(U > 1) = \int_{1}^{2} \frac{1}{4} \mathrm{d}u = \frac{1}{4}$$

即 (X, Y) 的联合分布律为

X＼Y	-1	1
-1	$\dfrac{1}{4}$	0
1	$\dfrac{1}{2}$	$\dfrac{1}{4}$

（Ⅱ）由 (X, Y) 的联合分布律可得 $X + Y$ 和 $(X + Y)^2$ 的分布律分别为

$X + Y$	-2	0	2
P	$\dfrac{1}{4}$	$\dfrac{1}{2}$	$\dfrac{1}{4}$

$(X + Y)^2$	0	4
P	$\dfrac{1}{2}$	$\dfrac{1}{2}$

2. 袋中有 1 只红球、2 只黑球与 3 只白球，现有放回地从袋中取球两次，每次取 1 只球。以 X、Y、Z 分别表示两次取球所取得的红球、黑球与白球的个数。试求：

（Ⅰ）$P(X=1|Z=0)$；

（Ⅱ）二维离散型随机变量 (X,Y) 的联合分布律。

解　（Ⅰ）$P(X=1|Z=0)=\dfrac{C_1^1 C_2^1+C_2^1 C_1^1}{C_3^1 C_3^1}=\dfrac{4}{9}$。

（Ⅱ）X、Y 可能的取值为 0、1、2，且

$$P(X=0,Y=0)=\frac{C_3^1 C_3^1}{C_6^1 C_6^1}=\frac{1}{4},\qquad P(X=0,Y=1)=\frac{C_2^1 C_3^1+C_3^1 C_2^1}{C_6^1 C_6^1}=\frac{1}{3}$$

$$P(X=0,Y=2)=\frac{C_2^1 C_2^1}{C_6^1 C_6^1}=\frac{1}{9},\qquad P(X=1,Y=0)=\frac{C_1^1 C_3^1+C_3^1 C_1^1}{C_6^1 C_6^1}=\frac{1}{6}$$

$$P(X=1,Y=1)=\frac{C_1^1 C_2^1+C_2^1 C_1^1}{C_6^1 C_6^1}=\frac{1}{9},\qquad P(X=1,Y=2)=0$$

$$P(X=2,Y=0)=\frac{C_1^1 C_1^1}{C_6^1 C_6^1}=\frac{1}{36},\qquad P(X=2,Y=1)=0,\qquad P(X=2,Y=2)=0$$

即 (X,Y) 的联合分布律为

X \ Y	0	1	2
0	$\dfrac{1}{4}$	$\dfrac{1}{3}$	$\dfrac{1}{9}$
1	$\dfrac{1}{6}$	$\dfrac{1}{9}$	0
2	$\dfrac{1}{36}$	0	0

3. 设 X 与 Y 是相互独立的随机变量，它们都在区间 $(0,l)$ 上服从均匀分布，试求方程 $t^2+Xt+Y=0$ 有实根的概率。

解　由于 $X\sim U(0,l)$，$Y\sim U(0,l)$，因此 X 与 Y 的概率密度分别为

$$f_X(x)=\begin{cases}\dfrac{1}{l}, & 0<x<l \\ 0, & \text{其他}\end{cases},\quad f_Y(y)=\begin{cases}\dfrac{1}{l}, & 0<y<l \\ 0, & \text{其他}\end{cases}$$

又由于 X 与 Y 相互独立，故 (X,Y) 的联合概率密度为

$$f(x,y)=f_X(x)f_Y(y)=\begin{cases}\dfrac{1}{l^2}, & 0<x<l,0<y<l \\ 0, & \text{其他}\end{cases}$$

从而所求的概率为 $P(\text{"方程 } t^2+Xt+Y=0 \text{ 有实根"})=P(X^2-4Y\geqslant 0)$。

当 $l\leqslant 4$ 时，

$$P(X^2-4Y\geqslant 0)=\int_0^l \mathrm{d}x\int_0^{\frac{x^2}{4}}\frac{1}{l^2}\mathrm{d}y=\frac{l}{12}$$

当 $l > 4$ 时，

$$P(X^2 - 4Y \geqslant 0) = \int_0^l \mathrm{d}y \int_{2\sqrt{y}}^l \frac{1}{l^2} \mathrm{d}y = 1 - \frac{4}{3\sqrt{l}}$$

4. 设二维连续型随机变量 (X, Y) 服从二维正态分布，其联合概率密度为

$$f(x, y) = \frac{1}{2\pi 10^2} \mathrm{e}^{-\frac{1}{2}\left(\frac{x^2}{10^2} + \frac{y^2}{10^2}\right)}, \quad -\infty < x, y < +\infty$$

求 $P(X < Y)$。

解　$P(X < Y) = \iint\limits_{x < y} f(x, y)\mathrm{d}x\mathrm{d}y = \iint\limits_{x < y} \frac{1}{2\pi 10^2} \mathrm{e}^{-\frac{1}{2}\left(\frac{x^2}{10^2} + \frac{y^2}{10^2}\right)} \mathrm{d}x\mathrm{d}y$

$$= \frac{1}{2\pi 10^2} \int_{\frac{\pi}{4}}^{\frac{5\pi}{4}} \mathrm{d}\theta \int_0^{+\infty} \mathrm{e}^{-\frac{\rho^2}{2 \times 10^2}} \rho \mathrm{d}\rho = \frac{1}{2}$$

5. 设二维连续型随机变量 (X, Y) 的联合分布函数为

$$F(x, y) = A\left(B + \arctan \frac{x}{2}\right)\left(C + \arctan \frac{y}{3}\right), \quad -\infty < x, y < +\infty$$

试求：（Ⅰ）常数 A，B，C；

　　　（Ⅱ）联合概率密度 $f(x, y)$；

　　　（Ⅲ）边缘概率密度 $f_X(x)$，$f_Y(y)$。

解　（Ⅰ）由于

$$F(+\infty, +\infty) = A\left(B + \frac{\pi}{2}\right)\left(C + \frac{\pi}{2}\right) = 1$$

$$F(-\infty, +\infty) = A\left(B - \frac{\pi}{2}\right)\left(C + \frac{\pi}{2}\right) = 0$$

$$F(+\infty, -\infty) = A\left(B + \frac{\pi}{2}\right)\left(C - \frac{\pi}{2}\right) = 0$$

因此 $A = \dfrac{1}{\pi^2}$，$B = \dfrac{\pi}{2}$，$C = \dfrac{\pi}{2}$。

（Ⅱ）由于 (X, Y) 的联合分布函数为

$$F(x, y) = \frac{1}{\pi^2}\left(\frac{\pi}{2} + \arctan \frac{x}{2}\right)\left(\frac{\pi}{2} + \arctan \frac{y}{3}\right)$$

因此 (X, Y) 的联合概率密度为

$$f(x, y) = \frac{\partial^2}{\partial x \partial y}F(x, y) = \frac{6}{\pi^2(x^2 + 4)(y^2 + 9)}, \quad -\infty < x, y < +\infty$$

（Ⅲ）　$f_X(x) = \displaystyle\int_{-\infty}^{+\infty} f(x, y)\mathrm{d}y = \int_{-\infty}^{+\infty} \frac{6}{\pi^2(x^2 + 4)(y^2 + 9)}\mathrm{d}y$

$$= \frac{2}{\pi(x^2 + 4)}, \quad -\infty < x < +\infty$$

$$f_Y(y) = \int_{-\infty}^{+\infty} f(x, y)\mathrm{d}x = \int_{-\infty}^{+\infty} \frac{6}{\pi^2(x^2+4)(y^2+9)}\mathrm{d}x$$
$$= \frac{3}{\pi(y^2+9)}, \quad -\infty < y < +\infty$$

6. 设二维连续型随机变量 (X, Y) 的联合概率密度为

$$f(x, y) = \begin{cases} ax^2 + 2xy^2, & 0 \leqslant x \leqslant 1, 0 \leqslant y \leqslant 1 \\ 0, & \text{其他} \end{cases}$$

试求：（Ⅰ）常数 a；

　　（Ⅱ）联合分布函数 $F(x, y)$；

　　（Ⅲ）$P(X < Y)$。

解　（Ⅰ）由 $\int_{-\infty}^{+\infty}\int_{-\infty}^{+\infty} f(x, y)\mathrm{d}x\mathrm{d}y = 1$，得

$$1 = \int_0^1\int_0^1 (ax^2 + 2xy^2)\mathrm{d}x\mathrm{d}y = \frac{1}{3}a + \frac{1}{3}$$

故 $a = 2$。

（Ⅱ）当 $x < 0$ 或 $y < 0$ 时，

$$F(x, y) = 0$$

当 $0 \leqslant x < 1, y \geqslant 1$ 时，

$$F(x, y) = \int_{-\infty}^{x}\int_{-\infty}^{y} f(u, v)\mathrm{d}u\mathrm{d}v = \int_0^x\int_0^1 (2u^2 + 2uv^2)\mathrm{d}u\mathrm{d}v = \frac{2x^3 + x^2}{3}$$

当 $x \geqslant 1, 0 \leqslant y < 1$ 时，

$$F(x, y) = \int_{-\infty}^{x}\int_{-\infty}^{y} f(u, v)\mathrm{d}u\mathrm{d}v = \int_0^1\int_0^y (2u^2 + 2uv^2)\mathrm{d}u\mathrm{d}v = \frac{2y + y^3}{3}$$

当 $0 \leqslant x < 1, 0 \leqslant y < 1$ 时，

$$F(x, y) = \int_{-\infty}^{x}\int_{-\infty}^{y} f(u, v)\mathrm{d}u\mathrm{d}v = \int_0^x\int_0^y (2u^2 + 2uv^2)\mathrm{d}u\mathrm{d}v = \frac{2x^3 y + x^2 y^3}{3}$$

当 $x \geqslant 1, y \geqslant 1$ 时，

$$F(x, y) = 1$$

即 (X, Y) 的联合分布函数为

$$F(x, y) = \begin{cases} 0, & x < 0 \text{ 或 } y < 0 \\ \dfrac{2x^3 + x^2}{3}, & 0 \leqslant x < 1, y \geqslant 1 \\ \dfrac{2y + y^3}{3}, & x \geqslant 1, 0 \leqslant y < 1 \\ \dfrac{2x^3 y + x^2 y^3}{3}, & 0 \leqslant x < 1, 0 \leqslant y < 1 \\ 1, & x \geqslant 1, y \geqslant 1 \end{cases}$$

（Ⅲ）$P(X < Y) = \iint\limits_{x<y} f(x, y)\mathrm{d}x\mathrm{d}y = \int_0^1 \mathrm{d}y \int_0^y (2x^2 + 2xy^2)\mathrm{d}x$

$\qquad\qquad\qquad = \int_0^1 \left(\dfrac{2}{3}y^3 + y^4\right)\mathrm{d}y = \dfrac{11}{30}$

7. 设 U、V 是仅取 -1，1 两值的随机变量，且 $P(U = 1) = 1/2$，$P(V=1|U=1) = P(V=-1|U=-1)=1/3$，

试求：（Ⅰ）二维离散型随机变量 (U, V) 的联合分布律；

　　　（Ⅱ）方程 $x^2 + Ux + V = 0$ 有实根的概率；

　　　（Ⅲ）方程 $x^2 + (U+V)x + U + V = 0$ 有实根的概率。

解　（Ⅰ）U、V 可能的取值为 -1、1，且

$$P(U = -1, V = -1) = P(U=-1)P(V=-1 \mid U=-1) = \frac{1}{2} \times \frac{1}{3} = \frac{1}{6}$$

$$P(U = -1, V = 1) = P(U=-1)P(V=1 \mid U=-1) = \frac{1}{2} \times \left(1 - \frac{1}{3}\right) = \frac{1}{3}$$

$$P(U = 1, V = -1) = P(U=1)P(V=-1 \mid U=1) = \frac{1}{2} \times \left(1 - \frac{1}{3}\right) = \frac{1}{3}$$

$$P(U = 1, V = 1) = P(U=1)P(V=1 \mid U=1) = \frac{1}{2} \times \frac{1}{3} = \frac{1}{6}$$

即 (U, V) 的联合分布律为

U＼V	-1	1
-1	$\dfrac{1}{6}$	$\dfrac{1}{3}$
1	$\dfrac{1}{3}$	$\dfrac{1}{6}$

（Ⅱ）P("方程 $x^2 + Ux + V = 0$ 有实根")

$\qquad = P(U^2 - 4V \geqslant 0)$

$\qquad = P(U=-1, V=-1) + P(U=1, V=-1)$

$\qquad = \dfrac{1}{6} + \dfrac{1}{3} = \dfrac{1}{2}$

（Ⅲ）P("方程 $x^2 + (U+V)x + U + V = 0$ 有实根")

$\qquad = P((U+V)^2 - 4(U+V) \geqslant 0)$

$\qquad = P(U=-1, V=-1) + P(U=-1, V=1) + P(U=1, V=-1)$

$\qquad = \dfrac{1}{6} + \dfrac{1}{3} + \dfrac{1}{3} = \dfrac{5}{6}$

8. 设二维连续型随机变量 (X, Y) 的联合概率密度为

$$f(x, y) = \begin{cases} 1, & |y| < x, 0 < x < 1 \\ 0, & \text{其他} \end{cases}$$

试求：（Ⅰ）条件概率密度 $f_{X|Y}(x|y)$，$f_{Y|X}(y|x)$；

（Ⅱ）$P\left(X > \dfrac{1}{2} \middle| Y > 0\right)$。

解　（Ⅰ）先求 $f_{X|Y}(x|y)$。由于

$$f_Y(y) = \int_{-\infty}^{+\infty} f(x, y)\mathrm{d}x = \begin{cases} \displaystyle\int_{-y}^{1} 1\mathrm{d}x = 1 + y, & -1 < y < 0 \\ \displaystyle\int_{y}^{1} 1\mathrm{d}x = 1 - y, & 0 \leqslant y < 1 \\ 0, & \text{其他} \end{cases}$$

$$= \begin{cases} 1 - |y|, & -1 < y < 1 \\ 0, & \text{其他} \end{cases}$$

因此，$\forall -1 < y < 1$，$f_Y(y) > 0$，X 的条件概率密度为

$$f_{X|Y}(x \mid y) = \frac{f(x, y)}{f_Y(y)} = \begin{cases} \dfrac{1}{1 - |y|}, & |y| < x < 1 \\ 0, & \text{其他} \end{cases}$$

再求 $f_{Y|X}(y|x)$。由于

$$f_X(x) = \int_{-\infty}^{+\infty} f(x, y)\mathrm{d}y = \begin{cases} \displaystyle\int_{-x}^{x} 1\mathrm{d}y = 2x, & 0 < x < 1 \\ 0, & \text{其他} \end{cases}$$

因此，$\forall 0 < x < 1$，$f_X(x) > 0$，Y 的条件概率密度为

$$f_{Y|X}(y \mid x) = \frac{f(x, y)}{f_X(x)} = \begin{cases} \dfrac{1}{2x}, & |y| < x \\ 0, & \text{其他} \end{cases}$$

（Ⅱ）$P\left(X > \dfrac{1}{2} \mid Y > 0\right) = \dfrac{P\left(X > \dfrac{1}{2}, Y > 0\right)}{P(Y > 0)} = \dfrac{\displaystyle\int_{\frac{1}{2}}^{+\infty}\int_{0}^{+\infty} f(x, y)\mathrm{d}x\mathrm{d}y}{\displaystyle\int_{0}^{+\infty} f_Y(y)\mathrm{d}y}$

$$= \frac{\displaystyle\int_{\frac{1}{2}}^{1} \mathrm{d}x \int_{0}^{x} 1\mathrm{d}y}{\displaystyle\int_{0}^{1} (1 - y)\mathrm{d}y} = \frac{3}{4}$$

9. 设 (X, Y) 是二维连续型随机变量，X 的边缘概率密度为

$$f_X(x) = \begin{cases} 3x^2, & 0 < x < 1 \\ 0, & \text{其他} \end{cases}$$

在给定 $X = x(0 < x < 1)$ 的条件下，Y 的条件概率密度为

$$f_{Y|X}(y \mid x) = \begin{cases} \dfrac{3y^2}{x^3}, & 0 < y < x \\ 0, & \text{其他} \end{cases}$$

试求：（Ⅰ）二维连续型随机变量(X,Y)的联合概率密度 $f(x,y)$；

（Ⅱ）Y 的边缘概率密度 $f_Y(y)$；

（Ⅲ）$P(X>2Y)$。

解　（Ⅰ）由题设知，(X,Y) 的联合概率密度为

$$f(x,y)=f_X(x)f_{Y|X}(y\mid x)=\begin{cases}3x^2\cdot\dfrac{3y^2}{x^3}, & 0<y<x<1\\[2mm]0, & \text{其他}\end{cases}$$

$$=\begin{cases}\dfrac{9y^2}{x}, & 0<y<x<1\\[2mm]0, & \text{其他}\end{cases}$$

（Ⅱ）Y 的边缘概率密度 $f_Y(y)$ 为

$$f_Y(y)=\int_{-\infty}^{+\infty}f(x,y)\mathrm{d}x=\begin{cases}\displaystyle\int_y^1\dfrac{9y^2}{x}\mathrm{d}x=-9y^2\ln y, & 0<y<1\\[3mm]0, & \text{其他}\end{cases}$$

（Ⅲ）$P(X>2Y)=\displaystyle\iint_{x>2y}f(x,y)\mathrm{d}x\mathrm{d}y=\int_0^1\mathrm{d}x\int_0^{\frac{x}{2}}\dfrac{9y^2}{x}\mathrm{d}y$

$$=\int_0^1\left[\dfrac{3y^3}{x}\right]_0^{\frac{x}{2}}\mathrm{d}x=\dfrac{3}{8}\int_0^1x^2\mathrm{d}x=\dfrac{1}{8}$$

10. 设随机变量 X、Y 相互独立，X 在区间 $(0,1)$ 上服从均匀分布，Y 的概率密度为

$$f_Y(y)=\begin{cases}\dfrac{1}{2}\mathrm{e}^{-\frac{y}{2}}, & y>0\\[2mm]0, & y\leqslant 0\end{cases}$$

试求：（Ⅰ）二维连续型随机变量 (X,Y) 的联合概率密度；

（Ⅱ）二次方程 $t^2+2Xt+Y=0$ 有实根的概率。

解　（Ⅰ）由于 $X\sim U(0,1)$，因此 X 的概率密度为

$$f_X(x)=\begin{cases}1, & 0<x<1\\0, & \text{其他}\end{cases}$$

又由于 X、Y 相互独立，故 (X,Y) 的联合概率密度为

$$f(x,y)=f_X(x)f_Y(y)=\begin{cases}\dfrac{1}{2}\mathrm{e}^{-\frac{y}{2}}, & 0<x<1,\ y>0\\[2mm]0, & \text{其他}\end{cases}$$

（Ⅱ）$P(\text{“方程 }t^2+2Xt+Y=0\text{ 有实根”})$

$$=P(4X^2-4Y\geqslant 0)=P(X^2\geqslant Y)=\iint_{x^2\geqslant y}f(x,y)\mathrm{d}x\mathrm{d}y$$

$$=\int_0^1\mathrm{d}x\int_0^{x^2}\dfrac{1}{2}\mathrm{e}^{-\frac{y}{2}}\mathrm{d}y=\int_0^1\left[-\mathrm{e}^{-\frac{y}{2}}\right]_0^{x^2}\mathrm{d}x=\int_0^1(1-\mathrm{e}^{-\frac{x^2}{2}})\mathrm{d}x=1-\int_0^1\mathrm{e}^{-\frac{x^2}{2}}\mathrm{d}x$$

$$= 1 - \sqrt{2\pi}\int_0^1 \frac{1}{\sqrt{2\pi}} e^{-\frac{x^2}{2}} dx = 1 - \sqrt{2\pi}[\Phi(1) - \Phi(0)]$$

11. 设二维连续型随机变量(X, Y)的联合概率密度为

$$f(x, y) = Ae^{-2x^2+2xy-y^2}, \quad -\infty < x < +\infty, \ -\infty < y < +\infty$$

求常数 A 及条件概率密度 $f_{Y|X}(y|x)$。

解 由于 $f_X(x) = \int_{-\infty}^{+\infty} f(x, y) dy = A\int_{-\infty}^{+\infty} e^{-2x^2+2xy-y^2} dy = A\int_{-\infty}^{+\infty} e^{-(x-y)^2-x^2} dy$

$$= Ae^{-x^2}\int_{-\infty}^{+\infty} e^{-(x-y)^2} dy = A\sqrt{\pi}\, e^{-x^2}, \quad -\infty < x < +\infty$$

因此

$$1 = \int_{-\infty}^{+\infty} f_X(x) dx = A\sqrt{\pi}\int_{-\infty}^{+\infty} e^{-x^2} dx = A\pi$$

从而 $A = \dfrac{1}{\pi}$。

由于

$$f_X(x) = \frac{\sqrt{\pi}}{\pi} e^{-x^2} = \frac{1}{\sqrt{\pi}} e^{-x^2}, \quad -\infty < x < +\infty$$

因此，$\forall -\infty < x + \infty$，$f_X(x) > 0$，$Y$ 的条件概率密度为

$$f_{Y|X}(y|x) = \frac{f(x, y)}{f_X(x)} = \frac{\dfrac{1}{\pi} e^{-2x^2+2xy-y^2}}{\dfrac{1}{\sqrt{\pi}} e^{-x^2}} = \frac{1}{\sqrt{\pi}} e^{-x^2+2xy-y^2}$$

$$= \frac{1}{\sqrt{\pi}} e^{-(x-y)^2}, \quad -\infty < y < +\infty$$

12. 设二维连续型随机变量(X, Y)的联合概率密度为

$$f(x, y) = \begin{cases} e^{-y}, & x > 0, \ y > x \\ 0, & \text{其他} \end{cases}$$

试求：（Ⅰ）X、Y 的边缘概率密度，并判别其独立性；

（Ⅱ）X、Y 的条件概率密度；

（Ⅲ）$P(X > 2 | Y < 4)$。

解 （Ⅰ） $f_X(x) = \int_{-\infty}^{+\infty} f(x, y) dy = \begin{cases} \int_x^{+\infty} e^{-y} dy = e^{-x}, & x > 0 \\ 0, & x \leqslant 0 \end{cases}$

$$f_Y(y) = \int_{-\infty}^{+\infty} f(x, y) dx = \begin{cases} \int_0^y e^{-y} dx = ye^{-y}, & y > 0 \\ 0, & y \leqslant 0 \end{cases}$$

由于 $f(1,2)=e^{-2}\neq 2e^{-3}=e^{-1}\cdot 2e^{-2}=f_X(1)f_Y(2)$，因此 X、Y 不相互独立。

（Ⅱ）$\forall y>0$，$f_Y(y)>0$，X 的条件概率密度为

$$f_{X|Y}(x\mid y)=\frac{f(x,y)}{f_Y(y)}=\begin{cases}\dfrac{1}{y}, & 0<x<y \\ 0, & \text{其他}\end{cases}$$

$\forall x>0$，$f_X(x)>0$，Y 的条件概率密度为

$$f_{Y|X}(y\mid x)=\frac{f(x,y)}{f_X(x)}=\begin{cases}e^{x-y}, & y>x \\ 0, & \text{其他}\end{cases}$$

（Ⅲ）$P(X>2\mid Y<4)=\dfrac{P(X>2,Y<4)}{P(Y<4)}=\dfrac{\displaystyle\int_2^4 dx\int_x^4 e^{-y}dy}{\displaystyle\int_0^4 ye^{-y}dy}=\dfrac{e^{-2}-3e^{-4}}{1-5e^{-4}}$。

13. 设某班车起点站上客人数 X 服从参数为 $\lambda(\lambda>0)$ 的泊松分布。每位乘客在中途下车的概率为 $p(0<p<1)$，且中途下车与否相互独立，以 Y 表示在中途下车的人数，试求：

（Ⅰ）在发车时有 n 个乘客的条件下，中途有 m 个乘客下车的概率；

（Ⅱ）二维离散型随机变量 (X,Y) 的联合分布律；

（Ⅲ）(X,Y) 关于 Y 的边缘分布律。

解 （Ⅰ）由于 $X\sim P(\lambda)$，因此 X 的分布律为

$$P(X=n)=\frac{\lambda^n}{n!}e^{-\lambda}, \quad n=1,2,\cdots$$

从而在发车时有 n 个乘客的条件下，中途有 m 个乘客下车的概率为

$$P(Y=m\mid X=n)=C_n^m p^m(1-p)^{n-m}, \quad 0\leqslant m\leqslant n, n=0,1,2\cdots$$

（Ⅱ）(X,Y) 的联合分布律为

$$P(X=n,Y=m)=P(X=n)P(Y=m\mid X=n)$$

$$=C_n^m p^m(1-p)^{n-m}\frac{\lambda^n}{n!}e^{-\lambda}, \quad 0\leqslant m\leqslant n, n=0,1,2,\cdots$$

（Ⅲ）Y 的边缘分布律为

$$P(Y=m)=\sum_{n=0}^{\infty}P(X=n,Y=m)=\sum_{n=m}^{\infty}C_n^m p^m(1-p)^{n-m}\frac{\lambda^n}{n!}e^{-\lambda}$$

$$=\sum_{n=m}^{\infty}\frac{n!}{m!(n-m)!}p^m(1-p)^{n-m}\frac{\lambda^n}{n!}e^{-\lambda}$$

$$=\frac{(\lambda p)^m}{m!}e^{-\lambda}\sum_{n=m}^{\infty}\frac{[\lambda(1-p)]^{n-m}}{(n-m)!}=\frac{(\lambda p)^m}{m!}e^{-\lambda p}, \quad m=0,1,2,\cdots$$

14. 设随机变量 X 与 Y 相互独立，X 的分布律为 $P(X=i)=\dfrac{1}{3}(i=-1,0,1)$，$Y$ 的概率密度为

$$f_Y(y) = \begin{cases} 1, & 0 \leqslant y < 1 \\ 0, & \text{其他} \end{cases}$$

记 $Z = X + Y$，试求：

（Ⅰ）条件概率 $P(Z \leqslant \frac{1}{2} \mid X = 0)$；（Ⅱ）$Z$ 的概率密度。

解　（Ⅰ）由于 X 与 Y 相互独立，因此

$$P\left(Z \leqslant \frac{1}{2} \mid X = 0\right) = P\left(X + Y \leqslant \frac{1}{2} \mid X = 0\right) = P\left(Y \leqslant \frac{1}{2} \mid X = 0\right)$$

$$= P\left(Y \leqslant \frac{1}{2}\right) = \int_0^{\frac{1}{2}} 1 \mathrm{d}y = \frac{1}{2}$$

（Ⅱ）设 Y 的分布函数为 $F_Y(y)$，Z 的分布函数和概率密度分别为 $F_Z(z)$，$f_Z(z)$，由全概率公式及 X 与 Y 相互独立，得

$$F_Z(z) = P(Z \leqslant z) = P(X + Y \leqslant z)$$

$$= P(X = -1)P(X + Y \leqslant z \mid X = -1) + P(X = 0)P(X + Y \leqslant z \mid X = 0)$$

$$\quad + P(X = 1)P(X + Y \leqslant z \mid X = 1)$$

$$= \frac{1}{3}[P(Y \leqslant z + 1 \mid X = -1) + P(Y \leqslant z \mid X = 0) + P(Y \leqslant z - 1 \mid X = 1)]$$

$$= \frac{1}{3}[P(Y \leqslant z + 1) + P(Y \leqslant z) + P(Y \leqslant z - 1]$$

$$= \frac{1}{3}[F_Y(z + 1) + F_Y(z) + F_Y(z - 1)]$$

从而 Z 的概率密度为

$$f_Z(z) = F_Z'(z) = \frac{1}{3}[F_Y'(z + 1) + F_Y'(z) + F_Y'(z - 1)]$$

$$= \frac{1}{3}[f_Y(z + 1) + f_Y(z) + f_Y(z - 1)]$$

$$= \begin{cases} \dfrac{1}{3}, & -1 \leqslant z < 2 \\ 0, & \text{其他} \end{cases}$$

15.设随机变量 X、Y 相互独立，且 $X \sim E(\lambda)$，$Y \sim E(\mu)$，令

$$Z = \begin{cases} 1, & X \leqslant Y \\ 0, & X > Y \end{cases}$$

试求：（Ⅰ）条件概率密度 $f_{X|Y}(x \mid y)$；（Ⅱ）求随机变量 Z 的分布律和分布函数。

　　解　由于 $X \sim E(\lambda)$，$Y \sim E(\mu)$，因此 X 与 Y 的概率密度分别为

$$f_X(x) = \begin{cases} \lambda \mathrm{e}^{-\lambda x}, & x > 0 \\ 0, & x \leqslant 0 \end{cases}, \quad f_Y(y) = \begin{cases} \mu \mathrm{e}^{-\mu y}, & y > 0 \\ 0, & y \leqslant 0 \end{cases}$$

又由于 X 与 Y 相互独立，故 (X,Y) 的联合概率密度为

$$f(x,y)=f_X(x)f_Y(y)=\begin{cases}\lambda\mu e^{-(\lambda x+\mu y)}, & x>0,\ y>0 \\ 0, & 其他\end{cases}$$

（Ⅰ）$\forall y>0$，$f_Y(y)>0$，X 的条件概率密度为

$$f_{X|Y}(x|y)=\frac{f(x,y)}{f_Y(y)}=\frac{f_X(x)f_Y(y)}{f_Y(y)}=f_X(x)=\begin{cases}\lambda e^{-\lambda x}, & x>0 \\ 0, & x\leqslant 0\end{cases}$$

（Ⅱ）Z 可能的取值为 0、1，且

$$P(Z=1)=P(X\leqslant Y)=\iint\limits_{x\leqslant y}f(x,y)\mathrm{d}x\mathrm{d}y=\int_0^{+\infty}\mathrm{d}x\int_x^{+\infty}\lambda\mu e^{-(\lambda x+\mu y)}\mathrm{d}y$$

$$=\int_0^{+\infty}\left[-\lambda e^{-(\lambda x+\mu y)}\right]_x^{+\infty}\mathrm{d}x=\int_0^{+\infty}\lambda e^{-(\lambda+\mu)x}\mathrm{d}x=\frac{\lambda}{\lambda+\mu}$$

$$P(Z=0)=1-P(Z=1)=1-\frac{\lambda}{\lambda+\mu}=\frac{\mu}{\lambda+\mu}$$

即 Z 的分布律为

Z	0	1
P	$\dfrac{\mu}{\lambda+\mu}$	$\dfrac{\lambda}{\lambda+\mu}$

从而 Z 的分布函数为

$$f_Z(z)=\begin{cases}0, & z<0 \\ \dfrac{\mu}{\lambda+\mu}, & 0\leqslant z<1 \\ 1, & z\geqslant 1\end{cases}$$

16. 一旅客到达火车站的时间 X 在早上 7:55 至 8:00 之间服从均匀的分布，Y 为火车在这段时间开出的时刻（单位：分钟），其概率密度为

$$f_Y(y)=\begin{cases}\dfrac{2}{25}(5-y), & 0\leqslant y\leqslant 5 \\ 0, & 其他\end{cases}$$

试求：（Ⅰ）旅客能赶上火车的概率；

（Ⅱ）$Z=Y-X$ 的概率密度。

解　（Ⅰ）由题设知，X（单位：分钟）在区间 $[0,5]$ 上服从均匀分布，从而 X 的概率密度为

$$f_X(x)=\begin{cases}\dfrac{1}{5}, & 0\leqslant x\leqslant 5 \\ 0, & 其他\end{cases}$$

由于 X 与 Y 相互独立，因此(X, Y)的联合概率密度为

$$f(x, y) = f_X(x) f_Y(y) = \begin{cases} \dfrac{2}{125}(5-y), & 0 \leqslant x \leqslant 5, 0 \leqslant y \leqslant 5 \\ 0, & \text{其他} \end{cases}$$

从而旅客能赶上火车的概率为

$$P(0 \leqslant Y - X \leqslant 5) = \iint\limits_{0 \leqslant y - x \leqslant 5} f(x, y) \mathrm{d}x\mathrm{d}y = \int_0^5 \mathrm{d}y \int_0^y \frac{2}{125}(5-y)\mathrm{d}x = \frac{1}{3}$$

（Ⅱ）设 $Z = Y - X$ 的概率密度为 $f_Z(z)$，则

$$f_Z(z) = \int_{-\infty}^{+\infty} f(x, z+x)\mathrm{d}x$$

由 $\begin{cases} 0 < x < 5 \\ 0 < z + x < 5 \end{cases}$，得 $-x < z < -5$，从而 $-5 < z < 5$。故当 $-5 < z < 5$ 时，$f_Z(z) > 0$，在其他点，$f_Z(z) = 0$。

再由 $\begin{cases} 0 < x < 5 \\ 0 < z + x < 5 \end{cases}$，得 $\begin{cases} 0 < x < 5 \\ -z < x < 5 - z \end{cases}$，从而 Z 的概率密度为

$$f_Z(z) = \int_{-\infty}^{+\infty} f(x, z+x)\mathrm{d}x$$

$$= \begin{cases} \displaystyle\int_{-z}^5 \frac{2}{125}(5-z-x)\mathrm{d}x = \frac{1}{125}(25 - z^2), & -5 < z < 0 \\ \displaystyle\int_0^{5-z} \frac{2}{125}(5-z-x)\mathrm{d}x = \frac{1}{125}(5-z)^2, & 0 \leqslant z \leqslant 5 \\ 0, & \text{其他} \end{cases}$$

17. 某种商品一周的需求量是一个随机变量，其概率密度为

$$f(x) = \begin{cases} x\mathrm{e}^{-x}, & x > 0 \\ 0, & x \leqslant 0 \end{cases}$$

设各周的需求量是相互独立的。试求：

（Ⅰ）两周的需求量 Y 的概率密度；

（Ⅱ）三周的需求量 Z 的概率密度。

解　设 $X_i (i = 1, 2, 3)$ 表示某种商品第 i 周的需求量，则 X_1，X_2，X_3 相互独立，且其概率密度均为

$$f(x) = \begin{cases} x\mathrm{e}^{-x}, & x > 0 \\ 0, & x \leqslant 0 \end{cases}$$

（Ⅰ）由于 $Y = X_1 + X_2$，因此 Y 的概率密度为

$$f_Y(y) = \int_{-\infty}^{+\infty} f(x) f(y-x)\mathrm{d}x$$

由 $\begin{cases} x>0 \\ y-x>0 \end{cases}$，得 $y>x$，从而 $y>0$。故当 $y>0$ 时，$f_Y(y)>0$，当 $y\leqslant0$ 时，$f_Y(y)=0$。

再由 $\begin{cases} x>0 \\ y-x>0 \end{cases}$，得 $0<x<y$，从而 Y 的概率密度为

$$f_Y(y)=\int_{-\infty}^{+\infty}f(x)f(y-x)\mathrm{d}x=\begin{cases} \int_0^y x\mathrm{e}^{-x}(y-x)\mathrm{e}^{-(y-x)}\mathrm{d}x=\dfrac{y^3\mathrm{e}^{-y}}{3!}, & y>0 \\ 0, & y\leqslant0 \end{cases}$$

（Ⅱ）由于 $Z=Y+X_3$，且 Y 与 X_3 相互独立，因此 Z 的概率密度为

$$f_Z(z)=\int_{-\infty}^{+\infty}f_Y(y)f(z-y)\mathrm{d}y$$

由 $\begin{cases} y>0 \\ z-y>0 \end{cases}$，得 $z>y$，从而 $z>0$。故当 $z>0$ 时，$f_Z(z)>0$；当 $z\leqslant0$ 时，$f_Z(z)=0$。

再由 $\begin{cases} y>0 \\ z-y>0 \end{cases}$，得 $0<y<z$，从而 Z 的概率密度为

$$f_Z(z)=\int_{-\infty}^{+\infty}f_Y(y)f(z-y)\mathrm{d}y=\begin{cases} \int_0^z \dfrac{y^3\mathrm{e}^{-y}}{3!}(z-y)\mathrm{e}^{-(z-y)}\mathrm{d}y=\dfrac{z^5\mathrm{e}^{-z}}{5!}, & z>0 \\ 0, & z\leqslant0 \end{cases}$$

18. 设二维连续型随机变量 (X,Y) 的联合概率密度为

$$f(x,y)=\begin{cases} A(1+y+xy), & 0<x<1,0<y<1 \\ 0, & 其他 \end{cases}$$

（Ⅰ）试确定常数 A；

（Ⅱ）试问 X、Y 是否相互独立，为什么？

（Ⅲ）试求 $Z=X+Y$ 的概率密度。

解 （Ⅰ）由 $\int_{-\infty}^{+\infty}f(x,y)\mathrm{d}x\mathrm{d}y=1$，得

$$1=\int_0^1\int_0^1 A(1+y+xy)\mathrm{d}x\mathrm{d}y=A\left(1+\frac{1}{2}+\frac{1}{4}\right)=\frac{7}{4}A$$

故 $A=\dfrac{4}{7}$。

（Ⅱ）由于

$$f_X(x)=\int_{-\infty}^{+\infty}f(x,y)\mathrm{d}y=\begin{cases} \int_0^1 \dfrac{4}{7}(1+y+xy)\mathrm{d}y=\dfrac{2}{7}(3+x), & 0<x<1 \\ 0, & 其他 \end{cases}$$

$$f_Y(y)=\int_{-\infty}^{+\infty}f(x,y)\mathrm{d}x=\begin{cases} \int_0^1 \dfrac{4}{7}(1+y+xy)\mathrm{d}x=\dfrac{2}{7}(2+3y), & 0<y<1 \\ 0, & 其他 \end{cases}$$

且

$$f\left(\frac{1}{3},\frac{1}{3}\right)=\frac{52}{63}\neq\frac{40}{49}=\frac{20}{21}\times\frac{6}{7}=f_X\left(\frac{1}{3}\right)f_Y\left(\frac{1}{3}\right)$$

因此 X 与 Y 不相互独立。

（Ⅲ） $Z=X+Y$ 的概率密度为

$$f_Z(z)=\int_{-\infty}^{+\infty}f(x,z-x)\mathrm{d}x$$

由 $\begin{cases}0<x<1\\0<z-x<1\end{cases}$，得 $x<z<1+x$，从而 $0<z<2$。故当 $0<z<2$ 时，$f_Z(z)>0$，在其他点，$f_Z(z)=0$。

再由 $\begin{cases}0<x<1\\0<z-x<1\end{cases}$，得 $\begin{cases}0<x<1\\z-1<x<z\end{cases}$，从而 Z 的概率密度为

$$f_Z(z)=\int_{-\infty}^{+\infty}f(x,z-x)\mathrm{d}x$$

$$=\begin{cases}\displaystyle\int_0^z\frac{4}{7}[1+(z-x)+x(z-x)]\mathrm{d}x=\frac{2}{21}(6z+3z^2+z^3),&0<z<1\\\displaystyle\int_{z-1}^1\frac{4}{7}[1+(z-x)+x(z-x)]\mathrm{d}x=\frac{2}{21}(8+6z-3z^2-z^3),&1\leqslant z<2\\0,&\text{其他}\end{cases}$$

19. 设二维连续型随机变量 (X,Y) 的联合概率密度为

$$f(x,y)=\begin{cases}1,&0<x<1,0<y<2x\\0,&\text{其他}\end{cases}$$

试求：（Ⅰ）(X,Y) 的边缘概率密度 $f_X(x)$，$f_Y(y)$；

（Ⅱ）$Z=2X-Y$ 的概率密度 $f_Z(z)$；

（Ⅲ）$P\left(Y\leqslant\frac{1}{2}\,\Big|\,X\leqslant\frac{1}{2}\right)$。

解　（Ⅰ）　$f_X(x)=\int_{-\infty}^{+\infty}f(x,y)\mathrm{d}y=\begin{cases}\displaystyle\int_0^{2x}1\mathrm{d}y=2x,&0<x<1\\0,&\text{其他}\end{cases}$

$$f_Y(y)=\int_{-\infty}^{+\infty}f(x,y)\mathrm{d}x=\begin{cases}\displaystyle\int_{\frac{y}{2}}^11\mathrm{d}y=1-\frac{y}{2},&0<y<2\\0,&\text{其他}\end{cases}$$

（Ⅱ）方法一：设 Z 的分布函数为 $F_Z(z)$，则

$$F_Z(z)=P(Z\leqslant z)=P(2X-Y\leqslant z)=\iint\limits_{2x-y\leqslant z}f(x,y)\mathrm{d}x\mathrm{d}y$$

当 $\frac{z}{2}<0$，即 $z<0$ 时，

$$F_Z(z) = 0$$

当 $0 \leqslant \dfrac{z}{2} < 1$，即 $0 \leqslant z < 2$ 时，

$$F_Z(z) = \iint\limits_{2x-y \leqslant z} f(x, y)\mathrm{d}x\mathrm{d}y = 1 - \frac{1}{2}\left(1 - \frac{z}{2}\right)(2 - z) = z - \frac{z^2}{4}$$

当 $\dfrac{z}{2} \geqslant 1$，即 $z \geqslant 2$ 时，

$$F_Z(z) = 1$$

从而 Z 的概率密度为

$$f_Z(z) = F'_Z(z) = \begin{cases} 1 - \dfrac{z}{2}, & 0 < z < 2 \\ 0, & \text{其他} \end{cases}$$

方法二：$Z = 2X - Y$ 的概率密度为

$$f_Z(z) = \int_{-\infty}^{+\infty} f(x, 2x - z)\mathrm{d}x$$

由 $\begin{cases} 0 < x < 1 \\ 0 < 2x - z < 2x \end{cases}$，得 $0 < z < 2x$，从而 $0 < z < 2$。故当 $0 < z < 2$ 时，$f_Z(z) > 0$，在其他点，$f_Z(z) = 0$。

再由 $\begin{cases} 0 < x < 1 \\ 0 < 2x - z < 2x \end{cases}$，得 $\begin{cases} 0 < x < 1 \\ \dfrac{z}{2} < x \end{cases}$，从而 Z 的概率密度为

$$f_Z(z) = \int_{-\infty}^{+\infty} f(x, 2x - z)\mathrm{d}x = \begin{cases} \displaystyle\int_{\frac{z}{2}}^{1} 1\mathrm{d}x = 1 - \frac{z}{2}, & 0 < z < 2 \\ 0, & \text{其他} \end{cases}$$

（Ⅲ）$P\left(Y \leqslant \dfrac{1}{2} \,\middle|\, X \leqslant \dfrac{1}{2}\right) = \dfrac{P\left(X \leqslant \dfrac{1}{2}, Y \leqslant \dfrac{1}{2}\right)}{P\left(X \leqslant \dfrac{1}{2}\right)} = \dfrac{\displaystyle\int_0^{\frac{1}{2}} \mathrm{d}y \int_{\frac{z}{2}}^{\frac{1}{2}} 1\mathrm{d}x}{\displaystyle\int_0^{\frac{1}{2}} 2x\mathrm{d}x} = \dfrac{\dfrac{3}{16}}{\dfrac{1}{4}} = \dfrac{3}{4}$

20. 设二维连续型随机变量 (X, Y) 在区域 $G = \{(x, y) \mid 1 \leqslant x \leqslant 3, 1 \leqslant y \leqslant 3\}$ 上服从均匀分布，试求随机变量 $U = |X - Y|$ 的概率密度 $p(u)$。

解　由于 $(X, Y) \sim U(G)$，因此 (X, Y) 的联合概率密度为

$$f(x, y) = \begin{cases} \dfrac{1}{4}, & 1 \leqslant x \leqslant 3, 1 \leqslant y \leqslant 3 \\ 0, & \text{其他} \end{cases}$$

设 U 的分布函数为 $F(u)$，则

$$F(u) = P(U \leqslant u) = P(|X - Y| \leqslant u) = \iint\limits_{|x-y| \leqslant u} f(x, y)\mathrm{d}x\mathrm{d}y$$

当 $u<0$ 时，
$$F(u)=0$$

当 $0 \leqslant u<2$ 时，
$$F(u)=\iint\limits_{|x-y| \leqslant u} f(x, y) \mathrm{d}x \mathrm{d}y=\frac{1}{4}[4-(2-u)^2]=1-\frac{1}{4}(2-u)^2$$

当 $u \geqslant 2$ 时，
$$F(u)=1$$

从而 U 的概率密度为
$$p(u)=F'(u)=\begin{cases} \dfrac{1}{2}(2-u), & 0<u<2 \\ 0, & \text{其他} \end{cases}$$

21. 设二维连续型随机变量 (X, Y) 的联合概率密度为
$$f(x, y)=\begin{cases} 2-x-y, & 0<x<1, 0<y<1 \\ 0, & \text{其他} \end{cases}$$

试求：（Ⅰ）$P(X>2Y)$；（Ⅱ）$Z=X+Y$ 的概率密度 $f_Z(z)$。

解 （Ⅰ）$P(X>2Y)=\iint\limits_{x>2y} f(x, y) \mathrm{d}x \mathrm{d}y=\int_0^1 \mathrm{d}x \int_0^{\frac{x}{2}} (2-x-y) \mathrm{d}y$

$$=\int_0^1 \left(x-\frac{x^2}{2}-\frac{x^2}{8}\right) \mathrm{d}x=\int_0^1 \left(x-\frac{5x^2}{8}\right) \mathrm{d}x=\frac{7}{24}$$

（Ⅱ）$Z=X+Y$ 的概率密度为
$$f_Z(z)=\int_{-\infty}^{+\infty} f(x, z-x) \mathrm{d}x$$

由 $\begin{cases} 0<x<1 \\ 0<z-x<1 \end{cases}$，得 $x<z<1+x$，从而 $0<z<2$。故当 $0<z<2$ 时，$f_Z(z)>0$，在其他点，$f_Z(z)=0$。

再由 $\begin{cases} 0<x<1 \\ 0<z-x<1 \end{cases}$，得 $\begin{cases} 0<x<1 \\ z-1<x<z \end{cases}$，从而 Z 的概率密度为

$$f_Z(z)=\int_{-\infty}^{+\infty} f(x, z-x) \mathrm{d}x=\begin{cases} \displaystyle\int_0^z [2-x-(z-x)] \mathrm{d}x=z(2-z), & 0<z<1 \\ \displaystyle\int_{z-1}^1 [2-x-(z-x)] \mathrm{d}x=(2-z)^2, & 1 \leqslant z \leqslant 2 \\ 0, & \text{其他} \end{cases}$$

22. 设随机变量 X 与 Y 相互独立，其概率密度分别为
$$f_X(x)=\begin{cases} 1, & 0 \leqslant x \leqslant 1 \\ 0, & \text{其他} \end{cases}, \quad f_Y(y)=\begin{cases} \mathrm{e}^{-y}, & y>0 \\ 0, & \text{其他} \end{cases}$$

求随机变量 $Z=2X+Y$ 的概率密度。

解 方法一：由于 X、Y 相互独立，因此(X,Y)的联合概率密度为

$$f(x,y)=f_X(x)f_Y(y)=\begin{cases}\mathrm{e}^{-y}, & 0\leqslant x\leqslant 1, \ y>0 \\ 0 & \text{其他}\end{cases}$$

设 Z 的分布函数为 $F_Z(z)$，则

$$F_Z(z)=P(Z\leqslant z)=P(2X+Y\leqslant z)=\iint\limits_{2x+y\leqslant z}f(x,y)\mathrm{d}x\mathrm{d}y$$

当 $\dfrac{z}{2}<0$，即 $z<0$ 时，

$$F_Z(z)=0$$

当 $0\leqslant\dfrac{z}{2}<1$，即 $0\leqslant z<2$ 时，

$$F_Z(z)=\iint\limits_{2x+y\leqslant z}f(x,y)\mathrm{d}x\mathrm{d}y=\int_0^z\mathrm{d}y\int_0^{\frac{z-y}{2}}\mathrm{e}^{-y}\mathrm{d}x=\int_0^z\frac{z-y}{2}\mathrm{e}^{-y}\mathrm{d}y=\frac{1}{2}(\mathrm{e}^{-z}+z-1)$$

当 $\dfrac{z}{2}\geqslant 1$，即 $z\geqslant 2$ 时，

$$F_Z(z)=\iint\limits_{2x+y\leqslant z}f(x,y)\mathrm{d}x\mathrm{d}y=\int_0^1\mathrm{d}x\int_0^{z-2x}\mathrm{e}^{-y}\mathrm{d}y=\int_0^1(1-\mathrm{e}^{-z+2x})\mathrm{d}x=1-\frac{1}{2}(\mathrm{e}^2-1)\mathrm{e}^{-z}$$

从而 Z 的概率密度为

$$f_Z(z)=F_Z'(z)=\begin{cases}\dfrac{1}{2}(1-\mathrm{e}^{-z}), & 0<z<2 \\[2mm] \dfrac{1}{2}(\mathrm{e}^2-1)\mathrm{e}^{-z}, & z\geqslant 2 \\[2mm] 0, & z\leqslant 0\end{cases}$$

方法二：由于

$$f_X(x)=\begin{cases}1, & 0\leqslant x\leqslant 1 \\ 0, & \text{其他}\end{cases}, \quad f_Y(y)=\begin{cases}\mathrm{e}^{-y}, & y>0 \\ 0, & \text{其他}\end{cases}$$

且 X、Y 相互独立，因此 Z 的概率密度为

$$f_Z(z)=\int_{-\infty}^{+\infty}f_X(x)f_Y(z-2x)\mathrm{d}x$$

由 $\begin{cases}0\leqslant x\leqslant 1 \\ z-2x>0\end{cases}$，得 $z>2x$，从而 $z>0$。故当 $z>0$ 时，$f_Z(z)>0$，当 $z\leqslant 0$ 时，$f_Z(z)=0$。

再由 $\begin{cases}0\leqslant x\leqslant 1 \\ z-2x>0\end{cases}$，得 $\begin{cases}0\leqslant x\leqslant 1 \\ x<\dfrac{z}{2}\end{cases}$ ，从而 Z 的概率密度为

$$f_Z(z)=\begin{cases}\displaystyle\int_0^{\frac{z}{2}}\mathrm{e}^{-(z-2x)}\mathrm{d}x=\frac{1}{2}(1-\mathrm{e}^{-z}), & 0<z<2 \\[3mm] \displaystyle\int_0^1\mathrm{e}^{-(z-2x)}\mathrm{d}x=\frac{1}{2}(\mathrm{e}^2-1)\mathrm{e}^{-z}, & z\geqslant 2 \\[3mm] 0, & z\leqslant 0\end{cases}$$

23. 设二维连续型随机变量 (X, Y) 的联合概率密度为

$$f(x, y) = \begin{cases} \dfrac{1}{2}(x+y)\mathrm{e}^{-(x+y)}, & x>0, y>0 \\ 0, & \text{其他} \end{cases}$$

（Ⅰ）问 X、Y 是否相互独立；

（Ⅱ）求 $Z = X + 2Y$ 的概率密度 $f_Z(z)$。

解 （Ⅰ）由于

$$f_X(x) = \int_{-\infty}^{+\infty} f(x, y)\mathrm{d}y = \begin{cases} \displaystyle\int_0^{+\infty} \dfrac{1}{2}(x+y)\mathrm{e}^{-(x+y)}\mathrm{d}y = \dfrac{1}{2}(x+1)\mathrm{e}^{-x}, & x>0 \\ 0, & x \leqslant 0 \end{cases}$$

$$f_Y(y) = \int_{-\infty}^{+\infty} f(x, y)\mathrm{d}x = \begin{cases} \displaystyle\int_0^{+\infty} \dfrac{1}{2}(x+y)\mathrm{e}^{-(x+y)}\mathrm{d}x = \dfrac{1}{2}(y+1)\mathrm{e}^{-y}, & y>0 \\ 0, & y \leqslant 0 \end{cases}$$

且

$$f(2, 2) = 2\mathrm{e}^{-4} \neq \dfrac{9}{4}\mathrm{e}^{-4} = \dfrac{3}{2}\mathrm{e}^{-2} \cdot \dfrac{3}{2}\mathrm{e}^{-2} = f_X(2)f_Y(2)$$

因此 X 与 Y 不相互独立。

（Ⅱ）$Z = X + 2Y$ 的概率密度为

$$f_Z(z) = \int_{-\infty}^{+\infty} f(z-2y, y)\mathrm{d}y$$

由 $\begin{cases} z-2y>0 \\ y>0 \end{cases}$，得 $z>2y$，从而 $z>0$。故当 $z>0$ 时，$f_Z(z)>0$；当 $z \leqslant 0$ 时，$f_Z(z)=0$。

再由 $\begin{cases} z-2y>0 \\ y>0 \end{cases}$，得 $0<y<\dfrac{z}{2}$，从而 Z 的概率密度为

$$f_Z(z) = \int_{-\infty}^{+\infty} f(z-2y, y)\mathrm{d}y$$

$$= \begin{cases} \displaystyle\int_0^{\frac{z}{2}} \dfrac{1}{2}[(z-2y)+y]\mathrm{e}^{-[(z-2y)+y]}\mathrm{d}y = \dfrac{1}{4}\left[(z+2)\mathrm{e}^{-\frac{z}{2}} - 2(z+1)\mathrm{e}^{-z}\right], & z>0 \\ 0, & z \leqslant 0 \end{cases}$$

24. 设二维连续型随机变量 (X, Y) 的联合概率密度为

$$f(x, y) = \begin{cases} b\mathrm{e}^{-(x+y)}, & 0<x<1, y>0 \\ 0, & \text{其他} \end{cases}$$

试求：（Ⅰ）常数 b；

（Ⅱ）边缘概率密度 $f_X(x)$，$f_Y(y)$；

（Ⅲ）随机变量 $U = \max\{X, Y\}$ 的分布函数 $F_U(u)$。

解 （Ⅰ）由 $\displaystyle\int_{-\infty}^{+\infty}\int_{-\infty}^{+\infty} f(x, y)\mathrm{d}x\mathrm{d}y = 1$，得

$$1 = \int_0^1 \int_0^{+\infty} b e^{-(x+y)} \, dx \, dy = b \int_0^1 e^{-x} \, dx \int_0^{+\infty} e^y \, dy = b(1 - e^{-1})$$

故 $b = \dfrac{1}{1 - e^{-1}}$。

（Ⅱ）$f_X(x) = \int_{-\infty}^{+\infty} f(x, y) \, dy = \begin{cases} \dfrac{1}{1-e^{-1}} \int_0^{+\infty} e^{-(x+y)} \, dy = \dfrac{e^{-x}}{1 - e^{-1}}, & 0 < x < 1 \\ 0, & \text{其他} \end{cases}$

$$f_Y(y) = \int_{-\infty}^{+\infty} f(x, y) \, dx = \begin{cases} \dfrac{1}{1-e^{-1}} \int_0^1 e^{-(x+y)} \, dx = e^{-y}, & y > 0 \\ 0, & y \leqslant 0 \end{cases}$$

（Ⅲ）由于 $f(x, y) = f_X(x) f_Y(y)$（$-\infty < x < +\infty$，$-\infty < y < +\infty$），因此 X 与 Y 相互独立。设 $U = \max\{X, Y\}$、X、Y 的分布函数分别为 $F_U(u)$、$F_X(x)$、$F_Y(y)$，则

$$F_U(u) = F_X(u) F_Y(u)$$

又由于

$$F_X(x) = \int_{-\infty}^x f_X(t) \, dt = \begin{cases} 0, & x < 0 \\ \int_0^x \dfrac{e^{-t}}{1 - e^{-1}} \, dt = \dfrac{1 - e^{-x}}{1 - e^{-1}}, & 0 \leqslant x < 1 \\ 1, & x \geqslant 1 \end{cases}$$

$$F_Y(y) = \int_{-\infty}^y f_Y(t) \, dt = \begin{cases} \int_0^y e^{-t} \, dt = 1 - e^{-y}, & y \geqslant 0 \\ 0, & y < 0 \end{cases}$$

故 U 的分布函数为

$$F_U(u) = F_X(u) F_Y(u) = \begin{cases} 0, & u < 0 \\ \dfrac{(1 - e^{-u})^2}{1 - e^{-1}}, & 0 \leqslant u < 1 \\ 1 - e^{-u}, & u \geqslant 1 \end{cases}$$

3.6　学习效果测试题及解答

测　试　题

1. 选择题（每小题 4 分，共 20 分）

（1）设随机变量 X、Y 的分布律分别为 $P(X = 0) = P(X = 1) = \dfrac{1}{2}$，$P(Y = 0) = \dfrac{1}{4}$，$P(Y = 1) = \dfrac{3}{4}$，且 $P(XY = 1) = \dfrac{1}{2}$，则 $P(X = Y) = ($　　$)$。

A. $\dfrac{1}{4}$　　　　　　B. $\dfrac{1}{2}$　　　　　　C. $\dfrac{3}{4}$　　　　　　D. $\dfrac{1}{8}$

（2）设二维连续型随机变量 (X, Y) 的联合概率密度为 $f(x, y) = g(x)h(y)(-\infty < x,$ $y < +\infty)$，其中 $g(x) \geqslant 0$，$h(y) \geqslant 0$，$\int_{-\infty}^{+\infty} g(x)\mathrm{d}x = a$，$\int_{-\infty}^{+\infty} h(y)\mathrm{d}y = b$，则（　　）。

A. X 与 Y 相互独立且 $f_X(x) = g(x)$，$f_Y(y) = h(y)$

B. X 与 Y 相互独立且 $f_X(x) = bg(x)$，$f_Y(y) = ah(y)$

C. X 与 Y 不相互独立且 $f_X(x) = bg(x)$，$f_Y(y) = ah(y)$

D. X 与 Y 不相互独立且 $f_X(x) = ag(x)$，$f_Y(y) = bh(y)$

（3）设随机变量 X 与 Y 都服从正态分布，则（　　）。

A. $X + Y$ 一定服从一维正态分布

B. (X, Y) 一定服从二维正态分布

C. (X, Y) 的条件分布一定是一维正态分布

D. $(X, -Y)$ 未必服从二维正态分布

（4）设随机变量 X 与 Y 相互独立同分布，且 $P(X = -1) = P(X = 1) = \dfrac{1}{2}$，则（　　）。

A. X 与 XY 相互独立且有相同的分布　　　B. X 与 XY 相互独立且有不同的分布

C. X 与 XY 不相互独立且有相同的分布　　D. X 与 XY 不相互独立且有不同的分布

（5）设二维连续型随机变量 (X, Y) 在区域 $D = \{(x, y) \,|\, -1 < x < 1, -1 < y < 1\}$ 上服从均匀分布，则（　　）。

A. $P(X + Y \geqslant 0) = \dfrac{1}{4}$　　　　　　B. $P(X - Y \geqslant 0) = \dfrac{1}{4}$

C. $P(\max\{X, Y\} \geqslant 0) = \dfrac{1}{4}$　　　　D. $P(\min\{X, Y\} \geqslant 0) = \dfrac{1}{4}$

2. 填空题（每小题 4 分，共 20 分）

（1）设随机变量 X 与 Y 相互独立且有相同的分布函数 $F(x)$，$Z = \max\{X, Y\}$，则 (X, Z) 的联合分布函数 $F(x, z) = $ _____。

（2）设离散型随机变量 X 的分布律及 Y 的条件分布律分别为

$$P(X = -1) = \dfrac{7}{12}, \ P(X = 1) = \dfrac{5}{12}$$

$$P(Y = -1 \,|\, X = -1) = \dfrac{4}{7}, \ P(Y = 0 \,|\, X = -1) = \dfrac{3}{7}$$

$$P(Y = -1 \,|\, X = 1) = \dfrac{2}{5}, \ P(Y = 1 \,|\, X = 1) = \dfrac{3}{5}$$

则 (X, Y) 的联合分布律为 _____。

(3) 设二维离散型随机变量 (X, Y) 的联合分布律为

X \ Y	-1	0	1
0	0.1	0.2	α
1	β	0.1	0.2

且 $P(X+Y=1)=0.4$，则 $\alpha=$ _____，$\beta=$ _____，$P(X+Y<1)=$ _____，$P(X^2Y^2=1)=$ _____。

(4) 在时刻 $t=0$ 时开始计时，设事件 A、B 分别在时刻 X、Y 发生，且 X 与 Y 是相互独立的随机变量，其概率密度分别为

$$f_X(x) = \begin{cases} 2\mathrm{e}^{-2x}, & x>0 \\ 0, & x\leqslant 0 \end{cases}, \quad f_Y(y) = \begin{cases} 4y^2\mathrm{e}^{-2y}, & y>0 \\ 0, & y\leqslant 0 \end{cases}$$

则事件 A 先于 B 发生的概率为 _____。

(5) 设随机变量 X 与 Y 相互独立，$X \sim N(0,1)$，Y 的分布律为 $P(Y=-1)=\dfrac{1}{4}$，$P(Y=1)=\dfrac{3}{4}$，则 $Z=XY$ 的概率密度 $f_Z(z)=$ _____。

3. 解答题（每小题 10 分，共 60 分）

(1) 将 3 封信随机地投入编号为 1、2、3、4 的 4 个邮筒。记 X 为 1 号邮筒内信的数目，Y 为有信的邮筒数目，试求：

(i) (X, Y) 的联合分布律；

(ii) 在 $X=0$ 的条件下随机变量 Y 的条件分布律。

(2) 设随机变量 $X \sim N(0,1)$，在 $X=x(-\infty < x < +\infty)$ 的条件下，随机变量 $Y \sim N(x, 1)$，试求在 $Y=y$ 的条件下随机变量 X 的条件概率密度。

(3) 设二维连续型随机变量 (X, Y) 的联合概率密度为

$$f(x, y) = \begin{cases} \dfrac{6}{7}\left(x^2 + \dfrac{xy}{2}\right), & 0 < x < 1, 0 < y < 2 \\ 0, & \text{其他} \end{cases}$$

(i) 求 X 的边缘概率密度 $f_X(x)$；

(ii) 求概率 $P(X > Y)$；

(iii) 求条件概率 $P(Y > 1 \mid X < 0.5)$。

(4) 设二维连续型随机变量 (X, Y) 的联合概率密度为

$$f(x, y) = \begin{cases} \dfrac{20-x}{25x}, & 10 < x < 20, \dfrac{x}{2} < y < x \\ 0, & \text{其他} \end{cases}$$

(i) 求条件概率密度 $f_{X|Y}(x \mid y)$ 与 $f_{Y|X}(y \mid x)$；

(ii) 求条件概率 $P(Y \geqslant 8 \mid X = 12)$。

(5) 设二维连续型随机变量 (X, Y) 在区域 $D = \{(x, y) \mid 0 \leqslant y \leqslant 1, y \leqslant x \leqslant y + 1\}$ 上服从均匀分布。

(i) 求概率 $P(X + Y \leqslant 2)$；

(ii) 求 (X, Y) 的边缘概率密度 $f_X(x)$ 与 $f_Y(y)$，问 X 与 Y 是否相互独立。

(6) 设二维连续型随机变量 (X, Y) 的联合概率密度为

$$f(x, y) = \begin{cases} \dfrac{1}{2} \mathrm{e}^{x+y}, & x < 0, y < 0 \\[2mm] \dfrac{1}{2} \mathrm{e}^{-(x+y)}, & x \geqslant 0, y \geqslant 0 \\[2mm] 0, & \text{其他} \end{cases}$$

(i) 求 (X, Y) 的边缘概率密度 $f_X(x)$ 与 $f_Y(y)$，问 X 与 Y 是否相互独立；

(ii) 求 $Z = X - Y$ 的分布函数 $F_Z(z)$ 和概率密度 $f_Z(z)$。

测试题解答

1. 选择题

(1) 应选 C。

由于 $P(XY = 1) = P(X = 1, Y = 1) = \dfrac{1}{2}$，因此

$$P(X = 0, Y = 1) = P(Y = 1) - P(X = 1, Y = 1) = \frac{3}{4} - \frac{1}{2} = \frac{1}{4}$$

$$P(X = 0, Y = 0) = P(X = 0) - P(X = 0, Y = 1) = \frac{1}{2} - \frac{1}{4} = \frac{1}{4}$$

从而

$$P(X = Y) = P(X = 0, Y = 0) + P(X = 1, Y = 1) = \frac{1}{4} + \frac{1}{2} = \frac{3}{4}$$

故选 C。

(2) 应选 B。

由于

$$f_X(x) = \int_{-\infty}^{+\infty} f(x, y) \mathrm{d}y = \int_{-\infty}^{+\infty} g(x) h(y) \mathrm{d}y = g(x) \int_{-\infty}^{+\infty} h(y) \mathrm{d}y = b g(x)$$

$$f_Y(y) = \int_{-\infty}^{+\infty} f(x, y) \mathrm{d}x = \int_{-\infty}^{+\infty} g(x) h(y) \mathrm{d}x = h(y) \int_{-\infty}^{+\infty} g(x) \mathrm{d}x = a h(y)$$

又由于

$$1 = \int_{-\infty}^{+\infty} \int_{-\infty}^{+\infty} f(x, y) \mathrm{d}x \mathrm{d}y = \int_{-\infty}^{+\infty} \int_{-\infty}^{+\infty} g(x) h(y) \mathrm{d}x \mathrm{d}y = \int_{-\infty}^{+\infty} g(x) \mathrm{d}x \int_{-\infty}^{+\infty} h(y) \mathrm{d}y = ab$$

故

$$f(x, y) = g(x)h(y) = abg(x)h(y) = bg(x) \cdot ah(y) = f_X(x)f_Y(y)$$

因此 X 与 Y 相互独立。故选 B。

(3) 应选 D。

设 $(X, -Y)$ 的联合概率密度为

$$f(x, y) = \frac{1}{2\pi}e^{-\frac{x^2+y^2}{2}}(1+\sin x \sin y), \quad -\infty < x < +\infty, \ -\infty < y < +\infty$$

由于 $\int_{-\infty}^{+\infty} e^{-\frac{y^2}{2}}\sin y \mathrm{d}y = \int_{-\infty}^{+\infty} e^{-\frac{x^2}{2}}\sin x \mathrm{d}x = 0$，因此

$$f_X(x) = \int_{-\infty}^{+\infty} f(x, y)\mathrm{d}y = \int_{-\infty}^{+\infty} \frac{1}{2\pi}e^{-\frac{x^2+y^2}{2}}(1+\sin x \sin y)\mathrm{d}y$$

$$= \frac{1}{\sqrt{2\pi}}e^{-\frac{x^2}{2}}\int_{-\infty}^{+\infty} \frac{1}{\sqrt{2\pi}}e^{-\frac{y^2}{2}}\mathrm{d}y = \frac{1}{\sqrt{2\pi}}e^{-\frac{x^2}{2}}, \quad -\infty < x < +\infty$$

即 $X \sim N(0, 1)$。

同理可得

$$f_{-Y}(y) = \frac{1}{\sqrt{2\pi}}e^{-\frac{y^2}{2}}, \quad -\infty < y < +\infty$$

即 $-Y \sim N(0, 1)$，从而 $Y \sim N(0, 1)$，但 $(X, -Y)$ 不服从二维正态分布，故选 D。

(4) 应选 A。

由于 X、Y 可能的取值为 -1、1，因此 XY 可能的取值为 -1、1，且

$$P(XY = -1) = P(X = -1, Y = 1) + P(X = 1, Y = -1)$$
$$= P(X = -1)P(Y = 1) + P(X = 1)P(Y = -1)$$
$$= \frac{1}{2} \times \frac{1}{2} + \frac{1}{2} \times \frac{1}{2} = \frac{1}{2}$$
$$P(XY = 1) = P(X = -1, Y = -1) + P(X = 1, Y = 1)$$
$$= P(X = -1)P(Y = -1) + P(X = 1)P(Y = 1)$$
$$= \frac{1}{2} \times \frac{1}{2} + \frac{1}{2} \times \frac{1}{2} = \frac{1}{2}$$

从而 X 与 XY 有相同的分布。因为

$$P(X = -1, XY = -1) = P(X = -1, Y = 1) = P(X = -1)P(Y = 1)$$
$$= \frac{1}{2} \times \frac{1}{2} = P(X = -1)P(XY = -1)$$
$$P(X = -1, XY = 1) = P(X = -1, Y = -1) = P(X = -1)P(Y = -1)$$
$$= \frac{1}{2} \times \frac{1}{2} = P(X = -1)P(XY = 1)$$
$$P(X = 1, XY = -1) = P(X = 1, Y = -1) = P(X = 1)P(Y = -1)$$

$$= \frac{1}{2} \times \frac{1}{2} = P(X = 1)P(XY = -1)$$

$$P(X = 1, XY = 1) = P(X = 1, Y = 1) = P(X = 1)P(Y = 1)$$

$$= \frac{1}{2} \times \frac{1}{2} = P(X = 1)P(XY = 1)$$

因此 X 与 XY 相互独立，故选 A。

(5) 应选 D。

由于 $(X, Y) \sim U(D)$，因此 (X, Y) 的联合概率密度为

$$f(x, y) = \begin{cases} \dfrac{1}{4}, & (x, y) \in D \\ 0, & (x, y) \notin D \end{cases}$$

从而

$$P(\min\{X, Y\} \geqslant 0) = P(X \geqslant 0, Y \geqslant 0) = \int_0^{+\infty} \int_0^{+\infty} f(x, y)\mathrm{d}x\mathrm{d}y$$

$$= \int_0^1 \int_0^1 \frac{1}{4}\mathrm{d}x\mathrm{d}y = \frac{1}{4}$$

故选 D。

2. 填空题

(1) 应填 $F(x, z) = \begin{cases} F(x)F(z), & x \leqslant z \\ F^2(z), & x > z \end{cases}$。

由于 X 与 Y 相互独立且其分布函数均为 $F(x)$，因此

$$F(x, z) = P(X \leqslant x, \max\{X, Y\} \leqslant z)$$

$$= P(X \leqslant x, X \leqslant z, Y \leqslant z)$$

$$= P(X \leqslant x, X \leqslant z)P(Y \leqslant z)$$

$$= \begin{cases} P(X \leqslant x)P(Y \leqslant z), & x \leqslant z \\ P(X \leqslant z)P(Y \leqslant z), & x > z \end{cases}$$

$$= \begin{cases} F(x)F(z), & x \leqslant z \\ F^2(z), & x > z \end{cases}$$

故填 $F(x, z) = \begin{cases} F(x)F(z), & x \leqslant z \\ F^2(z), & x > z \end{cases}$。

(2) 应填下表：

X \ Y	-1	0	1
-1	$\dfrac{1}{3}$	$\dfrac{1}{4}$	0
1	$\dfrac{1}{6}$	0	$\dfrac{1}{4}$

X 可能的取值为 -1、1，Y 可能的取值为 -1、0、1，且

$$P(X=-1,Y=-1)=P(X=-1)P(Y=-1|X=-1)=\frac{7}{12}\times\frac{4}{7}=\frac{1}{3}$$

$$P(X=-1,Y=0)=P(X=-1)P(Y=0|X=-1)=\frac{7}{12}\times\frac{3}{7}=\frac{1}{4}$$

$$P(X=-1,Y=1)=P(X=-1)P(Y=1|X=-1)=\frac{7}{12}\times0=0$$

$$P(X=1,Y=-1)=P(X=1)P(Y=-1|X=1)=\frac{5}{12}\times\frac{2}{5}=\frac{1}{6}$$

$$P(X=1,Y=0)=P(X=1)P(Y=0|X=1)=\frac{5}{12}\times0=0$$

$$P(X=1,Y=1)=P(X=1)P(Y=1|X=1)=\frac{5}{12}\times\frac{3}{5}=\frac{1}{4}$$

故填上表。

(3) 应分别填 0.3，0.1，0.4，0.3。

由 $0.1+0.2+\alpha+\beta+0.1+0.2=1$，得

$$\alpha+\beta=0.4$$

再由 $P(X+Y=1)=P(X=0,Y=1)+P(X=1,Y=0)=\alpha+0.1=0.4$，得 $\alpha=0.3$，从而 $\beta=0.1$。

$$P(X+Y<1)=P(X=0,Y=-1)+P(X=0,Y=0)+P(X=1,Y=-1)$$
$$=0.1+0.2+0.1=0.4$$

$$P(X^2Y^2=1)=P(X=1,Y=-1)+P(X=1,Y=1)=0.1+0.2=0.3$$

故分别填 0.3，0.1，0.4，0.3。

(4) 应填 $\frac{7}{8}$。

由于 X 与 Y 相互独立，因此 (X,Y) 的联合概率密度为

$$f(x,y)=f_X(x)f_Y(y)=\begin{cases}8y^2\mathrm{e}^{-2(x+y)},&x>0,y>0\\0,&\text{其他}\end{cases}$$

从而所求的概率为(积分区域如图 3.4 所示)

$$P(X<Y)=\iint\limits_{x<y}f(x,y)\mathrm{d}x\mathrm{d}y=\iint\limits_{D}8y^2\mathrm{e}^{-2(x+y)}\mathrm{d}x\mathrm{d}y$$

$$=8\int_0^{+\infty}y^2\mathrm{e}^{-2y}\mathrm{d}y\int_0^y\mathrm{e}^{-2x}\mathrm{d}x=-4\int_0^{+\infty}y^2\mathrm{e}^{-2y}\left[\mathrm{e}^{-2x}\right]_0^y\mathrm{d}y$$

$$=-4\int_0^{+\infty}y^2(\mathrm{e}^{-4y}-\mathrm{e}^{-2y})\mathrm{d}y=\frac{7}{8}$$

故填 $\frac{7}{8}$。

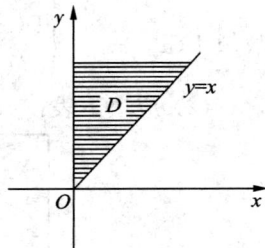

图 3.4

(5) 应填 $f_z(z) = \dfrac{1}{\sqrt{2\pi}}\mathrm{e}^{-\frac{z^2}{2}}, \quad -\infty < z < +\infty$。

设 Z 的分布函数为 $F_z(z)$，由全概率公式及 X 与 Y 相互独立，得

$$
\begin{aligned}
F_z(z) &= P(Z \leqslant z) = P(XY \leqslant z)\\
&= P(Y = -1)P(XY \leqslant z \mid Y = -1) + P(Y = 1)P(XY \leqslant z \mid Y = 1)\\
&= P(Y = -1)P(-X \leqslant z \mid Y = -1) + P(Y = 1)P(X \leqslant z \mid Y = 1)\\
&= P(Y = -1)P(X \geqslant -z) + P(Y = 1)P(X \leqslant z)\\
&= \frac{1}{4}\big[1 - P(X < -z)\big] + \frac{3}{4}P(X \leqslant z)\\
&= \frac{1}{4}\big[1 - \Phi(-z)\big] + \frac{3}{4}\Phi(z) = \Phi(z)
\end{aligned}
$$

从而

$$
f_z(z) = F'(z) = \Phi'(z) = \varphi(z) = \frac{1}{\sqrt{2\pi}}\mathrm{e}^{-\frac{z^2}{2}}, \quad -\infty < z < +\infty
$$

故填 $f_z(z) = \dfrac{1}{\sqrt{2\pi}}\mathrm{e}^{-\frac{z^2}{2}}, \quad -\infty < z < +\infty$。

3. 解答题

(1) (i) X 可能的取值为 0、1、2、3，Y 可能的取值为 1、2、3，且

$$
P(X = 0, Y = 1) = \frac{C_3^1}{4^3} = \frac{3}{64}
$$

$$
P(X = 0, Y = 2) = \frac{C_3^1 C_3^2 \cdot C_2^1 C_1^1}{4^3} = \frac{18}{64}
$$

$$
P(X = 0, Y = 3) = \frac{3!}{4^3} = \frac{6}{64}
$$

$$
P(X = 1, Y = 1) = 0
$$

$$
P(X = 1, Y = 2) = \frac{C_3^1 \cdot C_3^1 C_2^2}{4^3} = \frac{9}{64}
$$

$$
P(X = 1, Y = 3) = \frac{C_3^1 \cdot C_3^2 2!}{4^3} = \frac{18}{64}
$$

$$
P(X = 2, Y = 1) = 0
$$

$$
P(X = 2, Y = 2) = \frac{C_3^2 \cdot C_3^1 C_1^1}{4^3} = \frac{9}{64}
$$

$$
P(X = 2, Y = 3) = 0
$$

$$
P(X = 3, Y = 1) = \frac{1}{4^3} = \frac{1}{64}
$$

$$
P(X = 3, Y = 2) = 0
$$

$$
P(X = 3, Y = 3) = 0
$$

即 (X, Y) 的联合分布律为

X \ Y	1	2	3
0	$\frac{3}{64}$	$\frac{18}{64}$	$\frac{6}{64}$
1	0	$\frac{9}{64}$	$\frac{18}{64}$
2	0	$\frac{9}{64}$	0
3	$\frac{1}{64}$	0	0

(ii) 由于 $P(X = 0) = \frac{3}{64} + \frac{18}{64} + \frac{6}{64} = \frac{27}{64}$，因此

$$P(Y = 1 \mid X = 0) = \frac{P(X = 0, Y = 1)}{P(X = 0)} = \frac{3/64}{27/64} = \frac{1}{9}$$

$$P(Y = 2 \mid X = 0) = \frac{P(X = 0, Y = 2)}{P(X = 0)} = \frac{18/64}{27/64} = \frac{2}{3}$$

$$P(Y = 3 \mid X = 0) = \frac{P(X = 0, Y = 3)}{P(X = 0)} = \frac{6/64}{27/64} = \frac{2}{9}$$

即在 $X = 0$ 的条件下 Y 的条件分布律为

$Y = j$	1	2	3
$P(Y = j \mid X = 0)$	$\frac{1}{9}$	$\frac{2}{3}$	$\frac{2}{9}$

(2) 由于 $X \sim N(0, 1)$，因此 X 的概率密度为

$$f_X(x) = \frac{1}{\sqrt{2\pi}} e^{-\frac{x^2}{2}}, \quad -\infty < x < +\infty$$

又由于在 $X = x (-\infty < x < +\infty)$ 的条件下，$Y \sim N(x, 1)$，即 Y 的条件概率密度为

$$f_{Y \mid X}(y \mid x) = \frac{1}{\sqrt{2\pi}} e^{-\frac{(y-x)^2}{2}}, \quad -\infty < y < +\infty$$

故 (X, Y) 的联合概率密度为

$$f(x, y) = f_X(x) f_{Y \mid X}(y \mid x) = \frac{1}{\sqrt{2\pi}} e^{-\frac{x^2}{2}} \cdot \frac{1}{\sqrt{2\pi}} e^{-\frac{(y-x)^2}{2}}$$

$$= \frac{1}{2\pi} e^{-(x^2 - xy + \frac{y^2}{2})}, \quad -\infty < x, y < +\infty$$

由于

$$f_Y(y) = \int_{-\infty}^{+\infty} f(x, y)\mathrm{d}x = \int_{-\infty}^{+\infty} \frac{1}{2\pi}\mathrm{e}^{-(x^2-xy+\frac{y^2}{2})}\mathrm{d}x$$

$$= \frac{1}{\sqrt{2}\times\sqrt{2\pi}}\mathrm{e}^{-\frac{y^2}{4}}\int_{-\infty}^{+\infty}\frac{1}{\sqrt{2\pi}\times\frac{1}{\sqrt{2}}}\mathrm{e}^{-\frac{(x-\frac{y}{2})^2}{2\times(\frac{1}{\sqrt{2}})^2}}\mathrm{d}x$$

$$= \frac{1}{2\sqrt{\pi}}\mathrm{e}^{-\frac{y^2}{4}}, \quad -\infty < y < +\infty$$

因此, $\forall -\infty < y < +\infty, f_Y(y) > 0$, X 的条件概率密度为

$$f_{X|Y}(x\,|\,y) = \frac{f(x, y)}{f_Y(y)} = \frac{\frac{1}{2\pi}\mathrm{e}^{-(x^2-xy+\frac{y^2}{2})}}{\frac{1}{2\sqrt{\pi}}\mathrm{e}^{-\frac{y^2}{4}}} = \frac{1}{\sqrt{\pi}}\mathrm{e}^{-(x^2-xy+\frac{y^2}{4})}$$

$$= \frac{1}{\sqrt{2\pi}\times\frac{1}{\sqrt{2}}}\mathrm{e}^{-\frac{(x-\frac{y}{2})^2}{2\times(\frac{1}{\sqrt{2}})^2}}, \quad -\infty < x < +\infty$$

即在 $Y = y$ 的条件下 X 的条件分布是正态分布 $N\left(\dfrac{y}{2}, \dfrac{1}{2}\right)$。

(3)（i）X 的边缘概率密度为

$$f_X(x) = \int_{-\infty}^{+\infty} f(x, y)\mathrm{d}y = \begin{cases} \displaystyle\int_0^2 \frac{6}{7}\left(x^2 + \frac{xy}{2}\right)\mathrm{d}y = \frac{6}{7}(2x^2 + x), & 0 < x < 1 \\ 0, & \text{其他} \end{cases}$$

（ii）$P(X > Y) = \displaystyle\iint\limits_{x>y} f(x, y)\mathrm{d}x\mathrm{d}y = \int_0^1 \mathrm{d}x \int_0^x \frac{6}{7}\left(x^2 + \frac{xy}{2}\right)\mathrm{d}y$

$$= \frac{6}{7}\int_0^1 \left(x^3 + \frac{x^3}{4}\right)\mathrm{d}x = \frac{15}{56}$$

（iii）$P(Y > 1\,|\,X < 0.5) = \dfrac{P(X < 0.5, Y > 1)}{P(X < 0.5)} = \dfrac{\displaystyle\int_{-\infty}^{0.5}\int_1^{+\infty} f(x, y)\mathrm{d}x\mathrm{d}y}{\displaystyle\int_{-\infty}^{0.5} f_X(x)\mathrm{d}x}$

$$= \frac{\displaystyle\int_{-\infty}^{0.5}\int_1^2 \frac{6}{7}\left(x^2 + \frac{xy}{2}\right)\mathrm{d}x\mathrm{d}y}{\displaystyle\int_0^{0.5} \frac{6}{7}(2x^2 + x)\mathrm{d}x} = \frac{13}{20}$$

(4)（i）由于

$$f_Y(y) = \int_{-\infty}^{+\infty} f(x, y)\mathrm{d}x = \begin{cases} \displaystyle\int_{10}^{2y} \frac{20-x}{25x}\mathrm{d}x = \frac{1}{25}\left(20\ln\frac{y}{5} - 2y + 10\right), & 5 < y < 10 \\ \displaystyle\int_y^{20} \frac{20-x}{25x}\mathrm{d}x = \frac{1}{25}\left(20\ln\frac{20}{y} - 20 + y\right), & 10 \leqslant y < 20 \\ 0, & \text{其他} \end{cases}$$

因此，$\forall\, 5 < y < 20$，$f_Y(y) > 0$，X 的条件概率密度为

$$f_{X\mid Y}(x\mid y) = \frac{f(x,\,y)}{f_Y(y)} = \begin{cases} \dfrac{\dfrac{20-x}{25x}}{\dfrac{1}{25}\left(20\ln\dfrac{y}{5}-2y+10\right)} = \dfrac{20-x}{x\left(20\ln\dfrac{y}{5}-2y+10\right)}, & 10 < x < 2y \\[4mm] \dfrac{\dfrac{20-x}{25x}}{\dfrac{1}{25}\left(20\ln\dfrac{20}{y}-20+y\right)} = \dfrac{20-x}{x\left(20\ln\dfrac{20}{y}-20+y\right)}, & y < x < 20 \\[4mm] 0, & \text{其他} \end{cases}$$

由于

$$f_X(x) = \int_{-\infty}^{+\infty} f(x,\,y)\,\mathrm{d}y = \begin{cases} \displaystyle\int_{\frac{x}{2}}^{x} \dfrac{20-x}{25x}\,\mathrm{d}y = \dfrac{1}{50}(20-x), & 10 < x < 20 \\[4mm] 0, & \text{其他} \end{cases}$$

因此，$\forall\, 10 < x < 20$，$f_X(x) > 0$，Y 的条件概率密度为

$$f_{Y\mid X}(y\mid x) = \frac{f(x,\,y)}{f_X(x)} = \begin{cases} \dfrac{\dfrac{20-x}{25x}}{\dfrac{1}{50}(20-x)} = \dfrac{2}{x}, & \dfrac{x}{2} < y < x \\[4mm] 0, & \text{其他} \end{cases}$$

(ii) 由于当 $x = 12$ 时，Y 的条件概率密度为

$$f_{Y\mid X}(y\mid x = 12) = \begin{cases} \dfrac{1}{6}, & 6 < y < 12 \\[3mm] 0, & \text{其他} \end{cases}$$

因此

$$P(Y \geqslant 8 \mid X = 12) = \int_8^{+\infty} f_{Y\mid X}(y\mid x = 12)\,\mathrm{d}y = \int_8^{12} \frac{1}{6}\,\mathrm{d}y = \frac{2}{3}$$

(5) 由于 $(X,\,Y) \sim U(D)$，因此 $(X,\,Y)$ 的联合概率密度为

$$f(x,\,y) = \begin{cases} 1, & (x,\,y) \in D \\ 0, & (x,\,y) \notin D \end{cases}$$

(i) $P(X+Y \leqslant 2) = \iint\limits_{x+y\leqslant 2} f(x,\,y)\,\mathrm{d}x\mathrm{d}y = \int_0^1 \mathrm{d}x \int_0^y 1\,\mathrm{d}y + \int_1^{\frac{3}{2}} \mathrm{d}x \int_{x-1}^{2-x} 1\,\mathrm{d}y = \dfrac{3}{4}$

(ii) 由于

$$f_X(x) = \int_{-\infty}^{+\infty} f(x,\,y)\,\mathrm{d}y = \begin{cases} \displaystyle\int_0^x 1\,\mathrm{d}y = x, & 0 < x < 1 \\[3mm] \displaystyle\int_{x-1}^1 1\,\mathrm{d}y = 2-x, & 1 \leqslant x < 2 \\[3mm] 0, & \text{其他} \end{cases}$$

$$f_Y(y) = \int_{-\infty}^{+\infty} f(x, y)\mathrm{d}x = \begin{cases} \int_y^{y+1} 1\mathrm{d}x = 1, & 0 < y < 1 \\ 0, & \text{其他} \end{cases}$$

且

$$f\left(\frac{3}{2}, \frac{3}{4}\right) = 1 \neq \frac{1}{2} \times 1 = f_X\left(\frac{3}{2}\right) f_Y\left(\frac{3}{4}\right)$$

因此 X 与 Y 不相互独立。

(6)（i）由于

$$f_X(x) = \int_{-\infty}^{+\infty} f(x, y)\mathrm{d}y = \begin{cases} \int_{-\infty}^0 \frac{1}{2}\mathrm{e}^{x+y}\mathrm{d}y = \frac{1}{2}\mathrm{e}^x, & x < 0 \\ \int_0^{+\infty} \frac{1}{2}\mathrm{e}^{-(x+y)}\mathrm{d}y = \frac{1}{2}\mathrm{e}^{-x}, & x \geqslant 0 \end{cases}$$

$$f_Y(y) = \int_{-\infty}^{+\infty} f(x, y)\mathrm{d}x = \begin{cases} \int_{-\infty}^0 \frac{1}{2}\mathrm{e}^{x+y}\mathrm{d}x = \frac{1}{2}\mathrm{e}^y, & y < 0 \\ \int_0^{+\infty} \frac{1}{2}\mathrm{e}^{-(x+y)}\mathrm{d}x = \frac{1}{2}\mathrm{e}^{-y}, & y \geqslant 0 \end{cases}$$

且

$$f(1, -1) = 0 \neq \frac{1}{4}\mathrm{e}^{-2} = \frac{1}{2}\mathrm{e}^{-1} \times \frac{1}{2}\mathrm{e}^{-1} = f_X(1) f_Y(-1)$$

因此 X 与 Y 不相互独立。

（ii）　　　$F_Z(z) = P(Z \leqslant z) = P(X - Y \leqslant z) = \iint\limits_{x-y \leqslant z} f(x, y)\mathrm{d}x\mathrm{d}y$

当 $z < 0$ 时，

$F_Z(z) = \int_{-\infty}^z \mathrm{d}x \int_{x-z}^0 \frac{1}{2}\mathrm{e}^{x+y}\mathrm{d}y + \int_0^{+\infty} \mathrm{d}x \int_{x-z}^{+\infty} \frac{1}{2}\mathrm{e}^{-(x+y)}\mathrm{d}y$（相应的积分区域如图3.5所示）

$\displaystyle = \frac{1}{2}\int_{-\infty}^z \mathrm{e}^x(1 - \mathrm{e}^{x-z})\mathrm{d}x + \frac{1}{2}\int_0^{+\infty} \mathrm{e}^{-x}\mathrm{e}^{-x+z}\mathrm{d}x$

$\displaystyle = \frac{1}{2}\left(\left[\mathrm{e}^x\right]_{-\infty}^z - \frac{1}{2}\mathrm{e}^{-z}\left[\mathrm{e}^{2x}\right]_{-\infty}^z\right) + \frac{1}{2}\mathrm{e}^z\left[-\frac{1}{2}\mathrm{e}^{-2x}\right]_0^{+\infty}$

$\displaystyle = \frac{1}{2}\left(\mathrm{e}^z - \frac{1}{2}\mathrm{e}^z\right) + \frac{1}{2}\mathrm{e}^z \times \frac{1}{2}$

$\displaystyle = \frac{1}{2}\mathrm{e}^z$

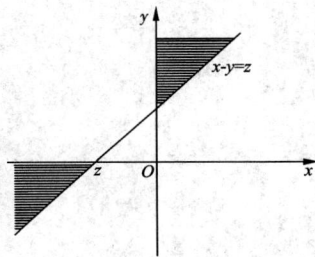

图 3.5

当 $z \geqslant 0$ 时，

$F_Z(z) = \int_{-\infty}^{0} \mathrm{d}x \int_{x-z}^{0} \frac{1}{2} \mathrm{e}^{x+y} \mathrm{d}y + \int_{0}^{+\infty} \mathrm{d}y \int_{0}^{y+z} \frac{1}{2} \mathrm{e}^{-(x+y)} \mathrm{d}x$（相应的积分区域如图 3.6 所示）

$\qquad = \frac{1}{2} \int_{-\infty}^{0} \mathrm{e}^{x}(1 - \mathrm{e}^{x-z}) \mathrm{d}x + \frac{1}{2} \int_{0}^{+\infty} \mathrm{e}^{-y}[1 - \mathrm{e}^{-(y+z)}] \mathrm{d}y$

$\qquad = \frac{1}{2}\left(1 - \frac{1}{2}\mathrm{e}^{-z}\right) + \frac{1}{2}\left(1 - \frac{1}{2}\mathrm{e}^{-z}\right) = 1 - \frac{1}{2}\mathrm{e}^{-z}$

即 Z 的分布函数为

$$F_Z(z) = \begin{cases} \dfrac{1}{2}\mathrm{e}^{z}, & z < 0 \\[2mm] 1 - \dfrac{1}{2}\mathrm{e}^{-z}, & z \geqslant 0 \end{cases}$$

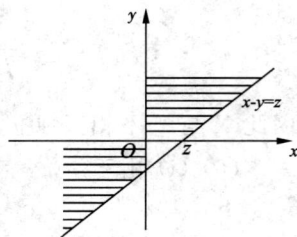

图 3.6

从而 Z 的概率密度为

$$f_Z(z) = F'_Z(z) = \begin{cases} \dfrac{1}{2}\mathrm{e}^{z}, & z < 0 \\[2mm] \dfrac{1}{2}\mathrm{e}^{-z}, & z \geqslant 0 \end{cases}$$

即 $\qquad\qquad\qquad f_Z(z) = \dfrac{1}{2}\mathrm{e}^{-|z|}, \quad -\infty < z < +\infty$

第 4 章　随机变量的数字特征

4.1　大纲内容与大纲要求

1. 大纲内容

（1）随机变量的数学期望及其性质。

（2）随机变量的方差、标准差及其性质。

（3）重要分布随机变量的数学期望和方差。

（4）随机变量函数的数学期望。

（5）协方差及其性质。

（6）相关系数及其性质。

（7）随机变量的不相关性及其判定。

（8）矩及其性质。

2. 大纲要求

（1）理解随机变量数字特征的概念，会运用数字特征的基本性质。

（2）会利用随机变量数字特征的定义与性质计算随机变量的数字特征。

（3）会利用随机变量的分布计算随机变量函数的数学期望。

（4）会利用二维随机变量的联合分布计算两个随机变量函数的数学期望。

（5）掌握重要分布随机变量的数学期望和方差。

（6）掌握随机变量不相关性的判定及其意义。

（7）理解随机变量的独立性与不相关性之间的关系。

（8）掌握二阶矩之间的关系。

4.2　内　容　解　析

1. 数学期望

1）随机变量数学期望的定义

（1）离散型随机变量数学期望的定义：设 X 是离散型随机变量，其分布律为

$$P(X = x_i) = p_i, \quad i = 1, 2, \cdots$$

如果级数 $\sum_i x_i p_i$ 绝对收敛，则称级数 $\sum_i x_i p_i$ 的和为随机变量 X 的数学期望（期望）或均值，记为 $E(X)$ 或 EX，即

$$EX = \sum_i x_i p_i$$

（2）连续型随机变量数学期望的定义：设 X 是连续型随机变量，其概率密度为 $f(x)$，如果积分 $\int_{-\infty}^{+\infty} xf(x)\mathrm{d}x$ 绝对收敛，则称积分 $\int_{-\infty}^{+\infty} xf(x)\mathrm{d}x$ 的值为随机变量 X 的数学期望（期望）或均值，记为 $E(X)$ 或 EX，即

$$EX = \int_{-\infty}^{+\infty} xf(x)\mathrm{d}x$$

2）随机变量函数的数学期望

（1）离散型随机变量函数的数学期望：设离散型随机变量 X 的分布律为 $P(X = x_i) = p_i(i = 1, 2, \cdots)$，$y = g(x)$ 为已知的连续函数，如果级数 $\sum_i g(x_i)p_i$ 绝对收敛，则

$$EY = E[g(X)] = \sum_i g(x_i)p_i$$

（2）连续型随机变量函数的数学期望：设连续型随机变量 X 的概率密度为 $f(x)$，$y = g(x)$ 为已知的连续函数，如果积分 $\int_{-\infty}^{+\infty} g(x)f(x)\mathrm{d}x$ 绝对收敛，则

$$EY = E[g(X)] = \int_{-\infty}^{+\infty} g(x)f(x)\mathrm{d}x$$

（3）二维离散型随机变量函数的数学期望：设二维离散型随机变量 (X, Y) 的联合分布律为 $P(X = x_i, Y = y_j) = p_{ij}(i, j = 1, 2, \cdots)$，$z = g(x, y)$ 为已知的连续函数，如果级数 $\sum_i \sum_j g(x_i, y_j)p_{ij}$ 绝对收敛，则

$$EZ = E[g(X, Y)] = \sum_i \sum_j g(x_i, y_j)p_{ij}$$

（4）二维连续型随机变量函数的数学期望：设二维连续型随机变量 (X, Y) 的联合概率密度为 $f(x, y)$，$z = g(x, y)$ 为已知的连续函数，如果积分 $\int_{-\infty}^{+\infty} \int_{-\infty}^{+\infty} g(x, y)f(x, y)\mathrm{d}x\mathrm{d}y$ 绝对收敛，则

$$EZ = E[g(X, Y)] = \int_{-\infty}^{+\infty} \int_{-\infty}^{+\infty} g(x, y)f(x, y)\mathrm{d}x\mathrm{d}y$$

3）随机变量数学期望的性质

（1）设 C 是常数，则 $EC = C$。

（2）设 X 是随机变量，C 是常数，则 $E(CX) = C \cdot EX$。

（3）设 X、Y 是两个随机变量，则 $E(X + Y) = EX + EY$。

该性质可以推广到有限个随机变量的情况，结合性质(2)，设 X_1，X_2，$\cdots$，X_n 是随机变量，C_1，C_2，$\cdots$，C_n 是常数，则

$$E(C_1X_1 + C_2X_2 + \cdots + C_nX_n) = C_1EX_1 + C_2EX_2 + \cdots + C_nEX_n$$

（4）设 X、Y 是相互独立的随机变量，则 $E(XY) = EX \cdot EY$。

该性质也可以推广到有限个相互独立的随机变量的情况，设 X_1，X_2，$\cdots$，X_n 是相互独立的随机变量，则

$$E(X_1X_2 \cdots X_n) = EX_1EX_2 \cdots EX_n$$

2. 方差

1）随机变量方差的定义

设 X 是一随机变量，如果 $E(X - EX)^2$ 存在，则称之为随机变量 X 的方差，记为 $D(X)$ 或 DX，即 $DX = E(X - EX)^2$。称 $\sqrt{DX}$ 为随机变量 X 的均方差或标准差。

显然

$$DX = EX^2 - (EX)^2$$

2）随机变量方差的性质

（1）设 C 是常数，则 $DC = 0$。

（2）设 X 是随机变量，C 是常数，则 $D(X + C) = DX$。

（3）设 X 是随机变量，C 是常数，则 $D(CX) = C^2DX$。

（4）设 X、Y 是相互独立的随机变量，则

$$D(X + Y) = DX + DY$$

该性质可以推广到有限个相互独立的随机变量的情况，设 X_1，X_2，$\cdots$，X_n 是相互独立的随机变量，则

$$D(X_1 + X_2 + \cdots + X_n) = DX_1 + DX_2 + \cdots + DX_n$$

（5）设 X 是随机变量，则 $DX = 0$ 的充要条件是 X 以概率 1 取常数 EX，即

$$P(X = EX) = 1$$

3）结论

（1）设随机变量 $X \sim B(n, p)$，则

$$X = X_1 + X_2 + \cdots + X_n$$

其中 X_1，X_2，$\cdots$，X_n 相互独立且同服从参数为 p 的 $0 - 1$ 分布。

（2）设 $X_i \sim N(\mu_i, \sigma_i^2)(i = 1, 2, \cdots, n)$，且它们相互独立，$c_1$，$c_2$，$\cdots$，$c_n$ 是不全为零的常数，则

$$c_1X_1 + c_2X_2 + \cdots + c_nX_n \sim N(c_1\mu_1 + c_2\mu_2 + \cdots + c_n\mu_n, c_1^2\sigma_1^2 + c_2^2\sigma_2^2 + \cdots + c_n^2\sigma_n^2)$$

3. 重要分布随机变量的期望和方差

（1）设 X 服从参数为 p 的 $0 - 1$ 分布，即 $X \sim B(1, p)$，则

$$EX = p,\ DX = p(1-p)$$

(2) 设 X 服从参数为 n、p 的二项分布，即 $X \sim B(n,\ p)$，则

$$EX = np,\ DX = np(1-p)$$

(3) 设 X 服从参数为 λ 的 Poisson 分布，即 $X \sim P(\lambda)$，则

$$EX = \lambda,\ DX = \lambda$$

(4) 设 X 服从参数为 p 的几何分布，则

$$EX = \frac{1}{p},\ DX = \frac{1-p}{p^2}$$

(5) 设 X 服从参数为 N、M、n 的超几何分布，则

$$EX = \frac{nM}{N},\ DX = \frac{nM(N-M)(N-n)}{N^2(N-1)}$$

(6) 设 X 在区间 $(a,\ b)$ 上服从均匀分布，即 $X \sim U(a,\ b)$，则

$$EX = \frac{a+b}{2},\ DX = \frac{(b-a)^2}{12}$$

(7) 设 X 服从参数为 μ、σ^2 的正态分布 X，即 $X \sim N(\mu,\ \sigma^2)$，则

$$EX = \mu,\ DX = \sigma^2$$

(8) 设 X 服从参数为 λ 的指数分布，即 $X \sim E(\lambda)$，则

$$EX = \frac{1}{\lambda},\ DX = \frac{1}{\lambda^2}$$

4. 协方差与相关系数

1）协方差的定义和性质

(1) 协方差的定义：设 X、Y 是随机变量，若 $E[(X-EX)(Y-EY)]$ 存在，则称之为 X 与 Y 的协方差，记为 $\mathrm{cov}(X,\ Y)$，即

$$\mathrm{cov}(X,\ Y) = E[(X-EX)(Y-EY)]$$

显然

$$\mathrm{cov}(X,\ Y) = E(XY) - EX \cdot EY$$

(2) 协方差的性质：

(i) $\mathrm{cov}(X,\ X) = DX$。

(ii) $\mathrm{cov}(X,\ Y) = \mathrm{cov}(Y,\ X)$。

(iii) $\mathrm{cov}(aX+b,\ cY+d) = ac\,\mathrm{cov}(X,\ Y)$，其中 a、b、c、d 为常数。

(iv) $\mathrm{cov}(X_1+X_2,\ Y) = \mathrm{cov}(X_1,\ Y) + \mathrm{cov}(X_2,\ Y)$。

(v) $D(X \pm Y) = DX + DY \pm 2\mathrm{cov}(X,\ Y)$。

2）相关系数的定义和性质

(1) 相关系数的定义：设 X、Y 是随机变量，若 $DX > 0$，$DY > 0$，则称

$$\rho_{XY} = \frac{\text{cov}(X, Y)}{\sqrt{DX}\,\sqrt{DY}}$$

为 X 与 Y 的相关系数。

(2) 相关系数的性质：

(i) $|\rho_{XY}| \leqslant 1$。

(ii) 设随机变量 X、Y 相互独立且方差均大于零，则 $\rho_{XY} = 0$。

(iii) $|\rho_{XY}| = 1$ 的充要条件是存在常数 $a(a \neq 0)$ 与 b，使得 $P(Y = aX + b) = 1$。

(3) 结论：

(i) 设二维连续型随机变量 $(X, Y) \sim N(\mu_1, \mu_2; \sigma_1^2, \sigma_2^2; \rho)$，则 $\rho_{XY} = \rho$。

(ii) Cauchy – Schwarz 不等式：设 X、Y 是随机变量，且 $EX^2 < +\infty$，$EY^2 < +\infty$，则

$$[E(XY)]^2 \leqslant EX^2 EY^2$$

3) 不相关及其条件

(1) 不相关的定义：设 X、Y 是随机变量，若 $\rho_{XY} = 0$，则称 X 与 Y 不相关。

(2) 结论：

(i) 若随机变量 X、Y 相互独立且方差均大于零，则 X、Y 不相关，但反之不然。

(ii) 若二维连续型随机变量 (X, Y) 服从二维正态分布，则 X、Y 不相关的充要条件是 X、Y 相互独立。

(iii) 设 X、Y 是方差均大于零的随机变量，则

① X、Y 不相关的充要条件是 $\text{cov}(X, Y) = 0$；

② X、Y 不相关的充要条件是 $E(XY) = EX \cdot EY$；

③ X、Y 不相关的充要条件是 $D(X \pm Y) = DX + DY$；

④ X、Y 不相关的充要条件是 $D(X + Y) = D(X - Y)$。

5. n 维正态随机变量

1) 矩的概念

(1) 矩的定义：设 X、Y 是随机变量，若 $EX^k (k = 1, 2, \cdots)$ 存在，则称它为 X 的 k 阶原点矩，简称 k 阶矩，记为 μ_k，即

$$\mu_k = EX^k, \quad k = 1, 2, \cdots$$

若 $E(X - EX)^k (k = 1, 2, \cdots)$ 存在，则称它为 X 的 k 阶中心矩，记为 υ_k，即

$$\upsilon_k = E(X - EX)^k, \quad k = 1, 2, \cdots$$

若 $E(X^k Y^l) \, (k, l = 1, 2, \cdots)$ 存在，则称它为 X 与 Y 的 $(k + l)$ 阶混合原点矩，简称 $(k + l)$ 阶混合矩，记为 μ_{kl}，即

$$\mu_{kl} = E(X^k Y^l), \quad k, l = 1, 2, \cdots$$

若 $E[(X - EX)^k (Y - EY)^l] \, (k, l = 1, 2, \cdots)$ 存在，则称它为 X 与 Y 的 $(k + l)$ 阶混

合中心矩，记为 υ_{kl}，即

$$\upsilon_{kl} = E[(X - EX)^k (Y - EY)^l], \quad k, l = 1, 2, \cdots$$

（2）结论：

（i）EX 为 X 的一阶原点矩，DX 为 X 的二阶中心矩，$\mathrm{cov}(X, Y)$ 为 X 与 Y 的二阶混合中心矩。

（ii）一阶矩二阶矩间的重要关系：$EX^2 = DX + (EX)^2$。

2）n 维正态随机变量

（1）均值向量与协方差矩阵的定义：设 $\boldsymbol{X} = (X_1, X_2, \cdots, X_n)$ 为 n 维随机变量，$\mu_i = EX_i(i = 1, 2, \cdots, n)$，称向量 $\boldsymbol{\mu} = (\mu_1, \mu_2, \cdots, \mu_n)$ 为 n 维随机变量 $\boldsymbol{X} = (X_1, X_2, \cdots, X_n)$ 的均值向量。

设 $\sigma_{ij} = \mathrm{cov}(X_i, X_j) = E[(X_i - EX_i)(X_j - EX_j)](i, j = 1, 2, \cdots, n)$，称矩阵

$$\boldsymbol{B} = (\sigma_{ij})_{n \times n} = \begin{bmatrix} \sigma_{11} & \sigma_{12} & \cdots & \sigma_{1n} \\ \sigma_{21} & \sigma_{22} & \cdots & \sigma_{2n} \\ \vdots & \vdots & \vdots & \vdots \\ \sigma_{n1} & \sigma_{n2} & \cdots & \sigma_{nn} \end{bmatrix}$$

为 n 维随机变量 $\boldsymbol{X} = (X_1, X_2, \cdots, X_n)$ 的协方差矩阵。

由于 $\sigma_{ij} = \sigma_{ji}(i \neq j; i, j = 1, 2, \cdots, n)$，因此协方差矩阵 $\boldsymbol{B}$ 为一个对称矩阵。

（2）n 维正态分布的定义：设 $\boldsymbol{X} = (X_1, X_2, \cdots, X_n)$ 为 n 维随机变量，均值向量为 $\boldsymbol{\mu} = (\mu_1, \mu_2, \cdots, \mu_n)$，协方差矩阵为 $\boldsymbol{B} = (\sigma_{ij})_{n \times n}$，如果其联合概率密度为

$$f(\boldsymbol{x}) = f(x_1, x_2, \cdots, x_n) = \frac{1}{(2\pi)^{\frac{n}{2}} |\boldsymbol{B}|^{\frac{1}{2}}} \mathrm{e}^{-\frac{1}{2}(\boldsymbol{x} - \boldsymbol{\mu})\boldsymbol{B}^{-1}(\boldsymbol{x} - \boldsymbol{\mu})^{\mathrm{T}}}, \quad x_i \in \mathbf{R}, i = 1, 2, \cdots, n$$

则称 $\boldsymbol{X} = (X_1, X_2, \cdots, X_n)$ 服从均值向量为 $\boldsymbol{\mu}$，协方差矩阵为 $\boldsymbol{B}$ 的 n 维正态分布，记为 $X \sim N(\boldsymbol{\mu}, \boldsymbol{B})$。

（3）n 维正态随机变量的性质：

（i）n 维正态随机变量 $\boldsymbol{X} = (X_1, X_2, \cdots, X_n)$ 的每一个分量 $X_i(i = 1, 2, \cdots, n)$ 都是正态随机变量；反之，若 $X_1, X_2, \cdots, X_n$ 都是正态随机变量，且相互独立，则 $\boldsymbol{X} = (X_1, X_2, \cdots, X_n)$ 是 n 维正态随机变量。

（ii）n 维随机变量 $\boldsymbol{X} = (X_1, X_2, \cdots, X_n)$ 服从 n 维正态分布的充要条件是 $X_1, X_2, \cdots, X_n$ 的任意线性组合 $c_1 X_1 + c_2 X_2 + \cdots + c_n X_n$ 服从一维正态分布，其中 $c_1, c_2, \cdots, c_n$ 不全为零。

（iii）若 $(X_1, X_2, \cdots, X_n)$ 服从 n 维正态分布，且 $Y_1, Y_2, \cdots, Y_k$ 可由 $X_1, X_2, \cdots, X_n$ 线性表示，即 $(Y_1, Y_2, \cdots, Y_k)$ 是 $(X_1, X_2, \cdots, X_n)$ 的线性变换，则 $(Y_1, Y_2, \cdots, Y_k)$ 服从 k 维正态分布。

（iv）若 $(X_1, X_2, \cdots, X_n)$ 服从 n 维正态分布，$m < n$，则 $(X_1, X_2, \cdots, X_n)$ 的 m 个分

量构成的 m 维随机变量 $(X_1, X_2, \cdots, X_m)$ 服从 m 维正态分布。

（v）若 $(X_1, X_2, \cdots, X_n)$ 服从 n 维正态分布，则 $X_1, X_2, \cdots, X_n$ 相互独立与 $X_1, X_2,$ $\cdots, X_n$ 两两不相关等价。

4.3　重点与考点

1. 数学期望、方差、协方差、相关系数和矩的定义、性质和计算

（1）在分布已知的条件下，应用公式计算随机变量数学期望和方差。

（2）在分布已知的条件下，应用公式计算两个随机变量的协方差和相关系数。

（3）在分布已知的条件下，利用数字特征的性质讨论和计算数字特征。

（4）在分布未知的条件下，利用数字特征的性质讨论和计算数字特征。

2. 重要分布随机变量的数学期望和方差

（1）识别重要分布和求取数字特征。

（2）利用重要分布的数字特征确定其分布参数。

（3）重要分布数字特征的意义和应用。

3. 计算随机变量函数的数学期望和方差

（1）利用随机变量函数数学期望的定义进行计算。

（2）利用基本性质和重要结论进行计算。

4. 判断随机变量不相关

（1）随机变量不相关性的判定。

（2）随机变量不相关的充分必要条件。

（3）随机变量相互独立性和不相关性的区别与联系。

5. 灵活使用一些重要的公式

（1）$EX^2 = DX + (EX)^2$。

（2）$D(X \pm Y) = DX + DY \pm 2\mathrm{cov}(X, Y)$。

（3）$\mathrm{cov}(X, Y) = \rho_{XY} \sqrt{DX} \sqrt{DY}$。

4.4　经典题型

1. 利用概率分布、性质和公式计算数字特征

例 4-1　设随机变量 X 的分布函数为 $F(x) = 0.7G(x) + 0.3G(2x-1)$，其中 $G(x)$ 是服从参数为 1 的指数分布随机变量的分布函数，则 $EX = (\quad)$。

　　A. 0　　　　　　　　B. 0.3　　　　　　　　C. 0.7　　　　　　　　D. 1

解　应选 D。

设 X 的概率密度为 $f(x)$，则

$$f(x) = F'(x) = 0.7G'(x) + 0.6G'(2x-1) = 0.7g(x) + 0.6g(2x-1)$$

其中，$g(x)$ 是服从参数为 1 的指数分布随机变量的概率密度，从而

$$EX = \int_{-\infty}^{+\infty} xf(x)\mathrm{d}x = \int_{-\infty}^{+\infty} x[0.7g(x) + 0.6g(2x-1)]\mathrm{d}x$$

$$= 0.7\int_{-\infty}^{+\infty} xg(x)\mathrm{d}x + 0.6\int_{-\infty}^{+\infty} xg(2x-1)\mathrm{d}x$$

$$= 0.7 + 0.6\int_{-\infty}^{+\infty} xg(2x-1)\mathrm{d}x$$

令 $t = 2x-1$，则

$$EX = 0.7 + \frac{1}{4} \times 0.6\int_{-\infty}^{+\infty} (t+1)g(t)\mathrm{d}t$$

$$= 0.7 + \frac{1}{4} \times 0.6\int_{-\infty}^{+\infty} tg(t)\mathrm{d}t + \frac{1}{4} \times 0.6\int_{-\infty}^{+\infty} g(t)\mathrm{d}t = 1$$

故选 D。

例 4-2　设随机变量 $X \sim E(2)$，$Y \sim E(1)$，且相关系数 $\rho_{XY} = -1$，则（　　）。

　　A. $P(Y = 2X + 2) = 1$ 　　　　　　　B. $P(Y = -2X - 2) = 1$

　　C. $P(Y = 2X - 2) = 1$ 　　　　　　　D. $P(Y = -2X + 2) = 1$

解　应选 D。

由于 $\rho_{XY} = -1$，因此 $P(Y = aX + b) = 1$，其中 $a(a < 0)$，b 为常数，因为

$$1 = EY = E(aX + b) = aEX + b = \frac{a}{2} + b$$

$$1 = DY = D(aX + b) = a^2 DX = \frac{a^2}{4}$$

解之，得 $a = -2$，$a = 2$（不合题意舍去），所以 $a = -2$，$b = 2$，故选 D。

例 4-3　设随机变量 X 与 Y 有相同的不为 0 的方差，则 X 与 Y 的相关系数 $\rho_{XY} = 1$ 的充要条件是（　　）。

　　A. $\mathrm{cov}(X+Y, X) = 0$ 　　　　　　B. $\mathrm{cov}(X+Y, Y) = 0$

　　C. $\mathrm{cov}(X+Y, X-Y) = 0$ 　　　　D. $\mathrm{cov}(X-Y, X) = 0$

解　应选 D。

方法一：由于 $DX = DY \neq 0$，因此

$$\rho_{XY} = \frac{\mathrm{cov}(X, Y)}{\sqrt{DX}\sqrt{DY}} = \frac{\mathrm{cov}(X, Y)}{DX} = \frac{\mathrm{cov}(X, Y)}{\mathrm{cov}(X, X)}$$

从而 $\rho_{XY} = 1$ 的充要条件是 $\mathrm{cov}(X, Y) = \mathrm{cov}(X, X)$，即 $\mathrm{cov}(X, X) - \mathrm{cov}(X, Y) = 0$，所以 $\rho_{XY} = 1$ 的充要条件是 $\mathrm{cov}(X-Y, X) = 0$。故选 D。

方法二：若 $\mathrm{cov}(X+Y, X) = \mathrm{cov}(X, Y) + \mathrm{cov}(X, X) = \mathrm{cov}(X, Y) + DX = 0$，则

$$\text{cov}(X, Y) = - DX$$

由于 $DX = DY \neq 0$，因此

$$\rho_{XY} = \frac{\text{cov}(X, Y)}{\sqrt{DX}\,\sqrt{DY}} = \frac{\text{cov}(X, Y)}{DX} = -1$$

所以选项 A 不正确。

若 $\text{cov}(X + Y, Y) = \text{cov}(X, Y) + \text{cov}(Y, Y) = \text{cov}(X, Y) + DY = 0$，则

$$\text{cov}(X, Y) = - DY$$

由于 $DX = DY \neq 0$，因此

$$\rho_{XY} = \frac{\text{cov}(X, Y)}{\sqrt{DX}\,\sqrt{DY}} = \frac{\text{cov}(X, Y)}{DY} = -1$$

所以选项 B 不正确。

取 $Y = - X$，则 $DX = DY$，$\text{cov}(X + Y, X - Y) = 0$，但

$$\rho_{XY} = \frac{\text{cov}(X, Y)}{\sqrt{DX}\,\sqrt{DY}} = \frac{\text{cov}(X, -X)}{DX} = -1$$

所以选项 C 不正确，故选 D。

例 4 - 4　设随机变量 X 的分布函数 $F(x)$ 在 $x = 1$ 处连续，且 $F(1) = \dfrac{1}{4}$，若

$$Y = \begin{cases} a, & X > 1 \\ b, & X = 1 \\ c, & X < 1 \end{cases}$$

其中 a、b、$c(abc \neq 0)$ 为常数，则 $EY = \underline{\qquad\qquad}$。

解　应填 $\dfrac{3}{4}a + \dfrac{1}{4}c$。

由于 $F(x)$ 在 $x = 1$ 处连续，因此 $F(1-0) = F(1+0) = F(1) = \dfrac{1}{4}$，从而

$$\begin{aligned} EY &= aP(X > 1) + bP(X = 1) + cP(X < 1) \\ &= a[1 - P(X \leqslant 1)] + bP(X = 1) + cP(X < 1) \\ &= a[1 - F(1)] + b[F(1) - F(1-0)] + cF(1-0) \\ &= a\left(1 - \frac{1}{4}\right) + b\left(\frac{1}{4} - \frac{1}{4}\right) + \frac{1}{4}c = \frac{3}{4}a + \frac{1}{4}c \end{aligned}$$

故填 $\dfrac{3}{4}a + \dfrac{1}{4}c$。

例 4 - 5　设随机变量 X 在区间 $(-1, 1)$ 上服从均匀分布，则 X 与 $|X|$ 的相关系数 $\rho_{X|X|} = \underline{\qquad\qquad}$。

解　应填 0。

由于 $X \sim U(-1, 1)$，因此 X 的概率密度为

$$f(x) = \begin{cases} \dfrac{1}{2}, & -1 < x < 1 \\ 0, & \text{其他} \end{cases}$$

从而

$$EX = \frac{-1+1}{2} = 0, \quad E(X|X|) = \int_{-\infty}^{+\infty} x|x|f(x)\mathrm{d}x = \int_{-1}^{1} x|x| \cdot \frac{1}{2}\mathrm{d}x = 0$$

$$\text{cov}(X, |X|) = E(X|X|) - EX \cdot E(|X|) = 0$$

所以 $\rho_{X|X|} = 0$，故填 0。

例 4-6　设袋中有 4 只球，其中 2 只白球，2 只黑球，现从袋中取球两次，每次取 1 只，取出的球不再放回，令

$$X = \begin{cases} 0, & \text{第一次取出白球} \\ 1, & \text{第一次取出黑球} \end{cases}, \quad Y = \begin{cases} 0, & \text{第二次取出白球} \\ 1, & \text{第二次取出黑球} \end{cases}$$

试求：(1) 条件概率 $P(Y=1 | X=0)$；

(2) (X, Y) 的联合分布律；

(3) X 与 Y 的相关系数 ρ_{XY}。

解　(1) 由古典条件概率计算公式，得 $P(Y=1 | X=0) = \dfrac{2}{3}$。

(2) X、Y 可能的取值为 0、1，且

$$P(X=0, Y=0) = \frac{C_2^1 C_1^1}{C_4^1 C_3^1} = \frac{1}{6}, \quad P(X=0, Y=1) = \frac{C_2^1 C_2^1}{C_4^1 C_3^1} = \frac{1}{3}$$

$$P(X=1, Y=0) = \frac{C_2^1 C_2^1}{C_4^1 C_3^1} = \frac{1}{3}, \quad P(X=1, Y=1) = \frac{C_2^1 C_1^1}{C_4^1 C_3^1} = \frac{1}{6}$$

即 (X, Y) 的联合分布律为

X ＼ Y	0	1
0	$\dfrac{1}{6}$	$\dfrac{1}{3}$
1	$\dfrac{1}{3}$	$\dfrac{1}{6}$

(3) 由 (X, Y) 的联合分布律可得 X、Y、XY 的分布律分别为

X	0	1
P	$\dfrac{1}{2}$	$\dfrac{1}{2}$

Y	0	1
P	$\dfrac{1}{2}$	$\dfrac{1}{2}$

XY	0	1
P	$\dfrac{5}{6}$	$\dfrac{1}{6}$

从而

$$EX = \frac{1}{2}, \; DX = \frac{1}{2} \times \frac{1}{2} = \frac{1}{4}, \; EY = \frac{1}{2}, \; DY = \frac{1}{2} \times \frac{1}{2} = \frac{1}{4}, \; E(XY) = \frac{1}{6}$$

$$\mathrm{cov}(X, Y) = E(XY) - EX \cdot EY = \frac{1}{6} - \frac{1}{2} \times \frac{1}{2} = -\frac{1}{12}$$

因此

$$\rho_{XY} = \frac{\mathrm{cov}(X, Y)}{\sqrt{DX}\,\sqrt{DY}} = \frac{-\dfrac{1}{12}}{\sqrt{\dfrac{1}{4}}\,\sqrt{\dfrac{1}{4}}} = -\frac{1}{3}$$

例 4 - 7　设随机变量 X、Y 相互独立且都在区间 $[0, 1]$ 上服从均匀分布，试求：

(1) $Z = |X - Y|$ 的分布函数和概率密度；

(2) $P(|Z - EZ| < 2\sqrt{DZ})$。

解　(1) 由于 $X \sim U[0, 1]$，$Y \sim U[0, 1]$，因此 X 与 Y 的概率密度分别为

$$f_X(x) = \begin{cases} 1, & 0 \leqslant x \leqslant 1 \\ 0, & \text{其他} \end{cases}, \; f_Y(y) = \begin{cases} 1, & 0 \leqslant y \leqslant 1 \\ 0, & \text{其他} \end{cases}$$

又由于 X、Y 相互独立，故 (X, Y) 的联合概率密度为

$$f(x, y) = f_X(x) f_Y(y) = \begin{cases} 1, & 0 \leqslant x \leqslant 1, \; 0 \leqslant y \leqslant 1 \\ 0, & \text{其他} \end{cases}$$

设 Z 的分布函数 $F_Z(z)$，则

$$F_Z(z) = P(Z \leqslant z) = P(|X - Y| \leqslant z) = \iint\limits_{|x-y| \leqslant z} f(x, y)\mathrm{d}x\mathrm{d}y$$

当 $z < 0$ 时，

$$F_Z(z) = 0$$

当 $0 \leqslant z < 1$ 时，

$$F_Z(z) = \iint\limits_{|x-y| \leqslant z} f(x, y)\mathrm{d}x\mathrm{d}y = 1 - (1-z)^2$$

当 $z \geqslant 1$ 时，

$$F_Z(z) = 1$$

即 Z 的分布函数为

$$F_Z(z) = \begin{cases} 0, & z < 0 \\ 1 - (1-z)^2, & 0 \leqslant z < 1 \\ 1, & z \geqslant 1 \end{cases}$$

从而 Z 的概率密度为

$$f_Z(z) = F_Z'(z) = \begin{cases} 2(1-z), & 0 < z < 1 \\ 0, & \text{其他} \end{cases}$$

（2）由于

$$EZ = \int_{-\infty}^{+\infty} z f_Z(z) \mathrm{d}z = \int_0^1 2z(1-z) \mathrm{d}z = \frac{1}{3}$$

$$EZ^2 = \int_{-\infty}^{+\infty} z^2 f_Z(z) \mathrm{d}z = \int_0^1 2z^2(1-z) \mathrm{d}z = \frac{1}{6}$$

$$DZ = EZ^2 - (EZ)^2 = \frac{1}{6} - \frac{1}{9} = \frac{1}{18}$$

因此

$$P(\,|Z - EZ| < 2\sqrt{DZ}\,) = P(EZ - 2\sqrt{DX} < Z < EZ + 2\sqrt{DX})$$

$$= P\left(\frac{1}{3} - 2\sqrt{\frac{1}{18}} < Z < \frac{1}{3} + 2\sqrt{\frac{1}{18}}\right)$$

$$= P\left(\frac{1}{3} - \frac{\sqrt{2}}{3} < Z < \frac{1}{3} + \frac{\sqrt{2}}{3}\right)$$

$$= \int_0^{\frac{1+\sqrt{2}}{3}} 2(1-z) \mathrm{d}z = \frac{3 + 4\sqrt{2}}{9}$$

例 4-8　设随机变量 X 服从参数为 1 的指数分布，令 $Y = \mathrm{e}^X$，$F(x, y)$ 为二维随机变量 (X, Y) 的分布函数，试求：

（1）Y 的概率密度 $f_Y(y)$；（2）$E\left(\dfrac{X}{Y}\right)$；（3）$F(1, 2)$。

解　（1）由于 $X \sim E(1)$，因此 X 概率密度为

$$f_X(x) = \begin{cases} \mathrm{e}^{-x}, & x > 0 \\ 0, & x \leqslant 0 \end{cases}$$

由于函数 $y = \mathrm{e}^x$ 严格单调可微，其反函数为

$$x = h(y) = \ln y \quad (y > 0)$$

$$h'(y) = \frac{1}{y} \quad (y \neq 0)$$

由 $f_X(h(y)) > 0$，即 $\ln y > 0$，得 $y > 1$，因此 Y 的概率密度为

$$f_Y(y) = \begin{cases} f_X(\ln y) \left| \dfrac{1}{y} \right|, & y > 1 \\ 0, & y \leqslant 1 \end{cases}$$

即

$$f_Y(y) = \begin{cases} \dfrac{1}{y^2}, & y > 1 \\ 0, & y \leqslant 1 \end{cases}$$

（2）$E\left(\dfrac{X}{Y}\right) = E\left(\dfrac{X}{\mathrm{e}^X}\right) = E(X \mathrm{e}^{-X}) = \int_{-\infty}^{+\infty} x \mathrm{e}^{-x} f_X(x) \mathrm{d}x$

$$= \int_0^{+\infty} x e^{-x} \cdot e^{-x} dx = \int_0^{+\infty} x e^{-2x} dx = \frac{1}{4}$$

(3) $F(1, 2) = P(X \leqslant 1, Y \leqslant 2) = P(X \leqslant 1, e^X \leqslant 2)$

$$= P(X \leqslant 1, X \leqslant \ln 2) = P(X \leqslant \ln 2) = \int_0^{\ln 2} e^{-x} dx = \frac{1}{2}$$

例 4 - 9 设由自动线加工的某种零件的内径 X（单位：毫米）服从正态分布 $N(\mu, 1)$，内径小于 10 或大于 12 为不合格品，其余为合格品，销售每件合格品获利，销售每件不合格品亏损，已知销售利润 T（单位：元）与销售零件的内径 X 有如下关系：

$$T = \begin{cases} -1, & X < 10 \\ 20, & 10 \leqslant X \leqslant 12 \\ -5, & X > 12 \end{cases}$$

问平均内径 μ 取何值时，销售一个零件的平均利润最大？

解 由于销售一个零件的平均利润为

$$ET = 20 P(10 \leqslant X \leqslant 12) - P(X < 10) - 5 P(X > 12)$$
$$= 20 [\Phi(12 - \mu) - \Phi(10 - \mu)] - \Phi(10 - \mu) - 5 [1 - \Phi(12 - \mu)]$$
$$= 25 \Phi(12 - \mu) - 21 \Phi(10 - \mu) - 5$$

令

$$\frac{d}{d\mu} ET = -25 \varphi(12 - \mu) + 21 \varphi(10 - \mu) = 0$$

得

$$-\frac{25}{\sqrt{2\pi}} e^{-\frac{(12-\mu)^2}{2}} + \frac{21}{\sqrt{2\pi}} e^{-\frac{(10-\mu)^2}{2}} = 0$$

即

$$25 e^{-\frac{(12-\mu)^2}{2}} = 21 e^{-\frac{(10-\mu)^2}{2}}$$

解之，得 $\mu = 11 - \frac{1}{2} \ln \frac{25}{21} \approx 10.9$，因此当平均内径 $\mu = 10.9$ 毫米时，销售一个零件的平均利润最大。

例 4 - 10 设二维连续型随机变量 (X, Y) 的联合概率密度为

$$f(x, y) = \begin{cases} \dfrac{3}{4}, & x^2 \leqslant y \leqslant 1 \\ 0, & \text{其他} \end{cases}$$

试求：(1) X、Y 的条件概率密度；

(2) 条件概率 $P\left(X \leqslant \dfrac{1}{4} \,\middle|\, Y = \dfrac{1}{4}\right)$；

(3) X 与 Y 的相关系数。

解 (1) 先求 $f_{X|Y}(x|y)$。由于

$$f_Y(y) = \int_{-\infty}^{+\infty} f(x, y) dx = \begin{cases} \displaystyle\int_{-\sqrt{y}}^{\sqrt{y}} \frac{3}{4} dx = \frac{3}{2} \sqrt{y}, & 0 < y < 1 \\ 0, & \text{其他} \end{cases}$$

因此，$\forall\, 0 < y < 1$，$f_Y(y) > 0$，X 的条件概率密度为

$$f_{X|Y}(x \mid y) = \frac{f(x,\,y)}{f_Y(y)} = \begin{cases} \dfrac{3/4}{(3/2)\sqrt{y}} = \dfrac{1}{2\sqrt{y}}, & -\sqrt{y} < x < \sqrt{y} \\[2mm] 0, & \text{其他} \end{cases}$$

再求 $f_{Y|X}(y \mid x)$。由于

$$f_X(x) = \int_{-\infty}^{+\infty} f(x,\,y)\mathrm{d}y = \begin{cases} \displaystyle\int_{x^2}^1 \frac{3}{4}\mathrm{d}y = \frac{3}{4}(1 - x^2), & -1 < x < 1 \\[2mm] 0, & \text{其他} \end{cases}$$

因此，$\forall\, -1 < x < 1$，$f_X(x) > 0$，Y 的条件概率密度为

$$f_{Y|X}(y \mid x) = \frac{f(x,\,y)}{f_X(y)} = \begin{cases} \dfrac{3/4}{(3/4)(1 - x^2)} = \dfrac{1}{1 - x^2}, & x^2 < y < 1 \\[2mm] 0, & \text{其他} \end{cases}$$

（2）由于当 $Y = \dfrac{1}{4}$ 时，X 的条件概率密度为

$$f_{X|Y}\left(x \mid y = \frac{1}{4}\right) = \begin{cases} 1, & -\dfrac{1}{2} < x < \dfrac{1}{2} \\[2mm] 0, & \text{其他} \end{cases}$$

因此

$$P\left(X \leqslant \frac{1}{4} \,\middle|\, Y = \frac{1}{4}\right) = \int_{-\infty}^{\frac{1}{4}} f_{X|Y}\left(x \mid y = \frac{1}{4}\right)\mathrm{d}x = \int_{-\frac{1}{2}}^{\frac{1}{4}} 1\mathrm{d}x = \frac{3}{4}$$

（3）由于

$$EX = \int_{-\infty}^{+\infty} x f_X(x)\mathrm{d}x = \int_{-1}^{1} x \cdot \frac{3}{4}(1 - x^2)\mathrm{d}x = 0$$

$$EY = \int_{-\infty}^{+\infty} y f_Y(y)\mathrm{d}y = \int_{0}^{1} y \cdot \frac{3}{2}\sqrt{y}\,\mathrm{d}y = \frac{3}{5}$$

$$E(XY) = \int_{-\infty}^{+\infty}\int_{-\infty}^{+\infty} xy f(x,\,y)\mathrm{d}x\mathrm{d}y = \frac{3}{4}\int_{-1}^{1} x\mathrm{d}x \int_{x^2}^{1} y\mathrm{d}y = 0$$

因此

$$\mathrm{cov}(X,\,Y) = E(XY) - EX \cdot EY = 0$$

从而 X 与 Y 的相关系数 $\rho_{XY} = 0$。

2. 随机变量相互独立性与不相关性的判断

例 4 - 11　设随机变量 $X \sim U[-1,\,1]$，$Y = X^3$，则 X 与 Y（　　　）。

　　A. 不相关且相互独立　　　　　　　　B. 不相关且不相互独立

　　C. 相关且相互独立　　　　　　　　　D. 相关且不相互独立

解　应选 D。

由于 $X \sim U[-1,\,1]$，因此 X 的概率密度为

$$f_X(x) = \begin{cases} \dfrac{1}{2}, & -1 \leqslant x \leqslant 1 \\ 0, & \text{其他} \end{cases}$$

从而
$$EX = 0, \quad EY = EX^3 = \int_{-1}^{1} x^3 \cdot \frac{1}{2} \mathrm{d}x = 0$$

$$E(XY) = EX^4 = \int_{-1}^{1} x^4 \cdot \frac{1}{2} \mathrm{d}x = \frac{1}{5} \neq 0 = EX \cdot EY$$

所以 X 与 Y 不是不相关，即 X 与 Y 相关，从而 X 与 Y 不相互独立，故选 D。

例 4 - 12　设二维连续型随机变量 $(X, Y) \sim U(G)$，其中 $G = \{(x, y) \mid 0 < y < \sqrt{1 - x^2}, -1 < x < 1\}$。

(1) 求 X 与 Y 的相关系数，问 X 与 Y 是否相关；

(2) 问 X 与 Y 是否独立，为什么？

(3) 求条件概率密度 $f_{X|Y}(x|y)$，$f_{Y|X}(y|x)$；

(4) 求条件概率 $P\left(0 \leqslant X \leqslant \dfrac{\sqrt{2}}{2} \,\Big|\, 0 \leqslant Y \leqslant \dfrac{\sqrt{2}}{2}\right)$。

解　(1) 由于 $(X, Y) \sim U(G)$，因此 (X, Y) 的联合概率密度为

$$f(x, y) = \begin{cases} \dfrac{2}{\pi}, & (x, y) \in G \\ 0, & (x, y) \notin G \end{cases}$$

从而
$$EX = \int_{-\infty}^{+\infty} \int_{-\infty}^{+\infty} x f(x, y) \mathrm{d}x \mathrm{d}y = \int_{-1}^{1} \mathrm{d}x \int_{0}^{\sqrt{1-x^2}} x \cdot \frac{2}{\pi} \mathrm{d}y = \frac{2}{\pi} \int_{-1}^{1} x \sqrt{1-x^2}\, \mathrm{d}x = 0$$

$$EY = \int_{-\infty}^{+\infty} \int_{-\infty}^{+\infty} y f(x, y) \mathrm{d}x \mathrm{d}y = \int_{0}^{1} \mathrm{d}y \int_{-\sqrt{1-y^2}}^{\sqrt{1-y^2}} y \cdot \frac{2}{\pi} \mathrm{d}x = \frac{4}{\pi} \int_{0}^{1} y \sqrt{1-y^2}\, \mathrm{d}y = \frac{4}{3\pi}$$

$$E(XY) = \int_{-\infty}^{+\infty} \int_{-\infty}^{+\infty} xy f(x, y) \mathrm{d}x \mathrm{d}y = \int_{0}^{1} \mathrm{d}y \int_{-\sqrt{1-y^2}}^{\sqrt{1-y^2}} xy \cdot \frac{2}{\pi} \mathrm{d}x = 0$$

$$\mathrm{cov}(X, Y) = E(XY) - EX \cdot EY = 0$$

故 X 与 Y 的相关系数 $\rho_{XY} = 0$，从而 X 与 Y 不相关。

(2) 由于

$$f_X(x) = \int_{-\infty}^{+\infty} f(x, y) \mathrm{d}y = \begin{cases} \displaystyle\int_{0}^{\sqrt{1-x^2}} \frac{2}{\pi} \mathrm{d}y = \frac{2\sqrt{1-x^2}}{\pi}, & -1 < x < 1 \\ 0, & \text{其他} \end{cases}$$

$$f_Y(y) = \int_{-\infty}^{+\infty} f(x, y) \mathrm{d}x = \begin{cases} \displaystyle\int_{-\sqrt{1-y^2}}^{\sqrt{1-y^2}} \frac{2}{\pi} \mathrm{d}x = \frac{4\sqrt{1-y^2}}{\pi}, & 0 < y < 1 \\ 0, & \text{其他} \end{cases}$$

$$f\left(0, \frac{1}{2}\right) = \frac{2}{\pi} \neq \frac{2}{\pi} \times \frac{2\sqrt{3}}{\pi} = f_X(0)f_Y\left(\frac{1}{2}\right)$$

因此 X 与 Y 不相互独立。

（3）$\forall\, 0 < y < 1$，$f_Y(y) > 0$，X 的条件概率密度为

$$f_{X|Y}(x\,|\,y) = \frac{f(x,\,y)}{f_Y(y)} = \begin{cases} \dfrac{\dfrac{2}{\pi}}{\dfrac{4\sqrt{1-y^2}}{\pi}} = \dfrac{1}{2\sqrt{1-y^2}}, & -\sqrt{1-y^2} < x < \sqrt{1-y^2} \\[4mm] 0, & \text{其他} \end{cases}$$

$\forall\, -1 < x < 1$，$f_X(x) > 0$，Y 的条件概率密度为

$$f_{Y|X}(y\,|\,x) = \frac{f(x,\,y)}{f_X(x)} = \begin{cases} \dfrac{\dfrac{2}{\pi}}{\dfrac{2\sqrt{1-x^2}}{\pi}} = \dfrac{1}{\sqrt{1-x^2}}, & 0 < y < \sqrt{1-x^2} \\[4mm] 0, & \text{其他} \end{cases}$$

（4）$P\left(0 \leqslant X \leqslant \dfrac{\sqrt{2}}{2} \,\middle|\, 0 \leqslant Y \leqslant \dfrac{\sqrt{2}}{2}\right) = \dfrac{P\left(0 \leqslant X \leqslant \dfrac{\sqrt{2}}{2},\, 0 \leqslant Y \leqslant \dfrac{\sqrt{2}}{2}\right)}{P\left(0 \leqslant Y \leqslant \dfrac{\sqrt{2}}{2}\right)}$

$$= \dfrac{\displaystyle\int_0^{\frac{\sqrt{2}}{2}} \int_0^{\frac{\sqrt{2}}{2}} f(x,\,y)\mathrm{d}x\mathrm{d}y}{\displaystyle\int_0^{\frac{\sqrt{2}}{2}} f_Y(y)\mathrm{d}y} = \dfrac{\displaystyle\int_0^{\frac{\sqrt{2}}{2}} \mathrm{d}x \int_0^{\frac{\sqrt{2}}{2}} \dfrac{2}{\pi}\mathrm{d}y}{\displaystyle\int_0^{\frac{\sqrt{2}}{2}} \dfrac{4\sqrt{1-y^2}}{\pi}\mathrm{d}y} = \dfrac{2}{\pi+2}$$

例 4‑13　设二维离散型随机变量 (X, Y) 的联合分布律为

X ＼ Y	-1	0	1
-1	0.1	a	0.1
1	b	0.1	c

且 $P(X=1) = 0.5$，X 与 Y 不相关。

（1）求常数 a，b，c；

（2）事件 $\{X=1\}$ 与 $\{\max\{X, Y\}=1\}$ 是否相互独立，为什么？

（3）随机变量 $X+Y$ 与 $X-Y$ 是否相关，是否相互独立？

解　（1）由于 $P(X=1)=0.5$，因此

$$P(X=-1) = 1 - 0.5 = 0.5$$

从而

$$EX = -1 \times 0.5 + 1 \times 0.5 = 0$$

由联合分布律与边缘分布律之间的关系，得

$$a = 0.5 - 0.1 - 0.1 = 0.3$$

XY 可能的取值为 -1、0、1，且

$$P(XY = -1) = P(X = -1, Y = 1) + P(X = 1, Y = -1) = 0.1 + b$$

$$P(XY = 0) = P(X = -1, Y = 0) + P(X = 1, Y = 0) = a + 0.1 = 0.3 + 0.1 = 0.4$$

$$P(XY = 1) = P(X = -1, Y = -1) + P(X = 1, Y = 1) = 0.1 + c$$

从而

$$E(XY) = -1 \times (0.1 + b) + 0 \times 0.4 + 1 \times (0.1 + c) = c - b$$

又由于 X 与 Y 不相关，故 $E(XY) = EX \cdot EY$，从而 $c - b = 0$，即 $b = c$。

再由联合分布律与边缘分布律之间的关系，得 $b + 0.1 + c = 0.5$，从而 $b = c = 0.2$。

（2）由于

$$\{X = 1\} \subset \{\max\{X, Y\} = 1\}，且 \ 0 < P(\{\max\{X, Y\} = 1\}) < 1$$

$$P(\{X = 1\} \bigcap \{\max\{X, Y\} = 1\}) = P(X = 1) = 0.5$$

因此

$$P(\{X = 1\} \bigcap \{\max\{X, Y\} = 1\}) = P(X = 1) > P(X = 1)P(\{\max\{X, Y\} = 1\})$$

从而事件 $\{X = 1\}$ 与 $\{\max\{X, Y\} = 1\}$ 不相互独立。

（3）由于

$$EX^2 = (-1)^2 \times 0.5 + 1^2 \times 0.5 = 1, \quad DX = EX^2 - (EX)^2 = 1$$

$$EY = -1 \times 0.3 + 0 \times 0.4 + 1 \times 0.3 = 0, \quad EY^2 = (-1)^2 \times 0.3 + 0^2 \times 0.4 + 1^2 \times 0.3 = 0.6$$

$$DY = EY^2 - (EY)^2 = 0.6$$

因此

$$\text{cov}(X + Y, X - Y) = \text{cov}(X, X) - \text{cov}(X, Y) + \text{cov}(Y, X) - \text{cov}(Y, Y)$$

$$= DX - DY = 1 - 0.6 = 0.4$$

$$\neq 0$$

所以 $X + Y$ 与 $X - Y$ 不是不相关，即 $X + Y$ 与 $X - Y$ 相关，从而 $X + Y$ 与 $X - Y$ 不相互独立。

3. 重要分布的数字特征及其应用

例 4-14　设随机变量 X 与 Y 均服从 $0-1$ 分布，且 $E(XY) = \dfrac{5}{8}$，则 $P(X + Y \leqslant 1) =$

（　　）。

　　A. $\dfrac{1}{8}$ 　　　　　　B. $\dfrac{1}{4}$ 　　　　　　C. $\dfrac{3}{8}$ 　　　　　　D. $\dfrac{1}{2}$

解　应选 C。

由题意可设 (X, Y) 的联合分布律为

X＼Y	0	1
0	p_{11}	p_{12}
1	p_{21}	p_{22}

由于 $E(XY) = \dfrac{5}{8}$，因此 $p_{22} = \dfrac{5}{8}$，从而

$$P(X+Y \leqslant 1) = p_{11} + p_{12} + p_{21} = 1 - p_{22} = 1 - \frac{5}{8} = \frac{3}{8}$$

故选 C。

例 4－15　设随机变量 X 的概率密度为

$$f(x) = \begin{cases} \dfrac{1}{2}\cos\dfrac{x}{2}, & 0 \leqslant x \leqslant \pi \\ 0, & \text{其他} \end{cases}$$

现对 X 进行四次独立重复地观测，记 Y 为观测值大于 $\dfrac{\pi}{3}$ 出现的次数，则 $EY^2 = $ ＿＿＿＿＿。

解　应填 5。

由于

$$P\left(X > \frac{\pi}{3}\right) = \int_{\frac{\pi}{3}}^{\pi} \frac{1}{2}\cos\frac{x}{2}\,\mathrm{d}x = \frac{1}{2}$$

因此 $Y \sim B\left(4, \dfrac{1}{2}\right)$，从而

$$EY = 4 \times \frac{1}{2} = 2, \quad DY = 4 \times \frac{1}{2} \times \left(1 - \frac{1}{2}\right) = 1$$

所以

$$EY^2 = DY + (EY)^2 = 1 + 2^2 = 5$$

故填 5。

例 4－16　设二维连续型随机变量 (X, Y) 在以点 $(0, 0)$、$(1, 0)$、$(1, 1)$ 为顶点的三角形区域上服从均匀分布，现对 (X, Y) 进行四次独立地重复观测，记 Z 为观测值 $X+Y$ 不超过 $1/2$ 出现的次数，则 $EZ^2 = $ ＿＿＿＿＿。

解　应填 $\dfrac{11}{16}$。

由于 (X, Y) 在以点 $(0, 0)$、$(1, 0)$、$(1, 1)$ 为顶点的三角形区域上服从均匀分布，因此 (X, Y) 的联合概率密度为

$$f(x, y) = \begin{cases} 2, & 0 < y < x < 1 \\ 0, & \text{其他} \end{cases}$$

由于

$$P\left(X+Y\leqslant\frac{1}{2}\right)=\iint\limits_{x+y\leqslant\frac{1}{2}}f(x,\ y)\mathrm{d}x\mathrm{d}y=\int_0^{\frac{1}{4}}\mathrm{d}y\int_y^{\frac{1}{2}-y}2\mathrm{d}x=\frac{1}{8}$$

因此 $Z\sim B\left(4,\dfrac{1}{8}\right)$，从而

$$EZ=4\times\frac{1}{8}=\frac{1}{2},\ DZ=4\times\frac{1}{8}\times\left(1-\frac{1}{8}\right)=\frac{7}{16}$$

所以

$$EZ^2=DZ+(EZ)^2=\frac{7}{16}+\left(\frac{1}{2}\right)^2=\frac{11}{16}$$

故填 $\dfrac{11}{16}$。

例 4 – 17　设随机变量 X 服从参数为 4 的 Poisson 分布，则 $P(X=\sqrt{DX})=$ _____。

解　应填 $8\mathrm{e}^{-4}$。

由于 $X\sim P(4)$，因此 X 的分布律为

$$P(X=k)=\frac{4^k}{k!}\mathrm{e}^{-4},\quad k=0,\ 1,\ 2,\ \cdots$$

且 $DX=4$，从而

$$P(X=\sqrt{DX})=P(X=2)=\frac{4^2}{2!}\mathrm{e}^{-4}=8\mathrm{e}^{-4}$$

故填 $8\mathrm{e}^{-4}$。

例 4 – 18　设随机变量 X 与 Y 相互独立且分别服从参数为 λ_1、λ_2 的 Poisson 分布，$P(X+Y>0)=1-\mathrm{e}^{-1}$，则 $E(X+Y)^2=$ _____。

解　应填 2。

方法一：由于 $X\sim P(\lambda_1)$，$Y\sim P(\lambda_2)$，因此

$$\begin{aligned}1-\mathrm{e}^{-1}&=P(X+Y>0)=1-P(X+Y=0)=1-P(X=0,Y=0)\\&=1-P(X=0)P(Y=0)=1-\mathrm{e}^{-\lambda_1}\mathrm{e}^{-\lambda_2}=1-\mathrm{e}^{-(\lambda_1+\lambda_2)}\end{aligned}$$

解之，得 $\lambda_1+\lambda_2=1$。

因为 X 与 Y 相互独立，且 $EX=DX=\lambda_1$，$EY=DY=\lambda_2$，所以

$$\begin{aligned}E(X+Y)^2&=E(X^2+2XY+Y^2)=EX^2+2EX\cdot EY+EY^2\\&=DX+(EX)^2+2EX\cdot EY+DY+(EY)^2\\&=\lambda_1+\lambda_1^2+2\lambda_1\lambda_2+\lambda_2+\lambda_2^2\\&=\lambda_1+\lambda_2+(\lambda_1+\lambda_2)^2=2\end{aligned}$$

故填 2。

方法二：由于 $X\sim P(\lambda_1)$，$Y\sim P(\lambda_2)$，且 X 与 Y 相互独立，因此 $X+Y\sim P(\lambda_1+\lambda_2)$，从而

$$1 - \mathrm{e}^{-1} = P(X + Y > 0) = 1 - P(X + Y = 0) = 1 - \mathrm{e}^{-(\lambda_1 + \lambda_2)}$$

解之，得 $\lambda_1 + \lambda_2 = 1$。

因为 $X + Y \sim P(\lambda_1 + \lambda_2)$，所以 $E(X + Y) = \lambda_1 + \lambda_2$，$D(X + Y) = \lambda_1 + \lambda_2$，从而

$$E(X + Y)^2 = D(X + Y) + [E(X + Y)]^2 = 2$$

故填 2。

例 4 - 19　设随机变量 $X \sim U(1, 2)$，在 $X = x(1 < x < 2)$ 的条件下 $Y \sim E(x)$，则 $E(XY) = \underline{\hspace{3cm}}$。

解　应填 1。

由于 $X \sim U(1, 2)$，因此 X 的概率密度为

$$f_X(x) = \begin{cases} 1, & 1 < x < 2 \\ 0, & \text{其他} \end{cases}$$

又由于在 $X = x(1 < x < 2)$ 的条件下，Y 的条件概率密度为

$$f_{Y|X}(y|x) = \begin{cases} x\mathrm{e}^{-xy}, & y > 0 \\ 0, & y \leqslant 0 \end{cases}$$

故 (X, Y) 的联合概率密度为

$$f(x, y) = f_X(x) f_{Y|X}(y|x) = \begin{cases} x\mathrm{e}^{-xy}, & 1 < x < 2, y > 0 \\ 0, & \text{其他} \end{cases}$$

从而

$$E(XY) = \int_{-\infty}^{+\infty} \int_{-\infty}^{+\infty} xy f(x, y) \mathrm{d}x \mathrm{d}y = \int_1^2 \mathrm{d}x \int_0^{+\infty} xy \cdot x\mathrm{e}^{-xy} \mathrm{d}y = \int_1^2 x \cdot \frac{1}{x} \mathrm{d}x = 1$$

故填 1。

例 4 - 20　有两个盒子，第一个盒子中有 2 只红球、1 只黑球，第二个盒子中有 2 只红球、2 只黑球，现从两个盒子中各任意取 1 只球放在一起，再从中任取 1 只球。

(1) 求取出的球是红球的概率；

(2) 将上述过程重复 10 次，以 X 记取出的球是红球的次数，求 EX^2。

解　(1) 设 A 表示事件"取出的球是红球"，$B_i(i = 1, 2)$ 表示事件"从第 i 个盒子中取出红球"，则

$$P(B_1 B_2) = \frac{2}{3} \times \frac{2}{4} = \frac{1}{3}, \ P(B_1 \bar{B}_2) = \frac{2}{3} \times \frac{2}{4} = \frac{1}{3}$$

$$P(\bar{B}_1 B_2) = \frac{1}{3} \times \frac{2}{4} = \frac{1}{6}, \ P(\bar{B}_1 \bar{B}_2) = \frac{1}{3} \times \frac{2}{4} = \frac{1}{6}$$

$$P(A | B_1 B_2) = 1, \ P(A | B_1 \bar{B}_2) = \frac{1}{2}, \ P(A | \bar{B}_1 B_2) = \frac{1}{2}, \ P(A | \bar{B}_1 \bar{B}_2) = 0$$

由全概率公式，得

$$P(A) = P(B_1 B_2)P(A \mid B_1 B_2) + P(B_1 \overline{B_2})P(A \mid B_1 \overline{B_2}) + P(\overline{B_1} B_2)P(A \mid \overline{B_1} B_2) + P(\overline{B_1} \overline{B_2})P(A \mid \overline{B_1} \overline{B_2})$$

$$= \frac{1}{3} \times 1 + \frac{1}{3} \times \frac{1}{2} + \frac{1}{6} \times \frac{1}{2} + \frac{1}{6} \times 0 = \frac{7}{12}$$

(2) 由于将该过程重复 10 次为 10 重 Bernoulli 试验，因此 $X \sim B\left(10, \frac{7}{12}\right)$，从而

$$EX = 10 \times \frac{7}{12} = \frac{35}{6}, \ DX = 10 \times \frac{7}{12} \times \frac{5}{12} = \frac{175}{72}$$

故

$$EX^2 = DX + (EX)^2 = \frac{175}{72} + \left(\frac{35}{6}\right)^2 = \frac{875}{24}$$

例 4-21　将一枚骰子重复掷 n 次，随机变量 X 表示出现的点数小于 3 的次数，Y 表示出现的点数不小于 3 的次数，求随机变量 $3X + Y$ 与 $X - 3Y$ 的相关系数。

解　方法一：由于掷一枚骰子出现的点数小于 3 的概率为 $\frac{1}{3}$，因此

$$X \sim B\left(n, \frac{1}{3}\right), \ Y = n - X \sim B\left(n, \frac{2}{3}\right)$$

从而

$$EX = \frac{n}{3}, \ DX = \frac{2n}{9}, \ EY = \frac{2n}{3}, \ DY = \frac{2n}{9}$$

又由于

$$\mathrm{cov}(X, Y) = \mathrm{cov}(X, n - X) = -DX = -\frac{2n}{9}$$

$$D(3X + Y) = 9DX + DY + 6\mathrm{cov}(X, Y) = \frac{8n}{9}$$

$$D(3X - Y) = 9DX + DY - 6\mathrm{cov}(X, Y) = \frac{32n}{9}$$

$$\mathrm{cov}(3X + Y, X - 3Y) = 3DX - 8\mathrm{cov}(X, Y) - 3DY = \frac{16n}{9}$$

故 $3X + Y$ 与 $X - 3Y$ 的相关系数为

$$\rho_{3X+Y, X-3Y} = \frac{\mathrm{cov}(3X + Y, X - 3Y)}{\sqrt{D(3X + Y)} \sqrt{D(X - 3Y)}} = \frac{\dfrac{16n}{9}}{\sqrt{\dfrac{8n}{9}} \sqrt{\dfrac{32n}{9}}} = 1$$

方法二：由于

$$3X + Y = 3X + n - X = 2X + n$$
$$X - 3Y = X - 3(n - X) = 4X - 3n$$

因此

$$P(X - 3Y = 2(3X + Y) - 5n) = 1$$

故 $\rho_{3X+Y,\,X-3Y} = 1$。

例 4 - 22　设随机变量 X 在区间 $[-1,1]$ 上服从均匀分布，

$$Y = \text{sgn}X = \begin{cases} -1, & X < 0 \\ 0, & X = 0, \\ 1, & X > 0 \end{cases}$$

求 DY 和 $\text{cov}(X, Y)$。

解　由于 $X \sim U[-1, 1]$，因此 X 的概率密度为

$$f(x) = \begin{cases} \dfrac{1}{2}, & -1 \leqslant x \leqslant 1 \\ 0, & \text{其他} \end{cases}$$

因此

$$EX = 0$$

$$EY = E(\text{sgn}X) = \int_{-\infty}^{+\infty} \text{sgn}x f(x) \mathrm{d}x$$

$$= \int_{-\infty}^{0} (-1) f(x) \mathrm{d}x + \int_{0}^{+\infty} f(x) \mathrm{d}x$$

$$= -\int_{-1}^{0} \frac{1}{2} \mathrm{d}x + \int_{0}^{1} \frac{1}{2} \mathrm{d}x = 0$$

$$EY^2 = E(\text{sgn}X)^2 = \int_{-\infty}^{+\infty} (\text{sgn}x)^2 f(x) \mathrm{d}x = \int_{-\infty}^{+\infty} f(x) \mathrm{d}x = 1$$

从而

$$DY = EY^2 - (EY)^2 = 1$$

或者

$$EY = (-1) \times P(Y = -1) + 0 \times P(Y = 0) + 1 \times P(Y = 1)$$

$$= -P(X < 0) + P(X > 0)$$

$$= -\int_{-1}^{0} \frac{1}{2} \mathrm{d}x + \int_{0}^{1} \frac{1}{2} \mathrm{d}x = 0$$

由于

$$Y^2 = (\text{sgn}X)^2 = \begin{cases} 1, & X \neq 0 \\ 0, & X = 0 \end{cases}$$

因此

$$EY^2 = 0 \times P(X = 0) + 1 \times P(X \neq 0) = P(X < 0) + P(X > 0) = 1$$

从而

$$DY = EY^2 - (EY)^2 = 1$$

又由于

$$E(XY) = E(X\text{sgn}X) = \int_{-\infty}^{+\infty} x\text{sgn}xf(x)\mathrm{d}x$$
$$= \int_{-1}^{0}(-1)x \cdot \frac{1}{2}\mathrm{d}x + \int_{0}^{1}x \cdot \frac{1}{2}\mathrm{d}x = \frac{1}{2}$$

故

$$\text{cov}(X, Y) = E(XY) - EX \cdot EY = \frac{1}{2}$$

4.5　习题全解

一、选择题

1. 有 10 张奖券，其中 8 张 2 元，2 张 5 元，今某人从中随机地抽取 3 张，则此人得奖金额的数学期望为（　　）。

　　A. 6　　　　　　　　B. 12　　　　　　　　C. 7.8　　　　　　　　D. 9

解　应选 C。

设 X 表示"此人得奖金额"，则 X 为一离散型随机变量，其可能的取值为 6、9、12，且

$$P(X = 6) = \frac{C_8^3}{C_{10}^3} = \frac{14}{30} = \frac{7}{15}$$

$$P(X = 9) = \frac{C_8^2 C_2^1}{C_{10}^3} = \frac{14}{30} = \frac{7}{15}$$

$$P(X = 12) = \frac{C_8^1 C_2^2}{C_{10}^3} = \frac{2}{30} = \frac{1}{15}$$

从而

$$EX = 6 \times \frac{7}{15} + 9 \times \frac{7}{15} + 12 \times \frac{1}{15} = 7.8$$

故选 C。

2. 已知随机变量 X 服从二项分布，$EX = 2.4$，$DX = 1.44$，则二项分布的参数 n、p 的值为（　　）。

　　A. $n = 4$、$p = 0.6$　　　　　　　　B. $n = 6$、$p = 0.4$

　　C. $n = 8$、$p = 0.3$　　　　　　　　D. $n = 24$、$p = 0.1$

解　应选 B。

由于 $X \sim B(n, p)$，因此 $EX = np$，$DX = np(1 - p)$，从而

$$\begin{cases} np = 2.4 \\ np(1 - p) = 1.44 \end{cases}$$

解之，得 $n = 6$、$p = 0.4$，故选 B。

3. 已知离散型随机变量 ξ 可能的取值为 $x_1 = -1$，$x_2 = 0$，$x_3 = 1$，$E\xi = 0.1$，$D\xi = $

0.89，则对应于 x_1，x_2，x_3 的概率为（　　）。

　　A. $p_1 = 0.4$，$p_2 = 0.1$，$p_3 = 0.5$　　　　B. $p_1 = 0.1$，$p_2 = 0.4$，$p_3 = 0.5$

　　C. $p_1 = 0.5$，$p_2 = 0.1$，$p_3 = 0.4$　　　　D. $p_1 = 0.4$，$p_2 = 0.5$，$p_3 = 0.1$

　　解　应选 A。

由离散型随机变量分布律的性质，得

$$p_1 + p_2 + p_3 = 1$$

由 $E\xi = (-1) \times p_1 + 0 \times p_2 + 1 \times p_3 = 0.1$，得

$$-p_1 + p_3 = 0.1$$

由于 $E\xi^2 = D\xi + (E\xi)^2 = 0.89 + 0.01 = 0.9$，因此由

$$E\xi^2 = (-1)^2 \times p_1 + 0^2 \times p_2 + 1^2 \times p_3 = p_1 + p_3 = 0.9$$

得

$$p_1 + p_3 = 0.9$$

解之，得 $p_1 = 0.4$，$p_2 = 0.1$，$p_3 = 0.5$，故选 A。

4. 设离散型随机变量 X 可能的取值为 x_1 和 x_2，而且 $x_2 > x_1$，X 取 x_1 的概率为 0.6，又已知 $EX = 1.4$，$DX = 0.24$，则 X 的分布律为（　　）。

A.

X	0	1
P	0.6	0.4

B.

X	1	2
P	0.6	0.4

C.

X	n	$n+1$
P	0.6	0.4

（n 为正整数）

D.

X	a	b
P	0.6	0.4

（$a < b$ 为实数）

　　解　应选 B。

由 $EX = 1.4$，$DX = 0.24$，得 $EX^2 = DX + (EX)^2 = 2.2$，从而

$$\begin{cases} 0.6x_1 + 0.4x_2 = 1.4 \\ 0.6x_1^2 + 0.4x_2^2 = 2.2 \end{cases}$$

解之，得 $\begin{cases} x_1 = 1 \\ x_2 = 2 \end{cases}$ 或 $\begin{cases} x_1 = 1.8 \\ x_2 = 0.8 \end{cases}$，由于 $x_2 > x_1$，因此 X 的分布律为

X	1	2
P	0.6	0.4

故选 B。

5. 设随机变量 X 服从参数为 λ 的 Poisson 分布，则 $(D(kX))^2 EX = $（　　）。

　　A. $k^2\lambda^2$　　　　B. $k^2\lambda^4$　　　　C. $k^4\lambda^2$　　　　D. $k^4\lambda^3$

　　解　应选 D。

由于 $X \sim P(\lambda)$，因此 $EX = DX = \lambda$，从而
$$(D(kX))^2 EX = (k^2 DX)^2 EX = k^4 \lambda^2 \cdot \lambda = k^4 \lambda^3$$
故选 D。

6. 设离散型随机变量 X 的分布律为 $P(X = n) = \dfrac{1}{n(n+1)}(n = 1,2,\cdots)$，则 EX 为(　　)。

　A. 0　　　　　　　B. 1　　　　　　　C. 0.5　　　　　　　D. 不存在

解　应选 D。

由于级数 $\displaystyle\sum_{n=1}^{\infty} n \cdot \dfrac{1}{n(n+1)} = \sum_{n=1}^{\infty} \dfrac{1}{n+1}$ 发散，因此 EX 不存在，故选 D。

7. 设连续型随机变量 X 的概率密度为
$$f(x) = \begin{cases} 2x, & 0 < x < 1 \\ 0, & \text{其他} \end{cases}$$
则 $P(|X - EX| \geqslant 2\sqrt{DX}) = ($　　$)$。

　A. $\dfrac{9 - 8\sqrt{2}}{9}$　　　　B. $\dfrac{6 + 4\sqrt{2}}{9}$　　　　C. $\dfrac{6 - 4\sqrt{2}}{9}$　　　　D. $\dfrac{9 + 8\sqrt{2}}{9}$

解　应选 C。

由于
$$EX = \int_{-\infty}^{+\infty} x f(x) \mathrm{d}x = \int_0^1 x \cdot 2x \mathrm{d}x = \frac{2}{3}, \quad EX^2 = \int_{-\infty}^{+\infty} x^2 f(x) \mathrm{d}x = \int_0^1 x^2 \cdot 2x \mathrm{d}x = \frac{1}{2}$$

$$DX = EX^2 - (EX)^2 = \frac{1}{2} - \left(\frac{2}{3}\right)^2 = \frac{1}{18}$$

因此
$$P(|X - EX| \geqslant 2\sqrt{DX}) = P\left(\left|X - \frac{2}{3}\right| \geqslant 2\sqrt{\frac{1}{18}}\right)$$
$$= P\left(X \leqslant \frac{2 - \sqrt{2}}{3}\right) + P\left(X \geqslant \frac{2 + \sqrt{2}}{3}\right)$$
$$= \int_0^{\frac{2-\sqrt{2}}{3}} 2x \mathrm{d}x = \frac{6 - 4\sqrt{2}}{9}$$

故选 C。

8. 设 X 的概率密度为 $f(x) = A\mathrm{e}^{-ax^2 - bx - c}(-\infty < x < +\infty)$，其中 A, a, b, c 均为常数，则(　　)。

　A. $EX = -\dfrac{2b}{a}$，$DX = \dfrac{2}{a}$　　　　　　B. $EX = -\dfrac{b}{2a}$，$DX = \dfrac{2}{a}$

　C. $EX = -\dfrac{2b}{a}$，$DX = \dfrac{1}{2a}$　　　　　　D. $EX = -\dfrac{b}{2a}$，$DX = \dfrac{1}{2a}$

解　应选 D。

由于

$$f(x) = Ae^{-ax^2-bx-c} = Ae^{-\frac{(x+\frac{b}{2a})^2+\frac{4ac-b^2}{4a^2}}{2\cdot(\frac{1}{\sqrt{2a}})^2}}, \quad -\infty < x < +\infty$$

因此 $X \sim N\left(-\frac{b}{2a}, \frac{1}{2a}\right)$，从而 $EX = -\frac{b}{2a}$，$DX = \frac{1}{2a}$，故选 D。

9. 设随机变量 $X \sim E(3)$，$Y \sim E(\lambda)$，且 X 与 Y 相互独立，$D(X+Y) = \frac{25}{144}$，则 $P(Y \leqslant 2) = (\quad)$。

　　A. $1 - e^{-8}$　　　　　　B. $1 - e^{-2}$　　　　　　C. $1 - e^{-4}$　　　　　　D. $1 - e^{-6}$

解　应选 A。

由于 $X \sim E(3)$，$Y \sim E(\lambda)$，因此

$$DX = \frac{1}{3^2}, \quad DY = \frac{1}{\lambda^2}$$

又由于 X、Y 相互独立，故

$$D(X+Y) = DX + DY = \frac{1}{3^2} + \frac{1}{\lambda^2} = \frac{25}{144}$$

解之，得 $\lambda = 4$，$\lambda = -4$（不合题意舍去），从而

$$P(Y \leqslant 2) = \int_0^2 4e^{-4y}dy = 1 - e^{-8}$$

故选 A。

10. 设连续型随机变量 X_1 与 X_2 相互独立，且方差存在，其概率密度分别为 $f_{X_1}(x_1)$ 与 $f_{X_2}(x_2)$。随机变量 Y_1 的概率密度为 $f_{Y_1}(y) = \frac{1}{2}[f_{X_1}(y) + f_{X_2}(y)]$，随机变量 $Y_2 = \frac{1}{2}(X_1 + X_2)$，则（　　）。

　　A. $EY_1 > EY_2$，$DY_1 > DY_2$　　　　　　　　B. $EY_1 = EY_2$，$DY_1 = DY_2$

　　C. $EY_1 = EY_2$，$DY_1 < DY_2$　　　　　　　　D. $EY_1 = EY_2$，$DY_1 > DY_2$

解　应选 D。

由于

$$EY_1 = \int_{-\infty}^{+\infty} y f_{Y_1}(y)dy = \int_{-\infty}^{+\infty} y \cdot \frac{1}{2}[f_{X_1}(y) + f_{X_2}(y)]dy$$

$$= \frac{1}{2}\left[\int_{-\infty}^{+\infty} y f_{X_1}(y)dy + \int_{-\infty}^{+\infty} y f_{X_2}(y)dy\right]$$

$$= \frac{1}{2}\left[\int_{-\infty}^{+\infty} x f_{X_1}(x)dx + \int_{-\infty}^{+\infty} x f_{X_2}(x)dx\right]$$

$$= \frac{1}{2}(EX_1 + EX_2)$$

$$EY_2 = E\left[\frac{1}{2}(X_1 + X_2)\right] = \frac{1}{2}(EX_1 + EX_2)$$

因此 $EY_1 = EY_2$。

又由于 X_1 与 X_2 相互独立，且方差存在，故

$$DY_2 = D\left[\frac{1}{2}(X_1 + X_2)\right] = \frac{1}{4}(DX_1 + DX_2)$$

$$EY_1^2 = \int_{-\infty}^{+\infty} y^2 f_{Y_1}(y)\mathrm{d}y = \int_{-\infty}^{+\infty} y^2 \cdot \frac{1}{2}\left[f_{X_1}(y) + f_{X_2}(y)\right]\mathrm{d}y$$

$$= \frac{1}{2}\left[\int_{-\infty}^{+\infty} y^2 f_{X_1}(y)\mathrm{d}y + \int_{-\infty}^{+\infty} y^2 f_{X_2}(y)\mathrm{d}y\right]$$

$$= \frac{1}{2}\left[\int_{-\infty}^{+\infty} x^2 f_{X_1}(x)\mathrm{d}x + \int_{-\infty}^{+\infty} x^2 f_{X_2}(x)\mathrm{d}x\right]$$

$$= \frac{1}{2}(EX_1^2 + EX_2^2)$$

$$= \frac{1}{2}\left[DX_1 + (EX_1)^2 + DX_2 + (EX_2)^2\right]$$

$$= \frac{1}{2}(DX_1 + DX_2) + \frac{1}{2}\left[(EX_1)^2 + (EX_2)^2\right]$$

$$DY_1 = EY_1^2 - (EY_1)^2$$

$$= \frac{1}{2}(DX_1 + DX_2) + \frac{1}{2}\left[(EX_1)^2 + (EX_2)^2\right] - \left[\frac{1}{2}(EX_1 + EX_2)\right]^2$$

$$= \frac{1}{2}(DX_1 + DX_2) + \frac{1}{4}(EX_1 - EX_2)^2$$

因此 $DY_1 > DY_2$，故选 D。

11. 设随机变量 X 与 Y 相互独立且同在区间 $(0, \theta)(\theta > 0)$ 上服从均匀分布，则 $E[\min\{X, Y\}] = ($　　$)$。

　　A. $\frac{\theta}{2}$　　　　　　　B. θ　　　　　　　C. $\frac{\theta}{3}$　　　　　　　D. $\frac{\theta}{4}$

解　应选 C。

由于 X 与 Y 相互独立且同在区间 $(0, \theta)(\theta > 0)$ 上服从均匀分布，因此其分布函数均为

$$F(x) = \begin{cases} 0, & x < 0 \\ \dfrac{x}{\theta}, & 0 \leqslant x < \theta \\ 1, & x \geqslant \theta \end{cases}$$

从而 $\min\{X, Y\}$ 的分布函数为

$$F_{\min}(x) = 1 - [1 - F(x)]^2 = \begin{cases} 0, & x < 0 \\ 1 - \left(1 - \dfrac{x}{\theta}\right)^2, & 0 \leqslant x < \theta \\ 1, & x \geqslant \theta \end{cases}$$

所以其概率密度为

$$f_{\min}(x) = F'_{\min}(x) = \begin{cases} \dfrac{2}{\theta}\left(1 - \dfrac{x}{\theta}\right), & 0 < x < \theta \\ 0, & \text{其他} \end{cases}$$

从而

$$E[\min\{X, Y\}] = \int_{-\infty}^{+\infty} x f_{\min}(x)\mathrm{d}x = \int_{0}^{\theta} x \cdot \frac{2}{\theta}\left(1 - \frac{x}{\theta}\right)\mathrm{d}x = \frac{\theta}{3}$$

故选 C。

12. 设随机变量 X 的分布函数为

$$F(x) = 0.3\varPhi(x) + 0.7\varPhi\left(\frac{x-1}{2}\right)$$

其中 $\varPhi(x)$ 为标准正态随机变量的分布函数，则 $EX = ($　　$)$。

A. 0　　　　　　　　B. 0.3　　　　　　　　C. 0.7　　　　　　　　D. 1

解　应选 C。

由于 X 的概率密度为

$$f(x) = F'(x) = 0.3\varPhi'(x) + \frac{1}{2} \times 0.7\varPhi'\left(\frac{x-1}{2}\right) = 0.3\varphi(x) + \frac{1}{2} \times 0.7\varphi\left(\frac{x-1}{2}\right)$$

其中 $\varphi(x)$ 为标准正态随机变量的概率密度，因此

$$\begin{aligned} EX &= \int_{-\infty}^{+\infty} x f(x)\mathrm{d}x = \int_{-\infty}^{+\infty} x\left[0.3\varphi(x) + \frac{1}{2} \times 0.7\varphi\left(\frac{x-1}{2}\right)\right]\mathrm{d}x \\ &= 0.3 \times \int_{-\infty}^{+\infty} x\varphi(x)\mathrm{d}x + \frac{1}{2} \times 0.7 \times \int_{-\infty}^{+\infty} x\varphi\left(\frac{x-1}{2}\right)\mathrm{d}x \\ &= \frac{1}{2} \times 0.7 \times \int_{-\infty}^{+\infty} x\varphi\left(\frac{x-1}{2}\right)\mathrm{d}x \end{aligned}$$

令 $u = \dfrac{x-1}{2}$，则

$$\begin{aligned} EX &= 0.7 \times \int_{-\infty}^{+\infty} (2u+1)\varphi(u)\mathrm{d}u \\ &= 0.7 \times 2 \times \int_{-\infty}^{+\infty} u\varphi(u)\mathrm{d}u + 0.7 \times \int_{-\infty}^{+\infty} \varphi(u)\mathrm{d}u = 0.7 \end{aligned}$$

故选 C。

13. 设随机变量 X 与 Y 相互独立，且 EX 与 EY 存在，记 $U = \max\{X, Y\}$，$V =$

$\min\{X, Y\}$，则 $E(UV) = ($　　$)$。

　　A. $EU \cdot EV$　　　　　B. $EX \cdot EY$　　　　　C. $EU \cdot EY$　　　　　D. $EX \cdot EV$

解　应选 B。

由于

$$\max\{X, Y\} = \frac{1}{2}(X + Y + |X - Y|), \min\{X, Y\} = \frac{1}{2}(X + Y - |X - Y|)$$

因此

$$\begin{aligned} E(UV) &= E(\max\{X, Y\} \cdot \min\{X, Y\}) \\ &= E\Big[\frac{1}{2}(X + Y + |X - Y|) \cdot \frac{1}{2}(X + Y - |X - Y|)\Big] \\ &= E\Big\{\frac{1}{4}\big[(X + Y)^2 - (X - Y)^2\big]\Big\} \\ &= E(XY) = EX \cdot EY \end{aligned}$$

故选 B。

14. 设连续型随机变量 X 的概率密度为

$$f(x) = \begin{cases} a + bx, & 0 < x < 1 \\ 0, & \text{其他} \end{cases}$$

又 $EX = 0.5$，则 $DX = ($　　$)$。

　　A. $\dfrac{1}{2}$　　　　　　B. $\dfrac{1}{3}$　　　　　　C. $\dfrac{1}{4}$　　　　　　D. $\dfrac{1}{12}$

解　应选 D。

由 $\displaystyle\int_{-\infty}^{+\infty} f(x)\,\mathrm{d}x = 1$，得

$$1 = \int_0^1 (a + bx)\,\mathrm{d}x = a + \frac{b}{2}$$

即

$$2a + b = 2$$

再由 $0.5 = EX = \displaystyle\int_{-\infty}^{+\infty} xf(x)\,\mathrm{d}x = \int_0^1 x(a + bx)\,\mathrm{d}x = \frac{a}{2} + \frac{b}{3}$，得

$$3a + 2b = 3$$

解之，得 $a = 1, b = 0$，因此 $X \sim U(0, 1)$，从而 $DX = \dfrac{1}{12}$，故选 D。

15. 设 X 是一随机变量，$EX = \mu$，$DX = \sigma^2$（$\mu, \sigma > 0$ 为常数），则对任意常数 C，有（　　）。

　　A. $E(X - C)^2 = EX^2 - C^2$　　　　　　　B. $E(X - C)^2 = E(X - \mu)^2$

　　C. $E(X - C)^2 < E(X - \mu)^2$　　　　　　　D. $E(X - C)^2 \geqslant E(X - \mu)^2$

解　应选 D。

由于

$$E(X-C)^2 = E[(X-\mu)+(\mu-C)]^2$$
$$= E(X-\mu)^2 + (\mu-C)^2 + 2E[(X-\mu)(\mu-C)]$$
$$= E(X-\mu)^2 + (\mu-C)^2$$

因此

$$E(X-C)^2 \geqslant E(X-\mu)^2$$

故选 D。

16. 设随机变量 X 与 Y 相互独立，且 $X \sim N(\mu, \sigma_1^2)$，$Y \sim N(\mu, \sigma_2^2)$，则 $D(|X-Y|) = (\quad)$。

A. $(\sigma_1^2 + \sigma_2^2)\left(1 - \dfrac{2}{\pi}\right)$ 　　　　　　　B. $\sigma_1^2 + \sigma_2^2$

C. $|\sigma_1^2 - \sigma_2^2|$ 　　　　　　　D. $(\sigma_1^2 - \sigma_2^2)\left(1 - \dfrac{2}{\pi}\right)$

解　应选 A。

由于 X 与 Y 独立，且 $X \sim N(\mu, \sigma_1^2)$，$Y \sim N(\mu, \sigma_2^2)$，因此 $X-Y \sim N(0, \sigma_1^2+\sigma_2^2)$，从而 $E(X-Y)=0$，$D(X-Y)=\sigma_1^2+\sigma_2^2$，故

$$E(|X-Y|^2) = E(X-Y)^2 = D(X-Y) - [E(X-Y)]^2 = \sigma_1^2 + \sigma_2^2$$

因为

$$E(|X-Y|) = \int_{-\infty}^{+\infty} |t| \frac{1}{\sqrt{2\pi(\sigma_1^2+\sigma_2^2)}} e^{-\frac{t^2}{2(\sigma_1^2+\sigma_2^2)}} dt = \frac{2}{\sqrt{2\pi(\sigma_1^2+\sigma_2^2)}} \int_0^{+\infty} t e^{-\frac{t^2}{2(\sigma_1^2+\sigma_2^2)}} dt$$

$$= -\frac{2(\sigma_1^2+\sigma_2^2)}{\sqrt{2\pi(\sigma_1^2+\sigma_2^2)}} \int_0^{+\infty} e^{-\frac{t^2}{2(\sigma_1^2+\sigma_2^2)}} d\left(-\frac{t^2}{2(\sigma_1^2+\sigma_2^2)}\right)$$

$$= -\frac{2(\sigma_1^2+\sigma_2^2)}{\sqrt{2\pi(\sigma_1^2+\sigma_2^2)}} \left[e^{-\frac{t^2}{2(\sigma_1^2+\sigma_2^2)}}\right]_0^{+\infty} = \frac{2(\sigma_1^2+\sigma_2^2)}{\sqrt{2\pi(\sigma_1^2+\sigma_2^2)}}$$

所以

$$D(|X-Y|) = E(|X-Y|^2) - [E(|X-Y|)]^2$$
$$= \sigma_1^2 + \sigma_2^2 - \left(\frac{2(\sigma_1^2+\sigma_2^2)}{\sqrt{2\pi(\sigma_1^2+\sigma_2^2)}}\right)^2 = (\sigma_1^2+\sigma_2^2)\left(1 - \frac{2}{\pi}\right)$$

故选 A。

17. 设随机变量 $X_1, X_2, \cdots, X_n (n>1)$ 相互独立同分布，且方差 $\sigma^2 > 0$，令 $Y = \dfrac{1}{n}\sum_{i=1}^n X_i$，则（ ）。

A. $\mathrm{cov}(X_1, Y) = \dfrac{\sigma^2}{n}$ 　　　　　　　B. $\mathrm{cov}(X_1, Y) = \sigma^2$

C. $D(X_1 + Y) = \dfrac{n+2}{n}\sigma^2$ 　　　　　　　　　D. $D(X_1 - Y) = \dfrac{n+1}{n}\sigma^2$

解　应选 A。

由于 $X_1, X_2, \cdots, X_n$ 相互独立，因此 $\text{cov}(X_i, X_j) = 0\ (i \neq j;\ i, j = 1, 2, \cdots, n)$，从而

$$\text{cov}(X_1, Y) = \text{cov}\left(X_1, \frac{1}{n}\sum_{i=1}^{n} X_i\right) = \frac{1}{n}\text{cov}(X_1, X_1) = \frac{1}{n}DX_1 = \frac{\sigma^2}{n}$$

故选 A。

18. 设二维随机变量 (X, Y) 服从二维正态分布，则随机变量 $\xi = X + Y$ 与 $\eta = X - Y$ 不相关的充分必要条件为（　　）。

A. $EX = EY$ 　　　　　　　　　　　B. $EX^2 - [EX]^2 = EY^2 - [EY]^2$

C. $EX^2 = EY^2$ 　　　　　　　　　　D. $EX^2 + [EX]^2 = EY^2 + [EY]^2$

解　应选 B。

由于 ξ、η 不相关的充分必要条件是 $\text{cov}(\xi, \eta) = 0$，又

$$\begin{aligned}
\text{cov}(\xi, \eta) &= \text{cov}(X + Y, X - Y)\\
&= \text{cov}(X, X) - \text{cov}(X, Y) + \text{cov}(Y, X) - \text{cov}(Y, Y)\\
&= DX - DY
\end{aligned}$$

因此 ξ、η 不相关的充分必要条件是 $DX = DY$，即 ξ、η 不相关的充分必要条件是

$$EX^2 - [EX]^2 = EY^2 - [EY]^2$$

故选 B。

19. 设随机变量 X 与 Y 相互独立同分布，记 $U = X - Y$，$V = X + Y$，则随机变量 U 与 V（　　）。

A. 不相互独立 　　　　　　　　　　B. 相互独立

C. 相关系数不为零 　　　　　　　　D. 相关系数为零

解　应选 D。

由于 X 与 Y 同分布，因此 $EU = EX - EY = 0$，从而 $EU \cdot EV = 0$。再由 X 与 Y 同分布，得

$$E(UV) = E[(X - Y)(X + Y)] = EX^2 - EY^2 = 0$$

所以

$$\text{cov}(U, V) = E(UV) - EU \cdot EV = 0$$

从而 $\rho_{UV} = 0$，即 U 与 V 相关系数为零，故选 D。

20. 设随机变量 X 与 Y 的方差存在且不等于零，则 $D(X + Y) = DX + DY$ 是 X 与 Y（　　）。

A. 不相关的充分条件，但不是必要条件

B. 相互独立的充分条件，但不是必要条件

C. 不相关的充分必要条件

D. 相互独立的充分必要条件

解　应选 C。

由于
$$D(X+Y) = DX + DY + 2\text{cov}(X, Y)$$

设 $D(X+Y) = DX + DY$，则 $\text{cov}(X, Y) = 0$，由于 X 与 Y 的方差存在且不为零，因此 X 与 Y 的相关系数 $\rho_{XY} = 0$，从而 X 与 Y 不相关。反过来，设 X 与 Y 不相关，则 X 与 Y 的相关系数 $\rho_{XY} = 0$，从而 $\text{cov}(X, Y) = 0$，所以 $D(X+Y) = DX + DY$，故选 C。

21. 对于任意两个随机变量 X 与 Y，若 $E(XY) = EX \cdot EY$，则（　　）。

　A. $D(XY) = DX \cdot DY$　　　　　　　　　B. $D(X+Y) = DX + DY$

　C. X 与 Y 相互独立　　　　　　　　　　D. $DX \cdot DY = 0$

解　应选 B。

由于
$$D(X+Y) = DX + DY + 2\text{cov}(X, Y)$$

若 $E(XY) = EX \cdot EY$，则 $\text{cov}(X, Y) = 0$，因此 $D(X+Y) = DX + DY$，故选 B。

22. 设随机变量 X 与 Y 满足 $D(X+Y) = D(X-Y)$，则（　　）。

　A. X 与 Y 相互独立　　　　　　　　　　B. $\text{cov}(X, Y) = 0$

　C. $DY = 0$　　　　　　　　　　　　　　　D. $DX \cdot DY = 0$

解　应选 B。

由于
$$D(X+Y) = DX + DY + 2\text{cov}(X, Y)$$
$$D(X-Y) = DX + DY - 2\text{cov}(X, Y)$$

若 $D(X+Y) = D(X-Y)$，则
$$DX + DY + 2\text{cov}(X, Y) = DX + DY - 2\text{cov}(X, Y)$$
因此 $\text{cov}(X, Y) = 0$，故选 B。

23. 设 X、Y 为随机变量，且 $D(2X+Y) = 0$，则 X 与 Y 的相关系数 $\rho_{XY} = $（　　）。

　A. -1　　　　　　B. 0　　　　　　C. $\dfrac{1}{2}$　　　　　　D. 1

解　应选 A。

由于 $D(2X+Y) = 0$，因此 $P(2X+Y = C) = 1$，即 $P(Y = -2X + C) = 1$，其中 C 为常数，从而 $\rho_{XY} = -1$，故选 A。

24. 将长度为 $1\,\text{m}$ 的木棒随机地截成两段，则两段长度的相关系数为（　　）。

　A. 1　　　　　　B. $\dfrac{1}{2}$　　　　　　C. $-\dfrac{1}{2}$　　　　　　D. -1

解　应选 D。

设 X、Y 分别表示所截成两段木棒的长度，则 $P(X+Y=1)=1$，即 $P(Y=-X+1)=1$，从而 $\rho_{XY}=-1$，故选 D。

25．将一枚硬币重复掷 n 次，设 X 与 Y 分别表示正面向上和反面向上的次数，则 X 与 Y 的相关系数 $\rho_{XY}=(\quad)$。

　　A. -1　　　　　　　　B. 0　　　　　　　　C. $\dfrac{1}{2}$　　　　　　　　D. 1

解　应选 A。

由于 $P(X+Y=n)=1$，即 $P(Y=-X+n)=1$，因此 $\rho_{XY}=-1$，故选 A。

26．设随机变量 $X \sim N(0,1)$，$Y \sim N(1,4)$，且相关系数 $\rho_{XY}=1$，则（　　）。

　　A. $P(Y=-2X-1)=1$　　　　　　　　B. $P(Y=2X-1)=1$

　　C. $P(Y=-2X+1)=1$　　　　　　　　D. $P(Y=2X+1)=1$

解　应选 D。

由于 $\rho_{XY}=1$，因此 $P(Y=aX+b)=1$，其中 $a(a>0)$，b 为常数，因为

$$1=EY=E(aX+b)=aEX+b=b$$
$$4=DY=D(aX+b)=a^2DX=a^2$$

解之，得 $a=2$，$a=-2$（不合题意舍去），所以 $a=2$，$b=1$，故选 D。

二、填空题

1．设甲袋中有 3 只红球和 3 只白球，乙袋中有 3 只白球，从甲袋中任取 3 只球放入乙袋，则乙袋中红球数 X 的数学期望为＿＿＿＿＿＿。

解　应填 $\dfrac{3}{2}$。

X 可能的取值为 0、1、2、3，且

$$P(X=k)=\frac{C_3^k C_3^{3-k}}{C_6^3},\quad k=0,1,2,3$$

即 X 的分布律为

X	0	1	2	3
P	$\dfrac{1}{20}$	$\dfrac{9}{20}$	$\dfrac{9}{20}$	$\dfrac{1}{20}$

从而

$$EX=0\times\frac{1}{20}+1\times\frac{9}{20}+2\times\frac{9}{20}+3\times\frac{1}{20}=\frac{3}{2}$$

故填 $\dfrac{3}{2}$。

2．设连续型随机变量 X 的概率密度为

$$f(x) = \begin{cases} \dfrac{2}{\pi(1+x^2)}, & |x| < 1 \\ 0, & |x| \geqslant 1 \end{cases}$$

则 $E[\sin X] = $ _____，$DX = $ _____。

解　应分别填 $0, \dfrac{4}{\pi} - 1$。

$$E[\sin X] = \int_{-\infty}^{+\infty} \sin x f(x) \mathrm{d}x = \int_{-1}^{1} \sin x \cdot \frac{2}{\pi(1+x^2)} \mathrm{d}x = 0$$

故填 0。由于

$$EX = \int_{-\infty}^{+\infty} x f(x) \mathrm{d}x = \int_{-1}^{1} x \cdot \frac{2}{\pi(1+x^2)} \mathrm{d}x = 0$$

$$EX^2 = \int_{-\infty}^{+\infty} x^2 f(x) \mathrm{d}x = \int_{-1}^{1} x^2 \cdot \frac{2}{\pi(1+x^2)} \mathrm{d}x = \frac{4}{\pi} - 1$$

因此 $DX = EX^2 - (EX)^2 = \dfrac{4}{\pi} - 1$，故填 $\dfrac{4}{\pi} - 1$。

3. 设随机变量 X 服从标准正态分布 $N(0,1)$，则 $E(X\mathrm{e}^{2X}) = $ _____。

解　应填 $2\mathrm{e}^2$。

由于 $X \sim N(0,1)$，因此 X 的概率密度为

$$\varphi(x) = \frac{1}{\sqrt{2\pi}} \mathrm{e}^{-\frac{x^2}{2}}, \quad -\infty < x < +\infty$$

从而

$$E(X\mathrm{e}^{2X}) = \int_{-\infty}^{+\infty} x\mathrm{e}^{2x} \varphi(x) \mathrm{d}x = \int_{-\infty}^{+\infty} x\mathrm{e}^{2x} \frac{1}{\sqrt{2\pi}} \mathrm{e}^{-\frac{x^2}{2}} \mathrm{d}x$$

$$= \mathrm{e}^2 \int_{-\infty}^{+\infty} x \frac{1}{\sqrt{2\pi}} \mathrm{e}^{-\frac{(x-2)^2}{2}} \mathrm{d}x = 2\mathrm{e}^2$$

故填 $2\mathrm{e}^2$。

4. 设随机变量 X_1, X_2, X_3 相互独立，且 $X_1 \sim N(1,2)$，$X_2 \sim N(2,4)$，$X_3 \sim N(3,6)$，令 $Y = X_1 + 2X_2 - 3X_3$，则随机变量 Y 的概率密度为 _____。

解　应填 $f_Y(y) = \dfrac{1}{12\sqrt{\pi}} \mathrm{e}^{-\frac{(y+4)^2}{144}}$，$\quad -\infty < y < +\infty$。

由于 X_1, X_2, X_3 相互独立，且 $X_1 \sim N(1,2)$，$X_2 \sim N(2,4)$，$X_3 \sim N(3,6)$，因此 Y 服从正态分布。又由于

$$EY = EX_1 + 2EX_2 - 3EX_3 = 1 + 2 \times 2 - 3 \times 3 = -4$$

$$DY = DX_1 + 4DX_2 + 9DX_3 = 2 + 4 \times 4 + 9 \times 6 = 72$$

故 $Y \sim N(-4, 72)$，从而 Y 的概率密度为

$$f_Y(y) = \frac{1}{12\sqrt{\pi}} e^{-\frac{(y+4)^2}{144}}, \quad -\infty < y < +\infty$$

故填 $f_Y(y) = \dfrac{1}{12\sqrt{\pi}} e^{\frac{(y+4)^2}{144}}, \quad -\infty < y < +\infty$。

5. 设 X 与 Y 是两个相互独立且同服从正态分布 $N\left(0, \dfrac{1}{2}\right)$ 的随机变量，则随机变量 $|X-Y|$ 的数学期望 $E|X-Y| = $ _____ ，方差 $D|X-Y| = $ _____ 。

解　应分别填 $\sqrt{\dfrac{2}{\pi}}$, $1 - \dfrac{2}{\pi}$。

由于 X 与 Y 相互独立且同服从正态分布 $N\left(0, \dfrac{1}{2}\right)$，因此 $X - Y \sim N(0, 1)$，从而

$$E|X-Y| = \int_{-\infty}^{+\infty} |t| \cdot \frac{1}{\sqrt{2\pi}} e^{-\frac{t^2}{2}} \, dt = \frac{2}{\sqrt{2\pi}} \int_0^{+\infty} t e^{-\frac{t^2}{2}} \, dt = \left[-\frac{2}{\sqrt{2\pi}} e^{-\frac{t^2}{2}} \right]_0^{+\infty} = \sqrt{\frac{2}{\pi}}$$

故填 $\sqrt{\dfrac{2}{\pi}}$。

又由于 $E(X-Y) = 0$, $D(X-Y) = 1$, 故

$$E|X-Y|^2 = E(X-Y)^2 = D(X-Y) + [E(X-Y)]^2 = 1$$

从而

$$D|X-Y| = E|X-Y|^2 - (E|X-Y|)^2 = 1 - \frac{2}{\pi}$$

故填 $1 - \dfrac{2}{\pi}$。

6. 设随机变量 $X \sim P(2)$，若随机变量 $Z = 3X - 2$，则 $EZ = $ _____ 。

解　应填 4。

由于 $X \sim P(2)$，因此 $EX = 2$，从而

$$EZ = E(3X - 2) = 3EX - 2 = 3 \times 2 - 2 = 4$$

故填 4。

7. 设随机变量 $X_{ij}(i, j = 1, 2, \cdots, n; n \geqslant 2)$ 相互独立同分布，$EX_{ij} = 2$，则行列式

$$Y = \begin{vmatrix} X_{11} & X_{12} & \cdots & X_{1n} \\ X_{21} & X_{22} & \cdots & X_{2n} \\ \vdots & \vdots & \vdots & \vdots \\ X_{n1} & X_{n2} & \cdots & X_{nn} \end{vmatrix}$$ 的数学期望 $EY = $ _____ 。

解　应填 0。

由行列式的定义，得

$$Y = \sum (-1)^\tau X_{1p_1} X_{2p_2} \cdots X_{np_n}$$

其中，τ 为 $1，2，\cdots，n$ 的排列 $p_1 p_2 \cdots p_n$ 的逆序数，$\sum$ 是关于所有排列 $p_1 p_2 \cdots p_n$ 对应的项求和，由于 $X_{ij}(i，j=1，2，\cdots，n；n\geqslant 2)$ 相互独立同分布，$EX_{ij}=2$，且在 $1，2，\cdots，n$ 的所有排列中，奇排列和偶排列各占一半，因此

$$EY=E\Big[\sum(-1)^{\tau}X_{1p_1}X_{2p_2}\cdots X_{np_n}\Big]=\sum(-1)^{\tau}E\big[X_{1p_1}X_{2p_2}\cdots X_{np_n}\big]$$

$$=\sum(-1)^{\tau}EX_{1p_1}EX_{2p_2}\cdots EX_{np_n}=2^n\sum(-1)^{\tau}=0$$

故填 0。

8. 已知连续型随机变量 X 的概率密度为

$$f(x)=\frac{1}{\sqrt{\pi}}\mathrm{e}^{-x^2+2x-1}，\quad -\infty<x<+\infty$$

则 X 的期望为 _____，方差为 _____。

解　应分别填 $1，\dfrac{1}{2}$。

由于

$$f(x)=\frac{1}{\sqrt{\pi}}\mathrm{e}^{-x^2+2x-1}=\frac{1}{\sqrt{2\pi}\,\frac{1}{\sqrt{2}}}\mathrm{e}^{-\frac{(x-1)^2}{2\left(\frac{1}{\sqrt{2}}\right)^2}}$$

因此 $X\sim N\Big(1，\Big(\dfrac{1}{\sqrt{2}}\Big)^2\Big)$，即 $X\sim N\Big(1，\dfrac{1}{2}\Big)$，从而 $EX=1$，$DX=\dfrac{1}{2}$，故分别填 $1，\dfrac{1}{2}$。

9. 设随机变量 X 与 Y 相互独立，$X\sim B(5，0.6)$，$Y\sim B(n，p)$，且 $E(X+Y)=6$，$D(X-Y)=2.7$，则 $n=$ _____，$p=$ _____。

解　应分别填 $6，0.5$。

由于 $X\sim B(5，0.6)$，$Y\sim B(n，p)$，因此

$$EX=5\times 0.6=3，DX=5\times 0.6\times 0.4=1.2，EY=np，DY=np(1-p)$$

又由于 X、Y 相互独立，且 $E(X+Y)=6$，$D(X-Y)=2.7$，故

$$3+np=6，1.2+np(1-p)=2.7$$

解之，得 $n=6$，$p=0.5$，故分别填 $6，0.5$。

10. 设随机变量 $X\sim N(-3，1)$，$Y\sim N(2，1)$，且 X 与 Y 相互独立，若随机变量 $Z=X-2Y+7$，则 $Z\sim$ _____。

解　应填 $N(0，5)$。

由于 X 与 Y 相互独立，且 $X\sim N(-3，1)$，$Y\sim N(2，1)$，因此 Z 服从正态分布。因为

$$EZ=EX-2EY+7=-3-2\times 2+7=0，DZ=DX+4DY=1+4\times 1=5$$

所以 $Z\sim N(0，5)$，故填 $N(0，5)$。

11. 设随机变量 X 服从参数为 λ 的指数分布，则 $P(X>\sqrt{DX})=$ _____。

解　应填 $\dfrac{1}{e}$。

由于 $X \sim E(\lambda)$，因此 $DX = \dfrac{1}{\lambda^2}$，且 X 的概率密度为

$$f(x) = \begin{cases} \lambda e^{-\lambda x}, & x > 0 \\ 0, & x \leqslant 0 \end{cases}$$

从而

$$P(X > \sqrt{DX}) = P\left(X > \frac{1}{\lambda}\right) = \int_{\frac{1}{\lambda}}^{+\infty} \lambda e^{-\lambda x} \, \mathrm{d}x = \frac{1}{e}$$

故填 $\dfrac{1}{e}$。

12. 设随机变量 X 服从参数为 1 的指数分布，则数学期望 $E(X + e^{-2X}) = $ _____。

解　应填 $\dfrac{4}{3}$。

由于 $X \sim E(1)$，因此 $EX = 1$，且 X 的概率密度为

$$f(x) = \begin{cases} e^{-x}, & x > 0 \\ 0, & x \leqslant 0 \end{cases}$$

因此

$$E(X + e^{-2X}) = EX + Ee^{-2X} = 1 + \int_{0}^{+\infty} e^{-2x} \cdot e^{-x} \, \mathrm{d}x = 1 + \frac{1}{3} = \frac{4}{3}$$

故填 $\dfrac{4}{3}$。

13. 设随机变量 X、Y 相互独立，其概率密度分别为

$$f_X(x) = \begin{cases} 2e^{-2x}, & x > 0 \\ 0, & x \leqslant 0 \end{cases}, \quad f_Y(y) = \begin{cases} 4e^{-4y}, & y > 0 \\ 0, & y \leqslant 0 \end{cases}$$

则 $E(X + Y) = $ _____ ，$E(XY) = $ _____。

解　应分别填 $\dfrac{3}{4}$，$\dfrac{1}{8}$。

由于 X 的概率密度为

$$f_X(x) = \begin{cases} 2e^{-2x}, & x > 0 \\ 0, & x \leqslant 0 \end{cases}$$

因此 $X \sim E(2)$，从而 $EX = \dfrac{1}{2}$。又由于 Y 的概率密度为

$$f_Y(y) = \begin{cases} 4e^{-4y}, & y > 0 \\ 0, & y \leqslant 0 \end{cases}$$

故 $Y \sim E(4)$，从而 $EY = \dfrac{1}{4}$。所以

$$E(X+Y) = EX + EY = \frac{1}{2} + \frac{1}{4} = \frac{3}{4}$$

故填 $\frac{3}{4}$。

因为 X、Y 相互独立，所以

$$E(XY) = EX \cdot EY = \frac{1}{2} \times \frac{1}{4} = \frac{1}{8}$$

故填 $\frac{1}{8}$。

14. 设随机变量 X 在区间 $(-1, 2)$ 上服从均匀分布，随机变量 $Y = \begin{cases} 1, & X > 0 \\ 0, & X = 0, \\ -1, & X < 0 \end{cases}$

则方差 $DY = $ _____。

解 应填 $\frac{8}{9}$。

由于 $X \sim U(-1, 2)$，因此 X 的概率密度为

$$f(x) = \begin{cases} \dfrac{1}{3}, & -1 < x < 2 \\ 0, & \text{其他} \end{cases}$$

从而

$$EY = 1 \times P(Y=1) + 0 \times P(Y=0) + (-1) \times P(Y=-1)$$

$$= P(X>0) - P(X<0) = \int_0^2 \frac{1}{3}\mathrm{d}x - \int_{-1}^0 \frac{1}{3}\mathrm{d}x = \frac{1}{3}$$

$$EY^2 = 1^2 \times P(Y=1) + 0^2 \times P(Y=0) + (-1)^2 \times P(Y=-1)$$

$$= P(X>0) + P(X<0) = \int_0^2 \frac{1}{3}\mathrm{d}x + \int_{-1}^0 \frac{1}{3}\mathrm{d}x = 1$$

所以

$$DY = EY^2 - (EY)^2 = 1 - \left(\frac{1}{3}\right)^2 = \frac{8}{9}$$

故填 $\frac{8}{9}$。

15. 设随机变量 X、Y 相互独立，且 $X \sim P(2)$，$Y \sim P(3)$，a，b 为常数，则 $E(aX+bY) = $
_____，$D(aX+bY) = $ _____。

解 应分别填 $2a + 3b$，$2a^2 + 3b^2$。

由于 $X \sim P(2)$，$Y \sim P(3)$，因此 $EX = 2$，$DX = 2$，$EY = 3$，$DY = 3$，从而

$$E(aX+bY) = aEX + bEY = 2a + 3b$$

故填 $2a + 3b$。

因为 X、Y 相互独立，所以
$$D(aX + bY) = a^2 DX + b^2 DY = 2a^2 + 3b^2$$

故填 $2a^2 + 3b^2$。

16. 设随机变量 $X \sim P(\lambda)$，且 $P(X = 1) = P(X = 2)$，则 $EX = \underline{\hspace{3cm}}$，$DX = \underline{\hspace{3cm}}$。

解　应分别填 2，2。

由于 $X \sim P(\lambda)$，因此 X 的分布律为
$$P(X = k) = \frac{\lambda^k}{k!} e^{-\lambda}, \quad k = 0, 1, 2, \cdots$$

由 $P(X = 1) = P(X = 2)$，得 $\lambda e^{-\lambda} = \frac{\lambda^2}{2!} e^{-\lambda}$，从而 $\lambda = 2$，所以 $EX = 2$，$DX = 2$，故分别填 2，2。

17. 设连续型随机变量 ξ 的概率密度为
$$\varphi(x) = \begin{cases} ax^2 + bx + c, & 0 < x < 1 \\ 0, & \text{其他} \end{cases}$$

已知 $E\xi = 0.5$，$D\xi = 0.15$，则 $a = \underline{\hspace{3cm}}$，$b = \underline{\hspace{3cm}}$，$c = \underline{\hspace{3cm}}$。

解　应分别填 12，-12，3。

由 $\int_{-\infty}^{+\infty} \varphi(x) \mathrm{d}x = 1$，得
$$\int_0^1 (ax^2 + bx + c) \mathrm{d}x = \frac{1}{3}a + \frac{1}{2}b + c = 1$$

即
$$\frac{1}{3}a + \frac{1}{2}b + c = 1$$

再由
$$E\xi = \int_{-\infty}^{+\infty} x\varphi(x) \mathrm{d}x = \int_0^1 x(ax^2 + bx + c) \mathrm{d}x = \frac{1}{4}a + \frac{1}{3}b + \frac{1}{2}c = 0.5$$

得
$$\frac{1}{4}a + \frac{1}{3}b + \frac{1}{2}c = 0.5$$

由于
$$E\xi^2 = \int_{-\infty}^{+\infty} x^2 \varphi(x) \mathrm{d}x = \int_0^1 x^2(ax^2 + bx + c) \mathrm{d}x = \frac{1}{5}a + \frac{1}{4}b + \frac{1}{3}c$$
$$E\xi^2 = D\xi + (E\xi)^2 = 0.15 + (0.5)^2 = 0.4$$

因此

$$\frac{1}{5}a + \frac{1}{4}b + \frac{1}{3}c = 0.4$$

解之，得 $a = 12, b = -12, c = 3$，故分别填 12，-12，3。

18. 若随机变量 ξ_1、ξ_2、ξ_3 相互独立，且服从相同的两点分布，其分布律为

ξ_i	0	1
P	0.8	0.2

$(i = 1, 2, 3)$，则 $X = \xi_1 + \xi_2 + \xi_3 \sim$ _____，$EX =$ _____，DX = _____。

解 应分别填 $B(3, 0.2)$，0.6，0.48。

由于 ξ_1、ξ_2、ξ_3 相互独立同服从参数为 0.2 的 0-1 分布，因此 X 服从参数为 3、0.2 的二项分布，即 $X \sim B(3, 0.2)$，故填 $B(3, 0.2)$。因为 $X \sim B(3, 0.2)$，所以

$$EX = 3 \times 0.2 = 0.6, \quad DX = 3 \times 0.2 \times 0.8 = 0.48$$

故分别填 0.6，0.48。

19. 设 X、Y 是随机变量，$DX = 36$，$DY = 64$，$\rho_{XY} = 0.2$，则 $D(X - Y) =$ _____。

解 应填 80.8。

$$D(X - Y) = DX + DY - 2\text{cov}(X, Y) = DX + DY - 2\rho_{XY}\sqrt{DX}\sqrt{DY}$$
$$= 36 + 64 - 2 \times 0.2 \times 6 \times 8 = 80.8$$

故填 80.8。

20. 设二维随机变量 $(X, Y) \sim N(\mu, \mu; \sigma^2, \sigma^2; 0)$，则 $E(XY^2) =$ _____。

解 应填 $\mu\sigma^2 + \mu^3$。

由于 $(X, Y) \sim N(\mu, \mu; \sigma^2, \sigma^2; 0)$，且 $\rho = 0$，因此 X, Y 相互独立，且

$$EX = EY = \mu, \quad DY = \sigma^2$$

从而

$$E(XY^2) = EX \cdot EY^2 = EX[DY + (EY)^2] = \mu(\sigma^2 + \mu^2) = \mu\sigma^2 + \mu^3$$

故填 $\mu\sigma^2 + \mu^3$。

21. 设随机变量 X 与 Y 的相关系数为 0.9，若 $Z = X - 0.4$，则 Y 与 Z 的相关系数为 _____。

解 应填 0.9。

$$\rho_{YZ} = \frac{\text{cov}(Y, Z)}{\sqrt{DY}\sqrt{DZ}} = \frac{\text{cov}(Y, X - 0.4)}{\sqrt{DY}\sqrt{D(X - 0.4)}} = \frac{\text{cov}(Y, X)}{\sqrt{DY}\sqrt{DX}}$$
$$= \frac{\text{cov}(X, Y)}{\sqrt{DX}\sqrt{DY}} = \rho_{XY} = 0.9$$

故填 0.9。

22. 设 X 与 Y 是随机变量，$DX = 4$，$DY = 9$，$\rho_{XY} = 0.6$，则 $D(3X - 2Y) =$ _____。

解 应填 28.8。

$$D(3X - 2Y) = 9DX + 4DY - 2 \times 3 \times 2\mathrm{cov}(X, Y)$$
$$= 9DX + 4DY - 2 \times 3 \times 2\rho_{XY} \sqrt{DX} \sqrt{DY}$$
$$= 9 \times 4 + 4 \times 9 - 2 \times 3 \times 2 \times 0.6 \times 2 \times 3 = 28.8$$

故填 28.8。

23. 设随机变量 X 与 Y 相互独立，且同服从正态分布 $N(\mu, \sigma^2)$，令 $\xi = \alpha X + \beta Y$，$\eta = \alpha X - \beta Y$，其中 α、β 为常数，则 $E(\xi\eta) = $ ＿＿＿＿＿＿。

解　应填 $(\alpha^2 - \beta^2)(\sigma^2 + \mu^2)$。

由于 X 与 Y 相互独立，且同服从正态分布 $N(\mu, \sigma^2)$，因此
$$E(\xi\eta) = E[(\alpha X + \beta Y)(\alpha X - \beta Y)]$$
$$= \alpha^2 EX^2 - \beta^2 EY^2 = (\alpha^2 - \beta^2)[DX + (EX)^2]$$
$$= (\alpha^2 - \beta^2)(\sigma^2 + \mu^2)$$

故填 $(\alpha^2 - \beta^2)(\sigma^2 + \mu^2)$。

24. 设二维连续型随机变量 (X, Y) 服从二维正态分布，且 $X \sim N(0, 3)$，$Y \sim N(0, 4)$，X 与 Y 的相关系数 $\rho_{XY} = -\dfrac{1}{4}$，则 (X, Y) 的联合概率密度为 ＿＿＿＿＿＿。

解　应填 $f(x, y) = \dfrac{1}{3\sqrt{5}\pi}\mathrm{e}^{-\frac{8}{15}\left(\frac{x^2}{3} + \frac{xy}{4\sqrt{3}} + \frac{y^2}{4}\right)}$，　$-\infty < x, y < +\infty$。

由于 (X, Y) 服从二维正态分布，且 $X \sim N(0, 3)$，$Y \sim N(0, 4)$，X 与 Y 的相关系数 $\rho_{XY} = -\dfrac{1}{4}$，因此 $(X, Y) \sim N\left(0, 0; 3, 4; -\dfrac{1}{4}\right)$，从而 (X, Y) 的联合概率密度为
$$f(x, y) = \frac{1}{2\pi\sqrt{3}\sqrt{4}\sqrt{1 - \left(-\frac{1}{4}\right)^2}}\mathrm{e}^{-\frac{1}{2\left[1 - \left(-\frac{1}{4}\right)^2\right]}\left[\frac{x^2}{3} - 2 \times \left(-\frac{1}{4}\right)\frac{xy}{\sqrt{3} \times 2} + \frac{y^2}{4}\right]}$$
$$= \frac{1}{3\sqrt{5}\pi}\mathrm{e}^{-\frac{8}{15}\left(\frac{x^2}{3} + \frac{xy}{4\sqrt{3}} + \frac{y^2}{4}\right)}，\quad -\infty < x, y < +\infty$$

故填 $f(x, y) = \dfrac{1}{3\sqrt{5}\pi}\mathrm{e}^{-\frac{8}{15}\left(\frac{x^2}{3} + \frac{xy}{4\sqrt{3}} + \frac{y^2}{4}\right)}$，　$-\infty < x, y < +\infty$。

25. 设二维离散型随机变量 (X, Y) 的联合分布律为

X ＼ Y	-1	0	1
0	0.07	0.18	0.15
1	0.08	0.32	0.20

则 $\mathrm{cov}(X^2, Y^2) = $ ＿＿＿＿＿＿，$\rho_{XY} = $ ＿＿＿＿＿＿。

解　应分别填 -0.02，0。

由 (X, Y) 的联合分布律可得 X、Y、XY 的分布律分别为

X	0	1
P	0.40	0.60

Y	-1	0	1
P	0.15	0.50	0.35

XY	-1	0	1
P	0.08	0.72	0.20

因为

$$EX = 0.6, \quad EY = -1 \times 0.15 + 0 \times 0.50 + 1 \times 0.35 = 0.20$$

$$E(XY) = -1 \times 0.08 + 0 \times 0.72 + 1 \times 0.20 = 0.12$$

$$EX^2 = 0^2 \times 0.4 + 1^2 \times 0.6 = 0.6$$

$$EY^2 = (-1)^2 \times 0.15 + 0^2 \times 0.50 + 1^2 \times 0.35 = 0.5$$

$$E(X^2 Y^2) = (-1)^2 \times 0.08 + 0^2 \times 0.72 + 1^2 \times 0.20 = 0.28$$

所以

$$\mathrm{cov}(X^2, Y^2) = E(X^2 Y^2) - EX^2 \cdot EY^2 = 0.28 - 0.6 \times 0.5 = -0.02$$

故填 -0.02。由于

$$\mathrm{cov}(X, Y) = E(XY) - EX \cdot EY = 0.12 - 0.6 \times 0.2 = 0$$

因此 $\rho_{XY} = 0$，故填 0。

26. 设二维连续型随机变量 (X, Y) 在区域 $G = \{(x, y) \mid x \geqslant 0, \ x + y \leqslant 1, \ x - y \leqslant 1\}$ 上服从均匀分布，则 $E(2X + Y) = \underline{\hspace{2cm}}$；$\mathrm{cov}(X, Y) = \underline{\hspace{2cm}}$。

解 应分别填 $\dfrac{2}{3}$，0。

由于 $(X, Y) \sim U(G)$，因此 (X, Y) 的联合概率密度为

$$f(x, y) = \begin{cases} 1, & (x, y) \in G \\ 0, & (x, y) \notin G \end{cases}$$

从而　$EX = \displaystyle\int_{-\infty}^{+\infty} \int_{-\infty}^{+\infty} x f(x, y) \mathrm{d}x \mathrm{d}y = \int_0^1 \mathrm{d}x \int_{x-1}^{1-x} x \mathrm{d}y = 2 \int_0^1 (x - x^2) \mathrm{d}x = \dfrac{1}{3}$

$$EY = \int_{-\infty}^{+\infty} \int_{-\infty}^{+\infty} y f(x, y) \mathrm{d}x \mathrm{d}y = \iint\limits_G y \mathrm{d}x \mathrm{d}y = 0$$

$$E(XY) = \int_{-\infty}^{+\infty} \int_{-\infty}^{+\infty} xy f(x, y) \mathrm{d}x \mathrm{d}y = \iint\limits_G xy \mathrm{d}x \mathrm{d}y = 0$$

所以　$E(2X + Y) = 2EX + EY = \dfrac{2}{3}$，$\mathrm{cov}(X, Y) = E(XY) - EX \cdot EY = 0$

故分别填 $\dfrac{2}{3}$，0。

27. 设 X_1、X_2、Y 是随机变量，$\mathrm{cov}(X_1, Y) = 6$，$\mathrm{cov}(X_2, Y) = 2$，则 $\mathrm{cov}(5X_1 + 3X_2, Y) = \underline{\hspace{2cm}}$。

解 应填 36。

$$\mathrm{cov}(5X_1 + 3X_2, Y) = 5\mathrm{cov}(X_1, Y) + 3\mathrm{cov}(X_2, Y) = 5 \times 6 + 3 \times 2 = 36$$

故填 36。

28. 设随机变量 X 的方差 $DX = 36$，Y 的方差 $DY = 64$，相关系数 $\rho_{XY} = 0.2$，则 $\mathrm{cov}(X, Y) = $ _____，$D(X+Y) = $ _____，$D(X-Y) = $ _____。

解　应分别填 9.6，119.2，80.8。

由于

$$\rho_{XY} = \frac{\mathrm{cov}(X, Y)}{\sqrt{DX}\ \sqrt{DY}}$$

因此

$$\mathrm{cov}(X, Y) = \rho_{XY}\ \sqrt{DX}\ \sqrt{DY} = 0.2 \times 6 \times 8 = 9.6$$

故填 9.6。

$$D(X+Y) = DX + DY + 2\mathrm{cov}(X, Y) = 36 + 64 + 2 \times 9.6 = 119.2$$

故填 119.2。

$$D(X-Y) = DX + DY - 2\mathrm{cov}(X, Y) = 36 + 64 - 2 \times 9.6 = 80.8$$

故填 80.8。

29. 设随机变量 X 与 Y 的相关系数为 0.5，$EX = EY = 0$，$EX^2 = EY^2 = 2$，则 $E[(X+Y)^2] = $ _____。

解　应填 6。

由于 $EX = EY = 0$，$EX^2 = EY^2 = 2$，因此 $DX = DY = 2$，从而

$$
\begin{aligned}
E[(X+Y)^2] &= D(X+Y) + [E(X+Y)]^2 \\
&= DX + DY + 2\mathrm{cov}(X, Y) + (EX + EY)^2 \\
&= DX + DY + 2\rho_{XY}\ \sqrt{DX}\ \sqrt{DY} \\
&= 2 + 2 + 2 \times 0.5 \times \sqrt{2} \times \sqrt{2} = 6
\end{aligned}
$$

故填 6。

30. 设随机变量 $\xi \sim N(0, 1)$，$\eta = \xi^{2n}$，n 为正整数，则 $\rho_{\xi\eta} = $ _____。

解　应填 0。

由于 $\xi \sim N(0, 1)$，因此 $E\xi = 0$，从而 $E\xi \cdot E\eta = 0$。因为

$$E(\xi\eta) = E(\xi \cdot \xi^{2n}) = E(\xi^{2n+1}) = \int_{-\infty}^{+\infty} x^{2n+1} \frac{1}{\sqrt{2\pi}} \mathrm{e}^{-\frac{x^2}{2}} \mathrm{d}x$$

$$= \frac{1}{\sqrt{2\pi}} \int_{-\infty}^{+\infty} x^{2n+1} \mathrm{e}^{-\frac{x^2}{2}} \mathrm{d}x = 0$$

所以

$$\mathrm{cov}(\xi, \eta) = E(\xi\eta) - E\xi \cdot E\eta = 0 - 0 = 0$$

从而 $\rho_{\xi\eta} = 0$，故填 0。

31. 设随机变量 X、Y 相互独立且都服从正态分布 $N(0, \sigma^2)$，若 $U = aX + bY$，$V = $

$aX - bY$，其中 a、b 为常数，则 $\rho_{UV} = $ _____。

解　应填 $\dfrac{a^2 - b^2}{a^2 + b^2}$。

由于 $X \sim N(0, \sigma^2)$，$Y \sim N(0, \sigma^2)$，且 X 与 Y 相互独立，因此 $DX = DY = \sigma^2$，$\mathrm{cov}(X, Y) = 0$，从而

$$DU = D(aX + bY) = a^2 DX + b^2 DY = (a^2 + b^2)\sigma^2$$
$$DV = D(aX - bY) = a^2 DX + b^2 DY = (a^2 + b^2)\sigma^2$$
$$\mathrm{cov}(U, V) = \mathrm{cov}(aX + bY, aX - bY)$$
$$= a^2 \mathrm{cov}(X, X) - ab\,\mathrm{cov}(X, Y) + ab\,\mathrm{cov}(Y, X) - b^2 \mathrm{cov}(Y, Y)$$
$$= a^2 DX - b^2 DY = (a^2 - b^2)\sigma^2$$
$$\rho_{UV} = \frac{\mathrm{cov}(U, V)}{\sqrt{DU}\,\sqrt{DV}} = \frac{a^2 - b^2}{a^2 + b^2}$$

故填 $\dfrac{a^2 - b^2}{a^2 + b^2}$。

32. 设连续型随机变量 $\Theta \sim U(-\pi, \pi)$，$X = \sin\Theta$，$Y = \cos\Theta$，则 $\rho_{XY} = $ _____。

解　应填 0。

由于 $\Theta \sim U(-\pi, \pi)$，因此 Θ 的概率密度为

$$f_\Theta(\theta) = \begin{cases} \dfrac{1}{2\pi}, & -\pi < \theta < \pi \\ 0, & \text{其他} \end{cases}$$

因为

$$EX = E(\sin\Theta) = \int_{-\infty}^{+\infty} \sin\theta f_\Theta(\theta)\mathrm{d}\theta = \int_{-\pi}^{\pi} \sin\theta \cdot \frac{1}{2\pi}\mathrm{d}\theta = 0$$
$$EX = E(\cos\Theta) = \int_{-\infty}^{+\infty} \cos\theta f_\Theta(\theta)\mathrm{d}\theta = \int_{-\pi}^{\pi} \cos\theta \cdot \frac{1}{2\pi}\mathrm{d}\theta = 0$$
$$E(XY) = E(\sin\Theta\cos\Theta) = \int_{-\infty}^{+\infty} \sin\theta\cos\theta f_\Theta(\theta)\mathrm{d}\theta = \int_{-\pi}^{\pi} \sin\theta\cos\theta \cdot \frac{1}{2\pi}\mathrm{d}\theta = 0$$

所以

$$\mathrm{cov}(X, Y) = E(XY) - EX \cdot EY = 0$$

从而 $\rho_{UV} = 0$，故填 0。

三、解答题

1. 已知随机变量 X 的分布函数为

$$F(x) = \begin{cases} 0, & x \leqslant -1 \\ a + b\arcsin x, & -1 < x \leqslant 1 \\ 1, & x > 1 \end{cases}$$

求 EX，DX。

解　由 $F(-1+0)=F(-1)$，$F(1+0)=F(1)$，得

$$a+b\arcsin(-1)=0,\ a+b\arcsin1=1$$

即

$$a-\frac{\pi}{2}b=0,\quad a+\frac{\pi}{2}b=1$$

解之，得 $a=\dfrac{1}{2}$，$b=\dfrac{1}{\pi}$。

由于 X 为连续型随机变量，因此 X 的概率密度为

$$f(x)=F'(x)=\begin{cases}\dfrac{1}{\pi\ \sqrt{1-x^2}}, & -1<x<1\\[2mm] 0, & \text{其他}\end{cases}$$

从而

$$EX=\int_{-\infty}^{+\infty}xf(x)\mathrm{d}x=\int_{-1}^{1}x\cdot\frac{1}{\pi\ \sqrt{1-x^2}}\mathrm{d}x=0$$

$$EX^2=\int_{-\infty}^{+\infty}x^2f(x)\mathrm{d}x=\int_{-1}^{1}x^2\cdot\frac{1}{\pi\ \sqrt{1-x^2}}\mathrm{d}x=\frac{2}{\pi}\int_{0}^{1}x^2\frac{1}{\sqrt{1-x^2}}\mathrm{d}x=\frac{1}{2}$$

$$DX=EX^2-(EX)^2=\frac{1}{2}$$

2. 设二维离散型随机变量 (X,Y) 的联合分布律为

X＼Y	0	1
0	0.10	0.15
1	0.25	0.20
2	0.15	0.15

试求：（Ⅰ）X 的边缘分布律；

（Ⅱ）$X+Y$ 的分布律；

（Ⅲ）$Z=\sin\dfrac{\pi(X+Y)}{2}$ 的数学期望。

解　（Ⅰ）由 (X,Y) 的联合分布律，得

$$P(X=0)=P(X=0,Y=0)+P(X=0,Y=1)=0.25$$

$$P(X=1)=P(X=1,Y=0)+P(X=1,Y=1)=0.45$$

$$P(X=2)=P(X=2,Y=0)+P(X=2,Y=1)=0.30$$

即 X 的边缘分布律为

X	0	1	2
P	0.25	0.45	0.30

（Ⅱ）$X+Y$ 可能的取值为 0、1、2、3，且

$$P(X+Y=0) = P(X=0, Y=0) = 0.10$$
$$P(X+Y=1) = P(X=0, Y=1) + P(X=1, Y=0) = 0.40$$
$$P(X+Y=2) = P(X=1, Y=1) + P(X=2, Y=0) = 0.35$$
$$P(X+Y=3) = P(X=2, Y=1) = 0.15$$

即 $X+Y$ 的分布律为

$X+Y$	0	1	2	3
P	0.10	0.40	0.35	0.15

（Ⅲ）$EZ = E\left[\sin\dfrac{\pi(X+Y)}{2}\right]$

$$= 0 \times 0.10 + \sin\frac{\pi}{2} \times 0.40 + \sin\pi \times 0.35 + \sin\frac{3\pi}{2} \times 0.15$$

$$= 0.40 - 0.15 = 0.25$$

3. 设 ξ, η 是相互独立且服从同一分布的两个随机变量，已知 ξ 的分布律为 $P(\xi=i) = \dfrac{1}{3}(i=1, 2, 3)$，若 $X = \max\{\xi, \eta\}$，$Y = \min\{\xi, \eta\}$，试求：

（Ⅰ）二维离散型随机变量 (X, Y) 的联合分布律；

（Ⅱ）随机变量 X 的数学期望 EX。

解　（Ⅰ）X、Y 可能的取值为 1、2、3，且 $Y \leqslant X$，从而

$$P(X=i, Y=j) = 0, \quad i < j; \ i, j = 1, 2, 3$$
$$P(X=i, Y=i) = P(\xi=i, \eta=i) = P(\xi=i)P(\eta=i)$$
$$= \frac{1}{3} \times \frac{1}{3} = \frac{1}{9}, \quad i = 1, 2, 3$$
$$P(X=i, Y=j) = P(\xi=i, \eta=j) + P(\xi=j, \eta=i)$$
$$= P(\xi=i)P(\eta=j) + P(\xi=j)P(\eta=i)$$
$$= \frac{1}{3} \times \frac{1}{3} + \frac{1}{3} \times \frac{1}{3} = \frac{2}{9}, \quad i > j; \ i, j = 1, 2, 3$$

即 (X, Y) 的联合分布律为

X ＼ Y	1	2	3
1	$\dfrac{1}{9}$	0	0
2	$\dfrac{2}{9}$	$\dfrac{1}{9}$	0
3	$\dfrac{2}{9}$	$\dfrac{2}{9}$	$\dfrac{1}{9}$

（Ⅱ）由 (X, Y) 的联合分布律可得 X 的边缘分布律为

X	1	2	3
P	$\dfrac{1}{9}$	$\dfrac{1}{3}$	$\dfrac{5}{9}$

故 X 的数学期望

$$EX = 1 \times \frac{1}{9} + 2 \times \frac{1}{3} + 3 \times \frac{5}{9} = \frac{22}{9}$$

4. 设连续型随机变量 Y 服从参数为 $\lambda = 1$ 的指数分布，定义随机变量

$$X_k = \begin{cases} 0, & Y \leqslant k \\ 1, & Y > k \end{cases}, \quad k = 1, 2$$

试求：（Ⅰ）(X_1, X_2) 的联合分布律；（Ⅱ）$E(X_1 + X_2)$。

解 （Ⅰ）由于 $Y \sim E(1)$，因此 Y 的分布函数为

$$F(y) = \begin{cases} 1 - e^{-y}, & y \geqslant 0 \\ 0, & y < 0 \end{cases}$$

X_1、X_2 可能的取值为 0、1，且

$$P(X_1 = 0, X_2 = 0) = P(Y \leqslant 1, Y \leqslant 2) = P(Y \leqslant 1) = F(1) = 1 - e^{-1}$$
$$P(X_1 = 0, X_2 = 1) = P(Y \leqslant 1, Y > 2) = 0$$
$$P(X_1 = 1, X_2 = 0) = P(Y > 1, Y \leqslant 2) = P(1 < Y \leqslant 1)$$
$$= F(2) - F(1) = e^{-1} - e^{-2}$$
$$P(X_1 = 1, X_2 = 1) = P(Y > 1, Y > 2) = P(Y > 2) = 1 - F(2) = e^{-2}$$

即 (X_1, X_2) 的联合分布律为

X_1 \ X_2	0	1
0	$1 - e^{-1}$	0
1	$e^{-1} - e^{-2}$	e^{-2}

（Ⅱ）由于 $X_k (k = 1, 2)$ 服从 $0 - 1$ 分布，且

$$P(X_k = 0) = P(Y \leqslant k) = F(k) = 1 - e^{-k}$$
$$P(X_k = 1) = P(Y > k) = 1 - P(Y \leqslant k) = 1 - F(k) = e^{-k}$$

因此 $EX_k = e^{-k}$，从而

$$E(X_1 + X_2) = EX_1 + EX_2 = e^{-1} + e^{-2}$$

5. 设连续型随机变量 X 的概率密度为

$$f(x) = \frac{1}{\pi(1 + x^2)}, \quad -\infty < x < +\infty$$

求 $E[\min\{|X|, 1\}]$。

解 $E[\min\{|X|, 1\}] = \displaystyle\int_{-\infty}^{+\infty} \min\{|x|, 1\} f(x) \mathrm{d}x$

$$= \int_{|x|<1} |x| f(x) \mathrm{d}x + \int_{|x|\geqslant 1} f(x) \mathrm{d}x$$

$$= \int_{-1}^{1} \frac{|x|}{\pi(1+x^2)} \mathrm{d}x + \int_{|x|\geqslant 1} \frac{1}{\pi(1+x^2)} \mathrm{d}x$$

$$= \frac{2}{\pi} \int_{0}^{1} \frac{x}{1+x^2} \mathrm{d}x + \frac{2}{\pi} \int_{1}^{+\infty} \frac{1}{1+x^2} \mathrm{d}x = \frac{1}{\pi}\ln 2 + \frac{1}{2}$$

6. 设二维连续型随机变量 $(X, Y) \sim N(0, 0; 1, 1; \rho)$，求 $E[\max\{X, Y\}]$。

解 由于 $(X, Y) \sim N(0, 0; 1, 1; \rho)$，因此

$$EX = EY = 0, DX = DY = 1, \rho_{XY} = \rho$$

且 $X-Y$ 服从正态分布。又由于

$$E(X-Y) = EX - EY = 0$$

$$D(X-Y) = DX + DY - 2\mathrm{cov}(X, Y) = DX + DY - 2\rho_{XY} \sqrt{DX} \sqrt{DY} = 2(1-\rho)$$

故 $X-Y \sim N(0, 2(1-\rho))$。因为 $\max\{X, Y\} = \frac{1}{2}(X+Y+|X-Y|)$，所以

$$E(\max\{X, Y\}) = \frac{1}{2}[EX + EY + E(|X-Y|)] = \frac{1}{2}E(|X-Y|)$$

$$= \frac{1}{2} \int_{-\infty}^{+\infty} |z| \frac{1}{\sqrt{2\pi} \sqrt{2(1-\rho)}} \mathrm{e}^{-\frac{z^2}{4(1-\rho)}} \mathrm{d}z$$

$$= \frac{1}{2 \sqrt{\pi(1-\rho)}} \int_{0}^{+\infty} z\mathrm{e}^{-\frac{z^2}{4(1-\rho)}} \mathrm{d}z = \sqrt{\frac{1-\rho}{\pi}}$$

7. 设随机变量 $X_1, X_2, \cdots, X_n$ 相互独立，且都在区间 $(0, 1)$ 上服从均匀分布，试求：

（Ⅰ）求 $U = \max\{X_1, X_2, \cdots, X_n\}$ 的数学期望；

（Ⅱ）求 $V = \min\{X_1, X_2, \cdots, X_n\}$ 的数学期望。

解 由于 $X_i \sim U(0, 1)(i = 1, 2, \cdots, n)$，因此 X_i 的分布函数为

$$F(x) = \begin{cases} 0, & x < 0 \\ x, & 0 \leqslant x < 1 \\ 1, & x \geqslant 1 \end{cases}$$

（Ⅰ）由于 $X_1, X_2, \cdots, X_n$ 相互独立，因此 $U = \max\{X_1, X_2, \cdots, X_n\}$ 的分布函数为

$$F_U(u) = [F(u)]^n = \begin{cases} 0, & u < 0 \\ u^n, & 0 \leqslant u < 1 \\ 1, & u \geqslant 1 \end{cases}$$

从而 U 的概率密度为

$$f_U(u) = F'_U(u) = \begin{cases} nu^{n-1}, & 0 < u < 1 \\ 0, & 其他 \end{cases}$$

故

$$EU = \int_{-\infty}^{+\infty} u f_U(u) \mathrm{d}u = \int_0^1 u \cdot n u^{n-1} \mathrm{d}u = n \int_0^1 u^n \mathrm{d}u = \frac{n}{n+1}$$

（Ⅱ）由于 $X_1, X_2, \cdots, X_n$ 相互独立，因此 $V = \min\{X_1, X_2, \cdots, X_n\}$ 的分布函数为

$$F_V(v) = 1 - [1 - F(v)]^n = \begin{cases} 0, & v < 0 \\ 1 - (1-v)^n, & 0 \leqslant v < 1 \\ 1, & v \geqslant 1 \end{cases}$$

从而 V 的概率密度为

$$f_V(v) = F_V'(v) = \begin{cases} n(1-v)^{n-1}, & 0 < v < 1 \\ 0, & 其他 \end{cases}$$

故

$$EV = \int_{-\infty}^{+\infty} v f_V(v) \mathrm{d}v = \int_0^1 v \cdot n(1-v)^{n-1} \mathrm{d}v = \frac{1}{n+1}$$

8. 设二维连续型随机变量 (X, Y) 在区域 $D = \{(x, y) \mid 0 < x < 1, |y| < x\}$ 上服从均匀分布，求 (X, Y) 关于 X 的边缘概率密度及随机变量 $Z = 2X + 1$ 的方差。

解　由于 $(X, Y) \sim U(D)$，因此 (X, Y) 的联合概率密度为

$$f(x, y) = \begin{cases} 1, & 0 < x < 1, |y| < x \\ 0, & 其他 \end{cases}$$

从而 (X, Y) 关于 X 的边缘概率密度为

$$f_X(x) = \int_{-\infty}^{+\infty} f(x, y) \mathrm{d}y = \begin{cases} \int_{-x}^{x} 1 \mathrm{d}y = 2x, & 0 < x < 1 \\ 0, & 其他 \end{cases}$$

又由于

$$EX = \int_{-\infty}^{+\infty} x f_X(x) \mathrm{d}x = \int_0^1 x \cdot 2x \mathrm{d}x = \frac{2}{3}$$

$$EX^2 = \int_{-\infty}^{+\infty} x^2 f_X(x) \mathrm{d}x = \int_0^1 x^2 \cdot 2x \mathrm{d}x = \frac{1}{2}$$

故

$$DX = EX^2 - (EX)^2 = \frac{1}{2} - \left(\frac{2}{3}\right)^2 = \frac{1}{18}$$

从而

$$DZ = D(2X + 1) = 4DX = \frac{2}{9}$$

9. 设二维连续型随机变量 (X, Y) 在以点 $(0, 1)$、$(1, 0)$、$(1, 1)$ 为顶点的三角形区域上服从均匀分布，试求随机变量 $U = X + Y$ 的方差。

解　设 $G = \{(x, y) \mid 0 \leqslant x \leqslant 1, 0 \leqslant y \leqslant 1, x + y \geqslant 1\}$，则 $(X, Y) \sim U(G)$，从而 (X, Y) 的联合概率密度为

$$f(x, y) = \begin{cases} 2, & (x, y) \in G \\ 0, & (x, y) \notin G \end{cases}$$

由于

$$EX = \int_{-\infty}^{+\infty} \int_{-\infty}^{+\infty} xf(x, y)\mathrm{d}x\mathrm{d}y = \int_0^1 \mathrm{d}x \int_{1-x}^1 2x\mathrm{d}y = \int_0^1 2x^2\mathrm{d}x = \frac{2}{3}$$

$$EX^2 = \int_{-\infty}^{+\infty} \int_{-\infty}^{+\infty} x^2 f(x, y)\mathrm{d}x\mathrm{d}y = \int_0^1 \mathrm{d}x \int_{1-x}^1 2x^2\mathrm{d}y = \int_0^1 2x^3\mathrm{d}x = \frac{1}{2}$$

因此

$$DX = EX^2 - (EX)^2 = \frac{1}{2} - \left(\frac{2}{3}\right)^2 = \frac{1}{18}$$

同理可得

$$EY = \frac{2}{3}, \ DY = \frac{1}{18}$$

又由于

$$E(XY) = \int_{-\infty}^{+\infty} \int_{-\infty}^{+\infty} xyf(x, y)\mathrm{d}x\mathrm{d}y = \int_0^1 x\mathrm{d}x \int_{1-x}^1 2y\mathrm{d}y$$

$$= \int_0^1 x(1 - (1-x)^2)\mathrm{d}x = \int_0^1 x(2x - x^2)\mathrm{d}x$$

$$= \frac{2}{3} - \frac{1}{4} = \frac{5}{12}$$

故

$$\mathrm{cov}(X, Y) = E(XY) - EX \cdot EY = \frac{5}{12} - \frac{2}{3} \times \frac{2}{3} = -\frac{1}{36}$$

从而

$$DU = D(X+Y) = DX + DY + 2\mathrm{cov}(X, Y) = \frac{1}{18} + \frac{1}{18} - \frac{2}{36} = \frac{1}{18}$$

10. 设二维离散型随机变量 (X, Y) 的联合分布律为

X＼Y	−1	0	1
−2	0.1	0.3	0.1
2	0.2	0.2	0.1

试求：（Ⅰ）$E(XY)$；

（Ⅱ）X 与 Y 的相关系数 ρ_{XY}。

解 （Ⅰ）$E(XY) = \sum_i \sum_j x_i y_j p_{ij} = \sum_i x_i \sum_j y_j p_{ij}$

$= (-2)[(-1) \times 0.1 + 0 \times 0.3 + 1 \times 0.1] + 2[(-1) \times 0.2 + 0 \times 0.2 + 1 \times 0.1]$

$= -0.2$

（Ⅱ）由于

$$EX = \sum_i \sum_j x_i p_{ij} = \sum_i x_i \sum_j p_{ij} = -2 \times 0.5 + 2 \times 0.5 = 0$$

$$EY = \sum_i \sum_j y_j p_{ij} = \sum_j y_j \sum_i p_{ij} = -1 \times 0.3 + 0 \times 0.5 + 1 \times 0.2 = -0.1$$

$$EX^2 = \sum_i \sum_j x_i^2 p_{ij} = \sum_i x_i^2 \sum_j p_{ij} = (-2)^2 \times 0.5 + 2^2 \times 0.5 = 4$$

$$EY^2 = \sum_i \sum_j y_j^2 p_{ij} = \sum_j y_j^2 \sum_i p_{ij} = (-1)^2 \times 0.3 + 0^2 \times 0.5 + 1^2 \times 0.2 = 0.5$$

$$DX = EX^2 - (EX)^2 = 4, \quad DY = EY^2 - (EY)^2 = 0.5 - (-0.1)^2 = 0.49$$

因此

$$\mathrm{cov}(X, Y) = E(XY) - EX \cdot EY = -0.2 - 0 \times (-0.1) = -0.2$$

从而

$$\rho_{XY} = \frac{\mathrm{cov}(X, Y)}{\sqrt{DX}\sqrt{DY}} = \frac{-0.2}{\sqrt{4}\sqrt{0.49}} = -\frac{1}{7}$$

11. 设二维连续型随机变量 (X, Y) 在区域 $G = \{(x, y) \mid 0 \leqslant x \leqslant 2, 0 \leqslant y \leqslant 1\}$ 上服从均匀分布，记

$$U = \begin{cases} 0, & \text{若 } X \leqslant Y \\ 1, & \text{若 } X > Y \end{cases}, \quad V = \begin{cases} 0, & \text{若 } X \leqslant 2Y \\ 1, & \text{若 } X > 2Y \end{cases}$$

（Ⅰ）求 (U, V) 的联合分布律；

（Ⅱ）求 U 与 V 的相关系数 ρ_{UV}。

解　（Ⅰ）由于 $(X, Y) \sim U(G)$，因此 (X, Y) 的联合概率密度为

$$f(x, y) = \begin{cases} \dfrac{1}{2}, & 0 \leqslant x \leqslant 2, 0 \leqslant y \leqslant 1 \\ 0, & \text{其他} \end{cases}$$

U、V 可能的取值为 0、1，且

$$P(U = 0, V = 0) = P(X \leqslant Y, X \leqslant 2Y) = P(X \leqslant Y) = \iint\limits_{x \leqslant y} f(x, y)\,\mathrm{d}x\mathrm{d}y = \frac{1}{4}$$

$$P(U = 0, V = 1) = P(X \leqslant Y, X > 2Y) = 0$$

$$P(U = 1, V = 0) = P(X > Y, X \leqslant 2Y) = P(Y < X \leqslant 2Y) = \iint\limits_{y < x \leqslant 2y} f(x, y)\,\mathrm{d}x\mathrm{d}y = \frac{1}{4}$$

$$P(U = 1, V = 1) = P(X > Y, X > 2Y) = P(X > 2Y) = \iint\limits_{x > 2y} f(x, y)\,\mathrm{d}x\mathrm{d}y = \frac{1}{2}$$

即 (U, V) 的联合分布律为

X ＼ Y	0	1
0	$\dfrac{1}{4}$	0
1	$\dfrac{1}{4}$	$\dfrac{1}{2}$

（Ⅱ）由(U, V)的联合分布律可得U、V、UV的分布律分别为

U	0	1
P	$\frac{1}{4}$	$\frac{3}{4}$

V	0	1
P	$\frac{1}{2}$	$\frac{1}{2}$

UV	0	1
P	$\frac{1}{2}$	$\frac{1}{2}$

从而

$$EU = \frac{3}{4}, \quad DU = \frac{3}{4} \times \frac{1}{4} = \frac{3}{16}, \quad EV = \frac{1}{2}, \quad DV = \frac{1}{2} \times \frac{1}{2} = \frac{1}{4}, \quad E(UV) = \frac{1}{2}$$

$$\text{cov}(U, V) = E(UV) - EU \cdot EV = \frac{1}{2} - \frac{3}{4} \times \frac{1}{2} = \frac{1}{8}$$

因此

$$\rho_{UV} = \frac{\text{cov}(U, V)}{\sqrt{DU}\sqrt{DV}} = \frac{1/8}{\sqrt{3/16}\sqrt{1/4}} = \frac{1}{\sqrt{3}}$$

12. 设连续型随机变量 X 的概率密度为

$$f_X(x) = \begin{cases} \dfrac{1}{2}, & -1 < x < 0 \\ \dfrac{1}{4}, & 0 \leqslant x < 2 \\ 0, & \text{其他} \end{cases}$$

令$Y = X^2$，$F(x, y)$为二维随机变量(X, Y)的联合分布函数。试求：

（Ⅰ）Y 的概率密度 $f_Y(y)$；

（Ⅱ）$\text{cov}(X, Y)$；

（Ⅲ）$F\left(-\dfrac{1}{2}, 4\right)$。

解 （Ⅰ）设 Y 的分布函数为 $F_Y(y)$，则
$$F_Y(y) = P(Y \leqslant y) = P(X^2 \leqslant y)$$

当 $y < 0$ 时，
$$F_Y(y) = 0$$

当 $0 \leqslant y < 1$ 时，
$$F_Y(y) = P(X^2 \leqslant y) = P(-\sqrt{y} \leqslant X \leqslant \sqrt{y})$$
$$= P(-\sqrt{y} \leqslant X < 0) + P(0 \leqslant X \leqslant \sqrt{y})$$
$$= \int_{-\sqrt{y}}^{0} \frac{1}{2} \mathrm{d}x + \int_{0}^{\sqrt{y}} \frac{1}{4} \mathrm{d}x = \frac{\sqrt{y}}{2} + \frac{\sqrt{y}}{4} = \frac{3}{4}\sqrt{y}$$

当 $1 \leqslant y < 4$ 时，
$$F_Y(y) = P(X^2 \leqslant y) = P(X^2 \leqslant 1) + P(1 < X^2 \leqslant y)$$
$$= P(-1 \leqslant X < 0) + P(0 \leqslant X \leqslant \sqrt{y})$$

$$= \int_{-1}^{0} \frac{1}{2} dx + \int_{0}^{\sqrt{y}} \frac{1}{4} dx = \frac{1}{2} + \frac{\sqrt{y}}{4}$$

当 $y \geqslant 4$ 时，

$$F_Y(y) = 1$$

从而 Y 的概率密度为

$$f_Y(y) = F'_Y(y) = \begin{cases} \dfrac{3}{8\sqrt{y}}, & 0 < y < 1 \\ \dfrac{1}{8\sqrt{y}}, & 1 \leqslant y < 4 \\ 0, & \text{其他} \end{cases}$$

（Ⅱ）由于

$$EX = \int_{-\infty}^{+\infty} x f_X(x) dx = \int_{-1}^{0} x \cdot \frac{1}{2} dx + \int_{0}^{2} x \cdot \frac{1}{4} dx = \frac{1}{4}$$

$$EY = EX^2 = \int_{-\infty}^{+\infty} x^2 f_X(x) dx = \int_{-1}^{0} x^2 \cdot \frac{1}{2} dx + \int_{0}^{2} x^2 \cdot \frac{1}{4} dx = \frac{5}{6}$$

$$E(XY) = EX^3 = \int_{-\infty}^{+\infty} x^3 f_X(x) dx = \int_{-1}^{0} x^3 \cdot \frac{1}{2} dx + \int_{0}^{2} x^3 \cdot \frac{1}{4} dx = \frac{7}{8}$$

因此

$$\text{cov}(X, Y) = E(XY) - EX \cdot EY = \frac{7}{8} - \frac{1}{4} \times \frac{5}{6} = \frac{2}{3}$$

（Ⅲ）$F\left(-\dfrac{1}{2}, 4\right) = P\left(X \leqslant -\dfrac{1}{2}, Y \leqslant 4\right) = P\left(X \leqslant -\dfrac{1}{2}, X^2 \leqslant 4\right)$

$$= P\left(X \leqslant -\frac{1}{2}, -2 \leqslant X \leqslant 2\right) = P\left(-2 \leqslant X \leqslant -\frac{1}{2}\right)$$

$$= P\left(-1 < X \leqslant -\frac{1}{2}\right) = \int_{-1}^{-\frac{1}{2}} \frac{1}{2} dx = \frac{1}{4}$$

13. 设二维离散型随机变量 (X, Y) 的联合分布律为

X \ Y	-1	0	1
-1	a	0	0.2
0	0.1	b	0.2
1	0	0.1	c

其中 a、b、c 为常数，$EX = -0.2$，$P(Y \leqslant 0 | X \leqslant 0) = 0.5$，记 $Z = X + Y$。试求：

（Ⅰ）a、b、c 的值；（Ⅱ）Z 的分布律；（Ⅲ）$P(X = Z)$。

解　（Ⅰ）由联合分布律的性质，得 $a + b + c + 0.6 = 1$，即

$$a + b + c = 0.4$$

由 $EX = -0.2$，得 $-(a + 0.2) + (0.1 + c) = -0.2$，即

$$-a + c = -0.1$$

再由

$$0.5 = P(Y \leqslant 0 \mid X \leqslant 0) = \frac{P(X \leqslant 0, Y \leqslant 0)}{P(X \leqslant 0)} = \frac{a+b+0.1}{a+b+0.5}$$

得

$$a + b = 0.3$$

解之，得 $a = 0.2$，$b = 0.1$，$c = 0.1$。

（Ⅱ）Z 可能的取值为 -2、-1、0、1、2，且

$$P(Z = -2) = P(X = -1, Y = -1) = 0.2$$
$$P(Z = -1) = P(X = -1, Y = 0) + P(X = 0, Y = -1) = 0.1$$
$$P(Z = 0) = P(X = -1, Y = 1) + P(X = 0, Y = 0) + P(X = 1, Y = -1) = 0.3$$
$$P(Z = 1) = P(X = 0, Y = 1) + P(X = 1, Y = 0) = 0.3$$
$$P(Z = 2) = P(X = 1, Y = 1) = 0.1$$

即 Z 的分布律为

Z	-2	-1	0	1	2
P	0.2	0.1	0.3	0.3	0.1

（Ⅲ）$P(X = Z) = P(Y = 0) = b + 0.1 = 0.2$

14. 设二维连续型随机变量 (X, Y) 的联合概率密度为

$$f(x, y) = \begin{cases} \dfrac{1}{8}(x+y), & 0 \leqslant x \leqslant 2, \, 0 \leqslant y \leqslant 2 \\ 0, & \text{其他} \end{cases}$$

试求 ρ_{XY} 与 $D(X+Y)$。

解　$EX = \displaystyle\int_{-\infty}^{+\infty} \int_{-\infty}^{+\infty} x f(x, y) \mathrm{d}x\mathrm{d}y = \frac{1}{8} \int_0^2 x \mathrm{d}x \int_0^2 (x+y)\mathrm{d}y = \frac{1}{8} \int_0^2 x \left[\frac{(x+y)^2}{2} \right]_0^2 \mathrm{d}x$

$\qquad = \dfrac{1}{4} \displaystyle\int_0^2 x(x+1)\mathrm{d}x = \dfrac{7}{6}$

$EX^2 = \displaystyle\int_{-\infty}^{+\infty} \int_{-\infty}^{+\infty} x^2 f(x, y) \mathrm{d}x\mathrm{d}y = \frac{1}{8} \int_0^2 x^2 \mathrm{d}x \int_0^2 (x+y)\mathrm{d}y = \frac{1}{8} \int_0^2 x^2 \left[\frac{(x+y)^2}{2} \right]_0^2 \mathrm{d}x$

$\qquad = \dfrac{1}{4} \displaystyle\int_0^2 x^2(x+1)\mathrm{d}x = \dfrac{5}{3}$

$E(XY) = \displaystyle\int_{-\infty}^{+\infty} \int_{-\infty}^{+\infty} xy f(x, y) \mathrm{d}x\mathrm{d}y = \frac{1}{8} \int_0^2 x\mathrm{d}x \int_0^2 y(x+y)\mathrm{d}y = \frac{1}{8} \int_0^2 x \left[\frac{xy^2}{2} + \frac{y^3}{3} \right]_0^2 \mathrm{d}x$

$\qquad = \dfrac{1}{4} \displaystyle\int_0^2 \left(x^2 + \frac{4}{3}x \right)\mathrm{d}x = \dfrac{4}{3}$

$DX = EX^2 - (EX)^2 = \dfrac{5}{3} - \left(\dfrac{7}{6} \right)^2 = \dfrac{11}{36}$

由对称性，得

$$EY = EX = \frac{7}{6}, \ DY = DX = \frac{11}{36}$$

从而

$$\text{cov}(X, Y) = E(XY) - EX \cdot EY = \frac{4}{3} - \frac{7}{6} \times \frac{7}{6} = -\frac{1}{36}$$

故

$$\rho_{XY} = \frac{\text{cov}(X, Y)}{\sqrt{DX}\sqrt{DY}} = \frac{-1/36}{\sqrt{\frac{11}{36}}\sqrt{\frac{11}{36}}} = -\frac{1}{11}$$

$$D(X+Y) = DX + DY + 2\text{cov}(X, Y) = \frac{11}{36} + \frac{11}{36} + 2 \times \left(-\frac{1}{36}\right) = \frac{5}{9}$$

15. 设袋中有 a 只白球，b 只红球，现从袋中有放回地取球 n 次，每次取 1 只球，若

$$X_i = \begin{cases} 1, & \text{第 } i \text{ 次取到白球} \\ 0, & \text{第 } i \text{ 次取到红球} \end{cases}, \ i = 1, 2, \cdots, n$$

$$Y_i = \begin{cases} 1, & \text{第 } i \text{ 次取到白球} \\ -1, & \text{第 } i \text{ 次取到红球} \end{cases}, \ i = 1, 2, \cdots, n$$

试求 X_i 与 Y_i 的相关系数。

解　X_i 可能的取值为 0、1，且

$$P(X_i = 0) = \frac{b}{a+b}, \ P(X_i = 1) = \frac{a}{a+b}$$

从而

$$EX_i = \frac{a}{a+b}, \ DX_i = \frac{a}{a+b} \cdot \frac{b}{a+b} = \frac{ab}{(a+b)^2}$$

Y_i 可能的取值为 -1、1，且

$$P(Y_i = -1) = \frac{b}{a+b}, \ P(Y_i = 1) = \frac{a}{a+b}$$

从而

$$EY_i = -1 \times \frac{b}{a+b} + 1 \times \frac{a}{a+b} = \frac{a-b}{a+b}$$

$$EY_i^2 = (-1)^2 \times \frac{b}{a+b} + 1^2 \times \frac{a}{a+b} = 1$$

$$DY_i = EY_i^2 - (EY_i)^2 = 1 - \left(\frac{a-b}{a+b}\right)^2 = \frac{4ab}{(a+b)^2}$$

$X_i Y_i$ 可能的取值为 0、1，且

$$P(X_i Y_i = 0) = \frac{b}{a+b}, \ P(X_i Y_i = 1) = \frac{a}{a+b}$$

从而

$$E(X_i Y_i) = \frac{a}{a+b}$$

因此

$$\text{cov}(X_i, Y_i) = E(X_i Y_i) - EX_i \cdot EY_i = \frac{a}{a+b} - \frac{a}{a+b} \cdot \frac{a-b}{a+b} = \frac{2ab}{(a+b)^2}$$

故

$$\rho_{X_i Y_i} = \frac{\text{cov}(X_i, Y_i)}{\sqrt{DX_i}\ \sqrt{DY_i}} = \frac{\dfrac{2ab}{(a+b)^2}}{\sqrt{\dfrac{ab}{(a+b)^2}}\ \sqrt{\dfrac{4ab}{(a+b)^2}}} = 1$$

16. 设随机变量 X 与 Y 的期望和方差都存在，试求常数 a、b，使 $E[Y-(aX+b)]^2$ 达到最小。

解　设 $g(a, b) = E[Y-(aX+b)]^2$，则
$$g(a, b) = EY^2 + a^2 EX^2 + b^2 - 2aE(XY) - 2bEY + 2abEX$$

令
$$\frac{\partial g(a, b)}{\partial a} = 2aEX^2 - 2E(XY) + 2bEX = 0, \quad \frac{\partial g(a, b)}{\partial b} = 2b - 2EY + 2aEX = 0$$

解之，得
$$a = \frac{E(XY) - EX \cdot EY}{EX^2 - (EX)^2} = \frac{\text{cov}(X, Y)}{DX}, \quad b = EY - EX \cdot \frac{\text{cov}(X, Y)}{DX}$$

即当 $a = \dfrac{\text{cov}(X, Y)}{DX}$，$b = EY - EX \cdot \dfrac{\text{cov}(X,Y)}{DX}$ 时，$E[Y-(aX+b)]^2$ 达到最小。

17. 设 A、B 是随机事件，且 $P(A) = \dfrac{1}{4}$，$P(B|A) = \dfrac{1}{3}$，$P(A|B) = \dfrac{1}{2}$，令

$$X = \begin{cases} 1, & A \text{ 发生} \\ 0, & \overline{A} \text{ 发生} \end{cases}, \quad Y = \begin{cases} 1, & B \text{ 发生} \\ 0, & \overline{B} \text{ 发生} \end{cases}$$

试求：（Ⅰ）(X, Y) 的联合分布律；

（Ⅱ）ρ_{XY}；

（Ⅲ）$Z = X^2 + Y^2$ 的分布律。

解　（Ⅰ）由于 $P(A) = \dfrac{1}{4}$，$P(B|A) = \dfrac{1}{3}$，$P(A|B) = \dfrac{1}{2}$，因此

$$P(AB) = P(A)P(B | A) = \frac{1}{4} \times \frac{1}{3} = \frac{1}{12}, \quad P(B) = \frac{P(AB)}{P(A | B)} = \frac{1/12}{1/2} = \frac{1}{6}$$

X、Y 可能的取值为 0、1，且

$$P(X = 0, Y = 0) = P(\overline{A}\,\overline{B}) = 1 - P(A \cup B) = 1 - P(A) - P(B) + P(AB)$$
$$= 1 - \frac{1}{4} - \frac{1}{6} + \frac{1}{12} = \frac{2}{3}$$

$$P(X = 0, Y = 1) = P(\overline{A}B) = P(B - A) = P(B - AB) = P(B) - P(AB)$$

$$= \frac{1}{6} - \frac{1}{12} = \frac{1}{12}$$

$$P(X = 1, Y = 0) = P(A\overline{B}) = P(A - B) = P(A - AB) = P(A) - P(AB)$$

$$= \frac{1}{4} - \frac{1}{12} = \frac{1}{6}$$

$$P(X = 1, Y = 1) = P(AB) = \frac{1}{12}$$

即 (X, Y) 的联合分布律为

X＼Y	0	1
0	$\frac{2}{3}$	$\frac{1}{12}$
1	$\frac{1}{6}$	$\frac{1}{12}$

（Ⅱ）由于 X、Y、XY 均服从 $0-1$ 分布，因此

$$EX = P(A) = \frac{1}{4}, \; EY = P(B) = \frac{1}{6}, \; E(XY) = P(AB) = \frac{1}{12}$$

从而

$$\text{cov}(X, Y) = E(XY) - EX \cdot EY = \frac{1}{12} - \frac{1}{4} \times \frac{1}{6} = \frac{1}{24}$$

又由于

$$EX^2 = P(A) = \frac{1}{4}, \; EY^2 = P(B) = \frac{1}{6}$$

故

$$DX = EX^2 - (EX)^2 = \frac{1}{4} - \left(\frac{1}{4}\right)^2 = \frac{3}{16}, \; DY = EY^2 - (EY)^2 = \frac{1}{6} - \left(\frac{1}{6}\right)^2 = \frac{5}{36}$$

从而

$$\rho_{XY} = \frac{\text{cov}(X, Y)}{\sqrt{DX}\sqrt{DY}} = \frac{\frac{1}{24}}{\sqrt{\frac{3}{16}}\sqrt{\frac{5}{36}}} = \frac{1}{\sqrt{15}}$$

（Ⅲ）Z 可能的取值为 0、1、2，且

$$P(Z = 0) = P(X = 0, Y = 0) = \frac{2}{3}$$

$$P(Z = 1) = P(X = 0, Y = 1) + P(X = 1, Y = 0) = \frac{1}{12} + \frac{1}{6} = \frac{1}{4}$$

$$P(Z = 1) = P(X = 1, Y = 1) = \frac{1}{12}$$

即 Z 的分布律为

Z	0	1	2
P	$\dfrac{2}{3}$	$\dfrac{1}{4}$	$\dfrac{1}{12}$

18. 设二维连续型随机变量 (X, Y) 的联合概率密度为

$$f(x, y) = \begin{cases} \dfrac{1}{\pi}, & x^2 + y^2 \leqslant 1 \\ 0, & \text{其他} \end{cases}$$

问 X 与 Y 是否相关？是否相互独立？说明理由。

解　由于

$$EX = \int_{-\infty}^{+\infty} \int_{-\infty}^{+\infty} xf(x, y)\mathrm{d}x\mathrm{d}y = \iint\limits_{x^2+y^2 \leqslant 1} x \cdot \frac{1}{\pi}\mathrm{d}x\mathrm{d}y = 0$$

$$EY = \int_{-\infty}^{+\infty} \int_{-\infty}^{+\infty} yf(x, y)\mathrm{d}x\mathrm{d}y = \iint\limits_{x^2+y^2 \leqslant 1} y \cdot \frac{1}{\pi}\mathrm{d}x\mathrm{d}y = 0$$

$$E(XY) = \int_{-\infty}^{+\infty} \int_{-\infty}^{+\infty} xyf(x,y)\mathrm{d}x\mathrm{d}y = \iint\limits_{x^2+y^2 \leqslant 1} xy \cdot \frac{1}{\pi}\mathrm{d}x\mathrm{d}y = 0$$

因此 $E(XY) = EX \cdot EY$，从而 X 与 Y 不相关。又由于

$$f_X(x) = \int_{-\infty}^{+\infty} f(x, y)\mathrm{d}y = \begin{cases} \displaystyle\int_{-\sqrt{1-x^2}}^{\sqrt{1-x^2}} \frac{1}{\pi}\mathrm{d}y = \dfrac{2\sqrt{1-x^2}}{\pi}, & -1 < x < 1 \\ 0, & \text{其他} \end{cases}$$

$$f_Y(y) = \int_{-\infty}^{+\infty} f(x, y)\mathrm{d}x = \begin{cases} \displaystyle\int_{-\sqrt{1-y^2}}^{\sqrt{1-y^2}} \frac{1}{\pi}\mathrm{d}x = \dfrac{2\sqrt{1-y^2}}{\pi}, & -1 < y < 1 \\ 0, & \text{其他} \end{cases}$$

且 $f(0,0) = \dfrac{1}{\pi} \neq \dfrac{4}{\pi^2} = \dfrac{2}{\pi} \times \dfrac{2}{\pi} = f_X(0)f_Y(0)$，故 X 与 Y 不相互独立。

19. 设二维离散型随机变量 (X, Y) 的联合分布律为

X \ Y	-1	0	1
-1	$\dfrac{1}{8}$	$\dfrac{1}{8}$	$\dfrac{1}{8}$
0	$\dfrac{1}{8}$	0	$\dfrac{1}{8}$
1	$\dfrac{1}{8}$	$\dfrac{1}{8}$	$\dfrac{1}{8}$

问 X 与 Y 是否相关？是否相互独立？说明理由。

解　由于

$$EX = -1 \times \left(\frac{1}{8} + \frac{1}{8} + \frac{1}{8}\right) + 0 \times \left(\frac{1}{8} + 0 + \frac{1}{8}\right) + 1 \times \left(\frac{1}{8} + \frac{1}{8} + \frac{1}{8}\right) = 0$$

$$EY = -1 \times \left(\frac{1}{8} + \frac{1}{8} + \frac{1}{8} \right) + 0 \times \left(\frac{1}{8} + 0 + \frac{1}{8} \right) + 1 \times \left(\frac{1}{8} + \frac{1}{8} + \frac{1}{8} \right) = 0$$

$$E(XY) = \sum_i \sum_j x_i y_j p_{ij}$$

$$= (-1) \times (-1) \times \frac{1}{8} + (-1) \times 0 \times \frac{1}{8} + (-1) \times 1 \times \frac{1}{8} + 0 \times (-1) \times \frac{1}{8}$$

$$+ 0 \times 0 \times 0 + 0 \times 1 \times \frac{1}{8} + 1 \times (-1) \times \frac{1}{8} + 1 \times 0 \times \frac{1}{8} + 1 \times 1 \times \frac{1}{8}$$

$$= 0$$

因此 $E(XY) = EX \cdot EY$，从而 X 与 Y 不相关。又由于

$$P(X=0) = \frac{1}{8} + 0 + \frac{1}{8} = \frac{1}{4}, \ P(Y=0) = \frac{1}{8} + 0 + \frac{1}{8} = \frac{1}{4}$$

$$P(X=0, Y=0) = 0 \neq \frac{1}{4} \times \frac{1}{4} = P(X=0)P(Y=0)$$

故 X 与 Y 不相互独立。

20. 设随机变量 X 与 Y 相互独立同分布，且 X 的分布律为

X	1	2
P	$\frac{2}{3}$	$\frac{1}{3}$

记 $U = \max\{X, Y\}$，$V = \min\{X, Y\}$，试求：

（Ⅰ）(U, V) 的联合分布律；（Ⅱ）U 与 V 的协方差 $\mathrm{cov}(U, V)$。

解　（Ⅰ）U、V 可能的取值为 1、2，且

$$P(U=1, V=1) = P(X=1, Y=1) = P(X=1)P(Y=1) = \frac{2}{3} \times \frac{2}{3} = \frac{4}{9}$$

$$P(U=1, V=2) = 0$$

$$P(U=2, V=1) = P(X=1, Y=2) + P(X=2, Y=1)$$

$$= P(X=1)P(Y=2) + P(X=2)P(Y=1) = \frac{2}{3} \times \frac{1}{3} + \times \frac{1}{3} \times \frac{2}{3} = \frac{4}{9}$$

$$P(U=2, V=2) = P(X=2, Y=2) = P(X=2)P(Y=2) = \frac{1}{3} \times \frac{1}{3} = \frac{1}{9}$$

即 (U, V) 的联合分布律为

U \ V	1	2
1	$\frac{4}{9}$	0
2	$\frac{4}{9}$	$\frac{1}{9}$

（Ⅱ）由 (U, V) 的联合分布律可得 U、V、UV 的分布律分别为

U	1	2
P	$\dfrac{4}{9}$	$\dfrac{5}{9}$

V	1	2
P	$\dfrac{8}{9}$	$\dfrac{1}{9}$

UV	1	2	4
P	$\dfrac{4}{9}$	$\dfrac{4}{9}$	$\dfrac{1}{9}$

从而

$$EU = 1 \times \frac{4}{9} + 2 \times \frac{5}{9} = \frac{14}{9}, \quad EV = 1 \times \frac{8}{9} + 2 \times \frac{1}{9} = \frac{10}{9}$$

$$E(UV) = 1 \times \frac{4}{9} + 2 \times \frac{4}{9} + 4 \times \frac{1}{9} = \frac{16}{9}$$

因此

$$\text{cov}(U, V) = E(UV) - EU \cdot EV = \frac{16}{9} - \frac{14}{9} \times \frac{10}{9} = \frac{4}{81}$$

21. 设连续型随机变量 X 的概率密度为

$$f(x) = \frac{1}{2} e^{-|x|}, \quad -\infty < x < +\infty。$$

试求：（Ⅰ）EX，DX；

（Ⅱ）$\text{cov}(X, |X|)$，问 X 与 $|X|$ 是否相关；

（Ⅲ）$D(X + |X|)$，问 X 与 $|X|$ 是否相互独立，为什么？

解　（Ⅰ）$EX = \displaystyle\int_{-\infty}^{+\infty} x f(x) \mathrm{d}x = \int_{-\infty}^{+\infty} x \cdot \frac{1}{2} e^{-|x|} \mathrm{d}x = 0$

$$EX^2 = \int_{-\infty}^{+\infty} x^2 f(x) \mathrm{d}x = \int_{-\infty}^{+\infty} x^2 \cdot \frac{1}{2} e^{-|x|} \mathrm{d}x = \int_{0}^{+\infty} x^2 e^{-x} \mathrm{d}x$$

$$= -\int_{0}^{+\infty} x^2 \mathrm{d}(e^{-x}) = \left[-x^2 e^{-x} \right]_{0}^{+\infty} + 2 \int_{0}^{+\infty} x e^{-x} \mathrm{d}x = -2 \int_{0}^{+\infty} x \mathrm{d}(e^{-x})$$

$$= \left[-2x e^{-x} \right]_{0}^{+\infty} + 2 \int_{0}^{+\infty} e^{-x} \mathrm{d}x = 2$$

$$DX = EX^2 - (EX)^2 = 2$$

（Ⅱ）由于

$$E(X|X|) = \int_{-\infty}^{+\infty} x |x| f(x) \mathrm{d}x = \int_{-\infty}^{+\infty} x |x| \cdot \frac{1}{2} e^{-x} \mathrm{d}x = 0$$

因此

$$\text{cov}(X, |X|) = E(X|X|) - EX \cdot E(|X|) = 0$$

从而 X 与 $|X|$ 不相关。

（Ⅲ）由于

$$E(|X|) = \int_{-\infty}^{+\infty} |x| f(x) \mathrm{d}x = \int_{-\infty}^{+\infty} |x| \cdot \frac{1}{2} e^{-|x|} \mathrm{d}x = \int_{0}^{+\infty} x e^{-x} \mathrm{d}x = 1$$

$$D(|X|) = E(|X|)^2 - (E|X|)^2 = EX^2 - (E|X|)^2 = 2 - 1 = 1$$

因此

$$D(X+|X|)=DX+D(|X|)+2\mathrm{cov}(X,\ |X|)=2+1+2\times0=3$$

又由于 $P(X<-2)>0,\ P(|X|\leqslant1)>0$，但

$$P(X<-2,\ |X|\leqslant1)=0<P(X<-2)P(|X|\leqslant1)$$

即

$$P(X<-2,\ |X|\leqslant1)\neq P(X<-2)P(|X|\leqslant1)$$

故随机事件 $\{X<-2\}$ 与 $\{|X|\leqslant1\}$ 不相互独立，从而 X 与 $\{|X|\}$ 不相互独立。

22. 设随机变量 $X\sim N(1,\ 3^2)$，$Y\sim N(0,\ 4^2)$，X 与 Y 的相关系数 $\rho_{XY}=-\dfrac{1}{2}$，令 $Z=\dfrac{X}{3}+\dfrac{Y}{2}$，试求：（Ⅰ）$EZ,\ DZ$；（Ⅱ）$\rho_{XZ}$。

　　解　（Ⅰ）由于 $X\sim N(1,\ 3^2)$，$Y\sim N(0,\ 4^2)$，因此 $EX=1,\ DX=9,\ EY=0,\ DY=16$，从而

$$EZ=E\left(\frac{X}{3}+\frac{Y}{2}\right)=\frac{1}{3}EX+\frac{1}{2}EY=\frac{1}{3}$$

$$DZ=D\left(\frac{X}{3}+\frac{Y}{2}\right)=\frac{1}{9}DX+\frac{1}{4}DY+2\mathrm{cov}\left(\frac{X}{3},\ \frac{Y}{2}\right)$$

$$=\frac{1}{9}DX+\frac{1}{4}DY+2\times\frac{1}{3}\times\frac{1}{2}\mathrm{cov}(X,\ Y)$$

$$=\frac{1}{9}DX+\frac{1}{4}DY+2\times\frac{1}{3}\times\frac{1}{2}\rho_{XY}\sqrt{DX}\sqrt{DY}$$

$$=\frac{1}{9}\times9+\frac{1}{4}\times16+2\times\frac{1}{3}\times\frac{1}{2}\times\left(-\frac{1}{2}\right)\times3\times4=3$$

（Ⅱ）由于

$$\mathrm{cov}(X,\ Z)=\mathrm{cov}\left(X,\ \frac{X}{3}+\frac{Y}{2}\right)=\frac{1}{3}\mathrm{cov}(X,\ X)+\frac{1}{2}\mathrm{cov}(X,\ Y)$$

$$=\frac{1}{3}DX+\frac{1}{2}\rho_{XY}\sqrt{DX}\sqrt{DY}$$

$$=\frac{1}{3}\times9+\frac{1}{2}\times\left(-\frac{1}{2}\right)\times3\times4=0$$

因此 $\rho_{XZ}=0$。

23. 设随机变量 X 与 Y 相互独立，且都服从参数为 1 的指数分布，记 $U=\max\{X,\ Y\}$，$V=\min\{X,\ Y\}$。试求：（Ⅰ）V 的概率密度 $f_V(v)$；（Ⅱ）$E(U+V)$。

　　解　（Ⅰ）由于 $X\sim E(1)$，$Y\sim E(1)$，因此 X 与 Y 的共同分布函数为

$$F(x)=\begin{cases}1-\mathrm{e}^{-x}, & x\geqslant0\\0, & x<0\end{cases}$$

又由于 X 与 Y 相互独立，故 $V=\min\{X,\ Y\}$ 的分布函数为

$$F_V(v)=P(V\leqslant v)=P(\min\{X,\ Y\}\leqslant v)=1-P(\min\{X,\ Y\}>v)$$

$$= 1 - P(X > v, Y > v) = 1 - P(X > v)P(Y > v)$$

$$= 1 - [1 - P(X \leqslant v)][1 - P(Y \leqslant v)] = 1 - [1 - F(v)]^2$$

$$= \begin{cases} 1 - e^{2v}, & v \geqslant 0 \\ 0, & v < 0 \end{cases}$$

从而 V 的概率密度为

$$f_V(v) = F_V'(v) = \begin{cases} 2e^{-2v}, & v > 0 \\ 0, & v \leqslant 0 \end{cases}$$

（Ⅱ）方法一：由于 X 与 Y 相互独立，因此 $U = \max\{X, Y\}$ 的分布函数为

$$F_U(u) = P(U \leqslant u) = P(\max\{X, Y\} \leqslant u) = P(X \leqslant u, Y \leqslant u)$$

$$= P(X \leqslant u)P(Y \leqslant u) = F^2(u) = \begin{cases} (1 - e^{-u})^2, & u \geqslant 0 \\ 0, & u < 0 \end{cases}$$

从而 U 的概率密度为

$$f_U(u) = F_U'(u) = \begin{cases} 2e^{-u}(1 - e^{-u}), & u > 0 \\ 0, & u \leqslant 0 \end{cases}$$

故

$$E(U + V) = EU + EV = \int_{-\infty}^{+\infty} u f_U(u) \mathrm{d}u + \int_{-\infty}^{+\infty} v f_V(v) \mathrm{d}v$$

$$= \int_0^{+\infty} 2u e^{-u}(1 - e^{-u}) \mathrm{d}u + \int_0^{+\infty} 2v e^{-2v} \mathrm{d}v$$

$$= \int_0^{+\infty} 2u e^{-u} \mathrm{d}u - \int_0^{+\infty} 2u e^{-2u} \mathrm{d}u + \int_0^{+\infty} 2v e^{-2v} \mathrm{d}v$$

$$= \int_0^{+\infty} 2u e^{-u} \mathrm{d}u = 2$$

方法二：由于 $X \sim E(1)$，$Y \sim E(1)$，因此 $EX = 1$，$EY = 1$，又由于

$$U + V = \max\{X, Y\} + \min\{X, Y\} = X + Y$$

故

$$E(U + V) = E(X + Y) = EX + EY = 2$$

24. 设 X 与 Y 是随机变量，$EX = EY = 0$，$DX = 4$，$DY = 16$，$\rho_{XY} = -0.5$，若 $W = (aX + 3Y)^2$。试求常数 a 使得 EW 为最小，并求 EW 的最小值。

解　由于

$$EX^2 = DX + (EX)^2 = 4, \quad EY^2 = DY + (EY)^2 = 16$$

$$E(XY) = \mathrm{cov}(X, Y) + EX \cdot EY = \rho_{XY}\sqrt{DX}\sqrt{DY} = (-0.5) \times 2 \times 4 = -4$$

因此

$$EW = E(aX + 3Y)^2 = a^2 EX^2 + 6a E(XY) + 9EY^2$$

$$= 4a^2 - 24a + 144 = 4(a - 3)^2 + 108$$

从而当 $a = 3$ 时，EW 取得最小值，最小值为 108。

25. 设二维连续型随机变量 (X, Y) 服从二维正态分布，且 $DX = \sigma_X^2$，$DY = \sigma_Y^2$。证明当 $a^2 = \dfrac{\sigma_X^2}{\sigma_Y^2}$ 时，随机变量 $U = X - aY$ 与 $V = X + aY$ 相互独立。

证明　设 $a^2 = \dfrac{\sigma_X^2}{\sigma_Y^2}$，则

$$\mathrm{cov}(U, V) = \mathrm{cov}(X - aY, X + aY) = \mathrm{cov}(X, X) - a^2 \mathrm{cov}(Y, Y)$$
$$= \sigma_X^2 - a^2 \sigma_Y^2 = 0$$

从而 U 与 V 不相关。又由于 (X, Y) 服从二维正态分布，且 U、V 可由 X、Y 线性表示，即 (U, V) 是 (X, Y) 的线性变换，故 (U, V) 服从二维正态分布，从而 U 与 V 相互独立。

4.6　学习效果测试题及解答

测　试　题

1. 选择题（每小题 4 分，共 20 分）

(1) 设随机变量 X 可能的取值为非负整数，且 EX 存在，则（　　）。

   A. $EX = \sum\limits_{k=1}^{\infty} P(X \geqslant k)$ B. $EX = \sum\limits_{k=1}^{\infty} P(X \leqslant k)$

   C. $EX = \sum\limits_{k=1}^{\infty} P(X > k)$ D. $EX = \sum\limits_{k=1}^{\infty} P(X < k)$

(2) 设随机变量 X、Y 服从参数分别为 $\dfrac{3}{4}$ 和 $\dfrac{1}{2}$ 的 $0-1$ 分布，且 $\mathrm{cov}(X, Y) = \dfrac{1}{8}$，则 $P(Y = 1 \mid X = 1) = （\quad）$。

   A. $\dfrac{2}{3}$ B. $\dfrac{1}{3}$ C. $\dfrac{3}{8}$ D. $\dfrac{1}{8}$

(3) 设随机变量 X 与 Y 不相关，$EX = 2$，$EY = 1$，$DX = 3$，则 $E[X(X + Y - 2)] = （\quad）$。

   A. -3 B. 3 C. -5 D. 5

(4) 设随机变量 X 与 Y 都服从参数为 $\dfrac{3}{4}$ 的 $0-1$ 分布，且 $D(X - Y) = \dfrac{1}{4}$，则 $P(X + Y \leqslant 1) = （\quad）$。

   A. $\dfrac{1}{8}$ B. $\dfrac{1}{4}$ C. $\dfrac{3}{8}$ D. $\dfrac{1}{2}$

(5) 设随机变量 X、Y、Z 相互独立，且 $X \sim N(1, 2)$，$Y \sim N(2, 3)$，$Z \sim N(3, 5)$，记 $p_1 = P(X < Y)$，$p_2 = P(Y < Z)$，则（　　）。

   A. $p_1 > p_2$ B. $p_1 < p_2$ C. $p_1 = p_2$ D. 不能确定

2. 填空题（每小题 4 分，共 20 分）

(1) 设随机变量 X 的概率密度为 $f(x)$，分布函数为 $F(x)$，且 $f(x)$ 为连续函数，令 $Y =$

$F(X)$，则 $EY = $ _____ 。

（2）设二维连续型随机变量 (X, Y) 的联合概率密度为

$$f(x, y) = \begin{cases} x + y, & 0 \leqslant x \leqslant 1, 0 \leqslant y \leqslant 1 \\ 0, & \text{其他} \end{cases}$$

令 $U = \max\{X, Y\}$，$V = \min\{X, Y\}$，则 $E(UV) = $ _____ 。

（3）设随机变量 X 与 Y 相互独立，X 的分布律为 $P(X = 0) = 0.6$，$P(X = 10) = 0.4$，Y 的概率密度为 $f_Y(y) = \dfrac{1}{2} e^{-|y|}$ $(-\infty < y < +\infty)$，则 $E(XY^2 + X^2 Y + 1) = $ _____ 。

（4）设二维随机变量 $(X, Y) \sim N(1, 1; 1, 1; \frac{1}{2})$，$U = 2X + Y$，$V = X - Y$，则二维随机变量 $(U, V) \sim$ _____ 。

（5）设随机变量 $X \sim N(0, 1)$，$Y = \begin{cases} 1, & X \geqslant 0 \\ 0, & X < 0 \end{cases}$，则 $\rho_{XY} = $ _____ 。

3. 解答题（每小题 10 分，共 60 分）

（1）设连续型随机变量 X 的概率密度为

$$f(x) = \begin{cases} 2^{-x} \ln 2, & x > 0 \\ 0, & x \leqslant 0 \end{cases}$$

现对 X 进行独立重复地观测，直到 2 个大于 3 的观测值出现时停止，记 Y 为观测次数。

（ⅰ）求 Y 的分布律；

（ⅱ）求 EY。

（2）设随机变量 X 在区间 $[-1, 1]$ 上服从均匀分布，$Y = \dfrac{X}{1 + X^2}$，求 DY 和 $\text{cov}(X, Y)$。

（3）设随机变量 $U \sim B\left(2, \dfrac{1}{2}\right)$，定义

$$X = \begin{cases} -1, & U \leqslant 0 \\ 1, & U > 0 \end{cases}, \quad Y = \begin{cases} -1, & U < 2 \\ 1, & U \geqslant 2 \end{cases}$$

试求 X 与 Y 的协方差 $\text{cov}(X, Y)$ 及方差 $D(X - Y)$ 与 $D(X + Y)$。

（4）设二维连续型随机变量 (X, Y) 的联合概率密度为

$$f(x, y) = \begin{cases} \dfrac{1}{2}, & 0 < x < 2, 0 < y < x \\ 0, & \text{其他} \end{cases}$$

记 $U = \begin{cases} 0, & X + Y \leqslant 1 \\ 1, & X + Y > 1 \end{cases}$，$V = \begin{cases} 0, & X + Y \leqslant 2 \\ 1, & X + Y > 2 \end{cases}$，试求

（ⅰ）(U, V) 的联合分布律；

（ⅱ）U 与 V 的相关系数 ρ_{UV}。

（5）设二维连续型随机变量 (X, Y) 在区域 $G = \left\{ (x, y) \,\middle|\, x \geqslant 0, y \geqslant 0, x + \dfrac{y}{2} \leqslant 1 \right\}$

上服从均匀分布，求 DX、DY 和 $D(XY)$。

（6）设 $X \sim U\left[\dfrac{1}{2}, \dfrac{5}{2}\right]$，$[x]$ 表示不超过 x 的最大整数，试求：

（i）$D([X])$ 和 $D(X-[X])$；

（ii）X 与 $[X]$ 的相关系数 $\rho_{X[X]}$。

测试题解答

1. 选择题

（1）应选 A。

$$EX = \sum_{k=0}^{\infty} kP(X = k) = P(X = 1) + 2P(X = 2) + 3P(X = 3) + 4P(X = 4) + \cdots$$
$$= [P(X = 1) + P(X = 2) + P(X = 3) + \cdots] + [P(X = 2) + P(X = 3) + \cdots] + \cdots$$
$$= P(X \geqslant 1) + P(X \geqslant 2) + \cdots = \sum_{k=1}^{\infty} P(X \geqslant k)$$

故选 A。

（2）应选 A。

由于 X、Y 服从参数分别为 $\dfrac{3}{4}$ 和 $\dfrac{1}{2}$ 的 $0-1$ 分布，因此 $EX = \dfrac{3}{4}$，$EY = \dfrac{1}{2}$。又由于

$$E(XY) = \operatorname{cov}(X, Y) + EX \cdot EY = \frac{1}{8} + \frac{3}{4} \times \frac{1}{2} = \frac{1}{2}$$

故

$$P(X = 1, Y = 1) = P(XY = 1) = E(XY) = \frac{1}{2}$$

从而

$$P(Y = 1 \mid X = 1) = \frac{P(X = 1, Y = 1)}{P(X = 1)} = \frac{1/2}{3/4} = \frac{2}{3}$$

故选 A。

（3）应选 D。

由于 X 与 Y 不相关，因此 $E(XY) = EX \cdot EY$，从而

$$E[X(X + Y - 2)] = EX^2 + E(XY) - 2EX = DX + (EX)^2 + EX \cdot EY - 2EX$$
$$= 3 + 2^2 + 2 \times 1 - 2 \times 2 = 5$$

故选 D。

（4）应选 C。

由于 X、Y 都服从参数为 $\dfrac{3}{4}$ 的 $0-1$ 分布，因此

$$EX = EY = \frac{3}{4}, \quad DX = DY = \frac{3}{4} \times \frac{1}{4} = \frac{3}{16}$$

又由于

$$D(X-Y) = DX + DY - 2\mathrm{cov}(X, Y) = DX + DY - 2[E(XY) - EX \cdot EY]$$

故

$$E(XY) = \frac{1}{2}[DX + DY + 2EX \cdot EY - D(X-Y)]$$

$$= \frac{1}{2}\left[\frac{3}{16} + \frac{3}{16} + 2 \times \frac{3}{4} \times \frac{3}{4} - \frac{1}{4}\right] = \frac{5}{8}$$

从而

$$P(X=1, Y=1) = P(XY=1) = E(XY) = \frac{5}{8}$$

所以

$$P(X+Y \leqslant 1) = 1 - P(X+Y > 1) = 1 - P(X=1, Y=1) = 1 - \frac{5}{8} = \frac{3}{8}$$

故选 C。

(5) 应选 A。

由于 X、Y、Z 相互独立，且 $X \sim N(1, 2)$，$Y \sim N(2, 3)$，$Z \sim N(3, 5)$，因此 $X - Y \sim N(-1, 5)$，$Y - Z \sim N(-1, 8)$，从而

$$p_1 = P(X < Y) = P(X - Y < 0) = \Phi\left(\frac{0-(-1)}{\sqrt{5}}\right) = \Phi\left(\frac{1}{\sqrt{5}}\right)$$

$$p_2 = P(Y < Z) = P(Y - Z < 0) = \Phi\left(\frac{0-(-1)}{\sqrt{8}}\right) = \Phi\left(\frac{1}{\sqrt{8}}\right)$$

因为 $\Phi(x)$ 是单调递增函数，所以 $p_1 > p_2$，故选 A。

2. 填空题

(1) 应填 $\frac{1}{2}$。

$$EY = E[F(X)] = \int_{-\infty}^{+\infty} F(x)f(x)\mathrm{d}x = \int_{-\infty}^{+\infty} F(x)\mathrm{d}(F(x)) = \frac{1}{2}[F^2(x)]_{-\infty}^{+\infty}$$

$$= \frac{1}{2}[F^2(+\infty) - F^2(-\infty)] = \frac{1}{2}$$

故填 $\frac{1}{2}$。

(2) 应填 $\frac{1}{3}$。

由于

$$U = \max\{X, Y\} = \frac{1}{2}(X + Y + |X - Y|)$$

$$V = \min\{X, Y\} = \frac{1}{2}(X + Y - |X - Y|)$$

因此

$$E(UV) = E(XY) = \int_{-\infty}^{+\infty} \int_{-\infty}^{+\infty} xyf(x, y)\mathrm{d}x\mathrm{d}y = \int_0^1 \int_0^1 xy(x+y)\mathrm{d}x\mathrm{d}y = \frac{1}{3}$$

故填 $\frac{1}{3}$。

(3) 应填 9。

由于 X 与 Y 相互独立，且

$$EX = 0 \times 0.6 + 10 \times 0.4 = 4$$

$$EX^2 = 0^2 \times 0.6 + 10^2 \times 0.4 = 40$$

$$EY = \int_{-\infty}^{+\infty} yf_Y(y)\mathrm{d}y = \int_{-\infty}^{+\infty} y \cdot \frac{1}{2}\mathrm{e}^{-|y|}\mathrm{d}y = 0$$

$$EY^2 = \int_{-\infty}^{+\infty} y^2 f_Y(y)\mathrm{d}y = \int_{-\infty}^{+\infty} y^2 \cdot \frac{1}{2}\mathrm{e}^{-|y|}\mathrm{d}y = \int_0^{+\infty} y^2 \mathrm{e}^{-y}\mathrm{d}y = 2$$

因此

$$E(XY^2 + X^2Y + 1) = EX \cdot EY^2 + EX^2 \cdot EY + 1 = 4 \times 2 + 40 \times 0 + 1 = 9$$

故填 9。

(4) 应填 $N\left(3, 0; 7, 1; \frac{1}{2\sqrt{7}}\right)$。

由于 $(X, Y) \sim N\left(1, 1; 1, 1; \frac{1}{2}\right)$, $U = 2X + Y$, $V = X - Y$, 且 $\begin{vmatrix} 2 & 1 \\ 1 & -1 \end{vmatrix} = -3 \neq 0$, 因此 (U, V) 服从二维正态分布。因为

$$EU = E(2X+Y) = 2EX + EY = 3$$

$$EV = E(X-Y) = EX - EY = 0$$

$$DU = D(2X+Y) = 4DX + DY + 2\mathrm{cov}(2X, Y)$$

$$= 4DX + DY + 2 \times 2\rho_{XY} \sqrt{DX} \sqrt{DY} = 7$$

$$DV = D(X-Y) = DX + DY - 2\mathrm{cov}(X, Y)$$

$$= DX + DY - 2\rho_{XY} \sqrt{DX} \sqrt{DY} = 1$$

$$\mathrm{cov}(U, V) = \mathrm{cov}(2X+Y, X-Y)$$

$$= 2\mathrm{cov}(X, X) - 2\mathrm{cov}(X, Y) + \mathrm{cov}(Y, X) - \mathrm{cov}(Y, Y)$$

$$= 2DX - DY - \mathrm{cov}(X, Y) = 2DX - DY - \rho_{XY} \sqrt{DX} \sqrt{DY} = \frac{1}{2}$$

所以

$$\rho_{UV} = \frac{\mathrm{cov}(U, V)}{\sqrt{DU} \sqrt{DV}} = \frac{1}{2\sqrt{7}}$$

从而 $(U, V) \sim N\left(3, 0; 7, 1; \frac{1}{2\sqrt{7}}\right)$, 故填 $N\left(3, 0; 7, 1; \frac{1}{2\sqrt{7}}\right)$。

（5）应填 $\sqrt{\dfrac{2}{\pi}}$。

由于 $X \sim N(0, 1)$，因此 X 的概率密度为

$$f_X(x) = \frac{1}{\sqrt{2\pi}} e^{-\frac{x^2}{2}}, \quad -\infty < x < +\infty$$

且 $EX = 0$，$DX = 1$，$P(X \geqslant 0) = \dfrac{1}{2}$，从而

$$EY = P(Y = 1) = P(X \geqslant 0) = \frac{1}{2}, \; EY^2 = P(Y = 1) = P(X \geqslant 0) = \frac{1}{2}$$

$$DY = EY^2 - (EY)^2 = \frac{1}{4}$$

又由于 Y 是 X 的函数，记 $Y = g(X)$，故

$$E(XY) = \int_{-\infty}^{+\infty} x g(x) f_X(x) \mathrm{d}x = \int_{-\infty}^{0} 0 \cdot x f_X(x) \mathrm{d}x + \int_{0}^{+\infty} 1 \cdot x f_X(x) \mathrm{d}x$$

$$= \int_{0}^{+\infty} x \frac{1}{\sqrt{2\pi}} e^{-\frac{x^2}{2}} \mathrm{d}x = \frac{1}{\sqrt{2\pi}}$$

$$\mathrm{cov}(X, Y) = E(XY) - EX \cdot EY = \frac{1}{\sqrt{2\pi}}$$

从而

$$\rho_{XY} = \frac{\mathrm{cov}(X, Y)}{\sqrt{DX}\,\sqrt{DY}} = \frac{1/\sqrt{2\pi}}{\sqrt{1/4}} = \sqrt{\frac{2}{\pi}}$$

故填 $\sqrt{\dfrac{2}{\pi}}$。

3. 解答题

（1）（i）由于 X 的概率密度为

$$f(x) = \begin{cases} 2^{-x}\ln 2, & x > 0 \\ 0, & x \leqslant 0 \end{cases}$$

因此

$$P(X > 3) = \int_{3}^{+\infty} 2^{-x}\ln 2\, \mathrm{d}x = \left[-2^{-x}\right]_{3}^{+\infty} = \frac{1}{8}$$

Y 可能的取值为 $2, 3, \cdots$，且

$$P(Y = k) = \mathrm{C}_{k-1}^{1} \frac{1}{8}\left(1 - \frac{1}{8}\right)^{k-2} \frac{1}{8} = (k-1)\left(\frac{1}{8}\right)^2 \left(\frac{7}{8}\right)^{k-2}$$

即 Y 的分布律为

$$P(Y = k) = (k-1)\left(\frac{1}{8}\right)^2 \left(\frac{7}{8}\right)^{k-2}, \quad k = 2, 3, \cdots$$

（ii）由于 Y 的分布律为

$$P(Y = k) = (k - 1)\left(\frac{1}{8}\right)^2\left(\frac{7}{8}\right)^{k-2}, \quad k = 2, 3, \cdots$$

因此

$$EY = \sum_{k=2}^{\infty} kP(Y = k) = \sum_{k=2}^{\infty} k(k-1)\left(\frac{1}{8}\right)^2\left(\frac{7}{8}\right)^{k-2} = \left(\frac{1}{8}\right)^2 \sum_{k=2}^{\infty} k(k-1)\left(\frac{7}{8}\right)^{k-2}$$

又由于

$$s(x) = \sum_{k=2}^{\infty} k(k-1)x^{k-2} = \left(\sum_{k=2}^{\infty} x^k\right)'' = \frac{2}{(1-x)^3}, \quad -1 < x < 1$$

故

$$EY = \left(\frac{1}{8}\right)^2 s\left(\frac{7}{8}\right) = \left(\frac{1}{8}\right)^2 \frac{2}{\left(1 - \frac{7}{8}\right)^3} = 16$$

(2) 由于 $X \sim U[-1, 1]$，因此 X 的概率密度为

$$f(x) = \begin{cases} \dfrac{1}{2}, & -1 \leqslant x \leqslant 1 \\ 0, & \text{其他} \end{cases}$$

因此

$$EX = 0$$

$$EY = E\left(\frac{X}{1+X^2}\right) = \int_{-\infty}^{+\infty} \frac{x}{1+x^2} f(x)\,\mathrm{d}x = \int_{-1}^{1} \frac{x}{1+x^2} \cdot \frac{1}{2}\,\mathrm{d}x = 0$$

$$EY^2 = E\left(\frac{X}{1+X^2}\right)^2 = \int_{-\infty}^{+\infty}\left(\frac{x}{1+x^2}\right)^2 f(x)\,\mathrm{d}x = \int_{-1}^{1}\left(\frac{x}{1+x^2}\right)^2 \cdot \frac{1}{2}\,\mathrm{d}x$$

$$= \int_0^1 \frac{x^2}{(1+x^2)^2}\,\mathrm{d}x = -\frac{1}{2}\int_0^1 x\mathrm{d}\left(\frac{1}{1+x^2}\right) = -\frac{1}{2}\left[\frac{x}{1+x^2}\right]_0^1 + \frac{1}{2}\int_0^1 \frac{1}{1+x^2}\,\mathrm{d}x$$

$$= -\frac{1}{4} + \frac{1}{2}[\arctan x]_0^1 = -\frac{1}{4} + \frac{\pi}{8}$$

从而

$$DY = EY^2 - (EY)^2 = -\frac{1}{4} + \frac{\pi}{8}$$

又由于

$$E(XY) = E\left(\frac{X^2}{1+X^2}\right) = \int_{-\infty}^{+\infty} \frac{x^2}{1+x^2} f(x)\,\mathrm{d}x = \int_{-1}^{1} \frac{x^2}{1+x^2} \cdot \frac{1}{2}\,\mathrm{d}x$$

$$= \int_0^1 \left(1 - \frac{1}{1+x^2}\right)\mathrm{d}x = 1 - [\arctan x]_0^1 = 1 - \frac{\pi}{4}$$

故

$$\mathrm{cov}(X, Y) = E(XY) - EX \cdot EY = 1 - \frac{\pi}{4}$$

(3) 由于 $U \sim B\left(2, \dfrac{1}{2}\right)$，因此 X、Y、XY 的分布律分别为

$P(X=-1) = P(U \leqslant 0) = P(U=0) = \dfrac{1}{4}$, $P(X=1) = 1 - P(X=-1) = \dfrac{3}{4}$

$P(Y=-1) = P(U < 2) = 1 - P(U=2) = \dfrac{3}{4}$, $P(Y=1) = 1 - P(Y=-1) = \dfrac{1}{4}$

$P(XY=-1) = P(X=-1, Y=1) + P(X=1, Y=-1) = 0 + P(U=1) = \dfrac{1}{2}$

$P(XY=1) = 1 - P(XY=-1) = \dfrac{1}{2}$

从而

$EX = (-1) \times P(X=-1) + 1 \times P(X=1) = (-1) \times \dfrac{1}{4} + 1 \times \dfrac{3}{4} = \dfrac{1}{2}$

$EX^2 = (-1)^2 \times P(X=-1) + 1^2 \times P(X=1) = (-1)^2 \times \dfrac{1}{4} + 1^2 \times \dfrac{3}{4} = 1$

$DX = EX^2 - (EX)^2 = \dfrac{3}{4}$

$EY = (-1) \times P(Y=-1) + 1 \times P(Y=1) = (-1) \times \dfrac{3}{4} + 1 \times \dfrac{1}{4} = -\dfrac{1}{2}$

$EY^2 = (-1)^2 \times P(Y=-1) + 1^2 \times P(Y=1) = (-1)^2 \times \dfrac{3}{4} + 1^2 \times \dfrac{1}{4} = 1$

$DY = EY^2 - (EY)^2 = \dfrac{3}{4}$

$E(XY) = (-1)P(XY=-1) + 1 \times P(XY=1) = (-1) \times \dfrac{1}{2} + 1 \times \dfrac{1}{2} = 0$

故

$\mathrm{cov}(X, Y) = E(XY) - EX \cdot EY = 0 - \dfrac{1}{2} \times \left(-\dfrac{1}{2}\right) = \dfrac{1}{4}$

$D(X-Y) = DX + DY - 2\mathrm{cov}(X, Y) = \dfrac{3}{4} + \dfrac{3}{4} - 2 \times \dfrac{1}{4} = 1$

$D(X+Y) = DX + DY + 2\mathrm{cov}(X, Y) = \dfrac{3}{4} + \dfrac{3}{4} + 2 \times \dfrac{1}{4} = 2$

(4)（Ⅰ）U、V 可能的取值为 0、1，且

$$P(U=0) = P(X+Y \leqslant 1) = \iint\limits_{x+y \leqslant 1} f(x, y)\mathrm{d}x\mathrm{d}y$$

$$= \int_0^{\frac{1}{2}} \mathrm{d}y \int_y^{1-y} \dfrac{1}{2}\mathrm{d}x \text{（相应的积分区域如图 4.1 所示）}$$

$$= \dfrac{1}{2} \int_0^{\frac{1}{2}} (1-2y)\mathrm{d}y = \dfrac{1}{8}$$

$$P(U = 1) = 1 - P(U = 0) = \frac{7}{8}$$

$$P(V = 0) = P(X + Y \leqslant 2) = \iint\limits_{x+y \leqslant 2} f(x, y) \mathrm{d}x\mathrm{d}y$$

$$= \int_0^1 \mathrm{d}y \int_y^{2-y} \frac{1}{2} \mathrm{d}x \text{（相应的积分区域如图 4.2 所示）}$$

$$= \frac{1}{2} \int_0^1 (2 - 2y) \mathrm{d}y = \frac{1}{2}$$

$$P(V = 1) = 1 - P(V = 0) = \frac{1}{2}$$

$$P(U = 0, V = 1) = P(X + Y \leqslant 1, X + Y > 2) = 0$$

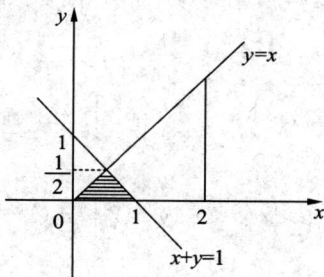

图 4.1

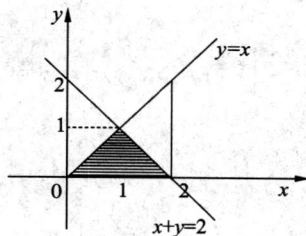

图 4.2

从而

$$P(U = 0, V = 0) = P(U = 0) - P(U = 0, V = 1) = \frac{1}{8} - 0 = \frac{1}{8}$$

$$P(U = 1, V = 0) = P(V = 0) - P(U = 0, V = 0) = \frac{1}{2} - \frac{1}{8} = \frac{3}{8}$$

$$P(U = 1, V = 1) = P(V = 1) - P(U = 0, V = 1) = \frac{1}{2} - 0 = \frac{1}{2}$$

即 (U, V) 的联合分布律为

U\V	0	1
0	$\frac{1}{8}$	0
1	$\frac{3}{8}$	$\frac{1}{2}$

（ii）由 (U, V) 的联合分布律可得 U、V、UV 的分布律分别为

U	0	1
P	$\frac{1}{8}$	$\frac{7}{8}$

V	0	1
P	$\frac{1}{2}$	$\frac{1}{2}$

UV	0	1
P	$\frac{1}{2}$	$\frac{1}{2}$

从而

$$EU = \frac{7}{8}, \ DU = \frac{7}{8} \times \frac{1}{8} = \frac{7}{64}$$

$$EV = \frac{1}{2}, \ DV = \frac{1}{2} \times \frac{1}{2} = \frac{1}{4}, \ E(UV) = \frac{1}{2}$$

$$\mathrm{cov}(U, V) = E(UV) - EU \cdot EV = \frac{1}{2} - \frac{7}{8} \times \frac{1}{2} = \frac{1}{16}$$

故

$$\rho_{UV} = \frac{\mathrm{cov}(U, V)}{\sqrt{DU} \ \sqrt{DV}} = \frac{1/16}{\sqrt{7/64}\sqrt{1/4}} = \frac{1}{\sqrt{7}}$$

(5) 由于 $(X, Y) \sim U(G)$，因此 (X, Y) 的联合概率密度为

$$f(x, y) = \begin{cases} 1, & (x, y) \in G \\ 0, & (x, y) \notin G \end{cases}$$

从而

$$EX = \int_{-\infty}^{+\infty} \int_{-\infty}^{+\infty} x f(x, y) \mathrm{d}x\mathrm{d}y = \iint_G x \cdot 1 \mathrm{d}x\mathrm{d}y = \int_0^1 x \mathrm{d}x \int_0^{2(1-x)} \mathrm{d}y = 2 \int_0^1 x(1-x)\mathrm{d}x = \frac{1}{3}$$

$$EX^2 = \int_{-\infty}^{+\infty} \int_{-\infty}^{+\infty} x^2 f(x, y) \mathrm{d}x\mathrm{d}y = \iint_G x^2 \cdot 1 \mathrm{d}x\mathrm{d}y = \int_0^1 x^2 \mathrm{d}x \int_0^{2(1-x)} \mathrm{d}y = 2 \int_0^1 x^2(1-x)\mathrm{d}x = \frac{1}{6}$$

$$DX = EX^2 - (EX)^2 = \frac{1}{18}$$

$$EY = \int_{-\infty}^{+\infty} \int_{-\infty}^{+\infty} y f(x, y) \mathrm{d}x\mathrm{d}y = \iint_G y \cdot 1 \mathrm{d}x\mathrm{d}y = \int_0^2 y \mathrm{d}y \int_0^{1-\frac{y}{2}} \mathrm{d}x = \int_0^2 y\left(1 - \frac{y}{2}\right)\mathrm{d}y = \frac{2}{3}$$

$$EY^2 = \int_{-\infty}^{+\infty} \int_{-\infty}^{+\infty} y^2 f(x, y) \mathrm{d}x\mathrm{d}y = \iint_G y^2 \cdot 1 \mathrm{d}x\mathrm{d}y = \int_0^2 y^2 \mathrm{d}y \int_0^{1-\frac{y}{2}} \mathrm{d}x = \int_0^2 y^2\left(1 - \frac{y}{2}\right)\mathrm{d}y = \frac{2}{3}$$

$$DY = EY^2 - (EY)^2 = \frac{2}{9}$$

$$E(XY) = \int_{-\infty}^{+\infty} \int_{-\infty}^{+\infty} xy f(x, y) \mathrm{d}x\mathrm{d}y = \iint_G xy \cdot 1 \mathrm{d}x\mathrm{d}y = \int_0^1 x \mathrm{d}x \int_0^{2(1-x)} y \mathrm{d}y$$

$$= 2 \int_0^1 x(1-x)^2 \mathrm{d}x = \frac{1}{6}$$

$$E[(XY)^2] = \int_{-\infty}^{+\infty} \int_{-\infty}^{+\infty} (xy)^2 f(x, y) \mathrm{d}x\mathrm{d}y = \iint_G (xy)^2 \cdot 1 \mathrm{d}x\mathrm{d}y = \int_0^1 x^2 \mathrm{d}x \int_0^{2(1-x)} y^2 \mathrm{d}y$$

$$= \frac{8}{3} \int_0^1 x^2(1-x)^3 \mathrm{d}x = \frac{2}{45}$$

$$D(XY) = E[(XY)^2] - [E(XY)]^2 = \frac{1}{60}$$

(6) (i) 由于 $X \sim U\left[\frac{1}{2}, \frac{5}{2}\right]$，因此 X 的概率密度为

$$f(x) = \begin{cases} \dfrac{1}{2}, & \dfrac{1}{2} \leqslant x \leqslant \dfrac{5}{2} \\ 0, & \text{其他} \end{cases}$$

$[X]$ 可能的取值为 0、1、2，且

$$P([X] = 0) = P\left(\frac{1}{2} \leqslant X < 1\right) = \int_{\frac{1}{2}}^{1} \frac{1}{2}\mathrm{d}x = \frac{1}{4}$$

$$P([X] = 1) = P(1 \leqslant X < 2) = \int_{1}^{2} \frac{1}{2}\mathrm{d}x = \frac{1}{2}$$

$$P([X] = 2) = P\left(2 \leqslant X \leqslant \frac{5}{2}\right) = \int_{2}^{\frac{5}{2}} \frac{1}{2}\mathrm{d}x = \frac{1}{4}$$

即 $[X]$ 的分布律为

$[X]$	0	1	2
P	$\dfrac{1}{4}$	$\dfrac{1}{2}$	$\dfrac{1}{4}$

从而

$$E([X]) = 0 \times \frac{1}{4} + 1 \times \frac{1}{2} + 2 \times \frac{1}{4} = 1$$

$$E([X]^2) = 0^2 \times \frac{1}{4} + 1^2 \times \frac{1}{2} + 2^2 \times \frac{1}{4} = \frac{3}{2}$$

$$D([X]) = E([X]^2) - (E([X]))^2 = \frac{1}{2}$$

又由于

$$EX = \frac{3}{2}, \ DX = \frac{1}{3}$$

$$E(X[X]) = \int_{-\infty}^{+\infty} x[x]f(x)\mathrm{d}x = \int_{\frac{1}{2}}^{1} 0\mathrm{d}x + \int_{1}^{2} \frac{1}{2}x\mathrm{d}x + \int_{2}^{\frac{5}{2}} x\mathrm{d}x = \frac{15}{8}$$

$$\mathrm{cov}(X, [X]) = E(X[X]) - EX \cdot E([X]) = \frac{15}{8} - \frac{3}{2} \times 1 = \frac{3}{8}$$

故

$$D(X - [X]) = DX + D([X]) - 2\mathrm{cov}(X, [X]) = \frac{1}{3} + \frac{1}{2} - 2 \times \frac{3}{8} = \frac{1}{12}$$

(ii) X 与 $[X]$ 的相关系数为

$$\rho_{X[X]} = \frac{\mathrm{cov}(X, [X])}{\sqrt{DX}\,\sqrt{D([X])}} = \frac{3/8}{\sqrt{1/3}\,\sqrt{1/2}} = \frac{3\sqrt{6}}{8}$$

第 5 章　大数定律及中心极限定理

5.1　大纲内容与大纲要求

1. 大纲内容

（1）Chebyshev 不等式。

（2）Chebyshev 大数定律。

（3）Khintchine 大数定律。

（4）Morkov 大数定律。

（5）Bernoulli 大数定律。

（6）Lindeberg – Levy 中心极限定理。

（7）De Moivre – Laplace 中心极限定理。

2. 大纲要求

（1）掌握 Chebyshev 不等式。

（2）理解 Chebyshev 大数定律。

（3）理解 Khintchine 大数定律（独立同分布随机变量序列大数定律）。

（4）了解 Morkov 大数定律。

（5）理解 Bernoulli 大数定律。

（6）理解 Lindeberg – Levy 中心极限定理（独立同分布中心极限定理）及应用。

（7）理解 De Moivre – Laplace 中心极限定理（二项分布以正态分布为极限分布）及应用。

5.2　内容解析

1. Chebyshev 不等式

设 X 是随机变量，如果 EX、DX 存在，则 $\forall \varepsilon > 0$，有

$$P(|X - EX| \geqslant \varepsilon) \leqslant \frac{DX}{\varepsilon^2}$$

或

$$P(|X - EX| < \varepsilon) \geqslant 1 - \frac{DX}{\varepsilon^2}$$

2. 大数定律

1) 定义

(1) 设 X_1，X_2，$\cdots$，X_n，$\cdots$ 是随机变量序列，如果存在数列 a_1，a_2，$\cdots$，a_n，$\cdots$，使得 $\forall \varepsilon > 0$，有

$$\lim_{n \to \infty} P\left(\left| \frac{1}{n} \sum_{i=1}^{n} X_i - a_n \right| \geqslant \varepsilon \right) = 0$$

则称随机变量序列 $\{X_n\}$ 服从大数定律。

(2) 设 X_1，X_2，$\cdots$，X_n，$\cdots$ 是随机变量序列，X 是随机变量，如果 $\forall \varepsilon > 0$，有

$$\lim_{n \to \infty} P(|X_n - X| \geqslant \varepsilon) = 0$$

则称随机变量序列 $\{X_n\}$ 依概率收敛于 X，记为

$$X_n \xrightarrow{P} X, \quad n \to \infty$$

2) 结论

(1) Chebyshev 大数定律：设 X_1，X_2，$\cdots$，X_n，$\cdots$ 是相互独立的随机变量序列，具有相同的数学期望和方差，即 $EX_i = \mu$，$DX_i = \sigma^2 (i = 1, 2, \cdots)$，则 $\forall \varepsilon > 0$，有

$$\lim_{n \to \infty} P\left(\left| \frac{1}{n} \sum_{i=1}^{n} X_i - \mu \right| \geqslant \varepsilon \right) = 0$$

即

$$\frac{1}{n} \sum_{i=1}^{n} X_i \xrightarrow{P} \mu, \quad n \to \infty$$

Chebyshev 大数定律具有下面两种更一般的形式。

(2) 设 X_1，X_2，$\cdots$，X_n，$\cdots$ 是相互独立的随机变量序列，具有相同的数学期望，即 $EX_i = \mu (i = 1, 2, \cdots)$。若存在常数 $C > 0$，使得 $DX_i \leqslant C (i = 1, 2, \cdots)$，则 $\forall \varepsilon > 0$，有

$$\lim_{n \to \infty} P\left(\left| \frac{1}{n} \sum_{i=1}^{n} X_i - \mu \right| \geqslant \varepsilon \right) = 0$$

即

$$\frac{1}{n} \sum_{i=1}^{n} X_i \xrightarrow{P} \mu, \quad n \to \infty$$

(3) 设 X_1，X_2，$\cdots$，X_n，$\cdots$ 是相互独立(或两两互不相关)的随机变量序列，数学期望和方差 EX_i，$DX_i (i = 1, 2, \cdots)$ 存在。若存在常数 $C > 0$，使得 $DX_i \leqslant C (i = 1, 2, \cdots)$，则 $\forall \varepsilon > 0$，有

$$\lim_{n \to \infty} P\left(\left| \frac{1}{n} \sum_{i=1}^{n} X_i - \frac{1}{n} \sum_{i=1}^{n} EX_i \right| \geqslant \varepsilon \right) = 0$$

即

$$\frac{1}{n}\sum_{i=1}^{n}X_i \xrightarrow{P} \frac{1}{n}\sum_{i=1}^{n}EX_i, \quad n \to \infty$$

(4) Markov 大数定律：设 X_1，X_2，$\cdots$，X_n，$\cdots$ 是随机变量序列，且 $\lim\limits_{n\to\infty}\dfrac{1}{n^2}D\Big[\sum\limits_{i=1}^{n}X_i\Big]=0$，则 $\forall \varepsilon > 0$，有

$$\lim_{n\to\infty}P\Big(\Big|\frac{1}{n}\sum_{i=1}^{n}X_i - \frac{1}{n}\sum_{i=1}^{n}EX_i\Big| \geqslant \varepsilon\Big) = 0$$

即

$$\frac{1}{n}\sum_{i=1}^{n}X_i \xrightarrow{P} \frac{1}{n}\sum_{i=1}^{n}EX_i, \quad n \to \infty$$

(5) Khintchine 大数定律：设 X_1，X_2，$\cdots$，X_n，$\cdots$ 是相互独立且同分布的随机变量序列，具有有限的数学期望，即 $EX_i = \mu(i = 1, 2, \cdots)$，则 $\forall \varepsilon > 0$，有

$$\lim_{n\to\infty}P\Big(\Big|\frac{1}{n}\sum_{i=1}^{n}X_i - \mu\Big| \geqslant \varepsilon\Big) = 0$$

即

$$\frac{1}{n}\sum_{i=1}^{n}X_i \xrightarrow{P} \mu, \quad n \to \infty$$

(6) Bernoulli 大数定律：设 n_A 表示 n 重 Bernoulli 试验中事件 A 发生的次数，p 是事件 A 在一次试验中发生的概率，即 $P(A) = p$，则 $\forall \varepsilon > 0$，有

$$\lim_{n\to\infty}P\Big(\Big|\frac{n_A}{n} - p\Big| \geqslant \varepsilon\Big) = 0$$

即

$$\frac{n_A}{n} \xrightarrow{P} p, \quad n \to \infty$$

3. 中心极限定理

(1) Lindeberg - Levy 中心极限定理（独立同分布中心极限定理）：设 X_1，X_2，$\cdots$，X_n，$\cdots$ 是相互独立且同分布的随机变量序列，且具有如下的数学期望和方差：

$$EX_i = \mu, DX_i = \sigma^2, \quad i = 1, 2, \cdots$$

则 $\forall x \in \mathbf{R}$，随机变量

$$Y_n = \frac{\sum\limits_{i=1}^{n}X_i - E\Big[\sum\limits_{i=1}^{n}X_i\Big]}{\sqrt{D\Big[\sum\limits_{i=1}^{n}X_i\Big]}} = \frac{\sum\limits_{i=1}^{n}X_i - n\mu}{\sqrt{n}\sigma}$$

的分布函数 $F_n(x)$ 满足

$$\lim_{n\to\infty}F_n(x) = \lim_{n\to\infty}P\left(\frac{\sum\limits_{i=1}^{n}X_i - n\mu}{\sqrt{n}\sigma} \leqslant x\right) = \int_{-\infty}^{x}\frac{1}{\sqrt{2\pi}}\mathrm{e}^{-\frac{t^2}{2}}\mathrm{d}t = \Phi(x)$$

Lindeberg – Levy 中心极限定理表明：当 n 充分大时，$\sum\limits_{i=1}^{n}X_i$ 近似地服从以它的均值为均值，它的方差为方差的正态分布，即 $\sum\limits_{i=1}^{n}X_i$ 近似地服从正态分布 $N(n\mu, n\sigma^2)$。因此对于任意的实数 x 及 $a < b$，有

$$P\left(\sum_{i=1}^{n}X_i \leqslant x\right) \approx \Phi\left(\frac{x - n\mu}{\sqrt{n}\sigma}\right)$$

$$P\left(a < \sum_{i=1}^{n}X_i \leqslant b\right) \approx \Phi\left(\frac{b - n\mu}{\sqrt{n}\sigma}\right) - \Phi\left(\frac{a - n\mu}{\sqrt{n}\sigma}\right)$$

（2）Lyapunov 中心极限定理：设 $X_1, X_2, \cdots, X_n, \cdots$ 是相互独立的随机变量，且具有如下的数学期望和方差：

$$EX_i = \mu_i,\ DX_i = \sigma_i^2,\quad i = 1, 2, \cdots$$

记

$$B_n^2 = \sum_{i=1}^{n}\sigma_i^2$$

若存在 $\delta > 0$，使得当 $n \to \infty$ 时，有

$$\frac{1}{B_n^{2+\delta}}\sum_{i=1}^{n}E[\,|X_i - \mu_i|^{2+\delta}] \to 0$$

则 $\forall\, x \in \mathbf{R}$，随机变量

$$Y_n = \frac{\sum\limits_{i=1}^{n}X_i - E\left[\sum\limits_{i=1}^{n}X_i\right]}{\sqrt{D\left[\sum\limits_{i=1}^{n}X_i\right]}} = \frac{\sum\limits_{i=1}^{n}X_i - \sum\limits_{i=1}^{n}\mu_i}{B_n}$$

的分布函数 $F_n(x)$ 满足

$$\lim_{n\to\infty}F_n(x) = \lim_{n\to\infty}P\left(\frac{\sum\limits_{i=1}^{n}X_i - \sum\limits_{i=1}^{n}\mu_i}{B_n} \leqslant x\right) = \int_{-\infty}^{x}\frac{1}{\sqrt{2\pi}}\mathrm{e}^{-\frac{t^2}{2}}\mathrm{d}t = \Phi(x)$$

Lyapunov 中心极限定理表明：无论 $X_1, X_2, \cdots, X_n, \cdots$ 服从什么分布，只要满足 Lyapunov 中心极限定理的条件，那么当 n 充分大时，$\sum\limits_{i=1}^{n}X_i$ 近似地服从以它的均值为均值，它的方差为方差的正态分布，即 $\sum\limits_{i=1}^{n}X_i$ 近似地服从正态分布 $N\left(\sum\limits_{i=1}^{n}\mu_i, \sum\limits_{i=1}^{n}\sigma_i^2\right)$。因此对

于任意的实数 x 及 $a < b$, 有

$$P\left(\sum_{i=1}^{n} X_i \leqslant x\right) \approx \Phi\left(\frac{x - \sum_{i=1}^{n}\mu_i}{\sqrt{\sum_{i=1}^{n}\sigma_i^2}}\right)$$

$$P\left(a < \sum_{i=1}^{n} X_i \leqslant b\right) \approx \Phi\left(\frac{b - \sum_{i=1}^{n}\mu_i}{\sqrt{\sum_{i=1}^{n}\sigma_i^2}}\right) - \Phi\left(\frac{a - \sum_{i=1}^{n}\mu_i}{\sqrt{\sum_{i=1}^{n}\sigma_i^2}}\right)$$

（3）De Moivre – Laplace 中心极限定理：设 n_A 表示 n 重 Bernoulli 试验中事件 A 发生的次数，p 是事件 A 在一次试验中发生的概率，即 $P(A) = p$，则 $\forall x \in \mathbf{R}$, 随机变量 $Y_n = \dfrac{n_A - np}{\sqrt{np(1-p)}}$ 的分布函数 $F_n(x)$ 满足

$$\lim_{n\to\infty} F_n(x) = \lim_{n\to\infty} P\left(\frac{n_A - np}{\sqrt{np(1-p)}} \leqslant x\right) = \int_{-\infty}^{x} \frac{1}{\sqrt{2\pi}} e^{-\frac{t^2}{2}} \,dt = \Phi(x)$$

De Moivre – Laplace 中心极限定理表明：若 $X \sim B(n, p)$, 当 n 充分大时，则 X 近似地服从以它的均值为均值，它的方差为方差的正态分布，即 X 近似地服从正态分布 $N(np, np(1-p))$。因此对于任意的实数 x 及 $a < b$, 有

$$P(X \leqslant x) \approx \Phi\left(\frac{x - np}{\sqrt{np(1-p)}}\right)$$

$$P(a < X \leqslant b) \approx \Phi\left(\frac{b - np}{\sqrt{np(1-p)}}\right) - \Phi\left(\frac{a - np}{\sqrt{np(1-p)}}\right)$$

5.3 重点与考点

1. Chebyshev 不等式

（1）利用 Chbyshev 不等式估计概率。

（2）理解 Chbyshev 不等式成立的条件和形式。

2. Chebyshev 大数定律、Khintchine 大数定律、Bernoulli 大数定律

（1）理解大数定律的条件。

（2）理解大数定律结论的意义。

（3）掌握判断随机变量序列是否适用大数定律的方法。

3. Lindeberg – Levy 中心极限定理、De Moivre – Laplace 中心极限定理的条件和结论

（1）理解中心极限定理的意义。

（2）理解中心极限定理成立的条件。

（3）掌握中心极限定理结论的形式及其变式。

4. Lindeberg - Levy 中心极限定理、De Moivre - Laplace 中心极限定理的应用

（1）正确识别中心极限定理适用对象。

（2）计算随机变量序列函数的数字特征。

（3）计算某些实际问题中随机事件的概率。

5.4　经 典 题 型

1. 利用 Chebyshev 不等式估计概率

例 5 - 1　设随机变量 X 的方差存在且满足 $P(|X - EX| \geqslant 3) \leqslant \dfrac{2}{9}$，则（　　）。

  A. $DX = 2$ B. $P(|X - EX| < 3) < \dfrac{7}{9}$

  C. $DX \neq 2$ D. $P(|X - EX| < 3) \geqslant \dfrac{7}{9}$

解　应选 D。

由于

$$P(|X - EX| \geqslant 3) \leqslant \frac{2}{9}$$

因此

$$P(|X - EX| < 3) = 1 - P(|X - EX| \geqslant 3) \geqslant 1 - \frac{2}{9} = \frac{7}{9}$$

故选 D。

例 5 - 2　设 X、Y 是随机变量，且 $EX = EY$，$DX = \dfrac{1}{4}DY$，$\rho_{XY} = \dfrac{1}{2}$，则由 Chebyshev 不等式，有 $P(|X - Y| \geqslant \sqrt{DY}) \leqslant \underline{\qquad\qquad}$。

解　应填 $\dfrac{3}{4}$。

由于
$$E(X - Y) = EX - EY = 0$$
$$\begin{aligned} D(X - Y) &= DX + DY - 2\mathrm{cov}(X, Y) = DX + DY - 2\rho_{XY}\sqrt{DX}\sqrt{DY} \\ &= \frac{1}{4}DY + DY - 2\rho_{XY} \cdot \frac{1}{2}\sqrt{DY}\sqrt{DY} \\ &= \frac{1}{4}DY + DY - \frac{1}{2}DY = \frac{3}{4}DY \end{aligned}$$

因此

$$P(|X-Y| \geqslant \sqrt{DY}) = P(|(X-Y)-E(X-Y)| \geqslant \sqrt{DY}) \leqslant \frac{D(X-Y)}{DY} = \frac{\frac{3}{4}DY}{DY} = \frac{3}{4}$$

故填 $\frac{3}{4}$。

2. 有关大数定律的问题

例 5 - 3 设 $X_1, X_2, \cdots, X_n, \cdots$ 是相互独立且同服从参数为 λ 的 Poisson 分布的随机变量序列，则下列随机变量序列中不满足 Chebyshev 大数定律的是（   ）。

A. $X_1, X_2, \cdots, X_n, \cdots$ B. $X_1+1, X_2+2, \cdots, X_n+n, \cdots$

C. $X_1, 2X_2, \cdots, nX_n, \cdots$ D. $X_1, \frac{1}{2}X_2, \cdots, \frac{1}{n}X_n, \cdots$

解 应选 C。

由于 $X_1, X_2, \cdots, X_n, \cdots$ 是相互独立且同服从参数为 λ 的 Poisson 分布，因此

$$EX_i = \lambda, DX_i = \lambda, \quad i = 1, 2, \cdots$$

从而

$$D(nX_n) = n^2 DX_n = n^2\lambda \to \infty, \quad n \to \infty$$

即随机变量序列 $X_1, 2X_2, \cdots, nX_n, \cdots$ 不满足 Chebyshev 大数定律中方差有界的条件，从而随机变量序列 $X_1, 2X_2, \cdots, nX_n, \cdots$ 不满足 Chebyshev 大数定律，故选 C。

例 5 - 4 设 $X_1, X_2, \cdots, X_n, \cdots$ 是相互独立的随机变量序列，根据 Khintchine 大数定律，当 $n \to \infty$ 时，$\frac{1}{n}\sum_{i=1}^{n} X_i$ 依概率收敛于其数学期望，只要 $X_1, X_2, \cdots, X_n, \cdots$（   ）。

A. 有相同的数学期望   B. 服从同一离散型分布

C. 服从同一 Poisson 分布   D. 服从同一连续型分布

解 应选 C。

由于 Khintchine 大数定律的条件是随机变量序列 $X_1, X_2, \cdots, X_n, \cdots$ 相互独立同分布，且有有限的数学期望，选项 A 缺少同分布条件，因此选项 A 不正确。选项 B、D 缺少有限的数学期望条件，因此选项 B、D 不正确，故选 C。

例 5 - 5 设 $X_1, X_2, \cdots, X_n, \cdots$ 是相互独立的随机变量序列，$Y_n = X_{2n} - X_{2n-1}(n = 1, 2, \cdots)$，根据 Chebyshev 大数定律，当 $n \to \infty$ 时，$\frac{1}{n}\sum_{i=1}^{n} Y_i$ 依概率收敛于零，只要 $X_1, X_2, \cdots, X_n, \cdots$（   ）。

A. 数学期望存在   B. 有相同的数学期望和方差

C. 服从同一离散型分布   D. 服从同一连续型分布

解 应选 B。

由于 Chebyshev 大数定律的条件是随机变量序列 $X_1, X_2, \cdots, X_n, \cdots$ 相互独立，数学期望和方差存在且方差有界，选项 A 缺少方差存在且有界条件，因此选项 A 不正确。选项 C、D 缺少数学期望和方差存在且方差有界条件，因此选项 C、D 不正确，故选 B。

例 5-6 将一枚骰子重复掷 n 次，则当 $n \to \infty$ 时，n 次掷出点数的算术平均值 $\overline{X}$ 依概率收敛于 _____。

解 应填 $\dfrac{7}{2}$。

设 $X_i (i = 1, 2, \cdots, n)$ 表示第 i 次掷出的点数，则 $X_1, X_2, \cdots, X_n$ 相互独立，且 X_i 的分布律为

$$P(X_i = k) = \frac{1}{6}, \quad k = 1, 2, \cdots, 6; i = 1, 2, \cdots, n$$

从而

$$EX_i = 1 \times \frac{1}{6} + 2 \times \frac{1}{6} + \cdots + 6 \times \frac{1}{6} = \frac{7}{2}, \quad i = 1, 2, \cdots, n$$

由 Khintchine 大数定律，得

$$\frac{1}{n} \sum_{i=1}^{n} X_i \xrightarrow{P} \frac{7}{2}, \quad n \to \infty$$

故填 $\dfrac{7}{2}$。

例 5-7 随机地从 $1, 2, 3, 4, 5$ 这 5 个数中有放回地取出 n 个数 $X_1, X_2, \cdots, X_n$，则当 $n \to \infty$ 时，$\dfrac{1}{n} \sum\limits_{i=1}^{n} X_i$ 依概率收敛于 _____，$\dfrac{1}{n} \sum\limits_{i=1}^{n} X_i^2$ 依概率收敛于 _____。

解 应分别填 3，11。

由于 $X_1, X_2, \cdots, X_n$ 相互独立，且

$$P(X_i = k) = \frac{1}{5}, \quad k = 1, 2, 3, 4, 5; i = 1, 2, \cdots, n$$

$$EX_i = 1 \times \frac{1}{5} + 2 \times \frac{1}{5} + 3 \times \frac{1}{5} + 4 \times \frac{1}{5} + 5 \times \frac{1}{5} = 3, \quad i = 1, 2, \cdots, n$$

因此由 Khintchine 大数定律得，当 $n \to \infty$ 时，$\dfrac{1}{n} \sum\limits_{i=1}^{n} X_i$ 依概率收敛于 3，故填 3。

因为 $X_1^2, X_2^2, \cdots, X_n^2$ 相互独立，且

$$P(X_i^2 = k^2) = \frac{1}{5}, \quad k = 1, 2, 3, 4, 5; i = 1, 2, \cdots, n$$

$$EX_i^2 = 1^2 \times \frac{1}{5} + 2^2 \times \frac{1}{5} + 3^2 \times \frac{1}{5} + 4^2 \times \frac{1}{5} + 5^2 \times \frac{1}{5} = 11, \quad i = 1, 2, \cdots, n$$

所以由 Khintchine 大数定律得，当 $n \to \infty$ 时，$\dfrac{1}{n} \sum\limits_{i=1}^{n} X_i^2$ 依概率收敛于 11，故填 11。

例 5 - 8　设 X_1，X_2，$\cdots$，X_n，$\cdots$ 是相互独立且同服从正态分布 $N(\mu, \sigma^2)$ 的随机变量序列，$Y_n = X_{2n} - X_{2n-1}(n = 1, 2, \cdots)$，根据 Khintchine 大数定律，当 $n \to \infty$ 时，$\dfrac{1}{n}\displaystyle\sum_{i=1}^{n} Y_i^2$ 依概率收敛于 _____。

解　应填 $2\sigma^2$。

由于 X_1，X_2，$\cdots$，X_n，$\cdots$ 是相互独立且同服从正态分布 $N(\mu, \sigma^2)$ 的随机变量序列，因此 Y_1^2，Y_2^2，$\cdots$，Y_n^2，$\cdots$ 相互独立同分布，且 $EY_i^2 = DY_i + (EY_i)^2 = 2\sigma^2 (i = 1, 2, \cdots, n)$，从而由 Khintchine 大数定律得，当 $n \to \infty$ 时，$\dfrac{1}{n}\displaystyle\sum_{i=1}^{n} Y_i^2$ 依概率收敛于 $2\sigma^2$，故填 $2\sigma^2$。

3. 中心极限定理及其应用

例 5 - 9　将一枚硬币重复掷 n 次，设 X_n 表示正面向上的次数，则（　　）。

　A. $\lim\limits_{n \to \infty} P\left(\dfrac{X_n - n}{\sqrt{n}} \leqslant x\right) = \Phi(x)$　　　　　　B. $\lim\limits_{n \to \infty} P\left(\dfrac{X_n - 2n}{\sqrt{n}} \leqslant x\right) = \Phi(x)$

　C. $\lim\limits_{n \to \infty} P\left(\dfrac{2X_n - n}{\sqrt{n}} \leqslant x\right) = \Phi(x)$　　　　　　D. $\lim\limits_{n \to \infty} P\left(\dfrac{2X_n - 2n}{\sqrt{n}} \leqslant x\right) = \Phi(x)$

解　应选 C。

由于 $X_n \sim B\left(n, \dfrac{1}{2}\right)$，因此 $EX_n = np = \dfrac{n}{2}$，$DX_n = np(1-p) = \dfrac{n}{4}$，从而由中心极限定理，得

$$\lim_{n \to \infty} P\left(\dfrac{X_n - \dfrac{n}{2}}{\sqrt{\dfrac{n}{4}}} \leqslant x\right) = \lim_{n \to \infty} P\left(\dfrac{2X_n - n}{\sqrt{n}} \leqslant x\right) = \Phi(x)$$

故选 C。

例 5 - 10　设 X_1，X_2，$\cdots$，X_n，$\cdots$ 是相互独立且同在区间 $(-1, 1)$ 上服从均匀分布的随机变量序列，则 $\lim\limits_{n \to \infty} P\left(\dfrac{1}{\sqrt{n}}\displaystyle\sum_{i=1}^{n} X_i \leqslant 1\right) =$ _____。

解　应填 $\Phi(\sqrt{3})$。

由于 X_1，X_2，$\cdots$，X_n，$\cdots$ 是相互独立且同在区间 $(-1, 1)$ 上服从均匀分布的随机变量序列，因此

$$EX_i = 0, \quad DX_i = \dfrac{1}{3}, \quad i = 1, 2, \cdots$$

由中心极限定理，得

$$\lim_{n \to \infty} P\left(\dfrac{1}{\sqrt{n}}\sum_{i=1}^{n} X_i \leqslant 1\right) = \lim_{n \to \infty} P\left(\dfrac{\displaystyle\sum_{i=1}^{n} X_i}{\sqrt{\dfrac{n}{3}}} \leqslant \sqrt{3}\right) = \Phi(\sqrt{3})$$

故填 $\Phi(\sqrt{3})$。

例 5 - 11 设随机试验成功的概率 $p = 0.20$，现将试验独立地进行 100 次，则成功的次数介于 16 次与 32 次之间的概率近似为 _____（$\Phi(1) = 0.8413$，$\Phi(3) = 0.9987$）。

解 应填 0.84。

设 X 表示"100 次独立重复试验中成功的次数"，则 $X \sim B(100, 0.20)$，从而

$$EX = np = 100 \times 0.20 = 20, DX = np(1-p) = 100 \times 0.20 \times 0.80 = 16$$

由中心极限定理知，X 近似地服从正态分布 $N(20, 16)$，故所求的概率为

$$P(16 \leqslant X \leqslant 32) \approx \Phi\left(\frac{32-20}{4}\right) - \Phi\left(\frac{16-20}{4}\right) = \Phi(3) - \Phi(-1)$$
$$= \Phi(3) + \Phi(1) - 1 = 0.9987 + 0.8413 - 1 = 0.84$$

故填 0.84。

例 5 - 12 设随机变量 X_1，X_2，$\cdots$，X_{100} 相互独立同服从参数为 4 的 Poisson 分布，$\overline{X}$ 是其算术平均值，则 $P(\overline{X} \leqslant 4.392) \approx$ _____。

解 应填 0.975。

由于 X_1，X_2，$\cdots$，X_{100} 相互独立同服从参数为 4 的 Poisson 分布，因此

$$EX_i = 4, DX_i = 4, E\overline{X} = 4, D\overline{X} = \frac{4}{100} = 0.04$$

由中心极限定理知，$\overline{X}$ 近似地服从正态分布 $N(4, 0.04)$，故所求的概率为

$$P(\overline{X} \leqslant 4.392) \approx \Phi\left(\frac{4.392-4}{0.2}\right) = \Phi(1.96) = 0.975$$

故填 0.975。

例 5 - 13 对某一目标进行轰炸，在每次轰炸中炸弹命中目标的颗数的期望为 2，标准差为 1.3，试求在 100 次轰炸中有 180 颗到 220 颗炸弹命中目标的概率（$\Phi(1.54) = 0.9382$）。

解 设 $X_i(i = 1, 2, \cdots, 100)$ 表示在第 i 次轰炸中命中目标的炸弹颗数，则 X_1，X_2，$\cdots$，X_{100} 相互独立同分布，且

$$EX_i = 2, DX_i = 1.3^2, \quad i = 1, 2, \cdots, 100$$

由中心极限定理知，$\sum\limits_{i=1}^{100} X_i$ 近似地服从正态分布 $N(100 \times 2, 100 \times 1.3^2)$，故所求的概率为

$$P(180 \leqslant \sum_{i=1}^{100} X_i \leqslant 220) \approx \Phi\left(\frac{220-200}{13}\right) - \Phi\left(\frac{180-200}{13}\right)$$
$$= \Phi(1.54) - \Phi(-1.54) = 2\Phi(1.54) - 1$$
$$= 2 \times 0.9382 - 1 = 0.8764$$

例 5 - 14 一保险公司有 10 000 人参加投保，每个投保人的索赔金额的数学期望为 280 元，标准差为 800 元，试求索赔金额超过 2 700 000 元的概率（$\Phi(1.25) = 0.8944$）。

解　设 $X_i(i=1,2,\cdots,10\,000)$ 表示在第 i 个投保人的索赔金额，则 X_1，X_2，$\cdots$，$X_{10\,000}$ 相互独立同分布，且

$$EX_i = 280,\ DX_i = 800^2,\quad i=1,2,\cdots,10\,000$$

由中心极限定理知，$\sum\limits_{i=1}^{10\,000} X_i$ 近似地服从正态分布 $N(10\,000\times 280,10\,000\times 800^2)$，故所求的概率为

$$P(\sum_{i=1}^{10\,000} X_i > 2\,700\,000) = 1 - P(\sum_{i=1}^{10\,000} X_i \leqslant 2\,700\,000)$$

$$\approx 1 - \Phi\Big(\frac{2\,700\,000 - 2\,800\,000}{80\,000}\Big)$$

$$= 1 - \Phi(-1.25) = \Phi(1.25) = 0.8944$$

例 5-15　计算机进行加法时，对每个加数取整（取最接近于它的整数），设所有的取整误差相互独立，且都在区间 $(-0.5,0.5)$ 上服从均匀分布。试求最多只能有多少个数相加，才能使得误差总和的绝对值小于 10 的概率不小于 $0.90(\Phi(1.645)=0.95)$。

解　设 $X_i(i=1,2,\cdots,n)$ 表示第 i 个加数取整误差，则 X_1，X_2，$\cdots$，X_n 相互独立且都在区间 $(-0.5,0.5)$ 上服从均匀分布，n 为所求的加数个数，从而

$$EX_i = 0,\ DX_i = \frac{1}{12},\quad i=1,2,\cdots,n$$

由中心极限定理知，$\sum\limits_{i=1}^{n} X_i$ 近似地服从正态分布 $N(0,\dfrac{n}{12})$，因此 n 取决于如下的条件：

$$P(\big|\sum_{i=1}^{n} X_i\big| < 10) \approx \Phi\Big(\frac{10}{\sqrt{n/12}}\Big) - \Phi\Big(-\frac{10}{\sqrt{n/12}}\Big) = 2\Phi\Big(\frac{10}{\sqrt{n/12}}\Big) - 1 \geqslant 0.90$$

即

$$\Phi\Big(\frac{10}{\sqrt{n/12}}\Big) \geqslant 0.95 = \Phi(1.645)$$

从而 $\dfrac{10}{\sqrt{n/12}} \geqslant 1.645$，即 $n \leqslant 443.45$，故最多只能有 443 个数相加，才能使得误差总和的绝对值小于 10 的概率不小于 0.90。

例 5-16　设有一大批油菜种子，其中良种占 1/4，现从中任意选取 4000 粒，试求这些种子中良种所占比例与 1/4 之差的绝对值小于 1% 的概率（$\Phi(1.46)=0.9278$）。

解　设 X 表示任意选取的 4000 粒种子中的良种粒数，则 $X \sim B\Big(4000,\dfrac{1}{4}\Big)$，从而

$$EX = 4000 \times \frac{1}{4} = 1000,\ DX = 4000 \times \frac{1}{4} \times \frac{3}{4} = 750$$

由中心极限定理知，X 近似地服从正态分布 $N(1000,750)$，故所求的概率为

$$P\Big(\big|\frac{X}{4000} - \frac{1}{4}\big| < 0.01\Big) = P(960 < X < 1040)$$

$$\approx \Phi\left(\frac{1040-1000}{\sqrt{750}}\right) - \Phi\left(\frac{960-1000}{\sqrt{750}}\right)$$

$$= 2\Phi\left(\frac{8}{\sqrt{30}}\right) - 1 = 2\Phi(1.46) - 1$$

$$= 2 \times 0.9278 - 1 = 0.8556$$

5.5　习 题 全 解

一、选择题

1. 设随机变量 X 的期望 $EX = 5$，方差 $DX = 2$，则下列不等式中正确的是(　　)。

A. $P(1 < X < 9) \geqslant \dfrac{8}{9}$　　　　　　　B. $P(1 < X < 9) \geqslant \dfrac{7}{8}$

C. $P(1 < X < 9) \leqslant \dfrac{8}{9}$　　　　　　　D. $P(1 < X < 9) \leqslant \dfrac{7}{8}$

解　应选 B。

由 Chebyshev 不等式，得

$$P(1 < X < 9) = P(-4 < X - 5 < 4) = P(-4 < X - EX < 4)$$

$$= P(|X - EX| < 4) \geqslant 1 - \frac{DX}{4^2} = \frac{7}{8}$$

故选 B。

2. 设随机变量 X 的方差 $DX = 2$，则由 Chebyshev 不等式有(　　)。

A. $P(|X - EX| \geqslant 8) \geqslant \dfrac{31}{32}$　　　　　B. $P(|X - EX| \geqslant 8) \leqslant \dfrac{1}{32}$

C. $P(|X - EX| \geqslant 8) \geqslant \dfrac{1}{32}$　　　　　D. $P(|X - EX| \geqslant 8) \leqslant \dfrac{31}{32}$

解　应选 B。

由 Chebyshev 不等式，得

$$P(|X - EX| \geqslant 8) \leqslant \frac{DX}{8^2} = \frac{1}{32}$$

故选 B。

3. 设 X 是随机变量，且 $EX = \mu$，$DX = \sigma^2$，则事件"X 落在 μ 的 2σ 邻域内"的概率至少为(　　)。

A. $\dfrac{1}{2}$　　　　　　B. $\dfrac{1}{3}$　　　　　　C. $\dfrac{1}{4}$　　　　　　D. $\dfrac{3}{4}$

解　应选 D。

由 Chebyshev 不等式，得

$$P(|X-\mu|<2\sigma)=P(|X-EX|<2\sigma)\geqslant 1-\frac{DX}{4\sigma^2}=1-\frac{\sigma^2}{4\sigma^2}=\frac{3}{4}$$

故选 D。

4. 设随机变量 X_1，X_2，$\cdots$，X_n，$\cdots$ 相互独立同分布，其分布函数为 $F(x)=a+\frac{1}{\pi}\arctan\frac{x}{b}$，则 Khintchine 大数定律对此序列（　　）。

    A. 适用　　　　　　　　　　　　　B. 当常数 a，b 取适当数值时适用

    C. 不适用　　　　　　　　　　　　D. 无法判别

解　应选 C。

由于

$$\int_{-\infty}^{+\infty}\left|x\frac{\mathrm{d}F(x)}{\mathrm{d}x}\right|\mathrm{d}x=\int_{-\infty}^{+\infty}\frac{|b||x|}{\pi(b^2+x^2)}\mathrm{d}x=2\int_0^{+\infty}\frac{|b||x|}{\pi(b^2+x^2)}\mathrm{d}x$$

$$=\frac{2|b|}{\pi}\int_0^{+\infty}\frac{x}{\pi(b^2+x^2)}\mathrm{d}x=\frac{|b|}{\pi}\lim_{t\to+\infty}\int_0^t\frac{\mathrm{d}(b^2+x^2)}{\pi(b^2+x^2)}$$

$$=\frac{|b|}{\pi}\lim_{t\to+\infty}\ln(1+\frac{t^2}{b^2})=+\infty$$

因此 Khintchine 大数对此序列不适用，故选 C。

5. 设 X_1，X_2，$\cdots$，X_n，$\cdots$ 为相互独立的随机变量序列，且均服从参数为 λ 的指数分布，则（　　）。

    A. $\lim\limits_{n\to\infty}P\left\{\dfrac{\sum\limits_{i=1}^{n}X_i-n\lambda}{\lambda\sqrt{n}}\leqslant x\right\}=\varPhi(x)$　　　　B. $\lim\limits_{n\to\infty}P\left\{\dfrac{\sum\limits_{i=1}^{n}X_i-n\lambda}{\sqrt{n\lambda}}\leqslant x\right\}=\varPhi(x)$

    C. $\lim\limits_{n\to\infty}P\left\{\dfrac{\lambda\sum\limits_{i=1}^{n}X_i-n}{\sqrt{n}}\leqslant x\right\}=\varPhi(x)$　　　　D. $\lim\limits_{n\to\infty}P\left\{\dfrac{\lambda^2\sum\limits_{i=1}^{n}X_i-n\lambda}{\sqrt{n}}\leqslant x\right\}=\varPhi(x)$

解　应选 C。

由于 $X_i\sim E(\lambda)(i=1,2,\cdots)$，因此

$$\mu=EX_i=\frac{1}{\lambda},\ \sigma^2=DX_i=\frac{1}{\lambda^2},\quad i=1,2,\cdots$$

因此 $\lim\limits_{n\to\infty}F_n(x)=\lim\limits_{n\to\infty}P\left\{\dfrac{\sum\limits_{i=1}^{n}X_i-n\mu}{\sqrt{n}\sigma}\leqslant x\right\}=\lim\limits_{n\to\infty}P\left\{\dfrac{\sum\limits_{i=1}^{n}X_i-n\cdot\dfrac{1}{\lambda}}{\sqrt{n}\cdot\dfrac{1}{\lambda}}\leqslant x\right\}$

$$=\lim_{n\to\infty}P\left\{\dfrac{\lambda\sum\limits_{i=1}^{n}X_i-n}{\sqrt{n}}\leqslant x\right\}=\varPhi(x)$$

故选 C。

6. 设 X_1，X_2，$\cdots$，X_n，$\cdots$ 为相互独立的随机变量序列，且均服从参数为 λ 的 Poisson 分布，则（　　）。

A. 当 n 充分大时，$\dfrac{\sum\limits_{i=1}^{n} X_i - n\lambda}{\sqrt{n\lambda}}$ 近似地服从正态分布 $N(0, 1)$

B. 当 n 充分大时，$\sum\limits_{i=1}^{n} X_i$ 近似地服从正态分布 $N(0, 1)$

C. 当 n 充分大时，$\sum\limits_{i=1}^{n} X_i$ 近似地服从正态分布 $N(n\lambda, n\lambda^2)$

D. 当 n 充分大时，$\sum\limits_{i=1}^{n} X_i$ 近似地服从正态分布 $N(\lambda, \lambda)$

解　应选 A。

由于 $X_i \sim P(\lambda)(i = 1, 2, \cdots)$，因此

$$\mu = EX_i = \lambda, \ \sigma^2 = DX_i = \lambda, \quad i = 1, 2, \cdots$$

由中心极限定理知，当 n 充分大时，$\sum\limits_{i=1}^{n} X_i$ 近似地服从正态分布 $N(n\lambda, n\lambda)$，即

$\dfrac{\sum\limits_{i=1}^{n} X_i - n\lambda}{\sqrt{n\lambda}}$ 近似地服从正态分布 $N(0, 1)$，故选 A。

7. 设 X_1，X_2，$\cdots$，X_n，$\cdots$ 为相互独立的随机变量序列，且均在区间 (a, b) 上服从均匀分布，则（　　）。

A. 当 n 充分大时，$\dfrac{2\sum\limits_{i=1}^{n} X_i - n(a+b)}{(b-a)\sqrt{n}}$ 近似地服从正态分布 $N(0, 1)$

B. 当 n 充分大时，$\sum\limits_{i=1}^{n} X_i$ 近似地服从正态分布 $N(n(a+b), n(b-a)^2)$

C. 当 n 充分大时，$\dfrac{1}{n}\sum\limits_{i=1}^{n} X_i$ 近似地服从正态分布 $N(a+b, (b-a)^2)$

D. 当 n 充分大时，$\dfrac{1}{n}\sum\limits_{i=1}^{n} X_i$ 近似地服从正态分布 $N\left(\dfrac{a+b}{2}, \dfrac{(b-a)^2}{12n}\right)$

解　应选 D。

由于 $X_i \sim U(a, b)(i = 1, 2, \cdots)$，因此

$$EX_i = \frac{a+b}{2}, \ DX_i = \frac{(b-a)^2}{12}, \quad i = 1, 2, \cdots$$

由中心极限定理知，当 n 充分大时，$\sum_{i=1}^{n} X_i$ 近似地服从正态分布 $N\left(\dfrac{a+b}{2}n,\ \dfrac{(b-a)^2}{12}n\right)$，从

而当 n 充分大时，$\dfrac{1}{n}\sum_{i=1}^{n} X_i$ 近似地服从服从正态分布 $N\left(\dfrac{a+b}{2},\ \dfrac{(b-a)^2}{12n}\right)$，故选 D。

8. 设随机变量 $X \sim B(n,\ p)(0 < p < 1)$，则（　　）。

A. $\dfrac{X}{n}$ 收敛于 p

B. 当 n 充分大时，X 近似地服从正态分布 $N(np,\ np(1-p))$

C. 当 n 充分大时，$\dfrac{X}{n}$ 近似地服从正态分布 $N(p,\ p(1-p))$

D. 当 n 充分大时，$\dfrac{X-np}{\sqrt{p(1-p)}}$ 近似地服从正态分布 $N(0,\ 1)$

解　应选 B。

由于 $X \sim B(n,\ p)$，因此

$$EX = np,\ DX = np(1-p)$$

由中心极限定理知，当 n 充分大时，X 近似地服从正态分布 $N(np,\ np(1-p))$，故选 B。

9. 设 $X_1,\ X_2,\ \cdots,\ X_n,\ \cdots$ 为相互独立同分布的随机变量序列，且 $EX_i = \mu$，$DX_i = \sigma^2(i = 1,\ 2,\ \cdots)$，则下列选项不正确的是（　　）。

A. 当 n 充分大时，$\dfrac{1}{n}\sum_{i=1}^{n} X_i$ 近似地服从正态分布 $N\left(\dfrac{\mu}{n},\ \dfrac{\sigma^2}{n}\right)$

B. 当 n 充分大时，$\dfrac{1}{n}\sum_{i=1}^{n} X_i$ 近似地服从正态分布 $N\left(\mu,\ \dfrac{\sigma^2}{n}\right)$

C. 当 n 充分大时，$\sum_{i=1}^{n} X_i$ 近似地服从正态分布 $N(n\mu,\ n\sigma^2)$

D. $\lim\limits_{n\to\infty} P\left(\left|\dfrac{1}{n}\sum_{i=1}^{n} X_i - \mu\right| < \varepsilon\right) = 1$

解　应选 A。

由中心极限定理知，当 n 充分大时，$\sum_{i=1}^{n} X_i$ 近似地服从正态分布 $N(n\mu,\ n\sigma^2)$，从而当 n 充分

大时，$\dfrac{1}{n}\sum_{i=1}^{n} X_i$ 近似地服从正态分布 $N\left(\mu,\ \dfrac{\sigma^2}{n}\right)$，由大数定律知，$\lim\limits_{n\to\infty} P\left(\left|\dfrac{1}{n}\sum_{i=1}^{n} X_i - \mu\right| < \varepsilon\right) = $

1，因此选项 B、C、D 都正确，故选 A。

10. 计算机在执行加法运算时，对每个加数取整（取最接近于它的整数），设所有的取

整误差相互独立，且都在区间 $(-0.5,\ 0.5)$ 上服从均匀分布。已知 $\Phi\left(\dfrac{3}{\sqrt{5}}\right) = 0.9099$，若将

1500 个数相加，则误差总和的绝对值超过 15 的概率为（　　）。

　　A. 0.8192　　　　　　　　B. 0.9099　　　　　　　　C. 0.1802　　　　　　　　D. 0.0901

解　应选 C。

设 $X_i(i = 1, 2, \cdots, 1500)$ 表示第 i 个加数取整误差，则 $X_1, X_2, \cdots, X_{1500}$ 相互独立且都在区间 $(-0.5, 0.5)$ 上服从均匀分布，从而

$$EX_i = 0, \quad DX_i = \frac{1}{12}, \quad i = 1, 2, \cdots, 1500$$

由中心极限定理知，$\sum_{i=1}^{1500} X_i$ 近似地服从正态分布 $N\left(0, 1500 \times \frac{1}{12}\right)$，故所求的概率为

$$P\left(\left|\sum_{i=1}^{1500} X_i\right| > 15\right) = 1 - P\left(\left|\sum_{i=1}^{1500} X_i\right| \leqslant 15\right) \approx 1 - \left[\Phi\left(\frac{15}{5\sqrt{5}}\right) - \Phi\left(-\frac{15}{5\sqrt{5}}\right)\right]$$

$$= 2\left(1 - \Phi\left(\frac{3}{\sqrt{5}}\right)\right) = 0.1802$$

故选 C。

　　11. 一份试卷共有 100 道选择题，每道题给出的四个选项中，只有一项符合题目要求，选对一题得 1 分，选错或不选不得分。某人没有学过该门课程而随便选择，则此人至少能得 60 分的概率为（　　）。

　　A. 0　　　　　　　　B. 0.1　　　　　　　　C. 0.05　　　　　　　　D. 0.01

解　应选 A。

方法一：设 X 表示此人所得的分数，则 $X \sim \left(100, \frac{1}{4}\right)$，从而

$$EX = 100 \times \frac{1}{4} = 25, \quad DX = 100 \times \frac{1}{4} \times \frac{3}{4} = \frac{75}{4}$$

由中心极限定理知，X 近似地服从正态分布 $N\left(25, \frac{75}{4}\right)$，故所求的概率为

$$P(X \geqslant 60) = 1 - P(0 \leqslant X < 60) \approx 1 - \left[\Phi\left(\frac{60 - 25}{\frac{5}{2}\sqrt{3}}\right) - \Phi\left(-\frac{25}{\frac{5}{2}\sqrt{3}}\right)\right]$$

$$= 1 - \left[\Phi\left(\frac{14}{\sqrt{3}}\right) - \Phi\left(-\frac{10}{\sqrt{3}}\right)\right] = 1 - \left[\Phi(8.08) - \Phi(-5.77)\right] = 0$$

故选 A。

方法二：设

$$X_i = \begin{cases} 1, & \text{第 } i \text{ 道题选对} \\ 0, & \text{第 } i \text{ 道题选错或不选} \end{cases}, \quad i = 1, 2, \cdots, 100$$

则 $X_1, X_2, \cdots, X_{100}$ 相互独立，且

$$P(X_i = 0) = \frac{3}{4}, \quad P(X_i = 1) = \frac{1}{4}, \quad i = 1, 2, \cdots, 100$$

从而

$$EX_i = \frac{1}{4}, DX_i = \frac{1}{4} \times \frac{3}{4} = \frac{3}{16}, \quad i = 1, 2, \cdots, 100$$

由中心极限定理知,此人所得的分数 $\sum\limits_{i=1}^{100} X_i$ 近似地服从正态分布 $N\left(100 \times \frac{1}{4}, 100 \times \frac{3}{16}\right)$,

从而所求的概率为

$$P\left(\sum_{i=1}^{100} X_i \geqslant 60\right) = 1 - P\left(0 \leqslant \sum_{i=1}^{100} X_i < 60\right) \approx 1 - \left[\Phi\left(\frac{60 - 25}{\frac{5}{2}\sqrt{3}}\right) - \Phi\left(-\frac{25}{\frac{5}{2}\sqrt{3}}\right)\right]$$

$$= 1 - \left[\Phi\left(\frac{14}{\sqrt{3}}\right) - \Phi\left(-\frac{10}{\sqrt{3}}\right)\right] = 1 - [\Phi(8.08) - \Phi(-5.77)] = 0$$

故选 A。

12. 设随机变量 $X_1, X_2, \cdots, X_n, \cdots$ 相互独立, $S_n = X_1 + X_2 + \cdots + X_n$,则根据 Lindeberg - Levy 中心极限定理,当 n 充分大时, S_n 近似地服从正态分布,只要 $X_1, X_2, \cdots, X_n, \cdots$（　　　）。

　　A. 有相同的数学期望　　　　　　　　B. 有相同的方差

　　C. 服从同一指数分布　　　　　　　　D. 服从同一离散型分布

解　应选 C。

方法一:由 Lindeberg - Levy 中心极限定理知,当 n 充分大时,要 S_n 近似地服从正态分布,只要 $X_1, X_2, \cdots, X_n, \cdots$ 相互独立同分布,且数学期望和方差存在,故选 C。

方法二:由于选项 A、B 缺少同分布条件,因此选项 A、B 不正确。选项 D 缺少期望和方差存在条件,所以选项 D 不正确,故选 C。

二、填空题

1. 设随机变量 X 的数学期望 $EX = \mu$,方差 $DX = \sigma^2$,则由 Chebyshev 不等式,有 $P(|X - \mu| \geqslant 3\sigma) \leqslant$ _____。

解　应填 $\frac{1}{9}$。

由 Chebyshev 不等式,得

$$P(|X - \mu| \geqslant 3\sigma) = P(|X - EX| \geqslant 3\sigma) \leqslant \frac{DX}{(3\sigma)^2} = \frac{\sigma^2}{9\sigma^2} = \frac{1}{9}$$

故填 $\frac{1}{9}$。

2. 设 X 是随机变量, $DX = 2$,则由 Chebyshev 不等式,有 $P(|X - EX| < 2) \geqslant$ _____。

解　应填 $\frac{1}{2}$。

由 Chebyshev 不等式,得

$$P(|X - EX| < 2) \geqslant 1 - \frac{DX}{2^2} = 1 - \frac{2}{4} = \frac{1}{2}$$

故填 $\frac{1}{2}$。

3. 设连续型随机变量 X 的概率密度为

$$f(x) = \begin{cases} 3e^{-\alpha x}, & x > 0 \\ 0, & x \leqslant 0 \end{cases}$$

则由 Chebyshev 不等式，有 $P\left(\left|X - \frac{1}{3}\right| \geqslant 3\right) \leqslant$ _____。

解　应填 $\frac{1}{81}$。

由 $\int_{-\infty}^{+\infty} f(x)\mathrm{d}x = 1$，得

$$1 = \int_0^{+\infty} 3e^{-\alpha x}\mathrm{d}x = \frac{3}{\alpha}$$

因此 $\alpha = 3$，从而 X 的概率密度为

$$f(x) = \begin{cases} 3e^{-3x}, & x > 0 \\ 0, & x \leqslant 0 \end{cases}$$

即 X 服从参数为 3 的指数分布，故

$$EX = \frac{1}{3}, \; DX = \frac{1}{9}$$

由 Chebyshev 不等式，得

$$P\left(\left|X - \frac{1}{3}\right| \geqslant 3\right) = P(|X - EX| \geqslant 3) \leqslant \frac{DX}{3^2} = \frac{1}{81}$$

故填 $\frac{1}{81}$。

4. 设 X、Y 是随机变量，$EX = -2$，$EY = 2$，$DX = 1$，$DY = 4$，$\rho_{XY} = -0.5$，则由 Chebyshev 不等式，有 $P(|X + Y| \geqslant 6) \leqslant$ _____。

解　应填 $\frac{1}{12}$。

由于

$$E(X + Y) = EX + EY = -2 + 2 = 0$$
$$D(X + Y) = DX + DY + 2\mathrm{cov}(X, Y) = DX + DY + 2\rho_{XY}\sqrt{DX}\sqrt{DY}$$
$$= 1 + 4 + 2 \times (-0.5) \times 1 \times 2 = 3$$

因此

$$P(|X + Y| \geqslant 6) = P(|X + Y - E(X + Y)| \geqslant 6) \leqslant \frac{D(X + Y)}{6^2} = \frac{3}{36} = \frac{1}{12}$$

故填 $\dfrac{1}{12}$。

5. 设 X_1，X_2，$\cdots$，X_n 为相互独立同分布的随机变量，且 $EX_i = \mu$，$DX_i = 8\ (i = 1, 2, \cdots, n)$，设 $X = \dfrac{1}{n}\sum\limits_{i=1}^{n}X_i$，则它所满足的 Chebyshev 不等式为 _____，$P(|X-\mu| < 4) \geqslant$ _____。

解　应分别填 $P(|X-\mu| \geqslant \varepsilon) \leqslant \dfrac{8}{n\varepsilon^2}$，$1 - \dfrac{1}{2n}$。

由于

$$EX = E\left(\frac{1}{n}\sum_{i=1}^{n}X_i\right) = \frac{1}{n}\sum_{i=1}^{n}EX_i = \frac{1}{n}\cdot n\mu = \mu$$

$$DX = D\left(\frac{1}{n}\sum_{i=1}^{n}X_i\right) = \frac{1}{n^2}\sum_{i=1}^{n}DX_i = \frac{1}{n^2}\cdot 8n = \frac{8}{n}$$

因此 $X = \dfrac{1}{n}\sum\limits_{i=1}^{n}X_i$ 所满足的 Chebyshev 不等式为

$$P(|X-\mu| \geqslant \varepsilon) = P(|X-EX| \geqslant \varepsilon) \leqslant \frac{DX}{\varepsilon^2} = \frac{8}{n\varepsilon^2}$$

故填 $P(|X-\mu| \geqslant \varepsilon) \leqslant \dfrac{8}{n\varepsilon^2}$。

由 Chebyshev 不等式，得

$$P(|X-\mu| < 4) = P(|X-EX| < 4) \geqslant 1 - \frac{DX}{4^2} = 1 - \frac{1}{4^2}\times\frac{8}{n} = 1 - \frac{1}{2n}$$

故填 $1 - \dfrac{1}{2n}$。

6. 设 X 是随机变量，且 $EX = 10$，DX 存在，$P(-20 < X < 40) \leqslant 0.9$，则 $DX \geqslant$ _____。

解　应填 90。

由 Chebyshev 不等式，得

$$0.9 \geqslant P(-20 < X < 40) = P(-30 < X - 10 < 30)$$
$$= P(|X-EX| < 30) \geqslant 1 - \frac{DX}{30^2}$$

解之，得 $DX \geqslant 90$，故填 90。

7. 设 X_1，X_2，$\cdots$，X_n，$\cdots$ 是相互独立的随机变量序列，且 $EX_i = \mu$，$DX_i = \sigma^2(i = 1, 2, \cdots)$，则 $\forall\ \varepsilon > 0$，有 $\lim\limits_{n\to\infty}P\left(\left|\sum\limits_{i=1}^{n}X_i - n\mu\right| \geqslant n\varepsilon\right) =$ _____。

解　应填 0。

由 Chebyshev 不等式，得

$$0 \leqslant P\Big(\Big| \sum_{i=1}^{n} X_i - n\mu \Big| \geqslant n\varepsilon \Big) = P\Big(\Big| \sum_{i=1}^{n} X_i - E\Big(\sum_{i=1}^{n} X_i \Big) \Big| \geqslant n\varepsilon \Big) \leqslant \frac{D\Big(\sum\limits_{i=1}^{n} X_i \Big)}{(n\varepsilon)^2}$$

$$= \frac{\sum\limits_{i=1}^{n} DX_i}{(n\varepsilon)^2} = \frac{n\sigma^2}{(n\varepsilon)^2} = \frac{\sigma^2}{n\varepsilon^2} \to 0, \quad n \to \infty$$

从而

$$\lim_{n \to \infty} P\Big(\Big| \sum_{i=1}^{n} X_i - n\mu \Big| \geqslant n\varepsilon \Big) = 0$$

故填 0。

8. 设 $X_1, X_2, \cdots, X_n, \cdots$ 为相互独立且都服从参数为 λ 的 Poisson 分布的随机变量序列，则极限 $\lim\limits_{n \to \infty} P\left(\dfrac{\sum\limits_{i=1}^{n} X_i - n\lambda}{\sqrt{n\lambda}} \leqslant x \right) = $ _____。

解　应填 $\displaystyle\int_{-\infty}^{x} \frac{1}{\sqrt{2\pi}} e^{-\frac{t^2}{2}} \mathrm{d}t$ 或 $\Phi(x)$。

由于 $X_i \sim P(\lambda)(i = 1, 2, \cdots)$，因此

$$\mu = EX_i = \lambda, \sigma^2 = DX_i = \lambda, \quad i = 1, 2, \cdots$$

由中心极限定理，得

$$\lim_{n \to \infty} P\left(\frac{\sum\limits_{i=1}^{n} X_i - n\lambda}{\sqrt{n\lambda}} \leqslant x \right) = \lim_{n \to \infty} P\left(\frac{\sum\limits_{i=1}^{n} X_i - n\mu}{\sqrt{n}\sigma} \leqslant x \right) = \int_{-\infty}^{x} \frac{1}{\sqrt{2\pi}} e^{-\frac{t^2}{2}} \mathrm{d}t = \Phi(x)$$

故填 $\displaystyle\int_{-\infty}^{x} \frac{1}{\sqrt{2\pi}} e^{-\frac{t^2}{2}} \mathrm{d}t$ 或 $\Phi(x)$。

9. 设 n_A 表示 n 重 Bernoulli 试验中事件 A 发生的次数，p 是事件 A 在一次试验中发生的概率，即 $P(A) = p$，则 $P(a < n_A \leqslant b) \approx $ _____。

解　应填 $\Phi\left(\dfrac{b - np}{\sqrt{np(1-p)}} \right) - \Phi\left(\dfrac{a - np}{\sqrt{np(1-p)}} \right)$ 或 $\displaystyle\int_{\frac{a-np}{\sqrt{np(1-p)}}}^{\frac{b-np}{\sqrt{np(1-p)}}} \frac{1}{\sqrt{2\pi}} e^{-\frac{t^2}{2}} \mathrm{d}t$。

由中心极限定理知，n_A 近似地服从正态分布 $N(np, np(1-p))$，从而

$$P(a < n_A \leqslant b) \approx \Phi\left(\frac{b - np}{\sqrt{np(1-p)}} \right) - \Phi\left(\frac{a - np}{\sqrt{np(1-p)}} \right) = \int_{\frac{a-np}{\sqrt{np(1-p)}}}^{\frac{b-np}{\sqrt{np(1-p)}}} \frac{1}{\sqrt{2\pi}} e^{-\frac{t^2}{2}} \mathrm{d}t$$

故填 $\Phi\left(\dfrac{b - np}{\sqrt{np(1-p)}} \right) - \Phi\left(\dfrac{a - np}{\sqrt{np(1-p)}} \right)$ 或 $\displaystyle\int_{\frac{a-np}{\sqrt{np(1-p)}}}^{\frac{b-np}{\sqrt{np(1-p)}}} \frac{1}{\sqrt{2\pi}} e^{-\frac{t^2}{2}} \mathrm{d}t$。

10. 在天平上重复称量一重量为 a 的物品，假设各次称量的结果相互独立，且同服从正态

分布 $N(a, 0.2^2)$。若以 $\overline{X}_n$ 表示 n 次称量结果的算术平均数，为使 $P(|\overline{X}_n - a| < 0.1) \geqslant 0.95$，则应有 $n \geqslant$ _____。

解 应填 16。

设 $X_i(i = 1, 2, \cdots, n)$ 表示第 i 次称量的结果，则 $X_1, X_2, \cdots, X_n$ 相互独立且同服从正态分布 $N(a, 0.2^2)$，$\overline{X}_n = \dfrac{1}{n} \sum\limits_{i=1}^{n} X_i$，从而 $\overline{X}_n \sim N\left(a, \dfrac{0.2^2}{n}\right)$，因此 n 取决于如下条件：

$$P(|\overline{X}_n - a| < 0.1) = P(a - 0.1 < \overline{X}_n < a + 0.1) = \Phi\left(\frac{a + 0.1 - a}{0.2/\sqrt{n}}\right) - \Phi\left(\frac{a - 0.1 - a}{0.2/\sqrt{n}}\right)$$

$$= \Phi\left(\frac{\sqrt{n}}{2}\right) - \Phi\left(-\frac{\sqrt{n}}{2}\right) = 2\Phi\left(\frac{\sqrt{n}}{2}\right) - 1 \geqslant 0.95$$

即

$$\Phi\left(\frac{\sqrt{n}}{2}\right) \geqslant 0.975 = \Phi(1.96)$$

从而 $\dfrac{\sqrt{n}}{2} \geqslant 1.96$，即 $n \geqslant 15.3664$，故填 16。

11. 从大量废品率为 0.03 的产品中任意抽取 1000 个产品，则其中废品数 $X \sim$ _____，X 近似地服从_____，分布的参数为_____。

解 应分别填 $B(1000, 0.03)$，正态分布，30、29.1。

由于从大量废品率为 0.03 的产品中任意抽取 1000 个产品为 1000 重 Bernoulli 试验，因此其中废品数 X 服从二项分布，即 $X \sim B(1000, 0.03)$，故填 $B(1000, 0.03)$。

由于 $X \sim B(1000, 0.03)$，因此

$$EX = 1000 \times 0.03 = 30, \quad DX = 1000 \times 0.03 \times 0.97 = 29.1$$

由中心极限定理知，X 近似地服从参数为 30、29.1 的正态分布 $N(30, 29.1)$，故分别填正态分布，30、29.1。

12. 将一枚硬币连掷 100 次，则出现正面次数大于 60 的概率近似的为 _____（$\Phi(2) = 0.9772$）。

解 应填 0.0228。

设 X 表示将一枚硬币连掷 100 次出现正面的次数，则 $X \sim B(100, 0.5)$，从而

$$EX = 100 \times 0.5 = 50, \quad DX = 100 \times 0.5 \times 0.5 = 25$$

由中心极限定理知，X 近似地服从正态分布 $N(50, 25)$，故所求的概率为

$$P(60 < X \leqslant 100) \approx \Phi\left(\frac{100 - 50}{5}\right) - \Phi\left(\frac{60 - 50}{5}\right)$$

$$= \Phi(10) - \Phi(2) = 1 - 0.9772 = 0.0228$$

故填 0.0228。

三、解答题

1. 在每次试验中，事件 A 发生的概率为 0.5，试利用 Chebyshev 不等式估计在 1000 次独立试验中，事件 A 发生的次数在 451 次至 549 次之间的概率。

解　设 X 表示事件 A 在 1000 次独立试验中发生的次数，则 $X \sim B(1000, 0.5)$，从而
$$EX = 1000 \times 0.5 = 500, \quad DX = 1000 \times 0.5 \times 0.5 = 250$$
由 Chebyshev 不等式，得
$$P(451 \leqslant X \leqslant 549) = P(450 < X < 550)$$
$$= P(450 - 500 < X - 500 < 550 - 500)$$
$$= P(-50 < X - EX < 50) = P(|X - EX| < 50) \geqslant 1 - \frac{DX}{50^2}$$
$$= 1 - \frac{250}{50^2} = 0.9$$

2. 随机地掷 6 颗骰子，利用 Chebyshev 不等式估计"6 颗骰子出现点数之和在 15 点到 27 点之间"的概率。

解　设 X 表示 6 颗骰子出现的点数之和，$X_i(i = 1, 2, \cdots, 6)$ 表示第 i 颗骰子出现的点数，则 $X_1, X_2, \cdots, X_6$ 相互独立，$X = \sum\limits_{i=1}^{6} X_i$，且
$$P(X_i = k) = \frac{1}{6}, \quad k = 1, 2, \cdots, 6; \quad i = 1, 2, \cdots, 6$$
$$EX_i = 1 \times \frac{1}{6} + 2 \times \frac{1}{6} + \cdots + 6 \times \frac{1}{6} = \frac{7}{2}, \quad EX_i^2 = 1^2 \times \frac{1}{6} + 2^2 \times \frac{1}{6} + \cdots + 6^2 \times \frac{1}{6} = \frac{91}{6}$$
从而
$$DX_i = EX_i^2 - (EX_i)^2 = \frac{91}{6} - \frac{49}{4} = \frac{35}{12}, \quad i = 1, 2, \cdots, 6$$
所以
$$EX = \sum\limits_{i=1}^{6} EX_i = 6 \times \frac{7}{2} = 21, \quad DX = \sum\limits_{i=1}^{6} DX_i = 6 \times \frac{35}{12} = \frac{35}{2}$$
由 Chebyshev 不等式，得
$$P(15 \leqslant X \leqslant 27) = P(14 < X < 28) = P(-7 < X - 21 < 7)$$
$$= P(|X - EX| < 7) \geqslant 1 - \frac{DX}{7^2} = 1 - \frac{1}{49} \times \frac{35}{2} = \frac{9}{14}$$

3. 一加法器同时收到 20 个噪声电压 $V_i(i = 1, 2, \cdots, 20)$，设它们是相互独立的随机变量，且都在区间 $(0, 10)$ 上服从均匀分布。记 $V = \sum\limits_{i=1}^{20} V_i$，求 $P(V > 105)$ 的近似值（$\Phi(0.387) = 0.6517$）。

解　由于 $V_i \sim U(0, 10)(i = 1, 2, \cdots, 20)$，因此

$$\mu = EV_i = 5, \sigma^2 = DV_i = \frac{10^2}{12}, \quad i = 1, 2, \cdots, 20$$

由中心极限定理知，$V = \sum\limits_{i=1}^{20} V_i$ 近似地服从正态分布 $N\left(20 \times 5, 20 \times \dfrac{10^2}{12}\right)$，故所求的概率为

$$P(V > 105) = 1 - P(V \leqslant 105) \approx 1 - \Phi\left(\frac{105 - 100}{10\sqrt{5/3}}\right) = 1 - \Phi(0.387)$$

$$= 1 - 0.6517 = 0.3483$$

4. 一工人修理一台机器需要两个阶段，第一阶段所需时间（单位：小时）服从均值为 0.2 的指数分布，第二阶段所需时间（单位：小时）服从均值为 0.3 的指数分布，且两阶段所需时间相互独立。现有 20 台机器需要修理，求该工人在 8 小时内完成的概率（$\Phi(1.24) = 0.8925$）。

解　设 $X_i(i = 1, 2, \cdots, 20)$ 表示修理第 i 台机器第一阶段所需时间，$Y_i(i = 1, 2, \cdots, 20)$ 表示修理第 i 台机器第二阶段所需时间，则 $Z_i = X_i + Y_i$ 为修理第 i 台机器所需时间，X_i、Y_i 相互独立，且

$$EX_i = 0.2, DX_i = 0.2^2, EY_i = 0.3, DY_i = 0.3^2, \quad i = 1, 2, \cdots, 20$$

从而

$$EZ_i = EX_i + EY_i = 0.2 + 0.3 = 0.5, \quad i = 1, 2, \cdots, 20$$
$$DZ_i = DX_i + DY_i = 0.2^2 + 0.3^2 = 0.13, \quad i = 1, 2, \cdots, 20$$

由中心极限定理知，修理 20 台机器所需时间 $\sum\limits_{i=1}^{20} Z_i$ 近似地服从正态分布 $N(20 \times 0.5, 20 \times 0.13)$，故所求的概率为

$$P\left(\sum_{i=1}^{20} Z_i \leqslant 8\right) \approx \Phi\left(\frac{8 - 10}{\sqrt{2.6}}\right) = \Phi(-1.24) = 1 - \Phi(1.24) = 1 - 0.8925 = 0.1075$$

5. 设备零件的重量都是随机变量，它们相互独立同分布，其数学期望为 0.5 kg，均方差为 0.1 kg，求 5000 个零件的总重量超过 2510 kg 的概率（$\Phi(\sqrt{2}) = 0.9213$）。

解　设 $X_i(i = 1, 2, \cdots, 5000)$ 表示第 i 个零件的重量，则 $X_1, X_2, \cdots, X_{5000}$ 相互独立同分布，且

$$EX_i = 0.5, DX_i = 0.1^2, \quad i = 1, 2, \cdots, 5000$$

由中心极限定理知，5000 个零件的总重量 $\sum\limits_{i=1}^{5000} X_i$ 近似地服从正态分布 $N(5000 \times 0.5, 5000 \times 0.1^2)$，故所求的概率为

$$P\left(\sum_{i=1}^{5000} X_i > 2510\right) = 1 - P\left(\sum_{i=1}^{5000} X_i \leqslant 2510\right) \approx 1 - \Phi\left(\frac{2510 - 2500}{5\sqrt{2}}\right)$$

$$= 1 - \Phi(\sqrt{2}) = 1 - 0.9213 = 0.0787$$

6. 一生产线生产的产品成箱包装，每箱的重量是随机的，假设每箱平均重量为 50 kg，标准差为 5 kg。若用最大载重量为 5 t 的汽车去承运，试利用中心极限定理说明每辆汽车最多可以装多少箱，才能保证不超载的概率大于 0.977（$\Phi(2) = 0.977$）。

解　设 $X_i(i = 1, 2, \cdots, n)$ 表示一辆汽车承运的第 i 箱产品的重量（单位：kg），n 为所求的箱数，则 $X_1, X_2, \cdots, X_n$ 为相互独立同分布的随机变量，从而该辆汽车所承运的 n 箱总重量为

$$T_n = X_1 + X_2 + \cdots + X_n$$

由于

$$EX_i = 50, \, DX_i = 5^2, \quad i = 1, 2, \cdots, n$$

因此

$$ET_n = 50n, \, DT_n = 25n$$

由中心极限定理知，T_n 近似地服从正态分布 $N(50n, 25n)$，从而 n 取决于如下条件：

$$P(T_n \leqslant 5000) \approx \Phi\left(\frac{5000 - 50n}{5\sqrt{n}}\right) = \Phi\left(\frac{1000 - 10n}{\sqrt{n}}\right) > 0.977 = \Phi(2)$$

从而 $\dfrac{1000 - 10n}{\sqrt{n}} > 2$，即 $n < 98.0199$，故每辆汽车最多可以装 98 箱，才能保证不超载的概率大于 0.977。

7. 某市的某十字路口一周的事故发生数的数学期望为 2.2，标准差为 1.4。

（Ⅰ）设 $\overline{X}$ 表示一年（以 52 周计）中此十字路口事故发生数的算术平均，试用中心极限定理求 $\overline{X}$ 的近似分布，并求 $P(\overline{X} < 2)$；

（Ⅱ）求一年中事故发生数小于 100 的概率（$\Phi(1.030) = 0.8485$，$\Phi(1.426) = 0.9230$）。

解　（Ⅰ）设 $X_i(i = 1, 2, \cdots, 52)$ 表示第 i 周的事故发生数，则 $X_1, X_2, \cdots, X_{52}$ 相互独立同分布，且

$$EX_i = 2.2, \, DX_i = 1.4^2, \quad i = 1, 2, \cdots, 52$$

从而

$$E\overline{X} = E\left(\frac{1}{52}\sum_{i=1}^{52} X_i\right) = \frac{1}{52}\sum_{i=1}^{52} EX_i = 2.2$$

$$D\overline{X} = D\left(\frac{1}{52}\sum_{i=1}^{52} X_i\right) = \frac{1}{52^2}\sum_{i=1}^{52} DX_i = \frac{1.4^2}{52}$$

由中心极限定理知，$\overline{X}$ 近似地服从正态分布 $N\left(2.2, \dfrac{1.4^2}{52}\right)$，故所求的概率为

$$P(\overline{X} < 2) \approx \Phi\left(\frac{2 - 2.2}{1.4/\sqrt{52}}\right) = \Phi(-1.030) = 1 - \Phi(1.030)$$

$$= 1 - 0.8485 = 0.1515$$

（Ⅱ）由中心极限定理知，$\sum\limits_{i=1}^{52} X_i$ 近似地服从正态分布 $N(52\times2.2, 52\times1.4^2)$，故所求的概率为

$$P(\sum_{i=1}^{52} X_i < 100) \approx \Phi\left(\frac{100-114.4}{1.4\sqrt{52}}\right) = \Phi(-1.426) = 1-\Phi(1.426)$$
$$= 1-0.9230 = 0.0770$$

8. 随机地选取两组学生，每组 80 人，分别在两个实验室测量某种化合物的 pH 值。各人测量的结果是随机变量，它们相互独立，服从同一分布，数学期望为 5，方差为 0.3，以 $\overline{X}$、$\overline{Y}$ 分别表示第一组和第二组所得结果的算术平均。

（Ⅰ）求 $P(4.9 < \overline{X} < 5.1)$；

（Ⅱ）求 $P(-0.1 < \overline{X}-\overline{Y} < 0.1)$（$\Phi(1.63)=0.9484$，$\Phi(1.15)=0.8749$）。

解 （Ⅰ）由题设，得

$$E\overline{X} = 5, \quad D\overline{X} = \frac{0.3}{80}$$

由中心极限定理知，$\overline{X}$ 近似地服从正态分布 $N(5, \frac{0.3}{80})$，故

$$P(4.9 < \overline{X} < 5.1) \approx \Phi\left(\frac{5.1-5}{\sqrt{0.3/80}}\right) - \Phi\left(\frac{4.9-5}{\sqrt{0.3/80}}\right) = \Phi(1.63)-\Phi(-1.63)$$
$$= 2\Phi(1.63)-1 = 2\times0.9484-1 = 0.8968$$

（Ⅱ）由题设，得

$$E(\overline{X}-\overline{Y}) = E\overline{X}-E\overline{Y} = 0, \quad D(\overline{X}-\overline{Y}) = D\overline{X}+D\overline{Y} = \frac{0.3}{40}$$

由中心极限定理知，$\overline{X}-\overline{Y}$ 近似地服从正态分布 $N\left(0, \frac{0.3}{40}\right)$，故

$$P(-0.1 < \overline{X}-\overline{Y} < 0.1) \approx \Phi\left(\frac{0.1}{\sqrt{0.3/40}}\right) - \Phi\left(-\frac{0.1}{\sqrt{0.3/40}}\right)$$
$$= \Phi(1.15)-\Phi(-1.15)$$
$$= 2\Phi(1.15)-1 = 2\times0.8749-1 = 0.7498$$

9. 一船舶在某海区航行，已知每遭受一次波浪的冲击，纵摇角大于 3° 的概率为 1/3。若船舶遭受了 90 000 次波浪冲击，求其中有 29 500 到 30 500 次纵摇角大于 3° 的概率（$\Phi\left(\frac{5\sqrt{2}}{2}\right)=0.9998$）。

解 设 X 表示船舶在 90 000 次波浪冲击中纵摇角大于 3° 的次数，则 $X \sim B\left(90000, \frac{1}{3}\right)$，从而

$$EX = 90\,000 \times \frac{1}{3} = 30\,000, \quad DX = 90\,000 \times \frac{1}{3} \times \frac{2}{3} = 20\,000$$

由中心极限定理知, X 近似地服从正态分布 $N(30\,000, 20\,000)$, 故所求的概率为

$$P(29\,500 \leqslant X \leqslant 30\,500) \approx \varPhi\left(\frac{30\,500 - 30\,000}{100\sqrt{2}}\right) - \varPhi\left(\frac{29\,500 - 30\,000}{100\sqrt{2}}\right)$$

$$= \varPhi\left(\frac{5\sqrt{2}}{2}\right) - \varPhi\left(-\frac{5\sqrt{2}}{2}\right) = 2\varPhi\left(\frac{5\sqrt{2}}{2}\right) - 1$$

$$= 2 \times 0.9998 - 1 = 0.9996$$

10. 在一家保险公司里有 10 000 人参加保险, 每人每年付 12 元的保险费, 在一年内这些人死亡的概率为 0.006, 死后家属可向保险公司领取 1000 元的赔偿, 试求:

（Ⅰ）保险公司年利润不少于 60 000 元的概率;

（Ⅱ）保险公司亏本的概率。

解 设 X 表示一年内参加保险的 10 000 人中的死亡人数, 则 $X \sim B(10\,000, 0.006)$, 从而

$$EX = 10\,000 \times 0.006 = 60, DX = 10\,000 \times 0.006 \times 0.994 = 59.64$$

由中心极限定理知, X 近似地服从正态分布 $N(60, 59.64)$, 由题设知, 保险公司的年利润为

$$120\,000 - 1000X = 1000(120 - X)$$

（Ⅰ）保险公司年利润不少于 60 000 元的概率为

$$P(1000(120 - X) \geqslant 60\,000) = P(0 \leqslant X \leqslant 60) \approx \varPhi\left(\frac{60 - 60}{\sqrt{59.64}}\right) - \varPhi\left(\frac{0 - 60}{\sqrt{59.64}}\right)$$

$$= \varPhi(0) - \varPhi(-7.77) = 0.5$$

（Ⅱ）保险公司亏本的概率为

$$P(1000(120 - X) < 0) = P(X > 120) = 1 - P(0 \leqslant X \leqslant 120)$$

$$\approx 1 - \left[\varPhi\left(\frac{120 - 60}{\sqrt{59.64}}\right) - \varPhi\left(\frac{0 - 60}{\sqrt{59.64}}\right)\right]$$

$$= 1 - [\varPhi(7.77) - \varPhi(-7.77)] = 0$$

11. 某商店有三种同类型的商品出售, 由于售出哪一种商品是随机的, 因而售出一件商品的价格是一个随机变量, 它取 1 元、1.2 元、1.5 元的概率分别为 0.3、0.2、0.5。若售出 300 件商品, 求:

（Ⅰ）收入至少为 400 元的概率;

（Ⅱ）售出价格为 1.2 元的商品多于 60 件的概率（ $\varPhi(3.39) = 0.9997$ ）。

解 设 $X_i(i = 1, 2, \cdots, 300)$ 表示售出的第 i 件商品的价格, 则 $X_1, X_2, \cdots, X_{300}$ 相互独立同分布, 且

$$EX_i = 1 \times 0.3 + 1.2 \times 0.2 + 1.5 \times 0.5 = 1.29, \quad i = 1, 2, \cdots, 300$$

$$EX_i^2 = 1^2 \times 0.3 + 1.2^2 \times 0.2 + 1.5^2 \times 0.5 = 1.713, \quad i = 1, 2, \cdots, 300$$

$$DX_i = EX_i^2 - (EX_i)^2 = 1.713 - 1.29^2 = 0.0489, \quad i = 1, 2, \cdots, 300$$

（Ⅰ）由中心极限定理知，商店收入 $\sum\limits_{i=1}^{300} X_i$ 近似地服从正态分布 $N(300 \times 1.29, 300 \times 0.0489)$，故所求的概率为

$$P\left(\sum_{i=1}^{300} X_i \geqslant 400\right) = 1 - P\left(\sum_{i=1}^{300} X_i < 400\right) \approx 1 - \Phi\left(\frac{400 - 387}{\sqrt{14.67}}\right)$$

$$= 1 - \Phi(3.39) = 1 - 0.9997 = 0.0003$$

（Ⅱ）设 X 表示售出的 300 件商品中售价为 1.2 元的商品的件数，则 $X \sim B(300, 0.2)$，从而

$$EX = 300 \times 0.2 = 60, \quad DX = 300 \times 0.2 \times 0.8 = 48$$

由中心极限定理知，X 近似地服从正态分布 $N(60, 48)$，故所求的概率为

$$P(X > 60) = 1 - P(X \leqslant 60) \approx 1 - \Phi\left(\frac{60 - 60}{\sqrt{48}}\right) = 1 - \Phi(0) = 0.5$$

12. 有 2000 名顾客到甲、乙两家餐馆去用餐，设每位顾客随机地选择其中一家，并且各位顾客选择餐馆是彼此独立的，求每家餐馆至少应设置多少座位，才能保证顾客不因找不到座位而离去的概率小于 1%（$\Phi(2.33) = 0.99$）。

解　设 X 表示去甲餐馆的顾客人数，则 $X \sim B(2000, 0.5)$，从而

$$EX = 2000 \times 0.5 = 1000, \quad DX = 2000 \times 0.5 \times 0.5 = 500$$

由中心极限定理知，X 近似地服从正态分布 $N(1000, 500)$。设 n 表示甲餐馆设置的座位数，则 n 取决于如下条件：

$$P(X > n) = 1 - P(X \leqslant n) \approx 1 - \Phi\left(\frac{n - 1000}{10\sqrt{5}}\right) < 0.01$$

即

$$\Phi\left(\frac{n - 1000}{10\sqrt{5}}\right) > 0.99 = \Phi(2.33)$$

从而 $\dfrac{n - 1000}{10\sqrt{5}} > 2.33$，即 $n > 1052$。由于顾客选择甲、乙两家餐馆的可能性相等，因此每家餐馆至少应设置 1053 个座位，才能保证顾客不因找不到座位而离去的概率小于 1%。

13. 设 $X_1, X_2, \cdots, X_n, \cdots$ 是相互独立的随机变量序列，且均在区间 $[0, \theta]$ 上服从均匀分布，若 $Y_n = \max\{X_1, X_2, \cdots, X_n\}(n = 1, 2, \cdots)$，证明

$$Y_n \xrightarrow{P} \theta, \quad n \to \infty$$

证明　由于 $X_i \sim U[0, \theta](i = 1, 2, \cdots)$，因此 X_i 的分布函数为

$$F(x) = \begin{cases} 0, & x < 0 \\ \dfrac{x}{\theta}, & 0 \leqslant x < \theta \\ 1, & x \geqslant \theta \end{cases}$$

从而 $Y_n = \max\{X_1, X_2, \cdots, X_n\}$ 的分布函数为

$$F_{Y_n}(x) = [F(x)]^n = \begin{cases} 0, & x < 0 \\ \dfrac{x^n}{\theta^n}, & 0 \leqslant x < \theta \\ 1, & x \geqslant \theta \end{cases}$$

Y_n 的概率密度为

$$f_{Y_n}(x) = F'_{Y_n}(x) = \begin{cases} \dfrac{nx^{n-1}}{\theta^n}, & 0 < x < \theta \\ 0, & \text{其他} \end{cases}$$

由 Chebyshev 不等式，得 $\forall\, 0 < \varepsilon < \theta$，有

$$P(|Y_n - \theta| \geqslant \varepsilon) = \int_{|x-\theta| \geqslant \varepsilon} f_{Y_n}(x)\mathrm{d}x = \int_0^{\theta-\varepsilon} \frac{nx^{n-1}}{\theta^n}\mathrm{d}x = \frac{(\theta-\varepsilon)^n}{\theta^n} = (1 - \frac{\varepsilon}{\theta})^n \to 0, \quad n \to \infty$$

故

$$Y_n \xrightarrow{P} \theta, \quad n \to \infty$$

14. 试利用中心极限定理证明

$$\lim_{n \to \infty} \Big(\sum_{i=1}^n \frac{n^i}{i!} \mathrm{e}^{-n} \Big) = \frac{1}{2}$$

证明　设 $X_1, X_2, \cdots, X_n, \cdots$ 是相互独立均服从参数为 1 的 Poisson 分布随机变量序列，则

$$EX_i = 1, DX_i = 1, \quad i = 1, 2, \cdots$$

且 $\displaystyle\sum_{i=1}^n X_i$ 服从参数为 n 的 Poisson 分布，从而

$$P\Big(\sum_{i=1}^n X_i \leqslant n\Big) = \sum_{k=0}^n P\Big(\sum_{i=1}^n X_i = k\Big) = \sum_{k=0}^n \frac{n^k}{k!}\mathrm{e}^{-n} = \mathrm{e}^{-n} + \sum_{k=1}^n \frac{n^k}{k!}\mathrm{e}^{-n} = \mathrm{e}^{-n} + \sum_{i=1}^n \frac{n^i}{i!}\mathrm{e}^{-n}$$

由中心极限定理，得

$$\lim_{n \to \infty} P\Big(\sum_{i=1}^n X_i \leqslant n\Big) = \lim_{n \to \infty} P\left(\frac{\sum\limits_{i=1}^n X_i - n}{\sqrt{n}} \leqslant \frac{n-n}{\sqrt{n}} \right) = \Phi\Big(\frac{n-n}{\sqrt{n}}\Big) = \Phi(0) = \frac{1}{2}$$

故

$$\lim_{n \to \infty} \Big(\sum_{i=1}^n \frac{n^i}{i!}\mathrm{e}^{-n} \Big) = \lim_{n \to \infty}\Big[P\Big(\sum_{i=1}^n X_i \leqslant n\Big) - \mathrm{e}^{-n} \Big] = \lim_{n \to \infty} P\Big(\sum_{i=1}^n X_i \leqslant n\Big) - \lim \mathrm{e}^{-n} = \frac{1}{2}$$

5.6　学习效果测试题及解答

测　试　题

1. 选择题(每小题 4 分，共 20 分)

(1) 设 $X \sim P(2)$，则由 Chebyshev 不等式，有(　　)。

　　A. $P(|X-2|<2) \leqslant \dfrac{1}{2}$，$P(|X-2| \geqslant 2) \leqslant \dfrac{1}{2}$

　　B. $P(|X-2|<2) \geqslant \dfrac{1}{2}$，$P(|X-2| \geqslant 2) \geqslant \dfrac{1}{2}$

　　C. $P(|X-2|<2) \leqslant \dfrac{1}{2}$，$P(|X-2| \geqslant 2) \geqslant \dfrac{1}{2}$

　　D. $P(|X-2|<2) \geqslant \dfrac{1}{2}$，$P(|X-2| \geqslant 2) \leqslant \dfrac{1}{2}$

(2) 设随机变量 $X_k \sim B(k, 0.1)(k=1, 2, \cdots, 15)$，且 X_1, X_2, $\cdots$, X_{15} 相互独立，则由 Chebyshev 不等式，有 $P(8 < \sum\limits_{k=1}^{15} X_k < 16)$ (　　)。

　　A. $\geqslant 0.325$　　　　B. $\leqslant 0.325$　　　　C. $\geqslant 0.675$　　　　D. $\leqslant 0.675$

(3) 设 X_1, X_2, $\cdots$, X_n, $\cdots$ 是相互独立同分布的随机变量序列，且 $EX_i = 0(i=1, 2,$ $\cdots)$，则 $\lim\limits_{n \to \infty} P(\sum\limits_{i=1}^{n} X_i < n) = $ (　　)。

　　A. 0　　　　　　B. 1　　　　　　C. $\dfrac{1}{2}$　　　　　　D. $\dfrac{1}{3}$

(4) 设 X_1, X_2, $\cdots$, X_{32} 是相互独立同分布的随机变量，且 $X_i \sim E(2)(i=1, 2, \cdots,$ $32)$，记 $p_1 = P(\sum\limits_{i=1}^{32} X_i < 16)$，$p_2 = P(\sum\limits_{i=1}^{32} X_i > 12)$，则由中心极限定理，有(　　)。

　　A. $p_1 = p_2$　　　　B. $p_1 < p_2$　　　　C. $p_1 > p_2$　　　　D. 不能确定

(5) 设在 n 重 Bernoulli 试验中事件 A 发生的概率为 p，m 为 n 重 Bernoulli 试验中事件 A 发生的频数，则当 n 充分大时，有(　　)。

　　A. m 近似地服从二项分布 $B(np, np(1-p))$

　　B. m 近似地服从正态分布 $N(p, p(1-p))$

　　C. m 近似地服从正态分布 $N(np, np(1-p))$

　　D. m 近似地服从正态分布 $N(0, 1)$

2. 填空题(每小题 4 分，共 20 分)

(1) 设随机变量 $X \sim N(0, 3^2)$，$Y \sim N(2, 4^2)$，且 X 与 Y 相互独立，则由 Chebyshev

不等式，有 $P(|X+Y-2|<10) \geqslant$ _____。

（2）设随机变量 X 的概率密度为偶函数，$DX=1$，若已知由 Chebyshev 不等式，有 $P(|X|<\varepsilon) \geqslant 0.96$，则正常数 $\varepsilon=$ _____。

（3）设 X_1，X_2，$\cdots$，X_n，$\cdots$ 是相互独立的随机变量序列，$EX_i=\mu_i$，$DX_i=2(i=1$，2，$\cdots)$，则当 $n \to \infty$ 时，$\dfrac{1}{n}\sum\limits_{i=1}^{n}(X_i-\mu_i)$ 依概率收敛于 _____。

（4）设随机变量 X_1，X_2，$\cdots$，X_{48} 相互独立，且 $X_i \sim N\left(1,\dfrac{1}{3}\right)(i=1,2,\cdots,48)$，则由中心极限定理，有 $P\left(\sum\limits_{i=1}^{48}X_i \leqslant 50\right) \approx$ _____（$\Phi(0.5)=0.6915$）。

（5）设 X_1，X_2，$\cdots$，X_n，$\cdots$ 是相互独立同服从参数为 λ 的 Poisson 分布的随机变量序列，则 $\lim\limits_{n \to \infty}P\left\{\dfrac{\sum\limits_{i=1}^{n}X_i-n\lambda}{\sqrt{n\lambda}} \leqslant 0\right\}=$ _____。

3. 解答题（每小题 10 分，共 60 分）

（1）设 X_1，X_2，$\cdots$，X_n 是相互独立同分布的随机变量，其共同的概率密度为

$$f(x)=\begin{cases} x\mathrm{e}^{-x}, & x>0 \\ 0, & x \leqslant 0 \end{cases}$$

试用 Chebyshev 不等式证明：

$$P\left(0<\sum_{i=1}^{n}X_i<4n\right) \geqslant \frac{2n-1}{2n}$$

（2）连续地掷一枚硬币，试分别利用 Chebyshev 不等式和中心极限定理确定至少需要投掷多少次才能保证正面出现的频率在区间 $(0.4,0.6)$ 内的概率不小于 0.90（$\Phi(1.645)=0.95$）。

（3）某种型号的螺丝钉成袋成箱包装，每袋 100 个，每箱 500 袋。假设每个螺丝钉的重量是随机的，平均重为 $50\ \mathrm{g}$，标准差为 $5\ \mathrm{g}$。试求：

（i）每袋螺丝钉的重量超过 $5.1\ \mathrm{kg}$ 的概率；

（ii）每箱中最多有 4％ 的重量超过 $5.1\ \mathrm{kg}$ 的概率（$\Phi(2)=0.977$，$\Phi(2.54)=0.995$）。

（4）设某公寓有 200 户住户，一住户拥有汽车 0、1 和 2 辆的概率分别为 0.1、0.6 和 0.3，问至少需要多少个车位，才能使得每辆汽车都具有一个车位的概率至少为 0.95（$\Phi(1.645)=0.95$）。

（5）设某电教中心有 100 台彩电，各台彩电发生故障的概率均为 0.02，且各台彩电工作是相互独立的，试分别利用二项分布、Poisson 分布和中心极限定理计算至少有一台彩电发生故障的概率（$(0.98)^{100}=0.1326$，$\mathrm{e}^{-2}=0.1353$，$\Phi(0.7143)=0.7611$，$\Phi(1.4286)=0.9236$）。

(6) 设 X_1, X_2, $\cdots$, X_n, $\cdots$ 是相互独立的随机变量序列，且 $X_i (i = 1, 2, \cdots)$ 具有如下的分布律

X_i	$-\sqrt{3}$	0	$\sqrt{3}$
P	$\dfrac{1}{3}$	$\dfrac{1}{3}$	$\dfrac{1}{3}$

(i) 问 X_1, X_2, $\cdots$, X_n, $\cdots$ 是否满足 Chebyshev 大数定律；

(ii) 试利用中心极限定理求概率 $P\left(\left| \sum\limits_{i=1}^{200} X_i \right| \leqslant 10 \right)$ $(\Phi(0.5) = 0.6915)$。

测试题解答

1. 选择题

(1) 应选 D。

由于 $X \sim P(2)$，因此 $EX = DX = 2$，由 Chebyshev 不等式，得

$$P(|X - 2| < 2) = P(|X - EX| < 2) \geqslant 1 - \frac{DX}{2^2} = 1 - \frac{2}{2^2} = \frac{1}{2}$$

$$P(|X - 2| \geqslant 2) = P(|X - EX| \geqslant 2) \leqslant \frac{DX}{2^2} = \frac{1}{2}$$

故选 D。

(2) 应选 A。

由于 $X_k \sim B(k, 0.1)(k = 1, 2, \cdots, 15)$，因此 $EX_k = 0.1k$，$DX_k = 0.09k$，从而

$$E\left(\sum_{k=1}^{15} X_k\right) = \sum_{k=1}^{15} EX_k = \sum_{k=1}^{15} 0.1k = 12, \quad D\left(\sum_{k=1}^{15} X_k\right) = \sum_{k=1}^{15} DX_k = \sum_{k=1}^{15} 0.09k = 10.8$$

由 Chebyshev 不等式，得

$$P\left(8 < \sum_{k=1}^{15} X_k < 16\right) = P\left(-4 < \sum_{k=1}^{15} X_k - 12 < 4\right)$$

$$= P\left(\left| \sum_{k=1}^{15} X_k - E\left(\sum_{k=1}^{15} X_k\right) \right| < 4 \right) \geqslant 1 - \frac{D\left(\sum\limits_{k=1}^{15} X_k\right)}{4^2}$$

$$= 1 - \frac{10.8}{16} = 0.325$$

故选 A。

(3) 应选 B。

由 Khintchine 大数定律，$\forall \varepsilon > 0$，有

$$\lim_{n \to \infty} P\left(\left| \frac{1}{n} \sum_{i=1}^{n} X_i - \mu \right| < \varepsilon \right) = 1$$

由于 $\mu = 0$，因此取 $\varepsilon = 1$，得

$$\lim_{n \to \infty} P\left(\left|\frac{1}{n}\sum_{i=1}^{n} X_i - \mu\right| < \varepsilon\right) = \lim_{n \to \infty} P\left(\left|\frac{1}{n}\sum_{i=1}^{n} X_i\right| < 1\right) = 1$$

又由于 $\left\{\left|\dfrac{1}{n}\sum_{i=1}^{n} X_i\right| < 1\right\} \subset \left\{\dfrac{1}{n}\sum_{i=1}^{n} X_i < 1\right\}$，故

$$P\left(\left|\frac{1}{n}\sum_{i=1}^{n} X_i\right| < 1\right) \leqslant P\left(\frac{1}{n}\sum_{i=1}^{n} X_i < 1\right) \leqslant 1$$

从而

$$1 = \lim_{n \to \infty} P\left(\left|\frac{1}{n}\sum_{i=1}^{n} X_i\right| < 1\right) \leqslant \lim_{n \to \infty} P\left(\frac{1}{n}\sum_{i=1}^{n} X_i < 1\right) \leqslant 1$$

所以

$$\lim_{n \to \infty} P\left(\frac{1}{n}\sum_{i=1}^{n} X_i < 1\right) = \lim_{n \to \infty} P\left(\sum_{i=1}^{n} X_i < n\right) = 1$$

故选 B。

（4）应选 B。

由于 $X_i \sim E(2)(i = 1, 2, \cdots, 32)$，因此 $EX_i = \dfrac{1}{2}$，$DX_i = \dfrac{1}{4}$，由中心极限定理知，

$\sum_{i=1}^{32} X_i$ 近似地服从正态分布 $N\left(32 \times \dfrac{1}{2}, 32 \times \dfrac{1}{4}\right)$，从而

$$p_1 = P\left(\sum_{i=1}^{32} X_i < 16\right) \approx \Phi\left(\frac{16 - 16}{\sqrt{8}}\right) = \Phi(0) = \frac{1}{2}$$

$$p_2 = P\left(\sum_{i=1}^{32} X_i > 12\right) > P\left(\sum_{i=1}^{32} X_i > 16\right) = 1 - P\left(\sum_{i=1}^{32} X_i < 16\right)$$

$$\approx 1 - \Phi\left(\frac{16 - 16}{\sqrt{8}}\right) = 1 - \Phi(0) = \frac{1}{2}$$

故选 B。

（5）应选 C。

由于 m 为 n 重 Bernoulli 试验中事件 A 发生的频数，因此 $m \sim B(n, p)$，从而
$$Em = np, \quad Dm = np(1 - p)$$

由中心极限定理知，当 n 充分大时，m 近似地服从正态分布 $N(np, np(1 - p))$，故选 C。

2. 填空题

（1）应填 $\dfrac{3}{4}$。

由于 X 与 Y 相互独立，且 $X \sim N(0, 3^2)$，$Y \sim N(2, 4^2)$，因此 $X + Y \sim N(2, 5^2)$，由 Chebyshev 不等式，有

$$P(|X+Y-2|<10) = P(|X+Y-E(X+Y)|<10)$$

$$\geqslant 1 - \frac{D(X+Y)}{10^2} = 1 - \frac{25}{100} = \frac{3}{4}$$

故填 $\frac{3}{4}$。

(2) 应填 5。

设 X 的概率密度为 $f(x)$，则 $f(x)$ 为偶函数，从而 $EX = \int_{-\infty}^{+\infty} xf(x)\mathrm{d}x = 0$，由 Chebyshev 不等式，有

$$P(|X|<\varepsilon) = P(|X-EX|<\varepsilon) \geqslant 1 - \frac{DX}{\varepsilon^2} = 1 - \frac{1}{\varepsilon^2}$$

取 $1 - \frac{1}{\varepsilon^2} = 0.96$，则 $\varepsilon = 5$，故填 5。

(3) 应填 0。

令 $Y = X_i - \mu_i (i=1,2,\cdots)$，则 $Y_1, Y_2, \cdots, Y_n, \cdots$ 是相互独立的随机变量序列，且

$$EY_i = E(X_i - \mu_i) = EX_i - \mu_i = 0, \quad i=1,2,\cdots$$

$$DY_i = D(X_i - \mu_i) = DX_i = 2, \quad i=1,2,\cdots$$

由 Chebyshev 大数定律，得

$$\frac{1}{n}\sum_{i=1}^{n}(X_i - \mu_i) = \frac{1}{n}\sum_{i=1}^{n}Y_i \xrightarrow{P} 0, \ n\to\infty$$

故填 0。

(4) 应填 0.6915。

由于 $X_1, X_2, \cdots, X_{48}$ 相互独立同服从正态分布 $N\left(1, \frac{1}{3}\right)$，因此

$$EX_i = 1, DX_i = \frac{1}{3}, \quad i=1,2,\cdots,48$$

由中心极限定理知，$\sum_{i=1}^{48} X_i$ 近似地服从正态分布 $N\left(48\times 1, 48\times\frac{1}{3}\right)$，故所求的概率为

$$P\left(\sum_{i=1}^{48}X_i \leqslant 50\right) \approx \Phi\left(\frac{50-48}{4}\right) = \Phi(0.5) = 0.6915$$

故填 0.6915。

(5) 应分别填 $\frac{1}{2}$。

由于 $X_1, X_2, \cdots, X_n, \cdots$ 相互独立且同服从参数为 λ 的 Poisson 分布，因此

$$\mu = EX_i = \lambda, \sigma^2 = DX_i = \lambda, \quad i=1,2,\cdots$$

由中心极限定理知，$\forall x\in\mathbf{R}$，有

$$\lim_{n \to \infty} P\left\{ \frac{\sum\limits_{i=1}^{n} X_i - n\mu}{\sqrt{n}\sigma} \leqslant x \right\} = \lim_{n \to \infty} P\left\{ \frac{\sum\limits_{i=1}^{n} X_i - n\lambda}{\sqrt{n\lambda}} \leqslant x \right\} = \Phi(x)$$

从而

$$\lim_{n \to \infty} P\left\{ \frac{\sum\limits_{i=1}^{n} X_i - n\lambda}{\sqrt{n\lambda}} \leqslant 0 \right\} = \Phi(0) = \frac{1}{2}$$

故填 $\dfrac{1}{2}$。

3. 解答题

（1）**证明**　由于

$$EX_i = \int_{-\infty}^{+\infty} x f(x) \mathrm{d}x = \int_{0}^{+\infty} x^2 \mathrm{e}^{-x} \mathrm{d}x = 2, \quad i = 1, 2, \cdots, n$$

$$EX_i^2 = \int_{-\infty}^{+\infty} x^2 f(x) \mathrm{d}x = \int_{0}^{+\infty} x^3 \mathrm{e}^{-x} \mathrm{d}x = 6$$

$$DX_i = EX_i^2 - (EX_i)^2 = 2, \quad i = 1, 2, \cdots, n$$

因此

$$E\Big(\sum_{i=1}^{n} X_i\Big) = \sum_{i=1}^{n} EX_i = 2n, \quad D\Big(\sum_{i=1}^{n} X_i\Big) = \sum_{i=1}^{n} DX_i = 2n$$

由 Chebyshev 不等式，得

$$P\Big(0 < \sum_{i=1}^{n} X_i < 4n\Big) = P\Big(-2n < \sum_{i=1}^{n} X_i - 2n < 2n\Big) = P\Big(\Big| \sum_{i=1}^{n} X_i - E\Big(\sum_{i=1}^{n} X_i\Big) \Big| < 2n\Big)$$

$$\geqslant 1 - \frac{D\Big(\sum\limits_{i=1}^{n} X_i\Big)}{(2n)^2} = 1 - \frac{2n}{(2n)^2} = \frac{2n-1}{2n}$$

（2）设 n 表示所需投掷次数，X 表示正面出现的次数，则 $X \sim B(n, 0.5)$，从而

$$EX = 0.5n, \quad DX = 0.25n$$

（i）由 Chebyshev 不等式，得

$$P\Big(0.4 < \frac{X}{n} < 0.6\Big) = P(0.4n < X < 0.6n) = P(-0.1n < X - 0.5n < 0.1n)$$

$$= P(|X - EX| < 0.1n) \geqslant 1 - \frac{DX}{(0.1n)^2} = 1 - \frac{0.25n}{0.01n^2}$$

$$= 1 - \frac{25}{n} \geqslant 0.90$$

解之，得 $n \geqslant 250$，从而至少需要掷 250 次才能保证正面出现的频率在区间 $(0.4, 0.6)$ 内的概率不小于 0.90。

(ii) 由中心极限定理知，X 近似地服从正态分布 $N(0.5n, 0.25n)$，从而 n 取决于如下条件：

$$P\left(0.4 < \frac{X}{n} < 0.6\right) = P(0.4n < X < 0.6n)$$

$$\approx \Phi\left(\frac{0.6n - 0.5n}{\sqrt{0.25n}}\right) - \Phi\left(\frac{0.4n - 0.5n}{\sqrt{0.25n}}\right)$$

$$= 2\Phi(0.2\sqrt{n}) - 1 \geqslant 0.90$$

即

$$\Phi(0.2n) \geqslant 0.95 = \Phi(1.645)$$

从而 $0.2\sqrt{n} \geqslant 1.645$，解之，得 $n \geqslant 67.65$，从而至少需要掷 68 次才能保证正面出现的频率在区间 $(0.4, 0.6)$ 内的概率不小于 0.90。

(3) (i) 设 $X_i(i = 1, 2, \cdots, 100)$ 表示一袋中第 i 个螺丝钉的重量（单位：g），则 X_1, X_2, $\cdots$, X_{100} 相互独立同分布，且

$$EX_i = 50, \quad DX_i = 5^2, \quad i = 1, 2, \cdots, 100$$

由中心极限定理知，每袋螺丝钉的重量 $\sum\limits_{i=1}^{100} X_i$ 近似地服从正态分布 $N(100 \times 50, 100 \times 5^2)$，故所求的概率为

$$P\left(\sum_{i=1}^{100} X_i > 5100\right) = 1 - P\left(\sum_{i=1}^{100} X_i \leqslant 5100\right) \approx 1 - \Phi\left(\frac{5100 - 5000}{50}\right)$$

$$= 1 - \Phi(2) = 0.023$$

(ii) 设 Y 表示一箱中重量超过 5.1 kg 的袋数，则 $Y \sim B(500, 0.023)$，从而

$$EY = 500 \times 0.023 = 11.5, \quad DY = 500 \times 0.023 \times 0.977 = 11.236$$

由中心极限定理知，Y 近似地服从正态分布 $N(11.5, 11.236)$，故所求的概率为

$$P\left(\frac{Y}{500} \leqslant 0.04\right) = P(Y \leqslant 20) \approx \Phi\left(\frac{20 - 11.5}{\sqrt{11.236}}\right) = \Phi(2.54) = 0.995$$

(4) 设 n 表示所需要的车位数，$X_i(i = 1, 2, \cdots, 200)$ 为第 i 户拥有的汽车辆数，则 X_1, X_2, $\cdots$, X_{200} 相互独立同分布，且

$$EX_i = 0 \times 0.1 + 1 \times 0.6 + 2 \times 0.3 = 1.2, \quad i = 1, 2, \cdots, 200$$

$$EX_i^2 = 0^2 \times 0.1 + 1^2 \times 0.6 + 2^2 \times 0.3 = 1.8$$

$$DX_i = EX_i^2 + (EX_i)^2 = 1.8 - (1.2)^2 = 0.36, \quad i = 1, 2, \cdots, 200$$

由中心极限定理知，$\sum\limits_{i=1}^{200} X_i$ 近似地服从正态分布 $N(200 \times 1.2, 200 \times 0.36)$，从而 n 取决于如下条件：

$$P\left(\sum_{i=1}^{200} X_i \leqslant n\right) \approx \Phi\left(\frac{n - 200 \times 1.2}{\sqrt{200 \times 0.36}}\right) = \Phi\left(\frac{n - 240}{\sqrt{72}}\right) \geqslant 0.95 = \Phi(1.645)$$

从而 $\dfrac{n-240}{\sqrt{72}} \geqslant 1.645$，解之，得 $n \geqslant 253.96$，故至少需要 254 个车位，才能使得每辆汽车都具有一个车位的概率至少为 0.95。

（5）设 X 表示发生故障的彩电台数，则 $X \sim B(100, 0.02)$，从而 X 的分布律为

$$P(X=k) = C_{100}^{k}(0.02)^{k}(0.98)^{100-k}, \quad k = 0, 1, 2, \cdots, 100$$

（i）所求的概率为

$$P(X \geqslant 1) = 1 - P(X=0) = 1 - (0.98)^{100} = 1 - 0.1326 = 0.8674$$

（ii）由于 $n = 100$，$p = 0.02$，因此 $\lambda = np = 100 \times 0.02 = 2$，故所求的概率为

$$P(X \geqslant 1) = 1 - P(X=0) \approx 1 - e^{-2} = 1 - 0.1353 = 0.8647$$

（iii）由于 $n = 100$，$p = 0.02$，因此

$$EX = np = 100 \times 0.02 = 2, \quad DX = np(1-p) = 100 \times 0.02 \times 0.98 = 1.96$$

由中心极限定理知，X 近似地服从正态分布 $N(2, 1.96)$，故所求的概率为

$$P(X \geqslant 1) = 1 - P(0 \leqslant X < 1) \approx 1 - \left[\Phi\left(-\dfrac{1}{\sqrt{1.96}}\right) - \Phi\left(-\dfrac{2}{\sqrt{1.96}}\right)\right]$$

$$= 1 + \Phi(0.7143) - \Phi(1.4286) = 1 + 0.7611 - 0.9236$$

$$= 0.8375$$

（6）（i）由于 $X_1, X_2, \cdots, X_n, \cdots$ 相互独立，且

$$EX_i = -\sqrt{3} \times \dfrac{1}{3} + 0 \times \dfrac{1}{3} + \sqrt{3} \times \dfrac{1}{3} = 0, \quad i = 1, 2, \cdots$$

$$EX_i^2 = (-\sqrt{3})^2 \times \dfrac{1}{3} + 0^2 \times \dfrac{1}{3} + (\sqrt{3})^2 \times \dfrac{1}{3} = 2$$

$$DX_i = EX_i^2 - (EX_i)^2 = 2, \quad i = 1, 2, \cdots$$

从而 $X_1, X_2, \cdots, X_n, \cdots$ 具有相同的数学期望和方差，故随机变量序列 $X_1, X_2, \cdots, X_n,$ $\cdots$ 满足 Chebyshev 大数定律。

（ii）由中心极限定理知，$\sum\limits_{i=1}^{200} X_i$ 近似地服从正态分布 $N(0, 200 \times 2)$，故所求的概率为

$$P\left(\left|\sum_{i=1}^{200} X_i\right| \leqslant 10\right) = P\left(-10 \leqslant \sum_{i=1}^{200} X_i \leqslant 10\right) \approx \Phi\left(\dfrac{10}{20}\right) - \Phi\left(-\dfrac{10}{20}\right)$$

$$= 2\Phi(0.5) - 1 = 2 \times 0.6915 - 1 = 0.3830$$

第 6 章　数理统计的基本概念

6.1　大纲内容与大纲要求

1. 大纲内容

（1）总体与个体。

（2）简单随机样本。

（3）经验分布函数。

（4）统计量。

（5）样本均值、样本方差、样本标准差、样本 k 阶原点矩、样本 k 阶中心距。

（6）四大分布（标准正态分布、χ^2 分布、t 分布、F 分布）。

（7）四大分布的上 α 分位点。

（8）八大分布（正态总体的抽样分布）。

2. 大纲要求

（1）理解总体与个体的概念。

（2）理解样本的概念。

（3）了解经验分布函数的概念。

（4）理解统计量的概念。

（5）理解样本均值、样本方差、样本标准差、样本矩的概念。

（6）理解 χ^2 分布、t 分布、F 分布的概念和性质。

（7）理解上 α 分位点的概念并会查表计算。

（8）理解正态总体的常用抽样分布并会应用。

6.2　内 容 解 析

1. 基本概念

1）总体与个体

称研究对象的全体为总体，它是一个随机变量 X；称组成总体的元素为个体。

2) 简单随机样本

称相互独立且与总体 X 同分布的随机变量 X_1，X_2，$\cdots$，X_n 为来自总体 X 的一个容量为 n 的简单随机样本，简称样本。称样本 X_1，X_2，$\cdots$，X_n 的一组取值 x_1，x_2，$\cdots$，x_n 为该样本的一组样本值。

3) 经验分布函数

(1) 定义：设 X_1，X_2，$\cdots$，X_n 是来自总体 X 的一个样本，x_1，x_2，$\cdots$，x_n 是样本 X_1，X_2，$\cdots$，X_n 的一组样本值，将其从小到大排列，并重新编号为 $x_{(1)} \leqslant x_{(2)} \leqslant \cdots \leqslant x_{(n)}$，则称函数

$$F_n(x) = \frac{x_1, x_2, \cdots, x_n \text{ 中小于等于 } x \text{ 的样本值的个数}}{n}$$

$$= \begin{cases} 0, & x < x_{(1)} \\ \dfrac{k}{n}, & x_{(k)} \leqslant x < x_{(k+1)} \\ 1, & x \geqslant x_{(n)} \end{cases}$$

为总体 X 的经验分布函数。

需要指出的是，若在 $F_n(x)$ 的定义中将样本值换成对应的样本，则当 n 固定时，它是一个随机变量，此时仍称之为总体 X 的经验分布函数。所以用样本值定义的 $F_n(x)$ 其实是经验分布函数的观察值，在不致混淆的情况下统称为总体 X 的经验分布函数。

(2) 结论：对于任意实数 x，当 $n \to \infty$ 时，$F_n(x)$ 以概率 1 一致收敛于总体 X 分布函数 $F(x)$，即

$$P(\lim_{n \to \infty} \sup_{-\infty < x < +\infty} |F_n(x) - F(x)| = 0) = 1$$

该结论表明：对于任意实数 x，当 n 充分大时，经验分布函数的任一观察值 $F_n(x)$ 与总体 X 的分布函数 $F(x)$ 只有微小的差别，从而在实际中可将其当作 $F(x)$ 使用。

4) 统计量

(1) 定义：设 X_1，X_2，$\cdots$，X_n 为来自总体 X 的一个样本，$g(x_1, x_2, \cdots, x_n)$ 为已知连续函数，且 $g(x_1, x_2, \cdots, x_n)$ 中不含总体 X 的任何未知参数，则称 $g(X_1, X_2, \cdots, X_n)$ 为总体 X 的一个统计量。设 x_1，x_2，$\cdots$，x_n 是样本 X_1，X_2，$\cdots$，X_n 的一组样本值，则称 $g(x_1, x_2, \cdots, x_n)$ 为统计量 $g(X_1, X_2, \cdots, X_n)$ 的样本值。

(2) 设 X_1，X_2，$\cdots$，X_n 为来自总体 X 的一个样本，x_1，x_2，$\cdots$，x_n 是样本 X_1，X_2，$\cdots$，X_n 的一组样本值，则有如下的定义。

(i) 样本均值：

$$\overline{X} = \frac{1}{n} \sum_{i=1}^{n} X_i$$

样本均值的样本值：

$$\overline{x} = \frac{1}{n} \sum_{i=1}^{n} x_i$$

（ii）样本方差：

$$S^2 = \frac{1}{n-1} \sum_{i=1}^{n} (X_i - \overline{X})^2 = \frac{1}{n-1} \left(\sum_{i=1}^{n} X_i^2 - n\overline{X}^2 \right)$$

样本方差的样本值：

$$s^2 = \frac{1}{n-1} \sum_{i=1}^{n} (x_i - \overline{x})^2 = \frac{1}{n-1} \left(\sum_{i=1}^{n} x_i^2 - n\overline{x}^2 \right)$$

（iii）样本标准差：

$$S = \sqrt{S^2} = \sqrt{\frac{1}{n-1} \sum_{i=1}^{n} (X_i - \overline{X})^2}$$

样本标准差的样本值：

$$s = \sqrt{\frac{1}{n-1} \sum_{i=1}^{n} (x_i - \overline{x})^2}$$

（iv）样本 k 阶（原点）矩：

$$A_k = \frac{1}{n} \sum_{i=1}^{n} X_i^k, \quad k = 1, 2, \cdots$$

样本 k 阶（原点）矩的样本值：

$$a_k = \frac{1}{n} \sum_{i=1}^{n} x_i^k, \quad k = 1, 2, \cdots$$

（v）样本 k 阶中心矩：

$$B_k = \frac{1}{n} \sum_{i=1}^{n} (X_i - \overline{X})^k, \quad k = 1, 2, \cdots$$

样本 k 阶中心矩的样本值：

$$b_k = \frac{1}{n} \sum_{i=1}^{n} (x_i - \overline{x})^k, \quad k = 1, 2, \cdots$$

（3）结论：设 X 是总体，其均值 $EX = \mu$，方差 $DX = \sigma^2$，$\overline{X}$、S^2 分别是样本均值与样本方差，则

$$E\overline{X} = \mu, \quad D\overline{X} = \frac{\sigma^2}{n}, \quad ES^2 = \sigma^2$$

2. 抽样分布

1）定义

称统计量的分布为抽样分布。

2) 四大分布

(1) 标准正态分布：$X \sim N(0, 1)$。

(i) 上 α 分位点：对于给定的正数 $\alpha(0 < \alpha < 1)$，如果点 z_α 满足条件

$$P(X > z_\alpha) = \alpha$$

则称点 z_α 为 $X \sim N(0, 1)$ 的上 α 分位点。

(ii) 结论：$z_{1-\alpha} = -z_\alpha$

(2) χ^2 分布：$\chi^2 \sim \chi^2(n)$。

(i) 定义：设随机变量 $X_1, X_2, \cdots, X_n$ 相互独立且同服从标准正态分布 $N(0, 1)$，则称

$$\chi^2 = X_1^2 + X_2^2 + \cdots + X_n^2$$

的分布为服从自由度为 n 的 χ^2 分布（卡方分布），记为 $\chi^2 \sim \chi^2(n)$。

(ii) 上 α 分位点：对于给定的正数 $\alpha(0 < \alpha < 1)$，如果点 $\chi_\alpha^2(n)$ 满足条件

$$P(\chi^2 > \chi_\alpha^2(n)) = \alpha$$

则称点 $\chi_\alpha^2(n)$ 为 $\chi^2 \sim \chi^2(n)$ 的上 α 分位点。

(iii) χ^2 分布的性质：

① 设 $\chi_1^2 \sim \chi^2(n_1)$, $\chi_2^2 \sim \chi^2(n_2)$，且 χ_1^2、χ_2^2 相互独立，则

$$\chi_1^2 + \chi_2^2 \sim \chi^2(n_1 + n_2)$$

该性质可推广到任意有限个相互独立 χ^2 分布随机变量的情况。

② 设 $\chi^2 \sim \chi^2(n)$，则

$$E\chi^2 = n, \quad D\chi^2 = 2n$$

(iv) 结论：设 $\chi^2 \sim \chi^2(n)$，则 χ^2 的概率密度为

$$f(x) = \begin{cases} \dfrac{1}{2^{\frac{n}{2}} \Gamma\left(\dfrac{n}{2}\right)} x^{\frac{n}{2}-1} \mathrm{e}^{-\frac{x}{2}}, & x > 0 \\ 0, & x \leqslant 0 \end{cases}$$

(3) t 分布：$T \sim t(n)$。

(i) 定义：设随机变量 $X \sim N(0, 1)$, $Y \sim \chi^2(n)$，且 X、Y 相互独立，则称

$$T = \frac{X}{\sqrt{Y/n}}$$

的分布为服从参数为 n 的 t 分布，记为 $T \sim t(n)$。

(ii) 上 α 分位点：对于给定的正数 $\alpha(0 < \alpha < 1)$，如果点 $t_\alpha(n)$ 满足条件

$$P(T > t_\alpha(n)) = \alpha$$

则称点 $t_\alpha(n)$ 为 $T \sim t(n)$ 的上 α 分位点。

（iii）结论：

① 设 $T \sim t(n)$，则 T 的概率密度为

$$f(t) = \frac{\Gamma\left(\dfrac{n+1}{2}\right)}{\sqrt{n\pi}\,\Gamma\left(\dfrac{n}{2}\right)}\left(1 + \frac{t^2}{n}\right)^{-\frac{n+1}{2}}, \quad -\infty < t < +\infty$$

② $t_{1-\alpha}(n) = -t_\alpha(n)$。

（4）F 分布：$F \sim F(n_1, n_2)$。

（i）定义：设随机变量 $X \sim \chi^2(n_1)$，$Y \sim \chi^2(n_2)$，且 X、Y 相互独立，则称

$$F = \frac{X/n_1}{Y/n_2}$$

的分布为服从参数为 (n_1, n_2) 的 F 分布，记为 $F \sim F(n_1, n_2)$。

（ii）上 α 分位点：对于给定的正数 $\alpha(0 < \alpha < 1)$，如果点 $F_\alpha(n_1, n_2)$ 满足条件

$$P(F > F_\alpha(n_1, n_2)) = \alpha$$

则称点 $F_\alpha(n_1, n_2)$ 为 $F \sim F(n_1, n_2)$ 的上 α 分位点。

（iii）F 分布的性质：

① 设 $F \sim F(n_1, n_2)$，则

$$\frac{1}{F} \sim F(n_2, n_1)$$

② 设 $F \sim F(n_1, n_2)$，则

$$F_{1-\alpha}(n_1, n_2) = \frac{1}{F_\alpha(n_2, n_1)}$$

（iv）结论：设 $F \sim F(n_1, n_2)$，则 F 的概率密度为

$$f(y) = \begin{cases} \dfrac{\Gamma\left(\dfrac{n_1+n_2}{2}\right)\left(\dfrac{n_1}{n_2}\right)^{\frac{n_1}{2}} y^{\frac{n_1}{2}-1}}{\Gamma\left(\dfrac{n_1}{2}\right)\Gamma\left(\dfrac{n_2}{2}\right)\left(1 + \dfrac{n_1 y}{n_2}\right)^{\frac{n_1+n_2}{2}}}, & y > 0 \\ 0, & y \leqslant 0 \end{cases}$$

3）八大分布

单正态总体用 $X \sim N(\mu, \sigma^2)$ 表示，其容量为 n 的样本为 $X_1, X_2, \cdots, X_n$，样本均值为 $\overline{X}$，样本方差为 S^2。双正态总体用 $X \sim N(\mu_1, \sigma_1^2)$ 表示第一个正态总体，其容量为 n_1 的样本为 $X_1, X_2, \cdots, X_{n_1}$，样本均值为 $\overline{X}$，样本方差为 S_1^2；用 $Y \sim N(\mu_2, \sigma_2^2)$ 表示第二个正态总体，其容量为 n_2 的样本为 $Y_1, Y_2, \cdots, Y_{n_2}$，样本均值为 $\overline{Y}$，样本方差为 S_2^2，并且要求双正态总体的两个样本构成的合样本 $X_1, X_2, \cdots, X_{n_1}, Y_1, Y_2, \cdots, Y_{n_2}$ 相互独立。

(1) $\dfrac{\overline{X} - \mu}{\sigma/\sqrt{n}} \sim N(0,1)$ $\left(\overline{X} \sim N\left(\mu, \dfrac{\sigma^2}{n}\right)\right)$。

(2) $\dfrac{\displaystyle\sum_{i=1}^{n}(X_i - \mu)^2}{\sigma^2} \sim \chi^2(n)$。

(3) $\dfrac{(n-1)S^2}{\sigma^2} \sim \chi^2(n-1)$ $\left[\dfrac{\displaystyle\sum_{i=1}^{n}(X_i - \overline{X})^2}{\sigma^2} \sim \chi^2(n-1)\right]$，且 $\overline{X}$ 与 S^2 相互独立。

(4) $\dfrac{\overline{X} - \mu}{S/\sqrt{n}} \sim t(n-1)$。

(5) $\dfrac{\overline{X} - \overline{Y} - (\mu_1 - \mu_2)}{\sqrt{\dfrac{\sigma_1^2}{n_1} + \dfrac{\sigma_2^2}{n_2}}} \sim N(0,1)$。

(6) 当 $\sigma_1^2 = \sigma_2^2$ 未知时，

$$\dfrac{\overline{X} - \overline{Y} - (\mu_1 - \mu_2)}{S_\omega\sqrt{\dfrac{1}{n_1} + \dfrac{1}{n_2}}} \sim t(n_1 + n_2 - 2)$$

其中 $S_\omega = \sqrt{\dfrac{(n_1-1)S_1^2 + (n_2-1)S_2^2}{n_1 + n_2 - 2}}$。

(7) $\dfrac{n_2\sigma_2^2\displaystyle\sum_{i=1}^{n_1}(X_i - \mu_1)^2}{n_1\sigma_1^2\displaystyle\sum_{i=1}^{n_2}(Y_i - \mu_2)^2} \sim F(n_1, n_2)$。

(8) $\dfrac{\sigma_2^2 S_1^2}{\sigma_1^2 S_2^2} \sim F(n_1 - 1, n_2 - 1)$。

6.3　重点与考点

1. 总体与简单随机样本的概念，样本 $X_1, X_2, \cdots, X_n$ 相互独立且与总体 X 同分布

(1) 利用总体的分布，计算样本的分布或随机变量函数的分布。

(2) 利用总体的分布和样本的性质，计算随机事件的概率。

(3) 利用总体的分布和样本的性质，计算随机变量函数的分布或数字特征。

2. 样本均值、样本方差、样本矩的概念、性质和数字特征

(1) 判断或推导某些统计量（特别是正态总体的统计量）的分布。

(2) 计算统计量的数字特征和有关事件的概率。

(3) 利用样本均值、样本方差的性质、结论与相关计算讨论某些问题。

3. 标准正态分布、χ^2 分布、t 分布、F 分布的定义、性质与分位点

(1) 判断或推导某些随机变量(或统计量)的分布。

(2) 计算随机变量函数(或统计量)的数字特征或随机事件的概率。

4. 正态总体的抽样分布

(1) 判断或推导某些统计量的分布。

(2) 计算统计量的数字特征。

(3) 计算有关事件的概率。

6.4　经典题型

1. 判断或推导统计量的概率分布

例 6-1　设总体 $X \sim N(0, 1)$，$X_1, X_2, \cdots, X_n$ 为来自总体 X 的一个样本，$\overline{X} = \dfrac{1}{n}\sum_{i=1}^{n}X_i$，$S^2 = \dfrac{1}{n-1}\sum_{i=1}^{n}(X_i - \overline{X})^2$，则(　　)。

A. $\overline{X}$ 服从标准正态分布 $N(0, 1)$　　B. $\sum_{i=1}^{n}X_i^2$ 服从自由度为 $n-1$ 的 χ^2 分布

C. $n\overline{X}$ 服从标准正态分布 $N(0, 1)$　　D. $(n-1)S^2$ 服从自由度为 $n-1$ 的 χ^2 分布

解　应选 D。

由于 $\dfrac{(n-1)S^2}{\sigma^2} \sim \chi^2(n-1)$，且 $\sigma^2 = 1$，因此

$$(n-1)S^2 \sim \chi^2(n-1)$$

故选 D。

例 6-2　设总体 $X \sim N(0, \sigma^2)$，$X_1, X_2, \cdots, X_n$ 为来自总体 X 的一个样本，$\overline{X} = \dfrac{1}{n}\sum_{i=1}^{n}X_i$，$S^2 = \dfrac{1}{n-1}\sum_{i=1}^{n}(X_i - \overline{X})^2$，则(　　)。

A. $\dfrac{\overline{X}^2}{\sigma^2} \sim \chi^2(1)$　　B. $\dfrac{S^2}{\sigma^2} \sim \chi^2(n-1)$　　C. $\dfrac{\overline{X}}{S} \sim t(n-1)$　　D. $\dfrac{S^2}{n\overline{X}^2} \sim F(n-1, 1)$

解　应选 D。

由于 $\dfrac{\overline{X} - \mu}{\sigma/\sqrt{n}} \sim N(0, 1)$，且 $\mu = 0$，因此 $\dfrac{\overline{X}}{\sigma/\sqrt{n}} \sim N(0, 1)$，从而 $\left(\dfrac{\overline{X}}{\sigma/\sqrt{n}}\right)^2 \sim \chi^2(1)$，即

$\dfrac{n\overline{X}^2}{\sigma^2} \sim \chi^2(1)$。因为 $\dfrac{(n-1)S^2}{\sigma^2} \sim \chi^2(n-1)$，且 $\dfrac{(n-1)S^2}{\sigma^2}$ 与 $\dfrac{n\overline{X}^2}{\sigma^2}$ 相互独立，因此

$$\frac{(n-1)S^2/\sigma^2}{\dfrac{n-1}{\dfrac{n\overline{X}^2}{\sigma^2}/1}} \sim F(n-1,\,1)$$

即 $\dfrac{S^2}{n\overline{X}^2} \sim F(n-1,\,1)$，故选 D。

例 6-3　设 $X_1,\,X_2,\,\cdots,\,X_m$ 与 $Y_1,\,Y_2,\,\cdots,\,Y_n$ 分别为来自正态总体总体 $X \sim N(\mu_1,\,1)$ 与 $Y \sim N(\mu_2,\,1)$ 的两个样本，且两个样本构成的合样本相互独立，$\overline{X}$、$\overline{Y}$ 分别为两个样本的样本均值，S_1^2、S_2^2 分别为两个样本的样本方差，则（　　　）。

　A. $\overline{X} - \overline{Y} - (\mu_1 - \mu_2) \sim N(0,\,1)$　　　B. $S_1^2 + S_2^2 \sim \chi^2(m+n-2)$

　C. $\dfrac{S_1^2}{S_2^2} \sim F(m-1,\,n-1)$　　　D. $\dfrac{\overline{X} - \overline{Y} - (\mu_1 - \mu_2)}{\sqrt{\dfrac{S_1^2 + S_2^2}{m+n-2}}\sqrt{\dfrac{1}{m} + \dfrac{1}{n}}} \sim t(m+n-2)$

解　应选 C。

由于 $\dfrac{\sigma_2^2}{\sigma_1^2}\dfrac{S_1^2}{S_2^2} \sim F(m-1,\,n-1)$，且 $\sigma_1^2 = \sigma_2^2 = 1$，因此 $\dfrac{S_1^2}{S_2^2} \sim F(m-1,\,n-1)$，故选 C。

例 6-4　设总体 $X \sim N(\mu,\,\sigma^2)$，$X_1,\,X_2,\,\cdots,\,X_n$ 为来自总体 X 的一个样本，$\overline{X}$ 为样本均值，则 $n\left(\dfrac{\overline{X} - \mu}{\sigma}\right)^2 \sim$ _____。

解　应填 $\chi^2(1)$。

由于 $\dfrac{\overline{X} - \mu}{\sigma/\sqrt{n}} \sim N(0,\,1)$，因此 $\left(\dfrac{\overline{X} - \mu}{\sigma/\sqrt{n}}\right)^2 \sim \chi^2(1)$，即 $n\left(\dfrac{\overline{X} - \mu}{\sigma}\right)^2 \sim \chi^2(1)$，故填 $\chi^2(1)$。

例 6-5　设总体 $X \sim N(\mu,\,\sigma^2)$，$X_1,\,X_2,\,\cdots,\,X_n$ 为来自总体 X 的一个样本，$\overline{X}$、S^2 分别为样本均值和样本方差，则 $n\left(\dfrac{\overline{X} - \mu}{S}\right)^2 \sim$ _____。

解　应填 $F(1,\,n-1)$。

由于 $\dfrac{\overline{X} - \mu}{\sigma/\sqrt{n}} \sim N(0,\,1)$，因此 $\left(\dfrac{\overline{X} - \mu}{\sigma/\sqrt{n}}\right)^2 \sim \chi^2(1)$，即 $n\left(\dfrac{\overline{X} - \mu}{\sigma}\right)^2 \sim \chi^2(1)$。又由于 $\dfrac{(n-1)S^2}{\sigma^2} \sim \chi^2(n-1)$，且 $n\left(\dfrac{\overline{X} - \mu}{\sigma}\right)^2$ 与 $\dfrac{(n-1)S^2}{\sigma^2}$ 相互独立，故

$$\frac{n\left(\dfrac{\overline{X} - \mu}{\sigma}\right)^2 \Big/ 1}{\dfrac{(n-1)S^2}{\sigma^2} \Big/ (n-1)} \sim F(1,\,n-1)$$

即 $n\left(\dfrac{\overline{X} - \mu}{S}\right)^2 \sim F(1,\,n-1)$，故填 $F(1,\,n-1)$。

例 6-6　设二维连续型随机变量 (X, Y) 的联合概率密度为

$$f(x, y) = \frac{1}{4\pi} e^{-\frac{1}{4}(x^2 + y^2)}, \quad -\infty < x < +\infty, \ -\infty < y < +\infty$$

则 $\dfrac{X^2}{Y^2} \sim$ _____。

解　应填 $F(1, 1)$。

由于 (X, Y) 的联合概率密度为

$$f(x, y) = \frac{1}{4\pi} e^{-\frac{1}{4}(x^2 + y^2)}, \quad -\infty < x < +\infty, \ -\infty < y < +\infty$$

因此 (X, Y) 服从二维正态分布 $N(0, 0; 2, 2; 0)$，且 $X \sim N(0, 2)$，$Y \sim N(0, 2)$，$\rho = 0$，从而 X 与 Y 相互独立。又由于 $\dfrac{X}{\sqrt{2}} \sim N(0, 1)$，$\dfrac{Y}{\sqrt{2}} \sim N(0, 1)$，故 $\left(\dfrac{X}{\sqrt{2}}\right)^2 \sim \chi^2(1)$，$\left(\dfrac{Y}{\sqrt{2}}\right)^2 \sim \chi^2(1)$，且 $\left(\dfrac{X}{\sqrt{2}}\right)^2$ 与 $\left(\dfrac{Y}{\sqrt{2}}\right)^2$ 相互独立，从而

$$\frac{\left(\dfrac{X}{\sqrt{2}}\right)^2 \Big/ 1}{\left(\dfrac{Y}{\sqrt{2}}\right)^2 \Big/ 1} \sim F(1, 1)$$

即 $\dfrac{X^2}{Y^2} \sim F(1, 1)$，故填 $F(1, 1)$。

例 6-7　设 $X_1, X_2, \cdots, X_8$ 与 $Y_1, Y_2, \cdots, Y_9$ 分别为来自正态总体总体 $X \sim N(0, 1)$ 与 $Y \sim N(0, 1)$ 的两个样本，且两个样本构成的合样本相互独立，$\overline{X}$、$\overline{Y}$ 分别为两个样本的样本均值，$Q = \displaystyle\sum_{i=1}^{8}(X_i - \overline{X})^2 + \sum_{j=1}^{9}(Y_j - \overline{Y})^2$，证明统计量 $T = 3\overline{Y}\sqrt{\dfrac{15}{Q}}$ 服从参数为 15 的 t 分布。

证明　由于 $\dfrac{\overline{Y} - \mu_2}{\sigma_2 / \sqrt{n_2}} \sim N(0, 1)$，且 $\mu_2 = 0$，$\sigma_2 = 1$，因此 $\dfrac{\overline{Y}}{1/\sqrt{9}} \sim N(0, 1)$，即 $3\overline{Y} \sim N(0, 1)$。

又由于

$$\frac{\displaystyle\sum_{i=1}^{n_1}(X_i - \overline{X})^2}{\sigma_1^2} \sim \chi^2(n_1 - 1), \quad \frac{\displaystyle\sum_{j=1}^{n_2}(Y_j - \overline{Y})^2}{\sigma_2^2} \sim \chi^2(n_2 - 1)$$

且 $n_1 = 8$，$n_2 = 9$，$\sigma_1^2 = \sigma_2^2 = 1$，故

$$\sum_{i=1}^{8}(X_i - \overline{X})^2 \sim \chi^2(7), \quad \sum_{j=1}^{9}(Y_j - \overline{Y})^2 \sim \chi^2(8)$$

且 $\displaystyle\sum_{i=1}^{8}(X_i - \overline{X})^2$ 与 $\sum_{j=1}^{9}(Y_j - \overline{Y})^2$ 相互独立，故

$$Q = \sum_{i=1}^{8} (X_i - \overline{X})^2 + \sum_{j=1}^{9} (Y_j - \overline{Y})^2 \sim \chi^2(15)$$

因为 $3\overline{Y}$ 与 Q 相互独立, 所以 $\dfrac{3\overline{Y}}{\sqrt{\dfrac{Q}{15}}} \sim t(15)$, 即 $3\overline{Y}\sqrt{\dfrac{15}{Q}} \sim t(15)$, 故统计量 $T =$

$3\overline{Y}\sqrt{\dfrac{15}{Q}}$ 服从参数为 15 的 t 分布。

例 6 - 8　设 X_1、X_2 为来自正态总体 $X \sim N(0, \sigma^2)$ 的一个样本, 令 $U = X_1 + X_2$, $V = X_1 - X_2$, 试求:

(1) (U, V) 的联合概率密度;

(2) $W = \dfrac{U^2}{V^2}$ 的概率分布。

解　(1) 由于 $X_i \sim N(0, \sigma^2)(i = 1, 2)$, 且相互独立, 因此 (X_1, X_2) 服从二维正态分布, 又由于

$$(U, V) = (X_1, X_2) \begin{bmatrix} 1 & 1 \\ 1 & -1 \end{bmatrix}$$

故 (U, V) 服从二维正态分布 $N(\mu_1, \mu_2; \sigma_1^2, \sigma_2^2; \rho)$。

由于

$$\mu_1 = EU = E(X_1 + X_2) = EX_1 + EX_2 = 0$$
$$\mu_2 = EV = E(X_1 - X_2) = EX_1 - EX_2 = 0$$
$$\sigma_1^2 = DU = D(X_1 + X_2) = DX_1 + DX_2 = 2\sigma^2$$
$$\sigma_2^2 = DV = D(X_1 - X_2) = DX_1 + DX_2 = 2\sigma^2$$

又由于

$$\mathrm{cov}(U, V) = E(UV) - EU \cdot EV = EX_1^2 - EX_2^2 = 0$$

故 $\rho = 0$, 因此 (U, V) 的联合概率密度为

$$f(u, v) = \frac{1}{4\pi\sigma^2} \mathrm{e}^{-\frac{x^2 + y^2}{4\sigma^2}}, \quad -\infty < x < +\infty, -\infty < y < +\infty$$

(2) 由于 X_1、X_2 相互独立, 且 $X_i \sim N(0, \sigma^2)(i = 1, 2)$, 因此 $U = X_1 + X_2 \sim N(0, 2\sigma^2)$, $V = X_1 - X_2 \sim N(0, 2\sigma^2)$, 即

$$\frac{U}{\sqrt{2}\sigma} \sim N(0, 1), \frac{V}{\sqrt{2}\sigma} \sim N(0, 1)$$

从而

$$\left(\frac{U}{\sqrt{2}\sigma}\right)^2 \sim \chi^2(1), \left(\frac{V}{\sqrt{2}\sigma}\right)^2 \sim \chi^2(1)$$

且 $\left(\dfrac{U}{\sqrt{2}\sigma}\right)^2$ 与 $\left(\dfrac{V}{\sqrt{2}\sigma}\right)^2$ 相互独立, 因此

$$\frac{\left(\frac{U}{\sqrt{2}\sigma}\right)^2 \Big/ 1}{\left(\frac{V}{\sqrt{2}\sigma}\right)^2 \Big/ 1} \sim F(1, 1)$$

即 $W = \dfrac{U^2}{V^2} \sim F(1, 1)$。

2. 计算相关事件的概率或讨论与概率有关的问题

例 6 - 9 设随机变量 $X \sim t(n)$，定义 t_a 满足 $P(X \leqslant t_a) = 1 - \alpha (0 < \alpha < 1)$，若已知 $P(|X| > x) = \beta(\beta > 0)$，则 $x = ($ $)$。

A. $t_{1-\beta}$ B. $t_{1-\frac{\beta}{2}}$ C. t_β D. $t_{\frac{\beta}{2}}$

解 应选 D。

由于 t 分布的概率密度函数是偶函数，且 $\beta > 0$，因此 $x > 0$，且

$$P(X \leqslant x) = 1 - P(X > x) = 1 - \frac{1}{2}P(|X| > x) = 1 - \frac{\beta}{2}$$

从而 $x = t_{\frac{\beta}{2}}$，故选 D。

例 6 - 10 设总体 $X \sim N(\mu, \sigma^2)$，$X_1, X_2, \cdots, X_{16}$ 为来自总体 X 的一个样本，$\overline{X}$、S^2 分别为样本均值和样本方差，若 $P(\overline{X} > \mu + aS) = 0.95$，则 $a = $ _____（$t_{0.05}(15) = 1.7531$）。

解 应填 -0.4383。

由于 $\dfrac{\overline{X} - \mu}{S/\sqrt{n}} \sim t(n-1)$，且 $n = 16$，因此 $\dfrac{\overline{X} - \mu}{S/4} \sim t(15)$，即 $\dfrac{4(\overline{X} - \mu)}{S} \sim t(15)$，从而

$$P(\overline{X} > \mu + aS) = P\left(\frac{\overline{X} - \mu}{S} > a\right) = P\left(\frac{4(\overline{X} - \mu)}{S} > 4a\right) = 0.95$$

因此

$$4a = t_{0.95}(15) = -t_{1-0.95}(15) = -t_{0.05}(15) = -1.7531$$

解之，得 $a = -0.4383$，故填 -0.4383。

例 6 - 11 设总体 $X \sim N(\mu, 4)$，$X_1, X_2, \cdots, X_9$ 为来自总体 X 的一个样本，$\overline{X}$ 为样本均值，若 $P(|\overline{X} - \mu| < \mu) = 0.95$，则 $\mu = $ _____（$\Phi(1.96) = 0.975$）。

解 应填 1.3067。

由于 $\dfrac{\overline{X} - \mu}{\sigma/\sqrt{n}} \sim N(0, 1)$，且 $n = 9$，$\sigma = 2$，因此 $\dfrac{\overline{X} - \mu}{2/\sqrt{9}} \sim N(0, 1)$，即 $\dfrac{3}{2}(\overline{X} - \mu) \sim N(0, 1)$，从而

$$P(|\overline{X} - \mu| < \mu) = P\left(\frac{3}{2}|\overline{X} - \mu| < \frac{3}{2}\mu\right) = P\left(-\frac{3}{2}\mu < \frac{3}{2}(\overline{X} - \mu) < \frac{3}{2}\mu\right)$$

$$= \Phi\left(\frac{3}{2}\mu\right) - \Phi\left(-\frac{3}{2}\mu\right) = 2\Phi\left(\frac{3}{2}\mu\right) - 1 = 0.95$$

即 $\Phi\left(\dfrac{3}{2}\mu\right) = 0.975$，从而 $\dfrac{3}{2}\mu = 1.96$，即 $\mu = \dfrac{2}{3} \times 1.96 = 1.3067$，故填 1.3067。

例 6-12 设随机变量 X 与 Y 相互独立，且 $X \sim N(5, 15)$，$Y \sim \chi^2(5)$，试求概率 $P(X - 5 > 3.5\sqrt{Y})$（$t_{0.05}(5) = 2.02$）。

解 由于 X 与 Y 相互独立，且 $X \sim N(5, 15)$，$Y \sim \chi^2(5)$，因此 $\dfrac{X-5}{\sqrt{15}} \sim N(0, 1)$，且

$\dfrac{X-5}{\sqrt{15}}$ 与 Y 相互独立，从而 $\dfrac{\dfrac{X-5}{\sqrt{15}}}{\sqrt{Y/5}} \sim t(5)$，因此

$$P(X - 5 > 3.5\sqrt{Y}) = P\left(\dfrac{\dfrac{X-5}{\sqrt{15}}}{\sqrt{Y/5}} > \dfrac{\dfrac{3.5}{\sqrt{15}}}{\sqrt{1/5}}\right) = P\left(\dfrac{\dfrac{X-5}{\sqrt{15}}}{\sqrt{Y/5}} > 2.02\right) = 0.05$$

例 6-13 设总体 $X \sim N(2.5, 6^2)$，X_1，X_2，X_3，X_4，X_5 为来自总体 X 的一个样本，$\overline{X}$、S^2 分别为样本均值和样本方差，试求概率 $P(\{1.3 < \overline{X} < 3.5\} \cap \{6.3 < S^2 < 9.6\})$（$\Phi(0.37) = 0.6443$，$\Phi(0.45) = 0.6736$，$\chi^2_{0.95}(4) = 0.7$，$\chi^2_{0.90}(4) = 1.067$）。

解 由于 $\overline{X} \sim N\left(\mu, \dfrac{\sigma^2}{n}\right)$，且 $n = 5$，$\mu = 2.5$，$\sigma^2 = 6^2$，因此 $\overline{X} \sim N\left(2.5, \dfrac{6^2}{5}\right)$，从而

$$P(1.3 < \overline{X} < 3.5) = \Phi\left(\dfrac{3.5 - 2.5}{6/\sqrt{5}}\right) - \Phi\left(\dfrac{1.3 - 2.5}{6/\sqrt{5}}\right) = \Phi(0.37) - \Phi(-0.45)$$

$$= \Phi(0.37) + \Phi(0.45) - 1 = 0.6443 + 0.6736 - 1 = 0.3179$$

又由于 $\dfrac{4S^2}{6^2} \sim \chi^2(4)$，故

$$P(6.3 < S^2 < 9.6) = P\left(6.3 \times \dfrac{4}{6^2} < \dfrac{4S^2}{6^2} < 9.6 \times \dfrac{4}{6^2}\right) = P\left(0.7 < \dfrac{4S^2}{6^2} < 1.067\right)$$

$$= P\left(\dfrac{4S^2}{6^2} > 0.7\right) - P\left(\dfrac{4S^2}{6^2} > 1.067\right) = 0.95 - 0.90 = 0.05$$

因为 $\overline{X}$ 与 S^2 相互独立，所以

$$P(\{1.3 < \overline{X} < 3.5\} \cap \{6.3 < S^2 < 9.6\}) = P(1.3 < \overline{X} < 3.5)P(6.3 < S^2 < 9.6)$$

$$= 0.3197 \times 0.05 = 0.0159$$

例 6-14 设总体 X 的概率密度为

$$f(x) = \begin{cases} 2\cos 2x, & 0 < x < \dfrac{\pi}{4} \\ 0, & \text{其他} \end{cases}$$

X_1，X_2，$\cdots$，X_n 为来自总体 X 的一个样本，试问当样本容量 n 至少为多少时，才能使得 $P\left(\min\{X_1, X_2, \cdots, X_n\} < \dfrac{\pi}{12}\right) \geqslant \dfrac{15}{16}$。

解　由于 X 的分布函数为

$$F(x) = \int_{-\infty}^{x} f(t)\,\mathrm{d}t = \begin{cases} 0, & x < 0 \\ \sin 2x, & 0 \leqslant x < \dfrac{\pi}{4} \\ 1, & x \geqslant \dfrac{\pi}{4} \end{cases}$$

因此 $\min\{X_1,\,X_2,\,\cdots,\,X_n\}$ 的分布函数为

$$F_{\min}(x) = 1 - [1 - F(x)]^n$$

从而 n 取决于如下条件：

$$P\left(\min\{X_1,\,X_2,\,\cdots,\,X_n\} < \frac{\pi}{12}\right) = F_{\min}\left(\frac{\pi}{12}\right) = 1 - \left[1 - F\left(\frac{\pi}{12}\right)\right]^n = 1 - \left(\frac{1}{2}\right)^n \geqslant \frac{15}{16}$$

解之，得 $n \geqslant 4$，故样本容量 n 至少应为 4。

3. 计算统计量的数字特征

例 6 - 15　设总体 $X \sim N(\mu,\,\sigma^2)$，$X_1,\,X_2,\,\cdots,\,X_n$ 为来自总体 X 的一个样本，S^2 为样本方差，则 $DS^2 = (\quad)$。

A. $\dfrac{\sigma^4}{n}$ 　　　　　B. $\dfrac{2\sigma^4}{n}$ 　　　　　C. $\dfrac{\sigma^4}{n-1}$ 　　　　　D. $\dfrac{2\sigma^4}{n-1}$

解　应选 D。

由于 $\dfrac{(n-1)S^2}{\sigma^2} \sim \chi^2(n-1)$，因此 $D\left[\dfrac{(n-1)S^2}{\sigma^2}\right] = 2(n-1)$，即 $\dfrac{(n-1)^2}{\sigma^4}DS^2 = 2(n-1)$，因此 $DS^2 = \dfrac{2\sigma^4}{n-1}$，故选 D。

例 6 - 16　设总体 X 的概率密度为

$$f(x) = \begin{cases} |x|, & -1 < x < 1 \\ 0, & \text{其他} \end{cases}$$

$X_1,\,X_2,\,\cdots,\,X_n$ 为来自总体 X 的一个样本，$\overline{X}$、S^2 分别为样本均值和样本方差，则 $E\overline{X} = $ _____，$D\overline{X} = $ _____，$ES^2 = $ _____。

解　应分别填 0，$\dfrac{1}{2n}$，$\dfrac{1}{2}$。

由于

$$EX = \int_{-\infty}^{+\infty} x f(x)\,\mathrm{d}x = \int_{-1}^{1} x|x|\,\mathrm{d}x = 0$$

$$EX^2 = \int_{-\infty}^{+\infty} x^2 f(x)\,\mathrm{d}x = \int_{-1}^{1} x^2|x|\,\mathrm{d}x = 2\int_{0}^{1} x^3\,\mathrm{d}x = \frac{1}{2}$$

$$DX = EX^2 - (EX)^2 = \frac{1}{2}$$

因此

$$E\overline{X} = EX = 0, \quad D\overline{X} = \frac{DX}{n} = \frac{1}{2n}, \quad ES^2 = DX = \frac{1}{2}$$

故分别填 $0, \dfrac{1}{2n}, \dfrac{1}{2}$。

例 6-17　设总体 $X \sim N(\mu, \sigma^2)$，$X_1, X_2, \cdots, X_{2n}(n \geqslant 2)$ 为来自总体 X 的一个样本，$\overline{X} = \dfrac{1}{2n} \sum\limits_{i=1}^{2n} X_i$，令 $U_i = (X_i + X_{n+i} - 2\overline{X})^2 (i = 1, 2, \cdots, n)$，则 $EU_i = $ _____。

解　应填 $\dfrac{2(n-1)}{n} \sigma^2$。

方法一：由于 $X_1, X_2, \cdots, X_{2n}$ 相互独立，且 $X_i \sim N(\mu, \sigma^2)(i = 1, 2, \cdots, 2n)$，因此 $X_1 + X_{n+1}, X_2 + X_{n+2}, \cdots, X_n + X_{2n}$ 相互独立且同服从正态分布 $N(2\mu, 2\sigma^2)$，从而可以将其看成来自正态总体 $N(2\mu, 2\sigma^2)$ 的一个样本，其样本均值为

$$\frac{1}{n} \sum_{k=1}^{n} (X_k + X_{n+k}) = \frac{1}{n} \sum_{k=1}^{2n} X_k = 2\overline{X}$$

样本方差为

$$\frac{1}{n-1} \sum_{k=1}^{n} (X_k + X_{n+k} - 2\overline{X})^2 = \frac{1}{n-1} \sum_{k=1}^{n} U_k$$

由于

$$E\left(\frac{1}{n-1} \sum_{k=1}^{n} U_k\right) = 2\sigma^2, \quad EU_1 = EU_2 = \cdots = EU_n$$

因此

$$EU_i = \frac{1}{n} \sum_{k=1}^{n} EU_k = \frac{1}{n} E\left(\sum_{k=1}^{n} U_k\right) = \frac{n-1}{n} E\left(\frac{1}{n-1} \sum_{k=1}^{n} U_k\right) = \frac{2(n-1)}{n} \sigma^2$$

故填 $\dfrac{2(n-1)}{n} \sigma^2$。

方法二：由于 $X_1, X_2, \cdots, X_{2n}$ 相互独立，$X_i \sim N(\mu, \sigma^2)(i = 1, 2, \cdots, 2n)$，且

$$\begin{aligned}
EU_i &= E[(X_i + X_{n+i} - 2\overline{X})^2] = D(X_i + X_{n+i} - 2\overline{X}) + [E(X_i + X_{n+i} - 2\overline{X})]^2 \\
&= D(X_i + X_{n+i} - 2\overline{X}) + (EX_i + EX_{n+i} - 2E\overline{X})^2 = D(X_i + X_{n+i} - 2\overline{X})
\end{aligned}$$

$$X_i + X_{n+i} - 2\overline{X} = (1 - \frac{1}{n})X_i + (1 - \frac{1}{n})X_{n+i} + \frac{1}{n} \sum_{\substack{k=1 \\ k \neq i, \, k \neq n+i}}^{2n} X_k$$

因此

$$EU_i = D(X_i + X_{n+i} - 2\overline{X}) = (1 - \frac{1}{n})^2 DX_i + (1 - \frac{1}{n})^2 DX_{n+i} + \frac{1}{n^2} \sum_{\substack{k=1 \\ k \neq i, \, k \neq n+i}}^{2n} DX_k$$

$$= (1 - \frac{1}{n})^2 \cdot \sigma^2 + (1 - \frac{1}{n})^2 \cdot \sigma^2 + \frac{2n-2}{n^2} \cdot \sigma^2 = \frac{2(n-1)}{n}\sigma^2$$

故填 $\frac{2(n-1)}{n}\sigma^2$。

例 6-18　设总体 X 的均值 $EX = \mu$，方差 $DX = \sigma^2$，X_1，X_2，$\cdots$，X_n 为来自总体 X 的一个样本，$\overline{X}$ 为样本均值，试求 $X_i - \overline{X}$ 与 $X_j - \overline{X}(i \neq j; \ i, j = 1, 2, \cdots, n)$ 的相关系数。

解　由于 $EX_i = \mu$，$DX_i = \sigma^2 (i = 1, 2, \cdots, n)$，$D\overline{X} = \frac{\sigma^2}{n}$，因此

$$\text{cov}(X_i - \overline{X}, X_j - \overline{X}) = \text{cov}(X_i, X_j) - \text{cov}(X_i, \overline{X}) - \text{cov}(\overline{X}, X_j) + \text{cov}(\overline{X}, \overline{X})$$

$$= 0 - \frac{1}{n}\text{cov}(X_i, X_i) - \frac{1}{n}\text{cov}(X_j, X_j) + D\overline{X}$$

$$= -\frac{1}{n}\sigma^2 - \frac{1}{n}\sigma^2 + \frac{\sigma^2}{n} = -\frac{1}{n}\sigma^2$$

$$D(X_i - \overline{X}) = D(X_j - \overline{X}) = DX_j + D\overline{X} - 2\text{cov}(X_j, \overline{X})$$

$$= \sigma^2 + \frac{\sigma^2}{n} - \frac{2}{n}\text{cov}(X_j, X_j) = \sigma^2 + \frac{\sigma^2}{n} - \frac{2\sigma^2}{n}$$

$$= \frac{n-1}{n}\sigma^2$$

从而 $X_i - \overline{X}$ 与 $X_j - \overline{X}$ 的相关系数为

$$\rho_{X_i - \overline{X}, X_j - \overline{X}} = \frac{\text{cov}(X_i - \overline{X}, X_j - \overline{X})}{\sqrt{D(X_i - \overline{X})}\sqrt{D(X_j - \overline{X})}} = \frac{-\frac{1}{n}\sigma^2}{\frac{n-1}{n}\sigma^2} = -\frac{1}{n-1}$$

例 6-19　设总体 $X \sim N(0, 1)$，X_1，X_2，$\cdots$，X_6 为来自总体 X 的一个样本，$\overline{X}$、S^2 分别为样本均值和样本方差，$T = 5\overline{X}^2 + \frac{1}{6}S^2$，试求 ET 和 DT。

解　由于 $E\overline{X} = EX = 0$，$D\overline{X} = \frac{DX}{6} = \frac{1}{6}$，$ES^2 = DX = 1$，因此

$$ET = 5E\overline{X}^2 + \frac{1}{6}ES^2 = 5[D\overline{X} + (E\overline{X})^2] + \frac{1}{6} \times 1 = 5(\frac{1}{6} + 0^2) + \frac{1}{6} = 1$$

又由于 $\overline{X} \sim N\left(0, \frac{1}{6}\right)$，$\frac{5S^2}{1} \sim \chi^2(5)$，故 $6\overline{X}^2 \sim \chi^2(1)$，从而

$$D\overline{X}^2 = \frac{1}{18}, \quad DS^2 = \frac{2}{5}$$

因为 $\overline{X}$ 与 S^2 相互独立，所以

$$DT = 25D\overline{X}^2 + \frac{1}{36}DS^2 = 25 \times \frac{1}{18} + \frac{1}{36} \times \frac{2}{5} = \frac{7}{5}$$

例 6-20　设总体 $X \sim N(0, \sigma^2)$，X_1，X_2，$\cdots$，X_n 为来自总体 X 的一个样本，$\overline{X}$、S^2，

分别为样本均值和样本方差，证明 $\mathrm{cov}(X_1, S^2) = 0$.

证明　由于 $X_i \sim N(0, \sigma^2)(i = 1, 2, \cdots, n)$，因此

$$EX_i = 0, \quad DX_i = \sigma^2, \quad i = 1, 2, \cdots, n$$

$$S^2 = \frac{1}{n-1}\sum_{i=1}^{n}(X_i - \overline{X})^2 = \frac{1}{n-1}\left(\sum_{i=1}^{n}X_i^2 - n\overline{X}^2\right)$$

当 $i = 1$ 时，

$$\mathrm{cov}(X_1, X_i^2) = \mathrm{cov}(X_1, X_1^2) = EX_1^3 - EX_1 \cdot EX_1^2 = EX_1^3$$

$$= \int_{-\infty}^{+\infty} x^3 \frac{1}{\sqrt{2\pi}\sigma} \mathrm{e}^{-\frac{x^2}{2\sigma^2}} \mathrm{d}x = 0$$

当 $i \neq 1$ 时，

$$\mathrm{cov}(X_1, X_i^2) = 0$$

又由于

$$\overline{X}^2 = \frac{1}{n^2}\left(\sum_{i=1}^{n}X_i^2 + 2\sum_{1 \leqslant i < j \leqslant n}X_iX_j\right)$$

$$\mathrm{cov}(X_1, \overline{X}^2) = \frac{1}{n^2}\sum_{i=1}^{n}\mathrm{cov}(X_1, X_i^2) + \frac{2}{n^2}\sum_{1 \leqslant i < j \leqslant n}\mathrm{cov}(X_1, X_iX_j)$$

$$= 0 + \frac{2}{n^2}\sum_{j=2}^{n}\mathrm{cov}(X_1, X_1X_j)$$

$$= \frac{2}{n^2}\sum_{j=2}^{n}\left[E(X_1^2X_j) - EX_1 \cdot E(X_1X_j)\right] = 0$$

因此

$$\mathrm{cov}(X_1, S^2) = \mathrm{cov}\left(X_1, \frac{1}{n-1}\left(\sum_{i=1}^{n}X_i^2 - n\overline{X}^2\right)\right)$$

$$= \frac{1}{n-1}\sum_{i=1}^{n}\mathrm{cov}(X_1, X_i^2) - \frac{n}{n-1}\mathrm{cov}(X_1, \overline{X}^2) = 0$$

例 6 – 21　设 $X_1, X_2, \cdots, X_m$ 与 $Y_1, Y_2, \cdots, Y_n$ 分别为来自正态总体 $X \sim N(\mu, \sigma_1^2)$ 与 $Y \sim N(\mu, \sigma_2^2)$ 的两个样本，且两个样本构成的合样本相互独立，$\overline{X}$、$\overline{Y}$ 分别为两个样本的样本均值，S_1^2、S_2^2 分别为两个样本的样本方差，令 $Z = \alpha\overline{X} + \beta\overline{Y}$，其中 $\alpha = \dfrac{S_1^2}{S_1^2 + S_2^2}$，$\beta = \dfrac{S_2^2}{S_1^2 + S_2^2}$，求 EZ。

解　由于 $\overline{X}$ 与 S_1^2 相互独立，$\overline{X}$ 与 S_2^2 相互独立，因此 $\overline{X}$ 与 $\alpha = \dfrac{S_1^2}{S_1^2 + S_2^2}$ 相互独立。同理，$\overline{Y}$ 与 $\beta = \dfrac{S_2^2}{S_1^2 + S_2^2}$ 相互独立。又由于 $E\overline{X} = E\overline{Y} = \mu$，故

$$EZ = E(\alpha \overline{X} + \beta \overline{Y}) = E\alpha \cdot E\overline{X} + E\beta \cdot E\overline{Y}$$

$$= \mu\left[E\left(\frac{S_1^2}{S_1^2 + S_2^2}\right) + E\left(\frac{S_2^2}{S_1^2 + S_2^2}\right)\right] = \mu E\left(\frac{S_1^2 + S_2^2}{S_1^2 + S_2^2}\right) = \mu$$

例 6-22　设总体 $X \sim N(0, \sigma^2)$，X_1, X_2, X_3, X_4 为来自总体 X 的一个样本，试求：

(1) 统计量 $U = 2(X_1^2 + X_2^2) + X_3^2 + X_4^2$ 的数学期望和方差；

(2) 统计量 $V = \dfrac{X_1 - X_2}{\sqrt{X_3^2 + X_4^2}}$ 的概率分布。

解　(1) 由于 $X_i \sim N(0, \sigma^2)(i = 1, 2, 3, 4)$，因此

$$EX_i = 0, \ DX_i = \sigma^2, \ EX_i^2 = DX_i + (EX_i)^2 = \sigma^2, \ i = 1, 2, 3, 4$$

又由于 $\dfrac{X_i}{\sigma} \sim N(0, 1)(i = 1, 2, 3, 4)$，故 $\left(\dfrac{X_i}{\sigma}\right)^2 \sim \chi^2(1)(i = 1, 2, 3, 4)$，从而

$$DX_i^2 = 2\sigma^4, \quad i = 1, 2, 3, 4$$

因此

$$EU = 2EX_1^2 + 2EX_2^2 + EX_3^2 + EX_4^2 = 6\sigma^2$$
$$DU = 4DX_1^2 + 4DX_2^2 + DX_3^2 + DX_4^2 = 20\sigma^4$$

(2) 由于 $X_i \sim N(0, \sigma^2)(i = 1, 2, 3, 4)$，因此

$$X_1 - X_2 \sim N(0, 2\sigma^2), \ \frac{X_3}{\sigma} \sim N(0, 1), \ \frac{X_4}{\sigma} \sim N(0, 1)$$

从而

$$\frac{X_1 - X_2}{\sqrt{2}\sigma} \sim N(0, 1), \ \left(\frac{X_3}{\sigma}\right)^2 \sim \chi^2(1), \ \left(\frac{X_4}{\sigma}\right)^2 \sim \chi^2(1), \ \frac{X_3^2 + X_4^2}{\sigma^2} \sim \chi^2(2)$$

且 $\dfrac{X_1 - X_2}{\sqrt{2}\sigma}$ 与 $\dfrac{X_3^2 + X_4^2}{\sigma^2}$ 相互独立，故

$$\frac{\dfrac{X_1 - X_2}{\sqrt{2}\sigma}}{\sqrt{\dfrac{X_3^2 + X_4^2}{\sigma^2}\bigg/ 2}} \sim t(2)$$

即 $V = \dfrac{X_1 - X_2}{\sqrt{X_3^2 + X_4^2}} \sim t(2)$。

6.5　习题全解

一、选择题

1. 设 $X_1, X_2, \cdots, X_n$ 为来自总体 $X \sim N(\mu, \sigma^2)$ 的一个样本，其中 μ 未知，$\sigma^2 > 0$ 已知，则下列不是统计量的是（　　）。

8. 设总体 $X \sim N(0, 1)$，$X_1, X_2, \cdots, X_n$ 为来自总体 X 的一个样本，$\overline{X} = \dfrac{1}{n}\sum\limits_{i=1}^{n} X_i$，$S^2 = \dfrac{1}{n-1}\sum\limits_{i=1}^{n}(X_i - \overline{X})^2$，则服从自由度为 $n-1$ 的 χ^2 分布的随机变量是(　　)。

A. $\sum\limits_{i=1}^{n} X_i^2$ 　　　　　　　　　　　B. S^2

C. $(n-1)\overline{X}^2$ 　　　　　　　　　　D. $(n-1)S^2$

解　应选 D。

由于 $\dfrac{(n-1)S^2}{\sigma^2} \sim \chi^2(n-1)$，且 $\sigma^2 = 1$，因此 $(n-1)S^2 \sim \chi^2(n-1)$，故选 D。

9. 设随机变量 $X \sim t(n)(n > 1)$，$Y = \dfrac{1}{X^2}$，则(　　)。

A. $Y \sim \chi^2(n)$ 　　　　　　　　　　B. $Y \sim \chi^2(n-1)$

C. $Y \sim F(n, 1)$ 　　　　　　　　　　D. $Y \sim F(1, n)$

解　应选 C。

由于 $X \sim t(n)$，因此 $X = \dfrac{U}{\sqrt{V/n}}$，其中 $U \sim N(0, 1)$，$V \sim \chi^2(n)$，且 U 与 V 相互独立，从而 $U^2 \sim \chi^2(1)$，且 U^2 与 V 相互独立，所以 $Y = \dfrac{1}{X^2} = \dfrac{V/n}{U^2/1} \sim F(n, 1)$，故选 C。

10. 设 $X_1, X_2, \cdots, X_n$ 为来自正态总体 $N(\mu, \sigma^2)$ 的一个简单随机样本，$\overline{X}$ 是样本均值，记

$$S_1^2 = \frac{1}{n-1}\sum_{i=1}^{n}(X_i - \overline{X})^2, \quad S_2^2 = \frac{1}{n}\sum_{i=1}^{n}(X_i - \overline{X})^2$$

$$S_3^2 = \frac{1}{n-1}\sum_{i=1}^{n}(X_i - \mu)^2, \quad S_4^2 = \frac{1}{n}\sum_{i=1}^{n}(X_i - \mu)^2$$

则服从参数为 $n-1$ 的 t 分布的随机变量是(　　)。

A. $T = \dfrac{\overline{X} - \mu}{S_1/\sqrt{n-1}}$ 　　　　　　　B. $T = \dfrac{\overline{X} - \mu}{S_2/\sqrt{n-1}}$

C. $T = \dfrac{\overline{X} - \mu}{S_3/\sqrt{n}}$ 　　　　　　　D. $T = \dfrac{\overline{X} - \mu}{S_4/\sqrt{n}}$

解　应选 B。

由于 $\dfrac{\overline{X} - \mu}{\sigma/\sqrt{n}} \sim N(0, 1)$，$\dfrac{\sum\limits_{i=1}^{n}(X_i - \overline{X})^2}{\sigma^2} \sim \chi^2(n-1)$，即 $\dfrac{nS_2^2}{\sigma^2} \sim \chi^2(n-1)$，且 $\dfrac{\overline{X} - \mu}{\sigma/\sqrt{n}}$ 与 $\dfrac{nS_2^2}{\sigma^2}$ 相互独立，因此

$$\frac{\dfrac{\overline{X}-\mu}{\sigma/\sqrt{n}}}{\sqrt{\dfrac{nS_2^2}{\sigma^2}\Big/(n-1)}} \sim t(n-1)$$

即 $\dfrac{\overline{X}-\mu}{S_2/\sqrt{n-1}} \sim t(n-1)$，故选 B。

11. 设 X_1，X_2，$\cdots$，X_n 为来自总体 $X \sim N(0,1)$ 的一个样本，$\overline{X}$、S 分别为样本均值和样本标准差，则（　　）。

　　A. $n\overline{X} \sim N(0,1)$　　　　　　　　　　B. $\overline{X} \sim N(0,1)$

　　C. $\displaystyle\sum_{i=1}^{n} X_i^2 \sim \chi^2(n)$　　　　　　　　　　D. $\dfrac{\overline{X}}{S} \sim t(n-1)$

解　应选 C。

由于 $\dfrac{\displaystyle\sum_{i=1}^{n}(X_i-\mu)^2}{\sigma^2} \sim \chi^2(n)$，且 $\mu=0$，$\sigma^2=1$，因此 $\displaystyle\sum_{i=1}^{n} X_i^2 \sim \chi^2(n)$，故选 C。

12. 设 X_1，X_2，$\cdots$，X_m，$\cdots$，X_n 为来自总体 $X \sim N(0,\sigma^2)$ 的一个样本，令 $Y = a\Big(\displaystyle\sum_{i=1}^{m} X_i\Big)^2 + b\Big(\displaystyle\sum_{i=m+1}^{n} X_i\Big)^2$，要使随机变量 Y 服从自由度为 2 的 χ^2 分布，则 a、b 的值为（　　）。

　　A. $a=\dfrac{1}{m\sigma^2}$，$b=\dfrac{1}{(n-m)\sigma^2}$　　　　　　B. $a=\dfrac{1}{m}$，$b=\dfrac{1}{n-m}$

　　C. $a=m\sigma^2$，$b=(n-m)\sigma^2$　　　　　　D. $a=m$，$b=n-m$

解　应选 A。

由于 X_1，X_2，$\cdots$，X_m，$\cdots$，X_n 相互独立，且 $X_i \sim N(0,\sigma^2)(i=1,2,\cdots,m,\cdots,n)$，因此

$$\sum_{i=1}^{m} X_i \sim N(0,m\sigma^2)，\quad \sum_{m+1}^{n} X_i \sim N(0,(n-m)\sigma^2)$$

即 $\dfrac{\displaystyle\sum_{i=1}^{m} X_i}{\sqrt{m}\sigma} \sim N(0,1)$，$\dfrac{\displaystyle\sum_{i=m+1}^{n} X_i}{\sqrt{n-m}\sigma} \sim N(0,1)$，且 $\dfrac{\displaystyle\sum_{i=1}^{m} X_i}{\sqrt{m}\sigma}$ 与 $\dfrac{\displaystyle\sum_{i=m+1}^{n} X_i}{\sqrt{n-m}\sigma}$ 相互独立，从而

$$\left(\frac{\displaystyle\sum_{i=1}^{m} X_i}{\sqrt{m}\sigma}\right)^2 + \left(\frac{\displaystyle\sum_{i=m+1}^{n} X_i}{\sqrt{n-m}\sigma}\right)^2 \sim \chi^2(2)$$

即 $\dfrac{1}{m\sigma^2}\Big(\displaystyle\sum_{i=1}^{m} X_i\Big)^2 + \dfrac{1}{(n-m)\sigma^2}\Big(\displaystyle\sum_{i=m+1}^{n} X_i\Big)^2 \sim \chi^2(2)$，从而 $a=\dfrac{1}{m\sigma^2}$，$b=\dfrac{1}{(n-m)\sigma^2}$，故选 A。

13. 设 $X_1, X_2, \cdots, X_n, X_{n+1}$ 为来自总体 $X \sim N(\mu, \sigma^2)$ 的一个样本，$\overline{X} = \dfrac{1}{n}\sum\limits_{i=1}^{n} X_i$，$S^2 = \dfrac{1}{n-1}\sum\limits_{i=1}^{n}(X_i - \overline{X})^2$，则统计量 $Y = \dfrac{X_{n+1} - \overline{X}}{S}\sqrt{\dfrac{n}{n+1}} \sim (\quad)$。

　　A. $N(0, 1)$ 　　　　B. $t(n)$ 　　　　C. $t(n-1)$ 　　　　D. $t(n+1)$

解　应选 C。

由于 $X_{n+1} \sim N(\mu, \sigma^2)$，$\overline{X} \sim N\left(\mu, \dfrac{\sigma^2}{n}\right)$，且 X_{n+1} 与 $\overline{X}$ 相互独立，因此

$$X_{n+1} - \overline{X} \sim N\left(0, \sigma^2 + \frac{\sigma^2}{n}\right)$$

即

$$\frac{X_{n+1} - \overline{X}}{\sqrt{\dfrac{n+1}{n}}\,\sigma} \sim N(0, 1)$$

因为 $\dfrac{(n-1)S^2}{\sigma^2} \sim \chi^2(n-1)$，且 $\dfrac{X_{n+1} - \overline{X}}{\sqrt{\dfrac{n+1}{n}}\,\sigma}$ 与 $\dfrac{(n-1)S^2}{\sigma^2}$ 相互独立，所以

$$\frac{\dfrac{X_{n+1} - \overline{X}}{\sqrt{\dfrac{n+1}{n}}\,\sigma}}{\sqrt{\dfrac{(n-1)S^2}{\sigma^2}\Big/(n-1)}} \sim t(n-1)$$

即 $\dfrac{X_{n+1} - \overline{X}}{S}\sqrt{\dfrac{n}{n+1}} \sim t(n-1)$，故选 C。

14. 设 $X_1, X_2, \cdots, X_8$ 与 $Y_1, Y_2, \cdots, Y_{10}$ 分别为来自于正态总体 $N(-1, 4)$ 与 $N(2, 5)$ 的两个样本，且相互独立，S_1^2、S_2^2 分别为两样本的样本方差，则服从参数为 $(7, 9)$ 的 F 分布的统计量是 $(\quad)$。

　　A. $\dfrac{2S_1^2}{5S_2^2}$ 　　　　B. $\dfrac{5S_1^2}{4S_2^2}$ 　　　　C. $\dfrac{4S_2^2}{5S_1^2}$ 　　　　D. $\dfrac{5S_1^2}{2S_2^2}$

解　应选 B。

由于 $\dfrac{\sigma_2^2 S_1^2}{\sigma_1^2 S_2^2} \sim F(n_1 - 1, n_2 - 1)$，且 $n_1 = 8$，$n_2 = 10$，$\sigma_1^2 = 4$，$\sigma_2^2 = 5$，因此 $\dfrac{5S_1^2}{4S_2^2} \sim F(7, 9)$，故选 B。

15. 设 X_1, X_2, X_3, X_4 为来自总体 $X \sim N(1, \sigma^2)$ 的一个样本，则统计量 $\dfrac{X_1 - X_2}{|X_3 + X_4 - 2|} \sim (\quad)$。

A. $N(0,1)$　　　　B. $t(1)$　　　　C. $\chi^2(1)$　　　　D. $F(1,1)$

解　应选 B。

由于 X_1，X_2，X_3，X_4 相互独立，且 $X_i \sim N(1,\sigma^2)(i=1,2,3,4)$，因此 $X_1 - X_2 \sim N(0,2\sigma^2)$，即

$$\frac{X_1 - X_2}{\sqrt{2}\sigma} \sim N(0,1)$$

又由于 $X_3 + X_4 \sim N(2,2\sigma^2)$，即 $\dfrac{X_3 + X_4 - 2}{\sqrt{2}\sigma} \sim N(0,1)$，故 $\dfrac{(X_3 + X_4 - 2)^2}{2\sigma^2} \sim \chi^2(1)$，且 $\dfrac{X_1 - X_2}{\sqrt{2}\sigma}$ 与 $\dfrac{(X_3 + X_4 - 2)^2}{2\sigma^2}$ 相互独立，从而

$$\frac{\dfrac{X_1 - X_2}{\sqrt{2}\sigma}}{\sqrt{\dfrac{(X_3 + X_4 - 2)^2}{2\sigma^2}/1}} \sim t(1)$$

即 $\dfrac{X_1 - X_2}{|X_3 + X_4 - 2|} \sim t(1)$，故选 B。

16. 设随机变量 $X \sim t(n)$，$Y \sim F(1,n)$，给定 $\alpha(0 < \alpha < 0.5)$，常数 c 满足 $P(X > c) = \alpha$，则 $P(Y > c^2) = ($　　$)$。

A. α　　　　B. $1 - \alpha$　　　　C. 2α　　　　D. $1 - 2\alpha$

解　应选 C。

由于 $X \sim t(n)$，因此 $X = \dfrac{U}{\sqrt{V/n}}$，其中 $U \sim N(0,1)$，$V \sim \chi^2(n)$，且 U 与 V 相互独立，从而 $U^2 \sim \chi^2(1)$，且 U^2 与 V 相互独立，所以 $X^2 = \dfrac{U^2}{V/n} = \dfrac{U^2/1}{V/n} \sim F(1,n)$，从而

$$P(Y > c^2) = P(X^2 > c^2) = P(X < -c) + P(X > c)$$
$$= 2P(X > c) = 2\alpha$$

故选 C。

17. 设 X_1，X_2，X_3 为来自总体 $X \sim N(0,\sigma^2)$ 的一个样本，则统计量 $\dfrac{X_1 - X_2}{\sqrt{2}|X_3|} \sim ($　　$)$。

A. $F(1,1)$　　　　B. $F(2,1)$　　　　C. $t(1)$　　　　D. $t(2)$

解　应选 C。

由于 X_1，X_2，X_3 相互独立，且 $X_i \sim N(0,\sigma^2)(i=1,2,3)$，因此 $X_1 - X_2 \sim N(0,2\sigma^2)$，即

$$\frac{X_1 - X_2}{\sqrt{2}\sigma} \sim N(0,1)$$

又由于 $\dfrac{X_3}{\sigma} \sim N(0,1)$，故 $\dfrac{X_3^2}{\sigma^2} \sim \chi^2(1)$，且 $\dfrac{X_1 - X_2}{\sqrt{2}\sigma}$ 与 $\dfrac{X_3^2}{\sigma^2}$ 相互独立，从而

$$\frac{\dfrac{X_1 - X_2}{\sqrt{2}\sigma}}{\sqrt{\dfrac{X_3^2}{\sigma^2}\Big/1}} \sim t(1)$$

即 $\dfrac{X_1 - X_2}{\sqrt{2}\,|X_3|} \sim t(1)$，故选 C。

18. 设 $X_1, X_2, \cdots, X_n$ 为来自总体 $X \sim N(\mu, \sigma^2)$ 的一个样本，$\overline{X}$ 为样本均值，令

$$A_1 = \frac{\sum_{i=1}^{n}(X_i - \mu)^2}{n-1}, \quad A_2 = \frac{\sum_{i=1}^{n}(X_i - \overline{X})^2}{n-1}$$

$$A_3 = \frac{\sum_{i=1}^{n}(X_i - \mu)^2}{n}, \quad A_4 = \frac{\sum_{i=1}^{n}(X_i - \overline{X})^2}{n}$$

则服从自由度为 $n-1$ 的 χ^2 分布的随机变量是(　　　)。

　　A. $\dfrac{(n-1)A_1}{\sigma^2}$ 　　　　B. $\dfrac{nA_2}{\sigma^2}$ 　　　　C. $\dfrac{(n-1)A_3}{\sigma^2}$ 　　　　D. $\dfrac{nA_4}{\sigma^2}$

解　应选 D。

由于 $\dfrac{(n-1)S^2}{\sigma^2} \sim \chi^2(n-1)$，即 $\dfrac{\sum_{i=1}^{n}(X_i - \overline{X})^2}{\sigma^2} \sim \chi^2(n-1)$，因此 $\dfrac{nA_4}{\sigma^2} \sim \chi^2(n-1)$，

故选 D。

19. 设 $X_1, X_2, \cdots, X_n, X_{n+1}, \cdots, X_{n+m}$ 为来自总体 $X \sim N(0, \sigma^2)$ 的一个样本，则统

计量 $V = \dfrac{m\sum_{i=1}^{n}X_i^2}{n\sum_{i=n+1}^{n+m}X_i^2}$ 服从的分布是(　　　)。

　　A. $F(m, n)$ 　　　　　　　　　　　　B. $F(n-1, m-1)$

　　C. $F(n, m)$ 　　　　　　　　　　　　D. $F(m-1, n-1)$

解　应选 C。

由于 $X_1, X_2, \cdots, X_n, X_{n+1}, \cdots, X_{n+m}$ 相互独立，且 $X_i \sim N(0, \sigma^2)(i=1, 2, \cdots, n,$

$n+1, \cdots, n+m)$，因此 $\dfrac{X_1}{\sigma}, \dfrac{X_2}{\sigma}, \cdots, \dfrac{X_n}{\sigma}, \dfrac{X_{n+1}}{\sigma}, \cdots, \dfrac{X_{n+m}}{\sigma}$ 相互独立，且 $\dfrac{X_i}{\sigma} \sim N(0, 1)$

$(i=1, 2, \cdots, n, n+1, \cdots, n+m)$，从而

$$\sum_{i=1}^{n}\left(\frac{X_i}{\sigma}\right)^2 \sim \chi^2(n), \quad \sum_{i=n+1}^{n+m}\left(\frac{X_i}{\sigma}\right)^2 \sim \chi^2(m)$$

且 $\displaystyle\sum_{i=1}^{n}\left(\frac{X_i}{\sigma}\right)^2$ 与 $\displaystyle\sum_{i=n+1}^{n+m}\left(\frac{X_i}{\sigma}\right)^2$ 相互独立,故

$$\frac{\displaystyle\sum_{i=1}^{n}\left(\frac{X_i}{\sigma}\right)^2\Big/n}{\displaystyle\sum_{i=n+1}^{n+m}\left(\frac{X_i}{\sigma}\right)^2\Big/m} \sim F(n,\ m)$$

即 $V = \dfrac{m\displaystyle\sum_{i=1}^{n}X_i^2}{n\displaystyle\sum_{i=n+1}^{n+m}X_i^2} \sim F(n,\ m)$,故选 C。

20. 设总体 $X \sim N(0,\ \sigma^2)$,X_1,X_2,$\cdots$,X_n 为来自总体 X 的一个样本,$\overline{X}$ 与 S^2 分别为样本均值和样本方差,则统计量 $\dfrac{\overline{X}}{S}\sqrt{n}$ 服从的分布为(   )。

    A. $N(0,\ 1)$ B. $\chi^2(n-1)$ C. $t(n-1)$ D. $F(n,\ n-1)$

解 应选 C。

由于 $\dfrac{\overline{X}-\mu}{S/\sqrt{n}} \sim t(n-1)$,且 $\mu=0$,因此 $\dfrac{\overline{X}}{S/\sqrt{n}} \sim t(n-1)$,即 $\dfrac{\overline{X}}{S}\sqrt{n} \sim t(n-1)$,故选 C。

二、填空题

1. 设总体 X 服从参数为 $p(0<p<1)$ 的 0-1 分布,X_1,X_2,$\cdots$,X_n 为来自总体 X 的一个样本,则 $E\overline{X} = $ _____,$D\overline{X} = $ _____,$ES^2 = $ _____。

解 应分别填 p,$\dfrac{p(1-p)}{n}$,$p(1-p)$。

由于 X 服从参数为 $p(0<p<1)$ 的 $0-1$ 分布,因此 $EX=p$,$DX=p(1-p)$,故 $E\overline{X}=p$,$D\overline{X}=\dfrac{p(1-p)}{n}$,$ES^2=p(1-p)$,故分别填 p,$\dfrac{p(1-p)}{n}$,$p(1-p)$。

2. 设总体 X 的概率密度为 $f(x)=\dfrac{1}{2}\mathrm{e}^{-|x|}\ (-\infty<x<+\infty)$,$X_1$,$X_2$,$\cdots$,$X_n$ 为来自总体 X 的一个样本,其样本方差为 S^2,则 $ES^2 = $ _____。

解 应填 2。

由于

$$EX = \int_{-\infty}^{+\infty} xf(x)\,\mathrm{d}x = \int_{-\infty}^{+\infty} x\cdot\frac{1}{2}\mathrm{e}^{-|x|}\,\mathrm{d}x = 0$$

$$EX^2 = \int_{-\infty}^{+\infty} x^2 f(x)\,\mathrm{d}x = \int_{-\infty}^{+\infty} x^2\cdot\frac{1}{2}\mathrm{e}^{-|x|}\,\mathrm{d}x = \int_{0}^{+\infty} x^2\mathrm{e}^{-x}\,\mathrm{d}x = 2$$

$$DX = EX^2 - (EX)^2 = 2$$

从而 $ES^2 = DX = 2$,故填 2。

3. 设 X_1，X_2，$\cdots$，X_n 为来自总体 $X \sim B(1，p)$ 的一个样本，则 $P(\overline{X} = \dfrac{k}{n}) = $

_____。

解　应填 $C_n^k p^k (1-p)^{n-k}$，　$k = 0，1，2，\cdots，n$。

$$P(\overline{X} = \frac{k}{n}) = P(n\overline{X} = k) = P(\sum_{i=1}^{n} X_i = k)$$

$$= C_n^k p^k (1-p)^{n-k}，\quad k = 0，1，2，\cdots，n$$

故填 $C_n^k p^k (1-p)^{n-k}$，$k = 0，1，2，\cdots，n$。

4. 设 X_1，X_2，$\cdots$，X_m 为来自二项分布总体 $X \sim B(n，p)$ 的一个样本，$\overline{X}$ 与 S^2 分别为样本均值和样本方差，若统计量 $T = \overline{X} - S^2$，则 $ET = $ _____。

解　应填 np^2。

由于 $X \sim B(n，p)$，因此 $EX = np$，$DX = np(1-p)$，从而 $E\overline{X} = np$，$ES^2 = np(1-p)$，所以

$$ET = E(\overline{X} - S^2) = E\overline{X} - ES^2 = np - np(1-p) = np^2$$

故填 np^2。

5. 设 X_1，X_2，$\cdots$，X_n 为来自总体 $X \sim N(\mu，\sigma^2)(\sigma > 0)$ 的一个样本，若统计量 $T = \dfrac{1}{n}\sum_{i=1}^{n} X_i^2$，则 $ET = $ _____。

解　应填 $\mu^2 + \sigma^2$。

由于 $X_i \sim N(\mu，\sigma^2)(i = 1，2，\cdots，n)$，因此 $EX_i = \mu$，$DX_i = \sigma^2$，从而

$$ET = E\left(\frac{1}{n}\sum_{i=1}^{n} X_i^2\right) = \frac{1}{n}\sum_{i=1}^{n} EX_i^2 = \frac{1}{n}\sum_{i=1}^{n}\left[DX_i + (EX_i)^2\right]$$

$$= \frac{1}{n}\sum_{i=1}^{n}(\sigma^2 + \mu^2) = \mu^2 + \sigma^2$$

故填 $\mu^2 + \sigma^2$。

6. 设 X_1、X_2、X_3、X_4 为来自于总体 $X \sim N(0，2^2)$ 的一个样本，令 $Y = a(X_1 - 2X_2)^2 + b(3X_3 - 4X_4)^2$，则当 $a = $ _____，$b = $ _____时，统计量 Y 服从 χ^2 分布，其自由度为 _____。

解　应分别填 $\dfrac{1}{20}$，$\dfrac{1}{100}$，2。

由于 X_1、X_2、X_3、X_4 相互独立，且 $X_i \sim N(0，2^2)(i = 1，2，3，4)$，因此

$$X_1 - 2X_2 \sim N(0，20)，3X_3 - 4X_4 \sim N(0，100)$$

即

$$\frac{X_1 - 2X_2}{\sqrt{20}} \sim N(0,1), \frac{3X_3 - 4X_4}{\sqrt{100}} \sim N(0,1)$$

且 $\dfrac{X_1 - 2X_2}{\sqrt{20}}$ 与 $\dfrac{3X_3 - 4X_4}{\sqrt{100}}$ 相互独立，从而

$$\left(\frac{X_1 - 2X_2}{\sqrt{20}}\right)^2 + \left(\frac{3X_3 - 4X_4}{\sqrt{100}}\right)^2 \sim \chi^2(2)$$

即 $\dfrac{1}{20}(X_1 - 2X_2)^2 + \dfrac{1}{100}(3X_3 - 4X_4)^2 \sim \chi^2(2)$，因此 $a = \dfrac{1}{20}$，$b = \dfrac{1}{100}$，自由度为 2，故分别填 $\dfrac{1}{20}$，$\dfrac{1}{100}$，2。

7. 设 X_1，X_2，$\cdots$，X_6 为来自总体 $X \sim N(0,1)$ 的一个样本，设 $Y = (X_1 + X_2 + X_3)^2 + (X_4 + X_5 + X_6)^2$，若随机变量 cY 服从 χ^2 分布，则常数 $c = $ _____。

解　应填 $\dfrac{1}{3}$。

由于 X_1，X_2，$\cdots$，X_6 相互独立，且 $X_i \sim N(0,1)(i = 1,2,\cdots,6)$，因此

$$X_1 + X_2 + X_3 \sim N(0,3), \quad X_4 + X_5 + X_6 \sim N(0,3)$$

即

$$\frac{X_1 + X_2 + X_3}{\sqrt{3}} \sim N(0,1), \quad \frac{X_4 + X_5 + X_6}{\sqrt{3}} \sim N(0,1)$$

且 $\dfrac{X_1 + X_2 + X_3}{\sqrt{3}}$ 与 $\dfrac{X_4 + X_5 + X_6}{\sqrt{3}}$ 相互独立，从而

$$\left(\frac{X_1 + X_2 + X_3}{\sqrt{3}}\right)^2 + \left(\frac{X_4 + X_5 + X_6}{\sqrt{3}}\right)^2 \sim \chi^2(2)$$

即 $\dfrac{1}{3}Y \sim \chi^2(2)$，因此 $c = \dfrac{1}{3}$，故填 $\dfrac{1}{3}$。

8. 设总体 $X \sim N(\mu_1, \sigma^2)$，$Y \sim N(\mu_2, \sigma^2)$，$X_1$，$X_2$，$\cdots$，$X_{n_1}$ 与 Y_1，Y_2，$\cdots$，Y_{n_2} 分别为来自于总体 X 与 Y 的两个样本，则 $E\left[\dfrac{\sum\limits_{i=1}^{n_1}(X_i - \overline{X})^2 + \sum\limits_{j=1}^{n_2}(Y_j - \overline{Y})^2}{n_1 + n_2 - 2}\right] = $ _____。

解　应填 σ^2。

由于

$$\frac{\sum\limits_{i=1}^{n_1}(X_i - \overline{X})^2}{\sigma^2} \sim \chi^2(n_1 - 1), \quad \frac{\sum\limits_{j=1}^{n_2}(Y_j - \overline{Y})^2}{\sigma^2} \sim \chi^2(n_2 - 1)$$

因此

$$E\left[\frac{\sum\limits_{i=1}^{n_1}(X_i-\overline{X})^2}{\sigma^2}\right]=n_1-1,\ E\left[\frac{\sum\limits_{j=1}^{n_2}(Y_j-\overline{Y})^2}{\sigma^2}\right]=n_2-1$$

即

$$E\left[\sum_{i=1}^{n_1}(X_i-\overline{X})^2\right]=(n_1-1)\sigma^2,\ E\left[\sum_{j=1}^{n_2}(Y_j-\overline{Y})^2\right]=(n_2-1)\sigma^2$$

从而

$$E\left[\frac{\sum\limits_{i=1}^{n_1}(X_i-\overline{X})^2+\sum\limits_{j=1}^{n_2}(Y_j-\overline{Y})^2}{n_1+n_2-2}\right]=\frac{E\left[\sum\limits_{i=1}^{n_1}(X_i-\overline{X})^2\right]+E\left[\sum\limits_{j=1}^{n_2}(Y_j-\overline{Y})^2\right]}{n_1+n_2-2}$$

$$=\frac{(n_1-1)\sigma^2+(n_2-1)\sigma^2}{n_1+n_2-2}=\sigma^2$$

故填 σ^2 。

9. 设随机变量 X 与 Y 相互独立且都服从正态分布 $N(0,3^2)$，$X_1,X_2,\cdots,X_9$ 与 Y_1，$Y_2,\cdots,Y_9$ 分别为来自总体 X 与 Y 的两个样本，则统计量 $U=\dfrac{X_1+X_2+\cdots+X_9}{\sqrt{Y_1^2+Y_2^2+\cdots+Y_9^2}}$ 服从_____，参数为_____。

解 应分别填 t 分布，9 。

由于 $\overline{X}\sim N\left(\mu,\dfrac{\sigma^2}{n}\right)$，$\dfrac{\sum\limits_{i=1}^{n}(Y_i-\mu)^2}{\sigma^2}\sim\chi^2(n)$，且 $\mu=0$，$\sigma^2=3^2$，$n=9$，因此

$$\overline{X}\sim N(0,1),\ \frac{\sum\limits_{i=1}^{9}Y_i^2}{9}\sim\chi^2(9)$$

且 $\overline{X}$ 与 $\dfrac{\sum\limits_{i=1}^{9}Y_i^2}{9}$ 相互独立，从而 $\dfrac{\overline{X}}{\sqrt{\dfrac{\sum\limits_{i=1}^{9}Y_i^2}{9}\Big/9}}\sim t(9)$，即 $U=\dfrac{X_1+X_2+\cdots+X_9}{\sqrt{Y_1^2+Y_2^2+\cdots+Y_9^2}}\sim t(9)$，故

分别填 t 分布，9 。

10. 设 $X_1,X_2,\cdots,X_{15}$ 为来自总体 $X\sim N(0,2^2)$ 的一个样本，则 $Y=\dfrac{X_1^2+X_2^2+\cdots+X_{10}^2}{2(X_{11}^2+X_{12}^2+\cdots+X_{15}^2)}$ 服从_____，参数为_____。

解 应分别填 F 分布，$(10,5)$ 。

由于 X_1，X_2，$\cdots$，X_{15} 相互独立，且 $X_i \sim N(0, 2^2)(i = 1, 2, \cdots, 15)$，因此 $\dfrac{X_1}{2}$，$\dfrac{X_2}{2}$，

$\cdots$，$\dfrac{X_{15}}{2}$ 相互独立，且 $\dfrac{X_i}{2} \sim N(0, 1)(i = 1, 2, \cdots, 15)$，从而

$$\left(\frac{X_1}{2}\right)^2 + \left(\frac{X_2}{2}\right)^2 + \cdots + \left(\frac{X_{10}}{2}\right)^2 \sim \chi^2(10)$$

$$\left(\frac{X_{11}}{2}\right)^2 + \left(\frac{X_{12}}{2}\right)^2 + \cdots + \left(\frac{X_{15}}{2}\right)^2 \sim \chi^2(5)$$

且 $\left(\dfrac{X_1}{2}\right)^2 + \left(\dfrac{X_2}{2}\right)^2 + \cdots + \left(\dfrac{X_{10}}{2}\right)^2$ 与 $\left(\dfrac{X_{11}}{2}\right)^2 + \left(\dfrac{X_{12}}{2}\right)^2 + \cdots + \left(\dfrac{X_{15}}{2}\right)^2$ 相互独立，因此

$$\frac{\dfrac{\left(\dfrac{X_1}{2}\right)^2 + \left(\dfrac{X_2}{2}\right)^2 + \cdots + \left(\dfrac{X_{10}}{2}\right)^2}{10}}{\dfrac{\left(\dfrac{X_{11}}{2}\right)^2 + \left(\dfrac{X_{12}}{2}\right)^2 + \cdots + \left(\dfrac{X_{15}}{2}\right)^2}{5}} \sim F(10, 5)$$

即 $Y = \dfrac{X_1^2 + X_2^2 + \cdots + X_{10}^2}{2(X_{11}^2 + X_{12}^2 + \cdots + X_{15}^2)} \sim F(10, 5)$，故分别填 F 分布，$(10, 5)$。

11. 设 $\overline{X}_1$、$\overline{X}_2$ 分别为来自正态总体 $X \sim N(\mu, \sigma^2)$ 的容量为 n 的两个独立样本 X_{11}，X_{12}，$\cdots$，X_{1n} 与 X_{21}，X_{22}，$\cdots$，X_{2n} 的样本均值，如果 $P(|\overline{X}_1 - \overline{X}_2| > \sigma) = 0.01$，则 $n = $ _____（$\Phi(2.57) = 0.995$）。

解　应填 14。

由于 $\overline{X}_1 \sim N\left(\mu, \dfrac{\sigma^2}{n}\right)$，$\overline{X}_2 \sim N\left(\mu, \dfrac{\sigma^2}{n}\right)$，且 $\overline{X}_1$ 与 $\overline{X}_2$ 相互独立，因此 $\overline{X}_1 - \overline{X}_2 \sim$

$N\left(0, \dfrac{2\sigma^2}{n}\right)$，从而

$$P(|\overline{X}_1 - \overline{X}_2| > \sigma) = 1 - P(|\overline{X}_1 - \overline{X}_2| \leqslant \sigma) = 1 - \left[\Phi\left(\frac{\sigma}{\sqrt{2/n}\sigma}\right) - \Phi\left(-\frac{\sigma}{\sqrt{2/n}\sigma}\right)\right]$$

$$= 2\left[1 - \Phi\left(\sqrt{\frac{n}{2}}\right)\right] = 0.01$$

即 $\Phi\left(\sqrt{\dfrac{n}{2}}\right) = 0.995 = \Phi(2.57)$，从而 $n = 14$，故填 14。

12. 设 X_1，X_2，$\cdots$，X_{10} 与 Y_1，Y_2，$\cdots$，Y_{20} 分别为来自正态总体 $N(6, \sigma^2)$ 与 $N(4, \sigma^2)$ 的两个独立样本，S_1^2 与 S_2^2 分别为两个样本的样本方差，则 $\dfrac{S_1^2}{S_2^2} \sim$ _____。

解　应填 $F(9, 19)$。

由于 $\dfrac{\sigma_2^2 S_1^2}{\sigma_1^2 S_2^2} \sim F(n_1 - 1, n_2 - 1)$，且 $n_1 = 10$，$n_2 = 20$，$\sigma_1^2 = \sigma_2^2 = \sigma^2$，因此 $\dfrac{S_1^2}{S_2^2} \sim F(9, 19)$，

故填 $F(9, 19)$。

13. 设 X_1，X_2，$\cdots$，X_{25} 为来自总体 $X \sim N(5, 3^2)$ 的一个样本，$\overline{X}_1 = \dfrac{1}{9} \sum\limits_{i=1}^{9} X_i$，$\overline{X}_2 = \dfrac{1}{16} \sum\limits_{i=10}^{25} X_i$，$A_1 = \sum\limits_{i=1}^{9} (X_i - \overline{X}_1)^2$，$A_2 = \sum\limits_{i=10}^{25} (X_i - \overline{X}_2)^2$。

（Ⅰ）要使统计量 $\dfrac{a(\overline{X}_1 - 5)}{\sqrt{A_1}} \sim t(n)$，则 $a = $ _____ ，$n = $ _____ ；

（Ⅱ）要使统计量 $\dfrac{bA_1}{A_2} \sim F(n_1, n_2)$，则 $b = $ _____ ，$(n_1, n_2) = $ _____ 。

解 （Ⅰ）应分别填 $a = 6\sqrt{2}$，$n = 8$；（Ⅱ）应分别填 $b = \dfrac{15}{8}$，$(n_1, n_2) = (8, 15)$。

（Ⅰ）由于 $\dfrac{\overline{X}_1 - \mu}{\sigma / \sqrt{9}} \sim N(0, 1)$，$\dfrac{\sum\limits_{i=1}^{9} (X_i - \overline{X}_1)^2}{\sigma^2} \sim \chi^2(8)$，且 $\mu = 5$，$\sigma = 3$，因此

$$\overline{X}_1 - 5 \sim N(0, 1), \quad \dfrac{\sum\limits_{i=1}^{9} (X_i - \overline{X}_1)^2}{9} \sim \chi^2(8)$$

且 $\overline{X}_1 - 5$ 与 $\dfrac{\sum\limits_{i=1}^{9} (X_i - \overline{X}_1)^2}{9}$ 相互独立，从而

$$\dfrac{\overline{X}_1 - 5}{\sqrt{\dfrac{\sum\limits_{i=1}^{9} (X_i - \overline{X}_1)^2}{9} \Big/ 8}} \sim t(8)$$

即 $\dfrac{6\sqrt{2}(\overline{X}_1 - 5)}{\sqrt{A_1}} \sim t(8)$，故分别填 $a = 6\sqrt{2}$，$n = 8$。

（Ⅱ）由于 $\dfrac{\sum\limits_{i=1}^{9} (X_i - \overline{X}_1)^2}{\sigma^2} \sim \chi^2(8)$，$\dfrac{\sum\limits_{i=10}^{25} (X_i - \overline{X}_2)^2}{\sigma^2} \sim \chi^2(15)$，且 $\sigma^2 = 9$，因此

$$\dfrac{\sum\limits_{i=1}^{9} (X_i - \overline{X}_1)^2}{9} \sim \chi^2(8), \quad \dfrac{\sum\limits_{i=10}^{25} (X_i - \overline{X}_2)^2}{9} \sim \chi^2(15)$$

且 $\dfrac{\sum\limits_{i=1}^{9} (X_i - \overline{X}_1)^2}{9}$ 与 $\dfrac{\sum\limits_{i=10}^{25} (X_i - \overline{X}_2)^2}{9}$ 相互独立，从而

$$\frac{\dfrac{\sum\limits_{i=1}^{9}(X_i-\overline{X}_1)^2}{9}\bigg/8}{\dfrac{\sum\limits_{i=10}^{25}(X_i-\overline{X}_2)^2}{9}\bigg/15}\sim F(8,15)$$

即 $\dfrac{\dfrac{15}{8}A_1}{A_2}\sim F(8,15)$，故分别填 $b=\dfrac{15}{8}$，$(n_1,n_2)=(8,15)$。

14. 设 $X_1,X_2,\cdots,X_{10}$ 与 $Y_1,Y_2,\cdots,Y_{15}$ 分别为来自正态总体 $N(20,6)$ 的两个独立样本，$\overline{X},\overline{Y}$ 分别为两个样本的样本均值，则 $\overline{X}-\overline{Y}\sim$ _____。

解　应填 $N(0,1)$。

由于 $\overline{X}\sim N\left(20,\dfrac{6}{10}\right)$，$\overline{Y}\sim N\left(20,\dfrac{6}{15}\right)$，且 $\overline{X}$ 与 $\overline{Y}$ 相互独立，因此 $\overline{X}-\overline{Y}$ 服从正态分布，且

$$E(\overline{X}-\overline{Y})=E\overline{X}-E\overline{Y}=20-20=0,\quad D(\overline{X}-\overline{Y})=D\overline{X}+D\overline{Y}=\frac{6}{10}+\frac{6}{15}=1$$

从而 $\overline{X}-\overline{Y}\sim N(0,1)$，故填 $N(0,1)$。

15. 设总体 $X\sim N(0,\sigma^2)$，$X_1,X_2,\cdots,X_n$ 为来自总体 X 的一个样本，$\overline{X}$ 与 S^2 分别为样本均值和样本方差，则统计量 $\dfrac{n\overline{X}^2}{S^2}\sim$ _____。

解　应填 $F(1,n-1)$。

由于 $\dfrac{\overline{X}-\mu}{\sigma/\sqrt{n}}\sim N(0,1)$，且 $\mu=0$，因此 $\dfrac{\overline{X}}{\sigma/\sqrt{n}}\sim N(0,1)$，从而 $\left(\dfrac{\overline{X}}{\sigma/\sqrt{n}}\right)^2\sim\chi^2(1)$，即

$\dfrac{n\overline{X}^2}{\sigma^2}\sim\chi^2(1)$。因为 $\dfrac{(n-1)S^2}{\sigma^2}\sim\chi^2(n-1)$，且 $\dfrac{n\overline{X}^2}{\sigma^2}$ 与 $\dfrac{(n-1)S^2}{\sigma^2}$ 相互独立，所以

$$\frac{\dfrac{n\overline{X}^2}{\sigma^2}\bigg/1}{\dfrac{(n-1)S^2}{\sigma^2}\bigg/(n-1)}\sim F(1,n-1)$$

即 $\dfrac{n\overline{X}^2}{S^2}\sim F(1,n-1)$，故填 $F(1,n-1)$。

三、解答题

1. 设总体 X 的一组样本值为 1、4、6，其频数分别为 10、20、30，试求总体 X 的经验分布函数。

解　样本容量 $n=10+20+30=60$，且

当 $x<1$ 时，

$$F_{60}(x) = 0$$

当 $1 \leqslant x < 4$ 时，

$$F_{60}(x) = \frac{10}{60} = \frac{1}{6}$$

当 $4 \leqslant x < 6$ 时，

$$F_{60}(x) = \frac{30}{60} = \frac{1}{2}$$

当 $x \geqslant 6$ 时，

$$F_{60}(x) = \frac{60}{60} = 1$$

即总体 X 的经验分布函数为

$$F_{60}(x) = \begin{cases} 0, & x < 1 \\ \dfrac{1}{6}, & 1 \leqslant x < 4 \\ \dfrac{1}{2}, & 4 \leqslant x < 6 \\ 1, & x \geqslant 6 \end{cases}$$

2. 设 X_1，X_2，$\cdots$，X_n 为来自均匀分布总体 $X \sim U(0, \theta)(\theta > 0)$ 一个样本，$X_{(1)} = \min\{X_1, X_2, \cdots, X_n\}$，$X_{(n)} = \max\{X_1, X_2, \cdots, X_n\}$，求 $R = X_{(n)} - X_{(1)}$ 的数学期望。

解　由于总体 $X \sim U(0, \theta)$，因此 X 的分布函数为

$$F_X(x) = \begin{cases} 0, & x < 0 \\ \dfrac{x}{\theta}, & 0 \leqslant x < \theta \\ 1, & x \geqslant \theta \end{cases}$$

从而 $X_{(1)}$ 的分布函数为

$$\begin{aligned} F_{(1)}(x) &= P(X_{(1)} \leqslant x) = P(\min\{X_1, X_2, \cdots, X_n\} \leqslant x) \\ &= 1 - P(X_1 > x, X_2 > x, \cdots, X_n > x) \\ &= 1 - P(X_1 > x)P(X_2 > x)\cdots P(X_n > x) \\ &= 1 - [1 - P(X_1 \leqslant x)][1 - P(X_2 \leqslant x)]\cdots[1 - P(X_n \leqslant x)] \\ &= 1 - [1 - F_X(x)]^n \\ &= \begin{cases} 0, & x < 0 \\ 1 - (1 - \dfrac{x}{\theta})^n, & 0 \leqslant x < \theta \\ 1, & x \geqslant \theta \end{cases} \end{aligned}$$

$X_{(1)}$ 的概率密度为

$$f_{(1)}(x) = F'_{(1)}(x) = \begin{cases} \dfrac{n(\theta-x)^{n-1}}{\theta^n}, & 0 < x < \theta \\ 0, & \text{其他} \end{cases}$$

$X_{(n)}$ 的分布函数为

$$\begin{aligned} F_{(n)}(x) &= P(X_{(n)} \leqslant x) = P(\max\{X_1, X_2, \cdots, X_n\} \leqslant x) \\ &= P(X_1 \leqslant x, X_2 \leqslant x, \cdots, X_n \leqslant x) \\ &= P(X_1 \leqslant x)P(X_2 \leqslant x)\cdots P(X_n \leqslant x) \\ &= [F_X(x)]^n = \begin{cases} 0, & x < 0 \\ \dfrac{x^n}{\theta^n}, & 0 \leqslant x < \theta \\ 1, & x \geqslant \theta \end{cases} \end{aligned}$$

$X_{(n)}$ 的概率密度为

$$f_{(n)}(x) = F'_{(n)}(x) = \begin{cases} \dfrac{nx^{n-1}}{\theta^n}, & 0 < x < \theta \\ 0, & \text{其他} \end{cases}$$

所以

$$\begin{aligned} EX_{(1)} &= \int_{-\infty}^{+\infty} x f_{(1)}(x)\mathrm{d}x = \int_0^\theta x \cdot \frac{n(\theta-x)^{n-1}}{\theta^n}\mathrm{d}x = -\frac{1}{\theta^n}\int_0^\theta x\mathrm{d}(\theta-x)^n \\ &= -\frac{1}{\theta^n}\big[x(\theta-x)\big]_0^\theta + \frac{1}{\theta^n}\int_0^\theta (\theta-x)^n\mathrm{d}x \\ &= -\frac{1}{\theta^n}\left[\frac{(\theta-x)^{n+1}}{n+1}\right]_0^\theta = \frac{\theta}{n+1} \end{aligned}$$

$$EX_{(n)} = \int_{-\infty}^{+\infty} x f_{(n)}(x)\mathrm{d}x = \int_0^\theta x \cdot \frac{nx^{n-1}}{\theta^n}\mathrm{d}x = \frac{n}{\theta^n}\int_0^\theta x^n\mathrm{d}x = \frac{n\theta}{n+1}$$

故

$$ER = EX_{(n)} - EX_{(1)} = \frac{n\theta}{n+1} - \frac{\theta}{n+1} = \frac{n-1}{n+1}\theta$$

3. 设 $X_1, X_2, \cdots, X_{16}$ 为来自总体 $X \sim N(\mu, \sigma^2)$ 的一个样本,试求统计量 $U = \dfrac{1}{16}\sum_{i=1}^{16} |X_i - \mu|$ 的期望与方差。

解　由于 $X_i \sim N(\mu, \sigma^2)(i=1, 2, \cdots, 16)$,因此 $X_i - \mu \sim N(0, \sigma^2)(i=1, 2, \cdots, 16)$,且相互独立,从而

$$E(|X_i - \mu|) = \int_{-\infty}^{+\infty} |y| \cdot \frac{1}{\sqrt{2\pi}\sigma}\mathrm{e}^{-\frac{y^2}{2\sigma^2}}\mathrm{d}y = 2\int_0^{+\infty} y \cdot \frac{1}{\sqrt{2\pi}\sigma}\mathrm{e}^{-\frac{y^2}{2\sigma^2}}\mathrm{d}y = \sqrt{\frac{2}{\pi}}\sigma$$

$$D(|X_i - \mu|) = E(X_i - \mu)^2 - [E(|X_i - \mu|)]^2 = \sigma^2 - \frac{2}{\pi}\sigma^2 = \left(1 - \frac{2}{\pi}\right)\sigma^2$$

所以

$$EU = \frac{1}{16} \sum_{i=1}^{16} E(|X_i - \mu|) = \sqrt{\frac{2}{\pi}} \sigma$$

$$DU = \frac{1}{16^2} \sum_{i=1}^{16} D(|X_i - \mu|) = \frac{\sigma^2}{16}\left(1 - \frac{2}{\pi}\right)$$

4. 从正态总体 $X \sim N(3.4, 6^2)$ 中抽取容量为 n 的样本，如果要求其样本均值位于区间 $(1.4, 5.4)$ 内的概率不小于 0.95，问样本容量 n 至少应为多大（$\Phi(1.96) = 0.975$）？

解　设 $\overline{X}$ 为样本均值，则 $\overline{X} \sim N\left(3.4, \frac{6^2}{n}\right)$，从而 n 取决于如下条件：

$$P(1.4 < \overline{X} < 5.4) = \Phi\left(\frac{5.4 - 3.4}{6/\sqrt{n}}\right) - \Phi\left(\frac{1.4 - 3.4}{6/\sqrt{n}}\right) = \Phi\left(\frac{\sqrt{n}}{3}\right) - \Phi\left(-\frac{\sqrt{n}}{3}\right)$$

$$= 2\Phi\left(\frac{\sqrt{n}}{3}\right) - 1 \geqslant 0.95$$

即 $\Phi\left(\frac{\sqrt{n}}{3}\right) \geqslant 0.975$，从而 $\frac{\sqrt{n}}{3} \geqslant 1.96$，即 $n \geqslant 34.57$，故样本容量 n 至少应为 35。

5. 从正态总体 $X \sim N(\mu, \sigma^2)$ 中抽取容量为 16 的样本。

（Ⅰ）若已知 $\sigma^2 = 25$，求样本均值 $\overline{X}$ 与总体均值 μ 之差的绝对值小于 2 的概率；

（Ⅱ）若 σ^2 未知，但已知样本方差 $s^2 = 20.8$，求样本均值 $\overline{X}$ 与总体均值 μ 之差的绝对值小于 2 的概率；

（Ⅲ）若 μ 和 σ^2 均未知，分别求 $P\left(\frac{S^2}{\sigma^2} \leqslant 2.041\right)$ 和 DS^2（$\Phi(1.6) = 0.9452$，$t_{0.05}(15) = 1.753$，$\chi^2_{0.01}(15) = 30.587$）。

解　（Ⅰ）由于 $\frac{\overline{X} - \mu}{\sigma/\sqrt{n}} \sim N(0, 1)$，且 $\sigma^2 = 25$，$n = 16$，因此 $\frac{\overline{X} - \mu}{5/\sqrt{16}} \sim N(0, 1)$，从而

$$P(|\overline{X} - \mu| < 2) = P\left(\frac{|\overline{X} - \mu|}{5/\sqrt{16}} < \frac{2}{5/\sqrt{16}}\right) = P\left(\frac{|\overline{X} - \mu|}{5/\sqrt{16}} < 1.6\right)$$

$$= \Phi(1.6) - \Phi(-1.6)$$

$$= 2\Phi(1.6) - 1 = 2 \times 0.9452 - 1 = 0.8904$$

（Ⅱ）由于 $\frac{\overline{X} - \mu}{S/\sqrt{n}} \sim t(n-1)$，且 $s^2 = 20.8$，$n = 16$，因此 $\frac{\overline{X} - \mu}{\sqrt{20.8}/\sqrt{16}} \sim t(15)$，从而

$$P(|\overline{X} - \mu| < 2) = P\left(\frac{|\overline{X} - \mu|}{\sqrt{20.8}/\sqrt{16}} < \frac{2}{\sqrt{20.8}/\sqrt{16}}\right) = P\left(\frac{|\overline{X} - \mu|}{\sqrt{20.8}/\sqrt{16}} < 1.754\right)$$

$$= 1 - P\left(\frac{|\overline{X} - \mu|}{\sqrt{20.8}/\sqrt{16}} \geqslant 1.754\right)$$

又由于 $t_{0.05}(15) = 1.753$，故

$$P(|\overline{X} - \mu| < 2) = 1 - 2 \times 0.05 = 0.9$$

（Ⅲ）由于 $\dfrac{(n-1)S^2}{\sigma^2} \sim \chi^2(n-1)$，且 $n = 16$，因此 $\dfrac{15S^2}{\sigma^2} \sim \chi^2(15)$，从而

$$P\left(\frac{S^2}{\sigma^2} \leqslant 2.041\right) = P\left(\frac{15S^2}{\sigma^2} \leqslant 15 \times 2.041\right) = 1 - P\left(\frac{15S^2}{\sigma^2} > 30.615\right)$$

又由于 $\chi^2_{0.01}(15) = 30.577$，故

$$P\left(\frac{S^2}{\sigma^2} \leqslant 2.041\right) = 1 - 0.01 = 0.99$$

$$DS^2 = D\left(\frac{\sigma^2}{15} \cdot \frac{15S^2}{\sigma^2}\right) = \frac{\sigma^4}{15^2} D\left(\frac{15S^2}{\sigma^2}\right) = \frac{\sigma^4}{15^2} \times 2 \times 15 = \frac{2}{15}\sigma^4$$

6. 设总体 X 服从参数为 $\lambda(\lambda > 0)$ 的 Poisson 分布，$X_1, X_2, \cdots, X_n$ 为来自于总体 X 的一个简单随机样本，求：

（Ⅰ）$(X_1, X_2, \cdots, X_n)$ 的联合分布律；

（Ⅱ）$\overline{X} = \dfrac{1}{n}\sum\limits_{i=1}^{n} X_i$ 的分布律。

解　（Ⅰ）由于 $X_1, X_2, \cdots, X_n$ 相互独立，且 $X_i \sim P(\lambda)(i = 1, 2, \cdots, n)$，因此 $(X_1, X_2, \cdots, X_n)$ 的联合分布律为

$$P(X_1 = x_1, X_2 = x_2, \cdots, X_n = x_n) = \prod_{i=1}^{n} P(X_i = x_i)$$

$$= \prod_{i=1}^{n} \frac{\lambda^{x_i}}{x_i!} \mathrm{e}^{-\lambda} = \frac{\lambda^{\sum\limits_{i=1}^{n} x_i}}{x_1! x_2! \cdots x_n!} \mathrm{e}^{-n\lambda}$$

$$x_i = 0, 1, 2, \cdots; \; i = 1, 2, \cdots, n$$

（Ⅱ）由于 $X_1, X_2, \cdots, X_n$ 相互独立，且 $X_i \sim P(\lambda)(i = 1, 2, \cdots, n)$，因此

$$P(X_1 + X_2 = m) = \sum_{k=0}^{m} P(X_1 = k) P(X_1 + X_2 = m \mid X_1 = k)$$

$$= \sum_{k=0}^{m} P(X_1 = k) P(X_2 = m - k) = \sum_{k=0}^{m} \frac{\lambda^k}{k!} \mathrm{e}^{-\lambda} \cdot \frac{\lambda^{m-k}}{(m-k)!} \mathrm{e}^{-\lambda}$$

$$= \frac{1}{m!} \mathrm{e}^{-2\lambda} \sum_{k=0}^{m} \frac{m!}{k!(m-k)!} \lambda^k \lambda^{m-k} = \frac{1}{m!} \mathrm{e}^{-2\lambda} \sum_{k=0}^{m} C_m^k \lambda^k \lambda^{m-k}$$

$$= \frac{1}{m!} \mathrm{e}^{-2\lambda} (\lambda + \lambda)^m = \frac{(2\lambda)^m}{m!} \mathrm{e}^{-2\lambda}, \quad m = 0, 1, 2, \cdots$$

即 $X_1 + X_2 \sim P(2\lambda)$。利用数学归纳法可以证明 $\sum\limits_{i=1}^{n} X_i \sim P(n\lambda)$，因此 $\overline{X}$ 的分布律为

$$P\left(\overline{X} = \frac{k}{n}\right) = P\left(\sum_{i=1}^{n} X_i = k\right) = \frac{(n\lambda)^k}{k!} \mathrm{e}^{-n\lambda}, \quad k = 0, 1, 2, \cdots$$

7. 设总体 $X \sim N(12, 4)$，X_1，X_2，X_3，X_4，X_5 为来自总体 X 的样本，试求：

（Ⅰ）样本均值与总体均值之差的绝对值大于 1 的概率；

（Ⅱ）$P(\max\{X_1, X_2, X_3, X_4, X_5\} > 15)$ 和 $P(\min\{X_1, X_2, X_3, X_4, X_5\} < 10)$

（$\Phi(1) = 0.8413$，$\Phi\left(\dfrac{\sqrt{5}}{2}\right) = 0.8686$，$\Phi(1.5) = 0.9332$）。

解　（Ⅰ）由于 $\overline{X} \sim N\left(\mu, \dfrac{\sigma^2}{n}\right)$，且 $\mu = 12$，$\sigma^2 = 4$，$n = 5$，因此 $\overline{X} \sim N\left(12, \dfrac{4}{5}\right)$，从而所求的概率为

$$P(|\overline{X} - 12| > 1) = 1 - P(|\overline{X} - 12| \leqslant 1) = 1 - P(11 \leqslant \overline{X} \leqslant 13)$$

$$= 1 - \left[\Phi\left(\dfrac{13 - 12}{\sqrt{4/5}}\right) - \Phi\left(\dfrac{11 - 12}{\sqrt{4/5}}\right)\right] = 2\left[1 - \Phi\left(\dfrac{\sqrt{5}}{2}\right)\right]$$

$$= 2(1 - 0.8686) = 0.2628$$

（Ⅱ）由于总体 $X \sim N(12, 4)$，因此 X 的分布函数为 $F(x) = P(X \leqslant x) = \Phi\left(\dfrac{x - 12}{2}\right)$，从而 $\max\{X_1, X_2, X_3, X_4, X_5\}$ 的分布函数为

$$F_{\max}(x) = [F(x)]^5 = \left[\Phi\left(\dfrac{x - 12}{2}\right)\right]^5$$

因此

$$P(\max\{X_1, X_2, X_3, X_4, X_5\} > 15) = 1 - P(\max\{X_1, X_2, X_3, X_4, X_5\} \leqslant 15)$$

$$= 1 - F_{\max}(15) = 1 - \Phi\left[\left(\dfrac{15 - 12}{2}\right)\right]^5$$

$$= 1 - [\Phi(1.5)]^5 = 1 - 0.9332^5 = 0.2923$$

又由于 $\min\{X_1, X_2, X_3, X_4, X_5\}$ 的分布函数为

$$F_{\min}(x) = 1 - [1 - F(x)]^5 = 1 - \left[1 - \Phi\left(\dfrac{x - 12}{2}\right)\right]^5$$

故

$$P(\min\{X_1, X_2, X_3, X_4, X_5\} < 10) = F_{\min}(10) = 1 - \left[1 - \Phi\left(\dfrac{10 - 12}{2}\right)\right]^5$$

$$= 1 - [1 - \Phi(-1)]^5 = 1 - [\Phi(1)]^5$$

$$= 1 - 0.8413^5 = 0.5785$$

8. 设总体 $X \sim N(0, 1)$，X_1，X_2，X_3，X_4，X_5 为来自总体 X 的一个样本，$Y = \dfrac{C(X_1 + X_2)}{(X_3^2 + X_4^2 + X_5^2)^{\frac{1}{2}}}$，试确定常数 C 使 Y 服从 t 分布。

解　由于 X_1，X_2，X_3，X_4，X_5 相互独立，且 $X_i \sim N(0, 1)(i = 1, 2, 3, 4, 5)$，因此

$X_1 + X_2 \sim N(0, 2)$，即 $\dfrac{X_1 + X_2}{\sqrt{2}} \sim N(0, 1)$，$X_3^2 + X_4^2 + X_5^2 \sim \chi^2(3)$，且 $\dfrac{X_1 + X_2}{\sqrt{2}}$ 与 $X_3^2 +$

$X_4^2 + X_5^2$ 相互独立，从而

$$\frac{\dfrac{X_1 + X_2}{\sqrt{2}}}{\sqrt{\dfrac{X_3^2 + X_4^2 + X_5^2}{3}}} \sim t(3)$$

即

$$\frac{\dfrac{\sqrt{6}}{2}(X_1 + X_2)}{(X_3^2 + X_4^2 + X_5^2)^{\frac{1}{2}}} \sim t(3)$$

故当常数 $C = \dfrac{\sqrt{6}}{2}$ 时，Y 服从 t 分布。

9. 设 X_1，X_2，$\cdots$，X_9 为来自总体 $X \sim N(\mu, \sigma^2)$ 的一个样本，$\overline{X}_1 = \dfrac{1}{6}\sum\limits_{i=1}^{6} X_i$，$\overline{X}_2 =$

$\dfrac{1}{3}\sum\limits_{i=7}^{9} X_i$，$S^2 = \dfrac{1}{2}\sum\limits_{i=7}^{9}(X_i - \overline{X}_2)^2$，$Y = \dfrac{\sqrt{2}(\overline{X}_1 - \overline{X}_2)}{S}$，证明统计量 Y 服从参数为 2 的 t 分布。

证明　由于 $\overline{X}_1 \sim N\left(\mu, \dfrac{\sigma^2}{6}\right)$，$\overline{X}_2 \sim N\left(\mu, \dfrac{\sigma^2}{3}\right)$，且 $\overline{X}_1$ 与 $\overline{X}_2$ 相互独立，因此

$$\overline{X}_1 - \overline{X}_2 \sim N\left(0, \frac{\sigma^2}{2}\right)$$

即

$$\frac{\overline{X}_1 - \overline{X}_2}{\sigma/\sqrt{2}} \sim N(0, 1)$$

又由于 $\dfrac{2S^2}{\sigma^2} \sim \chi^2(2)$，且 $\dfrac{\overline{X}_1 - \overline{X}_2}{\sigma/\sqrt{2}}$ 与 $\dfrac{2S^2}{\sigma^2}$ 相互独立，故

$$\frac{\dfrac{\overline{X}_1 - \overline{X}_2}{\sigma/\sqrt{2}}}{\sqrt{\dfrac{2S^2}{\sigma^2}/2}} \sim t(2)$$

即 $Y = \dfrac{\sqrt{2}(\overline{X}_1 - \overline{X}_2)}{S} \sim t(2)$。

10. 设 X_1，X_2，$\cdots$，X_{n_1} 和 Y_1，Y_2，$\cdots$，Y_{n_2} 分别为来自正态总体 $N(\mu_1, \sigma^2)$ 与 $N(\mu_2, \sigma^2)$

的两个独立样本，$\overline{X} = \dfrac{1}{n_1}\sum\limits_{i=1}^{n_1} X_i$，$\overline{Y} = \dfrac{1}{n_2}\sum\limits_{i=1}^{n_2} Y_i$，$S_1^2 = \dfrac{1}{n_1}\sum\limits_{i=1}^{n_1}(X_i - \overline{X})^2$，$S_2^2 = \dfrac{1}{n_2}\sum\limits_{i=1}^{n_2}(Y_i - \overline{Y})^2$，

α 和 β 是两个实常数，试求随机变量

$$Z = \frac{\alpha(\overline{X} - \mu_1) + \beta(\overline{Y} - \mu_2)}{\sqrt{\dfrac{n_1 S_1^2 + n_2 S_2^2}{n_1 + n_2 - 2}}\sqrt{\dfrac{\alpha^2}{n_1} + \dfrac{\beta^2}{n_2}}}$$

的概率分布。

解　由于 $\overline{X} \sim N\left(\mu_1, \dfrac{\sigma^2}{n_1}\right)$，$\overline{Y} \sim N\left(\mu_2, \dfrac{\sigma^2}{n_2}\right)$，且 $\overline{X}$ 与 $\overline{Y}$ 相互独立，因此

$$\alpha(\overline{X} - \mu_1) + \beta(\overline{Y} - \mu_2) \sim N(0, \frac{\alpha^2 \sigma^2}{n_1} + \frac{\beta^2 \sigma^2}{n_2})$$

即

$$\frac{\alpha(\overline{X} - \mu_1) + \beta(\overline{Y} - \mu_2)}{\sqrt{\dfrac{\alpha^2 \sigma^2}{n_1} + \dfrac{\beta^2 \sigma^2}{n_2}}} \sim N(0, 1)$$

又由于

$$\frac{\sum\limits_{i=1}^{n_1} (X_i - \overline{X})^2}{\sigma^2} \sim \chi^2(n_1 - 1), \quad \frac{\sum\limits_{i=1}^{n_2} (Y_i - \overline{Y})^2}{\sigma^2} \sim \chi^2(n_2 - 1)$$

即

$$\frac{n_1 S_1^2}{\sigma^2} \sim \chi^2(n_1 - 1), \quad \frac{n_2 S_2^2}{\sigma^2} \sim \chi^2(n_2 - 1)$$

且 $\dfrac{n_1 S_1^2}{\sigma^2}$ 与 $\dfrac{n_2 S_2^2}{\sigma^2}$ 相互独立，故

$$\frac{n_1 S_1^2}{\sigma^2} + \frac{n_2 S_2^2}{\sigma^2} \sim \chi^2(n_1 - 1 + n_2 - 1)$$

即

$$\frac{n_1 S_1^2 + n_2 S_2^2}{\sigma^2} \sim \chi^2(n_1 + n_2 - 2)$$

且 $\dfrac{\alpha(\overline{X} - \mu_1) + \beta(\overline{Y} - \mu_2)}{\sqrt{\dfrac{\alpha^2 \sigma^2}{n_1} + \dfrac{\beta^2 \sigma^2}{n_2}}}$ 与 $\dfrac{n_1 S_1^2 + n_2 S_2^2}{\sigma^2}$ 相互独立，从而

$$\frac{\dfrac{\alpha(\overline{X} - \mu_1) + \beta(\overline{Y} - \mu_2)}{\sqrt{\dfrac{\alpha^2 \sigma^2}{n_1} + \dfrac{\beta^2 \sigma^2}{n_2}}}}{\sqrt{\dfrac{n_1 S_1^2 + n_2 S_2^2}{\sigma^2} / (n_1 + n_2 - 2)}} \sim t(n_1 + n_2 - 2)$$

即

$$Z = \frac{\alpha(\overline{X} - \mu_1) + \beta(\overline{Y} - \mu_2)}{\sqrt{\dfrac{n_1 S_1^2 + n_2 S_2^2}{n_1 + n_2 - 2}} \sqrt{\dfrac{\alpha^2}{n_1} + \dfrac{\beta^2}{n_2}}} \sim t(n_1 + n_2 - 2)$$

6.6　学习效果测试题及解答

测　试　题

1. 选择题(每小题 4 分,共 20 分)

(1) 设总体 X 的分布函数为 $F(x;\theta)$,其中 θ 为未知参数,X_1,X_2,X_3,X_4 为来自总体 X 的一个样本,则下列不是统计量的为(　　)。

　A. $X_1 + 2X_2 + 3X_3 + 4X_4$　　　　　B. $X_1^2 + X_2^2 + X_3 + 2X_4$

　C. $\theta(X_1 - 2X_2) + 2(3X_3 - 4X_4)$　　D. $X_1^2 + X_2^2$

(2) 设总体 $X \sim N(0,4)$,X_1,X_2,$\cdots$,X_{100} 为来自总体 X 的一个样本,则(　　)。

　A. $\dfrac{1}{80}(\sum\limits_{i=1}^{20} X_i)^2 + \dfrac{1}{320}(\sum\limits_{i=21}^{100} X_i)^2 \sim \chi^2(2)$

　B. $\dfrac{1}{80}(\sum\limits_{i=1}^{20} X_i)^2 + \dfrac{1}{320}(\sum\limits_{i=21}^{100} X_i)^2 \sim \chi^2(100)$

　C. $\dfrac{1}{80}(\sum\limits_{i=1}^{20} X_i)^2 + \dfrac{1}{320}(\sum\limits_{i=21}^{100} X_i)^2 \sim N(0,2)$

　D. $\dfrac{1}{80}(\sum\limits_{i=1}^{20} X_i)^2 + \dfrac{1}{320}(\sum\limits_{i=21}^{100} X_i)^2 \sim N(0,400)$

(3) 设总体 $X \sim N(\mu,\sigma^2)$,X_1,X_2,$\cdots$,X_9 为来自总体 X 的一个样本,$\overline{X}$、S^2 分别为样本均值和样本方差,则(　　)。

　A. $9\overline{X} \sim N(9\mu,\sigma^2)$　　　　　B. $\dfrac{9S^2}{\sigma^2} \sim \chi^2(8)$

　C. $\dfrac{3(\overline{X} - \mu)}{S} \sim t(9)$　　　　D. $\dfrac{9(\overline{X} - \mu)^2}{S^2} \sim F(1,8)$

(4) 设总体 $X \sim N(0,1)$,X_1,X_2,X_3,X_4,X_5 为来自总体 X 的一个样本,$\overline{X}$、S^2 分别为样本均值和样本方差,则(　　)。

　A. $\overline{X} \sim N(0,1)$　　　　　　　B. $\sum\limits_{i=1}^{5}(X_i - \overline{X})^2 \sim \chi^2(5)$

　C. $\dfrac{\sqrt{3}(X_1 - X_2)}{\sqrt{2(X_3^2 + X_4^2 + X_5^2)}} \sim t(3)$　　D. $\dfrac{X_1^2 + X_2^2}{X_3^2 + X_4^2 + X_5^2} \sim F(3,3)$

(5) 设总体 $X \sim N(0,\sigma^2)$,X_1,X_2,$\cdots$,X_{18} 为来自总体 X 的一个样本,且统计量 $U = \dfrac{2(X_1^2 + X_2^2 + \cdots X_i^2)}{X_{i+1}^2 + X_{i+2}^2 + \cdots + X_{18}^2}$ 服从 F 分布,则 $i = ($　　$)$。

　A. 4　　　　　　　B. 5　　　　　　　C. 6　　　　　　　D. 7

2. 填空题(每小题 4 分, 共 20 分)

(1) 设二维连续型随机变量 (X, Y) 的联合概率密度为

$$f(x, y) = \frac{1}{12\pi} e^{-\frac{1}{72}(9x^2 + 4y^2 - 8y + 4)}, \quad -\infty < x < +\infty, -\infty < y < +\infty$$

则 $\dfrac{9X^2}{4(Y-1)^2}$ 服从_____, 参数为_____。

(2) 设总体 $X \sim N(\mu, \sigma^2)$, $X_1, X_2, \cdots, X_n$ 为来自总体 X 的一个样本, $\overline{X}$ 为样本均值, 令 $T = \sum_{i=1}^{n}(X_i - \overline{X})^2$, 则 $E(X_1 T) = $_____。

(3) 设总体 $X \sim N(0, \sigma^2)$, $X_1, X_2, \cdots, X_9$ 为来自总体 X 的一个样本, $\overline{X} = \frac{1}{9}\sum_{i=1}^{9} X_i$, 当 $P(1 < \overline{X} < 3)$ 最大时, $\sigma = $_____。

(4) 设总体 $X \sim N(\mu, \sigma^2)$, $X_1, X_2, \cdots, X_n$ 为来自总体 X 的一个样本, $\overline{X} = \frac{1}{n}\sum_{i=1}^{n} X_i$, $S^2 = \frac{1}{n-1}\sum_{i=1}^{n}(X_i - \overline{X})^2$, 则 $\frac{1}{\sigma^2}\left[n(\overline{X} - \mu)^2 + \sum_{i=1}^{n}(X_i - \overline{X})^2\right] \sim$_____。

(5) 设总体 $X \sim N(\mu_1, \sigma^2)$, $Y \sim N(\mu_2, \sigma^2)$, $X_1, X_2, \cdots, X_{n_1}$ 与 $Y_1, Y_2, \cdots, Y_{n_2}$ 分别为来自总体 X 与 Y 的两个样本, 且两个样本构成的合样本 $X_1, X_2, \cdots, X_{n_1}, Y_1, Y_2,$ $\cdots, Y_{n_2}$ 相互独立, 则 $D\left[\dfrac{\sum_{i=1}^{n_1}(X_i - \overline{X})^2 + \sum_{j=1}^{n_2}(Y_j - \overline{Y})^2}{n_1 + n_2 - 2}\right] = $_____。

3. 解答题(每小题 10 分, 共 60 分)

(1) 设总体 X 服从参数为 $\theta(0 < \theta < 1)$ 的 0-1 分布, X_1, X_2, X_3 为来自总体 X 的一个样本, $Y = \sum_{i=1}^{3} X_i$, $P(Y = 3) = \frac{1}{8}$, (X_1, Y) 的联合分布函数为 $F(x, y)$, 试求:

(i) θ 的值;

(ii) X_1 与 Y 的相关系数 $\rho_{X_1 Y}$;

(iii) $F\left(\frac{1}{2}, 1\right)$ 的值。

(2) 设总体 X 服从参数为 1 的指数分布, $X_1, X_2, \cdots, X_{10}$ 为来自总体 X 的一个样本, $Y = \min\{X_2, X_3, \cdots, X_{10}\}$。

(i) 求 Y 的概率密度 $f_Y(y)$;

(ii) 求概率 $P(X_1 \leqslant Y)$;

(iii) 令 $Z = \begin{cases} X_1, & X_1 \leqslant Y \\ 0, & 其他 \end{cases}$, 求 EZ。

（3）设总体 $X \sim N(0, \sigma^2)$，$X_1, X_2, \cdots, X_n(n \geqslant 2)$ 为来自总体 X 的一个样本，$\overline{X}$、S^2 分别为样本均值和样本方差。

（i）证明对于任意的常数 $c(0 < c < 1)$，$T = cn\overline{X}^2 + (1-c)S^2$ 的数学期望均为 σ^2；

（ii）求常数 c 的值使得 DT 达到最小。

（4）设总体 $X \sim N(60, 12^2)$，$X_1, X_2, \cdots, X_n$ 为来自总体 X 的一个样本，求样本容量 n 至少为多少时才能使得样本均值 $\overline{X}$ 大于 54 的概率不小于 $0.975(\Phi(1.96) = 0.975)$。

（5）设总体 $X \sim N(3, 100)$，$X_1, X_2, \cdots, X_{25}$ 为来自总体 X 的一个样本，$\overline{X}$、S^2 分别为样本均值和样本方差，试求概率 $P(0 < \overline{X} < 6, 0 < S^2 < 151.75)(\chi^2_{0.05}(24) = 36.42$，$\Phi(1.5) = 0.9332)$。

（6）设总体 $X \sim N(\mu, \sigma^2)$，$X_1, X_2, \cdots, X_{2n}(n \geqslant 2)$ 为来自总体 X 的一个样本，$\overline{X} = \frac{1}{2n}\sum_{i=1}^{2n}X_i$，令 $Y = \sum_{i=1}^{n}(X_i + X_{n+i} - 2\overline{X})^2$，求 DY 和 $E(\overline{X}Y^2)$。

测试题解答

1. 选择题

（1）应选 C。

由于 θ 未知，因此选项 C 中含有未知参数，从而选项 C 不是统计量，故选 C。

（2）应选 A。

由于 $X_1, X_2, \cdots, X_{100}$ 相互独立，且 $X_i \sim N(0, 4)(i = 1, 2, \cdots, 100)$，因此 $\sum_{i=1}^{20}X_i \sim$

$N(0, 80)$，$\sum_{i=21}^{100}X_i \sim N(0, 320)$，即 $\dfrac{\sum_{i=1}^{20}X_i}{\sqrt{80}} \sim N(0, 1)$，$\dfrac{\sum_{i=21}^{100}X_i}{\sqrt{320}} \sim N(0, 1)$，且 $\dfrac{\sum_{i=1}^{20}X_i}{\sqrt{80}}$ 与

$\dfrac{\sum_{i=21}^{100}X_i}{\sqrt{320}}$ 相互独立，从而

$$\left(\frac{\sum_{i=1}^{20}X_i}{\sqrt{80}}\right)^2 + \left(\frac{\sum_{i=21}^{100}X_i}{\sqrt{320}}\right)^2 \sim \chi^2(2)$$

即

$$\frac{1}{80}\left(\sum_{i=1}^{20}X_i\right)^2 + \frac{1}{320}\left(\sum_{i=21}^{100}X_i\right)^2 \sim \chi^2(2)$$

故选 A。

（3）应选 D。

由于 $\dfrac{\overline{X}-\mu}{\sigma/\sqrt{n}} \sim N(0, 1)$，$\dfrac{(n-1)S^2}{\sigma^2} \sim \chi^2(n-1)$，且 $n=9$，因此 $\dfrac{\overline{X}-\mu}{\sigma/\sqrt{9}} \sim N(0, 1)$，$\dfrac{(9-1)S^2}{\sigma^2} \sim \chi^2(8)$，从而 $\dfrac{9(\overline{X}-\mu)^2}{\sigma^2} \sim \chi^2(1)$，且 $\dfrac{9(\overline{X}-\mu)^2}{\sigma^2}$ 与 $\dfrac{(9-1)S^2}{\sigma^2}$ 相互独立，故

$$\frac{\dfrac{9(\overline{X}-\mu)^2}{\sigma^2}\bigg/1}{\dfrac{(9-1)S^2}{\sigma^2}\bigg/8} \sim F(1, 8)$$

即

$$\frac{9(\overline{X}-\mu)^2}{S^2} \sim F(1, 8)$$

故选 D。

(4) 应选 C。

由于 X_1，X_2，X_3，X_4，X_5 相互独立，且 $X_i \sim N(0, 1)(i=1, 2, 3, 4, 5)$，因此 $\dfrac{X_1-X_2}{\sqrt{2}} \sim N(0, 1)$，$X_3^2+X_4^2+X_5^2 \sim \chi^2(3)$，且 $\dfrac{X_1-X_2}{\sqrt{2}}$ 与 $X_3^2+X_4^2+X_5^2$ 相互独立，从而

$$\frac{\dfrac{X_1-X_2}{\sqrt{2}}}{\sqrt{\dfrac{X_3^2+X_4^2+X_5^2}{3}}} \sim t(3)$$

即

$$\frac{\sqrt{3}(X_1-X_2)}{\sqrt{2(X_3^2+X_4^2+X_5^2)}} \sim t(3)$$

故选 C。

(5) 应选 C。

由于 X_1，X_2，$\cdots$，X_{18} 相互独立，且 $X_i \sim N(0, \sigma^2)(i=1, 2, \cdots, 18)$，因此 $\dfrac{X_i}{\sigma} \sim N(0, 1)(i=1, 2, \cdots, 18)$，从而 $\dfrac{X_1^2+X_2^2+\cdots+X_i^2}{\sigma^2} \sim \chi^2(i)$，$\dfrac{X_{i+1}^2+X_{i+2}^2+\cdots+X_{18}^2}{\sigma^2} \sim \chi^2(18-i)$，且 $\dfrac{X_1^2+X_2^2+\cdots+X_i^2}{\sigma^2}$ 与 $\dfrac{X_{i+1}^2+X_{i+2}^2+\cdots+X_{18}^2}{\sigma^2}$ 相互独立，从而

$$\frac{\dfrac{X_1^2+X_2^2+\cdots+X_i^2}{\sigma^2}\bigg/i}{\dfrac{X_{i+1}^2+X_{i+2}^2+\cdots+X_{18}^2}{\sigma^2}\bigg/(18-i)} \sim F(i, 18-i)$$

即

$$\frac{(18-i)(X_1^2 + X_2^2 + \cdots + X_i^2)}{i(X_{i+1}^2 + X_{i+2}^2 + \cdots + X_{18}^2)} \sim F(i,\ 18-i)$$

因此 $\dfrac{18-i}{i} = 2$，解之得 $i = 6$，故选 C。

2. 填空题

(1) 应分别填 F 分布，$(1,\ 1)$。

由于 $(X,\ Y)$ 的联合概率密度为

$$f(x,\ y) = \frac{1}{12\pi} e^{-\frac{1}{72}(9x^2 + 4y^2 - 8y + 4)}$$

$$= \frac{1}{2\pi \times 2 \times 3} e^{-\frac{1}{2}\left[\left(\frac{x}{2}\right)^2 + \left(\frac{y-1}{3}\right)^2\right]}, \quad -\infty < x < +\infty,\ -\infty < y < +\infty$$

因此 $(X,\ Y)$ 服从二维正态分布 $N(0,\ 1;\ 2^2,\ 3^2;\ 0)$，且 $X \sim N(0,\ 2^2)$，$Y \sim N(1,\ 3^2)$，$\rho = 0$，从而 X 与 Y 相互独立。又由于 $\dfrac{X}{2} \sim N(0,\ 1)$，$\dfrac{Y-1}{3} \sim N(0,\ 1)$，故 $\left(\dfrac{X}{2}\right)^2 \sim \chi^2(1)$，$\left(\dfrac{Y-1}{3}\right)^2 \sim \chi^2(1)$，且 $\dfrac{X}{2}$ 与 $\dfrac{Y-1}{3}$ 相互独立，从而

$$\frac{\left(\dfrac{X}{2}\right)^2 / 1}{\left(\dfrac{Y-1}{3}\right)^2 / 1} \sim F(1,\ 1)$$

即

$$\frac{9X^2}{4(Y-1)^2} \sim F(1,\ 1)$$

故分别填 F 分布，$(1,\ 1)$。

(2) 应填 $(n-1)\mu\sigma^2$。

由于样本方差 $S^2 = \dfrac{1}{n-1} \sum_{i=1}^{n} (X_i - \overline{X})^2$，因此 $T = (n-1)S^2$，又由于

$$E(X_1 T) = E(X_2 T) = \cdots = E(X_n T)$$

故

$$E(X_1 T) = \frac{1}{n}[E(X_1 T) + E(X_2 T) + \cdots + E(X_n T)]$$

$$= E\left[\frac{1}{n}(X_1 + X_2 + \cdots + X_n) T\right]$$

$$= E(\overline{X} T)$$

因为 $\overline{X}$ 与 S^2 相互独立，所以 $\overline{X}$ 与 T 相互独立，从而

$$E(X_1 T) = E(\overline{X} T) = E\overline{X} \cdot ET = \mu \cdot E[(n-1)S^2] = (n-1)\mu\sigma^2$$

故填 $(n-1)\mu\sigma^2$。

（3）应填 $\dfrac{6}{\sqrt{\ln 3}}$。

由于 $\overline{X} \sim N\left(0, \dfrac{\sigma^2}{n}\right)$，且 $n=9$，因此 $\overline{X} \sim N\left(0, \dfrac{\sigma^2}{9}\right)$，从而

$$P(1<\overline{X}<3)=\Phi\left(\frac{3}{\sigma/3}\right)-\Phi\left(\frac{1}{\sigma/3}\right)=\Phi\left(\frac{9}{\sigma}\right)-\Phi\left(\frac{3}{\sigma}\right)$$

令 $f(\sigma)=\Phi\left(\dfrac{9}{\sigma}\right)-\Phi\left(\dfrac{3}{\sigma}\right)$，则

$$f'(\sigma)=-\frac{9}{\sigma^2}\Phi'\left(\frac{9}{\sigma}\right)+\frac{3}{\sigma^2}\Phi'\left(\frac{3}{\sigma}\right)=-\frac{9}{\sigma^2}\cdot\frac{1}{\sqrt{2\pi}}e^{-\frac{81}{2\sigma^2}}+\frac{3}{\sigma^2}\cdot\frac{1}{\sqrt{2\pi}}e^{-\frac{9}{2\sigma^2}}$$

$$=\frac{3}{\sigma^2}\cdot\frac{1}{\sqrt{2\pi}}e^{-\frac{9}{2\sigma^2}}\left(1-3e^{-\frac{36}{\sigma^2}}\right)$$

令 $f'(\sigma)=0$，得 $\sigma=\dfrac{6}{\sqrt{\ln 3}}$，因为当 $0<\sigma<\dfrac{6}{\sqrt{\ln 3}}$ 时，$f'(\sigma)>0$；当 $\sigma>\dfrac{6}{\sqrt{\ln 3}}$ 时，

$f'(\sigma)<0$，所以当 $\sigma=\dfrac{6}{\sqrt{\ln 3}}$ 时，$P(1<\overline{X}<3)$ 最大，故填 $\dfrac{6}{\sqrt{\ln 3}}$。

（4）应填 $\chi^2(n)$。

由于 $\dfrac{\overline{X}-\mu}{\sigma/\sqrt{n}}\sim N(0,1)$，因此 $\dfrac{n}{\sigma^2}(\overline{X}-\mu)^2\sim\chi^2(1)$。又由于

$$\frac{\sum_{i=1}^{n}(X_i-\overline{X})^2}{\sigma^2}\sim\chi^2(n-1)$$

且 $\dfrac{n}{\sigma^2}(\overline{X}-\mu)^2$ 与 $\dfrac{\sum_{i=1}^{n}(X_i-\overline{X})^2}{\sigma^2}$ 相互独立，故

$$\frac{n}{\sigma^2}(\overline{X}-\mu)^2+\frac{\sum_{i=1}^{n}(X_i-\overline{X})^2}{\sigma^2}\sim\chi^2(n)$$

即

$$\frac{1}{\sigma^2}\left[n(\overline{X}-\mu)^2+\sum_{i=1}^{n}(X_i-\overline{X})^2\right]\sim\chi^2(n)$$

故填 $\chi^2(n)$。

（5）应填 $\dfrac{2\sigma^4}{n_1+n_2-2}$。

由于 $\dfrac{\sum_{i=1}^{n_1}(X_i-\overline{X})^2}{\sigma^2}\sim\chi^2(n_1-1)$，$\dfrac{\sum_{j=1}^{n_2}(Y_j-\overline{Y})^2}{\sigma^2}\sim\chi^2(n_2-1)$，因此

$$D\left[\frac{\sum\limits_{i=1}^{n_1}(X_i-\overline{X})^2}{\sigma^2}\right]=2(n_1-1),\ D\left[\frac{\sum\limits_{j=1}^{n_2}(Y_j-\overline{Y})^2}{\sigma^2}\right]=2(n_2-1)$$

即

$$D\left[\sum_{i=1}^{n_1}(X_i-\overline{X})^2\right]=2(n_1-1)\sigma^4,\ D\left[\sum_{j=1}^{n_2}(Y_j-\overline{Y})^2\right]=2(n_2-1)\sigma^4$$

且 $\sum\limits_{i=1}^{n_1}(X_i-\overline{X})^2$ 与 $\sum\limits_{j=1}^{n_2}(Y_j-\overline{Y})^2$ 相互独立，从而

$$\begin{aligned}
D\left[\frac{\sum\limits_{i=1}^{n_1}(X_i-\overline{X})^2+\sum\limits_{j=1}^{n_2}(Y_j-\overline{Y})^2}{n_1+n_2-2}\right]&=\frac{D\left[\sum\limits_{i=1}^{n_1}(X_i-\overline{X})^2\right]+D\left[\sum\limits_{j=1}^{n_2}(Y_j-\overline{Y})^2\right]}{(n_1+n_2-2)^2}\\
&=\frac{1}{(n_1+n_2-2)^2}\left[2(n_1-1)\sigma^4+2(n_2-1)\sigma^4\right]\\
&=\frac{2\sigma^4}{n_1+n_2-2}
\end{aligned}$$

故填 $\dfrac{2\sigma^4}{n_1+n_2-2}$。

3. 解答题

(1) (i) 由于

$$\frac{1}{8}=P(Y=3)=P(X_1+X_2+X_3=3)=P(X_1=1,\ X_2=1,\ X_3=1)$$

$$=P(X_1=1)P(X_2=1)P(X_3=1)=\theta^3$$

因此 $\theta=\dfrac{1}{2}$。

(ii) 由于 X 服从参数为 $\dfrac{1}{2}$ 的 $0-1$ 分布，因此

$$DX_1=DX=\frac{1}{2}\times\frac{1}{2}=\frac{1}{4}$$

$$DY=D\Big(\sum_{i=1}^{3}X_i\Big)=\sum_{i=1}^{3}DX_i=\sum_{i=1}^{3}DX=\frac{3}{4}$$

$$\mathrm{cov}(X_1,\ Y)=\mathrm{cov}\Big(X_1,\ \sum_{i=1}^{3}X_i\Big)=DX_1=\frac{1}{4}$$

从而

$$\rho_{X_1Y}=\frac{\mathrm{cov}(X_1,\ Y)}{\sqrt{DX_1}\ \sqrt{DY}}=\frac{\dfrac{1}{4}}{\sqrt{\dfrac{1}{4}}\ \sqrt{\dfrac{3}{4}}}=\frac{1}{\sqrt{3}}$$

(iii) $F(\frac{1}{2}, 1) = P(X_1 \leqslant \frac{1}{2}, Y \leqslant 1) = P(X_1 \leqslant \frac{1}{2}, X_1 + X_2 + X_3 \leqslant 1)$

$= P(X_1 = 0, X_2 + X_3 \leqslant 1) = P(X_1 = 0)P(X_2 + X_3 \leqslant 1)$

$= P(X_1 = 0)[1 - P(X_2 + X_3 > 1)]$

$= P(X_1 = 0)[1 - P(X_2 = 1, X_3 = 1)]$

$= P(X_1 = 0)[1 - P(X_2 = 1)P(X_3 = 1)] = \frac{3}{8}$

(2)(i) 由于 $X \sim E(1)$,因此 X 的概率密度和分布函数分别为

$$f(x) = \begin{cases} e^{-x}, & x > 0 \\ 0, & x \leqslant 0 \end{cases}, \quad F(x) = \begin{cases} 1 - e^{-x}, & x \geqslant 0 \\ 0, & x < 0 \end{cases}$$

且 $X_2, X_3, \cdots, X_{10}$ 相互独立与 X 同分布,从而 Y 的分布函数为

$$F_Y(y) = 1 - [1 - F(y)]^9 = \begin{cases} 1 - e^{-9y}, & y \geqslant 0 \\ 0, & y < 0 \end{cases}$$

故 Y 的概率密度为

$$f_Y(y) = F'_Y(y) = \begin{cases} 9e^{-9y}, & y > 0 \\ 0, & y \leqslant 0 \end{cases}$$

(ii) 由于 $X_1, X_2, X_3, \cdots, X_{10}$ 相互独立与 X 同分布,因此 X_1 与 Y 相互独立,从而 (X_1, Y) 的联合概率密度为

$$f_{X_1 Y}(x, y) = f_{X_1}(x)f_Y(y) = f(x)f_Y(y) = \begin{cases} 9e^{-(x+9y)}, & x > 0, y > 0 \\ 0, & \text{其他} \end{cases}$$

从而

$$P(X_1 \leqslant Y) = \iint\limits_{x \leqslant y} f_{X_1 Y}(x, y)\mathrm{d}x\mathrm{d}y = \int_0^{+\infty} \mathrm{d}x \int_x^{+\infty} 9e^{-(x+9y)}\mathrm{d}y = \int_0^{+\infty} e^{-10x}\mathrm{d}x = \frac{1}{10}$$

(iii) 由于 Z 是 X_1、Y 的函数 $Z = g(X_1, Y)$,因此

$$EZ = E[g(X_1, Y)] = \int_{-\infty}^{+\infty} \int_{-\infty}^{+\infty} g(x, y)f_{X_1 Y}(x, y)\mathrm{d}x\mathrm{d}y = \iint\limits_{x \leqslant y} x f_{X_1 Y}(x, y)\mathrm{d}x\mathrm{d}y$$

$$= \int_0^{+\infty} \mathrm{d}x \int_x^{+\infty} x \cdot 9e^{-(x+9y)}\mathrm{d}y = \int_0^{+\infty} xe^{-10x}\mathrm{d}x = \frac{1}{100}$$

(3)(i) 由于

$$E\overline{X} = EX = 0, \quad D\overline{X} = \frac{\sigma^2}{n}$$

$$E\overline{X}^2 = D\overline{X} + (E\overline{X})^2 = \frac{\sigma^2}{n}, \quad ES^2 = \sigma^2$$

因此

$$ET = E[cn\overline{X}^2 + (1-c)S^2] = cn \cdot E\overline{X}^2 + (1-c)ES^2 = cn \cdot \frac{\sigma^2}{n} + (1-c) \cdot \sigma^2 = \sigma^2$$

(ii) 由于 $\dfrac{\overline{X}-\mu}{\sigma/\sqrt{n}} \sim N(0,1)$，且 $\mu=0$，因此 $\dfrac{n\overline{X}^2}{\sigma^2} \sim \chi^2(1)$，从而 $D\left(\dfrac{n\overline{X}^2}{\sigma^2}\right)=2$，故 $D\overline{X}^2=\dfrac{2\sigma^4}{n^2}$。

又由于 $\dfrac{(n-1)S^2}{\sigma^2} \sim \chi^2(n-1)$，故 $D\left[\dfrac{(n-1)S^2}{\sigma^2}\right]=2(n-1)$，从而 $DS^2=\dfrac{2\sigma^4}{n-1}$。

因为 $\overline{X}$ 与 S^2 相互独立，所以

$$DT = D\left[cn\overline{X}^2 + (1-c)S^2\right] = c^2n^2 \cdot D\overline{X}^2 + (1-c)^2 \cdot DS^2$$

$$= \frac{nc^2-2c+1}{n-1} \cdot 2\sigma^4 = \frac{n\left(c-\dfrac{1}{n}\right)^2+1-\dfrac{1}{n}}{n-1} \cdot 2\sigma^4$$

故当 $c=\dfrac{1}{n}$ 时，DT 达到最小。

(4) 由于 $\overline{X} \sim N\left(\mu, \dfrac{\sigma^2}{n}\right)$，且 $\mu=60$，$\sigma^2=12^2$，因此 $\overline{X} \sim N\left(60, \dfrac{12^2}{n}\right)$，从而 n 取决于如下条件：

$$P(\overline{X} > 54) = 1-P(\overline{X} \leqslant 54) = 1-\Phi\left(\frac{54-60}{12/\sqrt{n}}\right) = 1-\Phi\left(-\frac{\sqrt{n}}{2}\right)$$

$$= \Phi\left(\frac{\sqrt{n}}{2}\right) \geqslant 0.975 = \Phi(1.96)$$

从而 $\dfrac{\sqrt{n}}{2} \geqslant 1.96$，即 $n \geqslant 15.4$，故样本容量至少为 16 时才能使得样本均值 $\overline{X}$ 大于 54 的概率不小于 0.975。

(5) 由于 $\overline{X} \sim N\left(\mu, \dfrac{\sigma^2}{n}\right)$，$\dfrac{(n-1)S^2}{\sigma^2} \sim \chi^2(n-1)$，且 $n=25$，$\mu=3$，$\sigma^2=100$，因此 $\overline{X} \sim N\left(3, \dfrac{100}{25}\right)$，$\dfrac{(25-1)S^2}{100} \sim \chi^2(24)$，即 $\overline{X} \sim N(3,4)$，$\dfrac{24S^2}{100} \sim \chi^2(24)$，且 $\overline{X}$ 与 S^2 相互独立，从而

$$P(0<\overline{X}<6,\ 0<S^2<151.75) = P(0<\overline{X}<6)P\left(0<\frac{24S^2}{100}<\frac{24\times151.75}{100}\right)$$

$$= \left[\Phi\left(\frac{6-3}{2}\right)-\Phi\left(\frac{0-3}{2}\right)\right]\left[1-P\left(\frac{24S^2}{100}>36.42\right)\right]$$

$$= [2\Phi(1.5)-1](1-0.05)$$

$$= (2\times0.9332-1)\times0.95$$

$$= 0.8231$$

(6) 由于 $X_1, X_2, \cdots, X_{2n}$ 相互独立，且 $X_i \sim N(\mu, \sigma^2)(i=1,2,\cdots,2n)$，因此 $X_1+X_{n+1}, X_2+X_{n+2}, \cdots, X_n+X_{2n}$ 相互独立且同服从正态分布 $N(2\mu, 2\sigma^2)$，从而可以将其看成来自正态总体 $N(2\mu, 2\sigma^2)$ 的一个样本，其样本均值为

$$\frac{1}{n}\sum_{i=1}^{n}(X_i+X_{n+i})=\frac{1}{n}\sum_{i=1}^{2n}X_i=2\overline{X}$$

样本方差为

$$\frac{1}{n-1}\sum_{i=1}^{n}(X_i+X_{n+i}-2\overline{X})^2=\frac{1}{n-1}Y$$

由于 $E\left(\frac{1}{n-1}Y\right)=2\sigma^2$，因此

$$EY=(n-1)\cdot 2\sigma^2=2(n-1)\sigma^2$$

又由于 $\frac{Y}{2\sigma^2}\sim\chi^2(n-1)$，故 $D\left(\frac{Y}{2\sigma^2}\right)=2(n-1)$，从而 $DY=8(n-1)\sigma^4$。

因为 $2\overline{X}$ 与 $\frac{1}{n-1}Y$ 相互独立，所以

$$
\begin{aligned}
E(\overline{X}Y^2)&=E\overline{X}\cdot EY^2=\mu[DY+(EY)^2]\\
&=\mu\{8(n-1)\sigma^4+[2(n-1)\sigma^2]^2\}\\
&=4(n^2-1)\mu\sigma^4
\end{aligned}
$$

第7章 参数估计

7.1 大纲内容与大纲要求

1. 大纲内容

(1) 点估计的概念。

(2) 估计量与估计值。

(3) 矩估计法。

(4) 最大似然估计法。

(5) 区间估计与置信区间的概念。

(6) 单正态总体的均值和方差的置信区间。

(7) 双正态总体的均值之差和方差之比的置信区间

(8) 估计量的评选标准。

2. 大纲要求

(1) 理解参数的点估计、估计量与估计值的概念。

(2) 掌握矩估计法。

(3) 掌握最大似然估计法。

(4) 理解区间估计与置信区间的概念。

(5) 会求单正态总体均值和方差的置信区间。

(6) 会求双正态总体均值之差和方差之比的置信区间。

(7) 理解估计量的评选标准。

(8) 会验证估计量的无偏性、有效性与一致性。

7.2 内容解析

1. 点估计

1) 点估计的定义

设总体 X 的分布函数 $F(x; \theta_1, \theta_2, \cdots, \theta_k)$ 的形式已知，其中 $\theta_1, \theta_2, \cdots, \theta_k$ 为未知参数。$X_1, X_2, \cdots, X_n$ 为来自总体 X 的一个样本，$x_1, x_2, \cdots, x_n$ 是样本 $X_1, X_2, \cdots, X_n$ 的一

组样本值。若统计量 $\hat{\theta}_i(X_1, X_2, \cdots, X_n)(i=1, 2, \cdots, k)$ 能对参数 $\theta_i(i=1, 2, \cdots, k)$ 作估计，则称之为 θ_i 的点估计，称 $\hat{\theta}_i(X_1, X_2, \cdots, X_n)$ 为 θ_i 的点估计量，称 $\hat{\theta}_i(x_1, x_2, \cdots, x_n)$ 为 θ_i 的点估计值。在不致混淆的情况下，点估计量与点估计值统称为点估计。

2）点估计的求法

（1）矩估计法。

（i）定义：设总体 X 的分布函数为 $F(x; \theta_1, \theta_2, \cdots, \theta_k)$，其中 $\theta_1, \theta_2, \cdots, \theta_k$ 为未知参数，假设总体 X 的 k 阶原点矩 $\mu_k = EX^k$ 存在，由下列方程组

$$\begin{cases} \mu_1(\theta_1, \theta_2, \cdots, \theta_k) = \dfrac{1}{n}\sum_{i=1}^{n} X_i \\ \mu_2(\theta_1, \theta_2, \cdots, \theta_k) = \dfrac{1}{n}\sum_{i=1}^{n} X_i^2 \\ \vdots \\ \mu_k(\theta_1, \theta_2, \cdots, \theta_k) = \dfrac{1}{n}\sum_{i=1}^{n} X_i^k \end{cases}$$

解得 $\hat{\theta}_i = \hat{\theta}_i(X_1, X_2, \cdots, X_n)(i=1, 2, \cdots, k)$，并以 $\hat{\theta}_i$ 作为参数 θ_i 的估计量，则称 $\hat{\theta}_i(X_1, X_2, \cdots, X_n)$ 为参数 θ_i 的矩估计量，称 $\hat{\theta}_i(x_1, x_2, \cdots, x_n)$ 为参数 θ_i 的矩估计值。

（ii）矩估计法的基本思想：令 $\mu_k = A_k(k=1, 2, \cdots)$，其中 k 的取值随参数个数而定，有几个参数 k 就取几个值，再由得到的几个方程构成的方程组求得参数的矩估计量。

（2）最大似然估计法。

（i）似然函数：设总体 X 的分布形式 $p(x; \theta)$（或是分布律或是概率密度）为已知，其中 $\theta \in \Theta$ 为未知参数，Θ 是 θ 可能的取值的范围。$X_1, X_2, \cdots, X_n$ 为来自总体 X 的一个样本，$x_1, x_2, \cdots, x_n$ 是样本 $X_1, X_2, \cdots, X_n$ 的一组样本值，称 $L(\theta) = \prod_{i=1}^{n} p(x_i; \theta)$ 为参数 θ 的似然函数。

（ii）最大似然估计：称能使似然函数 $L(\theta)$ 取得最大值的 $\hat{\theta}(x_1, x_2, \cdots, x_n)$ 为 θ 的最大似然估计。称 $\hat{\theta}(x_1, x_2, \cdots, x_n)$ 为 θ 的最大似然估计值，称 $\hat{\theta}(X_1, X_2, \cdots, X_n)$ 为 θ 的最大似然估计量。

（iii）求参数 θ 最大似然估计步骤：

① 写出似然函数：$L(\theta) = \prod_{i=1}^{n} p(x_i; \theta)$；

② 取自然对数：$\ln L(\theta) = \sum_{i=1}^{n} \ln p(x_i; \theta)$；

③ 令 $\dfrac{\partial \ln L(\theta)}{\partial \theta_i} = 0(i = 1, 2, \cdots, m)$，解之得

$$\hat{\theta}_i = \theta_i(x_1, x_2, \cdots, x_n) \ (i = 1, 2, \cdots, m)$$

（iv）最大似然估计的不变性：设 θ 的函数 $u = u(\theta)(\theta \in \Theta)$ 具有单值反函数 $\theta = \theta(u)$ $(u \in U)$，$\hat{\theta}$ 是总体 X 的概率分布中参数 θ 的最大似然估计，则 $\hat{u} = u(\hat{\theta})$ 是 $u(\theta)$ 的最大似然估计。

2. 区间估计

1）置信区间的定义

设总体 X 的分布函数 $F(x; \theta)$ 的形式为已知，θ 为未知参数，$X_1, X_2, \cdots, X_n$ 为来自总体 X 的一个样本，如果 $\forall 0 < \alpha < 1$，若能由样本确定两个统计量 $\underline{\theta} = \underline{\theta}(X_1, X_2, \cdots, X_n)$ 与 $\bar{\theta} = \bar{\theta}(X_1, X_2, \cdots, X_n)$，使得

$$P(\underline{\theta}(X_1, X_2, \cdots, X_n) < \theta < \bar{\theta}(X_1, X_2, \cdots, X_n)) = 1 - \alpha$$

则称随机区间 $(\underline{\theta}, \bar{\theta})$ 为参数 θ 的置信水平（置信度）为 $1 - \alpha$ 的（双侧）置信区间，$\underline{\theta}$ 与 $\bar{\theta}$ 分别称为参数 θ 的置信水平为 $1 - \alpha$ 的（双侧）置信区间的置信下限和置信上限，$1 - \alpha$ 称为置信水平。

2）求参数 θ 的置信水平为 $1 - \alpha$ 的置信区间

（1）选取一个样本 $X_1, X_2, \cdots, X_n$ 的函数

$$Z = Z(X_1, X_2, \cdots, X_n; \theta)$$

它包含待估参数 θ，而不依赖于其他未知参数，并且 Z 分布已知而不依赖于任何未知参数。

（2）对于给定的置信水平 $1 - \alpha$，选定两个常数 a、b，使得

$$P(a < Z(X_1, X_2, \cdots, X_n; \theta) < b) = 1 - \alpha$$

（3）由 $a < Z(X_1, X_2, \cdots, X_n; \theta) < b$ 得到等价的不等式 $\underline{\theta} < \theta < \bar{\theta}$，其中 $\underline{\theta} = \underline{\theta}(X_1, X_2, \cdots, X_n)$ 与 $\bar{\theta} = \bar{\theta}(X_1, X_2, \cdots, X_n)$ 都是统计量，从而得到 θ 的置信水平为 $1 - \alpha$ 的置信区间为 $(\underline{\theta}, \bar{\theta})$。

3）正态总体参数的置信区间

（1）单正态总体均值 μ 的置信水平为 $1 - \alpha$ 的置信区间。

（i）设总体 $X \sim N(\mu, \sigma^2)$，其中 σ^2 已知，$X_1, X_2, \cdots, X_n$ 为来自总体 X 的一个样本，样本均值为 $\overline{X}$，则均值 μ 的置信水平为 $1 - \alpha$ 的置信区间为

$$\left(\overline{X} - \frac{\sigma}{\sqrt{n}} z_{\frac{\alpha}{2}}, \ \overline{X} + \frac{\sigma}{\sqrt{n}} z_{\frac{\alpha}{2}} \right)$$

或

$$\left(\overline{X} \pm \frac{\sigma}{\sqrt{n}} z_{\frac{\alpha}{2}} \right)$$

(ii) 设总体 $X \sim N(\mu, \sigma^2)$，其中 σ^2 未知，$X_1, X_2, \cdots, X_n$ 为来自总体 X 的一个样本，样本均值为 $\overline{X}$，样本方差为 S^2，则均值 μ 的置信水平为 $1-\alpha$ 的置信区间为

$$\left(\overline{X} - \frac{S}{\sqrt{n}} t_{\frac{\alpha}{2}}(n-1), \ \overline{X} + \frac{S}{\sqrt{n}} t_{\frac{\alpha}{2}}(n-1) \right)$$

或

$$\left(\overline{X} \pm \frac{S}{\sqrt{n}} t_{\frac{\alpha}{2}}(n-1) \right)$$

（2）单正态总体方差 σ^2 的置信水平为 $1-\alpha$ 的置信区间。

(i) 设总体 $X \sim N(\mu, \sigma^2)$，其中 μ 已知，$X_1, X_2, \cdots, X_n$ 为来自总体 X 的一个样本，则方差 σ^2 的置信水平为 $1-\alpha$ 的置信区间为

$$\left(\frac{\sum_{i=1}^{n} (X_i - \mu)^2}{\chi_{\frac{\alpha}{2}}^2(n)}, \ \frac{\sum_{i=1}^{n} (X_i - \mu)^2}{\chi_{1-\frac{\alpha}{2}}^2(n)} \right)$$

(ii) 设总体 $X \sim N(\mu, \sigma^2)$，其中 μ 未知，$X_1, X_2, \cdots, X_n$ 为来自总体 X 的一个样本，样本方差为 S^2，则方差 σ^2 的置信水平为 $1-\alpha$ 的置信区间为

$$\left(\frac{(n-1)S^2}{\chi_{\frac{\alpha}{2}}^2(n-1)}, \ \frac{(n-1)S^2}{\chi_{1-\frac{\alpha}{2}}^2(n-1)} \right)$$

（3）双正态总体均值之差 $\mu_1 - \mu_2$ 的置信水平为 $1-\alpha$ 的置信区间。

(i) 设 $X_1, X_2, \cdots, X_{n_1}$ 为来自第一个总体 $X \sim N(\mu_1, \sigma_1^2)$ 的一个样本，样本均值为 $\overline{X}$；$Y_1, Y_2, \cdots, Y_{n_2}$ 为来自第二个总体 $Y \sim N(\mu_2, \sigma_2^2)$ 的一个样本，样本均值为 $\overline{Y}$。两个样本构成的合样本 $X_1, X_2, \cdots, X_{n_1}, Y_1, Y_2, \cdots, Y_{n_2}$ 相互独立，则当 σ_1^2、σ_2^2 已知时两总体均值之差 $\mu_1 - \mu_2$ 的置信水平为 $1-\alpha$ 的置信区间为

$$\left(\overline{X} - \overline{Y} - \sqrt{\frac{\sigma_1^2}{n_1} + \frac{\sigma_2^2}{n_2}} z_{\frac{\alpha}{2}}, \ \overline{X} - \overline{Y} + \sqrt{\frac{\sigma_1^2}{n_1} + \frac{\sigma_2^2}{n_2}} z_{\frac{\alpha}{2}} \right)$$

或

$$\left(\overline{X} - \overline{Y} \pm \sqrt{\frac{\sigma_1^2}{n_1} + \frac{\sigma_2^2}{n_2}} z_{\frac{\alpha}{2}} \right)$$

(ii) 设 $X_1, X_2, \cdots, X_{n_1}$ 为来自第一个总体 $X \sim N(\mu_1, \sigma_1^2)$ 的一个样本，样本均值为 $\overline{X}$，样本方差为 S_1^2；$Y_1, Y_2, \cdots, Y_{n_2}$ 为来自第二个总体 $Y \sim N(\mu_2, \sigma_2^2)$ 的一个样本，样本均值为 $\overline{Y}$，样本方差为 S_2^2。两个样本构成的合样本 $X_1, X_2, \cdots, X_{n_1}, Y_1, Y_2, \cdots, Y_{n_2}$ 相互独立，则当 $\sigma_1^2 = \sigma_2^2$ 未知时两总体均值之差 $\mu_1 - \mu_2$ 的置信水平为 $1-\alpha$ 的置信区间为

$$\left(\overline{X} - \overline{Y} - S_\omega \sqrt{\frac{1}{n_1} + \frac{1}{n_2}} t_{\frac{\alpha}{2}}(n_1 + n_2 - 2), \ \overline{X} - \overline{Y} + S_\omega \sqrt{\frac{1}{n_1} + \frac{1}{n_2}} t_{\frac{\alpha}{2}}(n_1 + n_2 - 2) \right)$$

或

$$\left(\overline{X} - \overline{Y} \pm S_\omega \sqrt{\frac{1}{n_1} + \frac{1}{n_2}} t_{\frac{\alpha}{2}} (n_1 + n_2 - 2) \right)$$

其中 $S_\omega = \sqrt{\dfrac{(n_1 - 1)S_1^2 + (n_2 - 1)S_2^2}{n_1 + n_2 - 2}}$。

(4) 双正态总体方差之比 $\dfrac{\sigma_1^2}{\sigma_2^2}$ 的置信水平为 $1 - \alpha$ 的置信区间。

(i) 设 $X_1, X_2, \cdots, X_{n_1}$ 为来自第一个总体 $X \sim N(\mu_1, \sigma_1^2)$ 的一个样本，$Y_1, Y_2, \cdots, Y_{n_2}$ 为来自第二个总体 $Y \sim N(\mu_2, \sigma_2^2)$ 的一个样本。两个样本构成的合样本 $X_1, X_2, \cdots, X_{n_1}, Y_1,$ $Y_2, \cdots, Y_{n_2}$ 相互独立，则当 μ_1、μ_2 已知时两总体方差之比 $\dfrac{\sigma_1^2}{\sigma_2^2}$ 的置信水平为 $1 - \alpha$ 的置信区间为

$$\left(\frac{n_2 \sum\limits_{i=1}^{n_1} (X_i - \mu_1)^2}{n_1 \sum\limits_{i=1}^{n_2} (Y_i - \mu_2)^2} \frac{1}{F_{\frac{\alpha}{2}}(n_1, n_2)}, \; \frac{n_2 \sum\limits_{i=1}^{n_1} (X_i - \mu_1)^2}{n_1 \sum\limits_{i=1}^{n_2} (Y_i - \mu_2)^2} F_{\frac{\alpha}{2}}(n_2, n_1) \right)$$

(ii) 设 $X_1, X_2, \cdots, X_{n_1}$ 为来自第一个总体 $X \sim N(\mu_1, \sigma_1^2)$ 的一个样本，样本方差为 S_1^2；$Y_1, Y_2, \cdots, Y_{n_2}$ 为来自第二个总体 $Y \sim N(\mu_2, \sigma_2^2)$ 的一个样本，样本方差为 S_2^2。两个样本构成的合样本 $X_1, X_2, \cdots, X_{n_1}, Y_1, Y_2, \cdots, Y_{n_2}$ 相互独立，则当 μ_1、μ_2 未知时两总体方差之比 $\dfrac{\sigma_1^2}{\sigma_2^2}$ 的置信水平为 $1 - \alpha$ 的置信区间为

$$\left(\frac{S_1^2}{S_2^2} \frac{1}{F_{\frac{\alpha}{2}}(n_1 - 1, n_2 - 1)}, \; \frac{S_1^2}{S_2^2} F_{\frac{\alpha}{2}}(n_2 - 1, n_1 - 1) \right)$$

4) 0-1 分布总体参数的置信区间

设总体 $X \sim B(1, p)$，即总体 X 服从参数为 p 的 0-1 分布，$X_1, X_2, \cdots, X_n (n > 50,$ 此时也称该样本为大样本）为来自总体 X 的一个样本，则参数 p 的置信水平为 $1 - \alpha$ 的置信区间为

$$\left(\frac{1}{2a} (-b - \sqrt{b^2 - 4ac}), \; \frac{1}{2a} (-b + \sqrt{b^2 - 4ac}) \right)$$

其中 $a = n + z_{\frac{\alpha}{2}}^2$，$b = -(2n\overline{X} + z_{\frac{\alpha}{2}}^2)$，$c = n\overline{X}^2$。

3. 单侧置信区间

1) 定义

(1) 设总体 X 的分布函数 $F(x; \theta)$ 的形式为已知，θ 为未知参数，$X_1, X_2, \cdots, X_n$ 为来自总体 X 的一个样本，如果 $\forall 0 < \alpha < 1$，若能由样本确定统计量 $\underline{\theta} = \underline{\theta}(X_1, X_2, \cdots, X_n)$，使得

$$P(\theta > \underline{\theta}(X_1, X_2, \cdots, X_n)) = 1 - \alpha$$

则称随机区间 $(\underline{\theta}, +\infty)$ 为参数 θ 的置信水平（置信度）为 $1 - \alpha$ 的单侧置信区间，$\underline{\theta}$ 称为参数

θ 的置信水平为 $1-\alpha$ 的单侧置信下限。

（2）设总体 X 的分布函数 $F(x;\theta)$ 的形式为已知，θ 为未知参数，X_1，X_2，$\cdots$，X_n 为来自总体 X 的一个样本，如果 $\forall 0<\alpha<1$，若能由样本确定统计量 $\bar{\theta}=\bar{\theta}(X_1,X_2,\cdots,X_n)$，使得
$$P(\theta<\bar{\theta}(X_1,X_2,\cdots,X_n))=1-\alpha$$
则称随机区间 $(-\infty,\bar{\theta})$ 为参数 θ 的置信水平（置信度）为 $1-\alpha$ 的单侧置信区间，$\bar{\theta}$ 称为参数 θ 的置信水平为 $1-\alpha$ 的单侧置信上限。

2）正态总体参数的单侧置信区间

（1）单正态总体均值 μ 的置信水平为 $1-\alpha$ 的单侧置信区间。

（i）设总体 $X\sim N(\mu,\sigma^2)$，其中 σ^2 已知，X_1，X_2，$\cdots$，X_n 为来自总体 X 的一个样本，样本均值为 $\overline{X}$，则均值 μ 的置信水平为 $1-\alpha$ 的单侧置信下限为 $\underline{\mu}=\overline{X}-\dfrac{\sigma}{\sqrt{n}}z_\alpha$，从而均值 μ 的置信水平为 $1-\alpha$ 的单侧置信区间为
$$\left(\overline{X}-\frac{\sigma}{\sqrt{n}}z_\alpha,+\infty\right)$$

类似地，均值 μ 的置信水平为 $1-\alpha$ 的单侧置信上限为 $\bar{\mu}=\overline{X}+\dfrac{\sigma}{\sqrt{n}}z_\alpha$，从而均值 μ 的置信水平为 $1-\alpha$ 的单侧置信区间为
$$\left(-\infty,\overline{X}+\frac{\sigma}{\sqrt{n}}z_\alpha\right)$$

（ii）设总体 $X\sim N(\mu,\sigma^2)$，其中 σ^2 未知，X_1，X_2，$\cdots$，X_n 为来自总体 X 的一个样本，样本均值为 $\overline{X}$，样本方差为 S^2，则均值 μ 的置信水平为 $1-\alpha$ 的单侧置信下限为 $\underline{\mu}=\overline{X}-\dfrac{S}{\sqrt{n}}t_\alpha(n-1)$，从而均值 μ 的置信水平为 $1-\alpha$ 的单侧置信区间为
$$\left(\overline{X}-\frac{S}{\sqrt{n}}t_\alpha(n-1),+\infty\right)$$

类似地，均值 μ 的置信水平为 $1-\alpha$ 的单侧置信上限为 $\bar{\mu}=\overline{X}+\dfrac{S}{\sqrt{n}}t_\alpha(n-1)$，从而均值 μ 的置信水平为 $1-\alpha$ 的单侧置信区间为
$$\left(-\infty,\overline{X}+\frac{S}{\sqrt{n}}t_\alpha(n-1)\right)$$

（2）单正态总体方差 σ^2 的置信水平为 $1-\alpha$ 的单侧置信区间。

（i）设总体 $X\sim N(\mu,\sigma^2)$，其中 μ 已知，X_1，X_2，$\cdots$，X_n 为来自总体 X 的一个样本，则方差 σ^2 的置信水平为 $1-\alpha$ 的单侧置信下限为 $\underline{\sigma}^2=\dfrac{\sum\limits_{i=1}^{n}(X_i-\mu)^2}{\chi_\alpha^2(n)}$，从而方差 σ^2 的置信水平为

$1-\alpha$ 的单侧置信区间为

$$\left(\frac{\sum\limits_{i=1}^{n}(X_i-\mu)^2}{\chi_\alpha^2(n)}\ ,\ +\infty\right)$$

类似地，方差 σ^2 的置信水平为 $1-\alpha$ 的单侧置信上限为

$$\overline{\sigma^2}=\frac{\sum\limits_{i=1}^{n}(X_i-\mu)^2}{\chi_{1-\alpha}^2(n)}$$

从而方差 σ^2 的置信水平为 $1-\alpha$ 的单侧置信区间为

$$\left(0,\ \frac{\sum\limits_{i=1}^{n}(X_i-\mu)^2}{\chi_{1-\alpha}^2(n)}\right)$$

(ii) 设总体 $X\sim N(\mu,\sigma^2)$，其中 μ 未知，X_1，X_2，…，X_n 为来自总体 X 的一个样本，样本方差为 S^2，则方差 σ^2 的置信水平为 $1-\alpha$ 的单侧置信下限为 $\underline{\sigma^2}=\dfrac{(n-1)S^2}{\chi_\alpha^2(n-1)}$，从而方差 σ^2 的置信水平为 $1-\alpha$ 的单侧置信区间为

$$\left(\frac{(n-1)S^2}{\chi_\alpha^2(n-1)},\ +\infty\right)$$

类似地，方差 σ^2 的置信水平为 $1-\alpha$ 的单侧置信上限为 $\overline{\sigma^2}=\dfrac{(n-1)S^2}{\chi_{1-\alpha}^2(n-1)}$，从而方差 σ^2 的置信水平为 $1-\alpha$ 的单侧置信区间为

$$\left(0,\ \frac{(n-1)S^2}{\chi_{1-\alpha}^2(n-1)}\right)$$

(3) 双正态总体均值之差 $\mu_1-\mu_2$ 的置信水平为 $1-\alpha$ 的单侧置信区间。

(i) 设 X_1，X_2，…，X_{n_1} 为来自第一个总体 $X\sim N(\mu_1,\sigma_1^2)$ 的一个样本，样本均值为 $\overline{X}$；Y_1，Y_2，…，Y_{n_2} 为来自第二个总体 $Y\sim N(\mu_2,\sigma_2^2)$ 的一个样本，样本均值为 $\overline{Y}$。两个样本构成的合样本 X_1，X_2，…，X_{n_1}，Y_1，Y_2，…，Y_{n_2} 相互独立，则当 σ_1^2、σ_2^2 已知时两总体均值之差 $\mu_1-\mu_2$ 的置信水平为 $1-\alpha$ 的单侧置信下限为 $\overline{X}-\overline{Y}-\sqrt{\dfrac{\sigma_1^2}{n_1}+\dfrac{\sigma_2^2}{n_2}}z_\alpha$，从而两总体均值之差 $\mu_1-\mu_2$ 的置信水平为 $1-\alpha$ 的单侧置信区间为

$$\left(\overline{X}-\overline{Y}-\sqrt{\frac{\sigma_1^2}{n_1}+\frac{\sigma_2^2}{n_2}}z_\alpha,\ +\infty\right)$$

类似地，两总体均值之差 $\mu_1-\mu_2$ 的置信水平为 $1-\alpha$ 的单侧置信上限为 $\overline{X}-\overline{Y}+\sqrt{\dfrac{\sigma_1^2}{n_1}+\dfrac{\sigma_2^2}{n_2}}z_\alpha$，从而两总体均值之差 $\mu_1-\mu_2$ 的置信水平为 $1-\alpha$ 的单侧置信区间为

$$\left(-\infty,\ \overline{X}-\overline{Y}+\sqrt{\frac{\sigma_1^2}{n_1}+\frac{\sigma_2^2}{n_2}}z_\alpha\right)$$

（ii）设 X_1，X_2，$\cdots$，X_{n_1} 为来自第一个总体 $X\sim N(\mu_1,\sigma_1^2)$ 的一个样本，样本均值为 $\overline{X}$，样本方差为 S_1^2；Y_1，Y_2，$\cdots$，Y_{n_2} 为来自第二个总体 $Y\sim N(\mu_2,\sigma_2^2)$ 的一个样本，样本均值为 $\overline{Y}$，样本方差为 S_2^2。两个样本构成的合样本 X_1，X_2，$\cdots$，X_{n_1}，Y_1，Y_2，$\cdots$，Y_{n_2} 相互独立，则当 $\sigma_1^2=\sigma_2^2$ 未知时两总体均值之差 $\mu_1-\mu_2$ 的置信水平为 $1-\alpha$ 的单侧置信下限为

$$\overline{X}-\overline{Y}-S_\omega\sqrt{\frac{1}{n_1}+\frac{1}{n_2}}t_\alpha(n_1+n_2-2)$$

从而两总体均值之差 $\mu_1-\mu_2$ 的置信水平为 $1-\alpha$ 的单侧置信区间为

$$\left(\overline{X}-\overline{Y}-S_\omega\sqrt{\frac{1}{n_1}+\frac{1}{n_2}}t_\alpha(n_1+n_2-2),\ +\infty\right)$$

其中 $S_\omega=\sqrt{\dfrac{(n_1-1)S_1^2+(n_2-1)S_2^2}{n_1+n_2-2}}$。

类似地，两总体均值之差 $\mu_1-\mu_2$ 的置信水平为 $1-\alpha$ 的单侧置信上限为

$$\overline{X}-\overline{Y}+S_\omega\sqrt{\frac{1}{n_1}+\frac{1}{n_2}}t_\alpha(n_1+n_2-2)$$

从而两总体均值之差 $\mu_1-\mu_2$ 的置信水平为 $1-\alpha$ 的单侧置信区间为

$$\left(-\infty,\ \overline{X}-\overline{Y}+S_\omega\sqrt{\frac{1}{n_1}+\frac{1}{n_2}}t_\alpha(n_1+n_2-2)\right)$$

（4）双正态总体方差之比 $\dfrac{\sigma_1^2}{\sigma_2^2}$ 的置信水平为 $1-\alpha$ 的单侧置信区间。

（i）设 X_1，X_2，$\cdots$，X_{n_1} 为来自第一个总体 $X\sim N(\mu_1,\sigma_1^2)$ 的一个样本，Y_1，Y_2，$\cdots$，Y_{n_2} 为来自第二个总体 $Y\sim N(\mu_2,\sigma_2^2)$ 的一个样本。两个样本构成的合样本 X_1，X_2，$\cdots$，X_{n_1}，Y_1，Y_2，$\cdots$，Y_{n_2} 相互独立，则当 μ_1、μ_2 已知时两总体方差之比 $\dfrac{\sigma_1^2}{\sigma_2^2}$ 的置信水平为 $1-\alpha$ 的单侧置信下限为 $\dfrac{n_2\sum\limits_{i=1}^{n_1}(X_i-\mu_1)^2}{n_1\sum\limits_{i=1}^{n_2}(Y_i-\mu_2)^2}\dfrac{1}{F_\alpha(n_1,\ n_2)}$，从而两总体方差之比 $\dfrac{\sigma_1^2}{\sigma_2^2}$ 的置信水平为 $1-\alpha$ 的单侧置信区间为

$$\left(\frac{n_2\sum\limits_{i=1}^{n_1}(X_i-\mu_1)^2}{n_1\sum\limits_{i=1}^{n_2}(Y_i-\mu_2)^2}\frac{1}{F_\alpha(n_1,\ n_2)},\ +\infty\right)$$

类似地，两总体方差之比 $\dfrac{\sigma_1^2}{\sigma_2^2}$ 的置信水平为 $1-\alpha$ 的 单侧置信上限为

$$\dfrac{n_2 \sum\limits_{i=1}^{n_1}(X_i-\mu_1)^2}{n_1 \sum\limits_{i=1}^{n_2}(Y_i-\mu_2)^2}F_\alpha(n_2,n_1),$$ 从而两总体方差之比 $\dfrac{\sigma_1^2}{\sigma_2^2}$ 的置信水平为 $1-\alpha$ 的单侧置信区间为

$$\left(0,\ \dfrac{n_2 \sum\limits_{i=1}^{n_1}(X_i-\mu_1)^2}{n_1 \sum\limits_{i=1}^{n_2}(Y_i-\mu_2)^2}F_\alpha(n_2,n_1)\right]$$

(ii) 设 $X_1,X_2,\cdots,X_{n_1}$ 为来自第一个总体 $X \sim N(\mu_1,\sigma_1^2)$ 的一个样本，样本方差为 S_1^2；$Y_1,Y_2,\cdots,Y_{n_2}$ 为来自第二个总体 $Y \sim N(\mu_2,\sigma_2^2)$ 的一个样本，样本方差为 S_2^2。两个样本构成的合样本 $X_1,X_2,\cdots,X_{n_1},Y_1,Y_2,\cdots,Y_{n_2}$ 相互独立，则当 μ_1、μ_2 未知时两总体方差之比 $\dfrac{\sigma_1^2}{\sigma_2^2}$ 的置信水平为 $1-\alpha$ 的单侧置信下限为 $\dfrac{S_1^2}{S_2^2}\dfrac{1}{F_\alpha(n_1-1,n_2-1)}$，从而两总体方差之比 $\dfrac{\sigma_1^2}{\sigma_2^2}$ 的置信水平为 $1-\alpha$ 的单侧置信区间为

$$\left(\dfrac{S_1^2}{S_2^2}\dfrac{1}{F_\alpha(n_1-1,n_2-1)},\ +\infty\right)$$

类似地，两总体方差之比 $\dfrac{\sigma_1^2}{\sigma_2^2}$ 的置信水平为 $1-\alpha$ 的单侧置信上限为 $\dfrac{S_1^2}{S_2^2}F_\alpha(n_2-1,n_1-1)$，从而两总体方差之比 $\dfrac{\sigma_1^2}{\sigma_2^2}$ 的置信水平为 $1-\alpha$ 的单侧置信区间为

$$\left(0,\ \dfrac{S_1^2}{S_2^2}F_\alpha(n_2-1,n_1-1)\right)$$

4. 估计量的评选标准

(1) 无偏性：设 $\hat{\theta}=\hat{\theta}(X_1,X_2,\cdots,X_n)$ 是 θ 的估计量，且 $\hat{\theta}$ 的数学期望存在，如果 $\forall\theta\in\Theta$，有 $E\hat{\theta}=\theta$，则称 $\hat{\theta}$ 是 θ 的无偏估计量。

(2) 有效性：设 $\hat{\theta}_1=\hat{\theta}_1(X_1,X_2,\cdots,X_n)$ 与 $\hat{\theta}_2=\hat{\theta}_2(X_1,X_2,\cdots,X_n)$ 都是 θ 的无偏估计量，如果 $\forall\theta\in\Theta$，有

$$D\hat{\theta}_1 < D\hat{\theta}_2$$

则称 $\hat{\theta}_1$ 较 $\hat{\theta}_2$ 有效。

(3) 一致性（相合性）：设 $\hat{\theta}_n=\hat{\theta}_n(X_1,X_2,\cdots,X_n)$ 为参数 θ 的估计量，如果 $\forall\theta\in\Theta$，$\hat{\theta}_n$ 依概率收敛于 θ，则称 $\hat{\theta}_n$ 是 θ 的一致（相合）估计量。

7.3　重 点 与 考 点

1. 参数的矩估计

(1) 计算总体矩。

(2) 在不同条件下计算参数的矩估计量。

(3) 计算矩估计量的数字特征。

2. 最大似然估计

(1) 求总体的概率分布。

(2) 在不同条件下计算参数的最大似然估计量。

(3) 计算最大似然估计量的数字特征。

3. 单正态总体均值和方差的置信区间

(1) 识别总体分布参数的性质。

(2) 在不同条件下求总体均值和方差的置信区间。

4. 双正态总体均值之差和方差之比的置信区间

(1) 识别总体分布参数的性质。

(2) 在不同条件下求两总体均值之差和方差之比的置信区间。

5. 估计量的优良性

(1) 计算估计量的均值，验证估计量的无偏性。

(2) 计算估计量的方差，判断估计量的有效性。

(3) 计算估计量的均值和方差，证明估计量的一致性。

7.4　经 典 题 型

1. 点估计

例 7 – 1　设总体 X 的方差 DX 存在，$X_1, X_2, \cdots, X_n$ 为来自总体 X 的一个样本，$\overline{X}$、S^2 分别为样本均值和样本方差，则 EX^2 的矩估计量为（　　）。

    A. $S^2 + \overline{X}^2$ 　　　　　　　　　　B. $(n-1)S^2 + \overline{X}^2$

    C. $nS^2 + \overline{X}^2$ 　　　　　　　　　　D. $\dfrac{n-1}{n}S^2 + \overline{X}^2$

解　应选 D。

由矩估计法知，EX^2 的矩估计量为 $\dfrac{1}{n}\sum\limits_{i=1}^{n} X_i^2$，由于

$$S^2 = \frac{1}{n-1}\sum_{i=1}^{n}(X_i - \overline{X})^2 = \frac{1}{n-1}\left(\sum_{i=1}^{n} X_i^2 - n\overline{X}^2\right) = \frac{n}{n-1}\left[\frac{1}{n}\sum_{i=1}^{n} X_i^2 - \overline{X}^2\right]$$

因此 $\dfrac{n-1}{n}S^2 + \overline{X}^2 = \dfrac{1}{n}\sum\limits_{i=1}^{n}X_i^2$ 为 EX^2 的矩估计量，故选 D。

例 7 - 2 设总体 X 的概率密度为

$$f(x) = \begin{cases} \dfrac{2}{\theta^2}(\theta - x), & 0 < x < \theta \\ 0, & \text{其他} \end{cases}$$

X_1，X_2，$\cdots$，X_n 为来自总体 X 一个样本，则 θ 的矩估计量 _____。

解 应填 $3\overline{X}$。

由于

$$EX = \int_{-\infty}^{+\infty} x f(x)\mathrm{d}x = \int_{0}^{\theta} x \cdot \dfrac{2}{\theta^2}(\theta - x)\mathrm{d}x = \dfrac{\theta}{3}$$

因此由矩估计法，得

$$\dfrac{\theta}{3} = \overline{X}$$

解之，得 θ 的矩估计量为 $\hat{\theta} = 3\overline{X}$，故填 $3\overline{X}$。

例 7 - 3 设总体 X 的均值为 $EX = \mu$，方差为 $DX = \sigma^2$，若 $0,0,1,1,0,1$ 为来自总体 X 的样本观察值，则总体均值 μ 的矩估计值为 _____，方差 σ^2 的矩估计值为 _____。

解 应分别填 $\dfrac{1}{2}$，$\dfrac{1}{4}$。

由于 $EX^2 = DX + (EX)^2 = \sigma^2 + \mu^2$，因此由矩估计法，得

$$\begin{cases} \mu = \overline{X} \\ \sigma^2 + \mu^2 = \dfrac{1}{n}\sum\limits_{i=1}^{n}X_i^2 \end{cases}$$

解之，得 μ、σ^2 的矩估计量分别为

$$\hat{\mu} = \overline{X}, \ \hat{\sigma}^2 = \dfrac{1}{n}\sum\limits_{i=1}^{n}X_i^2 - \overline{X}^2 = \dfrac{1}{n}\sum\limits_{i=1}^{n}(X_i - \overline{X})^2$$

从而 μ、σ^2 的矩估计值分别为

$$\hat{\mu} = \overline{x}, \ \hat{\sigma}^2 = \dfrac{1}{n}\sum\limits_{i=1}^{n}(x_i - \overline{x})^2$$

因此总体均值 μ 的矩估计值为

$$\hat{\mu} = \overline{x} = \dfrac{1}{6}(0+0+1+1+0+1) = \dfrac{1}{2}$$

故填 $\dfrac{1}{2}$。

方差 σ^2 的矩估计值为

$$\hat{\sigma}^2 = \frac{1}{6}\left[(0-\frac{1}{2})^2 + (0-\frac{1}{2})^2 + (1-\frac{1}{2})^2 + (1-\frac{1}{2})^2 + (0-\frac{1}{2})^2 + (1-\frac{1}{2})^2\right] = \frac{1}{4}$$

故填 $\frac{1}{4}$。

例 7-4 设总体 X 是离散型随机变量，其可能的取值为 0、1、2，且 $P(X=2) = (1-\theta)^2$，其中 θ 为未知参数，$EX = 2(1-\theta)$。

(1) 试求 X 的分布律；

(2) 从总体 X 中抽取容量为 10 的样本，其中 2 个取 0，5 个取 1，3 个取 2，试求参数 θ 的矩估计值和最大似然估计值。

解 (1) 设 X 的分布律为

$$P(X=0) = p_0, \ P(X=1) = p_1, \ P(X=2) = p_2$$

则 $p_2 = (1-\theta)^2$，由于

$$EX = 0 \times p_0 + 1 \times p_1 + 2 \times p_2 = p_1 + 2(1-\theta)^2 = 2(1-\theta)$$

因此 $p_1 = 2\theta(1-\theta)$，又由于 $p_0 + p_1 + p_2 = 1$，故 $p_0 = 1 - p_1 - p_2 = \theta^2$，从而 X 的分布律为

X	0	1	2
P	θ^2	$2\theta(1-\theta)$	$(1-\theta)^2$

(2) 由于 $EX = 2(1-\theta)$，$\bar{x} = \frac{1}{10}(2 \times 0 + 5 \times 1 + 3 \times 2) = \frac{11}{10}$，因此由矩估计法，得

$$2(1-\theta) = \bar{x}$$

解之，得 θ 的矩估计值为 $\hat{\theta} = 1 - \frac{\bar{x}}{2} = 1 - \frac{11}{20} = \frac{9}{20}$。

对于给定的样本值，有

(i) 似然函数：$L(\theta) = (\theta^2)^2 [2\theta(1-\theta)]^5 [(1-\theta)^2]^3 = 32\theta^9(1-\theta)^{11}$；

(ii) 取自然对数：$\ln L(\theta) = \ln 32 + 9\ln\theta + 11\ln(1-\theta)$；

(iii) 令 $\frac{\mathrm{d}\ln L(\theta)}{\mathrm{d}\theta} = \frac{9}{\theta} - \frac{11}{1-\theta} = 0$，解之，得 θ 的最大似然估计量为 $\hat{\theta} = \frac{9}{20}$。

例 7-5 设总体 X 的概率密度为

$$f(x) = \begin{cases} \lambda e^{-\lambda(x-2)}, & x > 2 \\ 0, & x \leqslant 2 \end{cases}$$

其中 $\lambda(\lambda > 0)$ 为未知参数，$X_1, X_2, \cdots, X_n$ 为来自总体 X 的一个样本，$Y = X^2$。

(1) 求 Y 的数学期望 EY（记 EY 为 b）；

(2) 求参数 λ 的矩估计量和最大似然估计量；

(3) 利用上述结果求 b 的最大似然估计量。

解 (1) $b = EY = EX^2 = \int_{-\infty}^{+\infty} x^2 f(x)\mathrm{d}x = \int_2^{+\infty} x^2 \cdot \lambda \mathrm{e}^{-\lambda(x-2)}\mathrm{d}x = -\mathrm{e}^{2\lambda}\int_2^{+\infty} x^2 \mathrm{d}(\mathrm{e}^{-\lambda x})$

$= -\mathrm{e}^{2\lambda}[x^2 \mathrm{e}^{-\lambda x}]_2^{+\infty} + 2\mathrm{e}^{2\lambda}\int_2^{+\infty} x\mathrm{e}^{-\lambda x}\mathrm{d}x = 4 - \dfrac{2}{\lambda}\mathrm{e}^{2\lambda}\int_2^{+\infty} x\mathrm{d}(\mathrm{e}^{-\lambda x})$

$= 4 - \dfrac{2}{\lambda}\mathrm{e}^{2\lambda}[x\mathrm{e}^{-\lambda x}]_2^{+\infty} + \dfrac{2}{\lambda}\mathrm{e}^{2\lambda}\int_2^{+\infty}\mathrm{e}^{-\lambda x}\mathrm{d}x = 4 + \dfrac{4}{\lambda} + \dfrac{2}{\lambda^2} = 2(\dfrac{1}{\lambda}+1)^2 + 2$

(2) 由于

$$EX = \int_{-\infty}^{+\infty} xf(x)\mathrm{d}x = \int_2^{+\infty} x \cdot \lambda \mathrm{e}^{-\lambda(x-2)}\mathrm{d}x = -\mathrm{e}^{2\lambda}\int_2^{+\infty} x\mathrm{d}(\mathrm{e}^{-\lambda x})$$

$$= -\mathrm{e}^{2\lambda}[x\mathrm{e}^{-\lambda x}]_2^{+\infty} + \mathrm{e}^{2\lambda}\int_2^{+\infty}\mathrm{e}^{-\lambda x}\mathrm{d}x = 2 + \dfrac{1}{\lambda}$$

因此由矩估计法，得

$$2 + \dfrac{1}{\lambda} = \overline{X}$$

解之，得 λ 的矩估计量为 $\hat{\lambda} = \dfrac{1}{\overline{X}-2}$。

对于样本 $X_1, X_2, \cdots, X_n$ 的一组样本值 $x_1, x_2, \cdots, x_n$，有

(i) 似然函数：$L(\lambda) = \prod_{i=1}^n f(x_i) = \prod_{i=1}^n \lambda \mathrm{e}^{-\lambda(x_i-2)} = \lambda^n \mathrm{e}^{-\lambda(\sum_{i=1}^n x_i - 2n)}$ $(x_i > 2; i = 1, 2, \cdots, n)$；

(ii) 取自然对数：$\ln L(\lambda) = n\ln\lambda - \lambda(\sum_{i=1}^n x_i - 2n)$；

(iii) 令 $\dfrac{\mathrm{d}\ln L(\lambda)}{\mathrm{d}\lambda} = \dfrac{n}{\lambda} - (\sum_{i=1}^n x_i - 2n) = 0$，解之，得 λ 的最大似然估计值为 $\hat{\lambda} = \dfrac{1}{\overline{x}-2}$，

从而 λ 的最大似然估计量为 $\hat{\lambda} = \dfrac{1}{\overline{X}-2}$。

(3) 由于 $b = EY = 2(\dfrac{1}{\lambda}+1)^2 + 2 (\lambda > 0)$ 具有单值反函数，由最大似然估计的不变性，得 b 的最大似然估计量为

$$\hat{b} = 2[(\overline{X}-2)+1]^2 + 2 = 2(\overline{X}-1)^2 + 2$$

例 7-6 设总体 X 的概率密度为

$$f(x) = \begin{cases} \dfrac{1}{\theta_2}\mathrm{e}^{\frac{x-\theta_1}{\theta_2}}, & x \geqslant \theta_1 \\ 0, & x < \theta_1 \end{cases}$$

其中 $\theta_1(-\infty < \theta_1 < +\infty)$，$\theta_2(\theta_2 > 0)$ 为未知参数，$X_1, X_2, \cdots, X_n$ 为来自总体 X 的一个样本，试求参数 θ_1、θ_2 的最大似然估计量。

解 对于样本 $X_1, X_2, \cdots, X_n$ 的一组样本值 $x_1, x_2, \cdots, x_n$，有

(i) 似然函数：

$$L(\theta_1, \theta_2) = \prod_{i=1}^{n} f(x_i) = \prod_{i=1}^{n} \frac{1}{\theta_2} e^{-\frac{x_i - \theta_1}{\theta_2}} = \frac{1}{\theta_2^n} e^{-\frac{1}{\theta_2}(\sum_{i=1}^{n} x_i - n\theta_1)} \quad (x_i \geqslant \theta_1; \ i = 1, 2, \cdots, n)$$

(ii) 取自然对数：$\ln L(\theta_1, \theta_2) = -n\ln\theta_2 - \frac{1}{\theta_2}\left(\sum_{i=1}^{n} x_i - n\theta_1\right)$；

(iii)　　　$\dfrac{\partial \ln L(\theta_1, \theta_2)}{\partial \theta_1} = \dfrac{n}{\theta_2}$，$\dfrac{\partial \ln L(\theta_1, \theta_2)}{\partial \theta_2} = -\dfrac{n}{\theta_2} + \dfrac{1}{\theta_2^2}\left(\sum_{i=1}^{n} x_i - n\theta_1\right)$

由于 $\dfrac{\partial \ln L(\theta_1, \theta_2)}{\partial \theta_1} > 0$，因此 $L(\theta_1, \theta_2)$ 关于 θ_1 单调递增。又 $x_i \geqslant \theta_1 (i = 1, 2, \cdots, n)$，故由最大似然估计的定义知，$\theta_1$ 的最大似然估计值为 $\hat{\theta}_1 = \min\{x_1, x_2, \cdots, x_n\}$，从而 θ_1 的最大似然估计量为 $\hat{\theta}_1 = \min\{X_1, X_2, \cdots, X_n\}$。

令

$$\frac{\partial \ln L(\theta_1, \theta_2)}{\partial \theta_2} = -\frac{n}{\theta_2} + \frac{1}{\theta_2^2}\left(\sum_{i=1}^{n} x_i - n\theta_1\right) = 0, \quad \hat{\theta}_1 = \min\{x_1, x_2, \cdots, x_n\}$$

解之，得 θ_2 的最大似然估计值为 $\hat{\theta}_2 = \bar{x} - \min\{x_1, x_2, \cdots, x_n\}$，从而 θ_2 的最大似然估计量为 $\hat{\theta}_2 = \overline{X} - \min\{X_1, X_2, \cdots, X_n\}$。

例 7-7　设总体 X 的分布律为

X	-1	0	1
P	θ	$1-2\theta$	θ

其中 $\theta\left(0 < \theta < \dfrac{1}{2}\right)$ 为未知参数，利用总体的如下样本值 $-1, 0, 0, 1, 1$，求 θ 的矩估计值和最大似然估计值。

解　(1) 求 θ 的矩估计值。由于

$$EX = 0, \ EX^2 = 2\theta, \ a_2 = \frac{1}{5}\left[(-1)^2 + 0^2 + 0^2 + 1^2 + 1^2\right] = 0.6$$

因此由矩估计法，得

$$2\theta = 0.6$$

解之，得 θ 的矩估计值为 $\hat{\theta} = 0.3$。

(2) 求 θ 的最大似然估计值。对于给定的样本值，有

(i) 似然函数：$L(\theta) = \theta(1-2\theta)^2 \theta^2 = \theta^3 (1-2\theta)^2$；

(ii) 取自然对数：$\ln L(\theta) = 3\ln\theta + 2\ln(1-2\theta)$；

(iii) 令 $\dfrac{\mathrm{d}\ln L(\theta)}{\mathrm{d}\theta} = \dfrac{3}{\theta} - \dfrac{4}{1-2\theta} = 0$，解之，得 θ 的最大似然估计值为 $\hat{\theta} = 0.3$。

例 7-8　设总体 X 的概率密度为

$$f(x) = \begin{cases} 2^\theta \theta x^{-(\theta+1)}, & x > 2 \\ 0, & x \leqslant 2 \end{cases}$$

其中 $\theta > 1$ 为未知参数，X_1，X_2，$\cdots$，X_n 为来自总体 X 的一个样本，求：

（1）参数 θ 的矩估计值；

（2）参数 θ 的最大似然估计值。

解　（1）由于

$$EX = \int_{-\infty}^{+\infty} xf(x)\mathrm{d}x = \int_2^{+\infty} x \cdot 2^\theta \theta x^{-(\theta+1)} \mathrm{d}x = \frac{2\theta}{\theta-1}$$

因此由矩估计法，得 $\dfrac{2\theta}{\theta-1} = \overline{X}$，解之，得 θ 的矩估计量为 $\hat{\theta} = \dfrac{\overline{X}}{\overline{X}-2}$，从而 θ 的矩估计值为

$\hat{\theta} = \dfrac{\overline{x}}{\overline{x}-2}$。

（2）对于样本 X_1，X_2，$\cdots$，X_n 的一组样本值 x_1，x_2，$\cdots$，x_n，有

（i）似然函数：

$$L(\theta) = \prod_{i=1}^n f(x_i) = \prod_{i=1}^n 2^\theta \theta x_i^{-(\theta+1)} = 2^{n\theta}\theta^n \left(\prod_{i=1}^n x_i\right)^{-(\theta+1)} (x_i > 2;\ i = 1, 2, \cdots, n)$$

（ii）取自然对数：$\ln L(\theta) = n\theta\ln 2 + n\ln\theta - (\theta+1)\sum_{i=1}^n \ln x_i$；

（iii）令 $\dfrac{\mathrm{d}\ln L(\theta)}{\mathrm{d}\theta} = n\ln 2 + \dfrac{n}{\theta} - \sum_{i=1}^n \ln x_i = 0$，解之，得 θ 的最大似然估计值为

$$\hat{\theta} = \frac{1}{\dfrac{1}{n}\sum_{i=1}^n \ln x_i - \ln 2}$$

例 7-9　设总体 X 的概率密度为

$$f(x) = \begin{cases} \lambda\alpha x^{\alpha-1}\mathrm{e}^{-\lambda x^\alpha}, & x > 0 \\ 0, & x \leqslant 0 \end{cases}$$

其中 $\lambda(\lambda > 0)$ 是未知参数，X_1，X_2，$\cdots$，X_n 为自于总体 X 的一个样本，试求：

（1）当 $\alpha = 2$ 时，λ 的矩估计量 $\hat{\lambda}$；

（2）当 $\alpha(\alpha > 0)$ 是已知常数时，λ 的最大似然估计量 $\hat{\lambda}$。

解　（1）当 $\alpha = 2$ 时，X 的概率密度为

$$f(x) = \begin{cases} 2\lambda x\mathrm{e}^{-\lambda x^2}, & x > 0 \\ 0, & x \leqslant 0 \end{cases}$$

由于

$$EX = \int_{-\infty}^{+\infty} xf(x)\mathrm{d}x = \int_{0}^{+\infty} 2\lambda x^2 \mathrm{e}^{-\lambda x^2}\mathrm{d}x = -\int_{0}^{+\infty} x\mathrm{d}(\mathrm{e}^{-\lambda x^2})$$

$$= [-x\mathrm{e}^{-\lambda x^2}]_{0}^{+\infty} + \int_{0}^{+\infty} \mathrm{e}^{-\lambda x^2}\mathrm{d}x$$

$$= \frac{1}{2}\sqrt{\frac{\pi}{\lambda}} \int_{-\infty}^{+\infty} \frac{1}{\sqrt{2\pi}\sqrt{\frac{1}{2\lambda}}} \mathrm{e}^{-\frac{x^2}{2(\sqrt{\frac{1}{2\lambda}})^2}}\mathrm{d}x = \sqrt{\frac{\pi}{4\lambda}}$$

因此由矩估计法,得 $\sqrt{\frac{\pi}{4\lambda}} = \overline{X}$,解之,得 λ 的矩估计量为 $\hat{\lambda} = \frac{\pi}{4\overline{X}^2}$。

(2) 对于样本 X_1, X_2, $\cdots$, X_n 的一组样本值 x_1, x_2, $\cdots$, x_n,有

(i) 似然函数:

$$L(\lambda) = \prod_{i=1}^{n} f(x_i) = \prod_{i=1}^{n} \lambda\alpha x_i^{\alpha-1}\mathrm{e}^{-\lambda x_i^\alpha} = (\lambda\alpha)^n \mathrm{e}^{-\lambda\sum\limits_{i=1}^{n}x_i^\alpha} \prod_{i=1}^{n} x_i^{\alpha-1} (x_i > 0; i = 1, 2, \cdots, n)$$

(ii) 取自然对数:$\ln L(\lambda) = n\ln\lambda + n\ln\alpha - \lambda\sum\limits_{i=1}^{n}x_i^\alpha + \sum\limits_{i=1}^{n}\ln x_i^{\alpha-1}$;

(iii) 令 $\dfrac{\mathrm{d}\ln L(\lambda)}{\mathrm{d}\lambda} = \dfrac{n}{\lambda} - \sum\limits_{i=1}^{n}x_i^\alpha = 0$,解之,得 λ 的最大似然估计值为 $\hat{\lambda} = \dfrac{n}{\sum\limits_{i=1}^{n}x_i^\alpha}$,从而

λ 的最大似然估计量为 $\hat{\lambda} = \dfrac{n}{\sum\limits_{i=1}^{n}X_i^\alpha}$。

例 7-10 设某种电子器件的寿命 T(单位:小时)服从指数分布,其概率密度为

$$f(t) = \begin{cases} \lambda\mathrm{e}^{-\lambda t}, & t > 0 \\ 0, & t \leqslant 0 \end{cases}$$

其中 $\lambda(\lambda > 0)$ 未知,随机地抽取器件 n 只在时刻 $t = 0$ 时同时投入试验,试验进行到预定时间 t_0 时结束,此时有 $k(0 < k < n)$ 只器件失效,试求参数 λ 的最大似然估计。

解 设 A 表示事件"试验直至时间 t_0 为止,有 k 只器件失效,且有 $n-k$ 只未失效",由于一只器件在 $t = 0$ 投入试验,在时间 t_0 以前失效的概率为

$$P(T \leqslant t_0) = \int_{0}^{t_0} \lambda\mathrm{e}^{-\lambda t}\mathrm{d}t = 1 - \mathrm{e}^{-\lambda t_0}$$

而在时间 t_0 未失效的概率为

$$P(T > T_0) = 1 - P(T \leqslant T_0) = \mathrm{e}^{-\lambda T_0}$$

由于各只器件的试验是相互独立的,因此事件 A 概率为

$$P(A) = \mathrm{C}_n^k (1 - \mathrm{e}^{-\lambda t_0})^k (\mathrm{e}^{-\lambda t_0})^{n-k}$$

从而有

(i) 似然函数：$L(\lambda) = C_n^k(1 - e^{-\lambda t_0})^k(e^{-\lambda t_0})^{n-k}$；

(ii) 取自然对数：$\ln L(\lambda) = \ln C_n^k + k\ln(1 - e^{-\lambda t_0}) - \lambda t_0(n-k)$；

(iii) 令 $\dfrac{d\ln L(\lambda)}{d\lambda} = \dfrac{kt_0 e^{-\lambda t_0}}{1 - e^{-\lambda t_0}} - (n-k)t_0 = 0$，解之，得 λ 的最大似然估计值为

$$\hat{\lambda} = \frac{1}{t_0}\ln\frac{n}{n-k}$$

例 7-11 设产品的寿命 X 服从参数为 λ 的指数分布，其中 $\lambda(\lambda > 0)$ 为未知参数。

(1) 随机地抽取 n 件产品在时间 $t = 0$ 时同时投入试验，试验进行到有 $m(m < n)$ 件产品失效时结束。m 件失效产品失效时间分别为 $0 \leqslant t_1 \leqslant t_2 \leqslant \cdots \leqslant t_m$，则 $t_i(i = 1, 2, \cdots, m)$ 为第 i 件产品失效时间，它是随机变量。称 $t_1, t_2, \cdots, t_m$ 为来自总体 X 的一个定数截尾样本，试求参数 λ 最大似然估计。

(2) 随机地抽取 n 件产品在时间 $t = 0$ 时同时投入试验，试验进行到预定的时间 t_0 时结束。若试验结束时共有 m 件产品失效，其失效时间分别为 $0 \leqslant t_1 \leqslant t_2 \leqslant \cdots \leqslant t_m \leqslant t_0$，则 $t_i(i = 1, 2, \cdots, m)$ 为第 i 件产品失效时间，它是随机变量。称 $t_1, t_2, \cdots, t_m$ 为来自总体 X 的一个定时截尾样本，试求参数 λ 最大似然估计。

解 (1) 由于总体 $X \sim E(\lambda)$，因此 X 的概率密度为

$$f(x) = \begin{cases} \lambda e^{-\lambda x}, & x > 0 \\ 0, & x \leqslant 0 \end{cases}$$

又由于 1 件产品在 $(t_i, t_i + \Delta t_i]$ 内失效的概率近似地为 $f(t_i)\Delta t_i = \lambda e^{-\lambda t_i}\Delta t_i(i = 1, 2, \cdots, m)$，未失效的概率为 $\displaystyle\int_{t_m}^{+\infty}\lambda e^{-\lambda x}dx = e^{-\lambda t_m}$，由于各个产品的试验是相互独立的，因此事件"试验结束时共有 m 个产品失效，且有 $n-m$ 个产品未失效"的概率近似地为

$$C_m^n(\lambda e^{-\lambda t_1}\Delta t_1)(\lambda e^{-\lambda t_2}\Delta t_2)\cdots(\lambda e^{-\lambda t_m}\Delta t_m)(e^{-\lambda t_m})^{n-m} = C_m^n\lambda^m e^{-\lambda\left[\sum\limits_{i=1}^{m}t_i + (n-m)t_m\right]}\prod_{i=1}^{m}\Delta t_i$$

从而有

(i) 似然函数：$L(\lambda) = C_m^n\lambda^m e^{-\lambda\left[\sum\limits_{i=1}^{m}t_i + (n-m)t_m\right]}\prod\limits_{i=1}^{m}\Delta t_i$；

(ii) 取自然对数：$\ln L(\lambda) = \ln C_n^m + m\ln\lambda - \lambda\left[\sum\limits_{i=1}^{m}t_i + (n-m)t_m\right] + \sum\limits_{i=1}^{m}\ln\Delta t_i$；

(iii) 令 $\dfrac{d\ln L(\theta)}{d\theta} = \dfrac{m}{\lambda} - \left[\sum\limits_{i=1}^{m}t_i + (n-m)t_m\right] = 0$，解之，得 λ 的最大似然估计为

$$\hat{\lambda} = \frac{m}{\sum\limits_{i=1}^{m}t_i + (n-m)t_m}$$

(2) 与 (1) 的讨论类似，有

(i) 似然函数：$L(\lambda) = C_n^m \lambda^m e^{-\lambda[\sum\limits_{i=1}^{m} t_i + (n-m)t_0]} \prod\limits_{i=1}^{m} \Delta t_i$；

(ii) 取自然对数：$\ln L(\lambda) = \ln C_n^m + m\ln\lambda - \lambda[\sum\limits_{i=1}^{m} t_i + (n-m)t_0] + \sum\limits_{i=1}^{m} \ln\Delta t_i$；

(iii) 令 $\dfrac{\mathrm{d}\ln L(\theta)}{\mathrm{d}\theta} = \dfrac{m}{\lambda} - [\sum\limits_{i=1}^{m} t_i + (n-m)t_0] = 0$，解之，得 λ 的最大似然估计为

$$\hat{\lambda} = \frac{m}{\sum\limits_{i=1}^{m} t_i + (n-m)t_0}$$

2. 置信区间

例 7-12 设一批零件的长度服从正态分布 $N(\mu, \sigma^2)$，其中 μ、σ^2 均未知。现从中抽取 16 个零件，测得样本均值 $\bar{x} = 20\ \mathrm{cm}$，样本标准差 $s = 1\ \mathrm{cm}$，则 σ^2 的置信水平为 0.90 的置信区间是(   )。

A. $\left(\dfrac{16}{\chi_{0.05}^2(16)}, \dfrac{16}{\chi_{0.95}^2(16)}\right)$ B. $\left(\dfrac{16}{\chi_{0.10}^2(16)}, \dfrac{16}{\chi_{0.90}^2(16)}\right)$

C. $\left(\dfrac{15}{\chi_{0.05}^2(15)}, \dfrac{15}{\chi_{0.95}^2(15)}\right)$ D. $\left(\dfrac{15}{\chi_{0.10}^2(15)}, \dfrac{15}{\chi_{0.90}^2(15)}\right)$

解 应选 C。

由于 μ 未知，因此参数 σ^2 的置信水平为 $1-\alpha$ 的置信区间为

$$\left(\frac{(n-1)S^2}{\chi_{\frac{\alpha}{2}}^2(n-1)}, \frac{(n-1)S^2}{\chi_{1-\frac{\alpha}{2}}^2(n-1)}\right)$$

又 $n = 16$，$s = 1$，$1-\alpha = 0.90$，$\alpha = 0.10$，故参数 σ^2 的置信水平为 0.90 的置信区间为

$$\left(\frac{15}{\chi_{0.05}^2(15)}, \frac{15}{\chi_{0.95}^2(15)}\right)$$

故选 C。

例 7-13 设总体 $X \sim N(\mu, \sigma^2)$，其中 σ^2 已知，$X_1, X_2, \cdots, X_n$ 为来自总体 X 的一个样本，若样本容量 n 不变，则当总体均值 μ 的置信区间长度 L 变长时，置信度 $1-\alpha$(   )。

A. 变大   B. 变小   C. 不变   D. 不能确定

解 应选 A。

由于 σ^2 已知，因此参数 μ 的置信水平为 $1-\alpha$ 的置信区间为

$$\left(\overline{X} - \frac{\sigma}{\sqrt{n}}z_{\frac{\alpha}{2}}, \overline{X} + \frac{\sigma}{\sqrt{n}}z_{\frac{\alpha}{2}}\right)$$

其长度为 $L = \dfrac{2\sigma}{\sqrt{n}}z_{\frac{\alpha}{2}}$，从而当样本容量 n 不变，L 变长时，$z_{\frac{\alpha}{2}}$ 变大，所以 α 变小，即 $1-\alpha$ 变大，故选 A。

例 7-14　设一批零件的内径服从正态分布 $N(\mu, \sigma^2)$，其中 μ、σ^2 均未知。现从中抽取 16 个配件，测得平均内径 $\bar{x} = 3.05$ mm，样本标准差 $s = 0.4$ mm，则 μ 的置信水平为 0.90 的置信区间为 _____，σ^2 的置信水平为 0.90 的置信区间为 _____（$t_{0.05}(15) = 1.7531$，$\chi^2_{0.05}(15) = 24.996$，$\chi^2_{0.95}(15) = 7.261$）。

解　应分别填（2.874 69，3.225 31），（0.0960，0.3305）。

由于 σ^2 未知，因此参数 μ 的置信水平为 $1-\alpha$ 的置信区间为

$$\left(\bar{X} - \frac{S}{\sqrt{n}} t_{\frac{\alpha}{2}}(n-1), \ \bar{X} + \frac{S}{\sqrt{n}} t_{\frac{\alpha}{2}}(n-1) \right)$$

又 $n = 16$，$\bar{x} = 3.05$，$s = 0.4$，$1-\alpha = 0.90$，$\alpha = 0.10$，$t_{\frac{\alpha}{2}}(n-1) = t_{0.05}(15) = 1.7531$，故

$$\bar{x} - \frac{s}{\sqrt{n}} t_{\frac{\alpha}{2}}(n-1) = 3.05 - \frac{0.4}{\sqrt{16}} \times 1.7531 = 2.874\ 69$$

$$\bar{x} + \frac{s}{\sqrt{n}} t_{\frac{\alpha}{2}}(n-1) = 3.05 + \frac{0.4}{\sqrt{16}} \times 1.7531 = 3.225\ 31$$

从而参数 μ 的置信水平为 0.90 的置信区间为（2.874 69，3.225 31），故填（2.874 69，3.225 31）。

由于 μ 未知，因此参数 σ^2 的置信水平为 $1-\alpha$ 的置信区间为

$$\left(\frac{(n-1)S^2}{\chi^2_{\frac{\alpha}{2}}(n-1)}, \ \frac{(n-1)S^2}{\chi^2_{1-\frac{\alpha}{2}}(n-1)} \right)$$

又 $n = 16$，$s = 0.4$，$1-\alpha = 0.90$，$\alpha = 0.10$，$\chi^2_{1-\frac{\alpha}{2}}(n-1) = \chi^2_{0.95}(15) = 7.261$，$\chi^2_{\frac{\alpha}{2}}(n-1) = \chi^2_{0.05}(15) = 24.996$，故

$$\frac{(n-1)s^2}{\chi^2_{\frac{\alpha}{2}}(n-1)} = \frac{(16-1) \times 0.4^2}{24.996} = 0.0960$$

$$\frac{(n-1)s^2}{\chi^2_{1-\frac{\alpha}{2}}(n-1)} = \frac{(16-1) \times 0.4^2}{7.261} = 0.3305$$

从而参数 σ^2 的置信水平为 0.90 的置信区间为（0.0960，0.3305），故填（0.0960，0.3305）。

例 7-15　设总体 $X \sim N(\mu_1, 60)$，$Y \sim N(\mu_2, 36)$，从总体 X 与 Y 中分别抽取容量为 $n_1 = 75$，$n_2 = 50$ 的两个样本计算得样本均值分别为 $\bar{x} = 82$，$\bar{y} = 76$，两个样本构成的合样本相互独立。求两总体均值之差 $\mu_1 - \mu_2$ 的置信水平为 0.95 的置信区间（$z_{0.025} = 1.96$）。

解　由于 σ_1^2、σ_2^2 已知，因此两总体均值之差 $\mu_1 - \mu_2$ 的置信水平为 $1-\alpha$ 的置信区间为

$$\left(\bar{X} - \bar{Y} - \sqrt{\frac{\sigma_1^2}{n_1} + \frac{\sigma_2^2}{n_2}} z_{\frac{\alpha}{2}}, \ \bar{X} - \bar{Y} + \sqrt{\frac{\sigma_1^2}{n_1} + \frac{\sigma_2^2}{n_2}} z_{\frac{\alpha}{2}} \right)$$

又 $n_1 = 75$，$n_2 = 50$，$\bar{x} = 82$，$\bar{y} = 76$，$\sigma_1^2 = 60$，$\sigma_2^2 = 36$，$1-\alpha = 0.95$，$\alpha = 0.05$，$z_{\frac{\alpha}{2}} = z_{0.025} = 1.96$，故

$$\overline{x} - \overline{y} - \sqrt{\frac{\sigma_1^2}{n_1} + \frac{\sigma_2^2}{n_2}} z_{\frac{\alpha}{2}} = 82 - 76 - \sqrt{\frac{60}{75} + \frac{36}{50}} \times 1.96 = 3.5835$$

$$\overline{x} - \overline{y} + \sqrt{\frac{\sigma_1^2}{n_1} + \frac{\sigma_2^2}{n_2}} z_{\frac{\alpha}{2}} = 82 - 76 + \sqrt{\frac{60}{75} + \frac{36}{50}} \times 1.96 = 8.4165$$

从而两总体均值之差 $\mu_1 - \mu_2$ 的置信水平为 0.95 的置信区间 (3.5835, 8.4165)。

例 7-16 一商店销售的某种商品来自甲、乙两个厂家，为考虑商品性能的差异，随机地抽取甲厂产品 8 件，测得其性能指标的样本均值为 $\overline{x} = 0.190$，样本方差 $s_1^2 = 0.006$；随机地抽取乙厂产品 9 件，测得其性能指标的样本均值 $\overline{y} = 0.238$，样本方差 $s_2^2 = 0.008$。假设两总体服从正态分布，两个样本构成的合样本相互独立。求两总体方差之比 $\frac{\sigma_1^2}{\sigma_2^2}$ 和均值之差 $\mu_1 - \mu_2$ 的置信水平为 0.90 的置信区间，并对所得结果加以说明（$F_{0.05}(7, 8) = 3.50$，$F_{0.05}(8, 7) = 3.73$，$t_{0.05}(15) = 1.7531$）。

解 （1）由于 μ_1，μ_2 未知，两总体方差之比 $\frac{\sigma_1^2}{\sigma_2^2}$ 的置信水平为 $1 - \alpha$ 的置信区间为

$$\left(\frac{S_1^2}{S_2^2} \frac{1}{F_{\frac{\alpha}{2}}(n_1 - 1, n_2 - 1)}, \frac{S_1^2}{S_2^2} F_{\frac{\alpha}{2}}(n_2 - 1, n_1 - 1) \right)$$

又 $n_1 = 8$，$n_2 = 9$，$s_1^2 = 0.006$，$s_2^2 = 0.008$，$1 - \alpha = 0.90$，$\alpha = 0.10$，$F_{\frac{\alpha}{2}}(n_1 - 1, n_2 - 1) = F_{0.05}(7, 8) = 3.50$，$F_{\frac{\alpha}{2}}(n_2 - 1, n_1 - 1) = F_{0.05}(8, 7) = 3.73$，故

$$\frac{s_1^2}{s_2^2} \frac{1}{F_{\frac{\alpha}{2}}(n_1 - 1, n_2 - 1)} = \frac{0.006}{0.008 \times 3.5} = 0.2143$$

$$\frac{s_1^2}{s_2^2} F_{\frac{\alpha}{2}}(n_2 - 1, n_1 - 1) = \frac{0.006 \times 3.73}{0.008} = 2.7975$$

从而两总体方差之比 $\frac{\sigma_1^2}{\sigma_2^2}$ 的置信水平为 0.90 的置信区间为 (0.2143, 2.7975)。

由于两总体方差之比的置信区间包含 1，因此可以认为 $\sigma_1^2 = \sigma_2^2$。

（2）由于 $\sigma_1^2 = \sigma_2^2$ 未知，因此两总体均值之差 $\mu_1 - \mu_2$ 的置信水平为 $1 - \alpha$ 的置信区间为

$$\left(\overline{X} - \overline{Y} - S_\omega \sqrt{\frac{1}{n_1} + \frac{1}{n_2}} t_{\frac{\alpha}{2}}(n_1 + n_2 - 2), \overline{X} - \overline{Y} + S_\omega \sqrt{\frac{1}{n_1} + \frac{1}{n_2}} t_{\frac{\alpha}{2}}(n_1 + n_2 - 2) \right)$$

又 $n_1 = 8$，$n_2 = 9$，$\overline{x} = 0.190$，$\overline{y} = 0.238$，$s_1^2 = 0.006$，$s_2^2 = 0.008$，$1 - \alpha = 0.90$，$\alpha = 0.10$，$t_{\frac{\alpha}{2}}(n_1 + n_2 - 2) = t_{0.05}(15) = 1.7531$，$s_\omega = \sqrt{\frac{(n_1 - 1)s_1^2 + (n_2 - 1)s_2^2}{n_1 + n_2 - 2}} =$

$\sqrt{\frac{7 \times 0.006 + 8 \times 0.008}{15}} = 0.0841$，故

$$\overline{x} - \overline{y} - s_\omega \sqrt{\frac{1}{n_1} + \frac{1}{n_2}} t_{\frac{a}{2}}(n_1 + n_2 - 2) = 0.190 - 0.238 - 0.0841 \times \sqrt{\frac{1}{8} + \frac{1}{9}} \times 1.7531$$

$$= -0.1196$$

$$\overline{x} - \overline{y} + s_\omega \sqrt{\frac{1}{n_1} + \frac{1}{n_2}} t_{\frac{a}{2}}(n_1 + n_2 - 2) = 0.190 - 0.238 + 0.0841 \times \sqrt{\frac{1}{8} + \frac{1}{9}} \times 1.7531$$

$$= 0.0236$$

从而两总体均值之差 $\mu_1 - \mu_2$ 的置信水平为 0.90 的置信区间 $(-0.1196, 0.0236)$。

由于两总体均值之差的置信区间包含 0，因此可以认为 $\mu_1 = \mu_2$，即两厂家产品性能无显著性差异。

3. 估计量的优良性

例 7-17　设总体 X 的数学期望 $EX = \mu$，方差 $DX = \sigma^2(\sigma > 0)$ 存在，X_1，X_2，$\cdots$，X_n 为来自总体 X 的一个样本，$\overline{X}$、S^2 分别为样本均值和样本方差，且 $DS > 0$，则下列选项不正确的是(　　)。

　　A. $\overline{X}$ 是 μ 的一致无偏估计量　　　　B. S^2 是 σ^2 的一致无偏估计量

　　C. S 是 σ 的无偏估计量　　　　　　　　D. S 是 σ 的一致估计量

解　应选 C。

假设 S 是 σ 的无偏估计量，则 $ES = \sigma$，从而 $(ES)^2 = \sigma^2$，由于 $ES^2 = \sigma^2$，因此 $DS = ES^2 - (ES)^2 = \sigma^2 - \sigma^2 = 0$，这与 $DS > 0$ 矛盾，故选 C。

例 7-18　设总体 $X \sim P(\lambda)$，其中 $\lambda(\lambda > 0)$ 为未知参数，X_1，X_2，$\cdots$，X_n 为来自总体 X 的一个样本，$\overline{X}$、S^2 分别为样本均值和样本方差，若 $\hat{\lambda} = a\overline{X} + (2 - 3a)S^2$ 是 λ 的无偏估计量，则 $a = $ _____。

解　应填 $\frac{1}{2}$。

由于 $X \sim P(\lambda)$，因此 $E\overline{X} = EX = \lambda$，$ES^2 = DX = \lambda$，从而

$$E\hat{\lambda} = aE\overline{X} + (2 - 3a)ES^2 = a\lambda + (2 - 3a)\lambda = \lambda$$

解之，得 $a = \frac{1}{2}$，故填 $\frac{1}{2}$。

例 7-19　设总体 $X \sim N(\mu, \sigma^2)$，其中 μ、σ^2 为未知参数，X_1，X_2，$\cdots$，X_6 为来自总体 X 的一个样本，$Y = (X_1 - X_2)^2 + (X_3 - X_4)^2 + (X_5 - X_6)^2$，若 CY 是 σ^2 的无偏估计量，则 $C = $ _____。

解　应填 $\frac{1}{6}$。

由于 X_1, X_2, $\cdots$, X_6 相互独立, 且 $X_i \sim N(\mu, \sigma^2)$ $(i = 1, 2, \cdots, 6)$, 因此

$$E[(X_1 - X_2)^2] = D(X_1 - X_2) + [E(X_1 - X_2)]^2 = DX_1 + DX_2 = 2\sigma^2$$

同理可得

$$E[(X_3 - X_4)^2] = 2\sigma^2, \quad E[(X_5 - X_6)^2] = 2\sigma^2$$

因此

$$E(CY) = C[E(X_1 - X_2)^2 + E(X_3 - X_4)^2 + E(X_5 - X_6)^2] = 6C\sigma^2 = \sigma^2$$

解之, 得 $C = \dfrac{1}{6}$, 故填 $\dfrac{1}{6}$。

例 7 - 20 设总体 X 在区间 $[0, \theta]$ 上服从均匀分布, X_1, X_2, $\cdots$, X_n 为来自总体 X 的一个样本, $\overline{X} = \dfrac{1}{n}\sum_{i=1}^{n} X_i$, $X_{\max} = \max\{X_1, X_2, \cdots, X_n\}$。

(1) 求参数 θ 的矩估计量和最大似然估计量;

(2) 求常数 a、b 使得 $\hat{\theta}_1 = a\overline{X}$, $\hat{\theta}_2 = bX_{\max}$ 均为 θ 的无偏估计量, 并比较其有效性;

(3) 对于所确定的常数 a、b, 证明 $\hat{\theta}_1$、$\hat{\theta}_2$ 均为 θ 的一致估计量。

解 (1) 由于 $X \sim U[0, \theta]$, 因此 $EX = \dfrac{\theta}{2}$, 由矩估计法, 得

$$\frac{\theta}{2} = \overline{X}$$

解之, 得 θ 的矩估计量为 $\hat{\theta} = 2\overline{X}$。

由于 $X \sim U[0, \theta]$, 因此 X 的概率密度为

$$f(x) = \begin{cases} \dfrac{1}{\theta}, & 0 \leqslant x \leqslant \theta \\ 0, & \text{其他} \end{cases}$$

对于样本 X_1, X_2, $\cdots$, X_n 的一组样本值 x_1, x_2, $\cdots$, x_n, 有

(i) 似然函数: $L(\theta) = \prod_{i=1}^{n} f(x_i) = \prod_{i=1}^{n} \dfrac{1}{\theta} = \dfrac{1}{\theta^n} (0 \leqslant x_i \leqslant \theta;\ i = 1, 2, \cdots, n)$;

(ii) 取自然对数: $\ln L(\theta) = -n\ln\theta$;

(iii) 由于 $\dfrac{\mathrm{d}\ln L(\theta)}{\mathrm{d}\theta} = -\dfrac{n}{\theta} < 0$, 因此 $L(\theta)$ 关于 θ 单调递减。又 $0 \leqslant x_i \leqslant \theta (i = 1, 2, \cdots, n)$, 故由最大似然估计的定义知, 参数 θ 的最大似然估计值为 $\hat{\theta} = \max(x_1, x_2, \cdots, x_n)$, 从而参数 θ 的最大似然估计量为

$$\hat{\theta} = \max(X_1, X_2, \cdots, X_n) = X_{\max}$$

(2) 由于 $X \sim U[0, \theta]$, 因此 $EX = \dfrac{\theta}{2}$, $DX = \dfrac{\theta^2}{12}$, 由 $E\hat{\theta}_1 = aE\overline{X} = \dfrac{a\theta}{2} = \theta$, 得 $a = 2$,

从而 $\hat{\theta}_1 = 2\overline{X}$ 是 θ 的无偏估计量，且 $D\hat{\theta}_1 = 4D\overline{X} = 4 \times \dfrac{\theta^2}{12n} = \dfrac{\theta^2}{3n}$。

由于 $X \sim U[0, \theta]$，因此 X 的分布函数为

$$F_X(x) = \begin{cases} 0, & x < 0 \\ \dfrac{x}{\theta}, & 0 \leqslant x < \theta \\ 1, & x \geqslant \theta \end{cases}$$

从而 $X_{\max}$ 的分布函数为

$$\begin{aligned} F_{\max}(x) &= P(X_{\max} \leqslant x) = P(\max\{X_1, X_2, \cdots, X_n\} \leqslant x) \\ &= P(X_1 \leqslant x, X_2 \leqslant x, \cdots, X_n \leqslant x) \\ &= P(X_1 \leqslant x)P(X_2 \leqslant x)\cdots P(X_n \leqslant x) = [F_X(x)]^n \end{aligned}$$

$$= \begin{cases} 0, & x < 0 \\ \dfrac{x^n}{\theta^n}, & 0 \leqslant x < \theta \\ 1, & x \geqslant \theta \end{cases}$$

$X_{\max}$ 的概率密度为

$$f_{\max}(x) = F'_{\max}(x) = \begin{cases} \dfrac{nx^{n-1}}{\theta^n}, & 0 < x < \theta \\ 0, & \text{其他} \end{cases}$$

因此

$$EX_{\max} = \int_{-\infty}^{+\infty} x f_{\max}(x)\,\mathrm{d}x = \int_0^{\theta} x \cdot \frac{nx^{n-1}}{\theta^n}\,\mathrm{d}x = \frac{n}{\theta^n}\int_0^{\theta} x^n\,\mathrm{d}x = \frac{n\theta}{n+1}$$

$$EX_{\max}^2 = \int_{-\infty}^{+\infty} x^2 f_{\max}(x)\,\mathrm{d}x = \int_0^{\theta} x^2 \cdot \frac{nx^{n-1}}{\theta^n}\,\mathrm{d}x = \frac{n}{\theta^n}\int_0^{\theta} x^{n+1}\,\mathrm{d}x = \frac{n\theta^2}{n+2}$$

$$DX_{\max} = EX_{\max}^2 - (EX_{\max})^2 = \frac{n\theta^2}{n+2} - \left(\frac{n\theta}{n+1}\right)^2 = \frac{n\theta^2}{(n+2)(n+1)^2}$$

由 $E\hat{\theta}_2 = bEX_{\max} = b \cdot \dfrac{n\theta}{n+1} = \theta$，得 $b = \dfrac{n+1}{n}$，从而 $\hat{\theta}_2 = \dfrac{n+1}{n}X_{\max}$ 是 θ 的无偏估计量，且

$$D\hat{\theta}_2 = \frac{(n+1)^2}{n^2}DX_{\max} = \frac{(n+1)^2}{n^2} \cdot \frac{n\theta^2}{(n+2)(n+1)^2} = \frac{\theta^2}{n(n+2)} < \frac{\theta^2}{3n} = D\hat{\theta}_1$$

故 $\hat{\theta}_2$ 比 $\hat{\theta}_1$ 有效。

（3）由于当 $a = 2$，$b = \dfrac{n+1}{n}$ 时，$\hat{\theta}_1$、$\hat{\theta}_2$ 均为 θ 的无偏估计量，因此 $E\hat{\theta}_1 = \theta$，$E\hat{\theta}_2 = \theta$，

且 $D\hat{\theta}_1 = \dfrac{\theta^2}{3n}$，$D\hat{\theta}_2 = \dfrac{\theta^2}{n(n+2)}$，由 Chebyshev 不等式，得

$$\forall \varepsilon > 0, \, 0 \leqslant P(|\hat{\theta}_1 - \theta| \geqslant \varepsilon) = P(|\hat{\theta}_1 - E\hat{\theta}_1| \geqslant \varepsilon) \leqslant \frac{D\hat{\theta}_1}{\varepsilon^2} = \frac{\theta^2}{3n\varepsilon^2} \to 0, \quad n \to \infty$$

$$\forall \varepsilon > 0, \, 0 \leqslant P(|\hat{\theta}_2 - \theta| \geqslant \varepsilon) = P(|\hat{\theta}_1 - e\hat{\theta}_2| \geqslant \varepsilon) \leqslant \frac{D\hat{\theta}_2}{\varepsilon^2} = \frac{\theta^2}{n(n+2)\varepsilon^2} \to 0, \quad n \to \infty$$

从而 $\hat{\theta}_1$、$\hat{\theta}_2$ 均为 θ 的一致估计量。

7.5 习 题 全 解

一、选择题

1. 设 $0, 1, 0, 1, 1$ 是来自两点分布总体 $X \sim B(1, p)$ 的样本观察值，则 p 的矩估计值为（　　）。

　A. $\dfrac{1}{5}$ 　　　　　B. $\dfrac{2}{5}$ 　　　　　C. $\dfrac{3}{5}$ 　　　　　D. $\dfrac{4}{5}$

解　应选 C。

由于 $X \sim B(1, p)$，因此 $EX = p$。又由于

$$\bar{x} = \frac{1}{5}(0 + 1 + 0 + 1 + 1) = \frac{3}{5}$$

故由矩估计法，得 $p = \bar{x}$，解之，得 p 的矩估计值为 $\hat{p} = \bar{x} = \dfrac{3}{5}$，故选 C。

2. 设总体 $X \sim N(\mu, \sigma^2)$，其中 μ、σ^2 为未知参数，$\hat{\sigma}_1^2$ 为 σ^2 的矩估计量，$\hat{\sigma}_2^2$ 为 σ^2 的最大似然估计量，则（　　）。

　A. $\hat{\sigma}_1^2 = \hat{\sigma}_2^2$ 　　　B. $\hat{\sigma}_1^2 < \hat{\sigma}_2^2$ 　　　C. $\hat{\sigma}_1^2 > \hat{\sigma}_2^2$ 　　　D. $\hat{\sigma}_1^2 \neq \hat{\sigma}_2^2$

解　应选 A。

由于 $EX^2 = DX + (EX)^2 = \sigma^2 + \mu^2$，因此由矩估计法，得

$$\begin{cases} \mu = \overline{X} \\ \sigma^2 + \mu^2 = \dfrac{1}{n}\sum_{i=1}^{n} X_i^2 \end{cases}$$

解之，得 σ^2 的矩估计量为

$$\hat{\sigma}_1^2 = \frac{1}{n}\sum_{i=1}^{n} X_i^2 - \overline{X}^2 = \frac{1}{n}\sum_{i=1}^{n}(X_i - \overline{X})^2$$

又由于 $X \sim N(\mu, \sigma^2)$，故 X 概率密度为

$$f(x) = \frac{1}{\sqrt{2\pi}\sigma} e^{-\frac{(x-\mu)^2}{2\sigma^2}}, \quad -\infty < x < +\infty$$

对于样本 X_1，X_2，$\cdots$，X_n 的一组样本值 x_1，x_2，$\cdots$，x_n，有

(i) 似然函数：$L(\mu, \sigma^2) = \prod\limits_{i=1}^{n} f(x_i) = \prod\limits_{i=1}^{n} \dfrac{1}{\sqrt{2\pi}\sigma} e^{-\frac{(x_i-\mu)^2}{2\sigma^2}} = \left(\dfrac{1}{\sqrt{2\pi}}\right)^n (\sigma^2)^{-\frac{n}{2}} e^{\frac{\sum\limits_{i=1}^{n}(x_i-\mu)^2}{2\sigma^2}}$；

(ii) 取自然对数：$\ln L(\mu, \sigma^2) = n\ln\dfrac{1}{\sqrt{2\pi}} - \dfrac{n}{2}\ln\sigma^2 - \dfrac{\sum\limits_{i=1}^{n}(x_i-\mu)^2}{2\sigma^2}$；

(iii) 令

$$\begin{cases} \dfrac{\partial \ln L(\mu, \sigma^2)}{\partial \mu} = \dfrac{\sum\limits_{i=1}^{n}(x_i-\mu)}{\sigma^2} = 0 \\[3mm] \dfrac{\partial \ln L(\mu, \sigma^2)}{\partial \sigma^2} = -\dfrac{n}{2\sigma^2} + \dfrac{\sum\limits_{i=1}^{n}(x_i-\mu)^2}{2\sigma^4} = 0 \end{cases}$$

解之，得 σ^2 的最大似然估计值为

$$\hat{\sigma}_2^2 = \dfrac{1}{n}\sum_{i=1}^{n}(x_i - \overline{x})^2$$

从而 σ^2 的最大似然估计量为

$$\hat{\sigma}_2^2 = \dfrac{1}{n}\sum_{i=1}^{n}(X_i - \overline{X})^2$$

所以 $\hat{\sigma}_1^2 = \hat{\sigma}_2^2$，故选 A。

3. 设总体 $X \sim N(\mu, \sigma^2)$，其中 σ^2 未知，对均值 μ 作区间估计，其置信水平为 95% 的置信区间是（　　）。

A. $\left(\overline{X} \pm \dfrac{S}{\sqrt{n}} t_{0.025}(n-1)\right)$　　　　　　B. $\left(\overline{X} \pm \dfrac{\sigma}{\sqrt{n}} t_{0.025}(n-1)\right)$

C. $\left(\overline{X} \pm \dfrac{S}{\sqrt{n}} z_{0.025}\right)$　　　　　　　　　　D. $\left(\overline{X} \pm \dfrac{\sigma}{\sqrt{n}} z_{0.025}\right)$

解 应选 A。

由于 σ^2 未知，因此参数 μ 的置信水平为 $1-\alpha$ 的置信区间为

$$\left(\overline{X} - \dfrac{S}{\sqrt{n}} t_{\frac{\alpha}{2}}(n-1), \ \overline{X} + \dfrac{S}{\sqrt{n}} t_{\frac{\alpha}{2}}(n-1)\right)$$

又 $1-\alpha = 0.95$，$\alpha = 0.05$，$t_{\frac{\alpha}{2}}(n-1) = t_{0.025}(n-1)$，故 μ 的置信水平为 95% 的置信区间为

$$\left(\overline{X} - \dfrac{S}{\sqrt{n}} t_{0.025}(n-1), \ \overline{X} + \dfrac{S}{\sqrt{n}} t_{0.025}(n-1)\right)$$

即

$$\left(\overline{X} \pm \frac{S}{\sqrt{n}} t_{0.025}(n-1)\right)$$

故选 A。

4. 设 X_1，X_2，$\cdots$，X_n 为来自总体 X 的一个样本，且 $EX = \mu$，$DX = \sigma^2$，$\overline{X} = \frac{1}{n}\sum\limits_{i=1}^{n}X_i$，则下列估计量是 σ^2 的无偏估计的是（　　）。

　　A. $\dfrac{1}{n}\sum\limits_{i=1}^{n-1}(X_i - \overline{X})^2$　　　　　　　　　B. $\dfrac{1}{n-1}\sum\limits_{i=1}^{n}(X_i - \overline{X})^2$

　　C. $\dfrac{1}{n-1}\sum\limits_{i=1}^{n-1}(X_i - \overline{X})^2$　　　　　　　　D. $\dfrac{1}{n}\sum\limits_{i=1}^{n}(X_i - \overline{X})^2$

解　应选 B。

由于 $S^2 = \dfrac{1}{n-1}\sum\limits_{i=1}^{n}(X_i - \overline{X})^2$，且 $ES^2 = \sigma^2$，因此 $\dfrac{1}{n-1}\sum\limits_{i=1}^{n}(X_i - \overline{X})^2$ 是 σ^2 的无偏估计，故选 B。

5. 设 X_1，X_2，X_3 为来自总体 X 的一个样本，则总体均值 μ 的有效估计量是（　　）。

　　A. $\hat{\mu}_1 = \dfrac{3X_1 + 4X_2 + 3X_3}{10}$　　　　　　　B. $\hat{\mu}_2 = \dfrac{5X_1 + 4X_2 + 3X_3}{10}$

　　C. $\hat{\mu}_3 = \dfrac{2X_1 + 2X_2 + 6X_3}{10}$　　　　　　　D. $\hat{\mu}_4 = \dfrac{2X_1 + 4X_2 + 3X_3}{10}$

解　应选 A。

由于 X_1，X_2，X_3 相互独立且 X 同分布，因此 $EX_i = EX = \mu(i = 1, 2, 3)$，从而 $E\hat{\mu}_1 = \mu$，$E\hat{\mu}_2 = \dfrac{6}{5}\mu$，$E\hat{\mu}_3 = \mu$，$E\hat{\mu}_4 = \dfrac{9}{10}\mu$，因此 $\hat{\mu}_1$、$\hat{\mu}_3$ 是 μ 的无偏估计量。又由于

$$D\hat{\mu}_1 = \frac{9}{100}DX_1 + \frac{16}{100}DX_2 + \frac{9}{100}DX_3 = \frac{17}{50}DX$$

$$D\hat{\mu}_3 = \frac{4}{100}DX_1 + \frac{4}{100}DX_2 + \frac{36}{100}DX_3 = \frac{22}{50}DX$$

故 $D\hat{\mu}_1 < D\hat{\mu}_2$，从而 $\hat{\mu}_1$ 是 μ 的有效估计量，故选 A。

6. 设 X_1，X_2，X_3 为来自正态总体 $X \sim N(\mu, \sigma^2)$ 的一个样本，

$$\hat{\mu}_1 = \frac{1}{3}X_1 + \frac{1}{3}X_2 + \frac{1}{3}X_3, \quad \hat{\mu}_2 = \frac{2}{5}X_1 + \frac{3}{5}X_2, \quad \hat{\mu}_3 = \frac{1}{2}X_1 + \frac{1}{3}X_2 + \frac{1}{6}X_3$$

则（　　）。

　　A. 三个都不是 μ 的无偏估计量

　　B. 三个都是 μ 的无偏估计量且 $\hat{\mu}_1$ 有效

　　C. 三个都是 μ 的无偏估计量且 $\hat{\mu}_2$ 有效

　　D. 三个都是 μ 的无偏估计量且 $\hat{\mu}_3$ 有效

解　应选 B。

由于 X_1，X_2，X_3 相互独立，且 $X_i \sim N(\mu, \sigma^2)(i=1, 2, 3)$，因此 $EX_i = \mu$，$DX_i = \sigma^2(i=1, 2, 3)$，从而 $E\hat{\mu}_1 = \mu$，$E\hat{\mu}_2 = \mu$，$E\hat{\mu}_3 = \mu$，因此 $\hat{\mu}_1$、$\hat{\mu}_2$、$\hat{\mu}_3$ 都是 μ 的无偏估计量。又由于

$$D\hat{\mu}_1 = \frac{1}{9}DX_1 + \frac{1}{9}DX_2 + \frac{1}{9}DX_3 = \frac{1}{3}\sigma^2$$

$$D\hat{\mu}_2 = \frac{4}{25}DX_1 + \frac{9}{25}DX_2 = \frac{13}{25}\sigma^2$$

$$D\hat{\mu}_3 = \frac{1}{4}DX_1 + \frac{1}{9}DX_2 + \frac{1}{36}DX_3 = \frac{7}{18}\sigma^2$$

故 $D\hat{\mu}_1 < D\hat{\mu}_2$，$D\hat{\mu}_1 < D\hat{\mu}_3$，从而 $\hat{\mu}_1$ 是 μ 的有效估计量，故选 B。

7. 无论 σ^2 是否已知，正态总体均值 μ 的置信水平为 $1-\alpha$ 的置信区间中心都是（　　）。

　　A. μ　　　　　　　B. σ^2　　　　　　　C. $\overline{X}$　　　　　　　D. S^2

解　应选 C。

由于当 σ^2 已知时，总体均值 μ 的置信水平为 $1-\alpha$ 的置信区间为

$$\left(\overline{X} - \frac{\sigma}{\sqrt{n}}z_{\frac{\alpha}{2}}, \ \overline{X} + \frac{\sigma}{\sqrt{n}}z_{\frac{\alpha}{2}}\right)$$

当 σ^2 未知时，总体均值 μ 的置信水平为 $1-\alpha$ 的置信区间为

$$\left(\overline{X} - \frac{S}{\sqrt{n}}t_{\frac{\alpha}{2}}(n-1), \ \overline{X} + \frac{S}{\sqrt{n}}t_{\frac{\alpha}{2}}(n-1)\right)$$

因此无论 σ^2 是否已知，μ 的置信水平为 $1-\alpha$ 的置信区间都是以 $\overline{X}$ 为中心的区间，故选 C。

8. 当 σ^2 未知时，正态总体均值 μ 的置信水平为 $1-\alpha$ 的置信区间的长度为（　　）。

　　A. $2t_\alpha(n)$　　　　　　　　　　　　　B. $\frac{2S}{\sqrt{n}}t_{\frac{\alpha}{2}}(n-1)$

　　C. $\frac{S}{\sqrt{n}}t_{\frac{\alpha}{2}}(n-1)$　　　　　　　　　　D. $\frac{S}{\sqrt{n}}$

解　应选 B。

由于 σ^2 未知，总体均值 μ 的置信水平为 $1-\alpha$ 的置信区间为

$$\left(\overline{X} - \frac{S}{\sqrt{n}}t_{\frac{\alpha}{2}}(n-1), \ \overline{X} + \frac{S}{\sqrt{n}}t_{\frac{\alpha}{2}}(n-1)\right)$$

因此 μ 的置信水平为 $1-\alpha$ 的置信区间的长度为 $\frac{2S}{\sqrt{n}}t_{\frac{\alpha}{2}}(n-1)$，故选 B。

9. 设一批零件的长度服从正态分布 $N(\mu, \sigma^2)$，其中 μ、σ^2 均未知。现从中抽取 16 个零件，测得样本均值 $\overline{x}=20$ cm，样本标准差 $s=1$ cm，则参数 μ 的置信水平为 0.90 的置信区间是（　　）。

A. $\left(20-\dfrac{1}{4}t_{0.05}(16),20+\dfrac{1}{4}t_{0.05}(16)\right)$　　B. $\left(20-\dfrac{1}{4}t_{0.10}(16),20+\dfrac{1}{4}t_{0.10}(16)\right)$

C. $\left(20-\dfrac{1}{4}t_{0.05}(15),20+\dfrac{1}{4}t_{0.05}(15)\right)$　　D. $\left(20-\dfrac{1}{4}t_{0.10}(15),20+\dfrac{1}{4}t_{0.10}(15)\right)$

解　应选 C。

由于 σ^2 未知，因此参数 μ 的置信水平为 $1-\alpha$ 的置信区间为

$$\left(\overline{X}-\frac{S}{\sqrt{n}}t_{\frac{\alpha}{2}}(n-1),\overline{X}+\frac{S}{\sqrt{n}}t_{\frac{\alpha}{2}}(n-1)\right)$$

又 $n=16,\overline{x}=20,s=1,1-\alpha=0.90,\alpha=0.10,t_{\frac{\alpha}{2}}(n-1)=t_{0.05}(15)$，故

$$\overline{x}-\frac{s}{\sqrt{n}}t_{\frac{\alpha}{2}}(n-1)=20-\frac{1}{4}t_{0.05}(15)$$

$$\overline{x}+\frac{s}{\sqrt{n}}t_{\frac{\alpha}{2}}(n-1)=20+\frac{1}{4}t_{0.05}(15)$$

从而参数 μ 的置信水平为 0.90 的置信区间为

$$(20-\frac{1}{4}t_{0.05}(15),20+\frac{1}{4}t_{0.05}(15))$$

故选 C。

10. 设正态总体均值 μ 的置信区间的长度 $L=\dfrac{2S}{\sqrt{n}}t_{\alpha}(n-1)$，则其置信水平为（　　）。

A. $1-\alpha$　　　　　　B. α　　　　　　C. $1-\dfrac{\alpha}{2}$　　　　　　D. $1-2\alpha$

解　应选 D。

由于 σ^2 未知，因此总体均值 μ 的置信水平为 $1-\alpha$ 的置信区间为

$$\left(\overline{X}-\frac{S}{\sqrt{n}}t_{\frac{\alpha}{2}}(n-1),\overline{X}+\frac{S}{\sqrt{n}}t_{\frac{\alpha}{2}}(n-1)\right)$$

从而其长度为 $\dfrac{2S}{\sqrt{n}}t_{\frac{\alpha}{2}}(n-1)$，故当 μ 的置信区间长度 $L=\dfrac{2S}{\sqrt{n}}t_{\alpha}(n-1)=\dfrac{2S}{\sqrt{n}}t_{\frac{2\alpha}{2}}(n-1)$ 时，则

其置信水平为 $1-2\alpha$，故选 D。

11. 设总体 $X\sim N(\mu,\sigma^2)$，其中 σ^2 已知，若样本容量 n 不变，则当置信水平 $1-\alpha$ 变大时，总体均值 μ 的置信区间长度 L（　　）。

A. 变长　　　　　　　　　　　　B. 变短

C. 不变　　　　　　　　　　　　D. 以上说法均不对

解　应选 A。

由于 σ^2 已知，因此总体均值 μ 的置信水平为 $1-\alpha$ 的置信区间为

$$\left(\overline{X}-\frac{\sigma}{\sqrt{n}}z_{\frac{\alpha}{2}},\overline{X}+\frac{\sigma}{\sqrt{n}}z_{\frac{\alpha}{2}}\right)$$

从而其长度为 $L = \dfrac{2\sigma}{\sqrt{n}}z_{\frac{\alpha}{2}}$。因为当样本容量 n 不变，置信水平 $1-\alpha$ 变大，即 α 变小时，由上 α 分位点的定义知，$z_{\frac{\alpha}{2}}$ 变大，所以置信区间长度 L 变长，故选 A。

12. 设总体 $X \sim N(\mu, \sigma^2)$，其中 σ^2 已知，若样本容量 n 和置信水平 $1-\alpha$ 均不变，则对于不同的样本观测值，总体均值 μ 的置信区间长度(　　　)。

　　A. 变长　　　　　　B. 变短　　　　　　C. 不变　　　　　　D. 不能确定

解　应选 C。

由于 σ^2 已知，因此总体均值 μ 的置信水平为 $1-\alpha$ 的置信区间为

$$\left(\overline{X} - \frac{\sigma}{\sqrt{n}}z_{\frac{\alpha}{2}}, \ \overline{X} + \frac{\sigma}{\sqrt{n}}z_{\frac{\alpha}{2}} \right)$$

从而其长度为 $L = \dfrac{2\sigma}{\sqrt{n}}z_{\frac{\alpha}{2}}$。因为 L 与样本观测值无关，所以当样本容量 n 和置信水平 $1-\alpha$ 均不变时，对于不同的样本观测值，总体均值 μ 的置信区间长度不变，故选 C。

13. 设总体 $X \sim P(\lambda)$，其中 $\lambda(\lambda > 0)$ 为未知参数，$X_1, X_2, \cdots, X_n$ 为来自总体 X 的一个样本，则 $P(X=0)$ 的最大似然估计值为(　　　)。

　　A. $\mathrm{e}^{-\frac{1}{x}}$　　　　　B. $\dfrac{1}{n}\displaystyle\sum_{i=1}^{n}\ln x_i$　　　　　C. $\dfrac{1}{\ln \overline{x}}$　　　　　D. $\mathrm{e}^{-\overline{x}}$

解　应选 D。

由于 $X \sim P(\lambda)$，因此 X 的分布律为

$$P(X = x) = \frac{\lambda^x}{x!}\mathrm{e}^{-\lambda}, \quad x = 0, 1, 2, \cdots$$

从而 $P(X=0) = \mathrm{e}^{-\lambda}$。

先求 λ 最大似然估计值。对于样本 $X_1, X_2, \cdots, X_n$ 的一组样本值 $x_1, x_2, \cdots, x_n$，有

(i) 似然函数：$L(\lambda) = \displaystyle\prod_{i=1}^{n}\frac{\lambda^{x_i}}{x_i!}\mathrm{e}^{-\lambda} = \lambda^{\sum\limits_{i=1}^{n}x_i}\frac{1}{\displaystyle\prod_{i=1}^{n}x_i!}\mathrm{e}^{-n\lambda}$ $(x_i = 0, 1, 2, \cdots; \ i = 1, 2, \cdots, n)$;

(ii) 取自然对数：$\ln L(\lambda) = \left(\displaystyle\sum_{i=1}^{n}x_i\right)\ln\lambda - \displaystyle\sum_{i=1}^{n}\ln x_i! - n\lambda$;

(iii) 令 $\dfrac{\mathrm{d}\ln L(\lambda)}{\mathrm{d}\lambda} = \dfrac{\displaystyle\sum_{i=1}^{n}x_i}{\lambda} - n = 0$，解之，得 λ 的最大似然估计值为 $\hat{\lambda} = \dfrac{1}{n}\displaystyle\sum_{i=1}^{n}x_i = \overline{x}$。

再求 $P(X=0)$ 的最大似然估计值。由于函数 $u = \mathrm{e}^{-\lambda}$ 具有单值反函数 $\lambda = -\ln u$，由最大似然估计的不变性，得 $P(X=0) = \mathrm{e}^{-\lambda}$ 的最大似然估计值为 $\hat{P}(X=0) = \mathrm{e}^{-\overline{x}}$，故选 D。

14. 设总体 X 的方差 $DX = \sigma^2$，$X_1, X_2, \cdots, X_n$ 为来自总体 X 的一个样本，$\overline{X} = $

$\dfrac{1}{n}\sum\limits_{i=1}^{n}X_i$ 为样本均值，$S^2=\dfrac{1}{n-1}\sum\limits_{i=1}^{n}(X_i-\overline{X})^2$ 为样本方差，则（　　　）。

A. S 是 σ 的无偏估计量　　　　　　　　B. S 是 σ 的最大似然估计量

C. S 是 σ 的一致（相合）估计量　　　　D. S 与 $\overline{X}$ 相互独立

解　应选 C。

由大数定律，得

$$\frac{1}{n}\sum_{i=1}^{n}X_i^2\xrightarrow{P}EX^2,\qquad n\to\infty$$

$$\overline{X}=\frac{1}{n}\sum_{i=1}^{n}X_i\xrightarrow{P}EX,\qquad n\to\infty$$

从而

$$S^2=\frac{1}{n-1}\sum_{i=1}^{n}(X_i-\overline{X})^2=\frac{1}{n-1}\Big(\sum_{i=1}^{n}X_i^2-n\overline{X}^2\Big)$$

$$=\frac{n}{n-1}\cdot\frac{1}{n}\sum_{i=1}^{n}X_i^2-\frac{n}{n-1}\overline{X}^2\xrightarrow{P}EX^2-(EX)^2=\sigma^2,\qquad n\to\infty$$

因此

$$S\xrightarrow{P}\sigma,\qquad n\to\infty$$

即 S 是 σ 的一致（相合）估计量，故选 C。

15. 设总体 $X\sim N(\mu,\sigma^2)$，其中 μ 已知，$X_1,X_2,\cdots,X_n$ 为来自总体 X 的一个样本，$\overline{X}=\dfrac{1}{n}\sum\limits_{i=1}^{n}X_i$，则 σ^2 的有效估计量为（　　　）。

A. $\hat{\sigma}^2=(\overline{X}-\mu)^2$　　　　　　　　　B. $\hat{\sigma}^2=\dfrac{1}{n}\sum\limits_{i=1}^{n}(X_i-\mu)^2$

C. $\hat{\sigma}^2=\dfrac{1}{n-1}\sum\limits_{i=1}^{n}(X_i-\overline{X})^2$　　　D. $\hat{\sigma}^2=\dfrac{1}{n}\sum\limits_{i=1}^{n}(X_i-\overline{X})^2$

解　应选 B。

由于 $\dfrac{\overline{X}-\mu}{\sigma/\sqrt{n}}\sim N(0,1)$，因此 $\dfrac{n(\overline{X}-\mu)^2}{\sigma^2}\sim\chi^2(1)$，从而 $E\Big[\dfrac{n(\overline{X}-\mu)^2}{\sigma^2}\Big]=1$，即

$$E[(\overline{X}-\mu)^2]=\frac{\sigma^2}{n}$$

又由于 $\dfrac{\sum\limits_{i=1}^{n}(X_i-\mu)^2}{\sigma^2}\sim\chi^2(n)$，故

$$E\Big[\frac{\sum\limits_{i=1}^{n}(X_i-\mu)^2}{\sigma^2}\Big]=n,\ D\Big[\frac{\sum\limits_{i=1}^{n}(X_i-\mu)^2}{\sigma^2}\Big]=2n$$

从而

$$E\Big[\frac{1}{n}\sum_{i=1}^{n}(X_i-\mu)^2\Big]=\sigma^2,\quad D\Big[\frac{1}{n}\sum_{i=1}^{n}(X_i-\mu)^2\Big]=\frac{2\sigma^4}{n}$$

由于 $\dfrac{\sum_{i=1}^{n}(X_i-\overline{X})^2}{\sigma^2}\sim\chi^2(n-1)$，因此

$$E\Big[\frac{\sum_{i=1}^{n}(X_i-\overline{X})^2}{\sigma^2}\Big]=n-1,\quad D\Big[\frac{\sum_{i=1}^{n}(X_i-\overline{X})^2}{\sigma^2}\Big]=2(n-1)$$

从而

$$E\Big[\frac{1}{n}\sum_{i=1}^{n}(X_i-\overline{X})^2\Big]=\frac{n-1}{n}\sigma^2,\quad E\Big[\frac{1}{n-1}\sum_{i=1}^{n}(X_i-\overline{X})^2\Big]=\sigma^2$$

$$D\Big[\frac{1}{n-1}\sum_{i=1}^{n}(X_i-\overline{X})^2\Big]=\frac{2\sigma^4}{n-1}$$

所以 $\hat\sigma^2=\dfrac{1}{n}\sum_{i=1}^{n}(X_i-\mu)^2,\ \hat\sigma^2=\dfrac{1}{n-1}\sum_{i=1}^{n}(X_i-\overline{X})^2$ 都是 σ^2 的无偏估计量，由于

$$D\Big[\frac{1}{n}\sum_{i=1}^{n}(X_i-\mu)^2\Big]=\frac{2\sigma^4}{n}<\frac{2\sigma^4}{n-1}=D\Big[\frac{1}{n-1}\sum_{i=1}^{n}(X_i-\overline{X})^2\Big]$$

因此 $\hat\sigma^2=\dfrac{1}{n}\sum_{i=1}^{n}(X_i-\mu)^2$ 为 σ^2 的有效估计量，故选 B。

16. 设 $\hat\theta$ 是 θ 的无偏估计量，$0<D\hat\theta<+\infty$，则（　　）。

A. $(\hat\theta)^2$ 是 θ^2 的无偏估计量　　　　B. $(\hat\theta)^2$ 是 θ^2 的矩估计量

C. $(\hat\theta)^2$ 是 θ^2 的有偏(不是无偏)估计量　　D. $(\hat\theta)^2$ 是 θ^2 的一致(相合)估计量

解　应选 C。

由于 $E\hat\theta=\theta,\ D\hat\theta>0$，因此 $E(\hat\theta)^2=D\hat\theta+(E\hat\theta)^2=D\hat\theta+\theta^2>\theta^2$，即 $E(\hat\theta)^2\ne\theta^2$，从而 $(\hat\theta)^2$ 是 θ 的有偏(不是无偏)估计量，故选 C。

17. 设总体 $X\sim N(\mu,\sigma^2)$，$X_1,X_2,\cdots,X_n$ 为来自总体 X 的一个样本，为使 $\hat\theta=A\sum_{i=1}^{n}|X_i-\overline{X}|$ 是 σ 的无偏估计量，则 $A=$（　　）。

A. $\dfrac{1}{\sqrt{n}}$ 　　　　　　　　　　　　B. $\dfrac{1}{n}$

C. $\dfrac{1}{\sqrt{n-1}}$ 　　　　　　　　　　D. $\sqrt{\dfrac{\pi}{2n(n-1)}}$

解　应选 D。

因为 $X_i - \overline{X} = (1 - \dfrac{1}{n})X_i - \dfrac{1}{n}\sum\limits_{\substack{k=1 \\ k \neq i}}^{n} X_k$，且 $X_1, X_2, \cdots, X_n$ 相互独立，$X_i \sim N(\mu, \sigma^2)$

$(i = 1, 2, \cdots, n)$，因此 $X_i - \overline{X}$ 服从正态分布，且

$$E[X_i - \overline{X}] = EX_i - E\overline{X} = 0$$

$$D(X_i - \overline{X}) = (1 - \dfrac{1}{n})^2 DX_i + \dfrac{1}{n^2}\sum\limits_{\substack{k=1 \\ k \neq i}}^{n} DX_k = \dfrac{n-1}{n}\sigma^2$$

所以 $X_i - \overline{X} \sim N\left(0, \dfrac{n-1}{n}\sigma^2\right)$，从而

$$E(|X_i - \overline{X}|) = \int_{-\infty}^{+\infty} |x| \dfrac{1}{\sqrt{2\pi}\sqrt{\dfrac{n-1}{n}}\sigma} e^{-\frac{x^2}{2 \cdot \frac{n-1}{n}\sigma^2}} dx = \sqrt{\dfrac{2(n-1)}{n\pi}}\sigma$$

由

$$E\left(A\sum\limits_{i=1}^{n} |X_i - \overline{X}|\right) = A\sum\limits_{i=1}^{n} E(|X_i - \overline{X}|) = An\sqrt{\dfrac{2(n-1)}{n\pi}}\sigma = \sigma$$

得

$$A = \sqrt{\dfrac{\pi}{2n(n-1)}}$$

故选 D。

18. 设总体 $X \sim N(0, \sigma^2)$，$X_1, X_2, \cdots, X_n$ 为来自总体 X 的一个简单随机样本，则下面估计量是 σ^2 的无偏估计量为（　　）。

    A. $\dfrac{1}{n-1}\sum\limits_{i=1}^{n} X_i^2$ B. $\dfrac{1}{n}\sum\limits_{i=1}^{n} X_i^2$ C. $\dfrac{1}{n+1}\sum\limits_{i=1}^{n} X_i^2$ D. $\dfrac{n}{n+1}\sum\limits_{i=1}^{n} X_i^2$

解　应选 B。

因为 $X_i \sim N(0, \sigma^2)(i = 1, 2, \cdots, n)$，因此 $EX_i = 0$，$DX_i = \sigma^2 (i = 1, 2, \cdots, n)$，

从而

$$E\left(\dfrac{1}{n}\sum\limits_{i=1}^{n} X_i^2\right) = \dfrac{1}{n}\sum\limits_{i=1}^{n} EX_i^2 = \dfrac{1}{n}\sum\limits_{i=1}^{n}\left[DX_i + (EX_i)^2\right] = \sigma^2$$

所以 $\dfrac{1}{n}\sum\limits_{i=1}^{n} X_i^2$ 是 σ^2 的无偏估计量，故选 B。

二、填空题

1. 设总体 X 的概率密度为

$$f(x) = \begin{cases} e^{-(x-\theta)}, & x > \theta \\ 0 & x \leqslant \theta \end{cases}$$

其中 $\theta(\theta > 0)$ 为未知参数，$X_1, X_2, \cdots, X_n$ 为来自总体 X 的一个样本，则参数 θ 的矩估计量为_____。

解　应填 $\dfrac{1}{n}\sum\limits_{i=1}^{n} X_i - 1$ 或 $\overline{X} - 1$。

由于

$$EX = \int_{-\infty}^{+\infty} x f(x)\,\mathrm{d}x = \int_{\theta}^{+\infty} x \cdot \mathrm{e}^{-(x-\theta)}\,\mathrm{d}x = \mathrm{e}^{\theta}\int_{\theta}^{+\infty} x\mathrm{e}^{-x}\,\mathrm{d}x = -\mathrm{e}^{\theta}\int_{\theta}^{+\infty} x\,\mathrm{d}(\mathrm{e}^{-x})$$

$$= \left[-\mathrm{e}^{\theta} x\mathrm{e}^{-x}\right]_{\theta}^{+\infty} + \mathrm{e}^{\theta}\int_{\theta}^{+\infty} \mathrm{e}^{-x}\,\mathrm{d}x = \theta - \left[\mathrm{e}^{\theta}\mathrm{e}^{-x}\right]_{\theta}^{+\infty} = \theta + 1$$

因此由矩估计法，得

$$\theta + 1 = \overline{X}$$

解之，得 θ 的矩估计量为 $\hat{\theta} = \overline{X} - 1$，即 $\hat{\theta} = \dfrac{1}{n}\sum\limits_{i=1}^{n} X_i - 1$，故填 $\dfrac{1}{n}\sum\limits_{i=1}^{n} X_i - 1$ 或 $\overline{X} - 1$。

2. 设总体 $X \sim U(1, \theta)$，其中 $\theta(\theta > 1)$ 为未知参数，$X_1, X_2, \cdots, X_n$ 为来自总体 X 的一个样本，则 θ 的矩估计量为_____，θ 的最大似然估计值为_____。

解　应分别填 $2\overline{X} - 1$，$\max\{x_1, x_2, \cdots, x_n\}$。

由于 $X \sim U(1, \theta)$，因此 $EX = \dfrac{\theta + 1}{2}$，由矩估计法，得

$$\frac{\theta + 1}{2} = \overline{X}$$

解之，得 θ 的矩估计量为 $\hat{\theta} = 2\overline{X} - 1$，故填 $2\overline{X} - 1$。

由于 $X \sim U(1, \theta)$，因此 X 的概率密度为

$$f(x) = \begin{cases} \dfrac{1}{\theta - 1}, & 1 < x < \theta \\[2mm] 0, & \text{其他} \end{cases}$$

对于样本 $X_1, X_2, \cdots, X_n$ 的一组样本值 $x_1, x_2, \cdots, x_n$，有

(i) 似然函数：$L(\theta) = \prod\limits_{i=1}^{n} f(x_i) = \prod\limits_{i=1}^{n} \dfrac{1}{\theta - 1} = \dfrac{1}{(\theta - 1)^n}$ $(1 < x_i < \theta;\ i = 1, 2, \cdots, n)$；

(ii) 取自然对数：$\ln L(\theta) = -n\ln(\theta - 1)$；

(iii) 由于 $\dfrac{\mathrm{d}\ln L(\theta)}{\mathrm{d}\theta} = -\dfrac{n}{\theta - 1} < 0$，因此 $L(\theta)$ 关于 θ 单调递减。又 $1 < x_i < \theta (i = 1, 2, \cdots, n)$，故由最大似然估计的定义知，$\theta$ 的最大似然估计值为 $\hat{\theta} = \max\{x_1, x_2, \cdots, x_n\}$，故填 $\max\{x_1, x_2, \cdots, x_n\}$。

3. 设总体 $X \sim N(\mu, \sigma^2)$，$X_1, X_2, \cdots, X_n$ 为来自总体 X 的一个样本，$\overline{X} = \dfrac{1}{n}\sum\limits_{i=1}^{n} X_i$

为样本均值，则 $2 + \mu$ 的最大似然估计量为 _____ 。

解　应填 $2 + \overline{X}$。

由于 $X \sim N(\mu, \sigma^2)$，因此 X 的概率密度为

$$f(x) = \frac{1}{\sqrt{2\pi}\sigma} e^{-\frac{(x-\mu)^2}{2\sigma^2}}, \quad -\infty < x < +\infty$$

对于样本 $X_1, X_2, \cdots, X_n$ 的一组样本值 $x_1, x_2, \cdots, x_n$，有

(i) 似然函数：$L(\mu, \sigma^2) = \prod_{i=1}^{n} f(x_i) = \prod_{i=1}^{n} \frac{1}{\sqrt{2\pi}\sigma} e^{-\frac{(x_i-\mu)^2}{2\sigma^2}} = \left(\frac{1}{\sqrt{2\pi}}\right)^n (\sigma^2)^{-\frac{n}{2}} e^{-\frac{\sum\limits_{i=1}^{n}(x_i-\mu)^2}{2\sigma^2}}$；

(ii) 取自然对数：$\ln L(\mu, \sigma^2) = n\ln \frac{1}{\sqrt{2\pi}} - \frac{n}{2}\ln\sigma^2 - \frac{\sum\limits_{i=1}^{n}(x_i-\mu)^2}{2\sigma^2}$；

(iii) 令
$$\begin{cases} \dfrac{\partial\ln L(\mu, \sigma^2)}{\partial\mu} = \dfrac{\sum\limits_{i=1}^{n}(x_i-\mu)}{\sigma^2} = 0 \\[4mm] \dfrac{\partial\ln L(\mu, \sigma^2)}{\partial\sigma^2} = -\dfrac{n}{2\sigma^2} + \dfrac{\sum\limits_{i=1}^{n}(x_i-\mu)^2}{2\sigma^4} = 0 \end{cases}$$

解之，得 μ 的最大似然估计值为 $\hat{\mu} = \frac{1}{n}\sum_{i=1}^{n} x_i = \overline{x}$，从而 μ 的最大似然估计量为 $\hat{\mu} = \overline{X}$。

由于函数 $u = 2 + \mu$ 具有单值反函数 $\mu = u - 2$，由最大似然估计的不变性，得 $2 + \mu$ 的最大似然估计量为 $2 + \overline{X}$，故填 $2 + \overline{X}$。

4. 设某类钢珠直径 $X \sim N(\mu, 1)$，其中 μ 为未知参数，现从一堆钢珠中随机抽出 9 只，求得样本均值 $\overline{x} = 31.06$ mm，样本标准差 $s = 0.98$ mm，则 μ 的最大似然估计为 _____ 。

解　应填 $\hat{\mu} = \overline{x} = 31.06$。

由于 $X \sim N(\mu, 1)$，因此 X 的概率密度为

$$f(x) = \frac{1}{\sqrt{2\pi}} e^{-\frac{(x-\mu)^2}{2}}, \quad -\infty < x < +\infty$$

对于样本 $X_1, X_2, \cdots, X_n$ 的一组样本值 $x_1, x_2, \cdots, x_n$，有

(i) 似然函数：$L(\mu) = \prod_{i=1}^{n} f(x_i) = \prod_{i=1}^{n} \frac{1}{\sqrt{2\pi}} e^{-\frac{(x_i-\mu)^2}{2}} = \left(\frac{1}{\sqrt{2\pi}}\right)^n e^{-\frac{\sum\limits_{i=1}^{n}(x_i-\mu)^2}{2}}$；

(ii) 取自然对数：$\ln L(\mu) = n\ln \frac{1}{\sqrt{2\pi}} - \frac{\sum\limits_{i=1}^{n}(x_i-\mu)^2}{2}$；

(iii) 令 $\dfrac{\mathrm{d}\ln L(\mu)}{\mathrm{d}\mu} = \sum\limits_{i=1}^{n}(x_i - \mu) = 0$，解之，得 μ 的最大似然估计值为 $\hat\mu = \dfrac{1}{n}\sum\limits_{i=1}^{n}x_i = \bar{x}$。因为 $\bar{x} = 31.06$，所以 μ 的最大似然估计值为 $\hat\mu = 31.06$，故填 $\hat\mu = \bar{x} = 31.06$。

5. 设总体 $X \sim B(n, p)$，其中 n 已知，$p(0 < p < 1)$ 为未知参数，$X_1, X_2, \cdots, X_m$ 为来自总体 X 的一个样本，则参数 p 的最大似然估计量为＿＿＿＿＿＿，参数 p^2 的最大似然估计量为＿＿＿＿＿＿。

解　应分别填 $\dfrac{\overline{X}}{n}$，$\left(\dfrac{\overline{X}}{n}\right)^2$。

由于 $X \sim B(n, p)$，因此 X 的分布律为

$$P(X = x) = \mathrm{C}_n^x p^x (1-p)^{n-x}, \quad x = 0, 1, 2, \cdots, n$$

对于样本 $X_1, X_2, \cdots, X_m$ 的一组样本值 $x_1, x_2, \cdots, x_m$，有

(i) 似然函数：$L(p) = \prod\limits_{i=1}^{m} \mathrm{C}_n^{x_i} p^{x_i}(1-p)^{n-x_i} = \left(\prod\limits_{i=1}^{m}\mathrm{C}_n^{x_i}\right) p^{\sum\limits_{i=1}^{m}x_i}(1-p)^{mn-\sum\limits_{i=1}^{m}x_i}$ $(x_i = 0, 1, 2, \cdots n; i = 1, 2, \cdots, m)$；

(ii) 取自然对数：$\ln L(p) = \sum\limits_{i=1}^{m}\ln\mathrm{C}_n^{x_i} + \left(\sum\limits_{i=1}^{m}x_i\right)\ln p + \left(mn - \sum\limits_{i=1}^{m}x_i\right)\ln(1-p)$；

(iii) 令 $\dfrac{\mathrm{d}\ln L(p)}{\mathrm{d}p} = \dfrac{\sum\limits_{i=1}^{m}x_i}{p} - \dfrac{mn - \sum\limits_{i=1}^{m}x_i}{1-p} = 0$，解之，得参数 p 的最大似然估计值为 $\hat{p} = \dfrac{1}{mn}\sum\limits_{i=1}^{m}x_i = \dfrac{\bar{x}}{n}$ 从而参数 p 的最大似然估计量为 $\hat{p} = \dfrac{\overline{X}}{n}$，故填 $\dfrac{\overline{X}}{n}$。

由于函数 $u = p^2(0 < p < 1)$ 具有单值反函数 $p = \sqrt{u}$，由最大似然估计的不变性，得 p^2 的最大似然估计量为 $\hat{p}^2 = \left(\dfrac{\overline{X}}{n}\right)^2$，故填 $\left(\dfrac{\overline{X}}{n}\right)^2$。

6. 设由来自正态总体 $X \sim N(\mu, 0.9^2)$ 的容量为 9 的样本计算得样本均值 $\bar{x} = 5$，则参数 μ 的置信水平为 0.95 的置信区间为＿＿＿＿＿＿。

解　应填 $(4.412, 5.588)$。

由于 $\sigma^2 = 0.9^2$ 已知，因此参数 μ 的置信水平为 $1-\alpha$ 的置信区间为

$$\left(\overline{X} - \dfrac{\sigma}{\sqrt{n}}z_{\frac{\alpha}{2}}, \overline{X} + \dfrac{\sigma}{\sqrt{n}}z_{\frac{\alpha}{2}}\right)$$

又 $n = 9$，$\bar{x} = 5$，$\sigma = 0.9$，$1 - \alpha = 0.95$，$\alpha = 0.05$，$z_{\frac{\alpha}{2}} = z_{0.025} = 1.96$，故

$$\bar{x} - \dfrac{\sigma}{\sqrt{n}}z_{\frac{\alpha}{2}} = 5 - \dfrac{0.9}{\sqrt{9}} \times 1.96 = 4.412$$

$$\bar{x} + \dfrac{\sigma}{\sqrt{n}}z_{\frac{\alpha}{2}} = 5 + \dfrac{0.9}{\sqrt{9}} \times 1.96 = 5.588$$

从而参数 μ 的置信水平为 0.95 的置信区间为 $(4.412, 5.588)$，故填 $(4.412, 5.588)$。

7. 设总体 $X \sim N(\mu, \sigma^2)$，其中 σ^2 已知，如果总体均值 μ 的置信水平为 $1-\alpha$ 的置信区间为 $\left(\overline{X} - \lambda \dfrac{\sigma}{\sqrt{n}}, \overline{X} + \lambda \dfrac{\sigma}{\sqrt{n}}\right)$，则 $\lambda = $ _____。

解 应填 $z_{\frac{\alpha}{2}}$。

由于 σ^2 已知，因此参数 μ 的置信水平为 $1-\alpha$ 的置信区间为 $\left(\overline{X} - \dfrac{\sigma}{\sqrt{n}} z_{\frac{\alpha}{2}}, \overline{X} + \dfrac{\sigma}{\sqrt{n}} z_{\frac{\alpha}{2}}\right)$，从而 $\lambda = z_{\frac{\alpha}{2}}$，故填 $z_{\frac{\alpha}{2}}$。

8. 设总体 $X \sim N(\mu, \sigma^2)$，其中 σ^2 已知，$X_1, X_2, \cdots, X_n$ 为来自总体 X 的一个样本，为使参数 μ 的置信水平为 $1-\alpha$ 的置信区间长度不大于 2δ，则样本容量 n 至少为 _____。

解 应填 $n \geqslant \left(\dfrac{\sigma}{\delta} z_{\frac{\alpha}{2}}\right)^2$。

由于 σ^2 已知，因此参数 μ 的置信水平为 $1-\alpha$ 的置信区间为

$$\left(\overline{X} - \frac{\sigma}{\sqrt{n}} z_{\frac{\alpha}{2}}, \overline{X} + \frac{\sigma}{\sqrt{n}} z_{\frac{\alpha}{2}}\right)$$

从而其长度 $L = \dfrac{2\sigma}{\sqrt{n}} z_{\frac{\alpha}{2}}$，由 $\dfrac{2\sigma}{\sqrt{n}} z_{\frac{\alpha}{2}} \leqslant 2\delta$，得 $n \geqslant \left(\dfrac{\sigma}{\delta} z_{\frac{\alpha}{2}}\right)^2$，故填 $n \geqslant \left(\dfrac{\sigma}{\delta} z_{\frac{\alpha}{2}}\right)^2$。

9. 设总体 $X \sim N(\mu, \sigma^2)$，其中 μ、σ^2 均未知，由来自总体 X 的容量为 10 的样本计算得 $\overline{x} = 36.7$，$\sum\limits_{i=1}^{10}(x_i - \overline{x})^2 = 22.5$，则参数 μ 的置信水平为 0.95 的置信区间为 _____，参数 σ^2 的置信水平为 0.95 的置信区间为 _____（$t_{0.025}(9) = 2.2622$，$\chi^2_{0.025}(9) = 19.022$，$\chi^2_{0.975}(9) = 2.7$）。

解 应分别填 $(35.57, 37.83)$，$(1.183, 8.333)$。

由于 σ^2 未知，因此参数 μ 的置信水平为 $1-\alpha$ 的置信区间为

$$\left(\overline{X} - \frac{S}{\sqrt{n}} t_{\frac{\alpha}{2}}(n-1), \overline{X} + \frac{S}{\sqrt{n}} t_{\frac{\alpha}{2}}(n-1)\right)$$

又 $n = 10$，$\overline{x} = 36.7$，$\sum\limits_{i=1}^{10}(x_i - \overline{x})^2 = 22.5$，$s = \sqrt{\dfrac{1}{9} \sum\limits_{i=1}^{10}(x_i - \overline{x})^2} = \sqrt{2.5}$，$1-\alpha = 0.95$，$\alpha = 0.05$，$t_{\frac{\alpha}{2}}(n-1) = t_{0.025}(9) = 2.2622$，故

$$\overline{x} - \frac{s}{\sqrt{n}} t_{\frac{\alpha}{2}}(n-1) = 36.7 - \frac{\sqrt{2.5}}{\sqrt{10}} \times 2.2622 = 35.57$$

$$\overline{x} + \frac{s}{\sqrt{n}} t_{\frac{\alpha}{2}}(n-1) = 36.7 + \frac{\sqrt{2.5}}{\sqrt{10}} \times 2.2622 = 37.83$$

从而参数 μ 的置信水平为 0.95 的置信区间为 $(35.57, 37.83)$，故填 $(35.57, 37.83)$。

由于 μ 未知，因此参数 σ^2 的置信水平为 $1-\alpha$ 的置信区间为

$$\left(\frac{(n-1)S^2}{\chi^2_{\frac{\alpha}{2}}(n-1)},\ \frac{(n-1)S^2}{\chi^2_{1-\frac{\alpha}{2}}(n-1)}\right)$$

又 $n=10$，$\sum\limits_{i=1}^{10}(x_i-\bar{x})^2=22.5$，$s^2=\dfrac{1}{9}\sum\limits_{i=1}^{10}(x_i-\bar{x})^2=2.5$，$1-\alpha=0.95$，$\alpha=0.05$，$\chi^2_{1-\frac{\alpha}{2}}(n-1)=\chi^2_{0.975}(9)=2.7$，$\chi^2_{\frac{\alpha}{2}}(n-1)=\chi^2_{0.025}(9)=19.022$，故

$$\frac{(n-1)s^2}{\chi^2_{\frac{\alpha}{2}}(n-1)}=\frac{(10-1)\times 2.5}{19.022}=1.183$$

$$\frac{(n-1)s^2}{\chi^2_{1-\frac{\alpha}{2}}(n-1)}=\frac{(10-1)\times 2.5}{2.7}=8.333$$

从而参数 σ^2 的置信水平为 0.95 的置信区间为 $(1.183, 8.333)$，故填 $(1.183, 8.333)$。

10. 设总体 $X\sim N(\mu,\sigma^2)$，其中 σ^2 未知，由来自总体 X 的容量为 9 的样本计算得样本均值 $\bar{x}=6$，样本标准差 $s=0.5$，则参数 μ 的置信水平为 0.95 的置信区间为 _____（$t_{0.025}(8)=2.306$）。

解　应填 $(5.616, 6.384)$。

由于 σ^2 未知，因此参数 μ 的置信水平为 $1-\alpha$ 的置信区间为

$$\left(\bar{X}-\frac{S}{\sqrt{n}}t_{\frac{\alpha}{2}}(n-1),\ \bar{X}+\frac{S}{\sqrt{n}}t_{\frac{\alpha}{2}}(n-1)\right)$$

又 $n=9$，$\bar{x}=6$，$s=0.5$，$1-\alpha=0.95$，$\alpha=0.05$，$t_{\frac{\alpha}{2}}(n-1)=t_{0.025}(8)=2.306$，故

$$\bar{x}-\frac{s}{\sqrt{n}}t_{\frac{\alpha}{2}}(n-1)=6-\frac{0.5}{\sqrt{9}}\times 2.306=5.616$$

$$\bar{x}+\frac{s}{\sqrt{n}}t_{\frac{\alpha}{2}}(n-1)=6+\frac{0.5}{\sqrt{9}}\times 2.306=6.384$$

从而参数 μ 的置信水平为 0.95 的置信区间为 $(5.616, 6.384)$，故填 $(5.616, 6.384)$。

11. 设总体 $X\sim N(\mu,\sigma^2)$，其中 μ、σ^2 均未知，由来自总体 X 的容量为 6 的样本计算得样本标准差 $s=0.00387$，则参数 σ^2 的置信水平为 0.90 的置信区间为 _____（$\chi^2_{0.95}(5)=1.145$，$\chi^2_{0.05}(5)=11.070$）。

解　应填 $(6.8\times 10^{-6}, 6.5\times 10^{-5})$。

由于 μ 未知，因此参数 σ^2 的置信水平为 $1-\alpha$ 的置信区间为

$$\left(\frac{(n-1)S^2}{\chi^2_{\frac{\alpha}{2}}(n-1)},\ \frac{(n-1)S^2}{\chi^2_{1-\frac{\alpha}{2}}(n-1)}\right)$$

又 $n=6$，$s=0.00387$，$1-\alpha=0.90$，$\alpha=0.10$，$\chi^2_{1-\frac{\alpha}{2}}(n-1)=\chi^2_{0.95}(5)=1.145$，$\chi^2_{\frac{\alpha}{2}}(n-1)=\chi^2_{0.05}(5)=11.070$，故

$$\frac{(n-1)s^2}{\chi^2_{\frac{\alpha}{2}}(n-1)} = \frac{(6-1) \times 0.003\,87^2}{11.070} = 6.8 \times 10^{-6}$$

$$\frac{(n-1)s^2}{\chi^2_{1-\frac{\alpha}{2}}(n-1)} = \frac{(6-1) \times 0.003\,87^2}{1.145} = 6.5 \times 10^{-5}$$

从而参数 σ^2 的置信水平为 0.95 的置信区间为 $(6.8 \times 10^{-6}, 6.5 \times 10^{-5})$,故填 $(6.8 \times 10^{-6}, 6.5 \times 10^{-5})X$。

12. 某厂生产一种零件所需工时服从正态分布,现加工一批零件 16 个,平均用时为 2.5 h,标准差为 0.12 h,则总体均值 μ 的置信水平为 95% 的置信区间为 _____,总体标准差 σ 的置信水平 95% 的置信区间为 _____（$t_{0.025}(15) = 2.1315$，$\chi^2_{0.025}(15) = 27.488$，$\chi^2_{0.975}(5) = 6.262$）。

解 应分别填 $(2.44, 2.56)$，$(0.089, 0.186)$。

由于 σ^2 未知,因此参数 μ 的置信水平为 $1-\alpha$ 的置信区间为

$$\left(\overline{X} - \frac{S}{\sqrt{n}} t_{\frac{\alpha}{2}}(n-1), \overline{X} + \frac{S}{\sqrt{n}} t_{\frac{\alpha}{2}}(n-1) \right)$$

又 $n = 16$，$\bar{x} = 2.5$，$s = 0.12$，$1-\alpha = 0.95$，$\alpha = 0.05$，$t_{\frac{\alpha}{2}}(n-1) = t_{0.025}(15) = 2.1315$，故

$$\bar{x} - \frac{s}{\sqrt{n}} t_{\frac{\alpha}{2}}(n-1) = 2.5 - \frac{0.12}{\sqrt{16}} \times 2.1315 = 2.44$$

$$\bar{x} + \frac{s}{\sqrt{n}} t_{\frac{\alpha}{2}}(n-1) = 2.5 + \frac{0.12}{\sqrt{16}} \times 2.1315 = 2.56$$

从而参数 μ 的置信水平为 0.95 的置信区间为 $(2.44, 2.56)$，故填 $(2.44, 2.56)$。

由于 μ 未知,因此参数 σ 的置信水平为 $1-\alpha$ 的置信区间为

$$\left(\frac{\sqrt{(n-1)S^2}}{\sqrt{\chi^2_{\frac{\alpha}{2}}(n-1)}}, \frac{\sqrt{(n-1)S^2}}{\sqrt{\chi^2_{1-\frac{\alpha}{2}}(n-1)}} \right)$$

又 $n = 16$，$s = 0.12$，$1-\alpha = 0.95$，$\alpha = 0.05$，$\chi^2_{1-\frac{\alpha}{2}}(n-1) = \chi^2_{0.975}(15) = 6.262$，$\chi^2_{\frac{\alpha}{2}}(n-1) = \chi^2_{0.025}(15) = 27.488$，故

$$\frac{\sqrt{(n-1)s^2}}{\sqrt{\chi^2_{\frac{\alpha}{2}}(n-1)}} = \frac{\sqrt{(16-1) \times 0.12^2}}{\sqrt{27.488}} = 0.089$$

$$\frac{\sqrt{(n-1)s^2}}{\sqrt{\chi^2_{1-\frac{\alpha}{2}}(n-1)}} = \frac{\sqrt{(16-1) \times 0.12^2}}{\sqrt{6.262}} = 0.186$$

从而参数 σ 的置信水平为 0.95 的置信区间为 $(0.089, 0.186)$，故填 $(0.089, 0.186)$。

13. 设总体 $X \sim N(\mu, \sigma^2)$，其中 μ 已知,则参数 σ^2 的置信水平为 $1-\alpha$ 的置信区间的长度 L 的数学期望为 _____。

解　应填 $n\sigma^2\left(\dfrac{1}{\chi^2_{1-\frac{\alpha}{2}}(n)}-\dfrac{1}{\chi^2_{\frac{\alpha}{2}}(n)}\right)$。

由于 μ 已知，因此参数 σ^2 的置信水平为 $1-\alpha$ 的置信区间为

$$\left(\frac{\sum\limits_{i=1}^{n}(X_i-\mu)^2}{\chi^2_{\frac{\alpha}{2}}(n)},\ \frac{\sum\limits_{i=1}^{n}(X_i-\mu)^2}{\chi^2_{1-\frac{\alpha}{2}}(n)}\right)$$

从而其长度为 $L=\left(\dfrac{1}{\chi^2_{1-\frac{\alpha}{2}}(n)}-\dfrac{1}{\chi^2_{\frac{\alpha}{2}}(n)}\right)\sum\limits_{i=1}^{n}(X_i-\mu)^2$，又由于 $\dfrac{\sum\limits_{i=1}^{n}(X_i-\mu)^2}{\sigma^2}\sim\chi^2(n)$，故

$E\left[\dfrac{\sum\limits_{i=1}^{n}(X_i-\mu)^2}{\sigma^2}\right]=n$，从而 $E\left[\sum\limits_{i=1}^{n}(X_i-\mu)^2\right]=n\sigma^2$，因此

$$EL=E\left[\left(\frac{1}{\chi^2_{1-\frac{\alpha}{2}}(n)}-\frac{1}{\chi^2_{\frac{\alpha}{2}}(n)}\right)\sum_{i=1}^{n}(X_i-\mu)^2\right]$$

$$=\left(\frac{1}{\chi^2_{1-\frac{\alpha}{2}}(n)}-\frac{1}{\chi^2_{\frac{\alpha}{2}}(n)}\right)E\left[\sum_{i=1}^{n}(X_i-\mu)^2\right]$$

$$=n\sigma^2\left(\frac{1}{\chi^2_{1-\frac{\alpha}{2}}(n)}-\frac{1}{\chi^2_{\frac{\alpha}{2}}(n)}\right)$$

故填 $n\sigma^2\left(\dfrac{1}{\chi^2_{1-\frac{\alpha}{2}}(n)}-\dfrac{1}{\chi^2_{\frac{\alpha}{2}}(n)}\right)$。

14. 设总体 $X\sim N(\mu,\sigma^2)$，$X_1,X_2,\cdots,X_n$ 为来自总体 X 的一个样本，如果 $C\sum\limits_{i=1}^{n-1}(X_{i+1}-X_i)^2$ 是 σ^2 的无偏估计，则 $C=$ _____。

解　应填 $\dfrac{1}{2(n-1)}$。

由于 $X_1,X_2,\cdots,X_n$ 相互独立，且 $X_i\sim N(\mu,\sigma^2)(i=1,2,\cdots,n)$，因此 $EX_i=\mu$，$DX_i=\sigma^2(i=1,2,\cdots,n)$，从而

$$E\left[C\sum_{i=1}^{n-1}(X_{i+1}-X_i)^2\right]=C\cdot E\left[\sum_{i=1}^{n-1}(X^2_{i+1}-2X_{i+1}X_i+X^2_i)\right]$$

$$=C\sum_{i=1}^{n-1}\left[EX^2_{i+1}-2E(X_{i+1}X_i)+EX^2_i\right]$$

$$=C\sum_{i=1}^{n-1}\left[DX_{i+1}+(EX_{i+1})^2-2EX_{i+1}\cdot EX_i+DX_i+(EX_i)^2\right]$$

$$=C\sum_{i=1}^{n-1}(\sigma^2+\mu^2-2\mu^2+\sigma^2+\mu^2)=2C(n-1)\sigma^2=\sigma^2$$

即 $C=\dfrac{1}{2(n-1)}$，故填 $\dfrac{1}{2(n-1)}$。

15. 设 X_1，X_2，X_3 为来自总体 X 的一个样本，若

$$\hat{\mu}_1 = \frac{X_1 + aX_2 + X_3}{4} \text{ 及 } \hat{\mu}_2 = \frac{bX_1 + X_2 + X_3}{6}$$

是总体均值 μ 的无偏估计，则 $a = $ _____，$b = $ _____。

解 应分别填 $a = 2$，$b = 4$。

由于 X_1，X_2，X_3 为来自总体 X 的一个样本，因此 $EX_i = EX = \mu(i = 1, 2, 3)$。由

$$E\hat{\mu}_1 = E\left(\frac{X_1 + aX_2 + X_3}{4}\right) = \frac{2+a}{4}\mu = \mu$$

得 $a = 2$，故填 $a = 2$。由

$$E\hat{\mu}_2 = E\left(\frac{bX_1 + X_2 + X_3}{6}\right) = \frac{2+b}{6}\mu = \mu$$

得 $b = 4$，故填 $b = 4$。

16. 设 X_1，X_2，X_3，X_4 为来自总体 $X \sim N(\mu_1, \sigma^2)$ 的一个样本，$\overline{X} = \frac{1}{4}\sum_{i=1}^{4} X_i$；$Y_1$，$Y_2$，$Y_3$，$Y_4$，$Y_5$ 为来自总体 $Y \sim N(\mu_2, \sigma^2)$ 的一个样本，$\overline{Y} = \frac{1}{5}\sum_{i=1}^{5} Y_i$。若 $a\sum_{i=1}^{4}(X_i - \mu_1)^2$ 是 σ^2 的无偏估计量，则 $a = $ _____；若 $b\left[\sum_{i=1}^{4}(X_i - \overline{X})^2 + \sum_{i=1}^{5}(Y_i - \overline{Y})^2\right]$ 也是 σ^2 的无偏估计量，则 $b = $ _____。

解 应分别填 $a = \frac{1}{4}$，$b = \frac{1}{7}$。

由于 $\dfrac{\sum_{i=1}^{n_1}(X_i - \mu_1)^2}{\sigma_1^2} \sim \chi^2(n_1)$，且 $n_1 = 4$，$\sigma_1^2 = \sigma^2$，因此 $\dfrac{\sum_{i=1}^{4}(X_i - \mu_1)^2}{\sigma^2} \sim \chi^2(4)$，从而

$$E\left[\frac{\sum_{i=1}^{4}(X_i - \mu_1)^2}{\sigma^2}\right] = 4, \text{ 即 } E\left[\sum_{i=1}^{4}(X_i - \mu_1)^2\right] = 4\sigma^2, \text{ 由}$$

$$E\left[a\sum_{i=1}^{4}(X_i - \mu_1)^2\right] = aE\left[\sum_{i=1}^{4}(X_i - \mu_1)^2\right] = 4a\sigma^2 = \sigma^2$$

得 $a = \frac{1}{4}$，故填 $a = \frac{1}{4}$。

又由于

$$\frac{\sum_{i=1}^{n_1}(X_i - \overline{X})^2}{\sigma_1^2} \sim \chi^2(n_1 - 1), \quad \frac{\sum_{i=1}^{n_2}(Y_i - \overline{Y})^2}{\sigma_2^2} \sim \chi^2(n_2 - 1)$$

且 $n_1 = 4$，$n_2 = 5$，$\sigma_1^2 = \sigma^2$，$\sigma_2^2 = \sigma^2$，故

$$\frac{\sum\limits_{i=1}^{4}(X_i-\overline{X})^2}{\sigma^2}\sim\chi^2(3),\quad\frac{\sum\limits_{i=1}^{5}(Y_i-\overline{Y})^2}{\sigma^2}\sim\chi^2(4)$$

从而

$$E\left[\frac{\sum\limits_{i=1}^{4}(X_i-\overline{X})^2}{\sigma^2}\right]=3,\ E\left[\frac{\sum\limits_{i=1}^{5}(Y_i-\overline{Y})^2}{\sigma^2}\right]=4$$

即 $E\left[\sum\limits_{i=1}^{4}(X_i-\overline{X})^2\right]=3\sigma^2$，$E\left[\sum\limits_{i=1}^{5}(Y_i-\overline{Y})^2\right]=4\sigma^2$，由

$$E\left\{b\left[\sum_{i=1}^{4}(X_i-\overline{X})^2+\sum_{i=1}^{5}(Y_i-\overline{Y})^2\right]\right\}=b\left\{E\left[\sum_{i=1}^{4}(X_i-\overline{X})^2\right]+E\left[\sum_{i=1}^{5}(Y_i-\overline{Y})^2\right]\right\}$$
$$=b(3\sigma^2+4\sigma^2)=7b\sigma^2=\sigma^2$$

得 $b=\dfrac{1}{7}$，故填 $b=\dfrac{1}{7}$。

17. 设 $X_1,X_2,\cdots,X_m$ 为来自二项分布总体 $X\sim B(n,p)$ 的一个样本，$\overline{X}$ 和 S^2 分别为样本均值和样本方差，若统计量 $\overline{X}+kS^2$ 为 np^2 的无偏估计量，则 $k=\underline{\hspace{3cm}}$。

解　应填 $k=-1$。

由于 $X\sim B(n,p)$，因此 $EX=np$，$DX=np(1-p)$，从而 $E\overline{X}=np$，$ES^2=np(1-p)$，由
$$E(\overline{X}+kS^2)=E\overline{X}+kES^2=np+knp(1-p)=np^2$$

得 $k=-1$，故填 $k=-1$。

18. 设总体 X 的概率密度为

$$f(x;\theta)=\begin{cases}\dfrac{2x}{3\theta^2}, & \theta<x<2\theta\\[2mm] 0, & \text{其他}\end{cases}$$

其中 $\theta(\theta>0)$ 为未知参数，$X_1,X_2,\cdots,X_n$ 为来自总体 X 的一个样本，若 $c\sum\limits_{i=1}^{n}X_i^2$ 是 θ^2 的无偏估计量，则 $c=\underline{\hspace{3cm}}$。

解　应填 $c=\dfrac{2}{5n}$。

由于 $X_i(i=1,2,\cdots,n)$ 与总体 X 同分布，且
$$EX^2=\int_{-\infty}^{+\infty}x^2 f(x;\theta)\mathrm{d}x=\int_{\theta}^{2\theta}x^2\cdot\frac{2x}{3\theta^2}\mathrm{d}x=\frac{5}{2}\theta^2$$

因此

$$EX_i^2=EX^2=\frac{5}{2}\theta^2,\quad i=1,2,\cdots,n$$

由

$$E\left(c\sum_{i=1}^{n}X_i^2\right)=c\sum_{i=1}^{n}EX_i^2=c\sum_{i=1}^{n}\frac{5}{2}\theta^2=nc\cdot\frac{5}{2}\theta^2=\theta^2$$

得 $c=\dfrac{2}{5n}$，故填 $c=\dfrac{2}{5n}$。

三、解答题

1. 设总体 X 的概率密度为

$$f(x)=\begin{cases}\dfrac{1}{\theta}x^{\frac{1-\theta}{\theta}}, & 0<x<1 \\ 0, & 其他\end{cases}$$

其中 $\theta(\theta>0)$ 为未知参数，$X_1,X_2,\cdots,X_n$ 为来自总体 X 的一个样本，试求：

（Ⅰ）θ 的矩估计量；

（Ⅱ）θ 的最大似然估计量。

解　（Ⅰ）由于

$$EX=\int_{-\infty}^{+\infty}xf(x)\mathrm{d}x=\int_0^1 x\cdot\frac{1}{\theta}x^{\frac{1-\theta}{\theta}}\mathrm{d}x=\frac{1}{\theta+1}$$

因此由矩估计法，得

$$\frac{1}{\theta+1}=\overline{X}$$

解之，得 θ 的矩估计量为 $\hat{\theta}=\dfrac{1}{\overline{X}}-1$。

（Ⅱ）对于样本 $X_1,X_2,\cdots,X_n$ 的一组样本值 $x_1,x_2,\cdots,x_n$，有

（ⅰ）似然函数：$L(\theta)=\displaystyle\prod_{i=1}^{n}f(x_i)=\prod_{i=1}^{n}\frac{1}{\theta}x_i^{\frac{1-\theta}{\theta}}=\frac{1}{\theta^n}\left(\prod_{i=1}^{n}x_i\right)^{\frac{1-\theta}{\theta}}(0<x_i<1;\ i=1,2,$

$\cdots,n)$；

（ⅱ）取自然对数：$\ln L(\theta)=-n\ln\theta+\dfrac{1-\theta}{\theta}\displaystyle\sum_{i=1}^{n}\ln x_i$；

（ⅲ）令 $\dfrac{\mathrm{d}\ln L(\theta)}{\mathrm{d}\theta}=-\dfrac{n}{\theta}-\dfrac{1}{\theta^2}\displaystyle\sum_{i=1}^{n}\ln x_i=0$，解之，得 θ 的最大似然估计值为 $\hat{\theta}=$

$-\dfrac{1}{n}\displaystyle\sum_{i=1}^{n}\ln x_i$，从而 θ 的最大似然估计量为 $\hat{\theta}=-\dfrac{1}{n}\displaystyle\sum_{i=1}^{n}\ln X_i$。

2. 设总体 X 的概率密度为

$$f(x)=\begin{cases}\lambda^2 x\mathrm{e}^{-\lambda x}, & x>0 \\ 0, & x\leqslant 0\end{cases}$$

其中 $\lambda(\lambda>0)$ 为未知参数，$X_1,X_2,\cdots,X_n$ 为来自总体 X 的一个简单随机样本。试求：

（Ⅰ）参数 λ 的矩估计量；

（Ⅱ）参数 λ 的最大似然估计量。

解　（Ⅰ）由于

$$EX = \int_{-\infty}^{+\infty} xf(x)\mathrm{d}x = \int_0^{+\infty} x \cdot \lambda^2 x\mathrm{e}^{-\lambda x}\mathrm{d}x = \lambda^2 \int_0^{+\infty} x^2 \mathrm{e}^{-\lambda x}\mathrm{d}x = \frac{2}{\lambda}$$

因此由矩估计法，得

$$\frac{2}{\lambda} = \overline{X}$$

解之，得参数 λ 的矩估计量为 $\hat{\lambda} = \dfrac{2}{\overline{X}}$。

（Ⅱ）对于样本 $X_1, X_2, \cdots, X_n$ 的一组样本值 $x_1, x_2, \cdots, x_n$，有

（i）似然函数：$L(\lambda) = \displaystyle\prod_{i=1}^n f(x_i) = \prod_{i=1}^n \lambda^2 x_i \mathrm{e}^{-\lambda x_i} = \lambda^{2n}\mathrm{e}^{-\lambda\sum\limits_{i=1}^n x_i}\prod_{i=1}^n x_i \, (x_i > 0; \, i = 1, 2, \cdots, n)$；

（ii）取自然对数：$\ln L(\lambda) = 2n\ln\lambda - \lambda\displaystyle\sum_{i=1}^n x_i + \sum_{i=1}^n \ln x_i$；

（iii）令 $\dfrac{\mathrm{d}\ln L(\lambda)}{\mathrm{d}\lambda} = \dfrac{2n}{\lambda} - \displaystyle\sum_{i=1}^n x_i = 0$，解之，得参数 λ 的最大似然估计值为

$$\hat{\lambda} = \frac{2n}{\displaystyle\sum_{i=1}^n x_i} = \frac{2}{\bar{x}}$$

从而参数 λ 的最大似然估计量为 $\hat{\lambda} = \dfrac{2}{\overline{X}}$。

3. 设总体 X 的概率密度为

$$f(x;\theta) = \begin{cases} \dfrac{\theta^2}{x^3}\mathrm{e}^{-\frac{\theta}{x}}, & x > 0 \\[2mm] 0, & x \leqslant 0 \end{cases}$$

其中 θ 为未知参数且大于零，$X_1, X_2, \cdots, X_n$ 为来自总体 X 的一个简单随机样本。

（Ⅰ）求 θ 的矩估计量；

（Ⅱ）求 θ 的最大似然估计量。

解　（Ⅰ）由于

$$EX = \int_{-\infty}^{+\infty} xf(x;\theta)\mathrm{d}x = \int_0^{+\infty} x \cdot \frac{\theta^2}{x^3}\mathrm{e}^{-\frac{\theta}{x}}\mathrm{d}x$$

$$= \int_0^{+\infty} \frac{\theta^2}{x^2}\mathrm{e}^{-\frac{\theta}{x}}\mathrm{d}x = \theta\int_0^{+\infty} \mathrm{e}^{-\frac{\theta}{x}}\mathrm{d}\left(-\frac{\theta}{x}\right) = \theta$$

因此由矩估计法，得 $\theta = \overline{X}$，解之，得 θ 的矩估计量为 $\hat{\theta} = \overline{X}$。

（Ⅱ）对于样本 X_1，X_2，…，X_n 的一组样本值 x_1，x_2，…，x_n，有

（ⅰ）似然函数：$L(\theta) = \prod\limits_{i=1}^{n} f(x_i;\theta) = \prod\limits_{i=1}^{n} \dfrac{\theta^2}{x_i^3} \mathrm{e}^{-\frac{\theta}{x_i}} = \theta^{2n} \dfrac{1}{\left(\prod\limits_{i=1}^{n} x_i\right)^3} \mathrm{e}^{-\theta \sum\limits_{i=1}^{n} \frac{1}{x_i}} (x_i > 0$；$i = 1$，

2，…，n）；

（ⅱ）取自然对数：$\ln L(\theta) = 2n\ln\theta - 3 \sum\limits_{i=1}^{n} \ln x_i - \theta \sum\limits_{i=1}^{n} \dfrac{1}{x_i}$；

（ⅲ）令 $\dfrac{\mathrm{d}\ln L(\theta)}{\mathrm{d}\theta} = \dfrac{2n}{\theta} - \sum\limits_{i=1}^{n} \dfrac{1}{x_i} = 0$，解之，得 θ 的最大似然估计值为 $\hat{\theta} = \dfrac{2n}{\sum\limits_{i=1}^{n} \dfrac{1}{x_i}}$，从而

θ 的最大似然估计量为 $\hat{\theta} = \dfrac{2n}{\sum\limits_{i=1}^{n} \dfrac{1}{X_i}}$。

4. 设总体 X 的概率密度为

$$f(x) = \begin{cases} \theta, & 0 < x < 1 \\ 1 - \theta, & 1 \leqslant x < 2 \\ 0, & 其他 \end{cases}$$

其中 $\theta(0 < \theta < 1)$ 为未知参数，X_1，X_2，…，X_n 为来自总体 X 的一个样本，记 N 为样本值 x_1，x_2，…，x_n 中小于 1 的个数，求：

（Ⅰ）θ 的矩估计；

（Ⅱ）θ 的最大似然估计。

解　（Ⅰ）由于

$$EX = \int_{-\infty}^{+\infty} xf(x)\mathrm{d}x = \int_0^1 x\theta \mathrm{d}x + \int_1^2 x(1-\theta)\mathrm{d}x = \dfrac{1}{2}\theta + \dfrac{3}{2}(1-\theta) = \dfrac{3}{2} - \theta$$

因此由矩估计法，得

$$\dfrac{3}{2} - \theta = \overline{X}$$

解之，得 θ 的矩估计为 $\hat{\theta} = \dfrac{3}{2} - \overline{X}$。

（Ⅱ）对于样本 X_1，X_2，…，X_n 的一组样本值 x_1，x_2，…，x_n，有

（ⅰ）似然函数：$L(\theta) = \prod\limits_{i=1}^{n} f(x_i) = \theta^N (1-\theta)^{n-N}$；

（ⅱ）取自然对数：$\ln L(\theta) = N\ln\theta + (n-N)\ln(1-\theta)$；

（ⅲ）令 $\dfrac{\mathrm{d}\ln L(\theta)}{\mathrm{d}\theta} = \dfrac{N}{\theta} - \dfrac{n-N}{1-\theta} = 0$，解之，得 θ 的最大似然估计为 $\hat{\theta} = \dfrac{N}{n}$。

5. 设总体 X 的分布函数为

$$F(x;\alpha,\beta)=\begin{cases}1-\left(\dfrac{\alpha}{x}\right)^{\beta}, & x\geqslant\alpha\\[2mm]0, & x<\alpha\end{cases}$$

其中 $\alpha>0$，$\beta>1$ 是参数，X_1，X_2，$\cdots$，X_n 为来自总体 X 的一个样本。

（Ⅰ）当 $\alpha=1$ 时，求未知参数 β 的矩估计量；

（Ⅱ）当 $\alpha=1$ 时，求未知参数 β 的最大似然估计量；

（Ⅲ）当 $\beta=2$ 时，求未知参数 α 的最大似然估计量。

解　（Ⅰ）当 $\alpha=1$ 时，X 的概率密度为

$$f(x;\beta)=F'(x;\alpha,\beta)=\begin{cases}\dfrac{\beta}{x^{\beta+1}}, & x>1\\[2mm]0, & x\leqslant 1\end{cases}$$

由于

$$EX=\int_{-\infty}^{+\infty}xf(x;\beta)\mathrm{d}x=\int_{1}^{+\infty}x\cdot\frac{\beta}{x^{\beta+1}}\mathrm{d}x=\frac{\beta}{\beta-1}$$

因此由矩估计法，得

$$\frac{\beta}{\beta-1}=\overline{X}$$

解之，得参数 β 的矩估计量为 $\hat{\beta}=\dfrac{\overline{X}}{\overline{X}-1}$。

（Ⅱ）当 $\alpha=1$ 时，X 的概率密度为

$$f(x;\beta)=F'(x;\alpha,\beta)=\begin{cases}\dfrac{\beta}{x^{\beta+1}}, & x>1\\[2mm]0, & x\leqslant 1\end{cases}$$

对于样本 X_1，X_2，$\cdots$，X_n 的一组样本值 x_1，x_2，$\cdots$，x_n，有

（ⅰ）似然函数：$L(\beta)=\displaystyle\prod_{i=1}^{n}f(x_i;\beta)=\prod_{i=1}^{n}\frac{\beta}{x_i^{\beta+1}}=\frac{\beta^n}{\left(\displaystyle\prod_{i=1}^{n}x_i\right)^{\beta+1}}(x_i>1;\ i=1,2,\cdots,n)$；

（ⅱ）取自然对数：$\ln L(\beta)=n\ln\beta-(\beta+1)\displaystyle\sum_{i=1}^{n}\ln x_i$；

（ⅲ）令 $\dfrac{\mathrm{d}\ln L(\beta)}{\mathrm{d}\beta}=\dfrac{n}{\beta}-\displaystyle\sum_{i=1}^{n}\ln x_i=0$，解之，得参数 β 的最大似然估计值为 $\hat{\beta}=\dfrac{n}{\displaystyle\sum_{i=1}^{n}\ln x_i}$，从而参数 β 的最大似然估计量为 $\hat{\beta}=\dfrac{n}{\displaystyle\sum_{i=1}^{n}\ln X_i}$。

（Ⅲ）当 $\beta=2$ 时，X 的概率密度为

$$f(x;\alpha)=F'(x;\alpha,\beta)=\begin{cases}\dfrac{2\alpha^2}{x^3}, & x>\alpha \\ 0, & x\leqslant\alpha\end{cases}$$

对于样本 $X_1,X_2,\cdots,X_n$ 的一组样本值 $x_1,x_2,\cdots,x_n$，有

(i) 似然函数：$L(\alpha)=\prod\limits_{i=1}^{n}f(x_i;\alpha)=\prod\limits_{i=1}^{n}\dfrac{2\alpha^2}{x_i^3}=\dfrac{2^n\alpha^{2n}}{\left(\prod\limits_{i=1}^{n}x_i\right)^3}(x_i>\alpha;i=1,2,\cdots,n)$；

(ii) 取自然对数：$\ln L(\alpha)=n\ln 2+2n\ln\alpha-3\sum\limits_{i=1}^{n}\ln x_i$；

(iii) 由于 $\dfrac{\mathrm{d}\ln L(\alpha)}{\mathrm{d}\alpha}=\dfrac{2n}{\alpha}>0$，因此 $L(\alpha)$ 关于 α 单调递增。又 $x_i>\alpha(i=1,2,\cdots,n)$，故由最大似然估计的定义知，参数 α 的最大似然估计值为 $\hat{\alpha}=\min\{x_1,x_2,\cdots,x_n\}$，从而参数 α 的最大似然估计量为 $\hat{\alpha}=\min\{X_1,X_2,\cdots,X_n\}$。

6. 设总体 X 的概率密度为

$$f(x)=\begin{cases}\dfrac{1}{\theta^2}x\mathrm{e}^{-\frac{x}{\theta}}, & x>0 \\ 0, & x\leqslant 0\end{cases}$$

其中 $\theta(\theta>0)$ 为未知参数，$X_1,X_2,\cdots,X_n$ 为来自总体 X 的一个样本，试求：

（Ⅰ）参数 θ 的矩估计量；

（Ⅱ）参数 θ 的最大似然估计量；

（Ⅲ）所得到的估计量的期望和方差。

解 （Ⅰ）由于

$$EX=\int_{-\infty}^{+\infty}xf(x)\mathrm{d}x=\int_{0}^{+\infty}x\cdot\dfrac{1}{\theta^2}x\mathrm{e}^{-\frac{x}{\theta}}\mathrm{d}x=\dfrac{1}{\theta^2}\int_{0}^{+\infty}x^2\mathrm{e}^{-\frac{x}{\theta}}\mathrm{d}x=2\theta$$

因此由矩估计法，得

$$2\theta=\overline{X}$$

解之，得参数 θ 的矩估计量为 $\hat{\theta}=\dfrac{\overline{X}}{2}$。

（Ⅱ）对于样本 $X_1,X_2,\cdots,X_n$ 的一组样本值 $x_1,x_2,\cdots,x_n$，有

(i) 似然函数：$L(\theta)=\prod\limits_{i=1}^{n}f(x_i)=\prod\limits_{i=1}^{n}\dfrac{1}{\theta^2}x_i\mathrm{e}^{-\frac{x_i}{\theta}}=\dfrac{1}{\theta^{2n}}\mathrm{e}^{\frac{\sum\limits_{i=1}^{n}x_i}{\theta}}\prod\limits_{i=1}^{n}x_i(x_i>0;i=1,2,\cdots,n)$；

(ii) 取自然对数：$\ln L(\theta)=-2n\ln\theta-\dfrac{\sum\limits_{i=1}^{n}x_i}{\theta}+\sum\limits_{i=1}^{n}\ln x_i$；

(iii) 令 $\dfrac{\mathrm{d}\ln L(\theta)}{\mathrm{d}\theta} = -\dfrac{2n}{\theta} + \dfrac{\sum\limits_{i=1}^{n} x_i}{\theta^2} = 0$，解之，得参数 θ 的最大似然估计值为 $\hat{\theta} = \dfrac{1}{2n}\sum\limits_{i=1}^{n} x_i = \dfrac{\bar{x}}{2}$，从而参数 θ 的最大似然估计量为 $\hat{\theta} = \dfrac{\overline{X}}{2}$。

（Ⅲ）由于 θ 的矩估计量和最大似然估计量均为 $\hat{\theta} = \dfrac{\overline{X}}{2}$，因此所求估计量的期望为

$$E\hat{\theta} = E\left(\frac{\overline{X}}{2}\right) = \frac{1}{2}E\overline{X} = \frac{1}{2}EX = \frac{1}{2} \times 2\theta = \theta$$

又由于

$$EX^2 = \int_{-\infty}^{+\infty} x^2 f(x)\,\mathrm{d}x = \int_0^{+\infty} x^2 \cdot \frac{1}{\theta^2} x\mathrm{e}^{-\frac{x}{\theta}}\,\mathrm{d}x = -\frac{1}{\theta}\int_0^{+\infty} x^3\,\mathrm{d}(\mathrm{e}^{-\frac{x}{\theta}})$$

$$= -\frac{1}{\theta}\big[x^3\mathrm{e}^{-\frac{x}{\theta}}\big]_0^{+\infty} + 3\theta\int_0^{+\infty} x \cdot \frac{1}{\theta^2} x\mathrm{e}^{-\frac{x}{\theta}}\,\mathrm{d}x = 6\theta^2$$

故

$$DX = EX^2 - (EX)^2 = 6\theta^2 - (2\theta)^2 = 2\theta^2$$

从而所求估计量的方差为

$$D\hat{\theta} = D(\frac{\overline{X}}{2}) = \frac{1}{4}D\overline{X} = \frac{DX}{4n} = \frac{\theta^2}{2n}$$

7. 设某种元件的使用寿命 X 的概率密度为

$$f(x) = \begin{cases} 2\mathrm{e}^{-2(x-\theta)}, & x > \theta \\ 0, & x \leqslant \theta \end{cases}$$

其中 $\theta(\theta > 0)$ 为未知参数，$X_1, X_2, \cdots, X_n$ 为来自总体 X 的一个样本，试求：

（Ⅰ）参数 θ 的矩估计量 $\hat{\theta}$ 和 $D\hat{\theta}$；

（Ⅱ）参数 θ 的最大似然估计量 $\hat{\theta}$ 和 $D\hat{\theta}$。

解　（Ⅰ）由于

$$EX = \int_{-\infty}^{+\infty} xf(x)\,\mathrm{d}x = \int_\theta^{+\infty} x \cdot 2\mathrm{e}^{-2(x-\theta)}\,\mathrm{d}x = \theta + \frac{1}{2}$$

因此由矩估计法，得

$$\theta + \frac{1}{2} = \overline{X}$$

解之，得参数 θ 的矩估计量为 $\hat{\theta} = \overline{X} - \dfrac{1}{2}$。

又由于

$$EX^2 = \int_{-\infty}^{+\infty} x^2 f(x)\,\mathrm{d}x = \int_\theta^{+\infty} x^2 \cdot 2\mathrm{e}^{-2(x-\theta)}\,\mathrm{d}x = \theta^2 + \theta + \frac{1}{2}$$

$$DX = EX^2 - (EX)^2 = \theta^2 + \theta + \frac{1}{2} - (\theta + \frac{1}{2})^2 = \frac{1}{4}$$

故参数 θ 的矩估计量 $\hat{\theta}$ 的方差为

$$D\hat{\theta} = D(\overline{X} - \frac{1}{2}) = D\overline{X} = \frac{DX}{n} = \frac{1}{4n}$$

（Ⅱ）对于样本 X_1，X_2，$\cdots$，X_n 的一组样本值 x_1，x_2，$\cdots$，x_n，有

（i）似然函数：$L(\theta) = \prod\limits_{i=1}^{n} f(x_i) = \prod\limits_{i=1}^{n} 2\mathrm{e}^{-2(x_i-\theta)} = 2^n \mathrm{e}^{-2\sum\limits_{i=1}^{n} x_i + 2n\theta}$（$x_i > \theta$；$i = 1, 2, \cdots, n$）；

（ii）取自然对数：$\ln L(\theta) = n\ln 2 - 2\sum\limits_{i=1}^{n} x_i + 2n\theta$；

（iii）由于 $\dfrac{\mathrm{d}\ln L(\theta)}{\mathrm{d}\theta} = 2n > 0$，因此 $L(\theta)$ 关于 θ 单调增加。又 $x_i > \theta (i = 1, 2, \cdots, n)$，

故由最大似然估计的定义知，参数 θ 的最大似然估计值为 $\hat{\theta} = \min(x_1, x_2, \cdots, x_n)$，从而参数 θ 的最大似然估计量为 $\hat{\theta} = \min(X_1, X_2, \cdots, X_n)$。

由于 X 的分布函数为

$$F(x) = \int_{-\infty}^{x} f(t)\mathrm{d}t = \begin{cases} 1 - \mathrm{e}^{-2(x-\theta)}, & x > \theta \\ 0, & x \leqslant \theta \end{cases}$$

因此 $\hat{\theta} = \min(X_1, X_2, \cdots, X_n)$ 的概率密度为

$$f_{\hat{\theta}}(x) = n[1 - F(x)]^{n-1} f(x) = \begin{cases} 2n\mathrm{e}^{-2n(x-\theta)}, & x > \theta \\ 0, & x \leqslant \theta \end{cases}$$

又由于

$$E\hat{\theta} = \int_{-\infty}^{+\infty} x f_{\hat{\theta}}(x)\mathrm{d}x = \int_{\theta}^{+\infty} x \cdot 2n\mathrm{e}^{-2n(x-\theta)}\mathrm{d}x = \int_{\theta}^{+\infty} 2nx\,\mathrm{e}^{-2n(x-\theta)}\mathrm{d}x$$

令 $t = 2n(x - \theta)$，则

$$E\hat{\theta} = \int_{\theta}^{+\infty} 2nx\,\mathrm{e}^{-2n(x-\theta)}\mathrm{d}x = \int_{0}^{+\infty} (t + 2n\theta)\mathrm{e}^{-t} \frac{1}{2n}\mathrm{d}t = \theta + \frac{1}{2n}$$

$$E\hat{\theta}^2 = \int_{-\infty}^{+\infty} x^2 f_{\hat{\theta}}(x)\mathrm{d}x = \int_{\theta}^{+\infty} x^2 \cdot 2n\mathrm{e}^{-2n(x-\theta)}\mathrm{d}x = \int_{\theta}^{+\infty} 2nx^2\,\mathrm{e}^{-2n(x-\theta)}\mathrm{d}x$$

令 $t = 2n(x - \theta)$，则

$$E\hat{\theta}^2 = \int_{\theta}^{+\infty} 2nx^2\,\mathrm{e}^{-2n(x-\theta)}\mathrm{d}x = \int_{0}^{+\infty} 2n\left(\frac{t + 2n\theta}{2n}\right)^2 \mathrm{e}^{-t} \frac{1}{2n}\mathrm{d}t$$

$$= \frac{1}{4n^2}\int_{0}^{+\infty} (t + 2n\theta)^2 \mathrm{e}^{-t}\mathrm{d}t = \theta^2 + \frac{\theta}{n} + \frac{1}{2n^2}$$

故参数 θ 的最大似然估计量 $\hat{\theta}$ 的方差为

$$D\hat{\theta} = E\hat{\theta}^2 - (E\hat{\theta})^2 = \theta^2 + \frac{\theta}{n} + \frac{1}{2n^2} - \left(\theta + \frac{1}{2n}\right)^2 = \frac{1}{4n^2}$$

8. 设总体 X 的分布律为

X	1	2	3
P	θ	θ	$1-2\theta$

其中 $\theta\ (\theta > 0)$ 为未知参数，利用总体的如下样本值：

$$1,1,1,3,2,1,3,2,2,1,2,2,3,1,1,2$$

求 θ 的矩估计值和最大似然估计值。

解　先求矩估计值。由于

$$EX = 1 \times \theta + 2 \times \theta + 3 \times (1 - 2\theta) = 3 - 3\theta$$

$$\bar{x} = \frac{1}{16}(1+1+1+3+2+1+3+2+2+1+2+2+3+1+1+2) = \frac{7}{4}$$

因此由矩估计法，得

$$3 - 3\theta = \frac{7}{4}$$

解之，得 θ 的矩估计值为 $\hat{\theta} = \frac{5}{12}$。

再求最大似然估计值。对于给定的样本值，有

(i) 似然函数：$L(\theta) = \theta^7\theta^6(1-2\theta)^3 = \theta^{13}(1-2\theta)^3$；

(ii) 取自然对数：$\ln L(\theta) = 13\ln\theta + 3\ln(1-2\theta)$；

(iii) 令 $\dfrac{\mathrm{d}\ln L(\theta)}{\mathrm{d}\theta} = \dfrac{13}{\theta} - \dfrac{6}{1-2\theta} = 0$，解之，得 θ 的最大似然估计值为 $\hat{\theta} = \dfrac{13}{32}$。

9. 设总体 X 的概率密度为

$$f(x) = \begin{cases} \theta x^{\theta-1}, & 0 < x < 1 \\ 0, & \text{其他} \end{cases}$$

其中 $\theta(\theta > 0)$ 为未知参数，$X_1, X_2, \cdots, X_n$ 为来自总体 X 的一个样本。求 $u = \mathrm{e}^{-\frac{1}{\theta}}$ 的最大似然估计值。

解　先求 θ 的最大似然估计值。对于样本 $X_1, X_2, \cdots, X_n$ 的一组样本值 $x_1, x_2, \cdots, x_n$，有

(i) 似然函数：$L(\theta) = \prod_{i=1}^{n} f(x_i) = \prod_{i=1}^{n} \theta x_i^{\theta-1} = \theta^n \left(\prod_{i=1}^{n} x_i\right)^{\theta-1}$ $(0 < x_i < 1; i = 1, 2, \cdots, n)$；

(ii) 取自然对数：$\ln L(\theta) = n\ln\theta + (\theta-1)\sum_{i=1}^{n}\ln x_i$；

(iii) 令 $\dfrac{\mathrm{d}\ln L(\theta)}{\mathrm{d}\theta} = \dfrac{n}{\theta} + \sum_{i=1}^{n}\ln x_i = 0$，解之，得 θ 的最大似然估计值为 $\hat{\theta} = -\dfrac{1}{\dfrac{1}{n}\sum_{i=1}^{n}\ln x_i}$。

再求 $u = \mathrm{e}^{-\frac{1}{\theta}}$ 的最大似然估计值。由于函数 $u = \mathrm{e}^{-\frac{1}{\theta}}$ 具有单值反函数 $\theta = -\dfrac{1}{\ln u}$，由最

大似然估计的不变性，得 $u = \mathrm{e}^{-\frac{1}{\theta}}$ 的最大似然估计值为 $\hat{u} = \mathrm{e}^{\frac{1}{n}\sum\limits_{i=1}^{n}\ln x_i}$。

10. 设总体 $X \sim N(\mu, 1)$，其中 μ 为未知参数，$X_1, X_2, \cdots, X_n$ 为来自总体 X 的一个样本。求 $u = P(X > 2)$ 的最大似然估计值。

解 由于 $X \sim N(\mu, 1)$，因此

$$u = P(X > 2) = 1 - P(X \leqslant 2) = 1 - \Phi(2 - \mu)$$

先求 μ 的最大似然估计值。由于 $X \sim N(\mu, 1)$，因此 X 的概率密度为

$$f(x) = \frac{1}{\sqrt{2\pi}} \mathrm{e}^{-\frac{(x-\mu)^2}{2}}, \quad -\infty < x < +\infty$$

对于样本 $X_1, X_2, \cdots, X_n$ 的一组样本值 $x_1, x_2, \cdots, x_n$，有

(i) 似然函数：$L(\mu) = \prod\limits_{i=1}^{n} f(x_i) = \prod\limits_{i=1}^{n} \dfrac{1}{\sqrt{2\pi}} \mathrm{e}^{-\frac{(x_i-\mu)^2}{2}} = \left(\dfrac{1}{\sqrt{2\pi}}\right)^n \mathrm{e}^{-\frac{\sum\limits_{i=1}^{n}(x_i-\mu)^2}{2}}$；

(ii) 取自然对数：$\ln L(\mu) = n\ln \dfrac{1}{\sqrt{2\pi}} - \dfrac{\sum\limits_{i=1}^{n}(x_i - \mu)^2}{2}$；

(iii) 令 $\dfrac{\mathrm{d}\ln L(\mu)}{\mathrm{d}\mu} = \sum\limits_{i=1}^{n}(x_i - \mu) = 0$，解之，得 μ 的最大似然估计值为 $\hat{\mu} = \dfrac{1}{n}\sum\limits_{i=1}^{n} x_i = \bar{x}$。

再求 $u = P(X > 2)$ 的最大似然估计值。由于函数 $u = 1 - \Phi(2 - \mu)$ 具有单值反函数，由最大似然估计的不变性，得 $u = 1 - \Phi(2 - \mu)$ 的最大似然估计值为 $\hat{u} = 1 - \Phi(2 - \bar{x})$。

11. 设总体 $X \sim B(n, p)$，其中 n 已知，$p(0 < p < 1)$ 为未知参数，$X_1, X_2, \cdots, X_m$ 为来自总体 X 的一个样本。若 $p = \dfrac{1}{3}(1 + u)$，试求 u 最大似然估计值。

解 先求 p 的最大似然估计值。由于 $X \sim B(n, p)$，因此 X 的分布律为

$$P(X = x) = \mathrm{C}_n^x p^x (1-p)^{n-x}, \quad x = 0, 1, 2, \cdots, n$$

对于样本 $X_1, X_2, \cdots, X_m$ 的一组样本值 $x_1, x_2, \cdots, x_m$，有

(i) 似然函数：$L(p) = \prod\limits_{i=1}^{m} \mathrm{C}_n^{x_i} p^{x_i} (1-p)^{n-x_i} = \left(\prod\limits_{i=1}^{m} \mathrm{C}_n^{x_i}\right) p^{\sum\limits_{i=1}^{m} x_i} (1-p)^{mn - \sum\limits_{i=1}^{m} x_i}$（$x_i = 0, 1, 2, \cdots, n; i = 1, 2, \cdots, m$）；

(ii) 取自然对数：$\ln L(p) = \sum\limits_{i=1}^{m} \ln \mathrm{C}_n^{x_i} + \left(\sum\limits_{i=1}^{m} x_i\right)\ln p + \left(mn - \sum\limits_{i=1}^{m} x_i\right)\ln(1-p)$；

(iii) 令 $\dfrac{\mathrm{d}\ln L(p)}{\mathrm{d}p} = \dfrac{\sum\limits_{i=1}^{m} x_i}{p} - \dfrac{mn - \sum\limits_{i=1}^{m} x_i}{1-p} = 0$，解之，得参数 p 的最大似然估计值为 $\hat{p} =$

$$\frac{1}{mn}\sum_{i=1}^{m}x_i = \frac{\overline{x}}{n}.$$

再求 u 最大似然估计值。由于函数 $u = 3p-1$ 具有单值反函数 $p = \frac{1}{3}(1+u)$，由最大似然估计的不变性，得 u 的最大似然估计值为 $\hat{u} = \frac{3\overline{x}}{n} - 1$。

12. 设飞机的最大飞行速度服从正态分布，现对某种型号飞机的飞行速度进行 15 次试验，测得最大飞行速度的平均值 $\overline{x} = 425.047$，样本标准差 $s = 8.479$。

（Ⅰ）求最大飞行速度期望值的置信水平为 0.95 的置信区间；

（Ⅱ）求最大飞行速度方差的置信水平为 0.95 的置信区间（$t_{0.025}(14) = 2.145$，$\chi^2_{0.025}(14) = 26.10$，$\chi^2_{0.975}(14) = 5.63$）。

解 （Ⅰ）由于 σ^2 未知，因此参数 μ 的置信水平为 $1-\alpha$ 的置信区间为

$$\left(\overline{X} - \frac{S}{\sqrt{n}}t_{\frac{\alpha}{2}}(n-1), \overline{X} + \frac{S}{\sqrt{n}}t_{\frac{\alpha}{2}}(n-1) \right)$$

又 $n = 15$，$\overline{x} = 425.047$，$s = 8.479$，$1-\alpha = 0.95$，$\alpha = 0.05$，$t_{\frac{\alpha}{2}}(n-1) = t_{0.025}(14) = 2.145$，故

$$\overline{x} - \frac{s}{\sqrt{n}}t_{\frac{\alpha}{2}}(n-1) = 425.047 - \frac{8.479}{\sqrt{15}} \times 2.145 = 420.351$$

$$\overline{x} + \frac{s}{\sqrt{n}}t_{\frac{\alpha}{2}}(n-1) = 425.047 + \frac{8.479}{\sqrt{15}} \times 2.145 = 429.743$$

从而参数 μ 的置信水平为 0.95 的置信区间为 $(420.351, 429.743)$。

（Ⅱ）由于 μ 未知，因此参数 σ^2 的置信水平为 $1-\alpha$ 的置信区间为

$$\left(\frac{(n-1)S^2}{\chi^2_{\frac{\alpha}{2}}(n-1)}, \frac{(n-1)S^2}{\chi^2_{1-\frac{\alpha}{2}}(n-1)} \right)$$

又 $n = 15$，$s = 8.479$，$1-\alpha = 0.95$，$\alpha = 0.05$，$\chi^2_{1-\frac{\alpha}{2}}(n-1) = \chi^2_{0.975}(14) = 5.63$，$\chi^2_{\frac{\alpha}{2}}(n-1) = \chi^2_{0.025}(14) = 26.10$，故

$$\frac{(n-1)s^2}{\chi^2_{\frac{\alpha}{2}}(n-1)} = \frac{(15-1) \times 8.479^2}{26.10} = 38.56$$

$$\frac{(n-1)s^2}{\chi^2_{1-\frac{\alpha}{2}}(n-1)} = \frac{(15-1) \times 8.479^2}{5.63} = 178.78$$

从而参数 σ^2 的置信水平为 0.95 的置信区间为 $(38.56, 178.78)$。

13. 假设 $0.50, 1.25, 0.80, 2.00$ 为来自总体 X 的一组样本值，已知 $Y = \ln X$ 服从正态分布 $N(\mu, 1)$。

（Ⅰ）求 X 的数学期望 EX（记 EX 为 b）；

（Ⅱ）求 μ 的置信水平为 0.95 的置信区间；

（Ⅲ）利用上述结果求 b 的置信水平为 0.95 的置信区间。

解　（Ⅰ）由于 $Y \sim N(\mu, 1)$，因此 Y 的概率密度为

$$f(y) = \frac{1}{\sqrt{2\pi}} e^{-\frac{(y-\mu)^2}{2}}, \quad -\infty < y < +\infty$$

从而

$$b = EX = Ee^Y = \int_{-\infty}^{+\infty} e^y \cdot \frac{1}{\sqrt{2\pi}} e^{-\frac{(y-\mu)^2}{2}} dy$$

令 $t = y - \mu$，则

$$b = EX = \int_{-\infty}^{+\infty} e^y \cdot \frac{1}{\sqrt{2\pi}} e^{-\frac{(y-\mu)^2}{2}} dy = \frac{1}{\sqrt{2\pi}} \int_{-\infty}^{+\infty} e^{t+\mu} e^{-\frac{t^2}{2}} dt$$

$$= e^{\mu+\frac{1}{2}} \int_{-\infty}^{+\infty} \frac{1}{\sqrt{2\pi}} e^{-\frac{(t-1)^2}{2}} dy = e^{\mu+\frac{1}{2}}$$

（Ⅱ）由于 $\sigma^2 = 1$ 已知，因此参数 μ 的置信水平为 $1-\alpha$ 的置信区间为

$$\left(\overline{Y} - \frac{\sigma}{\sqrt{n}} z_{\frac{\alpha}{2}}, \overline{Y} + \frac{\sigma}{\sqrt{n}} z_{\frac{\alpha}{2}} \right)$$

又 $n = 4$，$\bar{y} = \frac{1}{4}(\ln 0.5 + \ln 1.25 + \ln 0.8 + \ln 2) = \frac{1}{4}\ln 1 = 0$，$\sigma = 1$，$1 - \alpha = 0.95$，$\alpha = 0.05$，$z_{\frac{\alpha}{2}} = z_{0.025} = 1.96$，故

$$\bar{y} - \frac{\sigma}{\sqrt{n}} z_{\frac{\alpha}{2}} = 0 - \frac{1}{\sqrt{4}} \times 1.96 = -0.98$$

$$\bar{y} + \frac{\sigma}{\sqrt{n}} z_{\frac{\alpha}{2}} = 0 + \frac{1}{\sqrt{4}} \times 1.96 = 0.98$$

从而 μ 的置信水平为 0.95 的置信区间为 $(-0.98, 0.98)$。

（Ⅲ）由函数 e^x 的单调递增性及 $-0.98 < \mu < 0.98$，得 $e^{-0.48} < e^{\mu+\frac{1}{2}} < e^{1.48}$，故 b 的置信水平为 0.95 的置信区间为 $(e^{-0.48}, e^{1.48})$。

14. 随机地从 A 批导线中抽取 4 根，从 B 批导线中抽取 5 根，测得电阻（单位：欧姆）为

A 批导线：0.143　0.142　0.143　0.137
B 批导线：0.140　0.142　0.136　0.138　0.140

假设所测得的两数据总体分别服从正态分布 $N(\mu_1, \sigma^2)$ 与 $N(\mu_2, \sigma^2)$，其中 σ^2 未知，且两个样本构成的合样本相互独立。求两总体均值之差 $\mu_1 - \mu_2$ 的置信水平为 0.95 的置信区间（$t_{0.025}(7) = 2.3646$）。

解　设两总体分别为 $X \sim N(\mu_1, \sigma^2)$，$Y \sim N(\mu_2, \sigma^2)$，则

$$\bar{x} = \frac{1}{4}(0.143 + 0.142 + 0.143 + 0.137) = 0.141\,25$$

$$s_1^2 = \frac{1}{3}\sum_{i=1}^{4}(x_i - \overline{x})^2 = \left[(0.143 - 0.141\,25)^2 + (0.142 - 0.141\,25)^2\right.$$

$$\left. + (0.143 - 0.141\,25)^2 + (0.137 - 0.141\,25)^2\right]$$

$$= 0.000\,008\,25$$

$$\overline{y} = \frac{1}{5}(0.140 + 0.142 + 0.136 + 0.138 + 0.140) = 0.1392$$

$$s_2^2 = \frac{1}{4}\sum_{i=1}^{5}(y_i - \overline{y})^2 = \left[(0.140 - 0.1392)^2 + (0.142 - 0.1392)^2\right.$$

$$\left. + (0.136 - 0.1392)^2 + (0.138 - 0.1392)^2 + (0.140 - 0.1392)^2\right]$$

$$= 0.000\,005\,2$$

由于 $\sigma_1^2 = \sigma_2^2$ 未知，因此两总体均值之差 $\mu_1 - \mu_2$ 的置信水平为 $1-\alpha$ 的置信区间为

$$\left(\overline{X} - \overline{Y} - S_\omega\sqrt{\frac{1}{n_1} + \frac{1}{n_2}}\,t_{\frac{\alpha}{2}}(n_1 + n_2 - 2),\ \overline{X} - \overline{Y} + S_\omega\sqrt{\frac{1}{n_1} + \frac{1}{n_2}}\,t_{\frac{\alpha}{2}}(n_1 + n_2 - 2)\right)$$

又 $n_1 = 4$，$n_2 = 5$，$\overline{x} = 0.141\,25$，$\overline{y} = 0.1392$，$s_1^2 = 0.000\,008\,25$，$s_2^2 = 0.000\,00\,52$，$1-\alpha$

$= 0.95$，$\alpha = 0.05$，$t_{\frac{\alpha}{2}}(n_1 + n_2 - 2) = t_{0.025}(7) = 2.3646$，$s_\omega = \sqrt{\dfrac{(n_1-1)s_1^2 + (n_2-1)s_2^2}{n_1 + n_2 - 2}}$

$$= \sqrt{\frac{3 \times 0.000\,008\,25 + 4 \times 0.000\,00\,52}{7}} = 0.002\,55\,,\ 故$$

$$\overline{x} - \overline{y} - s_\omega\sqrt{\frac{1}{n_1} + \frac{1}{n_2}}\,t_{\frac{\alpha}{2}}(n_1 + n_2 - 2)$$

$$= 0.141\,25 - 0.1392 - 0.002\,55 \times \sqrt{\frac{1}{4} + \frac{1}{5}} \times 2.3646 = -0.002$$

$$\overline{x} - \overline{y} + s_\omega\sqrt{\frac{1}{n_1} + \frac{1}{n_2}}\,t_{\frac{\alpha}{2}}(n_1 + n_2 - 2)$$

$$= 0.14125 - 0.1392 + 0.002\,55 \times \sqrt{\frac{1}{4} + \frac{1}{5}} \times 2.3646 = 0.006$$

从而两总体均值之差 $\mu_1 - \mu_2$ 的置信水平为 0.95 的置信区间为 $(-0.002, 0.006)$。

　　15. 为研究由机器 A 和机器 B 生产的钢管内径（单位：mm），随机地抽取机器 A 生产的钢管 18 只，机器 B 生产的钢管 13 只，计算得其样本方差分别为 $s_1^2 = 0.34$，$s_2^2 = 0.29$。假设由机器 A 和机器 B 生产的钢管内径分别服从正态分布 $N(\mu_1, \sigma_1^2)$ 与 $N(\mu_2, \sigma_2^2)$，其中 μ_1、μ_2 未知，且两个样本构成的合样本相互独立。求两总体方差之比 $\dfrac{\sigma_1^2}{\sigma_2^2}$ 的置信水平为 0.90 的置信区间（$F_{0.05}(17, 12) = 2.59$，$F_{0.05}(12, 17) = 2.38$）。

　　解　由于 μ_1、μ_2 未知，因此两总体方差之比 $\dfrac{\sigma_1^2}{\sigma_2^2}$ 的置信水平为 $1-\alpha$ 的置信区间为

$$\left(\frac{S_1^2}{S_2^2}\frac{1}{F_{\frac{\alpha}{2}}(n_1-1,\ n_2-1)},\ \frac{S_1^2}{S_2^2}F_{\frac{\alpha}{2}}(n_2-1,\ n_1-1)\right)$$

又 $n_1=18,\ n_2=13,\ s_1^2=0.34,\ s_2^2=0.29,\ 1-\alpha=0.90,\ \alpha=0.10,\ F_{\frac{\alpha}{2}}(n_1-1,\ n_2-1)=F_{0.05}(17,\ 12)=2.59,\ F_{\frac{\alpha}{2}}(n_2-1,\ n_1-1)=F_{0.05}(12,\ 17)=2.38$，故

$$\frac{s_1^2}{s_2^2}\frac{1}{F_{\frac{\alpha}{2}}(n_1-1,\ n_2-1)}=\frac{0.34}{0.29\times2.59}=0.45$$

$$\frac{s_1^2}{s_2^2}F_{\frac{\alpha}{2}}(n_2-1,\ n_1-1)=\frac{0.34\times2.38}{0.29}=2.79$$

从而两总体方差之比 $\dfrac{\sigma_1^2}{\sigma_2^2}$ 的置信水平为 0.95 的置信区间为 (0.45，2.79)。

16. 某厂利用两条自动化流水线灌装番茄酱，分别从两条流水线上抽取容量为 $n_1=12$ 和 $n_2=17$ 两个样本计算得到 $\bar{x}=10.6\text{ g}$，$\bar{y}=9.5\text{ g}$，$s_1^2=2.4$，$s_2^2=4.7$。假设两条流水线灌装的番茄酱的重量分别服从正态分布 $N(\mu_1,\ \sigma_1^2)$ 与 $N(\mu_2,\ \sigma_2^2)$，且两个样本构成的合样本相互独立。

（Ⅰ）当 $\sigma_1^2=\sigma_2^2$ 未知时，求两总体均值之差 $\mu_1-\mu_2$ 的置信水平为 0.95 的置信区间；

（Ⅱ）当 μ_1、μ_2 未知时，求两总体方差之比 $\dfrac{\sigma_1^2}{\sigma_2^2}$ 的置信水平为 0.95 的置信区间（$t_{0.025}(27)=2.0518$，$F_{0.025}(11,\ 16)=2.94$，$F_{0.025}(16,\ 11)=3.30$）。

解　（Ⅰ）由于 $\sigma_1^2=\sigma_2^2$ 未知，因此两总体均值之差 $\mu_1-\mu_2$ 的置信水平为 $1-\alpha$ 的置信区间为

$$\left(\overline{X}-\overline{Y}-S_\omega\sqrt{\frac{1}{n_1}+\frac{1}{n_2}}t_{\frac{\alpha}{2}}(n_1+n_2-2),\ \overline{X}-\overline{Y}+S_\omega\sqrt{\frac{1}{n_1}+\frac{1}{n_2}}t_{\frac{\alpha}{2}}(n_1+n_2-2)\right)$$

又 $n_1=12,\ n_2=17,\ \bar{x}=10.6,\ \bar{y}=9.5,\ s_1^2=2.4,\ s_2^2=4.7,\ 1-\alpha=0.95,\ \alpha=0.05,\ t_{\frac{\alpha}{2}}(n_1+n_2-2)=t_{0.025}(27)=2.0518,\ s_\omega=\sqrt{\dfrac{(n_1-1)s_1^2+(n_2-1)s_2^2}{n_1+n_2-2}}=$

$\sqrt{\dfrac{11\times2.4+16\times4.7}{27}}=1.9398$，故

$$\bar{x}-\bar{y}-s_\omega\sqrt{\frac{1}{n_1}+\frac{1}{n_2}}t_{\frac{\alpha}{2}}(n_1+n_2-2)$$

$$=10.6-9.5-1.9398\times\sqrt{\frac{1}{12}+\frac{1}{17}}\times2.0518=-0.401$$

$$\bar{x}-\bar{y}+s_\omega\sqrt{\frac{1}{n_1}+\frac{1}{n_2}}t_{\frac{\alpha}{2}}(n_1+n_2-2)$$

$$=10.6-9.5+1.9398\times\sqrt{\frac{1}{12}+\frac{1}{17}}\times2.0518=2.601$$

从而两总体均值之差 $\mu_1 - \mu_2$ 的置信水平为 0.95 的置信区间 $(-0.401, 2.601)$。

（Ⅱ）由于 μ_1、μ_2 未知，因此两总体方差之比 $\dfrac{\sigma_1^2}{\sigma_2^2}$ 的置信水平为 $1-\alpha$ 的置信区间为

$$\left(\frac{S_1^2}{S_2^2} \frac{1}{F_{\frac{\alpha}{2}}(n_1-1, \ n_2-1)}, \ \frac{S_1^2}{S_2^2} F_{\frac{\alpha}{2}}(n_2-1, \ n_1-1) \right)$$

又 $n_1 = 12$，$n_2 = 17$，$s_1^2 = 2.4$，$s_2^2 = 4.7$，$1-\alpha = 0.95$，$\alpha = 0.05$，$F_{\frac{\alpha}{2}}(n_1-1, \ n_2-1) =$
$F_{0.025}(11, 16) = 2.94$，$F_{\frac{\alpha}{2}}(n_2-1, \ n_1-1) = F_{0.025}(16, 11) = 3.30$，故

$$\frac{s_1^2}{s_2^2} \frac{1}{F_{\frac{\alpha}{2}}(n_1-1, \ n_2-1)} = \frac{2.4}{4.7 \times 2.94} = 0.174$$

$$\frac{s_1^2}{s_2^2} F_{\frac{\alpha}{2}}(n_2-1, \ n_1-1) = \frac{2.4 \times 3.30}{4.7} = 1.685$$

从而两总体方差之比 $\dfrac{\sigma_1^2}{\sigma_2^2}$ 的置信水平为 0.95 的置信区间为 $(0.174, 1.685)$。

17. 设总体 X 的概率密度为

$$f(x) = \begin{cases} ax\mathrm{e}^{-\frac{x^2}{\lambda}}, & x > 0 \\ 0, & x \leqslant 0 \end{cases}$$

其中 $\lambda (\lambda > 0)$ 是未知参数，$X_1, X_2, \cdots, X_n$ 为来自总体 X 的一个样本。

（Ⅰ）确定常数 a；

（Ⅱ）求 λ 的最大似然估计量，并讨论其是否为 λ 的无偏估计量。

解 （Ⅰ）由 $\displaystyle\int_{-\infty}^{+\infty} f(x)\mathrm{d}x = 1$，得

$$1 = \int_0^{+\infty} ax\mathrm{e}^{-\frac{x^2}{\lambda}}\mathrm{d}x = \frac{\lambda a}{2}\int_0^{+\infty} \mathrm{e}^{-\frac{x^2}{\lambda}}\mathrm{d}\left(\frac{x^2}{\lambda}\right) = \frac{\lambda a}{2}$$

故 $a = \dfrac{2}{\lambda}$。

（Ⅱ）由于 $a = \dfrac{2}{\lambda}$，因此 X 的概率密度为

$$f(x) = \begin{cases} \dfrac{2}{\lambda}x\mathrm{e}^{-\frac{x^2}{\lambda}}, & x > 0 \\ 0, & x \leqslant 0 \end{cases}$$

对于样本 $X_1, X_2, \cdots, X_n$ 的一组样本值 $x_1, x_2, \cdots, x_n$，有

（i）似然函数：$L(\lambda) = \displaystyle\prod_{i=1}^n f(x_i) = \prod_{i=1}^n \frac{2}{\lambda}x_i\mathrm{e}^{-\frac{x_i^2}{\lambda}} = \frac{2^n}{\lambda^n}\mathrm{e}^{-\frac{\sum\limits_{i=1}^n x_i^2}{\lambda}}\prod_{i=1}^n x_i \ (x_i > 0; \ i = 1, 2, \cdots, n)$；

（ii）取自然对数：$\ln L(\lambda) = n\ln 2 - n\ln\lambda - \dfrac{\sum\limits_{i=1}^n x_i^2}{\lambda} + \sum\limits_{i=1}^n \ln x_i$；

(iii) 令 $\dfrac{\mathrm{d}\ln L(\lambda)}{\mathrm{d}\lambda} = -\dfrac{n}{\lambda} + \dfrac{\displaystyle\sum_{i=1}^{n} x_i^2}{\lambda^2} = 0$，解之，得 λ 的最大似然估计值为 $\hat{\lambda} = \dfrac{1}{n}\displaystyle\sum_{i=1}^{n} x_i^2$，从

而 λ 的最大似然估计量为 $\hat{\lambda} = \dfrac{1}{n}\displaystyle\sum_{i=1}^{n} X_i^2$。

又由于 $X_i (i = 1, 2, \cdots, n)$ 与总体 X 同分布，且

$$EX^2 = \int_{-\infty}^{+\infty} x^2 f(x) \mathrm{d}x = \int_{0}^{+\infty} x^2 \cdot \frac{2}{\lambda} x \mathrm{e}^{-\frac{x^2}{\lambda}} \mathrm{d}x = \lambda$$

故

$$EX_i^2 = EX^2 = \lambda, \quad i = 1, 2, \cdots, n$$

从而

$$E\hat{\lambda} = E\left(\frac{1}{n}\sum_{i=1}^{n} X_i^2\right) = \frac{1}{n}\sum_{i=1}^{n} EX_i^2 = \frac{1}{n}\sum_{i=1}^{n}\lambda = \lambda$$

因此 $\hat{\lambda}$ 是 λ 的无偏估计量。

18. 设有 n 台仪器，已知用第 i 台仪器测量时，测定值总体的标准差为 $\sigma_i (i = 1, 2, \cdots, n)$，用这些仪器独立地对某一物理量 θ 各测量一次，分别得到 $X_1, X_2, \cdots, X_n$。设仪器都没有系统误差，即 $EX_i = \theta(i = 1, 2, \cdots, n)$，问 $a_1, a_2, \cdots, a_n$ 取何值时，$\hat{\theta} = \displaystyle\sum_{i=1}^{n} a_i X_i$ 是 θ 的无偏估计量，并且 $D\hat{\theta}$ 最小。

解 由于 $\hat{\theta}$ 是 θ 的无偏估计量，因此由

$$\theta = E\hat{\theta} = E\left(\sum_{i=1}^{n} a_i X_i\right) = \sum_{i=1}^{n} a_i EX_i = \theta\sum_{i=1}^{n} a_i$$

得 $a_1 + a_2 + \cdots + a_n = 1$。

又由于 $X_1, X_2, \cdots, X_n$ 相互独立，且 $DX_i = \sigma_i^2 (i = 1, 2, \cdots, n)$，故

$$D\hat{\theta} = D\left(\sum_{i=1}^{n} a_i X_i\right) = \sum_{i=1}^{n} a_i^2 DX_i = a_1^2\sigma_1^2 + a_2^2\sigma_2^2 + \cdots + a_n^2\sigma_n^2$$

利用拉格朗日乘数法，作函数

$$G(a_1, a_2, \cdots, a_n, \lambda) = a_1^2\sigma_1^2 + a_2^2\sigma_2^2 + \cdots + a_n^2\sigma_n^2 + \lambda(a_1 + a_2 + \cdots + a_n - 1)$$

令 $\dfrac{\partial G}{\partial a_1} = 2a_1\sigma_1^2 + \lambda = 0, \dfrac{\partial G}{\partial a_2} = 2a_2\sigma_2^2 + \lambda = 0, \cdots, \dfrac{\partial G}{\partial a_n} = 2a_n\sigma_n^2 + \lambda = 0, \dfrac{\partial G}{\partial \lambda} = \displaystyle\sum_{i=1}^{n} a_i - 1 = 0$ 解之，得

$$a_1 = -\frac{\lambda}{2\sigma_1^2}, \quad a_2 = -\frac{\lambda}{2\sigma_2^2}, \quad \cdots, \quad a_n = -\frac{\lambda}{2\sigma_n^2}, \quad \sum_{i=1}^{n} a_i = 1$$

从而 $-\dfrac{\lambda}{2} = \dfrac{1}{\sum\limits_{i=1}^{n}\dfrac{1}{\sigma_i^2}}$，因此当 $a_1 = \dfrac{1}{\sigma_1^2\sum\limits_{i=1}^{n}\dfrac{1}{\sigma_i^2}}$，$a_2 = \dfrac{1}{\sigma_2^2\sum\limits_{i=1}^{n}\dfrac{1}{\sigma_i^2}}$，$\cdots$，$a_n = \dfrac{1}{\sigma_n^2\sum\limits_{i=1}^{n}\dfrac{1}{\sigma_i^2}}$ 时，$\hat{\theta} =$

$\sum\limits_{i=1}^{n}a_iX_i$ 是 θ 的无偏估计量，并且 $D\hat{\theta}$ 最小。

19. 从均值为 μ、方差为 $\sigma^2(\sigma > 0)$ 的总体 X 中分别抽取容量为 n_1，n_2 的两个独立样本，$\overline{X}_1$ 与 $\overline{X}_2$ 分别为两个样本的样本均值。试证明对于任意常数 a，$b(a+b=1)$，$\hat{\mu} = a\overline{X}_1 + b\overline{X}_2$ 都是 μ 的无偏估计量，并确定使得 $D(\hat{\mu})$ 达到最小的常数 a、b。

证明　由于 $E\overline{X}_1 = E\overline{X}_2 = \mu$，因此

$$E\hat{\mu} = a \cdot E\overline{X}_1 + b \cdot E\overline{X}_2 = a\mu + b\mu = (a+b)\mu = \mu$$

从而对于任意常数 a，$b(a+b=1)$，$\hat{\mu} = a\overline{X}_1 + b\overline{X}_2$ 都是 μ 的无偏估计量。

又由于 $\overline{X}_1$ 与 $\overline{X}_2$ 相互独立，且 $D\overline{X}_1 = \dfrac{\sigma^2}{n_1}$，$D\overline{X}_2 = \dfrac{\sigma^2}{n_2}$，故

$$D(\hat{\mu}) = D(a\overline{X}_1 + b\overline{X}_2) = a^2D\overline{X}_1 + b^2D\overline{X}_2 = \dfrac{a^2\sigma^2}{n_1} + \dfrac{b^2\sigma^2}{n_2}$$

利用拉格朗日乘数法，作函数

$$G(a, b, \lambda) = \dfrac{a^2\sigma^2}{n_1} + \dfrac{b^2\sigma^2}{n_2} + \lambda(a+b-1)$$

令

$$\dfrac{\partial G}{\partial a} = \dfrac{2a\sigma^2}{n_1} + \lambda = 0,\ \dfrac{\partial G}{\partial b} = \dfrac{2b\sigma^2}{n_2} + \lambda = 0,\ \dfrac{\partial G}{\partial \lambda} = a+b-1 = 0$$

解之，得 $a = \dfrac{n_1}{n_1+n_2}$，$b = \dfrac{n_2}{n_1+n_2}$，因此当 $a = \dfrac{n_1}{n_1+n_2}$，$b = \dfrac{n_2}{n_1+n_2}$ 时，$D(\hat{\mu})$ 达到最小。

20. 设总体 X 的概率密度为

$$f(x) = \begin{cases} \dfrac{1}{2\theta}, & 0 < x < \theta \\[2mm] \dfrac{1}{2(1-\theta)}, & \theta \leqslant x < 1 \\[2mm] 0, & \text{其他} \end{cases}$$

其中 $\theta(0 < \theta < 1)$ 为未知参数，X_1，X_2，$\cdots$，X_n 为来自总体 X 的一个简单随机样本，$\overline{X}$ 为样本均值。

（Ⅰ）求参数 θ 的矩估计量 $\hat{\theta}$；

（Ⅱ）判断 $4\overline{X}^2$ 是否为 θ^2 的无偏估计量，并说明理由。

解　（Ⅰ）由于

$$EX = \int_{-\infty}^{+\infty} xf(x)\mathrm{d}x = \int_0^\theta \dfrac{x}{2\theta}\mathrm{d}x + \int_\theta^1 \dfrac{x}{2(1-\theta)}\mathrm{d}x = \dfrac{1}{4} + \dfrac{\theta}{2}$$

因此由矩估计法，得

$$\frac{1}{4} + \frac{\theta}{2} = \overline{X}$$

解之，得参数 θ 的矩估计量为 $\hat{\theta} = 2\overline{X} - \frac{1}{2}$。

（Ⅱ）由于

$$E(4\overline{X}^2) = 4E\overline{X}^2 = 4[D\overline{X} + (E\overline{X})^2] = 4\left[\frac{1}{n}DX + \left(\frac{1}{4} + \frac{\theta}{2}\right)^2\right]$$

$$= \frac{4}{n}DX + \frac{1}{4} + \theta + \theta^2$$

且 $DX \geqslant 0$，$\theta > 0$，因此 $E(4\overline{X}^2) > \theta^2$，即 $E(4\overline{X}^2) \neq \theta^2$，因此 $4\overline{X}^2$ 不是 θ^2 的无偏估计量。

21. 设总体 X 的概率密度为

$$f(x) = \begin{cases} \dfrac{3x^2}{\theta^3}, & 0 < x < \theta \\ 0, & \text{其他} \end{cases}$$

其中 $\theta(\theta > 0)$ 为未知参数，X_1、X_2 为来自总体 X 的一个样本。

（Ⅰ）证明 $T_1 = \dfrac{2}{3}(X_1 + X_2)$ 与 $T_2 = \dfrac{7}{6}\max\{X_1, X_2\}$ 都是 θ 的无偏估计量；

（Ⅱ）计算 T_1 与 T_2 的方差，并判断其有效性。

解　（Ⅰ）由于 X_1、X_2 与总体 X 同分布，且

$$EX = \int_{-\infty}^{+\infty} xf(x)\mathrm{d}x = \int_0^\theta x \cdot \frac{3x^2}{\theta^3}\mathrm{d}x = \frac{3}{4}\theta$$

因此

$$EX_1 = EX_2 = EX = \frac{3}{4}\theta$$

从而

$$ET_1 = E\left[\frac{2}{3}(X_1 + X_2)\right] = \frac{2}{3}(EX_1 + EX_2) = \frac{2}{3}\left(\frac{3}{4}\theta + \frac{3}{4}\theta\right) = \theta$$

故 T_1 是 θ 的无偏估计量。

又由于 X 的分布函数为

$$F(x) = \int_{-\infty}^x f(t)\mathrm{d}t = \begin{cases} 0, & x < 0 \\ \dfrac{x^3}{\theta^3}, & 0 \leqslant x < \theta \\ 1, & x \geqslant \theta \end{cases}$$

故 $\max\{X_1, X_2\}$ 的分布函数为

$$F_{\max}(x) = [F(x)]^2 = \begin{cases} 0, & x < 0 \\ \dfrac{x^6}{\theta^6}, & 0 \leqslant x < \theta \\ 1, & x \geqslant \theta \end{cases}$$

从而 $\max\{X_1, X_2\}$ 的概率密度为

$$f_{\max}(x) = F'_{\max}(x) = \begin{cases} \dfrac{6x^5}{\theta^6}, & 0 < x < \theta \\ 0, & \text{其他} \end{cases}$$

由于

$$E(\max\{X_1, X_2\}) = \int_{-\infty}^{+\infty} x f_{\max}(x) \mathrm{d}x = \int_0^\theta x \cdot \frac{6x^5}{\theta^6} \mathrm{d}x = \frac{6}{7}\theta$$

因此

$$ET_2 = E(\frac{7}{6}\max\{X_1, X_2\}) = \frac{7}{6}E(\max\{X_1, X_2\}) = \frac{7}{6} \times \frac{6}{7}\theta = \theta$$

从而 T_2 是 θ 的无偏估计量。

（Ⅱ）由于 X_1、X_2 与总体 X 同分布，且

$$EX^2 = \int_{-\infty}^{+\infty} x^2 f(x) \mathrm{d}x = \int_0^\theta x^2 \cdot \frac{3x^2}{\theta^3} \mathrm{d}x = \frac{3}{5}\theta^2$$

$$DX = EX^2 - (EX)^2 = \frac{3}{5}\theta^2 - (\frac{3}{4}\theta)^2 = \frac{3}{80}\theta^2$$

因此

$$DX_1 = DX_2 = DX = \frac{3}{80}\theta^2$$

从而

$$DT_1 = D\left[\frac{2}{3}(X_1 + X_2)\right] = \frac{4}{9}(DX_1 + DX_2) = \frac{4}{9} \times (\frac{3}{80}\theta^2 + \frac{3}{80}\theta^2) = \frac{1}{30}\theta^2$$

又由于

$$E(\max\{X_1, X_2\})^2 = \int_{-\infty}^{+\infty} x^2 f_{\max}(x) \mathrm{d}x = \int_0^\theta x^2 \frac{6x^5}{\theta^6} \mathrm{d}x = \frac{3}{4}\theta^2$$

$$D(\max\{X_1, X_2\}) = E(\max\{X_1, X_2\})^2 - [E(\max\{X_1, X_2\})]^2$$

$$= \frac{3}{4}\theta^2 - (\frac{6}{7}\theta)^2 = \frac{3}{196}\theta^2$$

故

$$DT_2 = D(\frac{7}{6}\max\{X_1, X_2\}) = \frac{49}{36}D(\max\{X_1, X_2\}) = \frac{49}{36} \times \frac{3}{196}\theta^2 = \frac{1}{48}\theta^2$$

因为 $DT_2 = \dfrac{1}{48}\theta^2 < \dfrac{1}{30}\theta^2 = DT_1$，所以 T_2 较 T_1 有效。

7.6 学习效果测试题及解答

测 试 题

1. 选择题（每小题 **4** 分，共 **20** 分）

(1) 设 $X_1, X_2, \cdots, X_n$ 为来自总体 X 的一个样本，$\overline{X}$ 为样本均值，则 $\overline{X}$ 是参数 μ 的矩估计量，如果（   ）。

    A. $X \sim N(\mu, \sigma^2)$ B. $X \sim E(\mu)$

    C. $P(X = k) = \mu(1-\mu)^{k-1}, \quad k = 1, 2, \cdots$ D. $X \sim U[0, \mu]$

(2) 设总体 $X \sim N(\mu, \sigma^2)$，其中 μ 已知，$X_1, X_2, \cdots, X_n$ 为来自总体 X 的一个样本，$\overline{X}$ 为样本均值，则参数 σ^2 的最大似然估计量为（   ）。

    A. $\hat{\sigma}^2 = \dfrac{1}{n} \sum_{i=1}^{n} X_i^2$ B. $\hat{\sigma}^2 = \dfrac{1}{n} \sum_{i=1}^{n} (X_i - \overline{X})^2$

    C. $\hat{\sigma}^2 = \dfrac{1}{n-1} \sum_{i=1}^{n} (X_i - \overline{X})^2$ D. $\hat{\sigma}^2 = \dfrac{1}{n} \sum_{i=1}^{n} (X_i - \mu)^2$

(3) 设总体均值 μ 的置信水平为 0.95 的置信区间为 $(\underline{\mu}, \overline{\mu})$，则其含义为（   ）。

    A. 总体均值 μ 的真值以 0.95 的概率落入区间 $(\underline{\mu}, \overline{\mu})$

    B. 样本均值 $\overline{X}$ 以 0.95 的概率落入区间 $(\underline{\mu}, \overline{\mu})$

    C. 区间 $(\underline{\mu}, \overline{\mu})$ 含总体均值 μ 的真值的概率为 0.95

    D. 区间 $(\underline{\mu}, \overline{\mu})$ 含样本均值 $\overline{X}$ 的概率为 0.95

(4) 设 $X_1, X_2, \cdots, X_6$ 为来自第一个总体 $X \sim N(\mu_1, \sigma^2)$ 的一个样本，$\overline{X} = \dfrac{1}{6} \sum_{i=1}^{6} X_i$；

$Y_1, Y_2, \cdots, Y_5$ 为来自第二个总体 $Y \sim N(\mu_2, \sigma^2)$ 的一个样本，$\overline{Y} = \dfrac{1}{5} \sum_{j=1}^{5} Y_j$。两个样本构成的合样本 $X_1, X_2, \cdots, X_6, Y_1, Y_2, \cdots, Y_5$ 相互独立，则当 σ^2 已知时两总体均值之差 $\mu_1 - \mu_2$ 的置信水平为 $1 - \alpha$ 的置信区间为（   ）。

    A. $\left(\overline{X} - \overline{Y} - \sigma \sqrt{\dfrac{1}{5} + \dfrac{1}{4}} t_{\frac{\alpha}{2}}(9), \ \overline{X} - \overline{Y} + \sigma \sqrt{\dfrac{1}{5} + \dfrac{1}{4}} t_{\frac{\alpha}{2}}(9) \right)$

    B. $\left(\overline{X} - \overline{Y} - \sigma \sqrt{\dfrac{1}{5} + \dfrac{1}{4}} z_{\frac{\alpha}{2}}, \ \overline{X} - \overline{Y} + \sigma \sqrt{\dfrac{1}{5} + \dfrac{1}{4}} z_{\frac{\alpha}{2}} \right)$

    C. $\left(\overline{X} - \overline{Y} - \sigma \sqrt{\dfrac{1}{6} + \dfrac{1}{5}} t_{\frac{\alpha}{2}}(11), \ \overline{X} - \overline{Y} + \sigma \sqrt{\dfrac{1}{6} + \dfrac{1}{5}} t_{\frac{\alpha}{2}}(11) \right)$

    D. $\left(\overline{X} - \overline{Y} - \sigma \sqrt{\dfrac{1}{6} + \dfrac{1}{5}} z_{\frac{\alpha}{2}}, \ \overline{X} - \overline{Y} + \sigma \sqrt{\dfrac{1}{6} + \dfrac{1}{5}} z_{\frac{\alpha}{2}} \right)$

(5) 设 X_1，X_2，$\cdots$，X_n 为来自总体 X 的一个样本，$EX = \mu$，$DX = \sigma^2$，$\overline{X} = \dfrac{1}{n}\sum\limits_{i=1}^{n} X_i$，

$S^2 = \dfrac{1}{n-1}\sum\limits_{i=1}^{n}(X_i - \overline{X})^2$，$DS > 0$，则（　　）。

　　A. S 是 σ 的无偏估计　　　　　　　　B. S^2 是 σ^2 的无偏估计

　　C. $\overline{X}^2$ 是 μ^2 的无偏估计　　　　　　D. $\dfrac{1}{n-1}\sum\limits_{i=1}^{n} X_i^2$ 是 EX^2 的无偏估计

2. 填空题（每小题 4 分，共 20 分）

(1) 设箱中有 100 只球，其中只有红球和白球。现从箱中有放回地取球 6 次，每次取 1 只，如果取出的球是红球，记 X 为 1，如果取出的球是白球，记 X 为 0，得观察值为 1、1、0、1、1、1，则箱中红球数的矩估计值为 ＿＿＿＿＿＿，最大似然估计值为 ＿＿＿＿＿＿。

(2) 设总体 X 的概率密度为

$$f(x) = \begin{cases} \dfrac{6x}{\theta^3}(\theta - x)，& 0 < x < \theta \\ 0，& \text{其他} \end{cases}$$

其中 $\theta(\theta > 0)$ 为未知参数，X_1，X_2，$\cdots$，X_n 为来自总体 X 的一个样本，则参数 θ 的矩估计量 $\hat{\theta} = $ ＿＿＿＿＿＿，$D\hat{\theta} = $ ＿＿＿＿＿＿。

(3) 设总体 $X \sim N(\mu, \sigma^2)$，由来自总体 X 的容量为 16 的样本计算得样本均值 $\overline{x} = 10$，样本标准差 $s = 2$，则参数 μ 的置信水平为 0.95 的置信区间为 ＿＿＿＿＿＿，参数 σ^2 的置信水平为 0.95 的置信区间为 ＿＿＿＿＿＿（$t_{0.025}(15) = 2.1315$，$\chi^2_{0.975}(15) = 6.262$，$\chi^2_{0.025}(15) = 27.488$）。

(4) 设总体 $X \sim N(\mu, 16)$，X_1，X_2，$\cdots$，X_n 为来自总体 X 的一个样本，如果要使得参数 μ 的置信水平为 0.95 的置信区间长度不超过 4，则样本容量 n 至少应取 ＿＿＿＿＿＿（$\Phi(1.96) = 0.975$）。

(5) 设总体 $X \sim N(\mu, \sigma^2)$，X_1，X_2，$\cdots$，X_{2n} 为来自总体 X 的一个容量为 $2n$ 的样本，若 $Y = C\sum\limits_{i=1}^{n}(X_{2i} - X_{2i-1})^2$ 为 σ^2 的无偏估计，则 $C = $ ＿＿＿＿＿＿，$DY = $ ＿＿＿＿＿＿。

3. 解答题（每小题 10 分，共 60 分）

(1) 设总体 X 的概率密度为

$$f(x) = \begin{cases} \dfrac{1}{\sqrt{\alpha}}\mathrm{e}^{-\frac{x-\beta}{\sqrt{\alpha}}}，& x > \beta \\ 0，& x \leqslant \beta \end{cases}$$

其中 $\alpha(\alpha > 0)$、β 为未知参数，X_1，X_2，$\cdots$，X_n 为来自总体 X 的一个样本，试求：

(ⅰ) α、β 的矩估计量；

(ii) α、β 的最大似然估计量;

(iii) 证明 β 的最大似然估计量是 β 的一致估计量。

(2) 设总体 $X \sim N(\mu, \sigma^2)$,其中 μ、$\sigma^2(\sigma > 0)$ 为未知参数,X_1,X_2,$\cdots$,X_n 为来自总体 X 的一个样本。

(i) 求使得 $\displaystyle\int_a^{+\infty} f(x)\mathrm{d}x = 0.05$ 的点 a 的最大似然估计值,其中 $f(x)$ 为总体 X 的概率密度;

(ii) 求 $P(X \geqslant 2)$ 的最大似然估计值($\Phi(1.645) = 0.95$)。

(3) 设总体 X 的分布函数为

$$F(x;\theta) = \begin{cases} 0, & x < 1 \\ \theta, & 1 \leqslant x < 2 \\ 2\theta, & 2 \leqslant x < 3 \\ 1, & x \geqslant 3 \end{cases}$$

其中 $\theta\left(0 < \theta < \dfrac{1}{2}\right)$ 为未知参数,利用总体的如下样本值 1,1,3,2,1,2,3,3,求 θ 的矩估计值和最大似然估计值。

(4) 某自动包装机包装洗衣粉,其重量(单位:g)服从正态分布 $N(\mu, \sigma^2)$,现随机地抽查 12 袋,设 $x_i(i = 1, 2, \cdots, 12)$ 表示第 i 袋的重量,且 $\bar{x} = \dfrac{1}{12}\displaystyle\sum_{i=1}^{12} x_i = 1000.25$,

$\displaystyle\sum_{i=1}^{12} (x_i - \bar{x})^2 = 76.25$。

(i) 求参数 μ 的矩估计值;

(ii) 求参数 σ^2 的矩估计值;

(iii) 求参数 μ 的置信水平为 0.95 的置信区间($t_{0.025}(11) = 2.201$);

(iv) 求参数 σ^2 的置信水平为 0.95 的置信区间($\chi^2_{0.975}(11) = 3.816$,$\chi^2_{0.025}(11) = 21.920$);

(v) 若已知 $\sigma^2 = 8$,求参数 μ 的置信水平为 0.95 的置信区间($z_{0.025} = 1.96$)。

(5) 设总体 X 服从参数为 $\lambda(\lambda > 0)$ 的指数分布,当 $k < X \leqslant k+1(k = 0, 1, 2, \cdots)$ 时,随机变量 $Y = k$。

(i) 求 Y 的分布律;

(ii) 设 Y_1,Y_2,$\cdots$,Y_n 为来自总体 Y 的一个样本,求参数 λ 的矩估计量和最大似然估计量。

(6) 设总体 $X \sim N(0, \sigma^2)$,X_1,X_2,$\cdots$,X_n 为来自总体 X 的一个样本,$\overline{X} = \dfrac{1}{n}\displaystyle\sum_{i=1}^{n} X_i$,

$S^2 = \dfrac{1}{n-1}\displaystyle\sum_{i=1}^{n} (X_i - \overline{X})^2$。

(i) 求参数 σ^2 的最大似然估计量 $\hat{\sigma}^2$,并求 $E\hat{\sigma}^2$;

（ii）求 $D\hat{\sigma}^2$ 与 DS^2，并判断其作为 σ^2 估计量的有效性；

（iii）问 $\hat{\sigma}^2$ 是否为 σ^2 的一致估计量。

测试题解答

1. 选择题

（1）应选 A。

由于 $X \sim N(\mu,\sigma^2)$，因此 $EX = \mu$，由矩估计法，得 $\mu = \overline{X}$，解之，得参数 μ 的矩估计量为 $\hat{\mu} = \overline{X}$。

故选 A。

（2）应选 D。

由于 $X \sim N(\mu,\sigma^2)$，因此 X 的概率密度为

$$f(x) = \frac{1}{\sqrt{2\pi}\sigma}\mathrm{e}^{-\frac{(x-\mu)^2}{2\sigma^2}}, \quad -\infty < x < +\infty$$

对于样本 $X_1, X_2, \cdots, X_n$ 的一组样本值 $x_1, x_2, \cdots, x_n$，有

（i）似然函数：$L(\sigma^2) = \prod_{i=1}^{n} f(x_i) = \prod_{i=1}^{n} \frac{1}{\sqrt{2\pi}\sigma}\mathrm{e}^{-\frac{(x_i-\mu)^2}{2\sigma^2}} = \frac{1}{(\sqrt{2\pi})^n}(\sigma^2)^{-\frac{n}{2}}\mathrm{e}^{-\frac{1}{2\sigma^2}\sum\limits_{i=1}^{n}(x_i-\mu)^2}$；

（ii）取自然对数：$\ln L(\sigma^2) = -n\ln\sqrt{2\pi} - \frac{n}{2}\ln\sigma^2 - \frac{1}{2\sigma^2}\sum\limits_{i=1}^{n}(x_i-\mu)^2$；

（iii）令 $\dfrac{\mathrm{d}\ln L(\sigma^2)}{\mathrm{d}\sigma^2} = -\dfrac{n}{2\sigma^2} + \dfrac{1}{2\sigma^4}\sum\limits_{i=1}^{n}(x_i-\mu)^2 = 0$，解之，得 σ^2 的最大似然估计值为

$$\hat{\sigma}^2 = \frac{1}{n}\sum_{i=1}^{n}(x_i-\mu)^2$$

从而 σ^2 的最大似然估计量为

$$\hat{\sigma}^2 = \frac{1}{n}\sum_{i=1}^{n}(X_i-\mu)^2$$

故选 D。

（3）应选 C。

由置信区间的定义，知

$$P(\underline{\mu} < \mu < \overline{\mu}) = 0.95$$

即区间 $(\underline{\mu}, \overline{\mu})$ 含总体均值 μ 的真值的概率为 0.95，故选 C。

（4）应选 D。

由于 σ_1^2、σ_2^2 已知，因此两总体均值之差 $\mu_1 - \mu_2$ 的置信水平为 $1-\alpha$ 的置信区间为

$$\left(\overline{X} - \overline{Y} - \sqrt{\frac{\sigma_1^2}{n_1} + \frac{\sigma_2^2}{n_2}}\,z_{\frac{\alpha}{2}},\ \overline{X} - \overline{Y} + \sqrt{\frac{\sigma_1^2}{n_1} + \frac{\sigma_2^2}{n_2}}\,z_{\frac{\alpha}{2}}\right)$$

又 $n_1 = 6$，$n_2 = 5$，$\sigma_1^2 = \sigma_2^2 = \sigma^2$，故

$$\overline{X} - \overline{Y} - \sqrt{\frac{\sigma_1^2}{n_1} + \frac{\sigma_2^2}{n_2}} z_{\frac{\alpha}{2}} = \overline{X} - \overline{Y} - \sigma\sqrt{\frac{1}{6} + \frac{1}{5}} z_{\frac{\alpha}{2}}$$

$$\overline{X} - \overline{Y} + \sqrt{\frac{\sigma_1^2}{n_1} + \frac{\sigma_2^2}{n_2}} z_{\frac{\alpha}{2}} = \overline{X} - \overline{Y} + \sigma\sqrt{\frac{1}{6} + \frac{1}{5}} z_{\frac{\alpha}{2}}$$

从而两总体均值之差 $\mu_1 - \mu_2$ 的置信水平为 $1 - \alpha$ 的置信区间为

$$\left(\overline{X} - \overline{Y} - \sigma\sqrt{\frac{1}{6} + \frac{1}{5}} z_{\frac{\alpha}{2}}, \ \overline{X} - \overline{Y} + \sigma\sqrt{\frac{1}{6} + \frac{1}{5}} z_{\frac{\alpha}{2}} \right)$$

故选 D。

(5) 应选 B。

方法一：由于 $ES^2 = E\left[\frac{1}{n-1} \sum_{i=1}^{n} (X_i - \overline{X})^2 \right] = \sigma^2$，因此 S^2 是 σ^2 的无偏估计，故选 B。

方法二：假设 S 是 σ 的无偏估计，则 $ES = \sigma$，从而 $(ES)^2 = \sigma^2$，由于 $ES^2 = \sigma^2$，因此 $DS = ES^2 - (ES)^2 = \sigma^2 - \sigma^2 = 0$，这与 $DS > 0$ 矛盾，故选项 A 不正确。由于 $E\overline{X}^2 = D\overline{X} + (E\overline{X})^2 = \frac{\sigma^2}{n} + \mu^2 > \mu^2$，因此选项 C 不正确。因为 $E\left(\frac{1}{n-1} \sum_{i=1}^{n} X_i^2 \right) = \frac{1}{n-1} \sum_{i=1}^{n} EX_i^2 = \frac{1}{n-1} \sum_{i=1}^{n} EX^2 = \frac{n}{n-1} EX^2 \neq EX^2$，所以选项 D 不正确，故选 B。

2. 填空题

(1) 应均填 $\frac{250}{3}$。

设 r 表示箱中的红球数，则 X 的分布律为

X	0	1
P	$1 - \dfrac{r}{100}$	$\dfrac{r}{100}$

先求 r 矩估计值。由于

$$EX = \frac{r}{100}, \quad \overline{x} = \frac{1}{6}(1 + 1 + 0 + 1 + 1 + 1) = \frac{5}{6}$$

因此由矩估计法，得

$$\frac{r}{100} = \frac{5}{6}$$

解之，得 r 的矩估计值为 $\hat{r} = \frac{250}{3}$，故填 $\frac{250}{3}$。

再求 r 最大似然估计值。对于给定的样本值，有

(i) 似然函数：$L(r) = \left(\frac{r}{100} \right)^5 \left(1 - \frac{r}{100} \right) = \frac{r^5(100 - r)}{100^6}$；

(ii) 取自然对数：$\ln L(r) = 5\ln r + \ln(100 - r) - 6\ln 100$；

(iii) 令 $\dfrac{\mathrm{d}\ln L(r)}{\mathrm{d}r} = \dfrac{5}{r} - \dfrac{1}{100 - r} = 0$，解之，得 r 的最大似然估计值为 $\hat{r} = \dfrac{250}{3}$，故填 $\dfrac{250}{3}$。

(2) 应分别填 $2\overline{X}$，$\dfrac{\theta^2}{5n}$。

由于

$$EX = \int_{-\infty}^{+\infty} x f(x) \mathrm{d}x = \int_0^{\theta} x \cdot \frac{6x}{\theta^3}(\theta - x)\mathrm{d}x = \frac{6}{\theta^3}\int_0^{\theta} x^2(\theta - x)\mathrm{d}x = \frac{\theta}{2}$$

因此由矩估计法，得

$$\frac{\theta}{2} = \overline{X}$$

解之，得参数 θ 的矩估计量为 $\hat{\theta} = 2\overline{X}$，故填 $2\overline{X}$。

由于

$$EX^2 = \int_{-\infty}^{+\infty} x^2 f(x)\mathrm{d}x = \int_0^{\theta} x^2 \cdot \frac{6x}{\theta^3}(\theta - x)\mathrm{d}x = \frac{6}{\theta^3}\int_0^{\theta} x^3(\theta - x)\mathrm{d}x = \frac{3\theta^2}{10}$$

$$DX = EX^2 - (EX)^2 = \frac{3\theta^2}{10} - \left(\frac{\theta}{2}\right)^2 = \frac{\theta^2}{20}$$

因此

$$D\hat{\theta} = D(2\overline{X}) = 4D\overline{X} = 4\frac{DX}{n} = 4\frac{\theta^2}{20n} = \frac{\theta^2}{5n}$$

故填 $\dfrac{\theta^2}{5n}$。

(3) 应分别填 $(8.934\,25, 11.065\,75)$，$(2.183, 9.582)$。

由于 σ^2 未知，因此参数 μ 的置信水平为 $1 - \alpha$ 的置信区间为

$$\left(\overline{X} - \frac{S}{\sqrt{n}}t_{\frac{\alpha}{2}}(n - 1), \overline{X} + \frac{S}{\sqrt{n}}t_{\frac{\alpha}{2}}(n - 1)\right)$$

又 $n = 16$，$\bar{x} = 10$，$s = 2$，$1 - \alpha = 0.95$，$\alpha = 0.05$，$t_{\frac{\alpha}{2}}(n - 1) = t_{0.025}(15) = 2.1315$，故

$$\bar{x} - \frac{s}{\sqrt{n}}t_{\frac{\alpha}{2}}(n - 1) = 10 - \frac{2}{\sqrt{16}} \times 2.1315 = 8.934\,25$$

$$\bar{x} + \frac{s}{\sqrt{n}}t_{\frac{\alpha}{2}}(n - 1) = 10 + \frac{2}{\sqrt{16}} \times 2.1315 = 11.065\,75$$

从而参数 μ 的置信水平为 0.95 的置信区间为 $(8.934\,25, 11.065\,75)$，故填 $(8.934\,25, 11.065\,75)$。

由于 μ 未知，因此参数 σ^2 的置信水平为 $1 - \alpha$ 的置信区间为

$$\left(\frac{(n-1)S^2}{\chi^2_{\frac{\alpha}{2}}(n-1)} , \frac{(n-1)S^2}{\chi^2_{1-\frac{\alpha}{2}}(n-1)} \right)$$

又 $n = 16$，$s = 2$，$1 - \alpha = 0.95$，$\alpha = 0.05$，$\chi^2_{1-\frac{\alpha}{2}}(n-1) = \chi^2_{0.975}(15) = 6.262$，$\chi^2_{\frac{\alpha}{2}}(n-1) = \chi^2_{0.025}(15) = 27.488$，故

$$\frac{(n-1)s^2}{\chi^2_{\frac{\alpha}{2}}(n-1)} = \frac{(16-1) \times 2^2}{27.488} = 2.183$$

$$\frac{(n-1)s^2}{\chi^2_{1-\frac{\alpha}{2}}(n-1)} = \frac{(16-1) \times 2^2}{6.262} = 9.582$$

从而参数 σ^2 的置信水平为 0.95 的置信区间为 $(2.183, 9.582)$，故填 $(2.183, 9.582)$。

（4）应填 16。

由于 σ^2 已知，因此参数 μ 的置信水平为 $1 - \alpha$ 的置信区间为

$$\left(\overline{X} - \frac{\sigma}{\sqrt{n}} z_{\frac{\alpha}{2}} , \overline{X} + \frac{\sigma}{\sqrt{n}} z_{\frac{\alpha}{2}} \right)$$

又 $\sigma = 4$，$1 - \alpha = 0.95$，$\alpha = 0.05$，$\Phi(1.96) = 0.975$，$z_{\frac{\alpha}{2}} = z_{0.025} = 1.96$，故

$$\overline{X} - \frac{\sigma}{\sqrt{n}} z_{\frac{\alpha}{2}} = \overline{X} - \frac{4}{\sqrt{n}} \times 1.96, \quad \overline{X} + \frac{\sigma}{\sqrt{n}} z_{\frac{\alpha}{2}} = \overline{X} + \frac{4}{\sqrt{n}} \times 1.96$$

从而 μ 的置信水平为 0.95 的置信区间长度为 $L = \frac{2 \times 4}{\sqrt{n}} \times 1.96$，所以 n 取决于如下条件：

$$\frac{2 \times 4}{\sqrt{n}} \times 1.96 \leqslant 4$$

解之，得 $n \geqslant 15.3664$，从而样本容量 n 至少应取 16，故填 16。

（5）应分别填 $\frac{1}{2n}$，$\frac{2\sigma^4}{n}$。

由于 X_1，X_2，$\cdots$，X_{2n} 相互独立，且 $X_i \sim N(\mu, \sigma^2)(i = 1, 2, \cdots, 2n)$，因此

$$X_{2i} - X_{2i-1} \sim N(0, 2\sigma^2), \quad i = 1, 2, \cdots, n$$

从而

$$E(X_{2i} - X_{2i-1})^2 = D(X_{2i} - X_{2i-1}) + [E(X_{2i} - X_{2i-1})]^2 = 2\sigma^2$$

由

$$EY = E\left[C\sum_{i=1}^{n} (X_{2i} - X_{2i-1})^2 \right] = C\sum_{i=1}^{n} E(X_{2i} - X_{2i-1})^2 = Cn \cdot 2\sigma^2 = \sigma^2$$

得 $C = \frac{1}{2n}$，故填 $\frac{1}{2n}$。

由于 $\frac{X_{2i} - X_{2i-1}}{\sqrt{2}\sigma} \sim N(0, 1)(i = 1, 2, \cdots, n)$，且 $\frac{X_2 - X_1}{\sqrt{2}\sigma}$，$\frac{X_4 - X_3}{\sqrt{2}\sigma}$，$\cdots$，$\frac{X_{2n} - X_{2n-1}}{\sqrt{2}\sigma}$ 相互独立，因此

$$\sum_{i=1}^{n}\left(\frac{X_{2i}-X_{2i-1}}{\sqrt{2}\sigma}\right)^{2}\sim\chi^{2}(n)$$

从而

$$D\left[\sum_{i=1}^{n}\left(\frac{X_{2i}-X_{2i-1}}{\sqrt{2}\sigma}\right)^{2}\right]=2n$$

所以

$$DY=D\left[\frac{1}{2n}\sum_{i=1}^{n}(X_{2i}-X_{2i-1})^{2}\right]=D\left[\frac{1}{2n}\cdot 2\sigma^{2}\sum_{i=1}^{n}\left(\frac{X_{2i}-X_{2i-1}}{\sqrt{2}\sigma}\right)^{2}\right]$$

$$=\frac{\sigma^{4}}{n^{2}}D\left[\sum_{i=1}^{n}\left(\frac{X_{2i}-X_{2i-1}}{\sqrt{2}\sigma}\right)^{2}\right]=\frac{\sigma^{4}}{n^{2}}\cdot 2n=\frac{2\sigma^{4}}{n}$$

故填 $\dfrac{2\sigma^{4}}{n}$。

3. 解答题

(1)（i）由于

$$EX=\int_{-\infty}^{+\infty}xf(x)\mathrm{d}x=\int_{\beta}^{+\infty}x\cdot\frac{1}{\sqrt{\alpha}}\mathrm{e}^{-\frac{x-\beta}{\sqrt{\alpha}}}\mathrm{d}x=-\mathrm{e}^{\frac{\beta}{\sqrt{\alpha}}}\int_{\beta}^{+\infty}x\mathrm{d}(\mathrm{e}^{-\frac{x}{\sqrt{\alpha}}})$$

$$=-\mathrm{e}^{\frac{\beta}{\sqrt{\alpha}}}\left[x\mathrm{e}^{-\frac{x}{\sqrt{\alpha}}}\right]_{\beta}^{+\infty}+\mathrm{e}^{\frac{\beta}{\sqrt{\alpha}}}\int_{\beta}^{+\infty}\mathrm{e}^{-\frac{x}{\sqrt{\alpha}}}\mathrm{d}x=\beta+\mathrm{e}^{\frac{\beta}{\sqrt{\alpha}}}\left[-\sqrt{\alpha}\mathrm{e}^{-\frac{x}{\sqrt{\alpha}}}\right]_{\beta}^{+\infty}$$

$$=\beta+\sqrt{\alpha}$$

$$EX^{2}=\int_{-\infty}^{+\infty}x^{2}f(x)\mathrm{d}x=\int_{\beta}^{+\infty}x^{2}\cdot\frac{1}{\sqrt{\alpha}}\mathrm{e}^{-\frac{x-\beta}{\sqrt{\alpha}}}\mathrm{d}x=-\mathrm{e}^{\frac{\beta}{\sqrt{\alpha}}}\int_{\beta}^{+\infty}x^{2}\mathrm{d}(\mathrm{e}^{-\frac{x}{\sqrt{\alpha}}})$$

$$=-\mathrm{e}^{\frac{\beta}{\sqrt{\alpha}}}\left[x^{2}\mathrm{e}^{-\frac{x}{\sqrt{\alpha}}}\right]_{\beta}^{+\infty}+2\mathrm{e}^{\frac{\beta}{\sqrt{\alpha}}}\int_{\beta}^{+\infty}x\mathrm{e}^{-\frac{x}{\sqrt{\alpha}}}\mathrm{d}x=\beta^{2}+2\sqrt{\alpha}\int_{\beta}^{+\infty}x\frac{1}{\sqrt{\alpha}}\mathrm{e}^{-\frac{x-\beta}{\sqrt{\alpha}}}\mathrm{d}x$$

$$=\beta^{2}+2\sqrt{\alpha}(\beta+\sqrt{\alpha})=\beta^{2}+2\sqrt{\alpha}\beta+2\alpha$$

因此由矩估计法，得

$$\begin{cases}\beta+\sqrt{\alpha}=\overline{X}\\[2mm]\beta^{2}+2\sqrt{\alpha}\beta+2\alpha=\dfrac{1}{n}\sum_{i=1}^{n}X_{i}^{2}\end{cases}$$

解之，得 α、β 的矩估计量分别为

$$\hat{\alpha}=\frac{1}{n}\sum_{i=1}^{n}X_{i}^{2}-\overline{X}^{2}=\frac{1}{n}\sum_{i=1}^{n}(X_{i}-\overline{X})^{2},\ \hat{\beta}=\overline{X}-\sqrt{\frac{1}{n}\sum_{i=1}^{n}(X_{i}-\overline{X})^{2}}$$

（ii）对于样本 X_{1}，X_{2}，$\cdots$，X_{n} 的一组样本值 x_{1}，x_{2}，$\cdots$，x_{n}，有

① 似然函数：$L(\alpha,\beta)=\prod_{i=1}^{n}f(x_{i})=\prod_{i=1}^{n}\frac{1}{\sqrt{\alpha}}\mathrm{e}^{-\frac{x_{i}-\beta}{\sqrt{\alpha}}}=\frac{1}{(\sqrt{\alpha})^{n}}\mathrm{e}^{-\frac{\sum\limits_{i=1}^{n}(x_{i}-\beta)}{\sqrt{\alpha}}}$ $(x_{i}>\beta;\ i=1,2,$

…, n);

② 取自然对数：$\ln L(\alpha, \beta) = -\dfrac{n}{2}\ln\alpha - \dfrac{\sum\limits_{i=1}^{n}(x_i - \beta)}{\sqrt{\alpha}}$;

③ $\dfrac{\partial \ln L(\alpha, \beta)}{\partial \alpha} = -\dfrac{n}{2\alpha} + \dfrac{\sum\limits_{i=1}^{n}(x_i - \beta)}{2\alpha\sqrt{\alpha}}$，由于 $\dfrac{\partial \ln L(\alpha, \beta)}{\partial \beta} = \dfrac{n}{\sqrt{\alpha}} > 0$，因此 $L(\alpha, \beta)$ 关于 β 单调递增。

又 $x_i > \beta (i = 1, 2, \cdots, n)$，故由最大似然估计的定义知，参数 β 的最大似然估计值为 $\hat{\beta} = \min\{x_1, x_2, \cdots, x_n\}$，从而 β 的最大似然估计量为

$$\hat{\beta} = \min\{X_1, X_2, \cdots, X_n\}$$

令 $\dfrac{\partial \ln L(\alpha, \beta)}{\partial \alpha} = -\dfrac{n}{2\alpha} + \dfrac{\sum\limits_{i=1}^{n}(x_i - \beta)}{2\alpha\sqrt{\alpha}} = 0$，$\hat{\beta} = \min\{x_1, x_2, \cdots, x_n\}$，解之得 α 的最大似然估计值为

$$\hat{\alpha} = \frac{1}{n}\sum_{i=1}^{n}\left((x_i - \min\{x_1, x_2, \cdots, x_n\})\right)^2$$

从而 α、β 的最大似然估计量分别为

$$\hat{\alpha} = \left(\frac{1}{n}\sum_{i=1}^{n}(X_i - \min\{X_1, X_2, \cdots, X_n\})\right)^2, \quad \hat{\beta} = \min\{X_1, X_2, \cdots, X_n\}$$

(iii) 设总体 X 的分布函数为 $F(x)$，则

当 $x < \beta$ 时，

$$F(x) = 0$$

当 $x \geqslant \beta$ 时，

$$F(x) = \int_{-\infty}^{x} f(x)\,\mathrm{d}x = \int_{\beta}^{x}\frac{1}{\sqrt{\alpha}}\mathrm{e}^{-\frac{x-\beta}{\sqrt{\alpha}}}\,\mathrm{d}x = 1 - \mathrm{e}^{-\frac{x-\beta}{\sqrt{\alpha}}}$$

从而 β 的最大似然估计量 $\hat{\beta} = \min\{X_1, X_2, \cdots, X_n\}$ 的分布函数为

$$F_{\hat{\beta}}(x) = 1 - [1 - F(x)]^n = \begin{cases} 1 - \mathrm{e}^{-\frac{n(x-\beta)}{\sqrt{\alpha}}}, & x \geqslant \beta \\ 0, & x < \beta \end{cases}$$

因此 $\hat{\beta} = \min\{X_1, X_2, \cdots, X_n\}$ 的概率密度为

$$f_{\hat{\beta}}(x) = F'_{\hat{\beta}}(x) = \begin{cases} \dfrac{n}{\sqrt{\alpha}}\mathrm{e}^{-\frac{n(x-\beta)}{\sqrt{\alpha}}}, & x > \beta \\ 0, & x \leqslant \beta \end{cases}$$

由于

$$E\hat{\beta} = \int_{-\infty}^{+\infty} x f_{\hat{\beta}}(x)\,\mathrm{d}x = \int_{\beta}^{+\infty} x \cdot \frac{n}{\sqrt{\alpha}} \mathrm{e}^{-\frac{n(x-\beta)}{\sqrt{\alpha}}}\,\mathrm{d}x = -\mathrm{e}^{\frac{n\beta}{\sqrt{\alpha}}} \int_{\beta}^{+\infty} x\,\mathrm{d}(\mathrm{e}^{-\frac{nx}{\sqrt{\alpha}}})$$

$$= -\mathrm{e}^{\frac{n\beta}{\sqrt{\alpha}}} \left[x\mathrm{e}^{-\frac{nx}{\sqrt{\alpha}}} \right]_{\beta}^{+\infty} + \mathrm{e}^{\frac{n\beta}{\sqrt{\alpha}}} \int_{\beta}^{+\infty} \mathrm{e}^{-\frac{nx}{\sqrt{\alpha}}}\,\mathrm{d}x = \beta + \mathrm{e}^{\frac{n\beta}{\sqrt{\alpha}}} \left[-\frac{\sqrt{\alpha}}{n}\mathrm{e}^{-\frac{nx}{\sqrt{\alpha}}} \right]_{\beta}^{+\infty}$$

$$= \beta + \frac{\sqrt{\alpha}}{n}$$

$$E\hat{\beta}^2 = \int_{-\infty}^{+\infty} x^2 f_{\hat{\beta}}(x)\,\mathrm{d}x = \int_{\beta}^{+\infty} x^2 \cdot \frac{n}{\sqrt{\alpha}} \mathrm{e}^{-\frac{n(x-\beta)}{\sqrt{\alpha}}}\,\mathrm{d}x = -\mathrm{e}^{\frac{n\beta}{\sqrt{\alpha}}} \int_{\beta}^{+\infty} x^2\,\mathrm{d}(\mathrm{e}^{-\frac{nx}{\sqrt{\alpha}}})$$

$$= -\mathrm{e}^{\frac{n\beta}{\sqrt{\alpha}}} \left[x^2 \mathrm{e}^{-\frac{nx}{\sqrt{\alpha}}} \right]_{\beta}^{+\infty} + 2\mathrm{e}^{\frac{n\beta}{\sqrt{\alpha}}} \int_{\beta}^{+\infty} x\mathrm{e}^{-\frac{nx}{\sqrt{\alpha}}}\,\mathrm{d}x = \beta^2 + \frac{2\sqrt{\alpha}}{n} \int_{\beta}^{+\infty} x\,\frac{n}{\sqrt{\alpha}}\mathrm{e}^{-\frac{x-\beta}{\sqrt{\alpha}}}\,\mathrm{d}x$$

$$= \beta^2 + \frac{2\sqrt{\alpha}}{n}(\beta + \frac{\sqrt{\alpha}}{n})$$

因此 $\forall\, \varepsilon > 0$，有

$$0 \leqslant P(|\hat{\beta} - \beta| \geqslant \varepsilon) = \int_{|x-\beta| \geqslant \varepsilon} f_{\hat{\beta}}(x)\,\mathrm{d}x \leqslant \int_{|x-\beta| \geqslant \varepsilon} \frac{(x-\beta)^2}{\varepsilon^2} f_{\hat{\beta}}(x)\,\mathrm{d}x$$

$$\leqslant \frac{1}{\varepsilon^2} \int_{-\infty}^{+\infty} (x-\beta)^2 f_{\hat{\beta}}(x)\,\mathrm{d}x = \frac{1}{\varepsilon^2}(E\hat{\beta}^2 - 2\beta \cdot E\hat{\beta} + \beta^2)$$

$$= \frac{1}{\varepsilon^2}\left[\beta^2 + \frac{2\sqrt{\alpha}}{n}(\beta + \frac{\sqrt{\alpha}}{n}) - 2\beta(\beta + \frac{\sqrt{\alpha}}{n}) + \beta^2\right] = \frac{2\alpha}{n^2\varepsilon^2} \to 0, \quad n \to \infty$$

故 $\hat{\beta}$ 是 β 的一致估计量。

（2）由于 $X \sim N(\mu, \sigma^2)$，因此 X 的概率密度为

$$f(x) = \frac{1}{\sqrt{2\pi}\sigma} \mathrm{e}^{-\frac{(x-\mu)^2}{2\sigma^2}}, \quad -\infty < x < +\infty$$

对于样本 $X_1, X_2, \cdots, X_n$ 的一组样本值 $x_1, x_2, \cdots, x_n$，有

① 似然函数：$L(\mu, \sigma^2) = \prod_{i=1}^{n} f(x_i) = \prod_{i=1}^{n} \frac{1}{\sqrt{2\pi}\sigma} \mathrm{e}^{-\frac{(x_i-\mu)^2}{2\sigma^2}} = \frac{1}{(\sqrt{2\pi})^n}(\sigma^2)^{-\frac{n}{2}} \mathrm{e}^{-\frac{1}{2\sigma^2}\sum_{i=1}^{n}(x_i-\mu)^2}$；

② 取自然对数：$\ln L(\mu, \sigma^2) = -n\ln\sqrt{2\pi} - \frac{n}{2}\ln\sigma^2 - \frac{1}{2\sigma^2}\sum_{i=1}^{n}(x_i-\mu)^2$；

③ 令
$$\begin{cases} \dfrac{\partial \ln L(\mu, \sigma^2)}{\partial \mu} = \dfrac{1}{\sigma^2}\sum_{i=1}^{n}(x_i-\mu) = 0 \\[3mm] \dfrac{\partial \ln L(\mu, \sigma^2)}{\partial \sigma^2} = -\dfrac{n}{2\sigma^2} + \dfrac{1}{2\sigma^4}\sum_{i=1}^{n}(x_i-\mu)^2 = 0 \end{cases}$$

解之得 μ、σ^2 的最大似然估计值分别为

$$\hat{\mu} = \frac{1}{n} \sum_{i=1}^{n} x_i = \bar{x}, \quad \hat{\sigma}^2 = \frac{1}{n} \sum_{i=1}^{n} (x_i - \bar{x})^2$$

从而由最大似然估计的不变性，得 σ 的最大似然估计值为

$$\hat{\sigma} = \sqrt{\frac{1}{n} \sum_{i=1}^{n} (x_i - \bar{x})^2}$$

(i) 由于

$$\int_{a}^{+\infty} f(x)\mathrm{d}x = P(X \geqslant a) = 1 - P(X < a) = 1 - \Phi\left(\frac{a - \mu}{\sigma}\right) = 0.05$$

因此 $\Phi\left(\dfrac{a-\mu}{\sigma}\right) = 0.95 = \Phi(1.645)$，从而 $\dfrac{a-\mu}{\sigma} = 1.645$，即 $a = \mu + 1.645\sigma$，由最大似然估计的不变性，得 a 的最大似然估计值为

$$\hat{a} = \hat{\mu} + 1.645\hat{\sigma} = \bar{x} + 1.645 \sqrt{\frac{1}{n} \sum_{i=1}^{n} (x_i - \bar{x})^2}$$

(ii) 由于 $P(X \geqslant 2) = 1 - P(X < 2) = 1 - \Phi\left(\dfrac{2-\mu}{\sigma}\right)$，因此由最大似然估计不变性，得 $P(X \geqslant 2)$ 的最大似然估计值为

$$\hat{P}(X \geqslant 2) = 1 - \Phi\left(\frac{2 - \hat{\mu}}{\hat{\sigma}}\right) = 1 - \Phi\left(\frac{2 - \bar{x}}{\sqrt{\dfrac{1}{n} \sum_{i=1}^{n} (x_i - \bar{x})^2}}\right)$$

(3) (i) 求 θ 的矩估计值。由于总体 X 是离散型随机变量，其可能的取值为 1、2、3，且

$$P(X = 1) = F(1) - F(1 - 0) = \theta$$
$$P(X = 2) = F(2) - F(2 - 0) = 2\theta - \theta = \theta$$
$$P(X = 3) = F(3) - F(3 - 0) = 1 - 2\theta$$

因此

$$EX = 1 \times \theta + 2 \times \theta + 3 \times (1 - 2\theta) = 3 - 3\theta$$

又由于

$$\bar{x} = \frac{1}{8}(1 + 1 + 3 + 2 + 1 + 2 + 3 + 3) = 2$$

故由矩估计法，得

$$3 - 3\theta = 2$$

解之，得 θ 的矩估计值为 $\hat{\theta} = \dfrac{1}{3}$。

(ii) 求 θ 的最大似然估计值。对于给定的样本值，有

① 似然函数：$L(\theta) = \theta^3 \theta^2 (1 - 2\theta)^3 = \theta^5 (1 - 2\theta)^3$；

② 取自然对数：$\ln L(\theta) = 5\ln\theta + 3\ln(1 - 2\theta)$；

③ 令 $\dfrac{\mathrm{d}\ln L(\theta)}{\mathrm{d}\theta} = \dfrac{5}{\theta} - \dfrac{6}{1-2\theta} = 0$，解之，得 θ 的最大似然估计值为 $\hat\theta = \dfrac{5}{16}$。

（4）设自动包装机包装的洗衣粉重量总体为 $X \sim N(\mu, \sigma^2)$，因此 $EX = \mu$，$DX = \sigma^2$，从而 $EX^2 = DX + (EX)^2 = \sigma^2 + \mu^2$。

由矩估计法，得

$$\begin{cases} \mu = \overline{X} \\ \sigma^2 + \mu^2 = \dfrac{1}{n}\sum_{i=1}^{n} X_i^2 \end{cases}$$

解之，得 μ、σ^2 的矩估计量分别为

$$\hat\mu = \overline{X}, \quad \hat\sigma^2 = \dfrac{1}{n}\sum_{i=1}^{n}(X_i - \overline{X})^2$$

从而 μ、σ^2 的矩估计值分别为

$$\hat\mu = \overline{x}, \quad \hat\sigma^2 = \dfrac{1}{n}\sum_{i=1}^{n}(x_i - \overline{x})^2$$

（i）参数 μ 的矩估计值为

$$\hat\mu = \overline{x} = \dfrac{1}{12}\sum_{i=1}^{12} x_i = 1000.25$$

（ii）参数 σ^2 的矩估计值为

$$\hat\sigma^2 = \dfrac{1}{12}\sum_{i=1}^{12}(x_i - \overline{x})^2 = \dfrac{76.25}{12} = 6.3542$$

（iii）由于 σ^2 未知，因此参数 μ 的置信水平为 $1-\alpha$ 的置信区间为

$$\left(\overline{X} - \dfrac{S}{\sqrt{n}}t_{\frac{\alpha}{2}}(n-1), \ \overline{X} + \dfrac{S}{\sqrt{n}}t_{\frac{\alpha}{2}}(n-1) \right)$$

又 $n = 12$，$\overline{x} = 1000.25$，$s = \sqrt{\dfrac{1}{11}\sum_{i=1}^{12}(x_i - \overline{x})^2} = \sqrt{\dfrac{76.25}{11}} = 2.6328$，$1-\alpha = 0.95$，$\alpha = 0.05$，$t_{\frac{\alpha}{2}}(n-1) = t_{0.025}(11) = 2.201$，故

$$\overline{x} - \dfrac{s}{\sqrt{n}}t_{\frac{\alpha}{2}}(n-1) = 1000.25 - \dfrac{2.6328}{\sqrt{12}} \times 2.201 = 998.5772$$

$$\overline{x} + \dfrac{s}{\sqrt{n}}t_{\frac{\alpha}{2}}(n-1) = 1000.25 + \dfrac{2.6328}{\sqrt{12}} \times 2.201 = 1001.9228$$

从而参数 μ 的置信水平为 0.95 的置信区间为 $(998.5772, 1001.9228)$。

（iv）由于 μ 未知，因此参数 σ^2 的置信水平为 $1-\alpha$ 的置信区间为

$$\left(\dfrac{(n-1)S^2}{\chi^2_{\frac{\alpha}{2}}(n-1)}, \ \dfrac{(n-1)S^2}{\chi^2_{1-\frac{\alpha}{2}}(n-1)} \right)$$

又 $n = 12$，$(n-1)s^2 = \sum\limits_{i=1}^{12}(x_i - \bar{x})^2 = 76.25$，$1 - \alpha = 0.95$，$\alpha = 0.05$，$\chi^2_{1-\frac{\alpha}{2}}(n-1) = \chi^2_{0.975}(11) = 3.816$，$\chi^2_{\frac{\alpha}{2}}(n-1) = \chi^2_{0.025}(11) = 21.920$，故

$$\frac{(n-1)s^2}{\chi^2_{\frac{\alpha}{2}}(n-1)} = \frac{76.25}{21.920} = 3.4786$$

$$\frac{(n-1)s^2}{\chi^2_{1-\frac{\alpha}{2}}(n-1)} = \frac{76.25}{3.816} = 19.9817$$

从而参数 σ^2 的置信水平为 0.95 的置信区间为 $(3.4786, 19.9817)$。

（v）由于 $\sigma^2 = 8$ 已知，因此参数 μ 的置信水平为 $1 - \alpha$ 的置信区间为

$$\left(\overline{X} - \frac{\sigma}{\sqrt{n}}z_{\frac{\alpha}{2}}, \overline{X} + \frac{\sigma}{\sqrt{n}}z_{\frac{\alpha}{2}}\right)$$

又 $n = 12$，$\bar{x} = 1000.25$，$\sigma = 2\sqrt{2}$，$1 - \alpha = 0.95$，$\alpha = 0.05$，$z_{\frac{\alpha}{2}} = z_{0.025} = 1.96$，故

$$\bar{x} - \frac{\sigma}{\sqrt{n}}z_{\frac{\alpha}{2}} = 1000.25 - \frac{2\sqrt{2}}{\sqrt{12}} \times 1.96 = 998.6497$$

$$\bar{x} + \frac{\sigma}{\sqrt{n}}z_{\frac{\alpha}{2}} = 1000.25 + \frac{2\sqrt{2}}{\sqrt{12}} \times 1.96 = 1001.8503$$

从而参数 μ 的置信水平为 0.95 的置信区间为 $(998.6497, 1001.8503)$。

（5）（i）由于 $X \sim E(\lambda)$，因此 X 的概率密度为

$$f(x) = \begin{cases} \lambda e^{-\lambda x}, & x > 0 \\ 0, & x \leqslant 0 \end{cases}$$

Y 可能的取值为 $0, 1, 2, \cdots$，且

$$P(Y = k) = P(k < X \leqslant k+1) = \int_k^{k+1} \lambda e^{-\lambda x}\,\mathrm{d}x = e^{-\lambda k} - e^{-\lambda(k+1)}$$

即 Y 的分布律为

$$P(Y = k) = e^{-\lambda k} - e^{-\lambda(k+1)}, \quad k = 0, 1, 2, \cdots$$

（ii）先求 λ 的矩估计量。由于

$$EY = \sum_{k=0}^{\infty} k\left[e^{-\lambda k} - e^{-\lambda(k+1)}\right] = e^{-\lambda} + e^{-2\lambda} + \cdots + e^{-k\lambda} + \cdots = \frac{e^{-\lambda}}{1 - e^{-\lambda}} = \frac{1}{e^{\lambda} - 1}$$

因此由矩估计法，得 $\dfrac{1}{e^{\lambda} - 1} = \overline{Y}$，解之，得 λ 的矩估计量为 $\hat{\lambda} = \ln\left(1 + \dfrac{1}{\overline{Y}}\right)$。

再求 λ 的最大似然估计量。对于 $Y_1, Y_2, \cdots, Y_n$ 的一组样本值 $y_1, y_2, \cdots, y_n$，有

① 似然函数：$L(\lambda) = \prod\limits_{i=1}^{n}(e^{-\lambda y_i} - e^{-\lambda(y_i+1)}) = (1 - e^{-\lambda})^n e^{-\lambda \sum\limits_{i=1}^{n} y_i}$ $(y_i = 0, 1, 2, \cdots;$

$i = 1, 2, \cdots, n)$；

② 取自然对数：$\ln L(\lambda) = n\ln(1 - \mathrm{e}^{-\lambda}) - \lambda\sum\limits_{i=1}^{n} y_i$；

③ 令 $\dfrac{\mathrm{d}\ln L(\lambda)}{\mathrm{d}\lambda} = \dfrac{n\mathrm{e}^{-\lambda}}{1 - \mathrm{e}^{-\lambda}} - \sum\limits_{i=1}^{n} y_i = 0$，解之，得 λ 的最大似然估计值为 $\hat{\lambda} = \ln\left(1 + \dfrac{1}{\bar{y}}\right)$，

从而 λ 的最大似然估计量为 $\hat{\lambda} = \ln\left(1 + \dfrac{1}{\bar{Y}}\right)$。

(6)（i）由于 $X \sim N(0, \sigma^2)$，因此 X 的概率密度为

$$f(x) = \frac{1}{\sqrt{2\pi}\sigma}\mathrm{e}^{-\frac{x^2}{2\sigma^2}}, \qquad -\infty < x < +\infty$$

对于样本 $X_1, X_2, \cdots, X_n$ 的一组样本值 $x_1, x_2, \cdots, x_n$，有

① 似然函数：$L(\sigma^2) = \prod\limits_{i=1}^{n} f(x_i) = \prod\limits_{i=1}^{n}\dfrac{1}{\sqrt{2\pi}\sigma}\mathrm{e}^{-\frac{x_i^2}{2\sigma^2}} = \dfrac{1}{(\sqrt{2\pi})^n}(\sigma^2)^{-\frac{n}{2}}\mathrm{e}^{-\frac{1}{2\sigma^2}\sum\limits_{i=1}^{n} x_i^2}$；

② 取自然对数：$\ln L(\sigma^2) = -n\ln\sqrt{2\pi} - \dfrac{n}{2}\ln\sigma^2 - \dfrac{1}{2\sigma^2}\sum\limits_{i=1}^{n} x_i^2$；

③ 令 $\dfrac{\mathrm{d}\ln L(\sigma^2)}{\mathrm{d}\sigma^2} = -\dfrac{n}{2\sigma^2} + \dfrac{1}{2\sigma^4}\sum\limits_{i=1}^{n} x_i^2 = 0$，解之得 σ^2 的最大似然估计值为 $\hat{\sigma}^2 = \dfrac{1}{n}\sum\limits_{i=1}^{n} x_i^2$，

从而 σ^2 的最大似然估计量为

$$\hat{\sigma}^2 = \frac{1}{n}\sum_{i=1}^{n} X_i^2$$

由于 $EX = 0$，$DX = \sigma^2$，因此 $EX^2 = DX + (EX)^2 = \sigma^2$，从而

$$E\hat{\sigma}^2 = E\left(\frac{1}{n}\sum_{i=1}^{n} X_i^2\right) = \frac{1}{n}\sum_{i=1}^{n} EX_i^2 = \frac{1}{n}\sum_{i=1}^{n} EX^2 = \sigma^2$$

（ii）由于 $\dfrac{\sum\limits_{i=1}^{n} X_i^2}{\sigma^2} \sim \chi^2(n)$，因此 $D\left[\dfrac{\sum\limits_{i=1}^{n} X_i^2}{\sigma^2}\right] = 2n$，从而

$$D\hat{\sigma}^2 = D\left(\frac{1}{n}\sum_{i=1}^{n} X_i^2\right) = D\left[\frac{\sigma^2}{n}\frac{\sum\limits_{i=1}^{n} X_i^2}{\sigma^2}\right] = \frac{\sigma^4}{n^2}D\left[\frac{\sum\limits_{i=1}^{n} X_i^2}{\sigma^2}\right] = \frac{\sigma^4}{n^2}2n = \frac{2\sigma^4}{n}$$

又由于 $\dfrac{(n-1)S^2}{\sigma^2} \sim \chi^2(n-1)$，故 $D\left[\dfrac{(n-1)S^2}{\sigma^2}\right] = 2(n-1)$，从而

$$DS^2 = D\left[\frac{\sigma^2}{n-1}\frac{(n-1)S^2}{\sigma^2}\right] = \frac{\sigma^4}{(n-1)^2}D\left[\frac{(n-1)S^2}{\sigma^2}\right]$$

$$= \frac{\sigma^4}{(n-1)^2}2(n-1) = \frac{2\sigma^4}{n-1}$$

因为

$$D\hat{\sigma}^2 = \frac{2\sigma^4}{n} < \frac{2\sigma^4}{n-1} < DS^2$$

所以 $\hat{\sigma}^2$ 较 S^2 有效。

(iii) 由于 $E\hat{\sigma}^2 = \sigma^2$，$D\hat{\sigma}^2 = \frac{2\sigma^4}{n}$，因此由 Chebyshev 不等式，得

$$\forall\, \varepsilon > 0,\, 0 \leqslant P(|\hat{\sigma}^2 - \sigma^2| \geqslant \varepsilon) = P(|\hat{\sigma}^2 - E\hat{\sigma}^2| \geqslant \varepsilon) \leqslant \frac{D\hat{\sigma}^2}{\varepsilon^2} = \frac{2\sigma^4}{n\varepsilon^2} \to 0, \quad n \to \infty$$

故 $\hat{\sigma}^2$ 是 σ^2 的一致估计量。

第8章 假设检验

8.1 大纲内容与大纲要求

1. 大纲内容

(1) 原假设与备择假设的概念。

(2) 假设检验统计量。

(3) 假设检验的接受域(拒绝域)与临界点。

(4) 假设检验的两类错误。

(5) 显著性检验。

(6) 显著性检验的步骤。

(7) 单正态总体参数的假设检验。

(8) 双正态总体参数的假设检验。

2. 大纲要求

(1) 理解原假设、备择假设及假设检验统计量的概念。

(2) 理解显著性检验的基本思想。

(3) 理解假设检验可能产生的两类错误及其关系。

(4) 理解和掌握确定临界点的理论和方法,会确定假设检验的接受域。

(5) 熟练掌握显著性检验的步骤。

(6) 掌握单正态总体参数的假设检验。

(7) 掌握双正态总体参数的假设检验。

(8) 理解置信区间与假设检验之间的关系。

8.2 内容解析

1. 假设检验的基本思想与基本概念

1) 原假设与备择假设

将对总体提出的某种假设称为原假设,记为 H_0;将与原假设矛盾的假设称为备择假设，记为 H_1。

2）双边检验与单边检验

称形如

$$H_0: \mu = \mu_0, \ H_1: \mu \neq \mu_0$$

的假设检验为双边检验。

称形如

$$H_0: \mu \geqslant \mu_0, \ H_1: \mu < \mu_0$$

的假设检验为左边检验。

称形如

$$H_0: \mu \leqslant \mu_0, \ H_1: \mu > \mu_0$$

的假设检验为右边检验。

左边检验和右边检验统称为单边检验。

3）参数假设与非参数假设

称仅涉及总体分布的未知参数的假设为参数假设；称对总体的分布类型或分布的某些特征提出的假设为非参数假设。

4）假设检验统计量

能对原假设 H_0 是真还是不真作出回答的统计量称为假设检验统计量。

5）假设检验的接受域与临界点

能使原假设 H_0 为真的假设检验统计量的取值范围称为假设检验的接受域，其边界点称为假设检验的临界点。

6）第一类错误

当原假设 H_0 为真时，假设检验统计量的样本值却落在接受域之外，因而拒绝原假设 H_0，这类错误称为第一类错误，其发生的概率称为犯第一类错误的概率或称弃真概率，通常记为 α，即

$$P(\text{拒绝 } H_0 \mid H_0 \text{ 为真}) = \alpha$$

7）第二类错误

当原假设 H_0 为不真时，假设检验统计量的样本值却落在接受域之内，因而接受原假设 H_0，这类错误称为第二类错误，其发生的概率称为犯第二类错误的概率或称存伪概率，通常记为 β，即

$$P(\text{接受 } H_0 \mid H_0 \text{ 不真}) = \beta$$

8）显著性检验与显著性水平

给定犯第一类错误的概率不大于 α 所作的假设检验称为显著性检验，称 α 为显著性

水平。

9）显著性检验的步骤

（1）根据实际问题提出原假设 H_0 和备择假设 H_1；

（2）选择适当的检验统计量，并确定在 H_0 为真时的分布；

（3）给定显著性水平 α，确定临界点，得到接受域；

（4）计算检验统计量的样本值；

（5）作出回答，即是接受 H_0 还是拒绝 H_0。

2. 单正态总体参数的假设检验

1）当总体方差 σ^2 已知时，单正态总体均值的假设检验

（1）双边检验：

（i）需检验 $H_0: \mu = \mu_0$，$H_1: \mu \neq \mu_0$；

（ii）选择检验统计量 $U = \dfrac{\overline{X} - \mu_0}{\sigma/\sqrt{n}} \sim N(0, 1)$；

（iii）给定显著性水平 α，其临界点为 $\pm z_{\frac{\alpha}{2}}$，从而接受域为 $(-z_{\frac{\alpha}{2}}, z_{\frac{\alpha}{2}})$；

（iv）计算检验统计量 U 的样本值；

（v）作出回答。

（2）左边检验：

（i）需检验 $H_0: \mu \geqslant \mu_0$，$H_1: \mu < \mu_0$；

（ii）选择检验统计量 $U = \dfrac{\overline{X} - \mu_0}{\sigma/\sqrt{n}} \sim N(0, 1)$；

（iii）给定显著性水平 α，其临界点为 $-z_\alpha$，从而接受域为 $(-z_\alpha, +\infty)$；

（iv）计算检验统计量 U 的样本值；

（v）作出回答。

（3）右边检验：

（i）需检验 $H_0: \mu \leqslant \mu_0$，$H_1: \mu > \mu_0$；

（ii）选择检验统计量 $U = \dfrac{\overline{X} - \mu_0}{\sigma/\sqrt{n}} \sim N(0, 1)$；

（iii）给定显著性水平 α，其临界点为 z_α，从而接受域为 $(-\infty, z_\alpha)$；

（iv）计算检验统计量 U 的样本值；

（v）作出回答。

2）当总体方差 σ^2 未知时，单正态总体均值的假设检验

（1）双边检验：

（i）需检验 $H_0: \mu = \mu_0$，$H_1: \mu \neq \mu_0$；

(ii) 选择检验统计量 $T = \dfrac{\overline{X} - \mu_0}{S/\sqrt{n}} \sim t(n-1)$；

(iii) 给定显著性水平 α，其临界点为 $\pm t_{\frac{\alpha}{2}}(n-1)$，从而接受域为 $(-t_{\frac{\alpha}{2}}(n-1), t_{\frac{\alpha}{2}}(n-1))$；

(iv) 计算检验统计量 T 的样本值；

(v) 作出回答。

(2) 左边检验：

(i) 需检验 $H_0 : \mu \geqslant \mu_0$，$H_1 : \mu < \mu_0$；

(ii) 选择检验统计量 $T = \dfrac{\overline{X} - \mu_0}{S/\sqrt{n}} \sim t(n-1)$；

(iii) 给定显著性水平 α，其临界点为 $-t_{\alpha}(n-1)$，从而接受域为 $(-t_{\alpha}(n-1), +\infty)$；

(iv) 计算检验统计量 T 的样本值；

(v) 作出回答。

(3) 右边检验：

(i) 需检验 $H_0 : \mu \leqslant \mu_0$，$H_1 : \mu > \mu_0$；

(ii) 选择检验统计量 $T = \dfrac{\overline{X} - \mu_0}{S/\sqrt{n}} \sim t(n-1)$；

(iii) 给定显著性水平 α，其临界点为 $t_{\alpha}(n-1)$，从而接受域为 $(-\infty, t_{\alpha}(n-1))$；

(iv) 计算检验统计量 T 的样本值；

(v) 作出回答。

3) 当总体均值 μ 已知时，单正态总体方差的假设检验

(1) 双边检验：

(i) 需检验 $H_0 : \sigma^2 = \sigma_0^2$，$H_1 : \sigma^2 \neq \sigma_0^2$；

(ii) 选择检验统计量 $\chi^2 = \dfrac{\sum\limits_{i=1}^{n}(X_i - \mu)^2}{\sigma_0^2} \sim \chi^2(n)$；

(iii) 给定显著性水平 α，其临界点为 $\chi_{1-\frac{\alpha}{2}}^{2}(n)$ 和 $\chi_{\frac{\alpha}{2}}^{2}(n)$，从而接受域为 $\left(\chi_{1-\frac{\alpha}{2}}^{2}(n),\right.$ $\left.\chi_{\frac{\alpha}{2}}^{2}(n)\right)$；

(iv) 计算检验统计量 χ^2 的样本值；

(v) 作出回答。

(2) 左边检验：

(i) 需检验 $H_0 : \sigma^2 \geqslant \sigma_0^2$，$H_1 : \sigma^2 < \sigma_0^2$；

(ii) 选择检验统计量 $\chi^2 = \dfrac{\sum\limits_{i=1}^{n}(X_i - \mu)^2}{\sigma_0^2} \sim \chi^2(n)$；

(iii) 给定显著性水平 α，其临界点为 $\chi^2_{1-\alpha}(n)$，从而接受域为 $(\chi^2_{1-\alpha}(n), +\infty)$；

(iv) 计算检验统计量 χ^2 的样本值；

(v) 作出回答。

(3) 右边检验：

(i) 需检验 $H_0: \sigma^2 \leqslant \sigma_0^2$，$H_1: \sigma^2 > \sigma_0^2$；

(ii) 选择检验统计量 $\chi^2 = \dfrac{\sum\limits_{i=1}^{n}(X_i - \mu)^2}{\sigma_0^2} \sim \chi^2(n)$；

(iii) 给定显著性水平 α，其临界点为 $\chi^2_{\alpha}(n)$，从而接受域为 $(0, \chi^2_{\alpha}(n))$；

(iv) 计算检验统计量 χ^2 的样本值；

(v) 作出回答。

4) 当总体均值 μ 未知时，单正态总体方差的假设检验

(1) 双边检验：

(i) 需检验 $H_0: \sigma^2 = \sigma_0^2$，$H_1: \sigma^2 \neq \sigma_0^2$；

(ii) 选择检验统计量 $\chi^2 = \dfrac{(n-1)S^2}{\sigma_0^2} \sim \chi^2(n-1)$；

(iii) 给定显著性水平 α，其临界点为 $\chi^2_{1-\frac{\alpha}{2}}(n-1)$ 和 $\chi^2_{\frac{\alpha}{2}}(n-1)$，从而接受域为 $(\chi^2_{1-\frac{\alpha}{2}}(n-1),$ $\chi^2_{\frac{\alpha}{2}}(n-1))$；

(iv) 计算检验统计量 χ^2 的样本值；

(v) 作出回答。

(2) 左边检验：

(i) 需检验 $H_0: \sigma^2 \geqslant \sigma_0^2$，$H_1: \sigma^2 < \sigma_0^2$；

(ii) 选择检验统计量 $\chi^2 = \dfrac{(n-1)S^2}{\sigma_0^2} \sim \chi^2(n-1)$；

(iii) 给定显著性水平 α，其临界点为 $\chi^2_{1-\alpha}(n-1)$，从而接受域为 $(\chi^2_{1-\alpha}(n-1), +\infty)$；

(iv) 计算检验统计量 χ^2 的样本值；

(v) 作出回答。

(3) 右边检验：

(i) 需检验 $H_0: \sigma^2 \leqslant \sigma_0^2$，$H_1: \sigma^2 > \sigma_0^2$；

(ii) 选择检验统计量 $\chi^2 = \dfrac{(n-1)S^2}{\sigma_0^2} \sim \chi^2(n-1)$；

(iii) 给定显著性水平 α，其临界点为 $\chi^2_{\alpha}(n-1)$，从而接受域为 $(0, \chi^2_{\alpha}(n-1))$；

(iv) 计算检验统计量 χ^2 的样本值；

(v) 作出回答。

3. 双正态总体参数的假设检验

1) 当总体方差 σ_1^2、σ_2^2 已知时，双正态总体均值的假设检验

(1) 双边检验：

(i) 需检验 $H_0: \mu_1 = \mu_2$，$H_1: \mu_1 \neq \mu_2$；

(ii) 选择检验统计量 $U = \dfrac{\overline{X} - \overline{Y}}{\sqrt{\dfrac{\sigma_1^2}{n_1} + \dfrac{\sigma_2^2}{n_2}}} \sim N(0, 1)$；

(iii) 给定显著性水平 α，其临界点为 $\pm z_{\frac{\alpha}{2}}$，从而接受域为 $(-z_{\frac{\alpha}{2}}, z_{\frac{\alpha}{2}})$；

(iv) 计算检验统计量 U 的样本值；

(v) 作出回答。

(2) 左边检验：

(i) 需检验 $H_0: \mu_1 \geqslant \mu_2$，$H_1: \mu_1 < \mu_2$；

(ii) 选择检验统计量 $U = \dfrac{\overline{X} - \overline{Y}}{\sqrt{\dfrac{\sigma_1^2}{n_1} + \dfrac{\sigma_2^2}{n_2}}} \sim N(0, 1)$；

(iii) 给定显著性水平 α，其临界点为 $-z_\alpha$，从而接受域为 $(-z_\alpha, +\infty)$；

(iv) 计算检验统计量 U 的样本值；

(v) 作出回答。

(3) 右边检验：

(i) 需检验 $H_0: \mu_1 \leqslant \mu_2$，$H_1: \mu_1 > \mu_2$；

(ii) 选择检验统计量 $U = \dfrac{\overline{X} - \overline{Y}}{\sqrt{\dfrac{\sigma_1^2}{n_1} + \dfrac{\sigma_2^2}{n_2}}} \sim N(0, 1)$；

(iii) 给定显著性水平 α，其临界点为 z_α，从而接受域为 $(-\infty, z_\alpha)$；

(iv) 计算检验统计量 U 的样本值；

(v) 作出回答。

2) 当总体方差 $\sigma_1^2 = \sigma_2^2$ 未知时，双正态总体均值的假设检验

(1) 双边检验：

(i) 需检验 $H_0: \mu_1 = \mu_2$，$H_1: \mu_1 \neq \mu_2$；

(ii) 选择检验统计量

$$T = \frac{\overline{X} - \overline{Y}}{S_\omega \sqrt{\dfrac{1}{n_1} + \dfrac{1}{n_2}}} \sim t(n_1 + n_2 - 2)$$

其中 $S_\omega = \sqrt{\dfrac{(n_1-1)S_1^2 + (n_2-1)S_2^2}{n_1+n_2-2}}$;

(iii) 给定显著性水平 α，其临界点为 $\pm t_{\frac{\alpha}{2}}(n_1+n_2-2)$，从而接受域为

$$(-t_{\frac{\alpha}{2}}(n_1+n_2-2),\ t_{\frac{\alpha}{2}}(n_1+n_2-2))$$

(iv) 计算检验统计量 T 的样本值；

(v) 作出回答。

(2) 左边检验：

(i) 需检验 $H_0: \mu_1 \geqslant \mu_2$，$H_1: \mu_1 < \mu_2$；

(ii) 选择检验统计量

$$T = \frac{\overline{X}-\overline{Y}}{S_\omega\sqrt{\dfrac{1}{n_1}+\dfrac{1}{n_2}}} \sim t(n_1+n_2-2)$$

其中 $S_\omega = \sqrt{\dfrac{(n_1-1)S_1^2 + (n_2-1)S_2^2}{n_1+n_2-2}}$;

(iii) 给定显著性水平 α，其临界点为 $-t_\alpha(n_1+n_2-2)$，从而接受域为

$$(-t_\alpha(n_1+n_2-2),\ +\infty)$$

(iv) 计算检验统计量 T 的样本值；

(v) 作出回答。

(3) 右边检验：

(i) 需检验 $H_0: \mu_1 \leqslant \mu_2$，$H_1: \mu_1 > \mu_2$；

(ii) 选择检验统计量

$$T = \frac{\overline{X}-\overline{Y}}{S_\omega\sqrt{\dfrac{1}{n_1}+\dfrac{1}{n_2}}} \sim t(n_1+n_2-2)$$

其中 $S_\omega = \sqrt{\dfrac{(n_1-1)S_1^2 + (n_2-1)S_2^2}{n_1+n_2-2}}$;

(iii) 给定显著性水平 α，其临界点为 $t_\alpha(n_1+n_2-2)$，从而接受域为 $(-\infty,\ t_\alpha(n_1+n_2-2))$；

(iv) 计算检验统计量 T 的样本值；

(v) 作出回答。

3) 当总体均值 μ_1、μ_2 已知时，双正态总体方差的假设检验

(1) 双边检验：

(i) 需检验 $H_0: \sigma_1^2 = \sigma_2^2$，$H_1: \sigma_1^2 \neq \sigma_2^2$；

(ii) 选择检验统计量 $F = \dfrac{n_2\sum\limits_{i=1}^{n_1}(X_i-\mu_1)^2}{n_1\sum\limits_{i=1}^{n_2}(Y_i-\mu_2)^2} \sim F(n_1,\ n_2)$；

(iii) 给定显著性水平 α, 其临界点为 $\dfrac{1}{F_{\frac{\alpha}{2}}(n_2, n_1)}$ 和 $F_{\frac{\alpha}{2}}(n_1, n_2)$, 从而接受域为

$$\left(\frac{1}{F_{\frac{\alpha}{2}}(n_2, n_1)}, F_{\frac{\alpha}{2}}(n_1, n_2) \right)$$

(iv) 计算检验统计量 F 的样本值;

(v) 作出回答。

(2) 左边检验:

(i) 需检验 $H_0: \sigma_1^2 \geqslant \sigma_2^2$, $H_1: \sigma_1^2 < \sigma_2^2$;

(ii) 选择检验统计量 $F = \dfrac{n_2 \sum\limits_{i=1}^{n_1}(X_i - \mu_1)^2}{n_1 \sum\limits_{i=1}^{n_2}(Y_i - \mu_2)^2} \sim F(n_1, n_2)$;

(iii) 给定显著性水平 α, 其临界点为 $\dfrac{1}{F_{\alpha}(n_2, n_1)}$, 从而接受域为

$$\left(\frac{1}{F_{\alpha}(n_2, n_1)}, +\infty \right)$$

(iv) 计算检验统计量 F 的样本值;

(v) 作出回答。

(3) 右边检验:

(i) 需检验 $H_0: \sigma_1^2 \leqslant \sigma_2^2$, $H_1: \sigma_1^2 > \sigma_2^2$;

(ii) 选择检验统计量 $F = \dfrac{n_2 \sum\limits_{i=1}^{n_1}(X_i - \mu_1)^2}{n_1 \sum\limits_{i=1}^{n_2}(Y_i - \mu_2)^2} \sim F(n_1, n_2)$;

(iii) 给定显著性水平 α, 其临界点为 $F_{\alpha}(n_1, n_2)$, 从而接受域为 $(0, F_{\alpha}(n_1, n_2))$;

(iv) 计算检验统计量 F 的样本值;

(v) 作出回答。

4) 当总体均值 μ_1、μ_2 未知时, 双正态总体方差的假设检验

(1) 双边检验:

(i) 需检验 $H_0: \sigma_1^2 = \sigma_2^2$, $H_1: \sigma_1^2 \neq \sigma_2^2$;

(ii) 选择检验统计量 $F = \dfrac{S_1^2}{S_2^2} \sim F(n_1 - 1, n_2 - 1)$;

(iii) 给定显著性水平 α, 其临界点为 $\dfrac{1}{F_{\frac{\alpha}{2}}(n_2 - 1, n_1 - 1)}$ 和 $F_{\frac{\alpha}{2}}(n_1 - 1, n_2 - 1)$, 从而

接受域为

$$\left(\frac{1}{F_{\frac{\alpha}{2}}(n_2-1,\ n_1-1)},\ F_{\frac{\alpha}{2}}(n_1-1,\ n_2-1)\right)$$

(ⅳ) 计算检验统计量 F 的样本值;

(ⅴ) 作出回答。

(2) 左边检验:

(ⅰ) 需检验 $H_0: \sigma_1^2 \geqslant \sigma_2^2$, $H_1: \sigma_1^2 < \sigma_2^2$;

(ⅱ) 选择检验统计量 $F = \dfrac{S_1^2}{S_2^2} \sim F(n_1-1,\ n_2-1)$;

(ⅲ) 给定显著性水平 α, 其临界点为 $\dfrac{1}{F_\alpha(n_2-1,\ n_1-1)}$, 从而接受域为

$$\left(\frac{1}{F_\alpha(n_2-1,\ n_1-1)},\ +\infty\right)$$

(ⅳ) 计算检验统计量 F 的样本值;

(ⅴ) 作出回答。

(3) 右边检验:

(ⅰ) 需检验 $H_0: \sigma_1^2 \leqslant \sigma_2^2$, $H_1: \sigma_1^2 > \sigma_2^2$;

(ⅱ) 选择检验统计量 $F = \dfrac{S_1^2}{S_2^2} \sim F(n_1-1,\ n_2-1)$;

(ⅲ) 给定显著性水平 α, 其临界点为 $F_\alpha(n_1-1,\ n_2-1)$, 从而接受域为 $(0,\ F_\alpha(n_1-1,$ $n_2-1))$;

(ⅳ) 计算检验统计量 F 的样本值;

(ⅴ) 作出回答。

4. 置信区间与假设检验之间的关系

1) 双侧置信区间与双边检验

若已求得参数 θ 的置信水平为 $1-\alpha$ 的双侧置信区间 $(\underline{\theta}(X_1,\ X_2,\ \cdots,\ X_n),\ \bar{\theta}(X_1,$ $X_2,\ \cdots,\ X_n))$, 则显著性水平为 α 的双边检验 "$H_0: \theta = \theta_0$, $H_1: \theta \neq \theta_0$" 的接受域为 $\underline{\theta}(x_1,\ x_2,\ \cdots,\ x_n) < \theta_0 < \bar{\theta}(x_1,\ x_2,\ \cdots,\ x_n)$, 即当 $\theta_0 \in (\underline{\theta}(x_1,\ x_2,\ \cdots,\ x_n),\ \bar{\theta}(x_1,$ $x_2,\ \cdots,\ x_n))$ 时接受 H_0, 当 $\theta_0 \notin (\underline{\theta}(x_1,\ x_2,\ \cdots,\ x_n),\ \bar{\theta}(x_1,\ x_2,\ \cdots,\ x_n))$ 时拒绝 H_0。反之, 若已求得显著性水平为 α 的双边检验 "$H_0: \theta = \theta_0$, $H_1: \theta \neq \theta_0$" 的接受域 $\underline{\theta}(x_1,$ $x_2,\ \cdots,\ x_n) < \theta_0 < \bar{\theta}(x_1,\ x_2,\ \cdots,\ x_n)$, 则 $(\underline{\theta}(X_1,\ X_2,\ \cdots,\ X_n),\ \bar{\theta}(X_1,\ X_2,\ \cdots,\ X_n))$ 就是参数 θ 的一个置信水平为 $1-\alpha$ 的置信区间。

2) 具有置信上限的单侧置信区间与左边检验

若已求得参数 θ 的置信水平为 $1-\alpha$ 的单侧置信区间 $(-\infty,\ \bar{\theta}(X_1,\ X_2,\ \cdots,\ X_n))$, 则显著性水平为 α 的左边检验 "$H_0: \theta \geqslant \theta_0$, $H_1: \theta < \theta_0$" 的接受域为 $-\infty < \theta_0 < \bar{\theta}(x_1,$

x_2，$\cdots$，x_n），即当 $\theta_0 \in (-\infty, \bar{\theta}(x_1, x_2, \cdots, x_n))$ 时接受 H_0，当 $\theta_0 \notin (-\infty, \bar{\theta}(x_1,$ $x_2, \cdots, x_n))$ 时拒绝 H_0。反之，若已求得显著性水平为 α 的左边检验"$H_0: \theta \geqslant \theta_0$，$H_1:$ $\theta < \theta_0$"的接受域 $-\infty < \theta_0 < \bar{\theta}(x_1, x_2, \cdots, x_n)$，则 $(-\infty, \bar{\theta}(X_1, X_2, \cdots, X_n))$ 就是参数 θ 的一个置信水平为 $1-\alpha$ 的单侧置信区间。

3）具有置信下限的单侧置信区间与右边检验

若已求得参数 θ 的置信水平为 $1-\alpha$ 的单侧置信区间 $(\underline{\theta}(X_1, X_2, \cdots, X_n), +\infty)$，则显著性水平为 α 的右边检验"$H_0: \theta \leqslant \theta_0$，$H_1: \theta > \theta_0$"的接受域为 $\underline{\theta}(x_1, x_2, \cdots, x_n) <$ $\theta_0 < +\infty$，即当 $\theta_0 \in (\underline{\theta}(x_1, x_2, \cdots, x_n), +\infty)$ 时接受 H_0，当 $\theta_0 \notin (\underline{\theta}(x_1, x_2, \cdots, x_n),$ $+\infty)$ 时拒绝 H_0。反之，若已求得显著性水平为 α 的右边检验"$H_0: \theta \leqslant \theta_0$，$H_1: \theta > \theta_0$"的接受域 $\underline{\theta}(x_1, x_2, \cdots, x_n) < \theta_0 < +\infty$，则 $(\underline{\theta}(X_1, X_2, \cdots, X_n), +\infty)$ 就是参数 θ 的一个置信水平为 $1-\alpha$ 的单侧置信区间。

5. 几类假设检验简介

1）成对数据检验

（1）成对数据检验问题。

（2）成对数据检验步骤。

2）最优势检验

（1）最优势检验的思想和概念。

（2）最优势检验方法。

3）分布拟合检验

（1）分布拟合检验的思想。

（2）分布拟合检验的步骤。

（3）总体分布中不含未知参数的分布拟合检验。

（4）总体分布中含未知参数的分布拟合检验。

8.3　重点与考点

1. 基本概念

（1）提炼原假设与备择假设。

（2）选择检验统计量及确定检验统计量的概率分布。

（3）确定接受域及接受域的形式。

（4）两类错误及其关系。

2. 单正态总体参数的假设检验

（1）总体均值假设检验的类型及步骤。

（2）总体方差假设检验的类型及步骤。

3. 双正态总体参数的假设检验

（1）两总体均值假设检验的类型及步骤。

（2）两总体方差假设检验的类型及步骤。

4. 置信区间与假设检验之间的关系

（1）双侧置信区间与双边检验。

（2）单侧置信区间与单边检验。

8.4　经典题型

1. 基本概念

例 8 - 1　某类钢板的制造规格规定，钢板质量的方差不得超过 $0.016\,\mathrm{kg}$，从这批钢板中随机抽取 25 块计算得样本方差 $s^2 = 0.025$。已知钢板的质量服从正态分布，则在显著性水平 α 下，为检验钢板是否合格的假设检验的拒绝域为（　　）。

    A. $\left[\chi_\alpha^2(24)，+\infty\right)$ B. $\left(0，\chi_\alpha^2(24)\right]$

    C. $\left[\chi_\alpha^2(25)，+\infty\right)$ D. $\left(0，\chi_\alpha^2(25)\right]$

解　应选 A。

（ⅰ）需检验 $H_0: \sigma^2 \leqslant 0.016，H_1: \sigma^2 > 0.016$；

（ⅱ）选择检验统计量 $\chi^2 = \dfrac{(n-1)S^2}{0.016} \sim \chi^2(n-1)$；

（ⅲ）由于显著性水平为 α，$n = 25$，因此临界点为 $\chi_\alpha^2(n-1) = \chi_\alpha^2(24)$，从而接受域为 $\left(0，\chi_\alpha^2(24)\right)$，即拒绝域为 $\left[\chi_\alpha^2(24)，+\infty\right)$，故选 A。

例 8 - 2　设 $X_1，X_2，\cdots，X_{10}$ 为来自第一个总体 $X \sim N(\mu_1，\sigma^2)$ 的一个样本，样本均值为 $\overline{X}$，样本方差为 S_1^2；$Y_1，Y_2，\cdots，Y_{15}$ 为来自第二个总体 $Y \sim N(\mu_2，\sigma^2)$ 的一个样本，样本均值为 $\overline{Y}$，样本方差为 S_2^2。两个样本构成的合样本 $X_1，X_2，\cdots，X_{10}，Y_1，Y_2，\cdots，Y_{15}$ 相互独立，则当 σ^2 未知时双边检验“$H_0: \mu_1 = \mu_2，H_1: \mu_1 \neq \mu_2$”采用的统计量为（　　）。

    A. $T = \dfrac{\sqrt{150}(\overline{X} - \overline{Y})}{\sqrt{10S_1^2 + 15S_2^2}}$ B. $T = \dfrac{\sqrt{150}(\overline{X} - \overline{Y})}{\sqrt{9S_1^2 + 14S_2^2}}$

    C. $T = \dfrac{\sqrt{138}(\overline{X} - \overline{Y})}{\sqrt{10S_1^2 + 15S_2^2}}$ D. $T = \dfrac{\sqrt{138}(\overline{X} - \overline{Y})}{\sqrt{9S_1^2 + 14S_2^2}}$

解　应选 D。

（ⅰ）需检验 $H_0: \mu_1 = \mu_2，H_1: \mu_1 \neq \mu_2$；

（ⅱ）由于总体方差 $\sigma_1^2 = \sigma_2^2$ 未知，因此选择检验统计量 $T = \dfrac{\overline{X} - \overline{Y}}{S_\omega \sqrt{\dfrac{1}{n_1} + \dfrac{1}{n_2}}} \sim t(n_1 + n_2 - 2)$，

其中 $S_\omega = \sqrt{\dfrac{(n_1-1)S_1^2+(n_2-1)S_2^2}{n_1+n_2-2}}$;

(iii) 由于 $n_1 = 10$，$n_2 = 15$，因此检验统计量 T 为

$$T = \sqrt{\frac{n_1 n_2 (n_1+n_2-2)}{n_1+n_2}} \ \frac{\overline{X}-\overline{Y}}{\sqrt{(n_1-1)S_1^2+(n_2-1)S_2^2}} = \frac{\sqrt{138}(\overline{X}-\overline{Y})}{\sqrt{9S_1^2+14S_2^2}}$$

故选 D。

例 8-3 设总体 $X \sim N(\mu, 16)$，X_1，X_2，$\cdots$，X_{100} 为来自总体 X 的一个样本，$\overline{X}$ 为样本均值，若在显著性水平 $\alpha = 0.05$ 下接受双边检验"$H_0: \mu = 30$，$H_1: \mu \neq 30$"的原假设 H_0，则样本均值 $\overline{x} \in$ _____（$z_{0.025} = 1.96$）。

解 应填 $(29.216, 30.784)$。

由于当总体 $\sigma^2 = 16$ 已知时，单正态总体均值的双边检验的接受域为

$$\frac{\overline{x}-\mu_0}{\sigma/\sqrt{n}} \in (-z_{\frac{\alpha}{2}}, z_{\frac{\alpha}{2}})$$

即 $\overline{x} \in \left(\mu_0 - \dfrac{\sigma}{\sqrt{n}}z_{\frac{\alpha}{2}}, \mu_0 + \dfrac{\sigma}{\sqrt{n}}z_{\frac{\alpha}{2}}\right)$。

又由于 $n = 100$，$\mu_0 = 30$，$\sigma = 4$，$\alpha = 0.05$，$z_{\frac{\alpha}{2}} = z_{0.025} = 1.96$，因此

$$\mu_0 - \frac{\sigma}{\sqrt{n}}z_{\frac{\alpha}{2}} = 30 - \frac{4}{\sqrt{100}} \times 1.96 = 29.216$$

$$\mu_0 + \frac{\sigma}{\sqrt{n}}z_{\frac{\alpha}{2}} = 30 + \frac{4}{\sqrt{100}} \times 1.96 = 30.784$$

从而 $\overline{x} \in (29.216, 30.784)$，故填 $(29.216, 30.784)$。

例 8-4 设总体 $X \sim N(\mu, 9)$，x_1，x_2，$\cdots$，x_{25} 为来自总体 X 的一组样本值，$\overline{x} = \dfrac{1}{25}\sum\limits_{i=1}^{25} x_i$，假设检验"$H_0: \mu = \mu_0$，$H_1: \mu \neq \mu_0$"的拒绝域为 $W = \{(x_1, x_2, \cdots, x_{25}) \mid |\overline{x}-\mu_0| \geqslant C\}$，若假设检验的显著性水平为 0.05，则 $C =$ _____（$\Phi(1.96) = 0.975$）。

解 应填 1.176。

由于当总体 $\sigma^2 = 9$ 已知时，单正态总体均值的双边检验选择的检验统计量为

$$\frac{\overline{X}-\mu_0}{\sigma/\sqrt{n}} \sim N(0, 1)$$

又由于 $n = 25$，$\sigma = 3$，因此

$$0.05 = P(|\overline{X}-\mu_0| \geqslant C) = P\left(\left|\frac{\overline{X}-\mu_0}{3/5}\right| \geqslant \frac{5}{3}C\right)$$

$$= 1 - P\left(\left|\frac{\overline{X}-\mu_0}{3/5}\right| < \frac{5}{3}C\right) = 2\left(1 - \Phi\left(\frac{5}{3}C\right)\right)$$

从而 $\Phi\left(\dfrac{5}{3}C\right) = 0.975$，$\dfrac{5}{3}C = 1.96$，即 $C = 1.176$，故填 1.176。

例 8 - 5　设 X_1，X_2，$\cdots$，X_{n_1} 为来自第一个总体 $X \sim N(\mu_1, \sigma_1^2)$ 的一个样本，$\overline{X} = \dfrac{1}{n_1}\sum\limits_{i=1}^{n_1} X_i$，$R_1^2 = \sum\limits_{i=1}^{n_1}(X_i - \overline{X})^2$；$Y_1$，$Y_2$，$\cdots$，$Y_{n_2}$ 为来自第二个总体 $Y \sim N(\mu_2, \sigma_2^2)$ 的一个样本，$\overline{Y} = \dfrac{1}{n_2}\sum\limits_{i=1}^{n_2} Y_i$，$R_2^2 = \sum\limits_{i=1}^{n_1}(Y_i - \overline{Y})^2$。两个样本构成的合样本 X_1，X_2，$\cdots$，X_{n_1}，Y_1，Y_2，$\cdots$，Y_{n_2} 相互独立，若当 μ_1、μ_2 未知时，左边检验"$H_0: \sigma_1^2 \geqslant \sigma_2^2$，$H_1: \sigma_1^2 < \sigma_2^2$"采用的检验统计量为 $F = k\dfrac{R_1^2}{R_2^2}$，则 $k = $ ＿＿＿＿＿＿。

解　应填 $\dfrac{n_2 - 1}{n_1 - 1}$。

由于当总体 μ_1、μ_2 未知时，左边检验"$H_0: \sigma_1^2 \geqslant \sigma_2^2$，$H_1: \sigma_1^2 < \sigma_2^2$"采用的检验统计量为

$$F = \frac{S_1^2}{S_2^2} \sim F(n_1 - 1, n_2 - 1)$$

又由于 $S_1^2 = \dfrac{1}{n_1 - 1}\sum\limits_{i=1}^{n_1}(X_i - \overline{X})^2 = \dfrac{R_1^2}{n_1 - 1}$，$S_2^2 = \dfrac{1}{n_2 - 1}\sum\limits_{i=1}^{n_2}(Y_i - \overline{Y})^2 = \dfrac{R_2^2}{n_2 - 1}$，因此

$$F = \frac{S_1^2}{S_2^2} = \frac{n_2 - 1}{n_1 - 1}\frac{R_1^2}{R_2^2}$$

从而 $k = \dfrac{n_2 - 1}{n_1 - 1}$，故填 $\dfrac{n_2 - 1}{n_1 - 1}$。

2. 正态总体参数的假设检验

例 8 - 6　设总体 $X \sim N(\mu, 144)$，由来自总体 X 的容量为 36 的样本计算得样本均值 $\bar{x} = 205$，问在显著性水平 $\alpha = 0.05$ 下，总体均值为 200 是否合理（$z_{0.025} = 1.96$）？

解　(i) 需检验 $H_0: \mu = 200$，　　$H_1: \mu \neq 200$；

(ii) 选择检验统计量 $U = \dfrac{\overline{X} - 200}{\sigma/\sqrt{n}} \sim N(0, 1)$；

(iii) 由于 $\alpha = 0.05$，因此临界点为 $\pm z_{\frac{\alpha}{2}} = \pm z_{0.025} = \pm 1.96$，从而接受域为 $(-1.96, 1.96)$；

(iv) 由于 $n = 36$，$\sigma = 12$，$\bar{x} = 205$，因此检验统计量 U 的样本值为 $u = \dfrac{205 - 200}{12/\sqrt{36}} = 2.5$；

(v) 由于 $u = 2.5 \notin (-1.96, 1.96)$，因此拒绝 H_0，即可以认为总体均值为 200 不合理。

例 8 - 7　某种元件的寿命（单位：小时）服从正态分布，现从一批这种元件中抽取 16 只，测得平均寿命 $\bar{x} = 241.5$ 小时，标准差为 $s = 98.7259$ 小时，试问在显著性水平 $\alpha = 0.05$ 下可否认为元件的平均寿命大于 225 小时（$t_{0.05}(15) = 1.7531$）？

解 (i) 需检验 $H_0: \mu \leqslant 225$，$H_1: \mu > 225$；

(ii) 选择检验统计量 $T = \dfrac{\overline{X} - 225}{S/\sqrt{n}} \sim t(n-1)$；

(iii) 由于 $\alpha = 0.05$，$n = 16$，因此临界点为 $t_\alpha(n-1) = t_{0.05}(15) = 1.7531$，从而接受域为 $(-\infty, 1.7531)$；

(iv) 由于 $n = 16$，$\bar{x} = 241.5$，$s = 98.7259$，因此检验统计量 T 的样本值为

$$t = \frac{241.5 - 225}{98.7259/\sqrt{16}} = 0.6685$$

(v) 由于 $t = 0.6685 \in (-\infty, 1.7531)$，因此接受 H_0，即不可以认为元件的平均寿命大于 225 小时。

例 8-8 设某种溶液中的水分含量 $X \sim N(\mu, \sigma^2)$，由来自总体 X 的容量为 10 的样本计算得样本均值 $\bar{x} = 0.452\%$，样本标准差 $s = 0.039\%$，试在显著性水平 $\alpha = 0.05$ 下检验：

(1) $H_0: \mu \geqslant 0.5\%$，$H_1: \mu < 0.5\%$；

(2) $H_0: \sigma \geqslant 0.04\%$，$H_1: \sigma < 0.04\%$。

已知 $t_{0.05}(9) = 1.8331$，$\chi^2_{0.95}(9) = 3.325$。

解 (1) (i) 需检验 $H_0: \mu \geqslant 0.5\%$，$H_1: \mu < 0.5\%$；

(ii) 选择检验统计量 $T = \dfrac{\overline{X} - 0.5\%}{S/\sqrt{n}} \sim t(n-1)$；

(iii) 由于 $\alpha = 0.05$，$n = 10$，因此临界点为 $-t_\alpha(n-1) = -t_{0.05}(9) = -1.8331$，从而接受域为 $(-1.8331, +\infty)$；

(iv) 由于 $n = 10$，$\bar{x} = 0.452\%$，$s = 0.039\%$，因此检验统计量 T 的样本值为

$$t = \frac{0.452\% - 0.5\%}{0.039\%/\sqrt{10}} = -3.892$$

(v) 由于 $t = -3.892 \notin (-1.8331, +\infty)$，因此拒绝 H_0，即可以认为 $\mu < 0.5\%$。

(2) (i) 需检验 $H_0: \sigma \geqslant 0.04\%$，$H_1: \sigma < 0.04\%$；

(ii) 选择检验统计量 $\chi^2 = \dfrac{(n-1)S^2}{(0.04\%)^2} \sim \chi^2(n-1)$；

(iii) 由于 $\alpha = 0.05$，$n = 10$，因此临界点为 $\chi^2_{1-\alpha}(n-1) = \chi^2_{0.95}(9) = 3.325$，从而接受域为 $(3.325, +\infty)$；

(iv) 由于 $n = 10$，$s = 0.039\%$，因此检验统计量 χ^2 的样本值为

$$\chi^2 = \frac{(10-1)(0.039\%)^2}{(0.04\%)^2} = 8.556$$

(v) 由于 $\chi^2 = 8.556 \in (3.325, +\infty)$，因此接受 H_0，即可以认为 $\sigma \geqslant 0.04\%$。

例 8-9 设某项考试成绩服从正态分布，要求考试成绩的标准差为 12，现从考试成绩

单中随机抽取 15 份,计算得样本标准差为 16,问此次考试是否合乎要求($\alpha = 0.05$,$\chi^2_{0.975}(14) = 5.629$,$\chi^2_{0.025}(14) = 26.119$)?

解 (i) 需检验 $H_0 : \sigma^2 = 12^2$,$H_1 : \sigma^2 \neq 12^2$;

(ii) 选择检验统计量 $\chi^2 = \dfrac{(n-1)S^2}{12^2} \sim \chi^2(n-1)$;

(iii) 由于 $\alpha = 0.05$,$n = 15$,因此临界点为

$$\chi^2_{1-\frac{\alpha}{2}}(n-1) = \chi^2_{0.975}(14) = 5.629, \quad \chi^2_{\frac{\alpha}{2}}(n-1) = \chi^2_{0.025}(14) = 26.119$$

从而接受域为 $(5.629, 26.119)$;

(iv) 由于 $n = 15$,$s = 16$,因此检验统计量 χ^2 的样本值为 $\chi^2 = \dfrac{(15-1)16^2}{12^2} = 24.889$;

(v) 由于 $\chi^2 = 24.889 \in (5.629, 26.119)$,因此接受 H_0,即可以认为这次考试合乎要求。

例 8 - 10 某冶炼厂的钢水含碳量服从正态分布,现对操作工艺进行了某些改进,随机地抽取 5 炉钢水计算得样本方差 $s^2 = 0.052$,问在显著性水平 $\alpha = 0.05$ 下,能否认为采用新工艺炼出的钢水含碳量的方差为 0.108^2($\chi^2_{0.975}(4) = 0.484$,$\chi^2_{0.025}(4) = 11.143$)?

解 (i) 需检验 $H_0 : \sigma^2 = 0.108^2$,$H_1 : \sigma^2 \neq 0.108^2$;

(ii) 选择检验统计量 $\chi^2 = \dfrac{(n-1)S^2}{0.108^2} \sim \chi^2(n-1)$;

(iii) 由于 $\alpha = 0.05$,$n = 5$,因此临界点为

$$\chi^2_{1-\frac{\alpha}{2}}(n-1) = \chi^2_{0.975}(4) = 0.484, \quad \chi^2_{\frac{\alpha}{2}}(n-1) = \chi^2_{0.025}(4) = 11.143$$

从而接受域为 $(0.484, 11.143)$;

(iv) 由于 $n = 5$,$s^2 = 0.052$,因此检验统计量 χ^2 的样本值为 $\chi^2 = \dfrac{(5-1) \times 0.052}{0.108^2} = 17.833$;

(v) 由于 $\chi^2 = 17.833 \notin (0.484, 11.143)$,因此拒绝 H_0,即不能认为采用新工艺炼出的钢水含碳量的方差为 0.108^2。

例 8 - 11 有甲、乙两种零件,彼此可以代用,乙种零件比甲种零件制造简单,造价低,欲比较它们的抗压强度(单位:kg/cm²)。从甲种零件中随机抽取 5 只,测得抗压强度的平均值 $\bar{x} = 89.6 \, \text{kg/cm}^2$,样本标准差 $s_1 = 2.0736 \, \text{kg/cm}^2$;从乙种零件中随机抽取 5 只,测得抗压强度的平均值 $\bar{y} = 88 \, \text{kg/cm}^2$,样本标准差 $s_2 = 4.6904 \, \text{kg/cm}^2$。设两种零件的抗压强度服从正态分布,方差相等且未知,两个样本构成的合样本相互独立,试检验两种零件的平均抗压强度有无显著性差异($\alpha = 0.05$,$t_{0.025}(8) = 2.3060$)。

解 (i) 需检验 $H_0 : \mu_1 = \mu_2$,$H_1 : \mu_1 \neq \mu_2$;

(ii) 选择检验统计量

$$T = \frac{\overline{X} - \overline{Y}}{S_\omega \sqrt{\frac{1}{n_1} + \frac{1}{n_2}}} \sim t(n_1 + n_2 - 2)$$

其中 $S_\omega = \sqrt{\frac{(n_1 - 1)S_1^2 + (n_2 - 1)S_2^2}{n_1 + n_2 - 2}}$;

（iii）由于 $\alpha = 0.05$，$n_1 = 5$，$n_2 = 5$，因此临界点为 $\pm t_{\frac{\alpha}{2}}(n_1 + n_2 - 2) = \pm t_{0.025}(8) = \pm 2.3060$，从而接受域为 $(-2.3060, 2.3060)$；

（iv）由于 $n_1 = 5$，$n_2 = 5$，$\bar{x} = 89.6$，$\bar{y} = 88$，$s_1 = 2.0736$，$s_2 = 4.6904$，因此

$$s_\omega = \sqrt{\frac{(5-1) \times 2.0736^2 + (5-1) \times 4.6904^2}{5 + 5 - 2}} = 3.6263$$

从而检验统计量 T 的样本值为

$$t = \frac{89.6 - 88}{3.6263 \times \sqrt{\frac{1}{5} + \frac{1}{5}}} = 0.6976$$

（v）由于 $t = 0.6976 \in (-2.3060, 2.3060)$，因此接受 H_0，即可以认为两种零件的平均抗压强度无显著性差别。

例 8-12 某机械制造厂在采用一项新工艺的前后，分别抽取 25 只零件进行精度试验，计算得到：在采用新工艺前零件尺寸的样本方差 $s_1^2 = 6.27$；采用新工艺后零件尺寸的样本方差 $s_2^2 = 3.19$。设零件的尺寸服从正态分布，两个样本构成的合样本相互独立，是否可以认为采用新工艺后零件的精度有显著性提高（$\alpha = 0.05$，$F_{0.05}(24, 24) = 1.98$）？

解 （i）需检验 $H_0: \sigma_1^2 \leqslant \sigma_2^2$，$H_1: \sigma_1^2 > \sigma_2^2$；

（ii）选择检验统计量 $F = \frac{S_1^2}{S_2^2} \sim F(n_1 - 1, n_2 - 1)$；

（iii）由于 $\alpha = 0.05$，$n_1 = 25$，$n_2 = 25$，因此临界点为 $F_\alpha(n_1 - 1, n_2 - 1) = F_{0.05}(24, 24) = 1.98$，从而接受域为 $(0, 1.98)$；

（iv）由于 $s_1^2 = 6.27$，$s_2^2 = 3.19$，因此检验统计量 F 的样本值为 $f = \frac{s_1^2}{s_2^2} = \frac{6.27}{3.19} = 1.97$；

（v）由于 $f = 1.97 \in (0, 1.98)$，因此接受 H_0，即不可以认为采用新工艺后零件的精度有显著性提高。

8.5 习题全解

一、选择题

1. 对于正态总体的均值 μ 进行假设检验，如果在显著性水平 0.05 下接受" $H_0: \mu = \mu_0$ "，那么在显著性水平 0.01 下（　　）。

    A. 必接受 H_0。   B. 可能接受也可能不接受 H_0。

    C. 必拒绝 H_0。   D. 不接受也不拒绝 H_0。

    解   应选 A。

由于显著性水平 α 越小，接受域的范围就越大，也就是说，在显著性水平 $\alpha = 0.01$ 下的接受域包含了在显著性水平 $\alpha = 0.05$ 下的接受域，若在 $\alpha = 0.05$ 下接受 H_0，即检验统计量的样本值落入在显著性水平 $\alpha = 0.05$ 下的接受域内，则检验统计量的样本值也一定落入在显著性水平 $\alpha = 0.01$ 下的接受域内，因此在显著性水平 $\alpha = 0.01$ 下必接受 H_0，故选 A。

    2. 自动包装机包装的每袋产品的重量服从正态分布，规定每袋的重量的方差不超过 a，为了检查自动包装机的工作是否正常，对它生产的产品进行抽样检验，检验假设"H_0: $\sigma^2 \leqslant a$, $H_1 : \sigma^2 > a$"（$\alpha = 0.05$），则（   ）。

    A. 如果生产正常，则检验结果也认为生产正常的概率为 0.95

    B. 如果生产不正常，则检验结果也认为生产不正常的概率为 0.95

    C. 如果检验的结果认为生产正常，则生产确实正常的概率等于 0.95

    D. 如果检验的结果认为生产不正常，则生产确实不正常的概率等于 0.95

    解   应选 A。

由于 $\alpha = P$（拒绝 $H_0 | H_0$ 为真），因此 $1 - \alpha = P$（接受 $H_0 | H_0$ 为真），从而如果生产正常，则检验结果也认为生产正常的概率为 $1 - \alpha = 0.95$，故选 A。

    3. 设某种药品中有效成分的含量服从正态分布 $N(\mu, \sigma^2)$，原工艺生产的产品中有效成分的平均含量为 a，现在用新工艺试制了一批产品，测其有效成分含量以检验新工艺是否真的提高了有效成分的含量。要求当新工艺没有提高有效成分含量时，误认为新工艺提高了有效成分含量的概率不超过 5%，那么应取原假设 H_0 及显著性水平 α 为（   ）。

    A. $H_0 : \mu \leqslant a$, $\alpha = 0.01$ B. $H_0 : \mu \geqslant a$, $\alpha = 0.05$

    C. $H_0 : \mu \leqslant a$, $\alpha = 0.05$ D. $H_0 : \mu \geqslant a$, $\alpha = 0.01$

    解   应选 C。

由于需检验"新工艺是否真的提高了有效成分的含量"，即检验"新工艺生产的产品中有效成分的平均含量是否大于 a"，因此需检验 "$H_0 : \mu \leqslant a$, $H_1 : \mu > a$"。显著性水平应是在该检验中犯第一类错误概率的最大值，即当新工艺没有提高有效成分含量时，误认为新工艺提高了有效成分含量的概率的最大值，从而 $\alpha = 0.05$，故选 C。

    4. 对于正态总体 $N(\mu, \sigma^2)$（σ^2 未知）的假设检验问题 "$H_0 : \mu \leqslant 1$, $H_1 : \mu > 1$"，若取显著性水平 $\alpha = 0.05$，则其拒绝域为（   ）。

    A. $|\bar{x} - 1| \geqslant z_{0.05}$ B. $\bar{x} \geqslant 1 + \dfrac{s}{\sqrt{n}} t_{0.05}(n-1)$

    C. $|\bar{x} - 1| \geqslant \dfrac{s}{\sqrt{n}} t_{0.05}(n-1)$ D. $\bar{x} \leqslant 1 - \dfrac{s}{\sqrt{n}} t_{0.05}(n-1)$

解 应选 B。

由于当 σ^2 未知时，单正态总体均值的右边检验的接受域为

$$\frac{\bar{x}-1}{s/\sqrt{n}} \in (-\infty, t_\alpha(n-1))$$

即

$$\bar{x} < 1 + \frac{s}{\sqrt{n}}t_\alpha(n-1)$$

因为 $\alpha = 0.05$，所以其拒绝域为 $\bar{x} \geqslant 1 + \frac{s}{\sqrt{n}}t_{0.05}(n-1)$，故选 B。

5. 在假设检验中，显著性水平的意义是(   )。

A. 原假设 H_0 为真，经检验被拒绝的概率

B. 原假设 H_0 为真，经检验被接受的概率

C. 原假设 H_0 不真，经检验被拒绝的概率

D. 原假设 H_0 不真，经检验被接受的概率

解 应选 A。

由于显著性水平是假设检验中给定的犯第一类错误的概率，因此显著性水平的意义是原假设 H_0 为真，经检验被拒绝的概率，故选 A。

6. 设总体 $X \sim N(\mu, \sigma^2)$，其中 σ^2 未知，$X_1, X_2, \cdots, X_n$ 为来自总体 X 的一个样本，如果在显著性水平 0.05 下拒绝 "$H_0: \mu = \mu_0$"，那么在显著性水平 0.01 下(   )。

A. 必拒绝 H_0 B. 必接受 H_0

C. 不接受也不拒绝 H_0 D. 可能接受也可能拒绝 H_0

解 应选 D。

由于显著性水平 α 越小，接受域的范围就越大，因此在显著性水平 $\alpha = 0.01$ 下的接受域包含了在显著性水平 $\alpha = 0.05$ 下的接受域，从而在显著性水平 0.05 下的拒绝域与在显著性水平 0.01 下的接受域和拒绝域的交集都不空，从而可能接受也可能拒绝 H_0，故选 D。

7. 在假设检验中，H_0 为原假设，H_1 为备择假设，则称为犯第二类错误的是(   )。

A. H_1 不真接受 H_1 B. H_0 不真接受 H_1

C. H_0 不真接受 H_0 D. H_0 为真接受 H_1

解 应选 C。

由第二类错误的定义知，第二类错误是指存伪错误，即 H_0 不真接受 H_0，故选 C。

8. 设总体 $X \sim N(\mu, \sigma^2)$，其中 σ^2 已知，$X_1, X_2, \cdots, X_n$ 为来自总体 X 的一个样本，则假设检验 "$H_0: \mu = \mu_0, H_1: \mu = \mu_1 \neq \mu_0$" 在著性水平为 α 时犯第二类错误的概率为(   )。

A. $\beta = \Phi\left(\frac{\mu_0 - \mu_1}{\sigma/\sqrt{n}} - z_{\frac{\alpha}{2}}\right)$

B. $\beta = \Phi\left(\dfrac{\mu_0 - \mu_1}{\sigma/\sqrt{n}} + z_{\frac{\alpha}{2}}\right)$

C. $\beta = \Phi\left(\dfrac{\mu_0 - \mu_1}{\sigma/\sqrt{n}} + z_{\frac{\alpha}{2}}\right) - \Phi\left(\dfrac{\mu_0 - \mu_1}{\sigma/\sqrt{n}} - z_{\frac{\alpha}{2}}\right)$

D. $\beta = \Phi\left(\dfrac{\mu_0 - \mu_1}{\sigma/\sqrt{n}} - z_{\frac{\alpha}{2}}\right) - \Phi\left(\dfrac{\mu_0 - \mu_1}{\sigma/\sqrt{n}} + z_{\frac{\alpha}{2}}\right)$

解　应选 C。

由于当 σ^2 已知时，单正态总体均值的双边检验的接受域为 $\dfrac{\overline{x} - \mu_0}{\sigma/\sqrt{n}} \in \left(-z_{\frac{\alpha}{2}}, z_{\frac{\alpha}{2}}\right)$，即

$$\mu_0 - \frac{\sigma}{\sqrt{n}}z_{\frac{\alpha}{2}} < \overline{x} < \mu_0 + \frac{\sigma}{\sqrt{n}}z_{\frac{\alpha}{2}}$$

当 H_0 不真时，$\overline{X} \sim N\left(\mu_1, \dfrac{\sigma^2}{n}\right)$，由第二类错误的定义，因此犯第二类错误的概率为

$$\beta = P\left(\mu_0 - \frac{\sigma}{\sqrt{n}}z_{\frac{\alpha}{2}} < \overline{X} < \mu_0 + \frac{\sigma}{\sqrt{n}}z_{\frac{\alpha}{2}}\right)$$

$$= \Phi\left(\frac{\mu_0 + \frac{\sigma}{\sqrt{n}}z_{\frac{\alpha}{2}} - \mu_1}{\sigma/\sqrt{n}}\right) - \Phi\left(\frac{\mu_0 - \frac{\sigma}{\sqrt{n}}z_{\frac{\alpha}{2}} - \mu_1}{\sigma/\sqrt{n}}\right)$$

$$= \Phi\left(\frac{\mu_0 - \mu_1}{\sigma/\sqrt{n}} + z_{\frac{\alpha}{2}}\right) - \Phi\left(\frac{\mu_0 - \mu_1}{\sigma/\sqrt{n}} - z_{\frac{\alpha}{2}}\right)$$

故选 C。

9. 设总体 $X \sim N(\mu, \sigma^2)$，其中 σ^2 已知，$X_1, X_2, \cdots, X_n$ 为来自总体 X 的一个样本，则假设检验 “$H_0: \mu \leqslant \mu_0, H_1: \mu = \mu_1 > \mu_0$” 在显著性水平为 α 时犯第二类错误的概率为（　　）。

A. $\beta = \Phi\left(\dfrac{\mu_0 - \mu_1}{\sigma/\sqrt{n}} + z_{\alpha}\right)$ 　　　　　　B. $\beta = \Phi\left(\dfrac{\mu_0 - \mu_1}{\sigma/\sqrt{n}} - z_{\alpha}\right)$

C. $\beta = 1 - \Phi\left(\dfrac{\mu_0 - \mu_1}{\sigma/\sqrt{n}} + z_{\alpha}\right)$ 　　　　　D. $\beta = \Phi\left(\dfrac{\mu_1 - \mu_0}{\sigma/\sqrt{n}} + z_{\alpha}\right)$

解　应选 A。

由于当 σ^2 已知时，单正态总体均值的右边检验的接受域为

$$\frac{\overline{x} - \mu_0}{\sigma/\sqrt{n}} \in (-\infty, z_{\alpha})$$

即

$$\overline{x} < \mu_0 + \frac{\sigma}{\sqrt{n}}z_{\alpha}$$

当 H_0 不真时，$\overline{X} \sim N\left(\mu_1, \dfrac{\sigma^2}{n}\right)$，由第二类错误的定义，因此犯第二类错误的概率为

$$\beta = P\left(\overline{X} < \mu_0 + \frac{\sigma}{\sqrt{n}} z_\alpha\right) = \Phi\left(\frac{\mu_0 + \frac{\sigma}{\sqrt{n}} z_\alpha - \mu_1}{\sigma / \sqrt{n}}\right) = \Phi\left(\frac{\mu_0 - \mu_1}{\sigma / \sqrt{n}} + z_\alpha\right)$$

故选 A。

10. 设总体 $X \sim N(\mu, \sigma^2)$，其中 σ^2 已知，$X_1, X_2, \cdots, X_n$ 为来自总体 X 的一个样本，则假设检验 "$H_0: \mu \geqslant \mu_0$，$H_1: \mu = \mu_1 < \mu_0$" 在显著性水平为 α 时犯第二类错误的概率为（　　）。

　A. $\beta = \Phi\left(\dfrac{\mu_0 - \mu_1}{\sigma / \sqrt{n}} + z_\alpha\right)$ 　　　　　　　B. $\beta = \Phi\left(\dfrac{\mu_0 - \mu_1}{\sigma / \sqrt{n}} - z_\alpha\right)$

　C. $\beta = 1 - \Phi\left(\dfrac{\mu_0 - \mu_1}{\sigma / \sqrt{n}} + z_\alpha\right)$ 　　　　D. $\beta = \Phi\left(\dfrac{\mu_1 - \mu_0}{\sigma / \sqrt{n}} + z_\alpha\right)$

解 应选 D。

由于当 σ^2 已知时，单正态总体均值的左边检验的接受域为 $\dfrac{\overline{x} - \mu_0}{\sigma / \sqrt{n}} \in (-z_\alpha, +\infty)$，即

$$\overline{x} > \mu_0 - \frac{\sigma}{\sqrt{n}} z_\alpha$$

当 H_0 不真时，$\overline{X} \sim N\left(\mu_1, \dfrac{\sigma^2}{n}\right)$，由第二类错误的定义，因此犯第二类错误的概率为

$$\beta = P\left(\overline{X} > \mu_0 - \frac{\sigma}{\sqrt{n}} z_\alpha\right) = 1 - P\left(\overline{X} \leqslant \mu_0 - \frac{\sigma}{\sqrt{n}} z_\alpha\right)$$

$$= 1 - \Phi\left(\frac{\mu_0 - \frac{\sigma}{\sqrt{n}} z_\alpha - \mu_1}{\sigma / \sqrt{n}}\right) = 1 - \Phi\left(\frac{\mu_0 - \mu_1}{\sigma / \sqrt{n}} - z_\alpha\right) = \Phi\left(\frac{\mu_1 - \mu_0}{\sigma / \sqrt{n}} + z_\alpha\right)$$

故选 D。

11. 设总体 $X \sim N(\mu, \sigma^2)$，其中 μ 未知，由来自总体 X 的一个样本计算得到参数 σ^2 的一个置信水平为 0.95 的置信区间为 $(137.2181, 626.7028)$，若 "$H_0: \sigma^2 = 12^2$，$H_1: \sigma^2 \neq 12^2$" 是显著性水平为 0.05 的双边检验，则（　　）。

　A. 拒绝 H_0 　　　　　　　　　　　　　B. 接受 H_0

　C. 不接受也不拒绝 H_0 　　　　　　D. 可能接受也可能拒绝 H_0

解 应选 B。

由于 $12^2 \in (137.2181, 626.7028)$，因此由双侧置信区间与双边检验之间的关系得，接受 H_0，故选 B。

12. 设总体 $X \sim N(\mu, \sigma^2)$，其中 μ 未知，由来自总体 X 的一个样本计算得到参数 σ^2 的

一个置信水平为 0.95 的单侧置信区间为 $(0, 545.4269)$，若 "$H_0: \sigma^2 \geqslant 12^2$，$H_1: \sigma^2 < 12^2$" 是显著性水平为 0.05 的左边检验，则（　　）。

　　A. 拒绝 H_0　　　　　　　　　　B. 接受 H_0

　　C. 不接受也不拒绝 H_0　　　　　D. 可能接受也可能拒绝 H_0

解　应选 B。

由于 $12^2 \in (0, 545.4269)$，因此由具有置信上限的单侧置信区间与左边检验之间的关系得，接受 H_0，故选 B。

13. 设总体 $X \sim N(\mu, \sigma^2)$，其中 μ 未知，由来自总体 X 的一个样本计算得到参数 σ^2 的一个置信水平为 0.95 的单侧置信区间为 $(151.3194, +\infty)$，若 "$H_0: \sigma^2 \leqslant 12^2$，$H_1: \sigma^2 > 12^2$" 是显著性水平为 0.05 的右边检验，则（　　）。

　　A. 拒绝 H_0　　　　　　　　　　B. 接受 H_0

　　C. 不接受也不拒绝 H_0　　　　　D. 可能接受也可能拒绝 H_0

解　应选 A。

由于 $12^2 \notin (151.3194, +\infty)$，因此由具有置信下限的单侧置信区间与右边检验的关系得，拒绝 H_0，故选 A。

14. 设总体 $X \sim N(\mu_1, \sigma_1^2)$，$Y \sim N(\mu_2, \sigma_2^2)$，其中 $\sigma_1^2 = \sigma_2^2$ 未知，从总体 X 与 Y 中分别抽取一个样本，两个样本构成的合样本相互独立，由这两个样本计算得到两总体均值之差 $\mu_1 - \mu_2$ 的一个置信水平为 0.95 的置信区间为 $(-36.5, 76.5)$，若 "$H_0: \mu_1 - \mu_2 = 20$，$H_1: \mu_1 - \mu_2 \neq 20$" 是显著性水平为 0.05 的双边检验，则（　　）。

　　A. 拒绝 H_0　　　　　　　　　　B. 接受 H_0

　　C. 不接受也不拒绝 H_0　　　　　D. 可能接受也可能拒绝 H_0

解　应选 B。

由于 $20 \in (-36.5, 76.5)$，因此由双侧置信区间与双边检验之间的关系得，接受 H_0，故选 B。

二、填空题

1. 对于显著性水平 α 而言，犯第一类错误的概率 $P($ 拒绝 $H_0 \mid H_0$ 为真$)$ ＿＿＿＿＿。

解　应填 $\leqslant \alpha$。

由于显著性水平 α 是假设检验中犯第一类错误概率的最大值，因此犯第一类错误的概率 $P($ 拒绝 $H_0 \mid H_0$ 为真$)$ 不超过 α，即 $P($ 拒绝 $H_0 \mid H_0$ 为真$) \leqslant \alpha$，故填 $\leqslant \alpha$。

2. 设 $X_1, X_2, \cdots, X_n$ 是来自总体 $X \sim N(\mu, \sigma^2)$ 的一个简单随机样本，其中 μ、σ^2 未知，记 $\overline{X} = \dfrac{1}{n} \sum\limits_{i=1}^{n} X_i$，$Q^2 = \sum\limits_{i=1}^{n} (X_i - \overline{X})^2$，则假设检验 "$H_0: \mu = 0$，$H_1: \mu \neq 0$" 使用的统计量为 ＿＿＿＿＿。

解 应填 $T = \dfrac{\sqrt{n(n-1)} \ \overline{X}}{Q}$。

由于当 σ^2 未知时，单正态总体均值的双边检验选择的检验统计量为 $T = \dfrac{\overline{X} - \mu_0}{S/\sqrt{n}} \sim t(n-1)$，

又由于 $\mu_0 = 0$，$S^2 = \dfrac{1}{n-1} \sum\limits_{i=1}^{n} (X_i - \overline{X})^2 = \dfrac{Q^2}{n-1}$，因此

$$T = \frac{\overline{X} - \mu_0}{S/\sqrt{n}} = \frac{\sqrt{n} \ \overline{X}}{\sqrt{\dfrac{Q^2}{n-1}}} = \frac{\sqrt{n(n-1)} \overline{X}}{Q}$$

故填 $T = \dfrac{\sqrt{n(n-1)} \ \overline{X}}{Q}$。

3. 设总体 $X \sim N(\mu, \sigma^2)$，其中 μ 已知，$X_1, X_2, \cdots, X_n$ 为来自总体 X 的一个样本，则假设检验"$H_0 : \sigma^2 = \sigma_0^2$，$H_1 : \sigma^2 \neq \sigma_0^2$"的统计量为_____，当 H_0 为真时，服从_____分布。

解 应分别填 $\chi^2 = \dfrac{\sum\limits_{i=1}^{n} (X_i - \mu)^2}{\sigma_0^2}$，自由度为 n 的 χ^2。

由于当 μ 已知时，单正态总体方差的双边检验选择的检验统计量为

$$\chi^2 = \frac{\sum\limits_{i=1}^{n} (X_i - \mu)^2}{\sigma_0^2} \sim \chi^2(n)$$

因此假设检验选择的统计量为 $\chi^2 = \dfrac{\sum\limits_{i=1}^{n} (X_i - \mu)^2}{\sigma_0^2}$，当 H_0 为真时，检验统计量服从自由度

为 n 的 χ^2 分布，故分别填 $\chi^2 = \dfrac{\sum\limits_{i=1}^{n} (X_i - \mu)^2}{\sigma_0^2}$，自由度为 n 的 χ^2。

4. 设 α 是双边检验的显著性水平，β 是双侧置信区间的置信水平。

（Ⅰ）若 λ 是 t 分布的统计量 T 的临界值，则 $\alpha = P(\underline{\hspace{4cm}})$，$\beta = P(\underline{\hspace{3cm}})$；

（Ⅱ）若 λ_1、λ_2 是 χ^2 分布的统计量 χ^2 的临界值，$\lambda_1 < \lambda_2$，则 $P(\chi^2 > \lambda_2) = P(\chi^2 < \lambda_1) = $ _____。

解 （Ⅰ）应分别填 $|T| > \lambda$，$|T| < \lambda$；（Ⅱ）应填 $\dfrac{\alpha}{2}$。

由双边检验的显著性水平和双侧置信区间的置信水平的定义及关系，得

（Ⅰ）若 λ 是 t 分布的统计量 T 的临界值，则 $\alpha = P(|T| > \lambda)$，$\beta = P(|T| < \lambda)$，故分别填 $|T| > \lambda$，$|T| < \lambda$。

（Ⅱ）若 λ_1、λ_2 是 χ^2 分布的统计量 χ^2 的临界值，$\lambda_1 < \lambda_2$，则 $P(\chi^2 > \lambda_2) = P(\chi^2 < \lambda_1) = \frac{\alpha}{2}$，故填 $\frac{\alpha}{2}$。

5. 设总体 $X \sim N(\mu, 4)$，$X_1, X_2, \cdots, X_n$ 为来自总体 X 的一个样本，对于显著性水平为 α 的双边检验 "$H_0: \mu = \mu_0$，$H_1: \mu = \mu_1 \neq \mu_0$"，若 $\mu_0 = 0$，$\mu_1 = 1$，则犯第二类错误的概率为 _____ 。

解 应填 $\Phi\left(\frac{\sqrt{n}}{2} + z_{\frac{\alpha}{2}}\right) - \Phi\left(\frac{\sqrt{n}}{2} - z_{\frac{\alpha}{2}}\right)$。

由于当 σ^2 已知时，单正态总体均值的双边检验的接受域为 $\dfrac{\overline{x} - \mu_0}{\sigma/\sqrt{n}} \in \left(-z_{\frac{\alpha}{2}}, z_{\frac{\alpha}{2}}\right)$，即

$$\mu_0 - \frac{\sigma}{\sqrt{n}}z_{\frac{\alpha}{2}} < \overline{x} < \mu_0 + \frac{\sigma}{\sqrt{n}}z_{\frac{\alpha}{2}}$$

当 H_0 不真时，$\overline{X} \sim N\left(\mu_1, \dfrac{\sigma^2}{n}\right)$，又由于 $\mu_0 = 0$，$\mu_1 = 1$，$\sigma = 2$，由第二类错误的定义，得犯第二类错误的概率为

$$\beta = P\left(\mu_0 - \frac{\sigma}{\sqrt{n}}z_{\frac{\alpha}{2}} < \overline{X} < \mu_0 + \frac{\sigma}{\sqrt{n}}z_{\frac{\alpha}{2}}\right)$$

$$= \Phi\left[\frac{\mu_0 + \frac{\sigma}{\sqrt{n}}z_{\frac{\alpha}{2}} - \mu_1}{\sigma/\sqrt{n}}\right] - \Phi\left[\frac{\mu_0 - \frac{\sigma}{\sqrt{n}}z_{\frac{\alpha}{2}} - \mu_1}{\sigma/\sqrt{n}}\right]$$

$$= \Phi\left(\frac{\mu_0 - \mu_1}{\sigma/\sqrt{n}} + z_{\frac{\alpha}{2}}\right) - \Phi\left(\frac{\mu_0 - \mu_1}{\sigma/\sqrt{n}} - z_{\frac{\alpha}{2}}\right)$$

$$= \Phi\left(\frac{\sqrt{n}}{2} + z_{\frac{\alpha}{2}}\right) - \Phi\left(\frac{\sqrt{n}}{2} - z_{\frac{\alpha}{2}}\right)$$

故填 $\Phi\left(\dfrac{\sqrt{n}}{2} + z_{\frac{\alpha}{2}}\right) - \Phi\left(\dfrac{\sqrt{n}}{2} - z_{\frac{\alpha}{2}}\right)$。

6. 设总体 $X \sim N(\mu, 4)$，$X_1, X_2, \cdots, X_n$ 为来自总体 X 的一个样本，对于显著性水平为 α 的右边检验 "$H_0: \mu \leqslant \mu_0$，$H_1: \mu = \mu_1 > \mu_0$"，若 $\mu_0 = 0$，$\mu_1 = 1$，则犯第二类错误的概率为 _____ 。

解 应填 $1 - \Phi\left(\dfrac{\sqrt{n}}{2} - z_\alpha\right)$。

由于当 σ^2 已知时，单正态总体均值的右边检验的接受域为

$$\frac{\overline{x} - \mu_0}{\sigma/\sqrt{n}} \in (-\infty, z_\alpha)$$

即

$$\bar{x} < \mu_0 + \frac{\sigma}{\sqrt{n}} z_\alpha$$

当 H_0 不真时，$\overline{X} \sim N\left(\mu_1, \frac{\sigma^2}{n}\right)$，又由于 $\mu_0 = 0, \mu_1 = 1, \sigma = 2$，由第二类错误的定义，得犯第二类错误的概率为

$$\beta = P\left(\overline{X} < \mu_0 + \frac{\sigma}{\sqrt{n}} z_\alpha\right) = \Phi\left(\frac{\mu_0 + \frac{\sigma}{\sqrt{n}} z_\alpha - \mu_1}{\sigma/\sqrt{n}}\right) = \Phi\left(\frac{\mu_0 - \mu_1}{\sigma/\sqrt{n}} + z_\alpha\right)$$

$$= \Phi\left(-\frac{\sqrt{n}}{2} + z_\alpha\right) = 1 - \Phi\left(\frac{\sqrt{n}}{2} - z_\alpha\right)$$

故填 $1 - \Phi\left(\frac{\sqrt{n}}{2} - z_\alpha\right)$。

7. 设总体 $X \sim N(\mu, 4)$，$X_1, X_2, \cdots, X_n$ 为来自总体 X 的一个样本，对于显著性水平为 α 的左边检验"$H_0 : \mu \geqslant \mu_0, H_1 : \mu = \mu_1 < \mu_0$"，若 $\mu_0 = 1, \mu_1 = 0$，则犯第二类错误的概率为_____。

解　应填 $1 - \Phi\left(\frac{\sqrt{n}}{2} - z_\alpha\right)$。

由于当 σ^2 已知时，单正态总体均值的左边检验的接受域为

$$\frac{\bar{x} - \mu_0}{\sigma/\sqrt{n}} \in (-z_\alpha, +\infty)$$

即

$$\bar{x} > \mu_0 - \frac{\sigma}{\sqrt{n}} z_\alpha$$

当 H_0 不真时，$\overline{X} \sim N\left(\mu_1, \frac{\sigma^2}{n}\right)$，又由于 $\mu_0 = 1, \mu_1 = 0, \sigma = 2$，由第二类错误的定义，得犯第二类错误的概率为

$$\beta = P\left(\overline{X} > \mu_0 - \frac{\sigma}{\sqrt{n}} z_\alpha\right) = 1 - P\left(\overline{X} \leqslant \mu_0 - \frac{\sigma}{\sqrt{n}} z_\alpha\right) = 1 - \Phi\left(\frac{\mu_0 - \frac{\sigma}{\sqrt{n}} z_\alpha - \mu_1}{\sigma/\sqrt{n}}\right)$$

$$= 1 - \Phi\left(\frac{\mu_0 - \mu_1}{\sigma/\sqrt{n}} - z_\alpha\right) = 1 - \Phi\left(\frac{\sqrt{n}}{2} - z_\alpha\right)$$

故填 $1 - \Phi\left(\frac{\sqrt{n}}{2} - z_\alpha\right)$。

8. 设总体 $X \sim B(n, p)$，假设检验"$H_0 : p = p_0, H_1 : p = p_1 \neq p_0$"的拒绝域

$W = \{x \leqslant n_1\} \bigcup \{x \geqslant n_2\}(n_1 < n_2)$，其中 x 为总体 X 的样本值，则犯第一类错误的概率 $\alpha = \underline{\hphantom{aaaaaa}}$，犯第二类错误的概率 $\beta = \underline{\hphantom{aaaaaa}}$。

解　应分别填 $\alpha = \sum\limits_{k=0}^{n_1} C_n^k p_0^k (1-p_0)^{n-k} + \sum\limits_{k=n_2}^{n} C_n^k p_0^k (1-p_0)^{n-k}$，$\beta = \sum\limits_{k=n_1+1}^{n_2-1} C_n^k p_1^k (1-p_1)^{n-k}$。

由于双边检验"$H_0: p = p_0, H_1: p = p_1 \neq p_0$"的拒绝域为
$$W = \{x \leqslant n_1\} \bigcup \{x \geqslant n_2\}$$

当 H_0 为真时，$X \sim B(n, p_0)$，由第一类错误的定义，得犯第一类错误的概率为

$$\alpha = P(X \leqslant n_1) + P(X \geqslant n_2) = \sum_{k=0}^{n_1} C_n^k p_0^k (1-p_0)^{n-k} + \sum_{k=n_2}^{n} C_n^k p_0^k (1-p_0)^{n-k}$$

故填 $\alpha = \sum\limits_{k=0}^{n_1} C_n^k p_0^k (1-p_0)^{n-k} + \sum\limits_{k=n_2}^{n} C_n^k p_0^k (1-p_0)^{n-k}$。

由于双边检验"$H_0: p = p_0, H_1: p = p_1 \neq p_0$"的拒绝域为
$$W = \{x \leqslant n_1\} \bigcup \{x \geqslant n_2\}$$

当 H_0 不真时，$X \sim B(n, p_1)$，由第二类错误的定义，得犯第二类错误的概率为

$$\beta = P(n_1 < X < n_2) = P(n_1 + 1 \leqslant X \leqslant n_2 - 1) = \sum_{k=n_1+1}^{n_2-1} C_n^k p_1^k (1-p_1)^{n-k}$$

故填 $\beta = \sum\limits_{k=n_1+1}^{n_2-1} C_n^k p_1^k (1-p_1)^{n-k}$。

9. 设 $X_1, X_2, \cdots, X_{n_1}$ 为来自第一个总体 $X \sim N(\mu_1, \sigma_1^2)$ 的一个样本，其中 σ_1^2 未知，样本均值为 $\overline{X}$，样本方差为 S_1^2；$Y_1, Y_2, \cdots, Y_{n_2}$ 为来自第二个总体 $Y \sim N(\mu_2, \sigma_2^2)$ 的一个样本，其中 σ_2^2 未知，样本均值为 $\overline{Y}$，样本方差为 S_2^2。两个样本构成的合样本 $X_1, X_2, \cdots, X_{n_1}$，$Y_1, Y_2, \cdots, Y_{n_2}$ 相互独立，则假设检验"$H_0: \mu_1 = \mu_2, H_1: \mu_1 \neq \mu_2$"使用的统计量当 H_0 为真时服从 $\underline{\hphantom{aaaaa}}$ 分布，该检验的前提是 $\underline{\hphantom{aaaaa}}$。

解　应分别填参数为 $n_1 + n_2 - 2$ 的 t，$\sigma_1^2 = \sigma_2^2$。

由于当总体方差 $\sigma_1^2 = \sigma_2^2$ 未知时，双正态总体均值的双边检验选择的检验统计量为

$$T = \frac{\overline{X} - \overline{Y}}{S_\omega \sqrt{\dfrac{1}{n_1} + \dfrac{1}{n_2}}} \sim t(n_1 + n_2 - 2)$$

其中 $S_\omega = \sqrt{\dfrac{(n_1-1)S_1^2 + (n_2-1)S_2^2}{n_1 + n_2 - 2}}$。因此当 H_0 为真时，检验统计量服从参数为 $n_1 + n_2 - 2$ 的 t 分布，该检验的前提是检验统计量服从 t 分布的条件，即两总体的方差未知但相等，故分别填参数为 $n_1 + n_2 - 2$ 的 t，$\sigma_1^2 = \sigma_2^2$。

10. 设总体 $X \sim N(\mu, \sigma^2)$，其中 σ^2 未知，由来自总体 X 容量为 $n = 16$ 的样本计算得

到 $\bar{x} = 241.5$，$s = 98.7259$，则显著性水平 $\alpha = 0.05$ 的双边检验"$H_0 : \mu = \mu_0$，$H_1 : \mu \neq \mu_0$"的接受域为 _____ ，参数 μ 的置信水平为 0.95 的置信区间为 _____ （$t_{0.025}(15) =$ 2.1315）。

解 应分别填 $188.8914 < \mu_0 < 294.1086$，$(188.8914, 294.1086)$。

由于当 σ^2 未知时，单正态总体均值的双边检验的接受域为

$$\frac{\bar{x} - \mu_0}{s / \sqrt{n}} \in (-t_{\frac{\alpha}{2}}(n-1), \ t_{\frac{\alpha}{2}}(n-1))$$

即

$$\bar{x} - \frac{s}{\sqrt{n}} t_{\frac{\alpha}{2}}(n-1) < \mu_0 < \bar{x} + \frac{s}{\sqrt{n}} t_{\frac{\alpha}{2}}(n-1)$$

又由于 $n = 16$，$\bar{x} = 241.5$，$s = 98.7259$，$\alpha = 0.05$，$t_{\frac{\alpha}{2}}(n-1) = t_{0.025}(15) = 2.1315$，故

$$\bar{x} - \frac{s}{\sqrt{n}} t_{\frac{\alpha}{2}}(n-1) = 241.5 - \frac{98.7259}{\sqrt{16}} \times 2.1315 = 188.8914$$

$$\bar{x} + \frac{s}{\sqrt{n}} t_{\frac{\alpha}{2}}(n-1) = 241.5 + \frac{98.7259}{\sqrt{16}} \times 2.1315 = 294.1086$$

因此显著性水平 $\alpha = 0.05$ 的双边检验"$H_0 : \mu = \mu_0$，$H_1 : \mu \neq \mu_0$"的接受域为 $188.8914 < \mu_0 < 294.1086$，故填 $188.8914 < \mu_0 < 294.1086$。由双侧置信区间与双边检验之间的关系得，参数 μ 的置信水平为 0.95 的置信区间为 $(188.8914, 294.1086)$，故填 $(188.8914, 294.1086)$。

11. 设总体 $X \sim N(\mu, \sigma^2)$，其中 σ^2 未知，由来自总体 X 容量为 $n = 16$ 的样本计算得到 $\bar{x} = 241.5$，$s = 98.7259$，则显著性水平 $\alpha = 0.05$ 的左边检验"$H_0 : \mu \geq \mu_0$，$H_1 : \mu < \mu_0$"的接受域为 _____ ，参数 μ 的置信水平为 0.95 的单侧置信区间为 _____ （$t_{0.05}(15) = 1.7531$）。

解 应分别填 $\mu_0 < 284.7691$，$(-\infty, 284.7691)$。

由于当 σ^2 未知时，单正态总体均值的左边检验的接受域为

$$\frac{\bar{x} - \mu_0}{s / \sqrt{n}} \in (-t_\alpha(n-1), +\infty)$$

即

$$\mu_0 < \bar{x} + \frac{s}{\sqrt{n}} t_\alpha(n-1)$$

又由于 $n = 16$，$\bar{x} = 241.5$，$s = 98.7259$，$\alpha = 0.05$，$t_\alpha(n-1) = t_{0.05}(15) = 1.7531$，故

$$\bar{x} + \frac{s}{\sqrt{n}} t_\alpha(n-1) = 241.5 + \frac{98.7259}{\sqrt{16}} \times 1.7531 = 284.7691$$

从而显著性水平 $\alpha = 0.05$ 的左边检验"$H_0 : \mu \geq \mu_0$，$H_1 : \mu < \mu_0$"的接受域为 $\mu_0 <$

284.7691，故填 $\mu_0 < 284.7691$。由具有置信上限的单侧置信区间与左边检验之间的关系得，参数 μ 的置信水平为 0.95 的置信区间为 $(-\infty, 284.7691)$，故填 $(-\infty, 284.7691)$。

12. 设总体 $X \sim N(\mu, \sigma^2)$，其中 σ^2 未知，由来自总体 X 容量为 $n = 16$ 的样本计算得到 $\bar{x} = 241.5$，$s = 98.7259$，则显著性水平 $\alpha = 0.05$ 的右边检验"$H_0: \mu \leqslant \mu_0$，$H_1: \mu > \mu_0$"的接受域为＿＿＿＿＿＿，参数 μ 的置信水平为 0.95 的单侧置信区间为＿＿＿＿＿＿。$(t_{0.05}(15) = 1.7531)$。

解　应分别填 $\mu_0 > 198.2309$，$(198.2309, +\infty)$。

由于当 σ^2 未知时，单正态总体均值的右边检验的接受域为

$$\frac{\bar{x} - \mu_0}{s/\sqrt{n}} \in (-\infty, t_\alpha(n-1))$$

即

$$\mu_0 > \bar{x} - \frac{s}{\sqrt{n}} t_\alpha(n-1)$$

又由于 $n = 16$，$\bar{x} = 241.5$，$s = 98.7259$，$\alpha = 0.05$，$t_\alpha(n-1) = t_{0.05}(15) = 1.7531$，故

$$\bar{x} - \frac{s}{\sqrt{n}} t_\alpha(n-1) = 241.5 - \frac{98.7259}{\sqrt{16}} \times 1.7531 = 198.2309$$

因此显著性水平 $\alpha = 0.05$ 的右边检验"$H_0: \mu \leqslant \mu_0$，$H_1: \mu > \mu_0$"的接受域为 $\mu_0 > 198.2309$，故填 $\mu_0 > 198.2309$。由具有置信下限的单侧置信区间与右边检验之间的关系得，参数 μ 的置信水平为 0.95 的置信区间为 $(198.2309, +\infty)$，故填 $(198.2309, +\infty)$。

三、解答题

1. 长期的统计资料表明，某市轻工产品的月产值百分比 X 服从正态分布，标准差 $\sigma = 11\%$，现任意抽查 9 个月，得轻工产品产值占总产值百分比的平均值为 $\bar{x} = 31.15\%$，问在显著性水平 $\alpha = 0.05$ 下，可否认为过去该市轻工产品月产值占该市工业产品总产值的百分比为 32.50%？

解　(i) 需检验 $H_0: \mu = 32.50\%$，$H_1: \mu \neq 32.50\%$；

(ii) 选择检验统计量 $U = \dfrac{\overline{X} - 32.50\%}{\sigma/\sqrt{n}} \sim N(0, 1)$；

(iii) 由于 $\alpha = 0.05$，因此临界点为 $\pm z_{\frac{\alpha}{2}} = \pm z_{0.025} = \pm 1.96$，从而接受域为 $(-1.96, 1.96)$；

(iv) 由于 $n = 9$，$\sigma = 11\%$，$\bar{x} = 31.15\%$，因此检验统计量 U 的样本值为

$$u = \frac{31.15\% - 32.50\%}{11\%/\sqrt{9}} = -0.37$$

(v) 由于 $u = -0.37 \in (-1.96, 1.96)$，因此接受 H_0，即可以认为过去该市轻工产品月产值占该市工业产品总产值的百分比为 32.50%。

2. 设某厂生产的一种钢索，其断裂强度 X（单位：$\mathrm{kg/cm^2}$）服从正态分布 $N(\mu, 40^2)$，从中选取一个容量为 9 的样本，计算得 $\bar{x} = 780\ \mathrm{kg/cm^2}$，能否据此认为这批钢索的断裂强度为 $800\ \mathrm{kg/cm^2}(\alpha = 0.05)$？

解　(i) 需检验 $H_0: \mu = 800$，$H_1: \mu \neq 800$；

(ii) 选择检验统计量 $U = \dfrac{\overline{X} - 800}{\sigma/\sqrt{n}} \sim N(0, 1)$；

(iii) 由于 $\alpha = 0.05$，因此临界点为 $\pm z_{\frac{\alpha}{2}} = \pm 1.96$，从而接受域为 $(-1.96, 1.96)$；

(iv) 由于 $n = 9$，$\sigma = 40$，$\bar{x} = 780$，因此检验统计量 U 的样本值为

$$u = \frac{780 - 800}{40/\sqrt{9}} = -1.5$$

(v) 由于 $u = -1.5 \in (-1.96, 1.96)$，因此接受 H_0，即可以认为这批钢索的断裂强度为 $800\ \mathrm{kg/cm^2}$。

3. 某种元件正常情况下，其直径（单位：mm）服从正态分布 $N(20, 1)$，在某日的生产过程中抽查 5 只元件，测得样本均值为 $\bar{x} = 19.6\ \mathrm{mm}$，问生产过程是否正常 $(\alpha = 0.05)$？

解　(i) 需检验 $H_0: \mu = 20$，$H_1: \mu \neq 20$；

(ii) 选择检验统计量 $U = \dfrac{\overline{X} - 20}{\sigma/\sqrt{n}} \sim N(0, 1)$；

(iii) 由于 $\alpha = 0.05$，因此临界点为 $\pm z_{\frac{\alpha}{2}} = \pm 1.96$，从而接受域为 $(-1.96, 1.96)$；

(iv) 由于 $n = 5$，$\sigma = 1$，$\bar{x} = 19.6$，因此检验统计量 U 的样本值为

$$u = \frac{20 - 19.6}{1/\sqrt{5}} = 0.89$$

(v) 由于 $u = 0.89 \in (-1.96, 1.96)$，因此接受 H_0，即生产过程正常。

4. 设某次考试的考生成绩服从正态分布，从中随机地抽取 36 位考生的成绩，计算得平均成绩为 66.5 分，标准差为 15 分，问在显著性水平 $\alpha = 0.05$ 下，是否可以认为这次考试全体考生的平均成绩为 70 分 $(t_{0.025}(35) = 2.0301)$？

解　(i) 需检验 $H_0: \mu = 70$，$H_1: \mu \neq 70$；

(ii) 选择检验统计量 $T = \dfrac{\overline{X} - 70}{S/\sqrt{n}} \sim t(n-1)$；

(iii) 由于 $\alpha = 0.05$，$n = 36$，因此临界点为 $\pm t_{\frac{\alpha}{2}}(n-1) = \pm t_{0.025}(35) = \pm 2.0301$，从而接受域为 $(-2.0301, 2.0301)$；

(iv) 由于 $n = 36$，$\bar{x} = 66.5$，$s = 15$，因此检验统计量 T 的样本值为

$$t = \frac{66.5 - 70}{15/\sqrt{36}} = -1.4$$

(5) 由于 $t = -1.4 \in (-2.0301, 2.0301)$，因此接受 H_0，即可以认为这次考试全体考

生的平均成绩为 70 分。

5. 某厂有一批产品，须经检验后才能出厂。按规定标准，次品率不得超过 5%。现从中抽取 50 件产品进行检查，发现有 4 件次品，问这批产品能否出厂（$\alpha = 0.01$，$z_{0.01} = 2.33$）?

解　(i) 需检验 $H_0: p \leqslant 0.05$，$H_1: p > 0.05$，其中 p 为次品率；

(ii) 选择检验统计量 $U = \dfrac{\mu_n - 0.05n}{\sqrt{0.05n(1 - 0.05)}}$，它近似地服从标准正态分布 $N(0, 1)$，

其中 μ_n 表示次品的频数；

(iii) 由于 $\alpha = 0.01$，因此临界点为 $z_\alpha = z_{0.01} = 2.33$，从而接受域为 $(-\infty, 2.33)$；

(iv) 由于 $\mu_n = 4$，$n = 50$，因此检验统计量 U 的样本值为

$$u = \frac{4 - 50 \times 0.05}{\sqrt{50 \times 0.05 \times (1 - 0.05)}} = 0.973$$

(v) 由于 $u = 0.973 \in (-\infty, 2.33)$，因此接受 H_0，即这批产品可以出厂。

6. 某厂所生产的某种细纱直径的标准差为 1.2，现从某日生产的一批产品中，随机地抽取 16 缕进行测量，计算得样本标准差为 2.1。设细纱直径服从正态分布，问细纱的均匀度有无显著性的变化（$\alpha = 0.05$，$\chi^2_{0.975}(15) = 6.25$，$\chi^2_{0.025}(15) = 27.5$）?

解　(i) 需检验 $H_0: \sigma^2 = 1.2^2$，$H_1: \sigma^2 \neq 1.2^2$；

(ii) 选择检验统计量 $\chi^2 = \dfrac{(n-1)S^2}{1.2^2} \sim \chi^2(n-1)$；

(iii) 由于 $\alpha = 0.05$，$n = 16$，因此临界点为

$$\chi^2_{1-\frac{\alpha}{2}}(n-1) = \chi^2_{0.975}(15) = 6.25, \quad \chi^2_{\frac{\alpha}{2}}(n-1) = \chi^2_{0.025}(15) = 27.5$$

从而接受域为 $(6.25, 27.5)$；

(iv) 由于 $n = 16$，$s = 2.1$，因此检验统计量 χ^2 的样本值为

$$\chi^2 = \frac{(16-1) \times 2.1^2}{1.2^2} = 45.9$$

(v) 由于 $\chi^2 = 45.9 \notin (6.25, 27.5)$，因此拒绝 H_0，即细纱的均匀度有显著性的变化。

7. 某种元件的寿命（单位：小时）长期以来服从方差 $\sigma_0^2 = 5000$ 的正态分布，现从一批这种元件中随机抽取 26 只，测得寿命的样本方差 $s^2 = 9200$，能否据此认为这批元件寿命的波动性有显著性变化（$\alpha = 0.02$，$\chi^2_{0.99}(25) = 11.523$，$\chi^2_{0.01}(25) = 44.313$）?

解　(i) 需检验 $H_0: \sigma^2 = 5000$，$H_1: \sigma^2 \neq 5000$；

(ii) 选择检验统计量 $\chi^2 = \dfrac{(n-1)S^2}{5\ 000} \sim \chi^2(n-1)$；

(iii) 由于 $\alpha = 0.02$，$n = 26$，因此临界点为 $\chi^2_{1-\frac{\alpha}{2}}(n-1) = \chi^2_{0.99}(25) = 11.524$，$\chi^2_{\frac{\alpha}{2}}(n-1) = \chi^2_{0.01}(25) = 44.314$，从而接受域为 $(11.524, 44.314)$；

(iv) 由于 $n = 26$，$s^2 = 9200$，因此检验统计量 χ^2 的样本值为

$$\chi^2 = \frac{(26 - 1) \times 9200}{5000} = 46$$

(v) 由于 $\chi^2 = 46 \notin (11.524, 44.314)$，因此拒绝 H_0，即可以认为这批元件寿命的波动性有显著性变化。

8. 某种导线，要求其电阻的标准差不得超过 $0.005 \, \Omega$，今在生产的一批导线中取样品 9 根，测得样本标准差 $s = 0.007 \, \Omega$，设导线电阻服从正态分布，参数未知，问在显著性水平 $\alpha = 0.05$ 下能否认为这批导线的标准差显著地变大（$\chi_{0.05}^2(8) = 15.507$）?

解 (i) 需检验 $H_0: \sigma \leqslant 0.005$，$H_1: \sigma > 0.005$；

(ii) 选择检验统计量 $\chi^2 = \frac{(n-1)S^2}{0.005^2} \sim \chi^2(n-1)$；

(iii) 由于 $\alpha = 0.05$，$n = 9$，因此临界点为 $\chi_\alpha^2(n-1) = \chi_{0.05}^2(8) = 15.507$，从而接受域为 $(0, 15.507)$；

(iv) 由于 $n = 9$，$s = 0.007$，因此检验统计量 χ^2 的样本值为

$$\chi^2 = \frac{(9-1) \times 0.007^2}{0.005^2} = 15.68$$

(v) 由于 $\chi^2 = 15.68 \notin (0, 15.507)$，因此拒绝 H_0，即可以认为这批导线的标准差显著地变大。

9. 为了研究机器 A 和机器 B 生产的钢管内径（单位：mm），随机地抽取机器 A 生产的钢管 8 根，测得样本方差为 $s_1^2 = 0.29$，随机地抽取机器 B 生产的钢管 9 根，测得样本方差为 $s_2^2 = 0.34$。设机器 A 和机器 B 生产的钢管内径服从正态分布，两个样本构成的合样本相互独立，试比较机器 A 和机器 B 加工的精度有无显著的差异（$\alpha = 0.01$，$F_{0.005}(8, 7) = 8.68$，$F_{0.005}(7, 8) = 7.69$）。

解 (i) 需检验 $H_0: \sigma_1^2 = \sigma_2^2$，$H_1: \sigma_1^2 \neq \sigma_2^2$；

(ii) 选择检验统计量 $F = \frac{S_1^2}{S_2^2} \sim F(n_1 - 1, n_2 - 1)$；

(iii) 由于 $\alpha = 0.01$，$n_1 = 8$，$n_2 = 9$，因此临界点为 $\frac{1}{F_{\frac{\alpha}{2}}(n_2 - 1, n_1 - 1)} = \frac{1}{F_{0.005}(8, 7)} = \frac{1}{8.68}$，$F_{\frac{\alpha}{2}}(n_1 - 1, n_2 - 1) = F_{0.005}(7, 8) = 7.69$，从而接受域为 $\left(\frac{1}{8.68}, 7.69\right)$；

(iv) 由于 $s_1^2 = 0.29$，$s_2^2 = 0.34$，因此检验统计量 F 的样本值为

$$f = \frac{0.29}{0.34} = 0.8529$$

(v) 由于 $f = 0.8529 \in \left(\frac{1}{8.68}, 7.69\right)$，因此接受 H_0，即可以认为机器 A 和机器 B 加工的精度无显著的差异。

10. 有两批棉纱，为比较其断裂强力（单位：kg），从中各取一个样本，测试整理后得

$$第一批：n_1 = 200, \bar{x} = 0.532, s_1 = 0.218$$
$$第二批：n_2 = 100, \bar{y} = 0.576, s_2 = 0.198$$

假设棉纱的断裂强力服从正态分布，两个样本构成的合样本相互独立，试问两批棉纱的断裂强力有无显著的差异（$\alpha = 0.05$，$F_{0.025}(99, 199) = 1.33$，$F_{0.025}(199, 99) = 1.395$，$t_{0.025}(298) = 1.96$）？

解　设第一批棉纱的断裂强力 $X \sim N(\mu_1, \sigma_1^2)$，第二批棉纱的断裂强力 $Y \sim N(\mu_2, \sigma_2^2)$，分两步检验：

（1）第一步需检验方差：

（i）需检验

$$H_{01}: \sigma_1^2 = \sigma_2^2, \quad H_{11}: \sigma_1^2 \neq \sigma_2^2$$

（ii）选择检验统计量

$$F = \frac{S_1^2}{S_2^2} \sim F(n_1 - 1, n_2 - 1)$$

（iii）由于 $\alpha = 0.05$，$n_1 = 200$，$n_2 = 100$，因此临界点为 $\dfrac{1}{F_{\frac{\alpha}{2}}(n_2 - 1, n_1 - 1)} = $

$\dfrac{1}{F_{0.025}(99, 199)} = \dfrac{1}{1.33}$，$F_{\frac{\alpha}{2}}(n_1 - 1, n_2 - 1) = F_{0.025}(199, 99) = 1.395$，从而接受域为 $\left(\dfrac{1}{1.33}, 1.395\right)$；

（iv）由于 $s_1 = 0.218$，$s_2 = 0.198$，因此检验统计量 F 的样本值为

$$f = \frac{0.218^2}{0.198^2} = 1.2122$$

（v）由于 $f = 1.2122 \in \left(\dfrac{1}{1.33}, 1.395\right)$，因此接受 H_{01}，即可以认为 $\sigma_1^2 = \sigma_2^2$。

（2）第二步需检验均值：

（i）需检验 $H_{02}: \mu_1 = \mu_2$，$H_{12}: \mu_1 \neq \mu_2$；

（ii）选择检验统计量

$$T = \frac{\overline{X} - \overline{Y}}{S_\omega \sqrt{\dfrac{1}{n_1} + \dfrac{1}{n_2}}} \sim t(n_1 + n_2 - 2)$$

其中 $S_\omega = \sqrt{\dfrac{(n_1 - 1)S_1^2 - (n_2 - 1)S_2^2}{n_1 + n_2 - 2}}$；

（iii）由于 $\alpha = 0.05$，$n_1 = 200$，$n_2 = 100$，因此临界点为 $\pm t_{\frac{\alpha}{2}}(n_1 + n_2 - 2) = \pm t_{0.025}(298) = \pm 1.96$，从而接受域为 $(-1.96, 1.96)$；

（iv）由于 $n_1 = 200$，$n_2 = 100$，$\bar{x} = 0.532$，$\bar{y} = 0.576$，$s_1 = 0.218$，$s_2 = 0.198$，因此

$$s_\omega = \sqrt{\frac{(200-1) \times 0.218^2 + (100-1) \times 0.198^2}{200 + 100 - 2}} = 0.2116$$

从而检验统计量 T 的样本值为

$$t = \frac{0.532 - 0.576}{0.2116 \times \sqrt{\frac{1}{200} + \frac{1}{100}}} = -1.6978$$

（v）由于 $t = -1.6978 \in (-1.96, 1.96)$，因此接受 H_{02}，即可以认为两批棉纱的断裂强力无显著的差异。

8.6 学习效果测试题及解答

测 试 题

1. 选择题（每小题 4 分，共 20 分）

（1）在假设检验中，H_0 为原假设，H_1 为备择假设，则（　　）。

　　A. 检验结果为接受 H_0 时，只可能犯第一类错误

　　B. 检验结果为接受 H_0 时，既可能犯第一类错误也可能犯第二类错误

　　C. 检验结果为拒绝 H_0 时，只可能犯第一类错误

　　D. 检验结果为拒绝 H_0 时，既可能犯第一类错误也可能犯第二类错误

（2）设总体 $X \sim N(\mu, \sigma^2)$，其中 μ、σ^2 未知，由来自总体 X 的容量为 25 的样本计算得样本标准差 $s = 2\sqrt{3}$，则在显著性水平 $\alpha = 0.05$ 下检验问题"$H_0: \sigma^2 \leqslant 10, H_1: \sigma^2 > 10$"的检验结果为（　　）（$\chi^2_{0.05}(24) = 36.415$）。

　　A. 接受 H_0，可能会犯第二类错误　　　　B. 拒绝 H_0，可能会犯第二类错误

　　C. 接受 H_0，可能会犯第一类错误　　　　D. 拒绝 H_0，可能会犯第一类错误

（3）对正态总体均值 μ 进行假设检验，若在显著性水平 $\alpha = 0.05$ 接受原假设"$H_0: \mu = \mu_0$"，则在显著性水平 $\alpha = 0.025$ 下（　　）。

　　A. 拒绝 H_0　　　　　　　　　　　　　B. 接受 H_0 且接受域相同

　　C. 接受 H_0 但接受域不同　　　　　　　D. 可能接受也可能拒绝 H_0

（4）设 $x_1, x_2, \cdots, x_n$ 为来自正态总体 X 的样本观察值，若 W 为假设检验"$H_0: \mu = \mu_0$"的拒绝域，即当 $(x_1, x_2, \cdots, x_n) \in W$ 时拒绝 H_0，当 $(x_1, x_2, \cdots, x_n) \notin W$ 时接受 H_0，则拒绝 H_0 且不犯错误的为（　　）。

　　A. H_0 为真，$(x_1, x_2, \cdots, x_n) \in W$　　　B. H_0 为真，$(x_1, x_2, \cdots, x_n) \notin W$

　　C. H_0 不真，$(x_1, x_2, \cdots, x_n) \in W$　　　D. H_0 不真，$(x_1, x_2, \cdots, x_n) \notin W$

（5）设总体 $X \sim N(\mu_1, \sigma_1^2)$，$Y \sim N(\mu_1, \sigma_2^2)$，为检验总体 X 的均值是否大于 Y 的均

值，则应作假设检验(　　　)。

  A. $H_0: \mu_1 > \mu_2, H_1: \mu_1 \leqslant \mu_2$ B. $H_0: \mu_1 \geqslant \mu_2, H_1: \mu_1 < \mu_2$

  C. $H_0: \mu_1 < \mu_2, H_1: \mu_1 \geqslant \mu_2$ D. $H_0: \mu_1 \leqslant \mu_2, H_1: \mu_1 > \mu_2$

2. 填空题(每小题 4 分，共 20 分)

(1) 需检验总体 X 的概率密度：

$$H_0: f(x) = \begin{cases} \dfrac{1}{2}, & 0 \leqslant x \leqslant 2 \\ 0, & 其他 \end{cases}, \quad H_1: f(x) = \begin{cases} \dfrac{x}{2}, & 0 \leqslant x \leqslant 2 \\ 0, & 其他 \end{cases}$$

对 X 进行一次观测，得样本 X_1，规定当 $X_1 \geqslant \dfrac{3}{2}$ 时，拒绝 H_0，否则接受 H_0，则此检验犯第一类错误的概率 $\alpha = $ ＿＿＿＿＿＿ ，犯第二错误的概率 $\beta = $ ＿＿＿＿＿＿ 。

(2) 设总体 $X \sim N(\mu, 9)$，$X_1, X_2, \cdots, X_{25}$ 为来自总体 X 的一个样本，则在显著性水平 $\alpha = 0.05$ 下假设检验"$H_0: \mu \geqslant 10, H_1: \mu < 10$"的接收域为 $\bar{x} \in $ ＿＿＿＿＿＿ $(z_{0.05} = 1.65)$。

(3) 设总体 $X \sim N(\mu, \sigma^2)$，其中 μ 未知，$X_1, X_2, \cdots, X_{10}$ 为来自总体 X 的一个样本，则在显著性水平 $\alpha = 0.05$ 下假设检验"$H_0: \sigma^2 = 0.06, H_1: \sigma^2 \neq 0.06$"的接受域为 $s \in $ ＿＿ ＿＿＿＿＿ $(\chi^2_{0.975}(9) = 2.700, \chi^2_{0.025}(9) = 19.022)$。

(4) 设总体 $X \sim N(\mu, 100)$，$X_1, X_2, \cdots, X_n$ 为来自总体 X 的一个样本，在显著性水平 $\alpha = 0.05$ 下假设检验"$H_0: \mu \geqslant 10, H_1: \mu < 10$"的拒绝域为 $\bar{x} \in (-\infty, 8]$，如果要使得犯第一类错误概率的最大值不超过 0.0228，则样本容量 n 至少应取 ＿＿＿＿＿＿ $(\Phi(2) = 0.9772)$。

(5) 设总体 $X \sim N(\mu, \sigma^2)$，其中 μ 未知，由来自总体 X 容量为 $n = 16$ 的样本计算得到 $s = 10$，则显著性水平 $\alpha = 0.05$ 的双边检验"$H_0: \mu = \sigma_0^2, H_1: \mu \neq \sigma_0^2$"的接受域为 ＿＿＿＿＿＿ ，参数 σ^2 的置信水平为 0.95 的置信区间为 ＿＿＿＿＿＿ $(\chi^2_{0.975}(15) = 6.262, \chi^2_{0.025}(15) = 27.488)$。

3. 解答题(每小题 10 分，共 60 分)

(1) 设总体 $X \sim N(\mu, 1)$，由来自总体 X 的容量为 100 的样本计算得样本均值 $\bar{x} = 5.22$，问在显著性水平 $\alpha = 0.01$ 下，能否认为总体均值为 $5(z_{0.005} = 3.27)$？

(2) 某厂生产的灯泡使用寿命(单位：小时)服从正态分布，从生产的灯泡中抽取 20 只，测得平均寿命为 1700 小时，标准差为 490 小时，问在显著性水平 $\alpha = 0.05$ 下，可否认为灯泡的寿命低于 2000 小时 $(t_{0.05}(19) = 1.7291)$？

(3) 某袋装食品的重量(单位：克)服从正态分布 $N(11, \sigma^2)$，要求其重量的方差为 1，现从中抽取 5 袋食品，设 $x_i(i = 1, 2, \cdots, 5)$ 表示第 i 袋的重量，计算得到 $\sum_{i=1}^{5}(x_i - 11)^2 = 5.78$，问在显著性水平 $\alpha = 0.10$ 下，袋装食品重量的方差是否符合要求 $(\chi^2_{0.95}(5) = 1.145,$

$\chi^2_{0.05}(5) = 11.070$)?

(4) 设生产线生产的物品重量(单位:千克)服从正态分布,要求其标准差不得超过 15 千克,现从生产线上随机地抽查 10 件物品,测得物品重量的样本标准差 $s = 30$ 千克,问在显著性水平 $\alpha = 0.05$ 下,生产线是否正常($\chi^2_{0.05}(9) = 16.919$)?

(5) 使用电学法和混合法两种方法研究冰的潜热,分别从两种方法的研究结果中抽取容量为 $n_1 = 13$ 和 $n_2 = 8$ 的样本,计算得到样本均值分别为 $\bar{x} = 80.02$,$\bar{y} = 79.98$,样本方差分别为 $s_1^2 = 5.754 \times 10^{-4}$,$s_2^2 = 9.8429 \times 10^{-4}$。设两种方法研究结果服从方差相等的正态分布,两个样本构成的合样本相互独立,试检验两种方法总体均值是否相等($\alpha = 0.05$,$t_{0.025}(19) = 2.0930$)。

(6) 某农业试验站为了研究某种新型化肥对农作物产量(单位:千克)的效力,分别在 6 块施有新型化肥和 7 块未施有新型化肥的田块上进行试验,测得农作物产量的样本均值分别为 $\bar{x} = 33$,$\bar{y} = 30$,样本方差分别为 $s_1^2 = 3.2$,$s_2^2 = 4$。设农作物产量服从正态分布,两个样本构成的合样本相互独立,是否可以认为新型化肥对提高农作物产量的效力显著($\alpha = 0.10$,$F_{0.05}(6, 5) = 4.95$,$F_{0.05}(5, 6) = 4.39$,$t_{0.10}(11) = 1.3634$)?

测试题解答

1. 选择题

(1) 应选 C。

由两类错误的定义知,当检验结果为接受 H_0 时,只可能犯第二类错误,当检验结果为拒绝 H_0 时,只可能犯第一类错误,故选 C。

(2) 应选 A。

(i) 需检验 $H_0: \sigma^2 \leqslant 10$,$H_1: \sigma^2 > 10$;

(ii) 选择检验统计量 $\chi^2 = \dfrac{(n-1)S^2}{10} \sim \chi^2(n-1)$;

(iii) 由于 $\alpha = 0.05$,$n = 25$,因此临界点为 $\chi^2_\alpha(n-1) = \chi^2_{0.05}(24) = 36.415$,从而接受域为 $(0, 36.415)$;

(iv) 由于 $n = 25$,$s = 2\sqrt{3}$,因此检验统计量 χ^2 的样本值为

$$\chi^2 = \frac{(25-1) \times (2\sqrt{3})^2}{10} = 28.8$$

(v) 由于 $\chi^2 = 28.8 \in (0, 36.415)$,因此接受 H_0,从而检验结果可能会犯第二类错误。故选 A。

(3) 应选 C。

由于在假设检验中,显著性水平越小,接受域的范围就越大,即在显著性水平 $\alpha = 0.025$ 下的接受域包含了在显著性水平 $\alpha = 0.05$ 下的接受域大,因此接受 H_0,但接受域不

同，故选 C。

（4）应选 C。

方法一：拒绝 H_0 且不犯错误就是指 $(x_1, x_2, \cdots, x_n) \in W$ 且 H_0 不真，故选 C。

方法二：由于选项 A 表示"H_0 为真，拒绝 H_0"，犯第一类错误，因此选项 A 不正确。又由于选项 B 表示"H_0 为真，接受 H_0"，即接受 H_0 不犯错误，故选项 B 不正确。因为选项 D 表示"H_0 为不真，接受 H_0"，犯第二类错误，所以选项 D 不正确，故选 C。

（5）应选 D。

由于要检验总体 X 的均值是否大于 Y 的均值，即 $\mu_1 > \mu_2$，因此其对立面为总体 X 的均值是否不大于 Y 的均值，即 $\mu_1 \leqslant \mu_2$，从而需检验"$H_0: \mu_1 \leqslant \mu_2, H_1: \mu_1 > \mu_2$"，故选 D。

2. 填空题

（1）应分别填 $\dfrac{1}{4}$，$\dfrac{9}{16}$。

由于 X_1 与总体 X 同分布，因此当 H_0 为真时，X 的概率密度为

$$f(x) = \begin{cases} \dfrac{1}{2}, & 0 \leqslant x \leqslant 2 \\ 0, & \text{其他} \end{cases}$$

从而

$$\alpha = P(\text{拒绝 } H_0 \mid H_0 \text{ 为真}) = P\left(X_1 \geqslant \frac{3}{2} \,\Big|\, H_0 \text{ 为真}\right) = \int_{\frac{3}{2}}^{2} \frac{1}{2} \mathrm{d}x = \frac{1}{4}$$

故填 $\dfrac{1}{4}$。

又由于 X_1 与总体 X 同分布，故当 H_0 为不真时，X 的概率密度为

$$f(x) = \begin{cases} \dfrac{x}{2}, & 0 \leqslant x \leqslant 2 \\ 0, & \text{其他} \end{cases}$$

从而

$$\beta = P(\text{接受 } H_0 \mid H_0 \text{ 不真}) = P\left(X_1 < \frac{3}{2} \,\Big|\, H_0 \text{ 不真}\right) = \int_{0}^{\frac{3}{2}} \frac{x}{2} \mathrm{d}x = \frac{9}{16}$$

故填 $\dfrac{9}{16}$。

（2）应填 $(9.01, +\infty)$。

由于当总体 $\sigma^2 = 9$ 已知时，单正态总体均值的左边检验的接受域为

$$\frac{\bar{x} - \mu_0}{\sigma / \sqrt{n}} \in (-z_\alpha, +\infty)$$

即

$$\bar{x} \in \left(\mu_0 - \frac{\sigma}{\sqrt{n} z_\alpha}, +\infty \right)$$

又由于 $n = 25$, $\mu_0 = 10$, $\sigma = 3$, $\alpha = 0.05$, $z_\alpha = z_{0.05} = 1.65$, 因此

$$\mu_0 - \frac{\sigma}{\sqrt{n}} z_\alpha = 10 - \frac{3}{\sqrt{25}} \times 1.65 = 9.01$$

从而 $\bar{x} \in (9.01, +\infty)$, 故填 $(9.01, +\infty)$。

(3) 应填 $(0.1342, 0.3561)$。

由于当总体 μ 未知时, 单正态总体方差的双边检验的接受域为

$$\frac{(n-1)s^2}{\sigma^2} \in \left(\chi^2_{1-\frac{\alpha}{2}}(n-1), \chi^2_{\frac{\alpha}{2}}(n-1) \right)$$

即

$$s \in \left(\sqrt{\frac{\sigma_0^2 \chi^2_{1-\frac{\alpha}{2}}(n-1)}{n-1}}, \quad \sqrt{\frac{\sigma_0^2 \chi^2_{\frac{\alpha}{2}}(n-1)}{n-1}} \right)$$

又由于 $n = 10$, $\sigma_0^2 = 0.06$, $\alpha = 0.05$, $\chi^2_{1-\frac{\alpha}{2}}(n-1) = \chi^2_{0.975}(9) = 2.700$, $\chi^2_{\frac{\alpha}{2}}(n-1) = \chi^2_{0.025}(9) = 19.022$, 因此

$$\sqrt{\frac{\sigma_0^2 \chi^2_{1-\frac{\alpha}{2}}(n-1)}{n-1}} = \sqrt{\frac{0.06 \times 2.700}{10-1}} = 0.1342$$

$$\sqrt{\frac{\sigma_0^2 \chi^2_{\frac{\alpha}{2}}(n-1)}{n-1}} = \sqrt{\frac{0.06 \times 19.022}{10-1}} = 0.3561$$

从而 $s \in (0.1342, 0.3561)$, 故填 $(0.1342, 0.3561)$。

(4) 应填 100。

由于左边检验 "$H_0: \mu \geqslant 10$, $H_1: \mu < 10$" 的拒绝域为 $\bar{x} \in (-\infty, 8]$, 当 H_0 为真时, $\mu \geqslant 10$, $\overline{X} \sim N\left(\mu, \frac{100}{n} \right)$, 由第一类错误的定义, 因此犯第一类错误的概率为

$$\alpha = P(\overline{X} \leqslant 8) = \Phi\left(\frac{8-\mu}{10/\sqrt{n}} \right)$$

又由于 α 关于 μ 单调递减, 且 $\mu \geqslant 10$, 因此当 $\mu = 10$ 时, α 取得最大值且最大值为

$$\alpha_{\max} = \Phi\left(\frac{8-10}{10/\sqrt{n}} \right) = 1 - \Phi\left(\frac{\sqrt{n}}{5} \right)$$

从而 n 取决于如下条件:

$$1 - \Phi\left(\frac{\sqrt{n}}{5} \right) \leqslant 0.0228$$

即

$$\Phi\left(\frac{\sqrt{n}}{5}\right) \geqslant 0.9772 = \Phi(2)$$

从而 $\frac{\sqrt{n}}{5} \geqslant 2$，即 $n \geqslant 100$，从而样本容量 n 至少取 100，故填 100。

(5) 应分别填 $54.5693 < \sigma_0^2 < 239.5401$，$(54.5693, 239.5401)$。

由于当 μ 未知时，单正态总体方差的双边检验的接受域为

$$\frac{(n-1)s^2}{\sigma_0^2} \in \left(\chi_{1-\frac{\alpha}{2}}^2(n-1), \chi_{\frac{\alpha}{2}}^2(n-1)\right)$$

即

$$\frac{(n-1)s^2}{\chi_{\frac{\alpha}{2}}^2(n-1)} < \sigma_0^2 < \frac{(n-1)s^2}{\chi_{1-\frac{\alpha}{2}}^2(n-1)}$$

又由于 $n = 16$，$s = 10$，$\alpha = 0.05$，$\chi_{1-\frac{\alpha}{2}}^2(n-1) = \chi_{0.975}^2(15) = 6.262$，$\chi_{\frac{\alpha}{2}}^2(n-1) = \chi_{0.025}^2(15) = 27.488$，因此

$$\frac{(n-1)s^2}{\chi_{\frac{\alpha}{2}}^2(n-1)} = \frac{(16-1) \times 10^2}{27.488} = 54.5693$$

$$\frac{(n-1)s^2}{\chi_{1-\frac{\alpha}{2}}^2(n-1)} = \frac{(16-1) \times 10^2}{6.262} = 239.5401$$

从而显著性水平 $\alpha = 0.05$ 的双边检验"$H_0: \mu = \sigma_0^2$，$H_1: \mu \neq \sigma_0^2$"的接受域为 $54.5693 < \sigma_0^2 < 239.5401$，故填 $54.5693 < \sigma_0^2 < 239.5401$。由双侧置信区间与双边检验之间的关系得，参数 σ^2 的置信水平为 0.95 的置信区间为 $(54.5693, 239.5401)$，故填 $(54.5693, 239.5401)$。

3. 解答题

(1)（i）需检验 $H_0: \mu = 5$，$H_1: \mu \neq 5$；

（ii）选择检验统计量 $U = \dfrac{\overline{X} - 5}{\sigma/\sqrt{n}} \sim N(0, 1)$；

（iii）由于 $\alpha = 0.01$，因此临界点为 $\pm z_{\frac{\alpha}{2}} = \pm z_{0.005} = \pm 3.27$，从而接受域为 $(-3.27, 3.27)$；

（iv）由于 $n = 100$，$\sigma = 1$，$\bar{x} = 5.22$，因此检验统计量 U 的样本值为

$$u = \frac{5.22 - 5}{1/\sqrt{100}} = 2.2$$

（v）由于 $u = 2.2 \in (-3.27, 3.27)$，因此接受 H_0，即可以认为总体均值为 5。

(2)（i）需检验 $H_0: \mu \geqslant 2000$，$H_1: \mu < 2000$；

（ii）选择检验统计量 $T = \dfrac{\overline{X} - 2000}{S/\sqrt{n}} \sim N(0, 1)$；

（iii）由于 $\alpha = 0.05$，$n = 20$，因此临界点为 $-t_\alpha(n-1) = -t_{0.05}(19) = -1.7291$，从而

接受域为 $(-1.7291, +\infty)$;

(iv) 由于 $n = 20$, $\bar{x} = 1700$, $s = 490$, 因此检验统计量 T 的样本值为

$$t = \frac{1700 - 2000}{490 / \sqrt{20}} = -2.738$$

(v) 由于 $t = -2.738 \notin (-1.7921, +\infty)$, 因此拒绝 H_0, 即可以认为灯泡寿命低于 2000 小时。

(3) (i) 需检验 $H_0: \sigma^2 = 1$, $H_1: \sigma^2 \neq 1$;

(ii) 选择检验统计量 $\chi^2 = \dfrac{\sum\limits_{i=1}^{n} (X_i - \mu)^2}{1^2} \sim \chi^2(n)$;

(iii) 由于 $\alpha = 0.10$, $n = 5$, 因此临界点为 $\chi^2_{1-\frac{\alpha}{2}}(n) = \chi^2_{0.95}(5) = 1.145$, $\chi^2_{\frac{\alpha}{2}}(n) = \chi^2_{0.05}(5) = 11.070$, 从而接受域为 $(1.145, 11.070)$;

(iv) 由于 $n = 5$, $\mu = 11$, $\sum\limits_{i=1}^{5} (x_i - \mu)^2 = \sum\limits_{i=1}^{5} (x_i - 11)^2 = 5.78$, 因此检验统计量 χ^2 的样本值为 $\chi^2 = \dfrac{5.78}{1^2} = 5.78$;

(v) 由于 $\chi^2 = 5.78 \in (1.145, 11.070)$, 因此接受 H_0, 即可以认为袋装食品质量的方差符合要求。

(4) (i) 需检验 $H_0: \sigma \leqslant 15$, $H_1: \sigma > 15$;

(ii) 选择检验统计量 $\chi^2 = \dfrac{(n-1)S^2}{15^2} \sim \chi^2(n-1)$;

(iii) 由于 $\alpha = 0.05$, $n = 10$, 因此临界点为 $\chi^2_{\alpha}(n-1) = \chi^2_{0.05}(9) = 16.919$, 从而接受域为 $(0, 16.919)$;

(iv) 由于 $n = 10$, $s = 30$, 因此检验统计量 χ^2 的样本值为 $\chi^2 = \dfrac{(10-1) \times 30^2}{15^2} = 36$;

(v) 由于 $\chi^2 = 36 \notin (0, 16.919)$, 因此拒绝 H_0, 即生产线不正常。

(5) (i) 需检验 $H_0: \mu_1 = \mu_2$, $H_1: \mu_1 \neq \mu_2$;

(ii) 选择检验统计量

$$T = \frac{\overline{X} - \overline{Y}}{S_\omega \sqrt{\dfrac{1}{n_1} + \dfrac{1}{n_2}}} \sim t(n_1 + n_2 - 2)$$

其中 $S_\omega = \sqrt{\dfrac{(n_1 - 1)S_1^2 + (n_2 - 1)S_2^2}{n_1 + n_2 - 2}}$;

(iii) 由于 $\alpha = 0.05$, $n_1 = 13$, $n_2 = 8$, 因此临界点为 $\pm t_{\frac{\alpha}{2}}(n_1 + n_2 - 2) = \pm t_{0.025}(19) = \pm 2.0930$, 从而接受域为 $(-2.0930, 2.0930)$;

(iv) 由于 $n_1 = 13$，$n_2 = 8$，$\bar{x} = 80.02$，$\bar{y} = 79.98$，$s_1^2 = 5.754 \times 10^{-4}$，$s_2^2 = 9.8429 \times 10^{-4}$，因此

$$s_\omega = \sqrt{\frac{(13-1) \times 5.754 \times 10^{-4} + (8-1) \times 9.8429 \times 10^{-4}}{13+8-2}} = 2.6945 \times 10^{-2}$$

从而检验统计量 T 的样本值为

$$t = \frac{80.02 - 79.98}{2.6945 \times 10^{-2} \times \sqrt{\frac{1}{13} + \frac{1}{8}}} = 3.3036$$

（v）由于 $t = 3.3036 \notin (-2.0930, 2.0930)$，因此拒绝 H_0，即可以认为两种方法总体均值不相等。

（6）设施有新型化肥农作物产量 $X \sim N(\mu_1, \sigma_1^2)$，未施有新型化肥农作物产量 $Y \sim N(\mu_2, \sigma_2^2)$，分两步检验：

第一步需检验方差。

(i) 需检验 $H_{01}: \sigma_1^2 = \sigma_2^2$，$H_{11}: \sigma_1^2 \neq \sigma_2^2$；

(ii) 选择检验统计量 $F = \dfrac{S_1^2}{S_2^2} \sim F(n_1 - 1, n_2 - 1)$；

(iii) 由于 $\alpha = 0.10$，$n_1 = 6$，$n_2 = 7$，因此临界点为 $\dfrac{1}{F_{\frac{\alpha}{2}}(n_2 - 1, n_1 - 1)} = \dfrac{1}{F_{0.05}(6, 5)} = \dfrac{1}{4.95}$，$F_{\frac{\alpha}{2}}(n_1 - 1, n_2 - 1) = F_{0.05}(5, 6) = 4.39$，从而接受域为 $\left(\dfrac{1}{4.95}, 4.39\right)$；

(iv) 由于 $s_1^2 = 3.2$，$s_2^2 = 4$，因此检验统计量 F 的样本值为 $f = \dfrac{3.2}{4} = 0.8$；

(v) 由于 $f = 0.8 \in \left(\dfrac{1}{4.95}, 4.39\right)$，因此接受 H_{01}，即可以认为 $\sigma_1^2 = \sigma_2^2$。

第二步需检验均值。

(i) 需检验 $H_{02}: \mu_1 \leqslant \mu_2$，$H_{12}: \mu_1 > \mu_2$；

(ii) 选择检验统计量

$$T = \frac{\overline{X} - \overline{Y}}{S_\omega \sqrt{\frac{1}{n_1} + \frac{1}{n_2}}} \sim t(n_1 + n_2 - 2)$$

其中 $S_\omega = \sqrt{\dfrac{(n_1 - 1)S_1^2 + (n_2 - 1)S_2^2}{n_1 + n_2 - 2}}$；

(iii) 由于 $\alpha = 0.10$，$n_1 = 6$，$n_2 = 7$，因此临界点为 $t_\alpha(n_1 + n_2 - 2) = t_{0.10}(11) = 1.3634$，从而接受域为 $(-\infty, 1.3634)$；

(iv) 由于 $n_1 = 6$，$n_2 = 7$，$\bar{x} = 33$，$\bar{y} = 30$，$s_1^2 = 3.2$，$s_2^2 = 4$，因此

$$s_{\omega} = \sqrt{\frac{(6-1) \times 3.2 + (7-1) \times 4}{6+7-2}} = 1.9069$$

从而检验统计量 T 的样本值为

$$t = \frac{33 - 30}{1.9069 \times \sqrt{\dfrac{1}{6} + \dfrac{1}{7}}} = 2.8278$$

（v）由于 $t = 2.8278 \notin (-\infty, 1.3634)$，因此拒绝 H_{02}，即可以认为新型化肥对提高农作物产量的效力显著。

参 考 文 献

[1] 张卓奎，陈慧婵. 概率论与数理统计[M]. 西安：西安电子科技大学出版社，2014.

[2] 张卓奎. 概率统计[M]. 西安：西安交通大学出版社，2013.

[3] 盛骤，谢式千，潘承毅. 概率论与数理统计[M]. 北京：高等教育出版社，2008.

[4] 盛骤，谢式千，潘承毅. 概率论与数理统计习题全解指南[M]. 北京：高等教育出版社，2008.

[5] 张卓奎，陈慧婵. 随机过程及其应用[M]. 西安：西安电子科技大学出版社，2012.

[6] 张卓奎，陈慧婵. 随机过程及其应用同步学习指导[M]. 西安：西安电子科技大学出版社，2014.

[7] 赵选民. 概率论与数理统计导教·导学·导考[M]. 西安：西北工业大学出版社，2003.

[8] 王梓坤. 概率论基础及其应用[M]. 北京：科学出版社，1976.

[9] 华东师范大学数学系. 概率论与数理统计[M]. 北京：高等教育出版社，1983.

[10] 中山大学数学力学系. 概率论及数理统计[M]. 北京：高等教育出版社，1980.

[11] 复旦大学. 概率论(第一册：概率论基础，第二册：数理统计)[M]. 北京：高等教育出版社，1979.

[12] 何书元. 概率论与数理统计[M]. 北京：高等教育出版社，2006.

[13] 赵选民，徐伟，师义民，等. 数理统计[M]. 北京：科学出版社，2002.

[14] 茆诗松，程依明，濮晓龙. 概率论与数理统计[M]. 北京：高等教育出版社，2004.

[15] 葛余博. 概率论与数理统计[M]. 北京：清华大学出版社，2005.

[16] 费勒. 概率论及其应用[M]. 北京：科学出版社，1979.

[17] 茆诗松，王静龙，濮晓龙. 高等数理统计[M]. 北京：高等教育出版社，1998.

[18] Chung K L. A Course in Probability Theory [M]. New York：Academic Press，1974.

[19] Ross S A. First Course in Probability[M]. New York：Macmillan，1967.

[20] Papoulis A. Probability，Random Variables and Stochastic Processes[M]. New York：McGraw-Hill，1984.